全国人工影响天气技术与方法交流会论文集（2020）

中国气象局人工影响天气中心　编

气象出版社
China Meteorological Press

内容简介

本论文集收录了 2020 年全国人工影响天气技术与方法交流会的交流论文，共计 64 篇。内容覆盖了近几年我国在人工影响天气业务应用&方法、外场观测、模式、效果检验和室内实验等方面的最新进展与成果。本书可为全国人工影响天气业务管理、技术部门掌握我国人工影响天气最新发展动态和科学决策提供参考，也可作为我国人工影响天气及相关科研领域的研究人员、学者及高校师生的专业参考书使用。

图书在版编目（ＣＩＰ）数据

全国人工影响天气技术与方法交流会论文集. 2020 /
中国气象局人工影响天气中心编. -- 北京 : 气象出版社，
2021.8
　　ISBN 978-7-5029-7536-4

　　Ⅰ. ①全… Ⅱ. ①中… Ⅲ. ①人工影响天气－文集
Ⅳ. ①P48-53

　　中国版本图书馆CIP数据核字(2021)第172728号

全国人工影响天气技术与方法交流会论文集（2020）

Quanguo Rengong Yingxiang Tianqi Jishu yu Fangfa Jiaoliuhui Lunwenji（2020）

中国气象局人工影响天气中心　编

出版发行：气象出版社

地　　址：北京市海淀区中关村南大街 46 号	邮政编码：100081
电　　话：010-68407112（总编室）　010-68408042（发行部）	
网　　址：http://www.qxcbs.com	E-mail：qxcbs@cma.gov.cn
责任编辑：张锐锐　郝　汉	终　　审：吴晓鹏
责任校对：张硕杰	责任技编：赵相宁
封面设计：地大彩印设计中心	
印　　刷：北京建宏印刷有限公司	
开　　本：880 mm×1230 mm　1/16	印　　张：31
字　　数：1050 千字	
版　　次：2021 年 8 月第 1 版	印　　次：2021 年 8 月第 1 次印刷
定　　价：220.00 元	

序

2020年9月9日至10日，为促进我国人工影响天气领域科技工作者之间技术与方法的交流，推动我国人工影响天气事业的不断发展进步，由中国气象学会、中国气象局人工影响天气中心、宁夏回族自治区气象局共同举办的全国人工影响天气技术与方法交流会在宁夏回族自治区固原市召开。会议重点围绕人工影响天气外场科学试验开展经验技术交流，充分研讨了在祁连山、天山、六盘山、太行山、庐山等典型地区开展的人影增雨及防雹外场试验的研究成果。

我国人工影响天气工作已经历60多年的发展历程，受到了党中央、国务院的高度重视。1956年，毛泽东主席在最高国务会议上讨论全国农业发展纲要时指出："人工造雨是非常重要的，希望气象工作者多努力。"近年来，人工影响天气工作多次被写入国家规划，2020年11月24日，国务院办公厅发布了《国务院办公厅关于推进人工影响天气工作高质量发展的意见》（国办发〔2020〕47号），提出了"十四五"期间以及到二〇三五年人工影响天气事业发展目标和重点任务，是指导新时期人工影响天气高质量发展的行动纲领和根本遵循。与此同时，我国人工影响天气事业也取得了辉煌的成就，在人工增雨、人工防雹、人工消云减雨、人工消雾、人工防霜冻、农业抗旱减灾、河流水库蓄水、机场公路消雾、森林草原灭火、改善生态环境、重大活动保障等方面都发挥了重要的作用，得到了国家和人民群众的认可和支持。

但是，我国现有的人工影响天气技术水平和世界最先进的国家相比还有一定差距，也还不能完全满足国家和人民的需求，亟需以《国务院办公厅关于推进人工影响天气工作高质量发展的意见》（国办发〔2020〕47号）为指导，努力提升科研和业务水平，促使人工影响天气工作能够更好地服务于国家和人民。

得益于西北人工影响天气工程建设的研究试验项目，近年来在西北地区，集中多方力量组织了有针对性的增雨（雪）及防雹试验。本届交流会的论文集，便重点展现了近年来我国西北人工影响天气工程研究试验"业务应用＆方法"、"外场观测"、"模式"、"效果检验"、"室内实验"五个领域的最新成果，是近年来人工影响天气工作在外场试验取得成果的一次集中展示,有助于巩固交流成果,推动我国人工影响天气技术与方法整体水平的提升,促进科研成果的产生及应用,为我国人工影响天气工作者能够更好地为国家和人民服务提供支持。

2021 年 7 月

目　录

序

第一部分　业务应用 & 方法

毫米波雷达云回波的自动分类技术研究 …………………… 杨　晓　黄兴友　杨　军等(3)
太行山东麓人工增雨防雹作业技术试验进展 …………………… 段　英　许焕斌(13)
利用 FY-2 静止气象卫星反演产品建立辽宁省人影作业指标 …………………… 王　萍　张晋广　刘　旸等(23)
一次东北冷涡天气过程云降水监测分析 …………………… 张晋广　赵姝慧　孙　丽等(29)
辽宁省人工影响天气地基垂直观测设备性能的初步分析 …………………… 张晋广　赵姝慧　孙　丽(32)
利用新型消雷火箭弹针对积云电场的野外试验 …………………… 关屺瀛　张　洋　杨　帆等(39)
春末夏初大尺度环流背景下防雹潜势预报方法研究 …………………… 刘星光　高倩楠(46)
浙江省火箭增雨作业效果评估系统的设计与实现 …………………… 张　磊　宋　哲　姜舒婕(51)
基于试验平台的前向散射式云粒子探测器性能测试与分析 …………………… 朱亚宗　黄兴友　卜令兵(58)
江西 BL-1A 型火箭增雨作业技术要领 …………………… 蔡　娟　蔡定军(66)
随机森林算法在山东半岛冰雹预报中的应用 …………………… 姚　蓝　李晓东　庞华基等(72)
"追雹者"微信小程序功能设计与开发 …………………… 龚佃利　李建军　张延龙等(76)
恩施州冰雹云的识别方法探讨 …………………… 徐钊远　郭卫青　王亚宁(79)
湖南干旱分析及人工增雨作业布局和方案设计 …………………… 周　盛　徐冬英　徐靖宇等(82)
海南省暖云人工增雨作业应用技术 …………………… 黄彦彬　毛志远　敖　杰等(89)
中国天眼(FAST)一次三级联防区作业情况分析 …………………… 唐辟如　崔　蕾　黄　钰等(98)
基于 FY-2G 卫星反演产品的贵州降雹识别指标研究 …………………… 彭宇翔　文继芬　李　皓等(105)
"FAST"冰雹防御技术初探及问题探讨 …………………… 罗喜平　罗　雄　李　皓等(109)
六盘山地形云野外科学试验基地建设与管理探讨 …………………… 舒志亮　常倬林　桑建人等(118)
GNSS/MET 反演整层大气可降水量在宁夏人影业务中的应用 …………… 常倬林　崔　洋　田　磊(124)
FY-2E 卫星反演云特性参数产品在乌鲁木齐暴雪天气分析中的应用 ………………………………
…………………… 王智敏　冯婉悦　李圆圆等(131)
沙雅县二牧场防雹作业点科学布局的探讨 …………………… 热孜亚·克比尔　刘新强(139)
双偏振雷达在南疆强对流天气防雹中的应用 ………… 张　磊　达吾提·阿布都合力力　张继东(142)
一次东北冷涡结构及云系特征分析 …………………… 史月琴　周毓荃　戴艳萍(146)

第二部分　外场观测

华南和青藏高原 0 ℃层亮带和微物理特征研究 …………………… 贺婧姝　郑佳锋　李剑婕(157)
那曲和玉树 Ka 波段雷达观测的云降水垂直结构对比研究 …………………… 尹晓燕　郑佳锋　胡志群(164)
张掖地区探空资料云垂直结构判定及其特征分析 …………………… 黄　颖　张文煜(171)
海坨山冬季地形云雾宏微特征观测分析 …………………… 陈云波　毕　凯　马新成等(177)
北京海坨山地区冬季降雪特征的观测研究 …………………… 丁德平　马新成　毕　凯等(190)
天津冬季浓雾过程雾滴谱及细粒子颗粒物特征 …………………… 刘　晴　吴彬贵　王兆宇等(201)

霾污染背景下雾水爆发增强的微物理特征及成因研究 …………… 吴彬贵 刘 晴 王兆宇等(213)

衡水地区层状云和对流云降水特征分析 …………………………… 许 峰 王朝晖 黄兆楚等(224)

大陆性积云不同发展阶段宏观和微观物理特性的飞机观测研究 …… 蔡兆鑫 蔡 森 李培仁等(231)

一次降水天气过程的云垂直结构探测分析 ………………………… 毕力格 弓 泓 樊如霞等(243)

吉林省云凝结核浓度观测分析 ……………………………………… 崔 莲 胡建华 齐彦斌等(248)

吉林省夏季大气颗粒物数浓度与粒径分布特征 …………………… 胡建华 齐彦斌 王超群等(254)

2019年春夏季长白山麓云和降水特征综合观测分析 ……………… 王超群 胥珈珈 王羽飞等(259)

低涡横槽天气系统下强雷暴云团的移动特征 ……………………………… 刘德安 刘 慧(267)

人工影响天气的大气污染物清除机制探讨 ………………………………………… 李良福(271)

四川南部层积云降水特征分析 ……………………………………… 刘晓璐 张 元 冯金燕等(279)

云贵高原东侧一次大范围冰雹天气过程闪电活动特征分析 ……… 曾 勇 邹书平 黄 钰等(286)

山地环境下冻雨形成机理及观测特征分析 ………………………… 王 瑾 高守亭 许 丹(298)

西安地区积层混合云的 Z-R 关系研究 ……………………………… 王 瑾 岳治国 贺文彬等(304)

基于火箭探空资料的冰雹云内部结构个例分析 …………………… 李金辉 田 显 岳治国(316)

陕西渭北一次降雹过程的粒子谱特征分析 ………………………………… 岳治国 梁 谷(328)

2016年5月6日重庆万盛短时强降水雨滴谱特征分析 …………… 张丰伟 张逸轩 韩树浦等(336)

青海省东部农业区多点联合防雹个例分析 ………………………… 朱世珍 龚 静 张玉欣等(344)

六盘山区一次降水天气过程云雷达宏微观特征分析 ……………… 邓佩云 桑建人 常倬林等(351)

六盘山区雾的平均变化特征分析 …………………………………………… 党张利 康 煜(359)

六盘山区一次连阴雨过程不同地形下的雨滴谱特征分析 ………… 马思敏 戴言博 穆建华等(364)

六盘山西侧一次降水过程不同微波辐射计与 FY-2 卫星数据对比 … 林 彤 桑建人 孙艳桥等(374)

宁夏中部夏季层状云特征参数与降水相关性初探 ………………… 孙艳桥 舒志亮 林 彤等(382)

利用多普勒雷达估算宁夏层状云降水效率的一次典型个例分析 …… 常倬林 桑建人 舒志亮等(390)

阿克苏一次对流天气过程的分析 ……………………… 刘新强 王拥政 热孜亚·克比尔(395)

飞机积冰的云层特征个例分析 ……………………………………… 孙 晶 蔡 森 王 飞等(397)

第三部分 模式

利用 MM5 模式分析云中过冷水区物理成因………………………… 杨文霞 董晓波 于翠红等(407)

云凝结核对一次冰雹过程影响的数值模拟研究 …………………… 朱 煜 刘晓莉 林 磊(417)

一次暖区暴雨过程的云降水机制模拟研究 ………………………… 谢祖欣 陈宝君 冯宏芳等(429)

第四部分 效果检验

火箭增雨作业效果评估分析 ………………………………………… 刘云辉 郑玉梅 刘云升等(441)

辽宁一次低涡降水过程人影数值模式检验及

　　人工增雨潜力区合理性分析 …………………………………… 张铁凝 张晋广 刘 旸等(446)

一次火箭人工增雨作业效果物理检验个例分析 …………………… 王 霄 孙建印 赵 宇等(459)

浙江春季东南沿海火箭作业个例雷达回波响应分析 ……………… 姜舒婕 杜雪婷 程 莹(469)

牛头山库区人影技术思路及效果分析 ……………………………………… 尹先龙 王鑫凯(474)

第五部分 室内实验

一种硅铝酸盐化合物暖云催化剂吸湿性能实验研究 ……………… 张景红 王超群 刘 洋(481)

第一部分

业务应用 & 方法

毫米波雷达云回波的自动分类技术研究*

杨　晓[1,2]　黄兴友[1,3]　杨　军[1]　李培仁[2]　李盈盈[1]

杨　敏[1]　刘燕斐[1]　张　帅[1]　闫文辉[1]

（1 南京信息工程大学，南京 210044；

2 山西省人工降雨防雹办公室，太原 030032；

3 南京信息工程大学气象灾害预报预警与评估协同创新中心，南京 210044）

摘　要：毫米波雷达在云探测方面比厘米波天气雷达和激光雷达具有显著优势，可获得更多的云粒子信息，是研究云特性的主要遥感探测设备。为了开展对毫米波雷达探测的云回波进行自动分类的研究，利用 161 次云回波的个例数据，统计得到了卷云、高层云、高积云、层云、层积云和积云 6 类云型的特征量和其他参量的数值范围，利用分级的多参数阈值判别方法，达到了自动分类的目标，通过与人工分类的初步验证，两种分类结果的一致性达到 84%，其中，层云和积云的识别一致较低的原因在于样本数据有限，因为仅有 6 次层云和 8 次积云的个例样本数据。通过更多样本的处理，提取的特征参量更可靠，自动分类的准确率会得到提高，以便将基于毫米波雷达的云分类技术应用于将来的云观测自动化业务。

关键词：毫米波雷达，多参数阈值法，云观测，云分类，自动化

1　引言

云是大气中的水汽受大气动力和热力作用而形成的，其成分是直径约微米量级的水滴或冰晶。云的类型和变化是大气温度、湿度状况的反映，是天气监测和天气预报以及人工影响天气作业的重要参考信息[1-2]。此外，云的状况会显著影响太阳辐射和地表热辐射能量的收支，进而影响气候。因此，进行云的观测具有重要的意义。

目前，云的观测主要有两种手段：人工观测和自动观测。人工观测的主观性强、误差大、受能见度的影响大，而且难以进行连续的观测，在偏远地区或者无人值守的气象台站无法进行，所以，人工观测有很大的局限性。自动观测包括气象卫星观测、空基观测以及地基观测。气象卫星可以实现对全球云况的观测，但空间分辨率低，且难以观测云顶以下的云况；利用飞机、飞艇和气球平台的空基观测可以实现对云内部的观测，但难以进行大范围的观测，且成本较高，难以成为业务性的日常观测；地基观测依靠地基仪器如云高仪、云像仪或激光雷达实现对云的观测，成本较低，使用便捷，可得到云底高度和云量。由于激光穿云能力差，激光雷达和云高仪难以提供云的垂直分层、云类型等重要信息；云像仪得到的是云底信息，不能获取云特性的丰富资料。随着毫米波雷达的应用，测云能力得到了全面的提升，不仅可以测量云底、云顶和云的垂直分布数据，还可以获得云的雷达反射率、垂直速度等定量数据，是当前最有效的测云设备。人工判别云类型的依据主要是云高、云状和云厚等宏观特征，毫米波雷达可以探测到云高和云厚，并且比人工观测更准确，云状实际上体现了云体的均匀性和云滴特性。本文云分类技术中利用了云回波的均匀性指标以及云回波强度（体现云粒子特性）等指标。因此，文中的云分类技术是在人工分类的基础上进行的，并且使用了更多的指标，所以只利用云雷达进行云分类就可以获得较好的分类结果。可以说，这是在国内外第一次开展利用毫米波雷达数据进行云分类工作。此外，毫米波雷达可以进行无人值守的

＊ 发表信息：本文原载于《气象学报》，2019，77（3）：541-551.

资助信息：国家自然科学基金项目（41475034、41475035）。

连续观测,适合用于云特性的自动化观测。

近些年,越来越多的地面观测站点取消了云状记录,造成了云类型数据的缺失,需要进行填补,才能保持云观测资料的连贯性。自动云分类工作不仅可以弥补地面观测记录的空缺,也可以减轻人工气象观测的强度和难度,甚至还能提高云状观测的准确性。本文针对云雷达观测到的云回波数据进行了统计和分析,提取了 6 类云(卷云、高层云、高积云、层云、层积云、积云)的特征数据,进行了云类型的自动识别研究,以便达到云观测业务自动化的目标。

2 国内外研究进展

由于云类型与天气演变存在一定的对应关系,"看云识天气"成了经验性天气预报的基础。根据云的形态或视觉效果判别云类型是过去很长时间以来一直沿用的方法,早在 1802—1803 年法国人德拉马克和英国人霍华德根据形态学就将云分为 4 大类:卷云、积云、层云和雨云。1934 年,挪威科学家贝吉龙将云分为积状云、层状云和波状云[3]。我国《地面气象观测规范》中按云底高度将云分为低、中、高 3 级,然后按云的宏观特征,物理结构和成因划分 10 属 29 类云状,成为我国云观测和分类的依据[4]。

近年来,利用气象卫星云图进行云分类的研究工作取得了不少进展。常用的云分类方法有:阈值法、直方图法、聚类法、神经网络法等[5]。Koffler 等[6]使用阈值法识别地表和云区;Desbois 等[7]提出光谱特征空间的概念,开展了盒式分类法;Ameur 等[8]使用 C-均值聚类法进行云分类;师春香等[9]利用 BP 神经网络对 NOAA-AVHRR 卫星图像进行云分类;Tian 等[10]利用概率神经网络(PNN)对 GOES-8 卫星数据进行云分类;Hong 等[11]采用人工神经网络技术进行 GOES 卫星 10.7 微米云图的分类;吴晓等[12]利用 MODIS 卫星的云光学厚度、云粒子有效半径、云顶高度、云相态等产品进行云分类;黄兵等[13]建立了自组织网络(SOFM)与概率神经网络的综合云分类器优化模型对云进行分类,明显优于单一的统计分类器判别效果。利用卫星云图进行自动分类原理上是可行的,但不能反映中下层云的情况,其代表性不足,特别是出现多层云的情况。

与卫星获取的云顶数据相比,雷达探测的是不同高度的云回波数据,不仅准确性好而且更丰富(包括强度、径向速度、谱宽等),既可以用于云的分类,也可以用来反演云微物理参数。例如,Atlas[14]、Fox 等[15]、Zhong 等[16]、刘黎平等[17]、吴举秀等[18]、黄佳欢等[19]、吴琼等[20]、韩颂雨等[21]、黄书荣等[22]、孙敏等[23]、周生辉等[24]利用雷达或毫米波雷达数据反演了云微物理参数;Ceccaldi 等[25]基于 CloudSat 的激光雷达和毫米波雷达数据,给出了水云和冰云的简单分类;Wang 等[26]使用云雷达、拉曼激光雷达、微波辐射计、微脉冲激光雷达等多部仪器联合探测,对云进行分类,将云分为 St、Sc、Cu、Ns、Ac、As、深对流云以及高云,深对流云包括积云和积雨云,高云包括卷云,卷层云和卷积云;Teschke 等[27]从粒子尺度出发,只使用毫米波雷达将云分为弱降水云、降水云和非气象目标物这 3 类,简化了仪器装备,为单一仪器云分类的研究打下了基础;Kodilkar 等[28]只使用 Ka 波段双偏振云雷达对云的分类进行了初步的研究,按照云的相态将云分为弱降水云、降水云、混合相态、冰云以及非气象目标物;任建奇等[29]利用 CloudSat 的云雷达和激光雷达得到的云廓线数据产品、采用模糊逻辑技术进行云分类,研究表明,基于雷达回波的云分类具有较高的准确性。因此,以信息更丰富的雷达探测数据为基础而进行的云类型自动分类技术,要优于基于卫星云图的自动分类以及人工观测的主观分类。

为了开展云分类研究,无论哪种方案,都需要将不同云类的特性参数作为先验数据,然后采取"对比-判断"的技术路线进行识别。因此,本文首先根据云的雷达回波及人工观测的云类型情况进行统计,得到云特征参数,再进行分类。

3 毫米波雷达测云的原理及特性

本文中使用南京信息工程大学的 Ka 波段毫米波雷达探测的云回波数据进行研究,雷达安放在安徽省寿县的国家气候观象台,垂直距离分辨率为 30 m,观测盲区为靠近地面 30 m 内,10 km 处观测到的最弱回波低于 −30 dBZ。毫米波雷达主要技术参数如表 1 所示。

表 1 35 GHz 毫米波雷达主要技术参数

项目	技术指标
频段	Ka 波段(35 GHz)
扫描方式	PPI,RHI,定点,体扫,扇扫
测量范围及精度	强度:−45～45 dBZ(误差 1 dBZ)
	速度:≤20 m/s(误差 1 m/s)
	谱宽:≤8 m/s(误差 1 m/s)
	方位角:0°～360°(误差≤0.1°)
	俯仰角:−2°～92°(误差≤0.1°)
发射机型式	磁控管脉冲发射机
发射机峰值功率	≥30 kW
脉冲宽度	0.4 μs/0.2 μs
波束宽度	0.4°
脉冲重复频率	≤4000 Hz

根据散射理论,在 Rayleigh 散射条件下,球形粒子的雷达截面 σ(mm²)可由下式表示:

$$\sigma = \frac{\pi^5 D^6}{\lambda^4} \left| \frac{m^2-1}{m^2+2} \right|^2$$

式中:D 为粒子直径(mm);λ 为发射电磁波波长(mm);m 为复折射指数,是已知量。

从上式可以看出,粒子的雷达截面 σ 与波长 λ 的 4 次方成反比,波长越短,则截面越大,回波信号就越强。因此,相对于厘米波段的天气雷达来说,在较小的发射功率情况下,毫米波雷达可以探测到较强的云回波信号,所以毫米波雷达比厘米波雷达更适合于探测云回波。

南京信息工程大学的毫米波雷达具有多普勒探测功能,不仅可以探测到云层的底高、顶高以及云层的回波强度,还可以得到云层的垂直速度(天顶指向观测模式)和速度谱宽,因而可以准确地得到云高、云厚数据,通过云层的回波强度数据及其分布情况,可能判别出云类型。

Ka 波段信号具有很好的穿云能力,能够探测多层云分布的情况。强降水对 Ka 波段信号有一定的衰减,但在进行垂直指向的云顶探测时,由于降水路径短,衰减有限,大功率的 Ka 波段雷达仍然具有良好的测云能力,只是云层回波强度数据偏弱,通过衰减订正,可以得到改善。与卫星云图、地面激光雷达、地面云像仪相比,毫米波雷达的测云信息最丰富、可靠,对天气的适应性最强,能够进行全天候探测,适合自动化业务测云的要求。

4 云回波样本及特征量

所用的云回波数据来源于南京信息工程大学的 Ka 波段雷达在安徽寿县国家气候观象台观测的云回波资料,观测时段是 2015 年 10—11 月和 2017 年 1—6 月,考虑到在未进行衰减订正情况下降水对 Ka 波段雷达信号的衰减影响,因此,对样本进行了筛选,去除了有降水的云回波资料,对无降水的云回波资料进行处理,以便获得可靠的、不同云类型的统计特征量。在进行云分类时,先按云底高度将云分为低、中、高 3 级,再按云系的均匀性将云分为积状云和层状云。高云就只分为卷云(Ci);中云分为高层云(As)和高积云(Ac);低云分为层积云(Sc)、层云(St)和积云(Cu)。观测时段的有效个例 161 个,包括 19 个层积云,6 个层云,8 个积云,11 个高层云,90 个高积云和 27 个卷云个例。

根据云特性和雷达探测的云回波参数,选取了 7 个用于云分类的特征参量,它们是:云回波的雷达反射率因子、垂直速度、垂直速度谱宽、云底高度、云顶高度、持续时间以及云层中部的雷达反射率因子范围。云区边界的判断使用的是反射率因子的数据,从地面开始向上检测,以连续 10 个格点的反射率因子大于−40 dBZ 为判据,得出云底和云顶高度;以持续时间达到 5 个扫描周期以上且反射率因子大于

—40 dBZ为判据，得出云区起始时间。根据云底、云顶和起始时间，可确定云区，再计算云区内7个特征量的均值和范围（5%～95%），见表2，括号内是特征参量的取值范围。

表2　6类云的基本特征参量的统计结果

	Sc	St	Cu	Ac	As	Ci
	（层积云）	（层云）	（积云）	（高积云）	（高层云）	（卷云）
反射率因子/dBZ	−13.97	−30.47	−9.85	−14.80	−20.38	−24.48
	（−30.29～−0.34）	（−38.5～−21.16）	（−31.43～10.57）	（−27.39～−3.35）	（−30.4～−11.76）	（−31.95～−17.61）
速度/(m/s)	−0.77	−0.27	−2.35	−0.77	−0.46	−0.68
	（−1.52～−0.12）	（−0.83～0.16）	（−5.28～−0.48）	（−1.42～−0.19）	（−0.95～−0.03）	（−1.18～−0.20）
谱宽/(m/s)	0.18	0.16	0.29	0.24	0.19	0.20
	（0.06～0.32）	（0.09～0.24）	（0.12～0.46）	（0.15～0.36）	（0.13～0.29）	（0.14～0.28）
云底高度/km	2.42	1.82	1.49	5.33	5.71	8.32
	（1.51～3.47）	（1.54～2.09）	（0.31～3.77）	（4.7～5.99）	（4.9～6.63）	（7.74～8.95）
平均云顶高度/km	5.11	2.39	5.12	7.58	8.09	9.65
持续时间/h	5.11	4.89	0.87	1.06	5.43	3.25
云层中部反射率因子/dBZ	（−27.56～−0.75）	（−37.53～−21.60）	（−31.69～11.30）	（−25.08～−3.30）	（−29.03～−11.43）	（−31.56～−17.81）

参照表2中的7个特征量，可以将云体大致分为高云、中云、低云3族。对于积状云和层状云的分类，有一定的难度，因此，再计算了云厚标准差、反射率因子标准差、云底高度标准差、云层中部反射率因子极差（极大值和极小值的差）、云层中部反射率因子标准差、云层中部反射率因子平均时间变化率6项来表征云系的均匀性，以便区分出均匀性较好的层状云和均匀性较差的积状云。表3为云均匀性特征参量的统计结果，括号中为特征参量的范围。通过对比发现，利用某一个特征量的阈值无法区分积状云和层状云，因此需要采用多参数、宽阈值的判别方法。

表3　6类云的均匀性特征参量的统计结果

	Sc	St	Cu	Ac	As	Ci
	（层积云）	（层云）	（积云）	（高积云）	（高层云）	（卷云）
云厚标准差	0.83	0.32	1.45	0.68	0.74	0.55
反射率因子标准差	9.22	5.30	12.64	7.34	5.69	4.35
云底高度标准差	0.58	0.18	1.27	0.42	0.53	0.38
云层中部反射率因子极差/dBZ	26.81	15.93	42.99	21.78	17.60	13.75
云层中部反射率因子标准差	8.39	4.98	13.38	6.71	5.22	4.20
云层中部反射率因子平均时间变化率/(dBZ/s)	0.0636 （0.0038～0.1872）	0.0335 （0.0019～0.1018）	0.1419 （0.0074～0.3765）	0.0825 （0.0046～0.2195）	0.0444 （0.0028～0.1274）	0.0601 （0.0037～0.1639）

5　云分类算法及结果分析

阈值法是云分类方法中较为简单、计算量小、处理速度快的一种分类方法，但其分类的准确率较低，特别是在阈值附近的特征量，容易导致错误的分类结果。所以，本文采用多参数、宽阈值法，通过增加判别参量的数量、并结合参量的宽阈值范围，进行多次判别而提高分类的准确性，这与模糊逻辑法的思想是一致的。根据这些特征量对分类的影响程度，分配不同的权重因子，最终根据加权求和值的大小判别出是积状云还是层状云。参量的宽阈值范围选取的是该特征量范围的30%大值到70%大值,特征量对分类的影响程度是根据积状云和层状云在该特征量上的相对差的大小判断的,再经过多次敏感性试验得到了判别云类的最优权重因子组合。

对经过一次判别之后仍不能确定的云类,需要重新确定特征值的阈值范围计算加权之和,再次判断得到所属云类,此时参量阈值选取的是该特征量范围的中值。以中云族的高积云和高层云为例,计算这两类云在这些特征参量上的相对差值,如表4中所列的对比可得,持续时间、反射率因子最大值、云层中部反射率因子最大值、云层中部平均时间变化率、反射率因子标准差、云层中部反射率因子标准差、云底高度标准差、云层中部反射率因子极差这8项的相对差值较大,根据相对差值的大小,经过多次敏感性试验,得到最优的权重因子组合,分别赋予上述除持续时间外的7项以3、3、2、1、1、1、1的权重,由于持续时间这项参量对积状云和层状云的影响比较大,将其细分为5个阈值范围,分别赋予10、5、4、2、-10的权重。在分类时若这一参量的值在高积云的宽阈值范围之内,则该参量的权重乘1,否则为0,最终权重之和大于11则为高积云,小于11的为不确定(数值11是根据以上权重因子组合计算得到的准确率最大的值,判别不同的云类其值也不同),高层云同理,将所有不确定的高积云和高层云再进行上述过程,重新选择阈值范围,再次判断,直到将云判别出来为止。判别高层云、高积云的流程图如图1所示,总流程图如图2所示。

表4　高层云 As 和高积云 Ac 特征参量的相对差值统计结果

特征参量	Ac、As 相对差值
平均反射率因子	0.377064
反射率因子最小值	0.110099
反射率因子最大值	2.513609
平均谱宽	0.267089
谱宽最小值	0.175695
谱宽最大值	0.229115
平均云底高度	0.071913
云底高度最小值	0.043487
云底高度最大值	0.105959
平均云顶高度	0.067153
平均云厚	0.055902
云厚最小值	0.112325
云厚最大值	0.065876
持续时间	4.142345
云厚标准差	0.089098
反射率因子标准差	0.290726
云底高度标准差	0.276274
云中层反射率因子最小值	0.157639
云中层反射率因子最大值	2.468227
云中层反射率因子极差	0.237747
云中层反射率因子标准差	0.284263
云中层平均时间变化率	0.856712
时间变化率最小值	0.632379
时间变化率最大值	0.722087

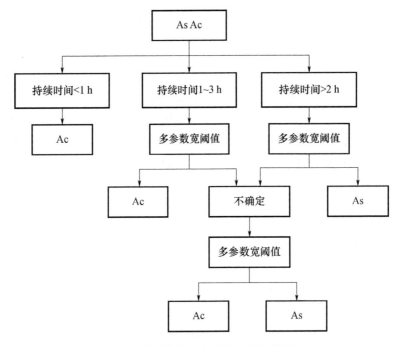

图 1 判别高层云和高积云的流程图

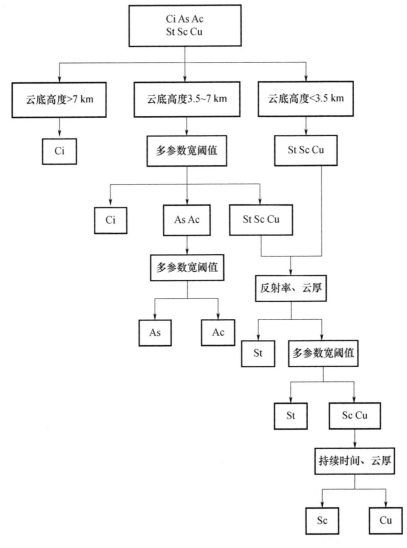

图 2 毫米波雷达云回波的自动分类技术的流程图

通过使用毫米波雷达回波特征对非降水云进行分类,最终得到一张毫米波雷达的时空分布图,横坐标是时间,纵坐标是高度,图中不同颜色代表不同类别的云,红色为层积云(Sc),橙色为层云(St),黄色为积云(Cu),绿色为高积云(Ac),蓝色为高层云(As),紫色为卷云(Ci)。

图3是2017年1月17日20:54(世界时,下同)至18日02:34观测点上空云系的雷达反射率因子和分类结果,该云系平均反射率因子为-25.34 dBZ,平均云底高度为2.42 km,平均云顶高度为3.46 km,云厚1.05 km,为层积云。

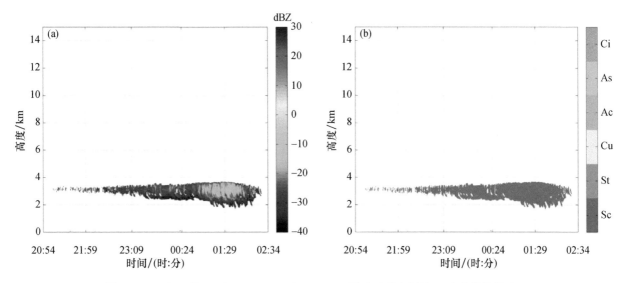

图3 2017年1月17日20:54—18日02:34 Sc雷达反射率因子(a)和分类结果(b)

图4是2015年11月05日02:30—04:25观测点上空云系的雷达反射率因子和分类结果,该云系平均反射率因子为-34.11 dBZ,平均云底高度为2.2 km,平均云顶高度为2.6 km,云厚0.4 km,为层云。

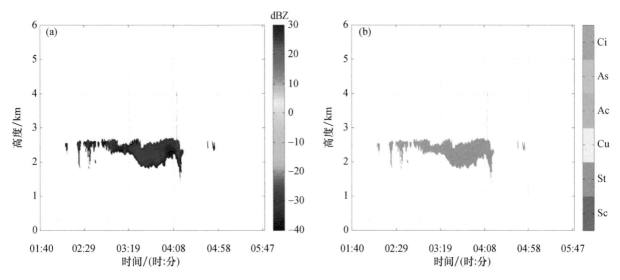

图4 2015年11月5日02时30分至04时25分St雷达反射率因子(a)和分类结果(b)

图5分别为2015年10月31日18:43—11月1日00:01观测点上空云系的雷达反射率因子和分类结果,18:43—20:04 4 km附近的云系平均反射率因子为-15.65 dBZ,平均云底高度为2.11 km,平均云顶高度为5.17 km,云厚3.069 km,为积云;10 km附近的云系平均反射率因子为-30.82 dBZ,平均云底高度为9.63 km,平均云顶高度为10.57 km,云厚0.94 km,为卷云。

图6是2017年3月7日20:08—8日02:13观测点上空云系的雷达反射率因子和分类结果(b),平均反射率因子为-22.45 dBZ,平均云底高度为5.78 km,平均云顶高度为7.87 km,云厚2.09 km,为高层云。

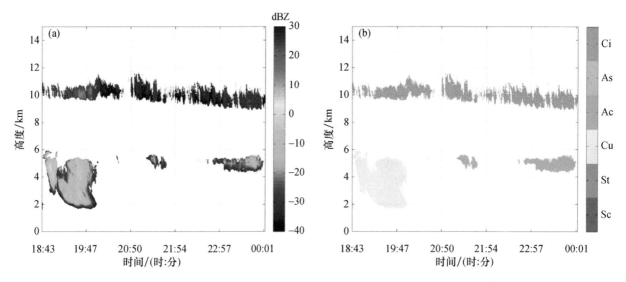

图5　2015年10月31日18:43—11月1日00:01 Cu和Ci雷达反射率因子(a)和分类结果(b)

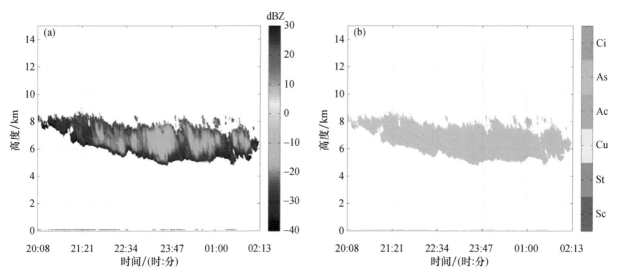

图6　2017年3月7日20:08—8日02:13 As雷达反射率因子(a)和分类结果(b)

图7是2015年10月30日00:00—08:28观测点上空云系的雷达反射率因子和分类结果,5 km附近的云系平均反射率因子大约为−16 dBZ,平均云底高度约为4 km,平均云顶高度约为7 km,云厚2 km,为高积云;8 km附近的云系平均反射率因子约为−27 dBZ,平均云底高度约为7.5 km,平均云顶高度约为9.5 km,云厚2 km,为卷云。

通过与人工分类的统计结果对比,并结合当时地面观测记录,验证了毫米波雷达云回波分类的正确性。评估云分类的准确率需要一种客观的标准,目前普遍采用命中率(POD)临界成功指数(CSI)和虚警率(FAR),本次验证中有效个例共161个,其中与人工分类结果一致的有135个,POD为84%,因为在个例的选取上选择的是绝对确定的云类,其特征也比较明显,所有的云区都被识别出来,且没有多余的部分被认为是云区,只是在判别云区上有些失误,因此FAR为0,那么CSI也为0.84。

自动云分类与人工分类不一致的原因主要有以下几点:(1)统计的样本量不够多,特征量及范围还不具普遍性;(2)地面观测或者人工分类结果可能会出错,特别是在出现多层云的情况下,人工观测很容易误判;(3)不同季节(或不同地域)的云回波特征量有差异。提高自动分类准确率的方法首先是增加统计的样本数,以便涵盖更多的云回波情况,包括云的季节性变化和日变化等;其次是采用其他云观测资料进行自动分类的验证,减少人工分类中的误判。

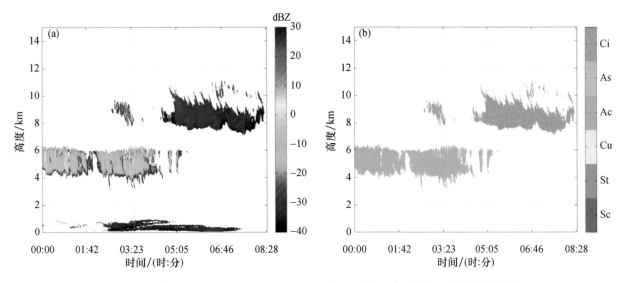

图7　2015年10月30日00:00—08:28 Ac和Ci雷达反射率因子(a)和分类结果(b)

6　结论

利用基于毫米波雷达云回波的特征量与多参数阈值法相结合的技术,对安徽寿县观象台上空非降水云系的回波进行了自动分类研究,得到如下结论:

(1)毫米波雷达具有测云的优势,不仅因为波长短(与厘米波雷达相比)而使云粒子具有更大的雷达截面,还具备很好的穿云能力(相比激光雷达)、能够探测多层云的回波,此外,降水衰减影响小,可进行全天候的对云观测,能够用于云观测业务的自动化。

(2)利用云回波特征量及多参数阈值的判别技术,可以比较准确、客观地对云类型进行判别,部分数据的验证表明,准确率达到84%。

(3)判别准确率的提高主要依赖于样本数据,通过对更多样本数据的统计,可以优化特征量和参数阈值。

本文的研究表明,随着更多毫米波雷达的应用和样本数据的增大,所统计得到的特征量及参数阈值的代表性更强,自动分类的准确率会进一步提高,并有望实现云观测业务的自动化。此外,随着后续实验样本量的增加,对于降水云系的分类(包括雨层云、积雨云等)以及已分类云系的更精细分类(包括淡积云和浓积云,卷云的分类等)会在下一步工作中进行。

参考文献

[1] Quante M. The role of clouds in the climate system[J]. Journal de Physique Ⅳ,2004,121(12):61-86.

[2] Stephens G L. Cloud feedbacks in the climate system:A critical review[J]. J Climate,2005,18(2):237-273.

[3] 童乐天.云的分类[J].气象,1980,8:34-36.

[4] 中国气象局.地面气象观测规范[M].北京:气象出版社,2005:11-14.

[5] 刘扬,王彬,韩雷.基于卫星云图的云分类研究[J].电子设计工程,2011,19 (10):189-192.

[6] Koffler R,Decotiis A G,Krishna Rao P. Aprocedure for estimating cloud amount and height from satellite infrared radiation data[J]. Mon Wea Rev,2009,101(101):240-243.

[7] Desbois M,Seze G,Szejwach G. Automaticclassification of clouds on METEOSAT imagery:Application to High-Level Clouds[J]. J Appl Meteor,1982,21(3):401-412.

[8] Ameur Z,Ameur S,Adane A,et al. Cloud classification using the textural features of Meteosat images[J]. Int J Remote Sens,2004,25(21):4491-4503.

[9] 师春香,瞿建华.用神经网络方法对NOAA-AVHRR资料进行云客观分类[J].气象学报,2002,60(2):250-255.

[10] Tian B,Shaikh M A,Azimisadjadi M R,et al. A study of cloud classification with neural networks using spectral and

textural features[J]. IEEE Transactions on Neural Networks,1999,10(3):138-151.

[11] Hong Y,Hsu K,Sorooshian S. Precipitation estimation from remotely sensed information using ANN-Cloud classification system[J]. J Appl Meteor,1996,36(9):1176-1190.

[12] 吴晓,游然,王旻燕,等.基于 MODIS 云宏微观特性的卫星云分类方法[J].应用气象学报,2016,27(2):201-208.

[13] 黄兵,王彦磊,张韧,等.多光谱卫星云图的 SOFM-PNN 网络耦合的云分类模型[J].应用基础与工程科学学报,2008,16(5):659-670.

[14] Atlas D. Theestimation of cloud parameters by radar[J]. J AtmosSci,2010,11(4):309-317.

[15] Fox N I,Illingworth A J. Theretrieval of stratocumulus cloud properties by ground-based cloud radar[J]. J Appl Meteor,1997,36(36):485-492.

[16] Zhong L Z,Li L P,Deng M,et al. Retrieving microphysical properties and air motion of cirrus clouds based on the dopplermoments method using cloud radar[J]. Adv Atmos Sci,2012,29(3):611-622.

[17] 刘黎平,宗蓉,齐彦斌,等.云雷达反演层状云微物理参数及其与飞机观测数据的对比[J].中国工程科学,2012,14(9):64-71.

[18] 吴举秀,魏鸣,王以琳.利用毫米波测云雷达反演层状云中过冷水[J].干旱气象,2015,33(2):227-235.

[19] 黄佳欢,黄兴友,黄勇,等.2015 年 10 月 29 日弱降雨前后的层状云微物理参数反演和分析[J].气象科学,2017,37(4):478-486.

[20] 吴琼,仰美霖,窦芳丽,等.星载双频云雷达的云微物理参数反演算法研究[J].气象学报,2018,76(1):160-168.

[21] 韩颂雨,罗昌荣,魏鸣,等.三雷达、双雷达反演降雹超级单体风暴三维风场结构特征研究[J].气象学报,2017,75(5):757-770.

[22] 黄书荣,吴蕾,马舒庆,等.结合毫米波雷达提取降水条件下风廓线雷达大气垂直速度的研究[J].气象学报,2017,75(5):823-834.

[23] 孙敏,戴建华,袁招洪,等.双多普勒雷达风场反演对一次后向传播雷暴过程的分析[J].气象学报,2015,73(2):247-262.

[24] 周生辉,魏鸣,张培昌,等.单多普勒天气雷达反演降水粒子垂直速度 I:算法分析[J].气象学报,2014,72(4):760-771.

[25] Ceccaldi M,Delanoë J,Hogan R J,et al. From CloudSat-CALIPSO to EarthCare:Evolution of the DARDAR cloud classification and its comparison to airborne radar-lidar observations[J]. Journal of Geophysical Research Atmospheres,2013,118(14):7962-7981.

[26] Wang Z,Sassen K. An improved cloud classification algorithm based on the SGP CART site observations[C]//Fourteenth ARM Science Team Meeting Proceedings,2004.

[27] Teschke G,Görsdorf U,Körner P,et al. A new approach for target classification of Ka-band radar data[C]//Proceedings of ERAD,2006.

[28] Kodilkar A,Agarwal A,Mcr K,et al. A preliminary analysis of cloud classification results using Ka-band polarimetric radar signatures[J]. Geoscience and Remote Sensing Symposium,2016,544-547.

[29] 任建奇,严卫,杨汉乐,等.基于模糊逻辑的 CloudSat 卫星资料云分类算法[J].解放军理工大学学报(自然科学版),2011,12(1):90-96.

太行山东麓人工增雨防雹作业技术试验进展 *

段 英[1] 许焕斌[2]

(1 河北省人工影响天气办公室,石家庄 050021;

2 北京应用气象研究所,北京 100082)

摘 要: 本文介绍河北省气象部门依托"十三五"人影工程项目建设的新技术装备和支撑条件,邀请国家级科研院所、高等院校的专家学者联合组成科研技术团队,于 2017—2019 年,在利用空—地多种探测技术手段,综合探测试验区主要降水云系结构、形成机制、作业条件的基础上,开展的具有科学设计的地基火箭高炮人工增雨防雹作业技术试验,其中包括试验项目的研究内容,总体技术方案、综合探测技术方案的设计,3 年外场试验概况以及获得的部分试验成果。

关键词: 人工增雨防雹,作业技术,外场试验,太行山东麓

1 试验研究内容及专题设置

本试验项目由河北省人工影响天气办公室牵头承担,依据总体试验技术方案,共设置 8 个专题,其中 4 个专题分别由中国气象科学研究院、中国科学院大气物理研究所、南京大学承担,另外 4 个专题由河北省人工影响天气办公室及试验区的邢台市气象局、衡水市气象局承担。经过 3 年的试验研究,各专题均完成了预期的研究任务并已获得相应的成果[1-14],下面简要介绍外部科研院所、高校承担的专题任务和主要研究内容及典型试验个例代表性成果。

1.1 太行山东麓人工增雨防雹技术数值模拟研究(中国气象科学研究院,郭学良承担)

1.1.1 研究目标

依托太行山东麓人工增雨防雹科学试验区综合观测试验数据,开展较为系统的数值模拟研究,揭示该区域云和降水形成的过程和机理,在此基础上,开展数值模拟播撒试验,建立优化人工增雨防雹技术和方法,并进行检验和验证,实现业务应用。

1.1.2 研究内容

(1)太行山东麓云和降水形成的过程和机理的数值模拟研究

太行山东麓地形地貌复杂,在不同天气系统影响下,该地区云和降水形成过程非常复杂,但较为系统的数值模拟研究少。为了解该地区的自然云和降水形成过程和机理,拟依托综合科学试验数据,采用精细的地形分辨率和地表覆盖利用数据,在检验模式模拟结果的基础上,开展较为系统的数值模拟研究,揭示地形和天气条件对该地区云和降水形成过程的影响。针对冰雹天气过程,模拟研究冰雹形成的天气条件和云微物理特征。

(2)针对不同云和降水过程的人工增雨防雹的作业技术研究

在前期自然云和降水数值模拟研究的基础上,研究建立科学优化的人工增雨和防雹技术和方法。基于综合科学试验数据,开展比较系统的播撒数值模拟试验研究。从数值模式结果,研究揭示人工增雨作业的潜力、作业技术和方法。针对冰雹天气过程,开展人工防雹的技术和方法研究。

(3)人工增雨防雹技术指标建立和应用研究

在以上研究的基础上,结合外场科学试验,研究建立可业务应用的人工增雨防雹指标。由于基于数

---

* 资助信息:河北省"十三五"气象重点项目(hbrywcsy-2017-00)。

值模式的理论研究结果在业务应用时,往往缺乏观测手段,造成相关指标的应用困难,如过冷水含量、冰晶数浓度等指标,在实际业务应用时很难获取。为此,需要建立符合理论结果的应用指标,如雷达回波、云宏观特征等。要达到这一目标,需要将数值模式结果与雷达、地面和飞机观测数据有机地结合起来,统计分析模式指标与观测指标的关系,建立可业务应用的指标,最终形成科学优化的该地区人工增雨防雹应用指标。

1.2 太行山东麓不同降水云系微观结构飞机探测研究(中国科学院大气物理研究所,雷恒池承担)

1.2.1 研究目标

针对太行山东麓西风槽、冷锋(涡)类降水系统,利用飞机综合探测,研究其宏微观结构和降水形成机理,为人工增雨防雹作业试验提供科技支撑。

1.2.2 研究内容

(1)太行山东麓降水系统宏微观结构研究

根据已有的观测资料和项目开展过程中通过有针对性设计的飞行所获取的云系观测资料,结合地面综合观测资料,研究太行山东麓地区西风槽、冷锋(涡)类降水系统云系的宏微观结构特征,为开展人工增雨防雹作业试验提供科学指导。

(2)太行山东麓降水形成机理研究

根据地面观测系统所提供的雷达回波资料、降水资料、雨滴谱资料以及地基微波辐射计所获得的连续观测资料,结合飞机观测所获取的云系微观资料,分析研究其处于不同发展阶段降水云系的云中粒子谱特征及演变。根据观测的云滴数浓度及其谱型,冰晶数浓度及其形态特征,雪粒子形态特征,融化层中粒子谱,研究云中水分按不同粒子尺度的分配特征及云水向降水的转化特点和过程;研究云中过冷层与暖层液态水的水平、垂直分布及其含量的比例关系,分析云水向降水转化的自然条件和人工增雨的资源条件。研究处于同一发展阶段降水云系粒子谱(形态特征)和含水量的空间分布,特别是融化层上下及层中粒子谱的分布特征,获取降水云系降水粒子转化过程。

(3)太行山东麓降水系统最佳催化方法研究

通过观测资料分析,结合数值模拟,融合分析建立太行山东麓西风槽、冷锋(涡)类降水系统的概念模型,确立地基增雨防雹催化条件(时机、部位)与综合作业技术指标的识别技术,为开展人工增雨防雹作业试验提供依据。

1.3 基于双偏振雷达的人影作业条件与效果研究(南京大学,赵坤承担)

1.3.1 研究目标

依托太行山东麓试验区 3 部双偏振雷达观测资料,反演雨滴谱和相态识别,研究本地区降水微物理结构特征及人影作业条件与效果的检验和评估方法。

1.3.2 研究内容

(1)双偏振雷达观测设计和数据质量控制:针对人影的目标,协助设计试验区双偏振雷达观测方案,以及雷达标定方案。收集整理试验区双偏振雷达和地面雨滴谱仪等数据等,对双偏振雷达数据进行必要的质量控制,内容包括:反射率因子 Z,差分反射率因子(Z_{dr})的系统误差修正和衰减订正,偏振参数质量控制,非气象回波识别。

(2)雷达反演降水微物理特征参数:在常规天气雷达降水系统三维结构特征识别基础上,重点发展适应河北试验区降水的双偏振雷达微物理参数反演技术,进行验证。①双偏振雷达降水微物理参数反演:结合质量控制后的双偏振雷达数据和长期雨滴谱数据,建立双偏振雷达的降水反演算法;配合高度(温度)信息,建立不同粒子相态与偏振参数的成员函数,采用模糊逻辑法,对粒子相态进行识别,发展针对人工防雹和增雨业务的冰雹和过冷水识别算法。②结果验证:对收集的个例进行相态分类,并结合飞机、微波辐射计观测和云微物理的概念进行验证;在此基础上,分析典型个例作业前后的降水微物理结构演变特征。

(3)人影作业条件与效果的检验与评估:基于双偏振雷达反演结果,统计分析作业区和对比区的降水微物理特征差异(如冰雹和过冷水区变化),分析人工催化和防雹的作业效果,建立基于双偏振雷达的人影(防雹和增雨)作业条件(方案)和技术指标。

1.4　基于地面雨滴谱观测的降水微物理特征及人影作业效果研究(南京大学,陈宝君承担)

1.4.1　研究目标

依托太行山东麓试验区已建设的 65 套激光雨滴谱仪观测资料,研究本地区降水微物理结构特征及人影作业效果的检验和评估方法。

1.4.2　研究内容

(1)激光雨滴谱仪观测资料的整理与数据集的建立

收集整理试验区激光雨滴谱仪观测数据和地面雨量计等资料,按照天气系统和云系特点、作业区和对比区等分类整理观测数据,研究适合于当地的雨滴谱观测数据质量控制的方法;基于质量控制的数据,计算各种降水微物理结构参量(如雨滴谱分布、数浓度、雨水含量、雷达反射率、雨强、特征直径以及它们的标准差等),建立一套基于雨滴谱观测的试验区降水微物理结构特征数据集。

(2)自然降水的微物理结构特征分析

基于雨滴谱观测建立的降水微物理特征数据集,分析自然降水的微物理结构特征,重点调查各种微物理结构参量的时间和空间变化特征,获取自然降水微物理特征的空间分布规律,为开展人影作业效果检验和评估提供背景信息数据。研究雷达反射率和雨强的定量关系,为改进雷达定量降水估测精度提供算法。开展 Gamma 分布拟合,研究分布参数之间的约束关系,为改进数值模式微物理参数化提供依据。

(3)人工增雨作业效果的检验与评估

统计作业区和对比区的雨滴谱分布特征及各种降水微物理参量,结合它们的时间变化特征,定性和定量地分析人工催化的作业效果,寻找人工增雨的物理证据(不同天气系统、降水类型等),发展一套基于地面雨滴谱观测的人工增雨作业效果检验和评估方法。

2　综合探测技术方案

图 1 显示的是试验区综合探测设备布局,其中不同性能雷达的布局见图 2,依据综合观测布局和试验研究需要而设计了综合探测技术方案。

图 1　试验区综合观测设备布局

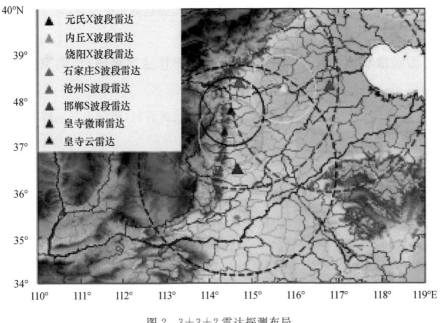

图2　3+3+2雷达探测布局

本试验利用的云物理探测飞机是河北省人工影响天气办公室引进并改装的King-air350ER飞机(编号3523)。机载探测仪器数据主要来自DMT公司生产的云粒子探头(CDP,Cloud Droplet Probe)、云粒子图像探头(CIP,Cloud Imaging Probe)、热线含水量(HotwireLWC)以及SPEC公司生产的云粒子成像仪(CPI,Cloud Particles Imager)和Aventech公司生产的飞机综合气象要素测量系统(AIMMS-20,Air-craft-Integrated Meteorological Measurement System)等。通过比较可知CPI拍摄的粒子图像分辨率较CIP更高,能更清晰地展示粒子尤其是小粒子的形态。CIP的图像可以展示出大粒子的形状,试验中对两种仪器得到的图像资料都进行了使用,实现了互相补充。

3　3年外场试验概况

本试验项目组利用2017—2019年5—9月发生在试验区内比较典型的降水天气系统,开展了22次人工增雨防雹作业技术外场综合试验,其中增雨作业技术试验18次,防雹作业技术试验4次;累计发射炮弹1171发,其中2017—2019年分别发射炮弹353、751和67发;3年累计发射火箭弹1124枚,其中2017年383枚,2018年469枚,2019年272枚;3年累计发射探空火箭23枚。由此可见,在3年试验中的累计作业和弹药消耗量相当于270个单点作业规模,累计参加作业人员近千人次。3年外场试验概况见表1。

表1　2017—2019年外场试验概况

试验年月	天气系统	累计试验次数/次 (增雨/防雹)	增雨试验 次数/次	防雹试验 次数/次	累计发射火箭弹/枚 (探空火箭)	累计发射 炮弹/发	累计飞机探测 架次及时间
2017年5—9月	西风槽/冷锋(涡)	7(6/1)	6	1	383(7)	353	8个架次 25 h 25 min
2018年5—9月	西风槽/冷锋(涡)	9(6/3)	6	3	469(13)	751	10个架次 25 h 49 min
2019年5—9月	西风槽/冷锋(涡)	6	6		272(3)	67	3个架次 10 h 4 min
合计		22(18/4)	18	4	1124(23)	1171	21架次 61 h 18 min

由表中数据还可以看出,在3年试验期间,利用搭载云微物理探测系统的空中国王和Y12飞机观测平台进行了空—地联合探测飞行21个(8+10+3)架次,历时飞行时间61 h 18 min,取得了大量有价值的试验资料。

该项目的实施,有效提高了区域内业务布局以外多部雷达(3+3+2)、辐射计(4)、激光雨滴谱仪(65)先进监测技术装备的利用率,促进了其业务化运行和规范化管理进程。

4 地基增雨防雹作业试验技术指标

该项目依据以往河北及有关研究获得的研究成果,在试验开始实施前制定的技术方案中设置的增雨防雹作业试验技术指标如下。

1. 地基增雨作业关键技术指标

(1)作业时机:当降水系统处于中前期,层状云雷达回波强度＞15 dBZ,对流云回波强度＞30 dBZ,作业区云系覆盖面积占比不少于1/3,云顶高度＞6 km和云厚＞4 km,云顶温度低于-10 ℃,满足上述条件后启动作业。

(2)作业部位:依据飞机前期探测信息,选择过冷水含量丰富(＞0.05 g/m³),温度低于-5 ℃的潜力区作为作业部位区。

2. 防雹作业关键指标

(1)作业时机:依据3部X波段雷达(12层体扫)对目标云系进行扇形扫描,识别冰雹云中相态,结合3部SA雷达给出早期判别指标。

(2)作业部位:根据已有的冰雹判据和识别指标(0 ℃层高度,0 ℃以上45 dBZ回波厚度,云顶高度),确定冰雹云强弱,确定作业用弹量,开展作业(视情况进行一次催化、二次催化;识别单体、强单体、超级单体);根据强回波面积、厚度、体积计算防雹所需的用弹量(火箭和高炮用弹量)。也可以给出不同的作业指标进行试验。

5 典型试验个例云系结构观测研究初步成果

5.1 基于飞机观测的积层混合云垂直微物理结构与降水产生机制

亓鹏等[1]根据试验项目技术组于2017年5月22日的一次飞机探测增雨作业试验云系结构微物理资料,分析了这次地基火箭增雨作业技术试验云系的微物理结构、降水机制和作业条件,见图3和图4。结

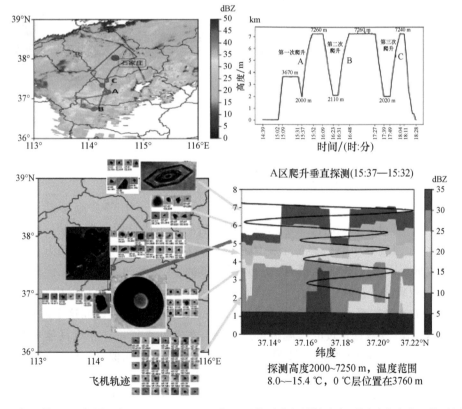

图3　2017年5月22日探测飞机于15:37—15:52在A区的垂直探测轨迹与不同对应高度云粒子图像分布

果表明,云结构特征为:云高度在 7 km 左右,其中 3 km 厚度是暖云,4 km 厚度是冷云;云顶温度－17 ℃,云底温度 15 ℃;0 ℃层在 3.4～3.7 km,云中过冷水大于 0.1 g/m³。该试验云系是理想的人工增雨作业对象,且完全满足该试验项目技术方案中事先设置的地基增雨作业条件和技术指标。这次降水以冷云降水为主,降水形成机制具有明显的 SEEDER-FEEDER 机制,但弱对流区与层云区降水机制有差异。

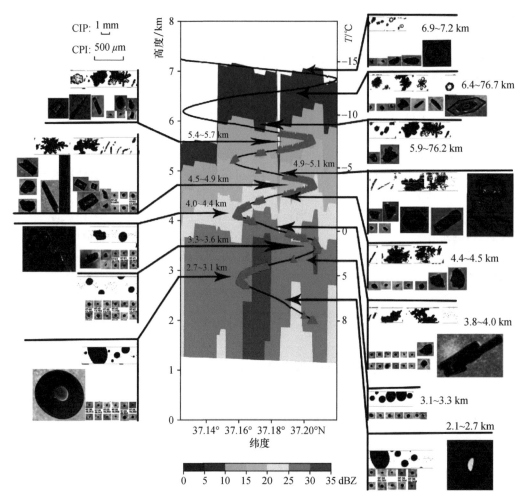

图 4　2019 年 5 月 22 日探测飞机于 15:37—15:52 在 B、C 区的垂直探测飞行轨迹、
SA 雷达反射率垂直剖面分布以及 CIP 与 CPI 探头采集的典型粒子图像
(绿色三角为观测到上升气流的位置;左侧为上升气流区各高度粒子图像;右侧为下沉气流区各高度粒子图像;
蓝线为 CPI 图像 500 μm 长度;黑线为 CIP 图像 1 mm 长度)

5.2　一次典型雹云结构的双多普勒雷达观测分析

2018 年 5 月 12 日,一次冰雹天气过程影响到试验区的邢台、石家庄等多地,从生成、发展到消亡持续时间超过 4 h。邢台降雹过程雷达回波显示冰雹云生成后回波主体自西向东移动,并且在移动过程中回波发生了多次合并,而回波强中心始终位于云体移向的右后侧,强回波中心移动方向呈西北—东南向。冰雹天气过程造成邢台市区以及内丘、邢台、南和等县、市的 18 个乡镇出现冰雹、大风、短时强降水等强对流天气(图 5),观测到的冰雹直径最大 3.5 cm(17:16—17:24 邢台市气象局院内),最大瞬时风速达 31 m/s(邢台皇寺观测站),过程最大降水量 29.4 mm。以下是范皓等[3]分析研究这个试验个例的主要结果。

取经过速度退模糊、衰减订正过的双偏振雷达产品与多普勒天气雷达相近高度 PPI(图 6a 和 6b)和相同剖面 RHI(图 6c 和 6d)比较,发现回波强度及结构特征分布大体相似,但是双偏振雷达探测到的强回波(>45 dBZ)面积要小于天气雷达,而且回波密集度较天气雷达小。

为了判断云体是不是含有冰雹,即空中是否已有冰雹生成,使用双偏振雷达对 17:03 中、高空部分产品进行了分析(图 7)。

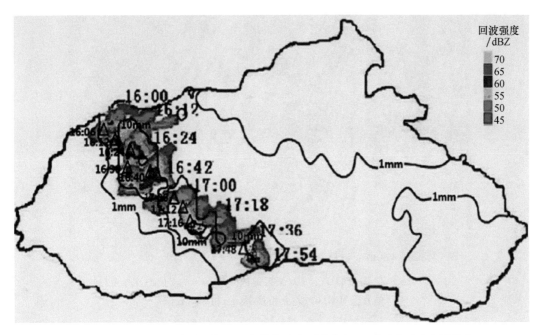

图 5 5 月 12 日邢台冰雹天气过程多普勒雷达回波移向、降雹时段及降水量分布
(黑粗实线为邢台市界线;细实线为雨量等值线(从外到内 3 层,分别为 1 mm、10 mm 和 25 mm);
黑色三角是降雹地点;雷达回波间隔 12～18 min;回波强度变化范围 45～65 dBZ)

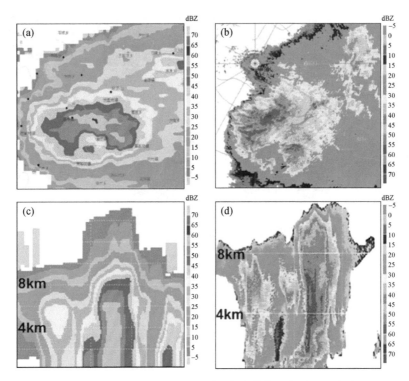

图 6 2018 年 5 月 12 日双偏振雷达与多普勒天气雷达回波对比

(a)、(b)17:00 多普勒雷达与双偏振雷达同高度回波强度;(c)17:25 以双偏振雷达位置为基点沿 159.8°作多普勒雷达垂直剖面;
(d)17:25 双偏振雷达沿 159.8°的 RHI

从图 7 可以看出,4.8 km 高度(10°)处回波强度在 30～50 dBZ,差分反射率为−1.5～3.5 dBZ,差分相移率值在 0～10.0°/km,相关系数小于 0.9,表明该区域是处于冰雹湿增长状态;6.5 km 处(14°)回波强度在 45～50 dBZ,差分反射率小于 1.0 dBZ,差分相移率值小于 2.5°/km,相关系数小于 0.85,是小冰雹存在区或冰雹干生长区。从这些相关参数来判断,此时此地的空中云体已含有冰雹。由此也初步确定了使用偏振雷达判别该区域雹云的技术指标。

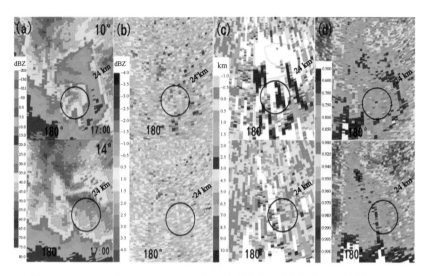

图 7　2018 年 5 月 12 日 17:03 双偏振雷达仰角 10°和 14°的回波强度(a)、
差分反射率(b)、差分相移率(c)、相关系数(d)

　　图 8 是经过一系列分析得到的特征图,图中显示:该雹云在降雹时段的雷达回波结构具有超长的"悬挂回波",这是流场与粒子场相互作用增长的产物,正是能托住冰雹粒子长运行轨迹的集中地,导致回波增强,并且悬在最强回波区边侧。

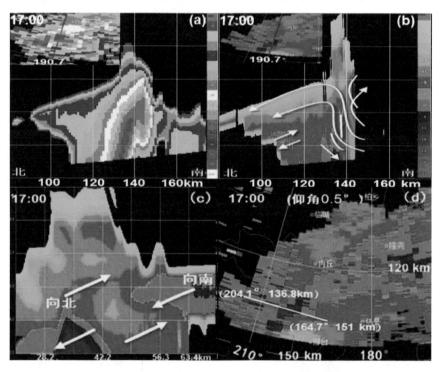

图 8　5 月 12 日 17:00 石家庄多普勒雷达 0.5°仰角的回波强度、径向速度及其垂直剖面图
(a) 回波强度沿 191.3°径向垂直剖面;(b)径向速度沿 191.3°径向垂直剖面(图中白色线为零线,黄色线为流线);
(c)沿(204.1°、136.8 km)到(164.7°、151 km)作的径向速度切向垂直剖面;(d)径向速度

　　从石家庄雷达观测到的回波演变(图 8)可以看出,强对流系统是自西北向南东南移动的,回波强中心位于回波移动方向的右后侧;在雷达测站 191°附近沿雷达径向作的回波强度和速度的垂直剖面(图 8a)上可以看到,回波强度伴有深厚的超长悬挂回波(胚胎帘),有界弱回波区及回波墙。图 8b 由于径向垂直剖面基本与主上升入流平行,所以沿此剖面的径向速度图上可反映气流的辐合、辐散及对应的垂直运动,还看到在低层 4 km 以下有偏南入流的辐合及上升运动区存在;8～12 km 有辐散区存在,而且在径向速度(图 8b)上呈现出上、中、下三重"0 线"(白线)。做此时穿过此地的切向(垂直于径向)径向速度的垂直剖

面(图8c),可发现径向速度在地面和空中存在着交替分布,表明云中水平气流在旋转,出现了偏南偏北两次转向。从图8d可以看出低层有偏南入流进入云体。

此次观测到的最大冰雹直径约3.5 cm,它于17:16落到了邢台市气象局院内。依据图8给出的雹云实例结构模型,试着勾画出了这个大雹运行增长的轨迹(图9中的紫实线)。线旁的黑点或圆圈的大小是为了定性表示冰雹或雹胚在云体中增长变大的情景。一些小粒子沿图8中带箭头的紫实线随主上升气流入云,一边运行一边长大。当它们运行到云上层时,其中长大了的粒子拥有较大的落速,它未被气流吹走,掉到处于云体上层、走向微上翘的0线附近,在这里它受水平气流和上升运动的双重带动,可进行三维空间中的循环增长;当它长到当地上升气流托不住时,又掉到中层的0线附近,这里的0线是接近直立的,意味着水平气流速度近于0,即这里水平气流是辐合的,粒子不会被水平气流吹离,但又是上升气流的中心,有上升气流托着它,使它继续在这里长大,增长方式是上升气流与雹块落速的平衡,雹块是边增长边下落,是直立的轨迹,没有明显的水平运行,因而沿0线不会出现循环运行增长那样的轨迹;随着它尺度变大及落速加快,它离开了中层0线区,再次落到下层的上翘0线区,在这里又可以进行二次循环增长,直到它翻越过主上升气流后落下,大冰雹降至地面。由于大冰雹有二次循环增长阶段,固而收集到的这个大雹块具有明显的内、外分层(图9左上方冰雹照片)。

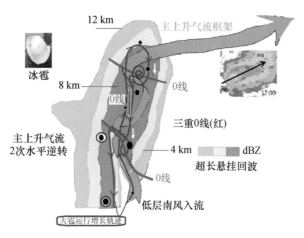

图9　2018年5月12日17:00邢台冰雹云主上升气流框架及大冰雹运行增长轨迹示意图
(带箭头的紫线表示大雹运行增长轨迹;线边黑圈表示雹块尺度;蓝白箭头表示冰雹降落中再入下层主上升区)

虽然这样的雹云结构仅存在了2~3个体扫时段,即12 min,鉴于冰雹云中具有充足的凝结水供应和低温环境,12 min是能够产生阵性降雹的。

本分析结果和勾画出的图虽然是定性的,但其物理内涵是这时的雹云结构具有兜雹成雹、可汇集大粒子、能循环运行增长的功能,显示出与理想或典型雹云模型不同的特征结构及成雹途径。

通过对云体各要素的径向和切向垂直剖面的综合分析,可以看出在主上升气流伴有辐合、辐散及旋转的情况下,水平气流速度的0线(0域:即0线附近的区域)的存在和其内的上升气流分布与回波的配置所组成的结构是具有兜雹成雹功能的,详见在此基础上勾画出的这次降雹云体主上升气流框架、多层0线结构及大冰雹运行增长轨迹示意图。这种结构可称为0线结构,这种结构具有的兜雹成雹功能,可称为"0线"效应。该个例雹云中存在着上、中、下三段0线,而且是相互衔接着的,这使0线结构的垂直尺度加长,伸到了更低的温度区,从而强化了0线效应,为冰雹的快速长大提供了优越的时空环境条件。看来,有意识、有设计地去了解实例雹云成雹的多种结构和方式是很必要的,只靠理想或典型的概念模型是难以做好实际防雹的,也有助于逐步克服人工防雹和对流云增雨作业中的盲目性。

参考文献

[1] 亓鹏,郭学良,卢广献,等.华北太行山东麓一次稳定性积层混合云飞机观测研究:对流云/对流泡和融化层结构特征[J].大气科学,2019,43(6):1365-1384.

[2] 杨洁帆,胡向峰,雷恒池,等.太行山东麓层状云微物理特征的飞机观测研究[J].大气科学,2021,45(1):88-106.

[3] 范皓,杨永胜,段英,等.太行山东麓一次强对流冰雹云结构的观测分析[J].气象学报,2019,77(5):823-834.

［4］ 王建恒,陈瑞敏,胡志群,等.一次强雹云结构的双多普勒雷达观测分析[J].气象学报,2020,78(5):796-804.

［5］ 孙玉稳,董晓波,李宝东,等.太行山东麓一次低槽冷锋降水云系云物理结构和作业条件的飞机观测研究[J].高原气象,2019,38(5):971-982.

［6］ 董晓波,王晓青,付娇,等.人工增雨防雹火箭弹道跟踪系统的研制及初步试验[J].气象,2020,46(6):850-856.

［7］ 郭学良,方春刚,卢广献,等.2008—2018年我国人工影响天气技术及应用进展[J].应用气象学报,2019,30(6):641-650.

［8］ Hua S,Xu X,Chen B. Influence of multiscale orography on the initiation and maintenance of a precipitating convective system in North China:A case study[J]. Journal of Geophysical Research:Atmospheres,2020,125(13):1-20.

［9］ Fu Y,Lei H,Yang J,et al. Comparison of aircraft observations with ensemble forecast model results in terms of the microphysical characteristics of stratiform precipitation[J]. Atmospheric and Oceanic Science Letters,2020,13(5):1-10.

［10］ Shao S Q,Zhao K,Chen H N,et al. Validation of a multilag estimator on NJU-CPOL and a hybrid approach for improving polarimetric radar data quality[J]. Remote Sensing,2020,12(1):180-204.

［11］ Huang H,Zhao K,Chen H N,et al. Improved attenuation-based radar precipitation estimation considering the azimuthal variabilities of microphysical properties[J]. Journal of Hydrometeorology,2020,21(7):1605-1620.

［12］ Huang H,Zhao K,Zhang G,et al. Optimized raindrop size distribution retrieval and quantitative rainfall estimation from polarimetric radar[J]. Journal of Hydrology,2020,580:124-134.

［13］ Liu L P,Ding H,Dong X B,et al. Applications of QC and merged doppler spectral density data Ka-Band cloud radar to mircrophsics retrieval and comparson with airplanne in situ observation[J]. Remote Sens,2019,11(13):1595-1606.

［14］ Yang Y,Zhao C F,Dong X B,et al. Toward understanding the process-level impacts of aerosols on microphysical properties of shallow cumulus cloud using aircraft observations[J]. Atmospheric Research,2019,221:27-33.

利用 FY-2 静止气象卫星反演产品建立辽宁省人影作业指标

王　萍　张晋广　刘　昀　孙　丽

（辽宁省人工影响天气办公室,沈阳 110166）

摘　要:利用 2016—2018 年辽宁省典型人工增雨服务中使用的 FY-2 卫星反演产品和地面自动站逐小时降水资料,统计辽宁地区降水过程的云顶高度、云顶温度、有效粒子半径、光学厚度、液水路径和黑体亮温等各类云宏微观特征参数与降水的关系,采用点双列相关系数法,计算各类云参数与降水的相关系数,以 TS 评分的方式,建立 FY-2 卫星反演云参数辽宁省人影作业指标。结果表明,层状云降水下各类卫星反演云参数与降水的相关性比较高,结合与降水 TS 评分后的最高值和准确率的方法,得到有效粒子半径大于等于 27 μm 和光学厚度大于等于 21 共两个卫星反演云参数的辽宁省人影作业指标。

关键词:云特征参数,降水,FY-2 卫星,人影作业指标

1　引言

云的结构特征与云辐射特性、云降水条件、降水机制、降水效率及人工增雨潜力等紧密相关[1]。云的宏观参量包括云顶高度、云顶温度、云的移动速度等,而微观参量包括液水路径、有效粒子半径、光学厚度等,十分复杂。了解云的宏微观参数与降水的关系,对准确识别作业条件、有效捕获可播云区、科学实施人工播云催化尤为重要[2]。

国内外对卫星反演云参数与降水的关系,已经开展了大量有意义的研究工作。如利用卫星资料反演云宏微观参数[3-5],卫星反演产品与地面降水的相关性研究[6-9]等。Rosenfeld 等[10]研究了 NOAA 卫星反演的云粒子有效半径与降水的关系,提出有效半径大于 14 μm 是云中产生降水的阈值。刘健等[11]研究了 FY-1D 结合 NOAA 卫星反演得到的云光学厚度和地面降水数据,发现地面降水量基本与云光学厚度呈正相关。为获得云系结构的连续变化,周毓荃等[12]用 FY-2 静止气象卫星遥感观测,融合多种观测资料,反演了包括云顶高度和温度、过冷层厚度、云光学厚度、云粒子有效半径和云液水路径等近 10 种云宏微观物理参数,并同 CloudSat 卫星观测资料以及 MODIS(Moderate-resolution Imaging Spectroradiometer)反演的同类产品进行了检验,取得了较好一致性。该反演产品已经业务化应用,国内针对 FY-2 卫星反演产品进行了一些相关的研究。陈英英等[13]针对江淮地区 2 次强降水天气过程利用 FY-2 静止气象卫星反演产品与地面降水进行了相关性研究,发现光学厚度与地面强降水中心能够很好的吻合,云液水路径的大值区与地面强降水中心的位置基本一致,云液水路径的大小与地面降水量的大小呈正相关关系。蔡淼等[14-15]针对 2008 年山西省 1 次层状云降水过程和安徽省 1 次对流云降水过程,分析了云参数与降水的关系,发现光学厚度与降水关系密切,云光学厚度等云参数跃变先于地面降水 1~2 h。盛日峰等[16]针对山东 1 次降水过程,通过对卫星反演产品与降水的相关性研究,得到云液水路径>400 g·m^{-2} 和云粒子有效半径>27 μm 的区域与地面降水强度的指标。黄毅梅[17]通过对比卫星反演产品与自动站降水发现,对于稳定的层状云降水,一般云粒子有效半径>10 μm,并通过北京 1 次降水过程验证了指标的合理性。孙鸿娉等[17]利用 FY 静止卫星资料的反演产品在 1 次夏季积层混合云降水分析中得到了人工增雨催化条件的卫星判据:云系厚度大于 2 km,云顶温度-20~-10 ℃,云顶云粒子有效半径小于 15 μm。

综上所述,卫星反演的云参数与地面降水有着很好的相关性。以上的研究多是利用卫星反演的云参数进行云降水关系的个例分析,或是利用个例针对某个地区建立雨强或是人工增雨催化条件的云参数指标。我国幅员辽阔,不同地区气候特征、典型天气系统也不尽相同。因此,为了提高卫星反演产品在辽宁

省的适用性,提高人影监测预警能力,需要通过大量降水过程来研究辽宁地区卫星反演产品与降水的相关性,建立辽宁省人影作业指标。通过研究,可以认识云降水发展演变规律,进一步提高辽宁省人影指挥水平,同时也丰富了辽宁省多种监测资料指标体系。

2 数据资料介绍

选取 2016—2018 年辽宁省 32 次人工增雨服务过程 FY-2 静止卫星反演产品和辽宁省 62 个自动站逐小时降水资料。

FY-2 静止卫星是我国第一代静止气象卫星风云二号气象卫星的业务卫星。卫星反演产品是基于 FY-2 静止卫星遥感观测得到的原始数据经过反演技术得到的若干种云宏微观物理特征参数,并实现业务应用。卫星反演产品的云宏微观物理参数包括云顶高度、云顶温度、过冷层厚度、光学厚度、有效粒子半径、液水路径和黑体亮温。FY-2 卫星反演的范围可以任意指定,投影方式为等经纬度投影,水平分辨率是 5 km,时间分辨率为 30 min,参数定义如表 1 所示。

表 1 FY-2 静止气象卫星反演产品的云宏微观物理参数

云宏微观物理参数名称	定义
云顶高度	指云顶相对地面的距离,单位为千米(km)
云顶温度	指云顶所在高度的温度,单位为摄氏度(℃)
过冷层厚度	指 0 ℃层到云顶的厚度,单位为千米(km)
光学厚度	指云系在整个路径上云消光的总和,无量纲
有效粒子半径	指假设云层在垂直方向均匀的条件下,云粒子的有效半径,单位为微米(μm)
液水路径	指云体单位面积上的液水总量(或叫柱液水量),单位为克每平方米(g·m^{-2})或微米(μm)
黑体亮温	指卫星观测的下垫面物体(这里是云顶)的亮度温度,单位为摄氏度(℃)

3 数据处理

3.1 卫星反演云参数和地面降水数据时空匹配处理

3.1.1 空间匹配

考虑以气象观测站经纬度为中心,取其周围距离最近的 9 个格点上相应的云参数的算术平均值,作为该点对应的云参数值。假设气象观测站的经纬度为(123.16°E,42°N),与卫星反演产品像素点位置(123.15°E,42°N)最接近。如图 1 所示。

3.1.2 时间匹配

按照云降水过程相同时刻的各类云参数和降水一一对应进行匹配,分析整个降水生命期各云参数和降水的变化特征。

2016—2018 年,典型人工增雨服务过程共 32 次。根据不同云降水特点即层状云降水为大范围的层状云产生的稳定和持续性降水,降水均匀,水平分布范围广,持续时间长;对流云降水为对流云产生的阵性降水,降水不均匀、降水强度大;层积混合云主要是由锋面云系下控制的稳定云团,云系中水平分布不均匀,云团内嵌有对流泡,整个过程降水均匀,在对流较强的时段降水量会增大;利用过程个例的卫星云图、雷达、天气图等气象资料将 32 次过程个例按照云系分类,分成层状云、对流云和层积混合云 3 类[18],其中层状云 18 次、积状云 2 次和层积混合云 12 次。为了统计 FY-2 卫星反演产品和降水量之间的关系,利用时空匹配方法将 FY-2 卫星反演产品和降水量之间一一对应,并且剔除降水个例中云参量和降水量异常值及时间重复站点数据资料,统计云顶高度、云顶温度、有效粒子半径、光学厚度、液水路径和黑体亮温云参数与降水的关系,通过建立云参数与降水样本对,得到 32 次过程个例对应 47110 个样本对,其中,18 次层状云降水对应 23723 个样本对,2 次积状云降水对应 674 个样本对,12 次层积混合云对应 22713

个样本对。由于积状云降水样本数较少,后续仅针对层状云和层积混合云进行分析。

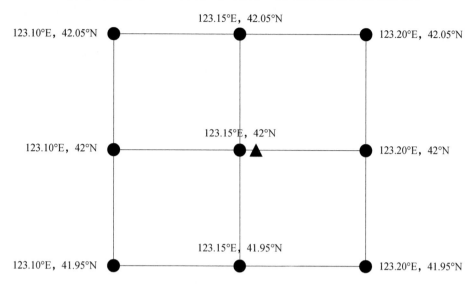

图1 国家级地面气象观测站点与卫星反演产品像素点位置关系

(黑色实心圆表示卫星格点;黑色三角形表示气象观测站位置)

4 统计分析

4.1 卫星反演云参数与降水的关系

统计无降水和降水下各类卫星反演云参数的分布情况,了解卫星反演云参数和降水之间的关系。图2和图3分别给出了辽宁地区层状云和层积混合云无降水和降水下云顶高度、云顶温度、有效粒子半径、光学厚度、液水路径和黑体亮温各类卫星反演云参数的分布情况。

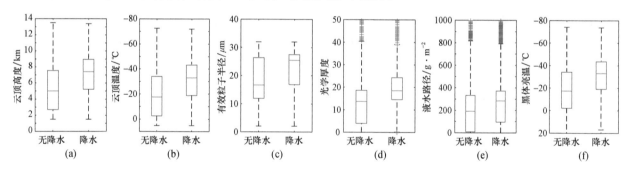

图2 降水和无降水下层状云云参数分布情况

(a)云顶高度;(b)云顶温度;(c)有效粒子半径;(d)光学厚度;(e)液水路径;(f)黑体亮温

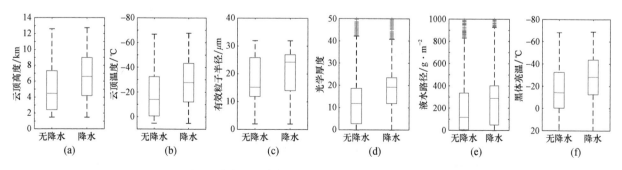

图3 降水和无降水下层积混合云云参数分布情况

(a)云顶高度;(b)云顶温度;(c)有效粒子半径;(d)光学厚度;(e)液水路径;(f)黑体亮温

4.1.1 层状云降水下各类云参数分布情况

由图 2 可知,在层状云下,云顶高度、有效粒子半径、光学厚度、液水路径与降水呈正相关,云顶温度和黑体亮温与降水呈负相关;无降水时,云顶高度取值在 $3\sim7.5$ km,云顶高度中位数为 5 km 左右,云顶温度取值在 $-35\sim-5$ ℃,云顶温度中位数为 -20 ℃左右,有效粒子半径取值在 $12\sim28$ μm,有效粒子半径中位数为 18 μm 左右,光学厚度取值在 $5\sim19$,光学厚度中位数为 15,液水路径取值在 $10\sim350$ g·m^{-2},液水路径中位数为 200 g·m^{-2},黑体亮温取值在 $-35\sim-2$ ℃,黑体亮温中位数为 -20 ℃左右;有降水时,云顶高度取值在 $5\sim9$ km,云顶高度中位数为 8 km 左右,云顶温度取值在 $-45\sim-20$ ℃,云顶温度中位数为 -35 ℃左右,有效粒子半径取值在 $18\sim29$ μm,有效粒子半径中位数为 27 μm 左右,光学厚度取值在 $15\sim25$,光学厚度中位数为 20,液水路径取值在 $100\sim400$ g·m^{-2},液水路径中位数为 300 g·m^{-2},黑体亮温取值在 $-45\sim-20$ ℃,黑体亮温中位数为 -35 ℃左右。由此可见,与降水呈正相关的云参数值在有降水下高于无降水下的值;与降水呈负相关的云参数反之。

4.1.2 层积混合云降水下各类云参数分布情况

由图 3 可知,在层积混合云下,各类云参数与降水的相关性与层状云和积状云下相同;无降水时,云顶高度取值在 $2.5\sim7.5$ km,云顶高度中位数为 4.5 km 左右,云顶温度取值在 $-33\sim-2$ ℃,云顶温度中位数为 -15 ℃左右,有效粒子半径取值在 $12\sim28$ μm,有效粒子半径中位数为 15 μm 左右,光学厚度取值在 $3\sim18$,光学厚度中位数为 13,液水路径取值在 $0\sim340$ g·m^{-2},液水路径中位数为 100 g·m^{-2},黑体亮温取值在 $-33\sim-1$ ℃,黑体亮温中位数为 -18 ℃左右;有降水时,云顶高度取值在 $4.5\sim9$ km,云顶高度中位数为 6.5 km左右,云顶温度取值在 $-45\sim-10$ ℃,云顶温度中位数为 -30 ℃ 左右,有效粒子半径取值在 $15\sim28$ μm,有效粒子半径中位数为 25 μm 左右,光学厚度取值在 $12\sim23$,光学厚度中位数为 20,液水路径取值在 $50\sim400$ g·m^{-2},液水路径中位数为 300 g·m^{-2},黑体亮温取值在 $-45\sim-18$ ℃,黑体亮温中位数为 -30 ℃左右。由此可见,层积混合云各类云参数变化趋势与层状云相同,与层状云相比,与降水呈正相关的云参数值略低,与降水呈负相关的云参数值略高。

5 建立卫星反演云参数人影作业指标

采用点双列相关系数来计算不同云降水下各类卫星反演云参数与云是否产生降水的相关系数,提取相关性较高的因子作为参数,以 TS 评分为依据,建立云参数人影作业指标,并给出评分。

5.1 云参数与降水的相关性

为了筛选与降水相关性较高的因子从而进行降水云的识别,本文采用点双列相关系数来计算不同云参数与降水的相关系数。由于云参数为连续型变量,而降水与否为(0,1)变量,所以求其点双列相关系数[19]。具体计算方法如下:

$$r = \frac{\bar{x}(1) - \bar{x}}{S_x}\left(\frac{p}{1-p}\right)^{\frac{1}{2}} \tag{1}$$

式中:$\bar{x}$ 为连续变量 x 的平均值;$\bar{x}(1)$ 为在降水时 x 的平均值;p 为降水事件出现的概率;S_x 为 x 的样本标准差。

表 2 和表 3 分别给出了辽宁地区层状云和层积混合云降水过程下卫星反演云参数云顶高度、云顶温度、有效粒子半径、光学厚度、液水路径和黑体亮温与降水相关系数。

表 2 层状云云参数与降水相关系数

层状云	云顶高度	云顶温度	有效粒子半径	光学厚度	液水路径	黑体亮温
相关系数	0.3273	-0.3273	0.2664	0.3174	0.2024	-0.3318

表 3 层积混合云云参数与降水相关系数

层积混合云	云顶高度	云顶温度	有效粒子半径	光学厚度	液水路径	黑体亮温
相关系数	0.2225	-0.2225	0.1831	0.2797	0.1808	-0.2265

由表2和表3可知,辽宁地区层状云和层积混合云降水过程下,卫星反演云参数云顶高度、有效粒子半径、光学厚度、液水路径与逐小时降水呈正相关,云顶高度和光学厚度相对其他云参数相关系数较高,说明云顶越高或者光学厚度越大,产生降水可能性越大;云顶温度、黑体亮温与逐小时降水呈负相关,说明云顶温度和黑体亮温越低,更易产生降水;层状云降水过程中云顶高度、云顶温度、光学厚度、黑体亮温与逐小时降水相关性较层积混合云降水高。

5.2 TS 评分

TS 评分是衡量某一量级的预报准确率的标准,取值范围为 0～1,对某一量级的预报无预报技巧时值为 0,对某一量级降水预报准确率达 100% 时值为 1,即无空报和漏报。

判别指标采用 TS 评分和准确率来判定,其定义如下:

$$TS = \frac{a}{a+b+c} \tag{2}$$

$$AC = \frac{a+d}{a+b+c+d} \tag{3}$$

式中:a、b、c、d 的含义见表4。

表 4   双态分类联列表

预报	实际	
	降水	非降水
降水云参数样本数	a(正确)	b(空报)
非降水云参数样本数	c(漏报)	d(正确否定)

由于不同云降水下降水数据比例小,因此,采用选取 TS 评分最高的指标作为最终制定的指标更为合理,据此,得到如表5和表6所示的判别指标。

表 5   层状云降水下卫星反演云参数产生降水的指标

层状云降水	云顶高度	云顶温度	有效粒子半径	光学厚度	液水路径	黑体亮温
TS	36.91%	36.91%	37.17%	37.43%	31.96%	36.95%
AC	64.15%	36.91%	63.77%	64.39%	68.65%	36.95%
FY	≥6.3	≤−47	≥27	≥21	≥243	≤−53

表 6   层积混合云降水下卫星反演云参数产生降水的指标

层积混合云降水	云顶高度	云顶温度	有效粒子半径	光学厚度	液水路径	黑体亮温
TS	25.13%	25.23%	25.58%	28.94%	24.08%	25.12%
AC	71.77%	25.13%	74.99%	75.07%	76.91%	25.06%
FY	≥9.1	≤−51	≥28	≥18	≥301	≤−42

表5和表6中 TS、AC 和 FY 分别表示 TS 评分最高值及对应的准确率和云参数指标,可知层状云降水下各类卫星反演云参数的 TS 比层积混合云降水下要高,通过上一节不同云系降水过程下各类卫星反演云参数与降水相关性计算结果可知,层状云降水过程中各类卫星反演云参数与降水相关性较层积混合云降水高,因此,层状云作业指标可靠性要高于层积混合云。通过对比各类云参数相关系数、TS 评分最高值及准确率,最后,选取有效粒子半径和光学厚度两个云参数作为产生降水的指标较合理,即层状云的有效粒子半径大于等于 27 μm 或光学厚度大于等于 21 时,这样的云系易产生降水。

6   结 论

本文研究了辽宁地区层状云和层积混合云降水云系下各类卫星反演云参数(云顶高度、云顶温度、有效粒子半径、光学厚度、液水路径和黑体亮温)与降水关系,建立辽宁省人影作业指标,主要结论如下。

(1)层状云和层积混合云降水下,云顶高度、有效粒子半径、光学厚度、液水路径与降水呈正相关,云顶温度和黑体亮温与降水呈负相关;与降水呈正相关的云参数值在有降水下高于无降水下的值,与降水呈负相关的云参数反之。层积混合云降水与层状云降水相比,与降水呈正相关的云参数的值略低,与降水呈负相关的云参数的值略高。

(2)层状云降水下,云顶高度、云顶温度、有效粒子半径、光学厚度、液水路径和黑体亮温取值范围分别在 $5\sim9$ km、$-45\sim-20$ ℃、$18\sim29$ μm、$15\sim25$、$100\sim400$ g·m^{-2} 和 $-45\sim-20$ ℃易产生降水;层积混合云降水下,上述参数取值范围分别在 $4.5\sim9$ km、$-45\sim-10$ ℃、$15\sim28$ μm、$12\sim23$、$50\sim400$ g·m^{-2} 和 $-45\sim-18$ ℃易产生降水。

(3)层状云降水过程下各类卫星反演云参数与降水相关性较层积混合云降水高,结合 TS 评分及准确性综合考虑,得到两个卫星反演云参数作为人工增雨的指标判据:有效粒子半径大于等于 27 μm 和光学厚度大于等于 21。

后续将针对这两个指标开展相关的验证工作,并通过其他观测资料来完善层积混合云和积状云的指标。

参考文献

[1] 周毓荃,蔡淼,欧建军,等.云特征参数与降水相关性的研究[J].大气科学学报,2011,34(6):641-652.

[2] 周毓荃,赵姝慧.CloudSat卫星及其在天气和云观测分析中的应用[J].南京气象学院学报,2008,31(5):603-614.

[3] King M D. Determination of the scaled optical thickness of clouds from reflected solar radiation measurements[J]. Journal of the Atmospheric Sciences,1987,44(13):1734-1751.

[4] Nakajima T,King M D. Determination of the optical thickness and effective particle radius of clouds from reflected solar radiation measurements. Part Ⅰ:Theory[J]. Journal of the Atmospheric Sciences,1990,47(15):1878-1893.

[5] Nakajima T,King M D,Spinhirne J D,et al. Determination of the optical thickness and effective particle radius of clouds from reflected solar radiation measurements. Part Ⅱ:Marine stratocumulus observations[J]. Journal of the Atmospheric Sciences,1991,48(5):728-751.

[6] Rosenfeld D,Yu X,Dai J. Satellite-retrieved Microstructure of AgI seeding tracks in supercooled layer clouds[J]. Journal of the Atmospheric Sciences,2005,44(6):760-767.

[7] 徐冬英,张中波,王璐,等.FY-2C卫星反演云参数产品在湖南人工增雨抗旱中的应用[J].安徽农业科学,2013,41(36):13958-13960.

[8] 杨道侠.卫星反演产品在增水效果检验中的初步分析[C]//中国气象学会人工影响天气委员会,中国气象学会大气物理学委员会,中国气象科学研究院,等.第26届中国气象学会年会人工影响天气与大气物理学分会场论文集,2009.

[9] 舒志亮.FY-2C卫星云参数反演产品在宁夏的初步应用分析[C]//中国气象学会人工影响天气委员会,中国气象科学研究院,中国气象局人工影响天气中心,等.第十五届全国云降水与人工影响天气科学会议论文集(Ⅱ).北京:气象出版社,2008.

[10] Rosenfeld D,Gutman G. Retrieving microphysical properties near the tops of potential rain clouds by multispectral analysis of AVHRR data[J]. Atmospheric Research,1994,34:259-283.

[11] 刘健,张文建,朱元竞,等.中尺度强暴雨云团云特征的多种卫星资料综合分析[J].应用气象学报,2007(02):158-164.

[12] 周毓荃,陈英英,李娟,等.用FY-2C/D卫星等综合观测资料反演云物理特性产品及检验[J].气象,2008,34(12):27-35.

[13] 陈英英,唐仁茂,周毓荃,等.FY-2C/D卫星微物理特征参数产品在地面降水分析中的应用[J].气象,2009,35(2):15-18.

[14] 蔡淼,周毓荃,朱彬.FY-2C/D卫星反演云特性参数与地面雨滴谱降水观测初步分析[J].气象与环境科学,2010,33(1):1-6.

[15] 蔡淼,周毓荃,朱彬.一次对流云团合并的卫星等综合观测分析[J].大气科学学报,2011,34(2):170-179.

[16] 盛日锋,龚佃利,王庆,等.FY-2D卫星反演的云特征参数与地面降水的相关分析[J].气象科技,2010(S1):68-72.

[17] 黄毅梅.卫星反演云物理参数研究及其在人工影响天气中的应用[D].兰州:兰州大学,2006.

[18] 孙鸿娉,李培仁,申东东,等.夏季积层混合云降水的云特征参数演变及人工增雨可播性研究[J].中国农学通报,2017,33(3):126-134.

[19] 刘宸钊,卓伟,裴军林.基于对流参数的雷暴预报方法研究[J].高原山地气象研究,2010,30(2):22-25.

一次东北冷涡天气过程云降水监测分析

张晋广　赵姝慧　孙　丽　刘　旸　单　楠　张铁凝　王　萍

(辽宁省人工影响天气办公室,沈阳 110166)

摘　要:对云系多尺度结构特征的分析研究,有助于掌握云发生发展的演变规律,从而识别人工播云条件。本文针对 2020 年 4 月 16—17 日一次东北冷涡降水天气过程,利用常规气象仪器、天气雷达、微波辐射计、云雷达、云高仪和微雨雷达等多种观测设备资料,分析降水前后各云参数的发展演变特征。结果表明:本次过程受东北冷涡东移南下影响,辽宁产生了弱降水。降水开始前虽然云内已产生降水,但由于云下的干层较为深厚,因此,降水在下落过程中蒸发了。随着云底较低的云层的移入,云系发展的更深厚才在地面产生有效降水。相比于常规气象资料,天气雷达资料,地基垂直基地的 4 种观测资料对于云降水的垂直结构观测更为精细,能够为开展人工增雨作业监测预警和实时指挥提供有效技术支撑。

关键词:三维云结构,云雷达,微雨雷达,微波辐射计,云高仪

1　引言

人工影响天气的对象是云,准确掌握三维云结构是人工播云的前提。东北冷涡作为东北地区常见的降水天气系统,因其系统发生发展演变较快,给增雨潜力区的预报带来困难,因此,临近时刻云降水的监测预警尤为重要。2019 年 8 月,辽宁省在阜蒙县观测站建设了人工影响天气地基垂直观测基地,布设微波辐射计 1 部、云雷达 1 部、云高仪 1 部、微雨雷达 1 部,实现了对云降水垂直结构的精细探测。微波辐射计可以作为传统探空资料的有效补充[1],它具有高时空分辨率、全天候无人值守等优点,可以实时获取大气的温湿廓线信息。而且微波辐射计提供的云液态水、稳定度参数等产品为人工增雨潜力区的识别等提供了重要依据[2-3]。全固态测云仪是一种全新的云观测设备,采用顶空垂直探测的工作方式,实时获取云顶高、云底高、云廓线结构、垂直速度等参数,实现云降水连续演变过程的探测。激光云高仪是从地面向上空发射激光脉冲,通过接收大气对此光脉冲的后向散射达到探测分析大气在不同高度的组成成分,水汽成分对光的后向散射的贡献很大,从而可以分析出云高信息。激光云高仪对低空大气也表现出优良的性能,它不仅可以探测和分析得到三层云的数据,而且对降水期间的垂直能见度和云检测也表现出良好的性能。激光云高仪是目前常用的一种自动化观测仪器[4],它运用 LIDAR(light detection and ranging)技术,在垂直或是接近垂直的方向上通过发射机发射高速光脉冲,天空中的气溶胶、云、雾、霾和降水等对高速光脉冲进行散射,得到的后向散射光束由接收机监测,根据发射机与接收机的时间差确定云高[5]。微雨雷达能够测量从近地面至高空的反射率因子和雨滴谱分布特征,对研究和分析降水微物理结构,改进雷达降水估计精度有重要作用。微雨雷达利用多普勒效应,利用雨滴大小和散射截面、下落速度之间的关系,测量不同高度的雨滴大小分布,并导出降水率、液态水含量、粒子下落速度和雷达反射率因子等数据。

本文针对辽宁省 2020 年 4 月 16—17 日东北冷涡降水天气过程,利用多种资料对三维云结构开展初步的分析结果,为开展人工增雨作业提供技术指导。

2　数据介绍

利用天气形势场和雷达组合反射率拼图,测得云雷达回波强度;利用云高仪测得云底高度、微雨雷达反射率因子、微波辐射计温度廓线以及雨量筒分钟降水量等数据。

3 云降水监测分析

3.1 天气形势分析

2020年4月16—17日,受东北冷涡东移南下影响,辽宁省有一次弱降水过程。4月16日20:00测站位于冷涡前侧(图1)。17日,冷涡继续南下,涡旋中心位于辽宁中部,测站主要受冷涡顶部影响。降水开始于4月16日22:20并于17日11:15结束,最大小时雨强出现在17日05:00,为1.5 mm/h。

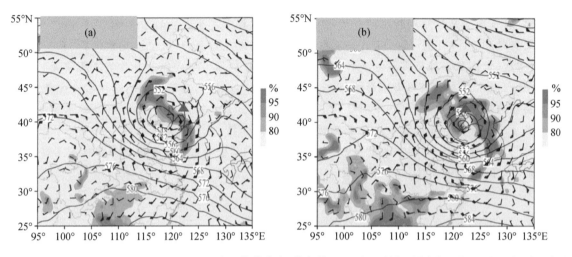

图1　4月16日20:00(a)及17日08:00(b)500 hPa位势高度(棕色线)、850 hPa风场(风向杆)及850 hPa相对湿度(图例)

3.2 天气雷达监测分析

由辽宁省雷达拼图(图2)可知,系统移动过程中云系呈逆时针方向旋转东移经过测站上方。4月16日21:30,降水回波主要位于辽宁省中部及南部地区,但测站上方已有回波产生,反射率介于10~15 dBZ,回波较弱,高空可能已有降水生成。23:30随着云体旋转测站上空回波增强,反射率能够达到20 dBZ以上。17日随着系统东移,回波分散并减弱,到10:00反射率基本小于10 dBZ。

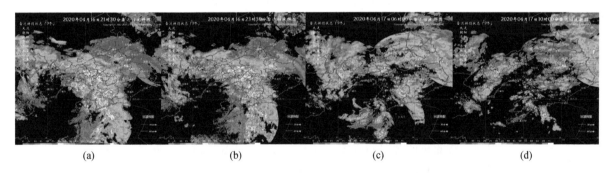

图2　4月16日21:30(a)、23:30(b)及4月17日06:00(c)、10:00(d)辽宁省雷达拼图

3.3 云降水监测分析

图3给出了阜蒙县观测站内云雷达、云高仪、微雨雷达、微波辐射计及地面雨量筒的测量结果。可以看出,4月16—17日,0 ℃层的高度约为2 km。由云雷达及云高仪可知,4月16日白天,测站上空主要以中高云为主。在降水开始前(16日18:00—22:20),云底高度较低的云层逐渐移入测站上方,在降水开始时云底高度约为1 km。由雨量筒测量的分钟降水可知,降水自开始后至17日05:30较为连续,而在05:30—11:15则较为分散。对比云雷达及微雨雷达的测量结果,16日18:00—22:20时,尽管雨量筒未测量到雨强,但云内已产生降水,由于云下的干层较为深厚,降水在下落过程中蒸发了。而随着云底较低的云层的移入,降水已

经可以到达地面。16日22:20—17日05:30降水云的回波强度较大,说明云内降水粒子较大,即使在云中2km左右出现了干层导致上层降水粒子蒸发,但底层的低云也在地面产生了降水。17日05:30之后,云体的回波时强时弱,降水也较为分散。11:15之后,尽管微雨雷达仍探测到低层有降水回波,由于量级较小,雨量筒并未测到。总体而言,微雨雷达与雨量筒在捕捉降水时段上较为一致。

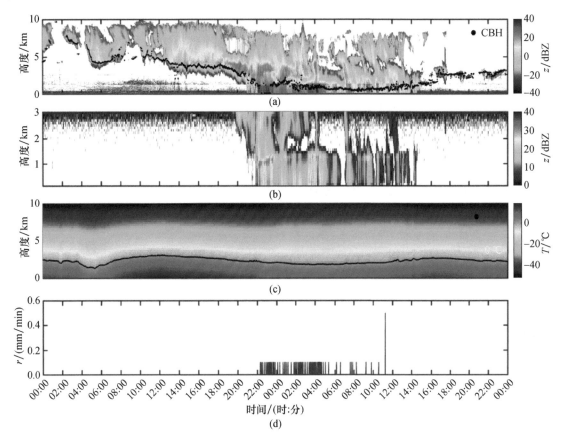

图3　4月16—17日云雷达回波强度(填色)及云高仪测得云底高度(黑点)(a)、微雨雷达反射率因子(填色)(b)、
微波辐射计温度廓线(填色)(c)及0 ℃层高度(黑点)和雨量筒分钟降水量(d)

4　结论

本次过程受东北冷涡东移南下影响,辽宁产生了弱降水。4月16日白天,测站上空主要以中高云为主。降水开始前的几小时,云底高度约为1 km,虽然云内已产生降水,但由于云下的干层较为深厚,因此降水在下落过程中蒸发了。随着云底较低的云层的移入,22:20云的回波增强,说明云内出现了较大的降水粒子,降水到达地面。降水自开始后至17日05:30较为连续,而在05:30—11:15则较为分散。云雷达、云高仪及微雨雷达在指示云底、降水起始时间上的结果较为一致,能够较好地描述云和降水发展演变过程。降水开始前,云底高度较高,云内形成的降水粒子在下落过程中蒸发,不能到达地面。而云底较低且较为深厚的云层可以在地面产生有效降水。

参考文献

[1] 刘亚亚,毛节泰,刘钧,等.地基微波辐射计遥感大气廓线的BP神经网络反演方法研究[J].高原气象,2010,29(6):1514-1523.

[2] 张秋晨,王俊,李雪.地基微波辐射计资料在对流云降水前的变化特征初探[J].高原气象,2018,37(6):1578-1589.

[3] 田磊,桑建人,姚展予,等.六盘山区夏秋及大气水汽和液态水特征初步分析[J].气象与环境学报,2019,35(6):28-37.

[4] 张倩,宋小全,刘金涛,等.激光云高仪探测青藏高原夏季云底高度的研究[J].光电子·激光,2016,27(4):406-412.

[5] 李欣,辛光宇.CL31云高仪系统常见故障分析与排除[J].气象水文海洋仪器,2012,29(2):104-105,110.

辽宁省人工影响天气地基垂直观测设备性能的初步分析

张晋广　赵姝慧　孙　丽　刘　旸　单　楠　张铁凝　王　萍

(辽宁省人工影响天气办公室，沈阳 110166)

摘　要：辽宁省阜蒙县地基垂直观测基地建设至今已稳定运行 1 年。基地布设云雷达、云高仪、微雨雷达、微波辐射计各 1 部，配合国家高性能飞机机载探测设备，可以有效地开展空地一体化探测试验，从而实现对三维云结构的精细化分析。本文针对基地运行 1 年以来 4 台仪器的观测性能进行分析，分别给出不同仪器的探测能力、资料可用性等方面的评估。结果表明：4 台仪器运行情况稳定，探测性能相对较好，后期将继续结合其他探测资料深入评估各仪器在不同天气下的探测性能，为后续开展多种探测资料融合分析提供支撑。

关键词：三维云结构，云雷达，微雨雷达，微波辐射，云高仪

1　引言

云和降水是影响大气辐射和水循环的重要因素，同时其垂直结构的发展、演变是人工影响天气关注的重点和难点。云层的垂直结构(云底高度、云顶高度、云层厚度、云层数目)在很大程度上决定了云层能否产生降水，产生的降水能否到达地面；而降水的垂直结构信息(降水强度、雨滴谱的垂直变化)对于我们了解降水形成机制，判断云系增雨潜力等具有重要的指示意义。

为了实现对云降水的精细分析，全球范围内建成了大量的云降水垂直结构的观测站网。单就美国能源部出资建立的大气辐射测量项目而言，已经持续开展相关观测 20 余年，仅 2017 年就在全球布设了 72 个外场观测站，为改善全球气候模式，研究云、降水机理，验证卫星反演结果以及评价云的气候效应等提供了大量的数据。国内一些省市也建立了大量的相关观测站网，如北京、河北、宁夏等。辽宁省人工影响天气地基垂直观测基地于 2019 年 8 月正式建成，包括：全固态测云仪、激光云高仪、微波辐射计和微雨雷达各 1 部。地基观测设备配合现有的飞机、卫星等观测手段，可以完整地观测"气溶胶＋水汽—云滴—雨滴—地面降水"的整个过程。全面了解不同仪器的探测性能差异是提高探测资料使用率的前提。国内不少学者从仪器探测性能、不同资料的对比等多方面开展研究。黄兴友等[1]对 4 台激光云高仪和 1 部毫米波云雷达的测量数据进行了对比分析，取得初步成果。章文星等[2]则对 2008 年 5—12 月云雷达、云高仪和扫描式全天空红外成像仪(SIRIS-1 型)在安徽寿县的观测数据进行了对比分析。姚志刚等[3]利用中国区域飞机探测资料得到的云粒子谱参数，基于 2008 年寿县 ARM-AMF 地基毫米波云雷达观测，针对层状云采用不同的云粒子谱参数假定，由物理迭代法和经验关系法反演云中液态水路径，并与地基微波辐射计的云水产品进行对比。对于微雨雷达探测性能方面，Peters 等[4]分析了环境风对 MRR 测得粒子下落速度的影响。由于 MRR 算法中忽略了环境风的影响，在下沉气流区会高估粒子下落速度，导致高估粒子直径，低估粒子数浓度和降水率。蔡嘉伦等[5]利用台湾地区 4 次降水过程，结合业务雷达和一维雨滴谱仪，定量评估 MRR 对副热带地区层云和台风降水的探测精度。结果表明，层状云降水环境中，MRR 资料可信度很高。王洪等[6]的研究表明：在小雨强的情况下，MIE 散射对反射率谱影响不大；直径小于1.20 mm 的粒子 MIE 散射和瑞利散射计算的反射率谱值相等，MIE 散射在直径小于 1.20 mm 粒子段涵盖了瑞利散射；雨强增大时，瑞利散射和 MIE 散射下的反射率谱在直径 1.20～4.00 mm 产生明显的偏差。阜蒙县地基垂直观测基地建成至今已满 1 年，各仪器设备运行状态良好，积累了连续的观测资料，但仪器的探测性能、资料的可靠性则需要开展相应的分析评估工作。

2 垂直基地概况

阜蒙县地基垂直观测基地位于阜蒙县观测场内,基地布设云雷达、云高仪、微雨雷达、微波辐射计各 1 部。阜蒙县观测场作为辽宁省 62 个国家站之一,还有天气现象仪、GNSS/MET、雨滴谱仪等气象观测设备。相对于辽宁省其他地区,阜蒙县上空空域较为开放,可以为空地探测试验的顺利开展提供保障。在基地建成初期,各仪器均配备了 1 台对比机,开展了为期 1 个月的双机对比观测试验,以测试设备观测性能的稳定性。

云雷达为 HMB-KPS 型(Ka 波段),主要产品有:回波强度、径向速度、速度谱宽、线性退极化比 4 个一级数据以及云底/云顶高度、云厚度、云量、云/雨滴谱,云粒子相态、云水含量、云水/液水含水量、0℃层亮带、垂直气流等二级产品。云高仪为 CHM15 型,主要产品有:激光强度、云底高度(3 层)、云厚度(3 层)、气溶胶层位置。云雷达和云高仪结合可用来观测云垂直结构的发展演变。微波辐射计为 QFW-6000 型,主要产品有温度廓线、相对湿度廓线、水汽廓线、液态水廓线、折射率廓线、水汽总含量、路径液态水含量、大气稳定度指数。微雨雷达为 MRR-2 型,主要产品有雨滴谱、降水率、下落速度、雷达反射率、LWC。

3 云降水监测分析

3.1 大气垂直廓线监测

2019 年 7 月 12 日—8 月 2 日,微波辐射计双机对比情况如图 1 所示。对二级数据产品的对比结果显示,两台设备的一致性较好,而且主机对各参数的观测更为稳定,能够描述出更多数据变化的细节。

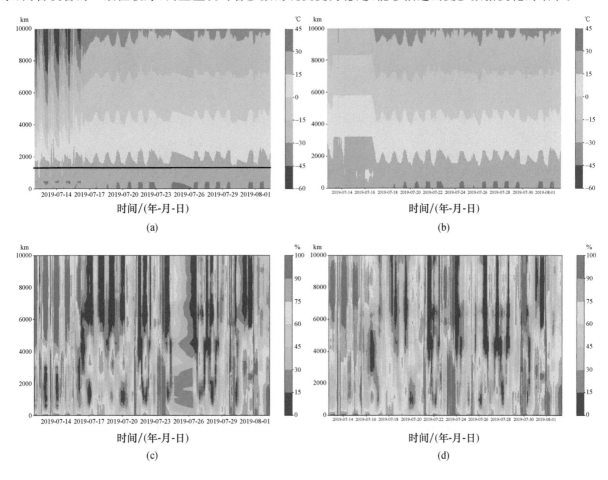

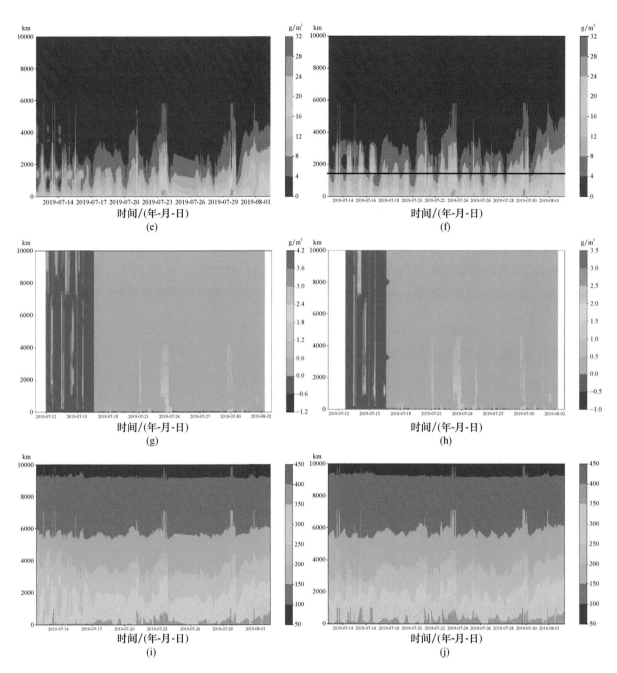

图 1 微波辐射计产品对比

(a)、(b)二级数据温度廓线值;(c)、(d)二级数据相对湿度廓线值;(e)、(f)二级数据水汽廓线值;

(g)、(h)三级数据液态水廓线值;(i)、(j)二级数据折射率廓线值

除此之外,还利用距离阜蒙县观测站最近的通辽探空站(相距 170 km)的探空数据与微波辐射计测得的温湿廓线进行了比对。可以看出,微波辐射计的温度廓线与探空温度廓线的一致性总体较好,但在大气低层以及存在逆温时,两者的差异增大。造成这一问题的原因有很多,如温度的时空分布差异、探空气球的漂移以及两者空间分辨率的差别等。相比温度廓线,湿度廓线与探空的差异更大,甚至达到 30% 以上,但毕竟两者相距 170 km,这种差异有可能是湿度的空间分布导致的。

3.2 云垂直结构监测

由图 2～图 4 可知,雷达的威力表征雷达在不同高度上的探测性能,威力图中横坐标为反射率因子,纵坐标为高度。通过比对不同月份雷达威力分布,可以得到雷达的性能和雷达性能的变化情况。以阜新市测云仪和对比观测测云仪 7 月和 8 月的数据分别得到毫米波测云仪对应的威力分布图,中云、边界层云、卷云、降水 4 种模式的威力曲线分别如图中标注所示,雷达设计要求的反射率因子探测范围为−45～30 dBZ。从威力分布图中可以看到雷达实际探测范围满足设计指标要求,雷达的性能良好,实测数据的分布与威力曲线吻合,表明雷达性能更好。

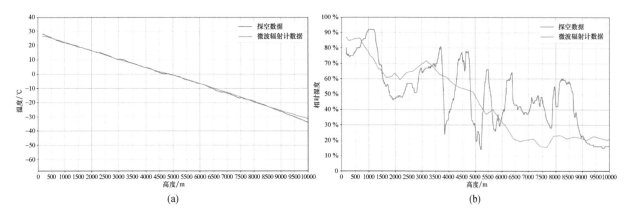

图 2　微波辐射计与探空测得的温度廓线和湿度廓线对比

(a)2019 年 8 月 5 日 20:00 温度廓线;(b)2019 年 7 月 17 日 20:00 湿度廓线

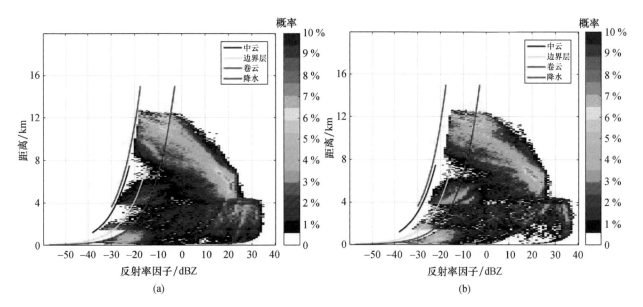

图 3　雷达威力分布

(a)主机;(b)对比机

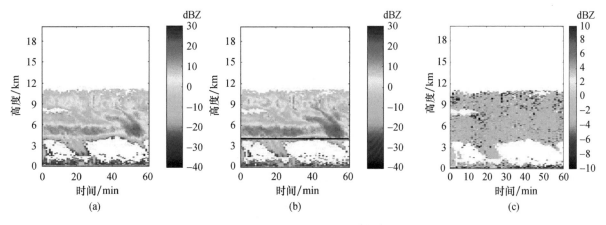

图 4　2019 年 8 月 7 日 04:00 主机和对比机反射率因子及两者差值

(a)主机反射率因子;(b)对比机反射率因子;(c)差值

以 2019 年 7 月 20 日 17:00 为例,对两部测云仪进行同时段的数据对比。从数据图中可以看到,两部测云仪的观测数据一致性强。把阜新测云仪和对比设备测云仪的反射率因子进行差值计算,得到两部设备的反射率因子差值主要集中分布在 2 dBZ 左右,两部雷达的数据一致性较好。

图 5 给出了 4 月 16 日 00:00—18 日 00:00 测云仪和云高仪测得的云底高度分布情况,可以看出测云仪和云高仪观测到的云空间分布均匀且连续,两台仪器观测到的云底高度最大高度都小于 10 km;根据当时天气情况可知,16 日 00:00—22:00,阜新国家站显示无降水,测云仪和云高仪测得第一层云云底高度在 1~8 km;降水时段发生在 16 日 23:00—17 日 12:00,测云仪和云高仪都受连续降水影响,将降水误判为低层云底,测得云底高度 1 km 以下;13 日 14:00 之后降水结束,两台仪器观测云底高度逐渐升高。总体分布情况基本一致。

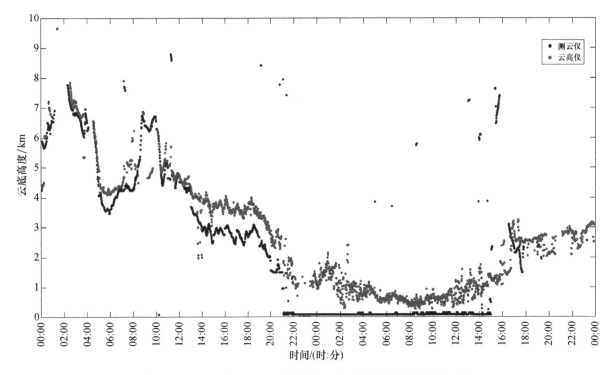

图 5   2020 年 4 月 16—18 日测云仪和云高仪测得的云底高度对比

3.3 微降水结构监测

两台微雨雷达都安装在阜蒙县气象局业务楼楼顶,相距 10 m 左右。所选取过程主要降水时段为 2019 年 10 月 24 日 17:00—23:00,从雷达反射率因子、雨滴谱、雨强等参量的垂直变化对比两台仪器稳定性性能差异。

由图 6a 第一列可知,观测期间两台仪器在雷达反射率因子和下落速度上的变化趋势高度一致,强度和数值略有差异,推测可能是由于低层出现降水引发衰减造成的。图 6b 细致地比较了不同高度层两台微雨雷达的回波强度差,可见低层(0 km≤H≤1 km)两台仪器回波差异较小,主要集中在 -45~0 dBZ,而高层(2 km≤H≤3 km)两台仪器回波强度差则较大,集中在 -10~30 dBZ;且随着高度的增高,回波强度差逐渐增大,这也说明低层降水粒子对反射率因子的探测确实造成了衰减。总的来说,观测机在整个过程中测得的雷达反射率因子始终探测结果强于对比机,结合图 7 说明观测机对降水有着更强的探测能力。

图 8 给出了两台微雨雷达在不同降水强度下的雨滴谱垂直变化情况,可见两台仪器在各个降水强度条件下均能够给出较为一致的雨滴谱垂直变化。相较而言,观测机测得的小雨滴(0.2~1.5 mm)数浓度在较小雨强(0.1~1 mm/h)的条件下显著高于对比机,而在中等雨强(5.1~10 mm/h)的条件下,观测机同样能给出 2~3 km 高度较大雨滴(>2 mm)细致的数浓度变化,这说明观测机相较对比机,收到低层衰减的影响略小。

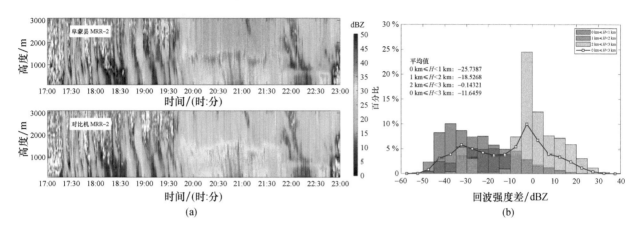

(a)　　　　　　　　　　　　　　　　　　　　　(b)

图 6　2019 年 10 月 24 日 17:00—23:00 反射率因子变化情况(a)和不同高度的回波强度差(b)

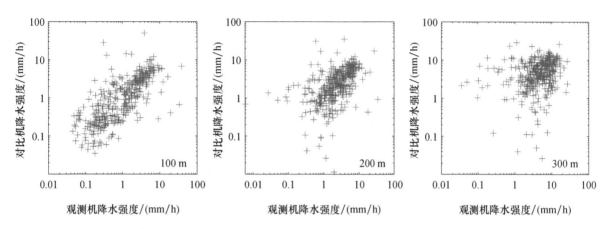

图 7　2019 年 10 月 24 日 17:00—23:00 观测机和对比机在不同高度测得的降水强度对比

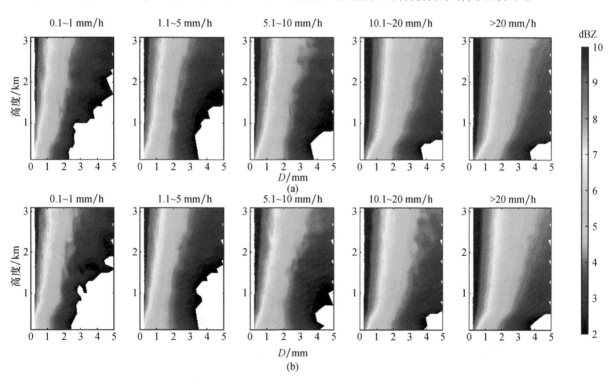

图 8　观测机(a)和对比机(b)在不同降水强度下的雨滴谱垂直变化情况

　　利用 2020 年 4 月 16—18 日观测得到的所有降水样本数据,将地面雨滴谱仪(YDP)的观测结果和雨量筒(Rain Gauge,RG)的观测结果进行了对比分析。图 9 为两种仪器观测得到的 1 h 累计降水量图,可见，两种仪器观测降水日的小时降水量具有较好的一致性。雨量筒受到探测下限（0.1 mm）的影响，存在着一定的测量误差。相比而言，雨滴谱仪具备更为良好的探测性能。

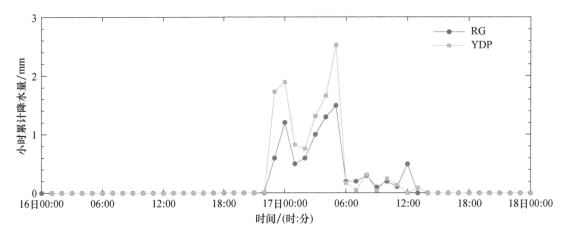

图9 地面雨滴谱仪（YDP）和雨量筒（RG）测得小时累计降水量随时间的变化

4 结 论

在双机对比观测期间，4个仪器主机和对比观测结果虽然有微小差别，但总体上趋势都较为一致，误差在可容许范围内，说明4个仪器探测性能相对比较稳定。主机表现的探测能力更强。微波辐射计与探空站测得的温湿廓线进行了比对发现，温度廓线一致性总体较好，但对大气低层以及存在逆温时，两者的差异增大。造成这一问题的原因有很多，如温度的时空分布差异、探空气球的漂移以及两者空间分辨率的差别等。湿度廓线与探空的差异较大，甚至达到30%以上，但毕竟两者相距170 km，这种差异有可能是湿度的空间分布导致的，此外，有云时湿度廓线的遥感精度受限也是原因之一。

在对云垂直结构的监测方面，测云仪和云高仪测得的云底高度总体上较为一致，在有云无降水时，两者探测结果接近，云高仪测得的云底高度略高于测云仪，可能是反演算法及阈值设定导致的；降水产生时，测云仪和云高仪都受连续降水影响，测云仪受影响更大，显示云底高度接地，云高仪测得的云底高度相对可信度更高。

在对微降水结构的监测方面，低层降水粒子对微雨雷达反射率因子的探测造成一定程度衰减。雨量筒与雨滴谱仪对分钟降水量的探测对比发现，两种仪器观测的小时降水量具有较好的一致性。雨量筒受到探测下限（0.1 mm）的影响，存在着一定的测量误差，相比而言，雨滴谱仪具备更为良好的探测性能。

综上所述，4个仪器运行情况稳定，探测性能相对较好，后期将继续结合其他探测资料深入评估各仪器在不同天气下的探测性能，为后续开展多种探测资料融合分析提供支撑。

参考文献

[1] 黄兴友,夏俊荣,卜令兵,等.云底高度的激光云高仪、红外测云仪以及云雷达观测比对分析[J].量子电子学报,2013,30(1):73-78.

[2] 章文星,吕达仁.地基热红外云高观测与云雷达及激光云高仪的相互对比[J].大气科学,2012,36(4):657-672.

[3] 姚志刚,杨超,赵增亮,等.毫米波雷达反演层状云液态水路径研究[J].高原气象,2018,37(1):223-233.

[4] Peters G,Fischer B,Andersson T. Rain observations with a vertically looking Micro Rain Radar (MRR)[J]. Boreal Environment Research,2002,7(4):353-362.

[5] 蔡嘉伦,游政谷.微波降雨雷达观测之评估分析[J].大气科学,2012,40(2):109-134.

[6] 王洪,雷恒池,杨洁帆.微降水雷达测量精度分析[J].气候与环境研究,2017,22(4):392-404.

利用新型消雷火箭弹针对积云电场的野外试验*

关屹瀛[1] 张 洋[1] 杨 帆[1] 金卫平[2] 袁有根[2] 熊 峰[1] 陈 农[1]

景晓磊[2] 官福顺[1] 刘 颖[1] 滕 昊[1] 杨瑾哲[1]

(1 黑龙江省气象局,哈尔滨 150030;
2 江西新余国科科技股份有限公司,新余 338000)

摘 要:通过对积雨云、层云发射 48 枚新型消雷火箭弹的野外试验,初步得出如下结论:新型消雷火箭弹能够在一段时间内使积雨云内外电场的绝对值减小;积雨云内外电场值越大(对流越强烈),新型火箭弹对其电场影响亦越大,反之,影响亦越小。该型消雷火箭弹对层云电场几乎没有影响;该方法可以消除或减弱雷电强度,从而为海上舰船、火箭发射以及林区提供有效的主动雷电防御手段,从而有效降低雷电给人类造成的灾害。

关键词:消雷,闪电,消雷火箭弹

1 引言

雷电灾害被联合国列为"最严重的十种自然灾害之一"[1]。

最早的人工触发闪电试验是由 Newman 于 1966 年在美国弗罗里达海洋上进行的,此后用向雷暴云发射拖带细金属导线的方法成功地实现了人工引发雷电[2]。法国、日本、美国以及中国都进行了人工引雷试验及综合测量。20 世纪 90 年代以来,又进一步发展完善了所谓"空中触发"引雷技术,这样当细金属丝被火箭带到空中后,在其上端及下端与尼龙线的连接处会在雷暴云电场作用下分别激发起上行和下行先导,它们在环境电场作用下分别向雷暴云和地面双向传输[3]。但是,用于削弱雷暴云内电场以避免或消弱雷电危害的试验,目前还没有查到相关文献。

尽管拖带金属铜丝的引雷火箭能够触发雷电,从而影响雷暴云内外的电场,但目前引雷火箭用于消雷存在严重不足。(1)因拖带牵引线,故只能垂直发射,所以发射角很小,机动性差。(2)存在极大安全隐患,若引雷没有成功的话,铜引线在降落过程中如搭接到高压电线或行人身上都将造成极大危害。

基于上述有线火箭触发闪电的不足,我们研发了一种新型无线喷洒式消雷火箭弹,该火箭弹通过播撒药剂来影响云内外电场,进而达到消除或减弱雷电活动,从而为海上舰船、火箭发射以及林区提供主动有效的雷电防御手段,从而有效降低雷电给人类造成的灾害。

2 试验设备

2.1 火箭弹及发射系统

与江西新余国科科技股份有限公司联合研发的 XL-1 新型消雷火箭弹及 8 管机动发控系统。

2.1.1 火箭弹结构

消雷弹分 3 个部分:火箭发动机部分、自毁部分、工作部分(如图 1)。

动力系统部分:提供火箭弹动力,可使火箭弹最大垂直高度达到 7 km 以上。

---

* 发表信息:本文英文版已在 2020 年第三届环境与地球科学国际学术研讨会上进行口头交流;中文版原载于《黑龙江气象》,2020,37(1):40-41.

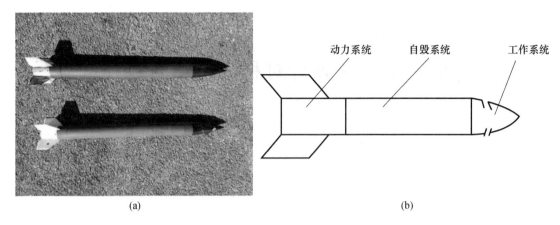

图 1 新型消雷火箭弹实弹(a)和新型消雷火箭弹结构(b)

自毁系统:火箭弹完成工作后,残余部分分两次爆炸,使残余碎片更小,降低了安全隐患。

工作系统:在火箭弹前部为药剂室,侧面有 4 个喷药孔。

2.1.2 火箭弹工作原理

火箭弹被点火飞出火炮管后,通过弹内定时系统(北方一般 12 s),在入云后开始播撒导电药剂(金属粉或石墨粉),加之火箭弹外皮刷有金属粉的导电作用,使其在穿过积云时能够中和云内正负电荷,从而减弱云内电场,最终减弱雷暴云内的电活动。药剂播撒完成后,通过自爆系统(事先设点好时间),分两次引爆火箭残骸,使之形成更小的碎片残骸,减小降落时造成的次生危害。

2.2 大气电场仪

由北京华云东方探测技术有限公司生产的 EFI 型大气电场仪(图 2a)。

2.3 车载雷达

由安徽四创电子股份有限公司生产的 SCRXD-01M 型车载 X 波段全相参多普勒天气雷达(图 2b)。

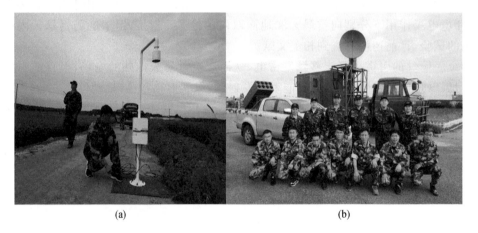

图 2 地面大气电场仪(a)和车载多普勒雷达(b)

3 试验过程

2019 年 8 月,新型火箭弹运抵黑龙江省,历时 24 d 在伊春铁力进行了新型火箭弹对积云内外电场野外试验。

(1)8 月 21 日

①上午:卫国村野外试验。天气:大雨。

试验情况如下。

第1枚　07:55:05发射石墨条火箭弹。

第2枚　07:55:13发射金属粉火箭弹。

第3枚　07:56:20发射金属条火箭弹,1 min后,雨明显增大。

第4枚　08:16:03发射石墨条火箭弹。

第5枚　08:18:27发射金属粉火箭弹。

第6枚　08:50:48发射金属粉火箭弹。

第7枚　08:56:34发射金属条火箭弹。

由大气电场仪记录的数据见表1。

表1　8月21日上午新型火箭弹对地面大气电场影响

发射顺序	发射时间	发射时电场值/(kV/m)	出现拐点时间	拐点峰值/(kV/m)
第1枚石墨条 第2枚金属粉	07:55:05 07:55:13	−19.57	07:59:00	−6.06
第3枚金属条	07:56:20	−14.93	07:59:00	−6.06
第4枚石墨条	08:16:03	−23.34	08:17:13	−26.73
第5枚金属粉	08:18:27	−23.26	08:19:36	−18.02
第6枚金属粉	08:50:48	−2.55	08:54:16	3.02
第7枚金属条	08:56:34	1.10	08:59:23	−1.10

整理得到图3。

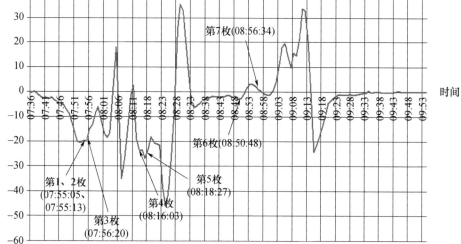

图3　8月21日上午新型火箭弹对地面大气电场影响

说明:火箭弹发射后一段时间内,电场绝对值变小。

②下午:铁力工农乡野外试验。天气:晴转雨。

试验情况如下。

第8枚　13:47:27发射金属条火箭弹。

第9枚　13:48:20发射金属粉火箭弹。

第10枚　13:48:52发射金属粉火箭弹。

从雷达图可以看出,此时目标云距发射点较远,故发射点测得电场值也小,第8、9、10枚火箭弹对发射点附近的电场影响也小。

第11枚　19:34:40发射石墨条火箭弹。

第 12 枚　19:36:41 发射石墨粉火箭弹。

由大气电场仪记录的数据见表 2。

表 2　8 月 21 日下午新型火箭弹对地面大气电场影响

发射顺序	发射时间	发射时电场值/(kV/m)	出现拐点时间	拐点峰值/(kV/m)
第 8 枚金属条	13:47:27	−0.64	13:50:08	−1.39
第 9 枚金属粉	13:48:20	−1.00	13:50:08	−1.39
第 10 枚金属粉	13:48:52			
第 11 枚石墨条	19:34:40	−0.19	19:36:23	−0.34
第 12 枚金属粉	19:36:41	−0.34	19:38:36	−0.38

整理得到图 4。

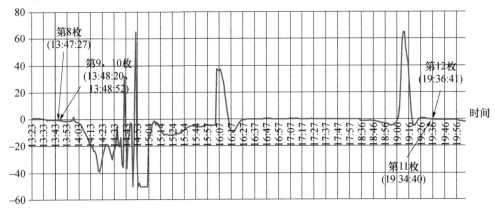

图 4　8 月 21 日下午新型火箭弹对地面大气电场影响

说明:对与大气电场绝对值小的云内电场,消雷火箭弹对其影响也很小。

(2)9 月 1 日

①上午:铁力工农乡野外试验。天气:小雨转多云。

试验情况如下。

第 1 枚　11:29:29 发射石墨条火箭弹。

第 2 枚　11:30:25 发射石墨粉火箭弹。

第 3 枚　11:32:40 发射金属粉火箭弹。

由大气电场仪记录的数据见表 3。

表 3　9 月 1 日上午新型火箭弹对地面大气电场影响

发射顺序	发射时间	发射时电场值/(kV/m)	出现拐点时间	拐点峰值/(kV/m)
第 1 枚石墨条	11:29:29	38.58	11:34:10	−31.93
第 2 枚石墨粉	11:30:25	34.77	11:34:10	−31.93
第 3 枚金属粉	11:32:40	8.93	11:34:10	−31.93

整理得到图 5。

从图 5 中可以看出,11:29 左右发射 3 枚火箭弹后的一段时间内,地面电场绝对值迅速变小。

②下午:铁力工农乡野外试验。

试验情况如下。

第 4 枚　16:24:23 发射石墨粉火箭弹。

第 5 枚　16:27:36 发射石墨条火箭弹。

第 6 枚　16:28:37 发射石墨条火箭弹。

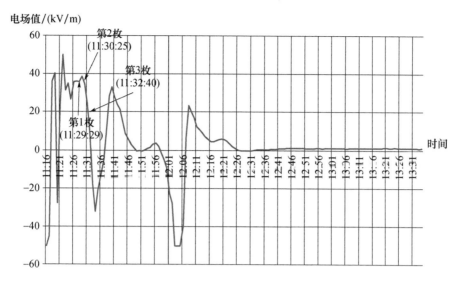

图 5　9 月 1 日上午新型火箭弹对地面大气电场影响

第 7 枚　16:29:26 发射石墨条火箭弹。

第 8 枚　16:31:30 发射石墨粉火箭弹。

第 9 枚　16:31:45 发射石墨粉火箭弹。

第 10 枚　16:32:08 发射金属粉火箭弹。

第 11 枚　17:38:52 发射石墨粉火箭弹。

第 12 枚　17:40:37 发射石墨粉火箭弹。

由大气电场仪记录的数据见表 4。

表 4　9 月 1 日下午新型火箭弹对地面大气电场影响

发射顺序	发射时间	发射时电场值/(kV/m)	出现拐点时间	拐点峰值/(kV/m)
第 4 枚石墨粉	16:24:23	28.42	16:31:25	1.16
第 5 枚石墨条	16:27:36	18.99	16:31:25	1.16
第 6 枚石墨条	16:28:37	11.36	16:31:25	1.16
第 7 枚金属粉	16:29:26	9.38	16:31:25	1.16
第 8 枚金属粉	16:31:30	1.16	16:34:16	9.05
第 9 枚金属粉	16:31:45			
第 10 枚金属条	16:32:08	5.47	16:34:16	9.05
第 11 枚金属条	17:38:52	-5.12	17:39:14	-4.82
第 12 枚金属条	17:40:37	-5.12	17:43:36	-3.62

整理得到图 6。

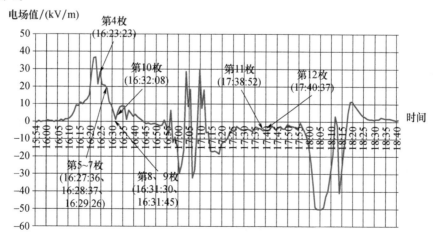

图 6　9 月 1 日下午铁力工农乡新型火箭弹对地面大气电场影响

从图6中可以看出，16:24开始发射第4枚火箭弹后的一段时间内，地面电场绝对值变小。

图7为试验现场情况。

图7　新型消雷弹野外试验现场

4　试验分析

4.1　理论分析

云内电荷强度与云内粒子的运动加速度密切相关[4]。因雷暴云内对流十分强烈，因此，雷暴云内会形成很强的正负电荷区，一旦正负电荷区的电荷值达到一定强度后，将击穿正负电荷区之间的空气，造成放电，形成云间或云地闪电，使得云内外电场瞬间大幅度降低。

在雷暴云内正负电荷区域之间，利用火箭外皮的导电特性及播撒导电药剂，理论上可以在形成闪电前全部（或部分）中和掉积云内的正负电荷，从而达到消除或减弱雷电活动的效果。这里关键是要掌握好发射火箭弹的时机和路径，使得火箭弹恰好能在积云内正负电荷区域中间穿过。

4.2　试验分析

4.2.1　新型火箭弹对雷暴云电场影响

每枚火箭弹内的导电药剂的药量不是很多，能量也很有限，但它的作用是降低正负电荷区域之间的空气电阻，诱发形成雷电泄流通道，而一旦泄流通道形成，就将会有大量电荷瞬间通过该通道，从而中和掉积云内大量正负电荷。

4.2.2　新型火箭弹对层云电场影响

因为层云中一般只有一种电荷（或正或负）且强度很弱[5]，而且该型消雷弹又在入云后开始播撒导电药剂，因此该型消雷弹基本对层云电场没有影响。

4.2.3　地面大气电场仪测量数据的客观性分析

地面大气电场仪测量到的电场值是积云底部电场值的直接反映，如果积云底部电场由于消雷弹的有效作用而发生减弱,则地面大气电场仪所测到的电场数据也必将发生变化。因此,地面大气电场仪是能够客观反映积云内外电场的变化的。

4.2.4 地面大气电场仪所测量到的电场变化能否说明为消雷火箭弹影响的分析

除了利用已经成熟的理论推导出了两个事件之间的联系,对于陌生的两个事件之间关系的探索,大多通过试验的方式实现。

如果有 A 就有 C,则 A 是 C 的充分条件,它们的关系是充分关系。如果有 n 个充分条件,则数学表示为:

$$C = \sum_{i=1}^{n} A_i \tag{1}$$

式中:$\sum_{i=1}^{n}$ 为连加符号;A_i 为满足 A 是 C 的充分条件关系的各个事件。

如果没有 B 就一定没有 D,则 B 是 D 的必要条件。如果有 n 个必要条件,则用数学表示为:

$$D = \prod_{j=1}^{n} B_j \tag{2}$$

式中:$\prod_{j=1}^{n}$ 为连乘符号;B_j 为满足 B 是 D 的必要条件关系的各个事件。

混合关系,则用数学表示为:

$$Q = \prod_{j=1}^{n} B_j \sum_{i=1}^{n} A_i \tag{3}$$

例如 $i=2,j=2$ 则有:

$$Q = B_1 B_2 (A_1 + A_2) = B_1 B_2 A_1 + B_1 B_2 A_2 \tag{4}$$

当 $A=B$ 时,有:

$$Q = A_1 A_2 (A_1 + A_2) = A_1 A_2 A_1 + A_1 A_2 A_2 = A_1^2 A_2 + A_1 A_2^2 \tag{5}$$

现在把新型消雷火箭弹对积云的有效发射(消雷火箭弹穿过积云正负电荷区域)事件记为 A,把地面大气电场所测到的电场值发生变化记为事件 C。

通过试验发现,每次有效发射消雷火箭弹后,地面大气电场仪的数值都是有规律变化的(有正向变化,也有反向变化),且都是朝向电场绝对值减小的方向变化。当然,这种变化也可能是其他因素(如云自身发展变化)造成的。但是,如果每次对积云的有效发射都能使得地面电场值发生规律的变化,就说明了 A 与 C 有着必然联系。

通过野外观察发现,没有对积云发射消雷火箭弹时,地面大气电场数值也有变化,这说明 A 不是 C 的必要条件。通过试验数据,可以判定 A 是 C 的充分条件,它们只满足关系式(1),在本次试验中 i 可以是对积云正确发射(能够对雷暴云电场产生影响)的火箭弹数。

5 结束语

我们通过对积云、层云发射 48 枚消雷火箭弹的野外试验,得出如下结论:新型消雷火箭弹能够使积云内外电场的绝对值在一段时间内减小;积云内外电场绝对值越大(对流越强烈),新型火箭弹对其电场影响亦越大,反之,积云内外电场绝对值越小(对流弱),新型火箭弹对其电场值影响亦越小,因此,可以说该型消雷火箭弹对层云电场几乎没有影响。

参考文献

[1] 陈渭民.雷电学原理[M].北京:气象出版社,2003:91-95,111.

[2] 张义军,言穆弘,孙安平,等.雷暴电学[M].北京:气象出版社,2009.

[3] 弗拉迪米尔 A·洛可夫,马丁 A·乌曼.雷电[M].张云峰,吴建兰译.北京:机械工业出版社,2016.

[4] 关屹瀛,关天钰.G 超复时空论[M].哈尔滨:黑龙江教育出版社,2016:167.

[5] 关屹瀛,张洋,杨帆,等.滴水起电实验分析及雷暴云起电模型建立[J].黑龙江气象,2019,36(2):30-34.

春末夏初大尺度环流背景下防雹潜势预报方法研究

刘星光　　高倩楠

(黑龙江省人工影响天气办公室,哈尔滨 150030)

摘　要:利用常规气象观测资料、区域自动站加密观测资料对黑龙江省 2014 和 2015 年 5—6 月中 19 个冰雹发生的天气背景场进行分析,建立了春末夏初产生冰雹的冷涡、低槽、高脊冷槽 3 类大尺度环流概念模型,它们在中尺度环流特征上具有不同的特征,冰雹落区与切变线(槽)、冷槽和暖脊、干湿舌、地面辐合线位置具有一定的关系。结合冰雹天气分型和中尺度环境场特征建立了防雹潜势预报方法。通过对 2020 年 5—6 月《防雹作业指导预报》的检验,这种方法对防雹潜势区的预报准确率较高,在业务中具有指导性意义。

关键词:防雹潜势预报,冰雹天气分型分类,中尺度分析,防雹潜势区

冰雹灾害是由强对流天气系统引起的一种剧烈的气象灾害。其空间尺度小,生命史短,但来势猛,强度大,易形成大面积农作物损坏。黑龙江省冰雹灾害主要发生在 5—9 月,以 5 月、6 月最多,7 月、9 月次之[1-2]。我国是世界上开展人工防雹最早的国家之一,多年的实践取得了不少有价值的科研成果[3-7],特别是在利用天气雷达监测和识别冰雹方面。组织一次有效的防雹作业,不仅需要准确及时的监测预警,还需要提前做好人影地面作业装备、防雹弹(火箭弹)储备工作,因此,冰雹发生前 3~24 h 的潜势区预报对防雹机动力量的合理调度具有现实意义。

本文对发生在黑龙江省 2014 年和 2015 年 5—6 月的冰雹个例,从天气学的角度分类建立了天气尺度概念模型,研究其中尺度环境场特征,探索并形成了根据大尺度环流分类和中尺度环境场指标判据预报未来 3~24 h 防雹潜势区的预报方法。在防雹作业中能够补充冰雹监测预警前的业务空白,在防灾减灾中具有一定的参考意义。

1　资料来源

冰雹实况资料来源于中央气象台网站提供的冰雹监测数据。天气资料为 2014 年、2015 年的高空、地面观测资料。

2　防雹潜势预报

基于对 ECMWF 数值预报场的分析,对未来 3~24 h 服务区域内存在雹云生成、发展其至降雹的区域进行预报。其中,利于雹云生长、地面人影需做好防雹作业准备的区域被称为防雹潜势区。

3　冰雹天气大尺度环流概念模型

对黑龙江省 2014 年、2015 年 5—6 月共 19 例典型冰雹天气大尺度环流背景场分析结果显示,从 500 hPa 形势场来看主要分为三种类型:一是冷涡型 10 例,占冰雹个例的 52.6%;二是槽前型 5 例,占冰雹个例的 26.3%;三是高脊冷槽类 4 例,占冰雹个例的 21.1%。其中冷涡型主要集中在 5 月上旬,高脊冷槽主要出现在 6 月下旬。

3.1 冷涡型

冷涡型概念模型见图1,其环流形势特点是在500 hPa图上,在贝加尔湖到日本岛之间有一个闭合低涡,并有冷中心相配合。低涡一般表现为不对称分布的椭圆形,风向的气旋性变化可形成2~3条切变线(槽线)。黑龙江省相对于涡中心,在涡的前部、顶部、后部、底部均有发生冰雹的可能。在冷涡发展初期,槽线(或切变线)前部、冷暖交汇处是预报着眼点;在冷涡形成以后,在500~850 hPa都有冷槽,显著降温区域大,仅有部分个例在925 hPa有暖舌,500 hPa切变线(槽线)前部和中低层切变线(槽线)之间的位置、切变线(槽线)上及尾部、冷涡中心靠近切变线一侧为冰雹多发区。典型个例为:2014年5月6日、2014年5月7日、2014年5月8日、2014年5月20日、2014年6月9日、2015年5月16日、2015年5月19日等。

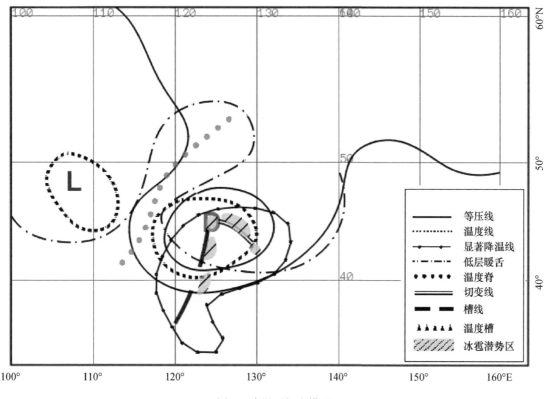

图1 冷涡型概念模型

3.2 槽前型

槽前型概念模型见图2,其环流形势特点是在500 hPa图上,贝加尔湖以东到130°E的中高纬有南—北向或东北—西南向的高空槽,在其发展移动中,温度槽落后于槽线,低层(700 hPa或850 hPa)暖舌位于500 hPa槽前,有时槽前地面图上对应有辐合线。冰雹发生在暖舌顶部、辐合线上、低层切变线末端。

当有东阻时,南北向槽转成东西向,500 hPa冷槽亦成东西向,低层(700 hPa或850 hPa)暖舌仍保持南北向,在低空切变线附近、冷暖相交位置附近均易发生冰雹。典型个例为:2014年5月2日、2015年6月2日等。

3.3 高脊冷槽型

高脊冷槽型概念模型见图3,其环流形势特点是在500 hPa图上,贝加尔湖到日本岛东部为两槽一脊,内蒙古东部到黑龙江中部受短波高压脊控制。在脊前偏北气流的引导下冷空气堆积于高压脊前部,冰雹多发生在地面辐合线、风切变大处和低层短波槽前。典型个例有:2014年6月23日、2014年6月24日、2014年6月29日、2014年6月30日等。

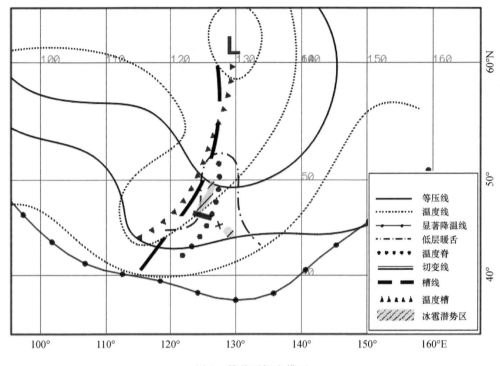

图 2　槽前型概念模型

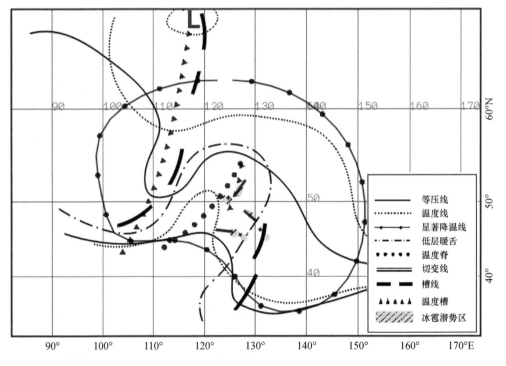

图 3　高脊冷槽型概念模型

4　冰雹产生的环境特征

利用中尺度分析技术分析冰雹发生的环境场特征，在业务中主要关注以下 4 个方面：温度场特征、湿度场特征、抬升（触发）机制和 0 ℃层高度。

4.1 温度场特征

4.1.1 冷槽(冷中心)

通过此次分析发现,冰雹发生的区域与高层冷槽或冷中心对应较好,统计中的每一次冰雹在 500 hPa 上都有冷槽。其中还有 55% 的个例同时受到 700 hPa 温度槽的影响。从冰雹落区与温度槽的位置关系来看,冷槽前部比后部更易发生冰雹。

4.1.2 暖脊

有 17 个冰雹个例(占比 89.5%)受到中低层暖脊影响,与 500 hPa 冷槽形成了"上冷下暖"的热力不稳定特征。从冰雹落区与暖脊的位置关系来看,暖脊上、暖脊顶部发生冰雹的概率高。

4.2 湿度场特征

为了使产生冰雹的强对流系统得以发展和维持,必须有丰富的水汽供应。按照黑龙江省短临预报业务中使用的 $T-T_d \leqslant 4\ ℃$ 或 RH(相对湿度)$\geqslant 70\%$ 分析 700 hPa、850 hPa 高度场的湿舌,$T-T_d > 15\ ℃$ 或 RH(相对湿度)$> 50\%$ 分析 500 hPa、700 hPa 高度场的干舌。通过分析和统计,在中低层,雹日相对湿度较大值所占比例为随高度增高,相对湿度逐渐减小,较干空气所占比重较大。在 850 hPa 湿度场上,产生冰雹天气时,相对湿度大于 70% 的占到了 78.9%;而 500 hPa 湿度场上,相对湿度小于 50% 的占到总雹日数的 73.9%;同时在中高层有干舌、中低层伴有湿舌的,即典型的"上干下湿"占 57.9%。

4.3 动力触发条件

4.3.1 低层切变线

有 14 个雹日在 850 hPa 出现了切变线(槽线),占比 73.7%。从冰雹与切变线的位置关系来看,低层切变线的前部、后部均有降雹的可能。

4.3.2 地面辐合线

有 12 个雹日出现了地面辐合线,有 2 个雹日缺少地面观测数据,地面在辐合线研究对象中占比 70.9%。从冰雹落区位置来看,几乎都在地面辐合线上或距其 2 个纬距附近,所以地面辐合线的出现对冰雹的潜势预报具有很好的预示作用。

冰雹环境场特征及潜势区位置见表 1。

表 1　冰雹环境场特征及潜势区位置

类型	特征	防雹潜势区
冷涡型	500 hPa 有冷中心或冷槽,绝大部分相对湿度 <50%。中低层水汽充沛,在 500 hPa 冷槽前部的 850 hPa 上有湿舌和暖脊。"上干冷、下湿热"的结构十分明显。低层切变线是主要的动力触发条件。	冷槽前部偏向于低层暖脊的位置或在暖脊顶部;湿舌边缘、干舌内或在干湿舌边缘处(既湿度变化梯度最大的位置);低层切变线前部或切变线上
槽前型	500 hPa 有冷槽,850 hPa 暖脊在 500 hPa 冷槽前部或与其相交,"上冷下暖"特征明显。500 hPa 绝大部分相对湿度 <50%,但低层只有 2/3 伴有湿舌。低层切变线和地面辐合线出现概率高,动力触发作用突出	槽前。当冷槽落后于暖脊时,暖脊、干舌前部发生冰雹的概率高;当冷槽与暖脊相交时,在干舌、湿舌边缘处;低层切变线上或其前部;地面辐合线上及周围
高脊冷槽型	500 hPa 有冷槽,位于 850 hPa 暖脊前部,"上冷下暖"特征明显,并且受高脊影响白天快速升温更易造成热力不稳定。500 hPa 绝大部分相对湿度 <50%,1/2 的个例日在低层伴有湿舌。地面辐合线是主要的动力触发条件	地面辐合线上或距其 2 个纬距范围内;干湿舌边缘处

4.4 0 ℃层高度

该要素与地理位置关系密切,并且在春末夏初期间个例之间的差别较大。据统计,雹日的 0 ℃层高度(ZH)平均值为 3191.4 m。最低出现在 2014 年 5 月 5 日,为 1500 km;最高出现在 2014 年 6 月 25 日,为 4306.9 m。大多数个例的 ZH 集中在 2000~4100 m。

5 防雹潜势预报方法应用与检验

业务中利用大尺度分类和中尺度环境场特征分析相结合的防雹潜势预报方法,2020 年 5—6 月共发布了 34 d、72 期的《防雹作业指导预报》,其中预报有防雹潜势区的 28 d,发生冰雹的 9 d。单纯从雹日、降雹区域与防雹潜势预报日、潜势区的对比关系来看:防雹潜势区和降雹区域完全吻合的为 6 d,预报准确率在 66.7%;漏报日为 2 d,均在 5 月;落区偏差的有 1 d。

6 结论

(1)春末夏初黑龙江省的冰雹多出现在冷涡、槽前、高脊冷槽的大尺度天气系统下,其中冷涡型出现的概率最高,高压冷槽出现的比例低且容易被忽视。

(2)三类冰雹天气型对应的中尺度环流特征各不相同。在预报中,冷涡型下应重点关注"上干冷、下湿热"的叠加区、暖脊顶部、干湿舌边缘和低层切变线位置;槽前型关注"上冷下暖"叠加区、暖脊上、干舌前、低层切变线和地面辐合线的位置;高脊冷槽型一旦符合环流特征,应重点关注地面快速升温和地面辐合线位置。

(3)0 ℃层高度主要集中在 2000~4100 m,因个例之间差异大,且符合黑龙江省春末夏初的气候特征,故其参考意义不大。

(4)防雹潜势区预报是对存在雹云生成、发展其至降雹的区域进行的趋势预报,是为地面防雹作业服务的。因此在实际预报检验中,除了降雹观测记录以外还应把地面防雹作业记录作为检验依据。

参考文献

[1] 姚俊英,孙爽,刘玉霞,等.黑龙江省冰雹灾害时空特征分析[J].黑龙江农业科学,2012(4):45-49.
[2] 郑凯,王恒宇.近 55 年来黑龙江省冰雹气候特征分析[J].安徽农业科学,2016,44(6):216-219.
[3] 张琳娜,郭锐,何娜,等.北京地区冰雹天气特征分析[J].气象科技,2013,41(1):114-120.
[4] 郭媚媚,赖天文,罗志坤,等.2011 年 4 月 17 日广东强冰雹天气过程的成因及特征分析[J].热带气象学报,2012,28(3):425-432.
[5] 孙妍,王晓明,陈杨.东北冷涡影响下的冰雹天气物理量特征分析[J].吉林气象,2013(2):8-11.
[6] 赵培娟,吴蓁.河南省区域性冰雹天气特征分析及预报[J].河南气象,2001(2):2-4.
[7] 唐勇,王燕,李静.曲靖市冰雹天气特征分析[J].云南大学学报,2011,33(S1):192-196.

浙江省火箭增雨作业效果评估系统的设计与实现

张 磊 宋 哲 姜舒婕

（浙江省人工影响天气中心，杭州 310000）

摘 要：人工增雨作业是防灾减灾的重要手段，作业效果评估是作业实施中的重要一环。本文介绍了浙江省自主开发的基于区域历史回归法的人工增雨作业效果评估系统，阐述了其主要模块的设计思路和实现方法，并选取 2018 年义乌市开展的一次人工增雨作业进行了系统演示及增雨效果计算。结果表明：该评估系统运用简便，根据地市上报的具有规范格式的作业信息文件即可快速计算出每次作业过程的绝对增雨量和相对增雨率，并给出对应的统计结果显著性水平。该系统的应用丰富了浙江省人工增雨效果检验的方法，使效果检验结果更加科学可信，可为浙江省地市自主开展增雨效果检验提供借鉴参考。

关键词：区域历史回归法，人工增雨，效果评估

1 引言

人工增雨作业是防灾减灾的重要手段，其在缓解干旱、水库增蓄、生态修复、降低森林火险等级、改善空气质量等方面都发挥着重要的作用。近几年来，随着浙江省人影需求的提高，浙江省人影工作得到快速发展，各地作业队伍和规模不断壮大，人影作业次数呈明显上升趋势，对浙江省人影科学技术水平提出了更高的要求。

人工增雨效果是政府及群众关心的问题，如何给出科学合理的人工增雨作业效果是摆在人影工作者面前最急迫重要的事情。根据国内外气象专家学者的研究，目前可以从统计检验、物理检验和数值模拟检验 3 个方向对人工增雨作业效果进行评估[1]，其中统计检验和物理检验是各地人影部门应用最多的方法。统计检验以地面降水为对象，可以给出定量的增雨效果；物理检验则主要分析云系的宏微观物理变化，给出定性的增雨效果。实际工作中一般都要求给出具体的增雨量，因此统计检验方法必不可少。

统计检验可以分为随机化统计检验和非随机化统计检验[1]。虽然随机化统计检验更被统计学家所推荐，但该方法需要放弃一半的增雨作业机会，与实际作业的迫切需求相冲突，因此非随机化统计检验是各地人影部门的首选方法。非随机化统计检验又可细分为序列分析、区域对比分析、双比分析和区域历史回归分析 4 种方法。根据专家学者从功效、准确度、灵敏度等方面对这 4 种方法进行的已有分析来看，基于同样的样本，区域历史回归分析方法是统计检验功效较高，准确度和灵敏度较好的 1 种[2]，也是国家人工影响天气中心着重推荐的方法。

目前浙江省各地较常使用的方法为区域对比分析，该方法中对比区的选择受人为主观因素影响太大，常常导致结果缺乏一定的说服力，因此，浙江省人工影响天气中心引入区域历史回归分析法，根据该方法设计出了一套简单易用的人工增雨作业效果评估系统，下面对该评估系统的主要模块和设计思路进行介绍。

2 方法原理介绍

利用区域历史回归法（如图 1 所示）来分析增雨效果是基于一个假定的基础之上的，该方法假定作业期影响区与对比区降水量的统计相关关系与历史上二区降水量的区域相关性相同，根据作业影响区和对

比区历史时间序列自然降水量建立统计回归方程,然后由作业时段内对比区降水量通过统计回归方程推算出作业影响区降水量的估计值,作为作业影响区自然降水量的期望值,再与作业影响区地面实测降水量相比较确定增雨效果[3]。

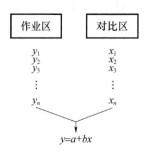

图 1　区域历史回归法示意图

3　前期准备工作

3.1　历史小时雨量数据库的建立

人工增雨作业效果统计检验通常针对地面降水量进行分析,既可以选择日雨量资料作为统计变量,也可以选择小时雨量资料作为统计变量。选择小时雨量作为统计变量的优点是考虑了作业的时效性,缺点是小时雨量自然变率较大,区域相关性较差;选择日雨量作为统计变量的优点是其自然变率比小时雨量的自然变率小,区域相关性更好,缺点是该时段内未必有持续性作业。考虑到浙江省单个地区单日内连续作业的情况较少,因此,利用日雨量作为统计变量并不合适。另外,关于催化有效时段的研究,目前学术界通常将作业后 3 h 作为催化有效时段[4],因此,本系统采用 3 h 累计降水量作为统计变量。

历史期雨量资料应尽量选择未开展人工增雨作业的年份序列,以确保用来进行增雨作业效果统计检验的历史样本不受催化作业的影响。因此,本评估系统选择 2006—2010 年的自动站小时雨量资料,结合雨日对应的天气影响系统,形成本地不同天气类型的小时雨量数据集。数据集具体包括站号、站名、观测时间、雨量、经度、纬度、市、县和天气系统类型。

3.2　天气系统分型

采用天气系统分类统计的方法可以有效提高区域雨量的相关性,从而提高统计分析的效率[5]。而且,考虑到系统性的降雨过程比较适合采用区域历史回归法,午后对流天气由于局地性比较强则不太适用,因此,对 2006—2010 年 1—4 月和 11—12 月的雨日进行天气系统分型。本评估系统对雨日的规定为一个地区有两个及以上的常规站日雨量超过 0.1 mm 即算 1 个雨日。

天气系统分型不宜太过精细,以免出现由于类型过多导致每类天气系统下历史样本数都不多的现象。本评估系统对每个雨日进行天气系统分型后发现,降雨日样本较多的天气系统有 4 类:冷空气南压型、冷空气渗透型、冷空气和西南气流对峙型和回暖型。每类天气系统的典型系统配置不是本文的重点,在此不予详述。

4　评估系统主要模块

本评估系统使用 C♯语言进行开发,根据区域历史回归法的分析步骤,可以分为如下 8 个模块进行设计开发,下面对每个模块的设计思路进行说明。

4.1　历史样本的确定

区域历史回归分析法需要利用历史样本建立回归方程,因此,第一步需要找出合适的历史样本。选择历史样本需要满足以下两点要求:天气系统一致和降雨时段一致。举例具体说明如下:若对 2018 年 12 月 10 日金华地区的一次人工增雨作业进行评估,则在程序中调用 SQL 命令从历史数据库里筛选出所有月份为 12 月且天气系统类型与所评估作业日相同的站点小时雨量作为待用数据,待确定了作业影响区和对比区后计算出区域平均雨量即为最终的历史样本。

此外,为了减少样本组间差异,在确定历史样本时要剔除影响区和对比区平均雨量均为 0 mm 的样本个例。

4.2 区域平均降水量的计算

作业影响区或对比区内一般含有多个地面雨量站点,实际应用中需要计算区域平均降水量,以各站点降水量的算术平均值近似代替区域平均降水量 $\bar{r}$,即该区域内所有地面雨量站点的雨量观测值之和除以该区域内地面雨量站点数,公式为:

$$\bar{r} = \frac{1}{n} \sum_{i=1}^{n} r_i \tag{1}$$

式中:r_i 为地面雨量站观测的降水量;n 为地面雨量站点的数量。

4.3 作业影响区的确定

浙江省以地面火箭作业为主,相关研究[6]表明火箭播撒催化剂可视为瞬时线源,火箭发射后在空中形成一个具有一定宽度的有效催化区,然后在高空风的作用下向下游移动。为了方便计算,本评估系统将作业影响区形状设定为矩形(如图 2 所示),要确定作业影响区只要计算出 C、D、E、F 4 个点的经纬度信息即可。下面对 4 个点的计算进行简要说明。

1. 确定火箭弹爆炸点的位置 $B(x_2, y_2)$。火箭弹的爆炸点 $B(x_2, y_2)$ 可以根据作业点的位置 $A(x_1, y_1)$、发射方位角 α 和火箭射程 L 3 个参数进行计算,其中 x_1, y_1, x_2, y_2 分别为作业点和火箭爆炸点的经纬度值。作业点的位置和发射方位角可通过读取作业上报信息表直接获取,火箭有效射程一般取 7 km,通过简单的三角函数计算即可求得火箭弹爆炸点的位置 $B(x_2, y_2)$。

2. 作业影响区的宽度 CD 简化为燃烧距离(取 5 km)的 2 倍。

3. 作业影响区的长度 DE 为作业高度高空风风速与作业影响时效(取 3 h)的乘积。由于探空站点的空间和时间分辨率较低,因此,采用 EC 细网格中最接近作业点位置 500 hPa 高度的 U、V 值来确定作业高度高空风的风速。

4. 直线 DE 的斜率同样可由 EC 细网格中最接近作业点位置 500 hPa 高度的 U、V 值来确定。

5. 根据 B 点的经纬度、CD 的长度、DE 的长度、DE 的斜率,经过简单的方程计算即可得出 C、D、E、F 4 个点的经纬度。

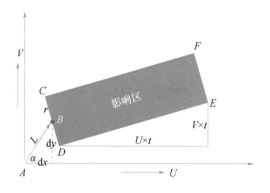

图 2 作业影响区示意图

4.4 作业对比区的确定

由于区域历史回归分析方法是利用对比区的降水来推测目标区在未受催化影响下的实际降水量,因此对比区和目标区的关系应该满足如下 4 个基本要求。

1. 出现的降水系统和主要云系条件具有相似性。

2. 地理形势、特征相似。

3. 区域面积相近。

4. 对比区不受目标区催化剂的影响。

为了满足 1、2 要求，根据相近相似的原理，对比区应该选择距离目标区相近的地区；为满足 3 要求只需在程序设计中将对比区的面积设置为跟目标区一致即可；为了满足 4 要求，对比区应该位于目标区的上风方或侧风方，风向同样以 EC 细网格中最接近作业点位置的 500 hPa 的 U、V 值来确定。

为了更准确地推测目标区的自然降水量，在目标区的上风方和侧风方设置 5 个对比区，然后根据历史样本计算各对比区与影响区雨量的相关系数，选择相关系数最大的备选对比区作为最终选定的对比区。相关系数的大小反映了两区区域平均降水量的相关程度，相关系数 r 的计算公式为：

$$r = \frac{\sum_{i=1}^{n} (x_i - \bar{x})(y_i - \bar{y})}{\sqrt{\sum_{i=1}^{n} (x_i - \bar{x})^2 \sum_{i=1}^{n} (y_i - \bar{y}^2)}} \tag{2}$$

式中：x_i、y_i 分别为历史对比区和作业影响区的区域平均降水量；$\bar{x}$、$\bar{y}$ 分别为历史对比区和作业影响区的区域平均降水量的平均值；n 为历史样本数。

计算相关系数，样本容量要有一个最低限值，一般要求样本容量大于 30。对比区和作业影响区的相关系数一般要求大于 0.6。若计算得出的相关系数均低于最低限度的 0.6，则将对比区进行上下左右的移动调整，调整的基本原则是不能与目标区发生重叠。

4.5 统计变量的正态检验和正态变换

由于要采用 t 检验法，要求变量具有或者近似具有正态分布。通常情况下，地面降水量（日雨量、小时雨量等）不满足正态分布，因此要对同一类天气系统目标区和对比区的区域平均雨量资料进行 2 次方根、3 次方根、4 次方根、5 次方根和对数的变数变换。经柯尔莫哥洛夫拟合度检验，选择更接近正态分布的变量变换为准，历史区域回归的样本采用变换后的区域平均雨量。

假定 n 个区域平均降水量数据为一列一维数组，设为 a，利用柯尔莫哥洛夫分布函数拟合度检验方法对其进行正态分布拟合度检验的具体算法步骤如下。

1. 对数组 a 按从小到大的顺序进行排序得到一个新的数组 b。

2. 求数组 b 的平均值 $\bar{x}$ 和标准差 s。

3. 求经验分布函数值。经验分布函数值等于 $(i-1)$ 与 n 的比值 $F_n(x_i) = (i-1)/n$，其中 i 表示数组 b 中数据所对应的序号，取值 $1, \cdots, n$；n 表示样本总数。

4. 求理论分布函数值。首先求出数组 b 中每个数据值与数组 b 的平均值的差再除以数组 b 的标准差 $\tau_i = (x_i - \bar{x})/s$（其中 $S = \sqrt{\left(\sum_{i=1}^{n} (x_i - \bar{x})^2\right)/(n-1)}$）；查标准正态分布函数表得到数组 b 中数据对应的理论分布函数值 $F(x) = \Phi(x)$。

5. 求出数组 b 中每个数据的经验分布函数值与对应的理论分布函数值的差值（取绝对值）$d(x_i) = |F_n(x) - F(x)|$。

6. 找出所求得的 n 个差值的最大值 $D_n = \sup|F_n(x) - F(x)|$；将该值乘以 $\sqrt{n}$ 得到一个数值，设为 m，$m = \sqrt{n} D_n$。

7. 比较 m 与 1.36 的大小。如果 $m < 1.36$，则认为"统计变量近似服从正态分布"；如果 $m > 1.36$，则认为"统计变量不满足正态分布"。

若进行变量变换无法通过柯氏检验，可以考虑调整作业影响区和对比区及相关历史数据。

4.6 区域历史回归方程的建立

利用作业影响区和对比区的历史雨量资料，以对比区历史区域平均降水量为自变量，作业影响区历

史区域平均降水量为因变量,采用最小二乘法建立一元线性回归方程:

$$y = a + bx \tag{3}$$

$$b = S_{xy} / S_x^2 = \left(\sum_{i=1}^{n} x_i y_i - n \overline{x} \, \overline{y} \right) \Big/ \left(\sum_{i=1}^{n} x_i^2 - n \overline{x}^2 \right) \tag{4}$$

$$a = \overline{y} - b \overline{x} \tag{5}$$

式中:x_i、y_i分别为历史对比区和作业影响区的区域平均降水量;$\overline{x}$、$\overline{y}$分别为历史对比区和作业影响区的区域平均降水量的平均值;S_{xy}为历史期对比区和作业影响区区域平均降水量的协方差;S_x^2为历史期对比区区域平均降水量的方差。

建立上述回归方程所用变量均为变量变换后经检验满足正态分布的统计变量。

4.7 增雨效果的计算

增雨效果包括绝对增雨量和相对增雨率。

绝对增雨量为作业影响区区域平均降水量实测值与作业影响区自然降水量估计值之差,绝对增雨量与作业影响区自然降水量估计值的比值即为相对增雨率。

作业影响区区域平均降水量实测值可根据自动站实况资料,利用公式(1)进行计算得出。

作业影响区自然降水量估计值的计算分两步完成,首先同样利用公式(1)计算出作业对比区区域平均降水量实测值;然后将作业对比区区域平均降水量实测值代入回归方程即可得出作业影响区自然降水量的估计值。

4.8 统计检验结果的显著性检验

利用区域历史回归法对人工增雨作业效果进行检验得出的是一个统计意义上的结果,因此在给出统计检验结果的同时必须给出该结果的显著性水平。本项目采用较为广泛使用的t-检验法对增雨效果进行统计显著性检验,检验统计量t的计算公式为:

$$t = \frac{\overline{y_k} - \overline{y_k'}}{\sqrt{\dfrac{1 - r^2}{n - 2} \sum_{i=1}^{n} (y_i - \overline{y_n})^2 \left[\dfrac{1}{k} + \dfrac{1}{n} + \dfrac{(\overline{x_k} - \overline{x_n})^2}{\sum_{i=1}^{n} (x_i - \overline{x_n})^2} \right]}} \tag{6}$$

式中:k、n分别为作业样本数和历史样本数;$\overline{y_k}$、$\overline{y_k'}$分别为作业期作业影响区的区域平均降水量的实测值(或其正态变换值)的平均值和基于对比区的区域平均降水量得到的自然降水量估计值(或其正态变换值)的平均值;r为作业影响区与对比区统计变量的相关系数;x_i、y_i分别为历史期对比区的区域平均降水量(或其正态变换值)和作业影响区的区域平均降水量(或其正态变换值);$\overline{x_k}$为作业期对比区的区域平均降水量(或其正态变换值)的平均值;$\overline{x_n}$、$\overline{y_n}$分别为历史期对比区的区域平均降水量(或其正态变换值)的平均值和作业影响区的区域平均降水量(或其正态变换值)的平均值。

根据上述求得的t值查t-分布的数值表,其中自由度$v = n - 2$,得到的α值即为前面通过区域历史回归方法估算的作业影响区增雨效果的显著性水平。α值越小说明统计检验结果可信度越高。

5 系统使用界面及方法

效果评估系统界面(如图3所示)分为5个区域,分别是作业参数设置、评估区设置、对比区设置、评估结果查询和输出框。可以通过两种方式对增雨效果进行评估,具体使用方法如下。

1. 通过读取作业信息文件进行评估

(1)选择作业信息文件

在"评估区设置"中勾选"使用文件",然后点击"作业信息文件"选择评估所需的具有规范格式的作业信息文件。

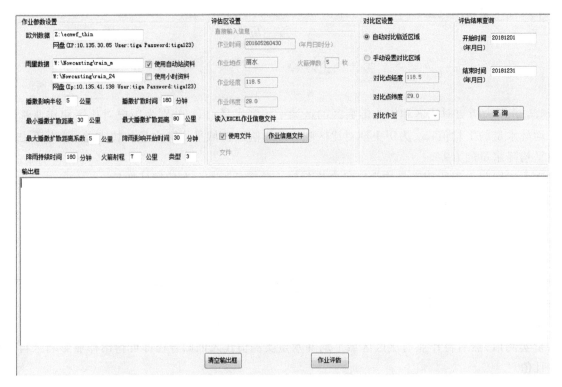

图3 效果评估系统界面

（2）设置作业参数

在"作业参数设置"中对天气系统类型、EC细网格数据路径、播撒影响半径、播撒扩散时间、最小播撒扩散距离、最大播撒扩散距离、降雨持续时间等作业参数进行设置。

（3）作业评估

点击右下角的"作业评估"按钮，一般1 min以内即可完成计算，计算完成后会弹出对话框提醒，在"输出框"中可以查看本次评估读取的作业信息和效果评估的计算结果，且评估结果会自动保存在数据库中。

（4）结果查询

在"评估结果查询"中按照"yyyymmdd"的格式设置好时间，点击"查询"即可查询出所需时间范围内的所有评估记录。

2. 手动输入信息进行评估

除了常规的通过读取作业信息文件进行效果评估外，还可手动输入基本信息进行评估。首先不勾选"使用文件"按钮，然后在"评估区设置"中对作业时间、作业地点、火箭弹数、作业经纬度进行填写，其他与通过读入文件进行评估步骤一样。

6 系统应用情况

选取2018年3月4日义乌市的一次地面火箭增雨作业利用系统进行效果检验。考虑到催化时效一般为3 h，因此，利用本评估系统进行效果检验须在作业完成后至少4 h才能进行。首先对当日的影响天气系统进行分析，此次过程的天气系统类型属于冷空气和西南气流型，因此"类型"设置为3；其次对作业参数进行设置，一般前期使用过该系统，作业参数栏会自动填写为上一次的设置；然后在系统界面点击作业信息文件，选择本次作业过程上报的作业信息文件；最后点击最下方的作业评估按钮，得出本次作业的绝对增雨量为3.78 mm，相对增雨率为154%，增雨效果的显著性检验 $\alpha < 0.01$，统计检验结果显著。计算结果同时保存在数据库中，通过右侧查询界面可以查看此次增雨过程的具体计算结果，包括目标区实际平均雨量、对比区实际平均雨量、绝对增雨量、相对增雨率等。

7   总 结

本文介绍了浙江省自主开发设计的基于区域历史回归分析法的效果评估系统,重点对系统开发中 8 个主要模块的设计思路进行了说明。通过实例检验可知,本评估软件可通过具有规范格式的作业上报信息文件自动读取所需数据,快速得出每次作业的绝对增雨量和相对增雨率,并给出相应的置信区间,计算结果自动保存在数据库里可供随时查询。但是,使用该评估系统进行增雨效果检验具有一定的限制条件,如影响区和对比区的相关性至少要在 60% 以上,样本数也有一定的要求,而且统计变量或其变换后变量要符合正态分布等,这样会出现部分作业无法进行评估的情况,不过这也确保了能够进行评估的作业得出的评估结果具有一定的可信度。总的来看,本效果评估系统操作方便快捷,结果科学可信,具有一定的推广借鉴意义。

参考文献

[1] 李大山,章澄昌,许焕斌,等.人工影响天气现状与展望[M].北京:气象出版社,2002:325-355.

[2] 王婉,姚展予.人工增雨统计检验结果准确度分析[J].气象科技,2009,37(2):209-215.

[3] 邓北胜.人工影响天气技术与管理[M].北京:气象出版社,2011:139-140.

[4] 祝晓芸,姚展予.江西省对流云火箭增雨作业个例分析[J].气象,2017,43(2):221-231.

[5] 郭宇光,王以琳,盛立芳,等.聊城市人工增雨效果统计方法及计算结果分析[J].中国海洋大学学报,2009,39(1):19-25.

[6] 周毓荃,朱冰.高炮、火箭和飞机催化扩散规律和作业设计的研究[J].气象,2014,40(8):965-980.

基于试验平台的前向散射式云粒子探测器性能测试与分析 *

朱亚宗[1] 黄兴友[2] 卜令兵[2]

(1 安徽省大气探测技术保障中心,合肥 230031;
2 南京信息工程大学大气物理学院,南京 210044)

摘 要:本文利用固定于多维调整平台的微米量级的小孔光阑模拟周期性出现于探测区域的小粒子,并沿光轴方向前后平移小孔光阑的位置,获得系统的景深。使用 5 μm、10 μm、30 μm 三种固定尺寸的标准粒子对系统进行了标定,获得了系统对不同尺寸的标准粒子的响应曲线。再利用米散射原理计算分析标准粒子与同尺寸的云滴粒子的散射强度关系反推系统对云滴粒子的响应曲线,该响应曲线可以用于云滴粒子尺寸的测量。

关键词:前向散射,景深,标准粒子,响应曲线

1 前言

我国是人工影响天气事业的大国,从业人员、作业设备和经费投入都居世界第一,却不是人工影响天气科技强国,人工影响天气作业存在一定的盲目性,缺少科学性。原因之一是探测手段较少,技术有待提高。

人工影响天气活动是一项科学性非常强的工作,需要在科学的指导下开展人工催化作业。具体来说,只有清楚了解云的结构、云降水物理过程,才能确定人工催化云系的最佳区域、催化时机和催化剂用量,从而进行有效的人工催化作业。

我国目前所用的都是从国外进口的云粒子探测系统[1],不但购买费用、定标和维修费用昂贵,而且在使用中也陆续发现了一些不足。为了提高人工影响天气作业的科学性,亟需研发一套有自主知识产权的探测系统和标定体系。

目前我国有多家单位研制了基于米散射的粒径仪,但其测量对象均是 10 μm 以内的尘埃,与气象要求有差距[2]。

本文设计的云粒子探测器能够获取直径 2~50 μm 的云粒子尺寸信息。

2 云粒子探测系统的定标

2.1 探测灵敏区域测量

机载云滴粒子探测器与地面粒径谱仪不同,云粒子的密度高(1000 个/cm³)、飞机飞行速度快(100 m/s),要求机载云滴粒子探测器的取样体积小且准确[3]。系统采用监视质量控制通道与探测通道的比值的方法控制景深。分束棱镜将收集到的粒子散射光分为探测部分和质量控制部分,质量控制通道使用直径为 200 μm 的圆孔光阑控制景深。当粒子从测量敏感区域的中心位置通过时,接收系统将粒子成像在圆孔光阑处,此时,光信号全部通过光阑到达探测器,探测通道与质量控制通道的输出成比例;当粒子偏离中心位置时,粒子成像位置偏离光阑,因此光阑挡住部分光能量,脉冲探测通道与质量控制通道(D2/

---

* 发表信息:本文摘录自作者学位论文,并以"激光云粒子探测技术"的题目原载于《红外与激光工程》,2011,40(10):1923-1927.以"云粒子探测器及其标定研究"的题目原载于《中国激光》,2011,38(8):224-227.

D1)的输出比发生变化,且距离中心位置越大,比值变化越大,当变化到一定程度时,即可以认为粒子所在位置超出了敏感区域,因此该粒子不列入统计范围。

  小孔的夫琅和费衍射与小粒子的米散射存在一定的相似性,又由于真实小粒子位置的不可控性。因此可以使用一定尺寸的小孔模拟周期性出现在系统灵敏区域的小粒子对系统进行景深的测量。试验中,将尺寸为 30 μm 的小孔装在可以随直流电机旋转的圆盘上,直流电机与调速器相连,速度可控,用旋转小孔模拟具有不同飞行速度的粒子,直流电机固定于三维精密平移台上,则小孔的位置可以精密调整。首先将小孔定位于接收系统的物点位置,此时质量控制通道有最大输出信号幅度,转动电机,测量探测通道与质量控制通道脉冲高度,此时,两者之间比值最小。通过精密三维平移台将小孔位置沿光轴方向移动一定距离,由于质量控制通道输出的减小,两者之间的比值增加,记录两者的比值。重复上述过程,则可以获小孔位置不同时两通道间比值的变化,其中沿着光轴方向(图 1)和和沿垂直光轴方向(图 2),得到了两者之间的比值(图 3)。

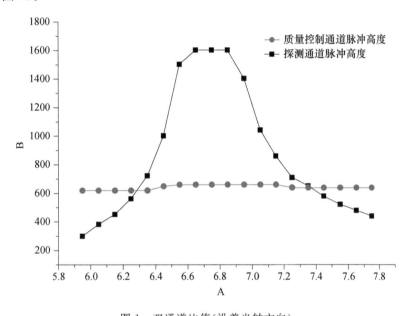

图 1　双通道比值(沿着光轴方向)

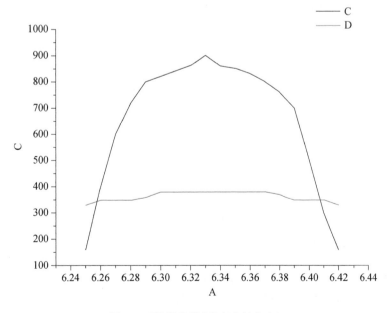

图 2　双通道比值(垂直光轴方向)

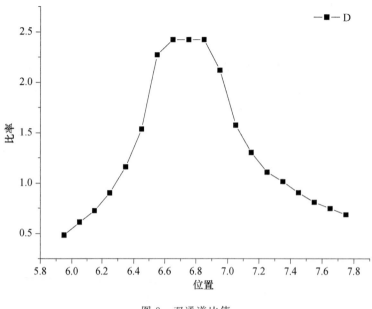

图3 双通道比值

根据试验得到的数据还可以绘成三维立体图,可以从三维空间更形象的看出景深的分布,图中一维横坐标为沿光轴方向,纵坐标为垂直于光轴方向,二维的纵坐标为两者之间的比值。图4中从中央的深红色—红色—黄色—蓝色—深蓝色,按照能量大小依次分布。

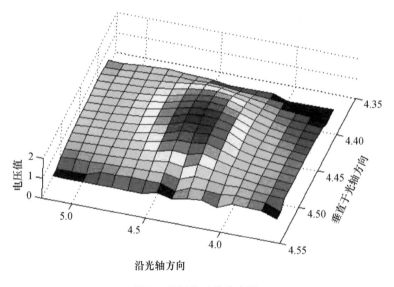

图4 景深的三维分布图

由图3可知,D2、D1比值随位置的变化曲线在测量中心位置两侧分布对称,随位置变化速率近似。再由图4可知,系统在空间方向同样如此,与系统设计相符,因此可以根据图3进行景深控制。在数据处理过程中,若舍去两者比值大于2.5的粒子,则系统的测量区域的长度为 2 mm,取样面积为 $0.3 \times 2 \ mm^2$。

2.2 系统的电压响应与粒子计数

系统景深确定后,使用不同尺寸的 DUKE 标准粒子即可以完成系统对标准粒子响应曲线型的测量[4]。将用于测量景深的小孔光阑移出测量区域,使用内径为 2 mm 的洁净细管固定于探测区域,标准粒子通过洁净管进入仪器的探测区域,记录系统对不同尺寸粒子的响应,即可以获得系统的响应曲线[4]。

试验中,由于 10 μm 及以下(包括 2 μm、5 μm、10 μm)的标准粒子是溶于溶液中且粒径较小,故使用 KANOMAX 公司的 F9431 型标准粒子发生器喷出。而 10 μm 以上(包括 15 μm、20 μm、30 μm、40 μm)

考虑到该类标准粒子为固体颗粒且粒径较大,则使用高压氮气从容器里直接吹入。考虑到粒子在产生过程中有可能在探测区域合并,因此,应尽量减小单位时间粒子的喷出量并通过气流加速的方法增大标准粒子通过探测区域时的速度。

编制 Labview 程序控制数据采集卡 NI5105 将每个标准粒子产生电压信号,根据景深控制方法对数据进行分析处理可以得到系统对标准粒子的响应。图 5 是 2 μm 标准粒子通过测量区域时探测器 D1、D2 给出的计数结果,其中横坐标为探测通道信号脉冲幅度,纵坐标为相应粒子在不同电压区间的统计个数。根据半电压计数方法知,系统对 2 μm 标准粒子的响应为 25 mV,即 2 μm 的标准粒子所对应的通道电压值为 25 mV。同理,系统对 5 μm、15 μm、30 μm 和 40 μm 这些标准粒子的响应也可以得到(如图 6~图 9 所示)。

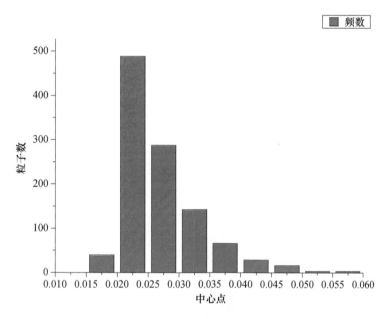

图 5　2 μm 标准粒子(参考电压值:25 mV)

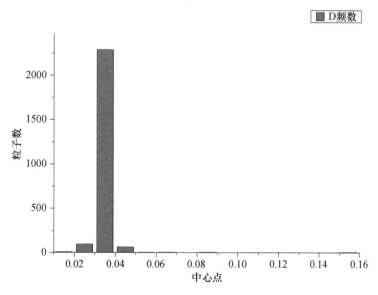

图 6　5 μm 粒子(参考电压值:36 mV)

在两种大粒子(图 8~图 9)中,发现在参考电压值前有小的峰值电压,小于参考电压值的电压计数也较多。经试验证明,该计数是由于非洁净实验室中的较大尘埃粒子或为瓶中的残余标准粒子引起的,可以认为是误差,不影响最终结果。

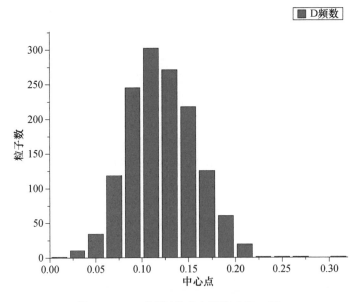

图 7　15 μm 粒子(参考电压值:120 mV)

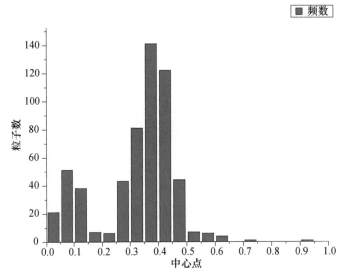

图 8　30 μm 粒子(参考电压值:366 mV)

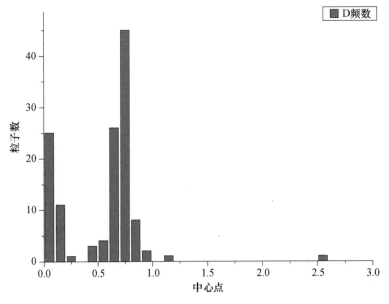

图 9　40 μm 粒子(参考电压值:686 mV)

用试验中所得到的几种粒子的参考电压值绘制 1～50 μm 粒子拟合图(图 10)。

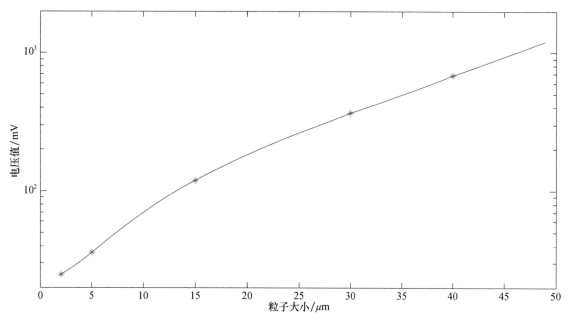

图 10　根据参考电压值绘制的 2～50 μm 粒子能量分布图

2.3　系统响应曲线标定

根据 Mie 散射原理,在特定方向特定立体角内的 Mie 散射能量强度是粒子直径的函数,根据粒子散射能量的大小可以反推粒子直径。

利用已知大小的标准粒子不同折射率经由 Mie 散射理论计算出来的粒子与相应能量大小的理论值曲线见图 11。图中可以看到有震荡产生,特别是在 0～5 μm,震荡显得尤其厉害,同一强度大小的散射能量会产生多值的粒子尺寸。为了克服这种情况,本文采用 4 次方拟合的方法来解决此类问题,图中的红线则是拟合出来的结果,这样就便于下文的计算和比较。图 11 中虚线为拟合的曲线,若通过标准粒子得到该曲线上的几个点,则该曲线可以唯一确定,即系统对标准粒子的响应曲线可以得到。

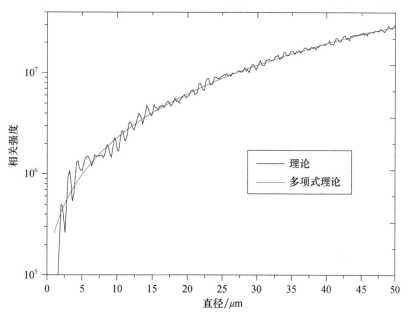

图 11　1～50 μm 粒子能量散射曲线

因云粒子探测系统测量对象为云滴粒子,需要将系统对标准粒子的响应曲线转化为系统对云滴粒子的响应曲线,实际测量时才可以根据测量的云滴粒子的输出幅度由响应曲线查算云滴粒子的大小。图12为不同尺寸标准粒子和云滴粒子散射能量的相对值[5],在此基础上可以转换得到标准粒子与水滴对应的关系。

云滴粒子与标准粒子的差别主要在于其折射率不同。假设系统接收到标准粒子和云滴粒子的散射能量同为 I,此时对应的标准粒子与云滴粒子的直径分别为 d_1、d_2,计算不同散射能量时的对应关系,则可以得到与 d_1、d_2 的关系如图13所示(图中 7.5 μm 的标准粒子由于测量误差造成的,可以忽略不计)。图中可以看出相同尺寸的标准粒子与云滴粒子,云滴粒子散射更多的能量,根据图13中的相对关系可以将系统对标准粒子的响应曲线转化为系统对云滴粒子的响应曲线。

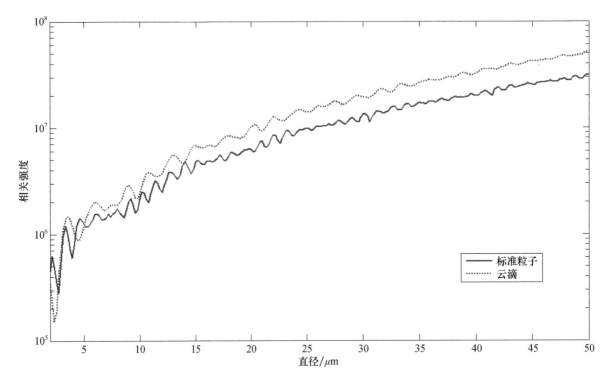

图12　系统接收到的标准粒子与云滴粒子散射的相对强度

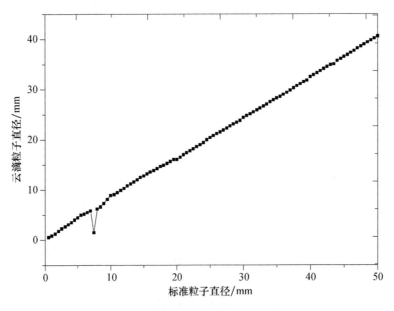

图13　标准粒子与云滴粒子对应的大小关系

3 结论

本文在实验室内利用固定于多维调整平台的微米量级的小孔光阑模拟周期性出现于探测区域的小粒子，对系统的景深进行测量，选择探测通道与质量控制通道的比值为 2.5 作为信号甄别阈值获得了 2 mm 的景深。使用 2 μm、5 μm、15 μm、30 μm、40 μm 共 5 种固定尺寸的标准粒子对系统进行了标定，获得了系统对不同尺寸的标准粒子的响应曲线，并通过分析标准粒子散射与云滴粒子之间的散射关系，获得了系统对云滴粒子的响应曲线，该响应曲线可以用于云滴粒子尺寸的测量。

参考文献

[1] Nagel U，Maixner W，Strapp W，et al. Advancements in techniques for calibrationand characterization of in situ optical particle measuring probes and applications to the FSSP-100 probe [J]. Journal of Atmosphere and Oceanic Technology，2007，24(5)：745-760.

[2] 梁春雷，黄惠杰，任冰强，等.激光尘埃粒子计数器微型光学传感器的研究[J].光学学报,2005,25(9):1260-1264.

[3] 游来光.利用粒子测量系统研究云物理过程和人工增雨条件[M]//游景炎,段英,游来光.云降水物理和人工增雨技术研究.北京:气象出版社,1994:236.

[4] 杨娟,顾芳,卞保民,等.光强均匀度与标准粒子信号分布关系研究[J].红外与激光工程,2007,36(S1):405-409.

[5] 王建华,徐贯东,王乃宁.单个颗粒激光散射在任意方向光通量计算的数学模型[J].应用激光,1995,2(15):78-80.

江西 BL-1A 型火箭增雨作业技术要领*

蔡 娟 蔡定军

(江西省人工影响天气领导小组办公室,南昌 330046)

摘 要:江西全省均使用 BL-1A 型火箭进行增雨防雹作业。基于 BL-1A 型增雨火箭弹道轨迹及焰剂在各阈温的成核率,结合江西省各月大气温度对应的高度层,给出了火箭各月最佳射击仰角;考虑到火箭弹道为抛物线,定量计算了作业时各仰角的修正角度;定量估算了"云位移"在侧云、迎云、追云作业时应修正的发射仰角和方位角;综合考虑成核率和云体体积,估算给出了作业用弹量。本研究目的在于提高一线人员的人影作业技术能力,进而提高人工增雨作业的成功率和降水效率。

关键词:人工增雨,火箭,作业技术

1 前言

随着相关科学技术的不断发展,人工影响天气外场作业正在向低成本、高效率、操作简单、使用方便、安全高效等方向发展。BL-1 型增雨防雹火箭系统是江西新余国科科技股份有限公司研制的新一代、高效、多用途人工影响天气作业工具,而 BL-1A 型火箭是 BL-1 型火箭的改进型产品,提高了火箭弹自毁的可靠性和飞行稳定性[1],因而在江西全省及全国得到广泛地应用。

21 世纪初,新一代火箭作业系统在我国开始出现,并迅速得到发展,应用面也较广。但从江西省前期实际应用情况看,并没有深入分析火箭弹道的特性,以及大气层高度、温度对成核率的影响,用弹数量也没有进行科学估算,致使作业成功率不高、增雨效率较低。因此,有必要结合江西省的实际情况,有针对性地研究 BL-1A 型火箭增雨催化作业技术。

2 BL-1A 型火箭系统特性

在 2000 年以前,江西省一直采用"37"高炮实施人工增雨作业。一线作业指挥人员在高炮增雨作业方面积累了许多经验。但自 2001 年始,江西省陆续配备 BL-1A 火箭系统,现火箭系统总量已远超高炮,成为地面增雨防雹作业的唯一工具。

BL-1A 型火箭弹发动机工作时间为 1.9 s,后为惯性飞行,飞行轨迹为抛物线;火箭出架速度约 45 m/s;发动机点火后 15 s 开始播撒焰剂,30 s 播撒结束;31 s 左右火箭三炸自毁,破片质量 100 g;发射仰角限定 $55°\sim85°$。

BL-1A 型火箭与"37"高炮比较,许多性能有一定差异。

2.1 AgI 含量多,成核率高

"37"高炮炮弹弹头 AgI 含量为 1 g,属于爆炸法产生 AgI 气溶胶粒子,单位时间输出率大,但其成核率在 -10 ℃时仅为 $2\times10^9\sim2\times10^{13}$ 个/g。而 BL-1A 型火箭弹 AgI 含量为 10.8 g,属于焰剂燃烧法,采用了 BR-91-Y 型 AgI 焰剂配方,在 $-7.5\sim-20$ ℃范围内最大成核率高达 10^{15} 个/g,其 90% 的核完成核化的时间约为 5 min,比苏联节银剂和美国 TB-1 焰剂的核化速率约快 3 倍[2]。在相同温度下,可产生的冰核数目比"37"高炮高几个数量级。

---

* 发表信息:本文原载于《江西气象科技》,2004(2):35-38.

2.2 播撒面积大

"37"高炮炮弹以"点"爆炸方式向外播撒人工冰晶,爆炸初始所及范围有限,对云体的催化速度慢。而BL-1A火箭弹以"线"燃烧方式向四周播撒扩散,不同发射仰角有1.5~3 km长的撒播路径,撒播面积大,催化速度快。

2.3 射高高

射角为85°时,"37"高炮8~18 s引信自炸炮弹最大射高为3566~5366 m;BL-1A火箭撒播起点高为5342 m,撒播终点高为7095 m。

2.4 机动性强

BL-1A火箭系统有车载式和拖车式,重量远低于"37"高炮,可置于皮卡车上运输或用牵引车拖运,快速到达作业点作业;作业操作时一般有两人即可;其在机动性、操作性方面明显优于高炮,可较好的寻找"战机","追云"作业,对强冰雹天气的防御更为有效。

2.5 准确性不高

"37"高炮原为军事武器,由于炮管长、有膛线,弹头飞行时呈螺旋状;加之弹头体积小、密度大,不易受气流影响,故有较高的准确性。而BL-1A火箭属无控火箭,定向导轨短,弹体与导轨间有间隙,火箭弹体积大、密度小,易受气流影响等因素,故准确性不高。但由于射击目标为有一定尺度的云体,因而此缺点对增雨作业影响不是很大。

3 外场作业技术要点

火箭外场作业,对于作业云体的雷达回波特征、作业现场云体视觉特征、产生云体的天气系统、作业时机和作业云体部位的把握等,可参考江西省制定的《人工影响天气地面作业技术规定》等资料,这里主要分析因火箭特性和大气温度层结而需要注意的作业技术要点。

3.1 南昌市各月−7.5 ℃层、−10 ℃大气层结平均高度

试验结果表明[3]:当云顶温度处于−10~−24 ℃时,播云都有效。因此将−7.5 ℃层、−10 ℃作为特征参考层分析其各月平均高度。统计南昌市45 a高空探测资料,各月−7.5 ℃层、−10 ℃层高度如下。

表1　南昌各月08:00 −7.5 ℃层、−10 ℃层平均高度

月	1	2	3	4	5	6	7	8	9	10	11	12
−7.5 ℃层高度/km	4.08	4.47	4.74	5.34	5.97	6.57	6.66	6.64	6.41	5.83	5.07	4.41
−10 ℃层高度/km	4.58	5.02	5.21	5.81	6.39	7.03	7.11	7.08	6.85	6.29	5.57	4.92

表1显示,−7.5 ℃层、−10 ℃层对应的高度均先增大后减小,7月−7.5 ℃层、−10 ℃层平均高度最高。但表1给出的只是月平均情况,各地须利用多普勒雷达查看云体顶高是否达到表1中的高度,以便判断云体是否可播。

3.2 发射仰角(作业高度)的确定

判断增雨作业成功与否以及增雨效率的高低,AgI在云体中的成核数量是重要参考因素之一。为使成核数量最多,必须考虑火箭的弹道轨迹以及大气层温度,使火箭播撒起点和播撒终点尽可能在−7.5 ℃层结以上高度,从而确定各月作业的最低射角(高度)要求。

表 2　BL-1A 火箭弹播撒起点、终点高度

发射仰角	55°	60°	65°	70°	75°	80°	85°
播撒起点高度/km	3.80	4.20	4.54	4.83	5.06	5.23	5.34
播撒终点高度/km	3.97	4.88	5.50	6.06	6.52	6.87	7.09

表 3　各月作业最低射角(高度)要求

月	1	2	3	4	5	6	7	8	9	10	11	12
南昌−7.5 ℃层高度/km	4.08	4.47	4.74	5.34	5.97	6.57	6.66	6.64	6.41	5.83	5.07	4.41
作业最低射角要求	60°	65°	70°	80°	85°	85°	85°	85°	85°	85°	75°	65°
播撒起点高度/km	4.20	4.54	4.83	5.23	5.34	5.34	5.34	5.34	5.34	5.34	5.06	4.54
播撒终点高度/km	4.88	5.50	6.06	6.87	7.09	7.09	7.09	7.09	7.09	7.09	6.52	5.50

综合分析表 2 和表 3 可知：

(1)从以前各地作业情况看,射角设置总体偏低,以后作业参照表 3 设置射角为好。

(2)由于火箭射高所限,夏半年(特别是 5—10 月)即使使用最大射角,其撒播起点仍不能达到−7.5 ℃层高度层,成核率不高;但随着高度增加,温度降低,催化剂的成核率会逐步提高。

(3)考虑到"冰—水转化"最佳层为−20～−15 ℃层结,各月即使采用最大射角作业,其撒播起点亦难达此高度(特别是 6—9 月)撒播终点刚够到−10 ℃层高度。因此,作业时机要选择云体发展时期,作业部位要选择云体前部,借助上升气流将人工冰核带入低温区。

(4)综合分析(2)和(3),夏秋作业时适当多发射火箭弹,以增加人工冰核数量。

(5)实际作业时,最好参考当天的探空资料以确定发射仰角;在野外,若缺资料则可(估)测地面气温,通过温度直减率估算−7.5 ℃层高度,以确定发射仰角。

4　发射仰角、方位角修正

4.1　视角差

在一线作业时,由于我们只能看到低空弹道烟迹,常会以为火箭是直线飞行,而实际轨迹则为抛物线。如图 1 所示,当以仰角 φ_1 瞄准目标发射,弹着点则在 A,不能命中目标;需用 φ_2 为仰角发射方能击中目标。

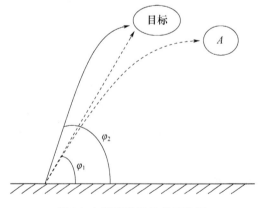

图 1　火箭弹道视角差示意图

参照厂家提供的数据,以火箭弹最高点为目标,计算视仰角与发射仰角之差(表 4)。表 4 说明,以任何角度瞄准目标,都必须适当抬高发射仰角。仰角越低时视角差则越大。例:以仰角 49.7°(约 50°)瞄准目标,必须设定发射仰角 65°方能击中目标。实际作业时可参照表 5 调整发射仰角。

表 4 火箭作业时需要调整的仰角数

最高点坐标		发射仰角	视仰角	发射仰角-视仰角
距离/km	高度/km			
5.31	4.32	55°	39.1°	15.9°
5.08	4.92	60°	44.0°	16.0°
4.68	5.51	65°	49.7°	15.3°
4.11	6.06	70°	55.9°	14.1°
3.35	6.56	75°	63.0°	12.0°
2.44	7.01	80°	70.8°	9.2°
1.26	7.24	85°	80.1°	4.9°

表 5 云移速 100 km/h 时火箭发射方位角仰角调整

发射仰角	播撒起点坐标/km		侧云作业向下风方水平调整方位角	迎云作业向上调整发射仰角	追云云作业向下调整发射仰角
	射高	射程			
55°	3.805	3.725	4.4°	3.4°	3.0°
60°	4.208	3.307	4.5°	3.7°	3.3°
65°	4.547	2.836	4.9°	3.9°	3.6°
70°	4.836	2.323	5.6°	4.1°	3.9°
75°	5.068	1.775	6.9°	4.3°	4.1°
80°	5.238	1.199	9.5°	4.4°	4.3°
85°	5.342	0.605	18.4°	4.4°	4.4°

4.2 云位移

云位移是指目标云在高空气流作用下,云体向下风方向移动。就江西省经验,强天气系统生成的云团移动较快,最快的可达 100 km/h。局地对流云团移动慢或少动。若以移速 100 km/h 计算,自火箭点火到播撒的 15 s,云体可移动 417 m。下面分 3 种情况进行分析。

(1)侧云作业(图 2)。射击目标 15 s 间由 A 点移到 B 点,发射方位角则向下风方调整 φ。计算得到表 5 第 4 列数据。发射仰角越大,则调整的方位角越大。

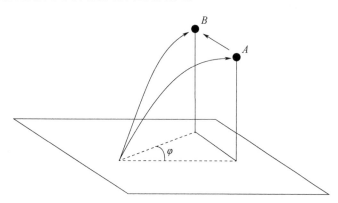

图 2 侧云作业火箭发射方位角调整示意图

(2)迎云作业(图 3)。射击目标 15 s 由 A 点移到 B 点,发射仰角应向上调整 φ_1。由于厂家没有给出抛物线方程,φ_1 无法算得,只能用 φ_2 近似替代,计算得到表 5 第 5 列数据。

(3)追云作业(图 4)。同理迎云作业,追云作业可根据表 5 第 6 列数据向下调整发射仰角。

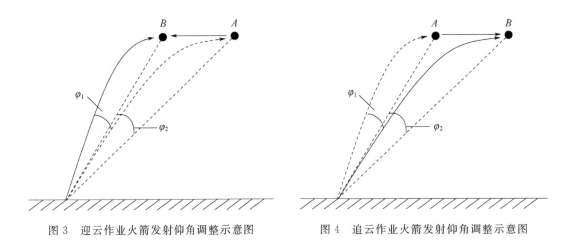

图 3   迎云作业火箭发射仰角调整示意图　　　　　　图 4   追云作业火箭发射仰角调整示意图

（4）表 5 中数据是在云体移速达 100 km/h 较大情况下算得。实际作业时,定要根据实际情况作调整。

5   增雨作业用弹量估算

为了通过蒸—凝过程最有效地使冰晶消耗过冷却水而迅速形成雨滴,一般要求冰晶数浓度达到 10～100 个/L。1 枚火箭弹可影响的云体面积其理论计算值为:

$$S = \pi r^2 = z/k/h \tag{1}$$

式中:z 为 1 枚火箭弹成核总数;k 为单位体积增加人工冰核数;h 为催化云层厚度(km)。

z 取 $1.8 \times 10^{15} \times 10.5$,$k$ 取 5×10^{13},h 取 3 km(图 5,约为 $-24 \sim -3.5$ ℃层厚度)。计算得:

$$S = 126 \text{ km}^2$$

$$r = 6.3 \text{ km}$$

即 1 枚火箭弹可使直径为 12 km,高为 3 km 的云体每升增加 50 个人工冰核。在江西省(特别是夏季)撒播层不能完全到 -7.5 ℃高度,主要是因为人工冰核不能完全活化,不一定能全部进云,存在有的向上逃逸等因素;因此,一次作业建议以发射 2～3 枚火箭弹为宜,若云体较大,则应分时、分批、分部位作业。

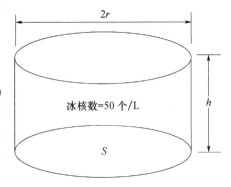

图 5   用弹量估算示意图

作业用弹量与播撒高度、成核率有直接关系。上述估算是依据厂家提供的数据。若成核率达不到 10^{15} 量级,则尽量提高作业的精准度,将人工冰核播撒在 -7.5 ℃以上同时过冷却水丰富的区域;经济条件好的地区也可适当提高用弹量。

6   结语

（1）要充分发挥火箭高效机动性能,必须熟悉辖区内道路、地貌、地理、农作物布局等,机动作业时方不致贻误战机。

（2）云体是否可播,可通过雷达确定云顶高度,参照表 1 给出的云顶高最低下限确定。

（3）只要撒播起点入云,撒播终点不出云,当取大射角作业为好。具体射角参照表 3 确定为好。

（4）因为"视角差",作业时参照表 4 抬高发射仰角。

（5）当作业云体移速较大时,可考虑表 5 在侧云、迎云和追云作业时适当调整发射仰角和方位角。

（6）对尺度为 10 km 左右的云团,一次增雨作业发射 2～3 枚火箭弹为宜。若云体较大,则应分时、分批、分部位作业。

（7）尽量提高作业的精准度,将人工冰核播撒在－7.5 ℃以上高度同时过冷却水丰富的区域;经济条件好的地区也可适当提高用弹量。

（8）夏季作业应提高用弹量。

参考文献

[1] 卢培玉,孙建东,盛日锋,等.BL-1A增雨防雹火箭系统安全使用探讨[J].山东气象,2010,30(1):33-34.

[2] 孙嫣,高民,杨茂水,等.自动站气象站各气象要素现场校准时段的选择[J].气象,2007,33(4):97-101.

[3] 中国气象局科技发展司.人工影响天气岗位培训教材[M].北京:气象出版社,2003.

随机森林算法在山东半岛冰雹预报中的应用[*]

姚　蓠[1,2]　李晓东[3]　庞华基[2]　盛立芳[3]　王文彩[3]

(1 青岛市人民政府人工影响天气办公室,青岛 266003;2 青岛市气象灾害防御工程技术研究中心,青岛 266003;
3 中国海洋大学海洋和大气科学学院,青岛 266100)

摘　要:为提高冰雹的预报准确率,本文将随机森林算法(Random Forest,RF)应用于山东半岛冰雹的识别和预报。选取 1998—2018 年山东半岛 41 个气象站的冰雹观测资料,利用同期欧洲中期天气预报中心再分析资料计算的对流指数和相关物理量,构建基于 RF 算法的 0～6 h 冰雹潜势预报模型。为了获得最佳的性能和合理的分类结果,在算法中通过向下采样和调整预测概率来建立模型。交叉验证的 RF 模型精度高,拟合效果稳定,平均泛化误差小。用 2014—2018 年资料作为独立样本进行检验,算法向下采样均衡 RF (BRF)模型具有更好的性能。对 2018 年 6 月 13 日天气过程进行试报表明,该模型对冰雹落区的判识效果较好,能够预报出所有出现冰雹的站点以及冰雹灾害出现的时间。RF 算法重点考虑了热力因子,其选取的因子物理意义较为明确,符合主观预报经验。模型筛选的抬升指数(Li)、肖沃尔特稳定性指数(Si)和总指数(TT)等热因子的阈值可作为山东半岛地区冰雹潜势预报的参考。

关键词:冰雹预报,随机森林,气象因子

1　引言

提高冰雹预报的准确率可以为这种灾害性天气的防范和人工防雹作业争取宝贵时间,具有重要的现实意义。机器学习中的随机森林算法可以解决多元非线性问题[1-2],在冰雹灾害预测方面具有良好的应用前景[3]。

2　模型建立

选取 ROC 曲线与完美模型曲线最接近的点的概率值作为优化预测结果的预测概率截断点,评估结果与完美模型的接近度。由于冰雹样本规模有限,采用 10-flod 交叉验证方法对训练集进行验证,以确定最优 RF 截止点。图 1 给出了与 RF 和 BRF 模型截止阈值相关的两组 ROC 曲线。

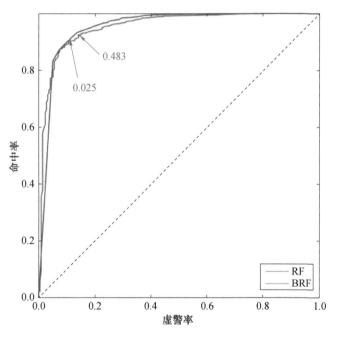

图 1　ROC 曲线确定模型阈值

综合考虑模型精度和计算成本,本文采用决策树数量 $N_{tree}=500$,特征个数 $M_{try}=8$ 构建冰雹潜势预报模型。RF 冰雹潜势预报模型构建全流程如图 2 所示。

---

* 发表信息:本文原载于《Atmospheric Research》,2020,244(1).

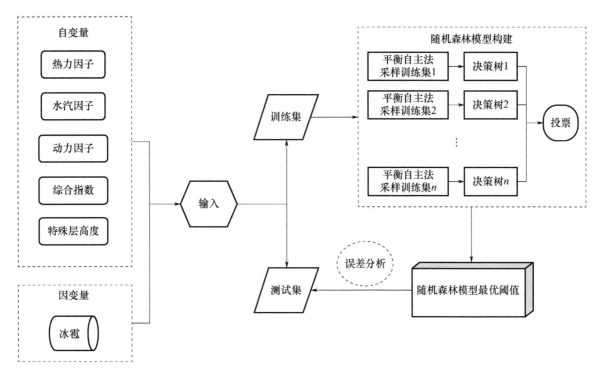

图 2　RF 冰雹潜势预报模型流程图

3　模型检验

3.1　独立样本检验

利用独立的验证数据集,通过经过训练和校准的预测模型进行预测,验证 RF 冰雹潜在可预测性预测模型的预测精度。总的来说,RF 和 BRF 在这些指标上具有相似的统计特征。从评价指标及 ROC 曲线 CI 值分析(图 3)可知,BRF 结果的稳健性优于 RF。

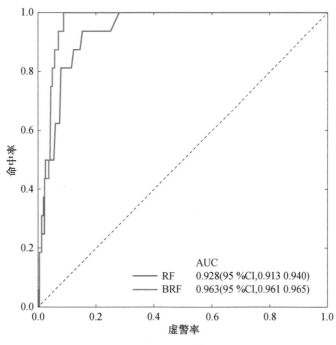

图 3　基于独立验证数据的 ROC 曲线

3.2 个例检验

以 2018 年 6 月 13 日山东半岛强对流天气为例,应用 RF 模型对冰雹天气过程进行预报。如图 4 所示,该模型对降雹区域的整体识别效果较好。实际发生冰雹的区域与模型给出的高概率区域吻合。利用截断概率阈值给出发生冰雹的范围,覆盖所有发生冰雹的站点。

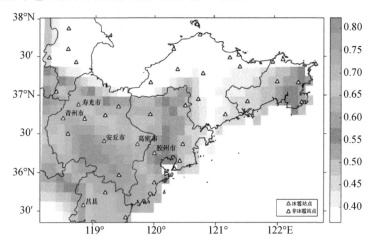

图 4 2018 年 6 月 13 日山东半岛冰雹天气预报对比

(BFR 模型,概率阈值为 0.4;红色三角形为冰雹站点,黑色三角形为非冰雹站点)

3.3 预报因子重要性及特征分析

在 RF 模型中,根据因子变化后预测精度的平均降低,测量了预测因子的重要性,100 次随机实验得到的模型因子重要性结果如图 5 所示。在图 6 中,模型贡献顺序排序靠前的 Li、Si、TT、Ki 在概率密度

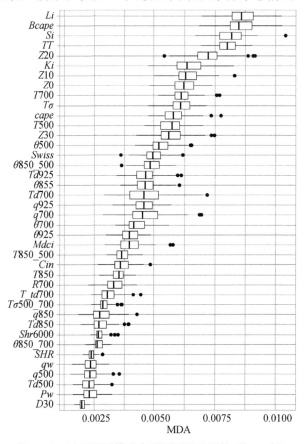

图 5 RF 冰雹预测模型中预测因子重要性(前 40 个)

估计曲线上分离程度较高,可作为冰雹主观预测的最优指标。

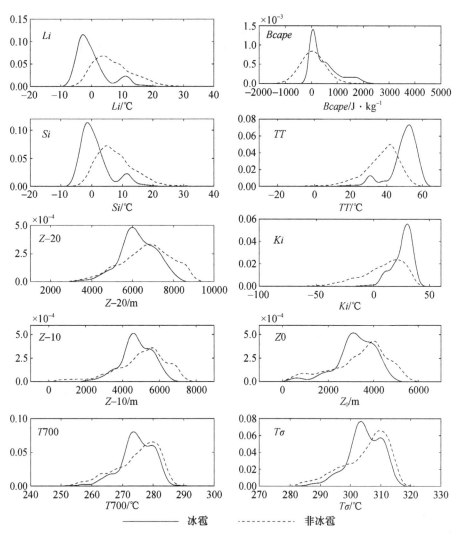

图 6　预报因子概率密度分布

4　结论

对于 RF 算法,通过选择预测概率截断点和内在向下采样方法,对冰雹等发生频率最小的极端天气事件进行预测,可以建立有效的预测模型。两种方法建立的模型具有相似的性能和统计显著性,其中 BRF 在独立测试集上性能更好、更稳定。模型在个例分析上表现较好,可以判识所有的冰雹站点,预测冰雹潜力区与实际冰雹发生区域较为吻合。

根据 RF 模型对预测因子的重要性进行筛选,分析了重要预测因子的统计特征。结果表明,热不稳定参数 Li、Si、TT 和 Ki 对山东半岛地区冰雹有较好的指示意义,可作为主观预报指标。

参考文献

[1] Breiman L. Random forests[J]. Machine Learning,2001,45(1):5-32.

[2] Liaw A,Wiener M. Classification and regression by randomforest[J]. R News,2002,2(3):18-22.

[3] Gagne D J,McGovern A,Haupt S E,et al. Storm-based probabilistic hail forecasting with machine learning applied to convection-allowing ensembles[J]. Weather and Forecasting,2017,32(5):1819-1840.

"追雹者"微信小程序功能设计与开发*

龚佃利[1]　李建军[2]　张延龙[3]　赵志岐[2]

(1 山东省人民政府人工影响天气办公室,济南 250031;2 三维时空软件股份有限公司,福州 350000;
3 临沂市气象局,临沂 276000)

摘　要:冰雹是一种影响严重的气象灾害,具有发展快、局地性强的特点。及时、广泛、完整收集降雹信息,可为雹云物理和人工防雹技术研究提供重要基础资料。依据冰雹观测有关标准规范,基于移动互联网、数据库、地理信息系统等技术,借助微信通信工具,设计开发了"追雹者"微信小程序,实现冰雹信息(降雹地点、时间、最大冰雹直径等图片、文字)上报、地图显示、统计查询等功能,可作为冰雹及灾害信息收集、管理的实用、便捷工具。

关键词:冰雹观测,微信小程序,程序开发

1　引　言

目前,冰雹观测规范主要有 GB/T 35224—2017《地面气象观测规范 天气现象》[1]、GB/T 34296—2017《地面降雹特征调查规范》[2],但实际执行需要很强的专业工具和专业知识,公众按该标准进行降雹调查有较大难度。基于移动互联网应用的微信小程序可集成定位、拍照、录像、上传等功能,设计开发一套采集冰雹信息的微信小程序(命名为"追雹者"),面向气象工作者和社会公众开放使用,遇有降雹发生时,可以快速、便捷地采集、上报冰雹信息,弥补了降雹资料观测点少、资料缺失严重等问题。

2　设计架构

2.1　数据架构

2.1.1　数据库表

采用 MySQL 关系型数据库,设计包括用户信息表、冰雹上报信息表、公告信息表、系统管理表等数据表结构,实现对冰雹信息的存储。

2.1.2　地图调用

地图采用腾讯提供的 GCJ-02 地图中的矢量底图、矢量注记、影像地图、影像注记等数据。使用腾讯地图逆地理编码查询服务功能,根据系统自动获取或用户手动选择的位置,获取其经纬度及对应地址名称,作为冰雹上报地点的地理位置。

2.1.3　数据存储

上报的有关冰雹的文字信息存储到云服务器上的 MySQL 数据库,通过建立数据索引方式,实现快速查询检索;图片数据存在云服务器单独目录下,目录名称按年—月格式分月存放。

2.2　系统部署

系统部署到互联网云平台上,通过互联网实现冰雹信息的上报、发布及其他数据的网络传输。数据传输采用 HTTPS 传输协议,用户采集冰雹数据时,将被加密传输到云上环境进行存储,可保证用户信

* 资助信息:国家重点研发计划项目(2018YFC1507903)。

息、上传资料的安全。

3 主要功能

微信小程序端根据微信授权登录系统,包括登录、冰雹信息展示(首页)、冰雹信息采集、公告查询等模块。

3.1 系统启动

打开微信,直接搜索"追雹者"小程序,可找到其链接地址。

启动页面有单独设计的标志,显示引语:"冰雹逃脱雹云,藏着云中的秘密。让我们一起追寻冰雹的足迹,探究人工防雹的密码……"。启动界面停留1~2 s,自动进入小程序主界面。

首次登录时,微信小程序默认展示已上报的冰雹信息。当用户首次上传冰雹信息时,系统弹出用户使用协议,申请用户的手机权限、隐私说明等;再次上传时不再进行授权申请。

3.2 冰雹展示

"追雹者"微信小程序界面底端具有"首页"页面(默认登录后界面)、冰雹采集按钮及"我的"按钮。小程序首页展示效果见图1a,上传冰雹信息页面见图1b。

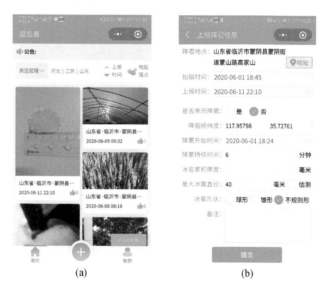

图1 小程序主界面(a)和上报冰雹信息页面(b)

(1)首页顶部滚动显示公告。最新公告以红色粗体显示,点击标题可查看公告详情。

(2)首页展示"关注区域"已上报的冰雹图片信息。"关注区域"默认为用户所在的省份,可点击"关注区域"选择配置为全国或其他省区,最多可设置3个省级区域。

(3)点击页面右上角的"地图落点"复选按钮,可在地图上展示上报的冰雹信息,并可按关注区域、时间筛选显示。"首页"点击单条冰雹信息,可显示冰雹信息详情。

3.3 信息上报

首页点击"➕"进入信息上报页面,可选择"拍照""相册""短视频""无图片"4种方式上报冰雹信息。

"拍照"方式:程序将调用相机拍照后选择上传,并填写相关冰雹信息(图1b)。降雹经纬度由系统定位地址予以匹配。降雹开始时间、降雹持续时间可根据个人观察、调查询问等方式进行确认。冰雹最大直径可用直尺测量或估测。

"相册"方式:程序提供从相册中选取有代表性的照片上传,但应对降雹地点、时间、冰雹直径和拍摄时间仔细核实确认,尽量使上传数据准确。

"视频"方式:适合采集视频,将拍摄的降雹视频采集、存储到系统数据库。该方式目前处于内测阶段。

"无图片"方式:适合无降雹照片,仅利用该程序将降雹资料进行录入,尽可能增加冰雹观测资料。

"我的"界面中提供了编辑功能,可对已填报数据进行修改、补充、删除等,建立个人追雹的足迹和冰雹记录。

4 结语

"追雹者"微信小程序为专业人员、社会公众提供了收集上报冰雹信息的便捷工具,以便广泛收集冰雹数据,为雹云物理和人工防雹技术研究提供基础资料。后续将增加视频录像采集功能,采集对接冰雹发生前后的雷达拼图,在雷达回波图上显示降雹信息,以便对收集的降雹信息"去伪存真"与"比照验证",并根据程序实际应用情况,不断优化完善系统功能,为用户提供更好的应用体验。

参考文献

[1] 中国气象局,全国气象仪器与观测方法标准化技术委员会.地面气象观测规范 天气现象:GB/T 35224—2017[S].北京:中国标准出版社,2017.

[2] 中国气象局,全国气象防灾减灾标准化技术委员会.地面降雹特征调查规范:GB/T 34296—2017[S].北京:中国标准出版社,2017.

恩施州冰雹云的识别方法探讨

徐钊远　郭卫青　王亚宁

（恩施州气象局，恩施 445000）

摘　要：通过现在的探测方法，多措并举地分析识别冰雹云，总结出湖北省恩施州冰雹发源地及移动路线，并确定了最佳防雹作业时间。(1)利用恩施州各县市的降水资料、MICAPS常规资料作为预警；(2)利用恩施州多普勒雷达观测资料，对夏季对流云宏观特征和雹云指标分析，判断冰雹云的组合反射率在 45 dBZ 以上、垂直累计液态水含量 45 kg/m² 、回波顶高 11 km 左右进行云物理实时观测定性指标；(3)恩施州 70 多个炮点对冰雹云的发生、酝酿、降雹和消亡过程，提早识别冰雹云。本研究可为恩施州烟叶防雹作业成功，减小农业生产灾害，精准及时作业，避免无效作业提供参考。

关键词：恩施州，冰雹云，观测，识别

1　引言

冰雹对农业生产有着非常严重的影响，是影响农作物质量和产量的致命灾害。冰雹出现时，常常伴有大风、剧烈的降温和强雷电现象。一场冰雹袭击，轻者减产，重者绝收。冰雹是一种局地性强，季节明显，突发性强，对农业（特别是对恩施州的烟叶）具有毁灭性破坏的灾害。而恩施州又是山地气候，冰雹突发并且频繁，及时抓住有利防雹作业的准确的作用时间至关重要。近年来，利用多普勒雷达识别冰雹云的研究较多，杨群超[1]对冰雹云特征进行了分析，得出有界回波区和 V 型缺口是判别雹云的重要特征，逆风区、中气旋等都能有效地指导灾害性天气判断。我们在长期的人工消雹作业中也积累了比较丰富的预测冰雹经验，总结出了识别冰雹云的方法。根据探测到的结果对冰雹进行预测，提高探测精度，建立完善的冰雹天气预警模式。预警之后提前采取针对性的措施进行预防，起到预防冰雹灾害的作用，供各人工作业炮点参考。

2　冰雹云生成的物理条件

2.1　有强冷空气汇入

冰雹云产生于强对流天气，从预报预测角度来说，恩施州进入初夏，暖湿空气活动剧烈，而夏季强降水主要由于冷暖空气活动强所导致。由于大的环流形势，北方冷空气与西南暖湿气体相交，特别是高层有较强的冷空气汇入，是恩施州产生对流性降水的一个重要条件，也就是在冷涡的影响下会产生大范围冰雹云天气的环流特征，是冰雹云形成天气形势场。

2.2　地形的抬升作用

恩施州山峦起伏，沟壑纵横。研究发现：恩施州的冰雹有"雹打一条线"的特征，因为地形的抬升作用，并且同一个地方发生的机会还比较多，这种地形是研究冰雹云需要重点观测的。强对流云在引导气流的作用下，被迫抬升数千米以上，这是不稳定潜能触发机制，过山后，雷雨云即成为冰雹云[2]，这也是研究雹点须主要观测的。

2.3 冰雹云产生的宏观条件

恩施州产生冰雹云具有源发性、局地性的特点。恩施州产生的天气系统主要是低槽冷锋,在降雹过程中这种形势的天气系统最多,其产生的宏观条件是层结不稳定、上干下湿、上冷下暖、受锋区急流的影响,中低层湿度大、增湿条件好、水分充足、出现低层辐合,高层辐散。降雹云是高层为冷平流、低层是暖平流的天气形势,若预测出现这种宏观天气形势,我们的防雹点就要进入临近状态。

3 冰雹云的微观定量分析

判断冰雹云中冰雹大小的判据是检验−20 ℃层上是否存在大于45 dBZ的反射率因子[3]。我们通过冰雹云的回波强度技术指标(表1)来进行冰雹的物理识别。我们从恩施州多普勒雷达实时观测回波图上可以看出,冰雹云的雷达回波图像与其他云图是不一样的。冰雹云的雷达回波结构紧密,面积比较大,呈大面积移动状态,而且回波图轮廓清晰,有时图像边缘平整,出现高大突起,而且发展速度快,到发展成熟阶段,就能从图像上看到落区,指导人工防雹作业。

表1 冰雹云综合回波指标临界值

月份	强回波顶高/km	中心强度/dBZ	移动速度/(km/h)	云顶温度/℃
4—7	4～7	≥45	≥40	≥−35
8—10	79	≥50	≥30	≥−45

表中多普勒雷达探测值在判断冰雹云的生成、指导判断冰雹云具有重要的参考价值。

4 冰雹云的观测事实和群众经验

4.1 冰雹云的形态

冰雹云的云体一般高耸庞大,云底低而云顶高,可高达8～11 km,左右、上下、前后翻腾厉害,比发展旺盛的雷雨云移动的速度还快,有的像倒立的扫帚,有的像连绵的山峰,有的像高大的云山,云底的滚轴状和乳房状特征特别明显,有农谚说,"云顶长头发,定有雹子下""天有骆驼云,雹子要临门"。

4.2 颜色

冰雹云乌黑,像锅底的颜色,还经常带有土黄色或暗红色,也有的带紫绿色。这是因为冰雹云比一般雷雨云发展的更旺盛,水汽含量更多。有农谚说,"黑云黄捎子,必定下雹子""白云黑云对着跑,这场雹子小不了"。一般来说冰雹云的中间部分为灰黑色或灰色,云顶为灰白色。

4.3 冰雹云的发展

冰雹云是浓积云发展的。多块浓积云合并,发展异常迅速而且非常猛烈,有时四面的云向一处集中,一般向经常产生冰雹的源地的上空集中。这是因为气流的辐合作用和地形地貌的影响,恩施州的地形易形成对流,当对流进一步加强,云体发展的更旺盛,冰雹云随之出现。群众说,"云打架,雹要下""天黄闷热乌云翻,天河水吼防冰旦"等谚语也都生动地从云的形态方面描述了冰雹来临的前兆。

4.4 风的变化

恩施州是山区,各处像是由一个个"小盆地"组成,风一般较小。但冰雹云到来之前,风速时大时小,风向不定,常吹漩涡风。风的来向就是冰雹云的来向,在大风中伴有稀疏的大雨点。一般下雹子前常刮东南风或东风,冰雹云一到突然变成西北风或西风,并且降雹前的风速一般大于雨前的风速,有的可达8～9级,甚至10级,随后连雨加雹一起降下来,即"恶云见风长,冰雹随风落"。

4.5 冰雹云的发生、发展

当云层颜色变为灰白色夹灰色时,就变成了浓积云,这一过程需要15~20 min;空气对流运动已经猛烈到极限,浓积云忽然迅速向上拱起,形成一座高大的云山,直冲天空,浓积云的最底部逐渐发黑,但是浓积云的最顶部还是灰白色的,天空中的云层越来越厚,浓积云的中间开始变得灰暗,这时就变成了极为特殊的对流云——秃冰雹云。冰雹云发展的成熟阶段,云顶向一边延伸,像一匹奔跑的骏马,发展到"鬃冰雹云"。这时水汽十分充分,再加上云中的空气对流运动,使冰雹云中的水滴上升到云体中,遇冷结成雹核,往返不定,一会儿往上,一会儿下降,在下降的同时,上升的小水滴继续在雹核的表面附着,冻结成另一层冰,然后做往返的运动,这种运动导致冰雹云的整个云体开始小幅度翻滚,且这种翻滚越来越猛烈,再加上冰雹云中的水汽十分充足,太阳光的反射,导致整个云体开始发黄、发红,形成了黑色、白色和红黄色乱绞丝的云团,冰雹云加上空气对流运动的影响,移动速度也非常快,这一过程需要20~40 min,这时作业能达到百分百的效果。再发展到"砧冰雹云"时,冰雹已成形、成熟,云顶向两边延伸,像一个倒立的三角形,此时作业已经晚了,但仍可以阻止进一步生成冰雹。

5 结 论

1. 我们用MICAPS常规资料预报为指导,以多普勒雷达观测资料对恩施州的夏季对流云宏观特征和雹云指标进行实时监控探测,综合判断,准确、及时地确定冰雹云。

2. 恩施州冰雹云主要产生在高空冷槽,中低层切变线是两次过程主要的影响系统。

3. 恩施州夏季对流云降水回波的最大顶高主要集中分布在5~12 km,在此之上或之下的降水对流云较少;对流云降水回波强度季平均值为45 dBZ;对流云回波平均顶高与强度不随时间变化,基本呈稳定的震荡态势;回波顶高平均值高出同期0 ℃层高度值4.8 km。

4. 降雹天气作业应当选在"秃冰雹云"向"鬃冰雹云"转化时效果最佳。

参考文献

[1] 杨群超.一次冰雹天气的雷达回波特征分析[J].科技传播,2013(5):100-101.

[2] 许焕斌,段英.冰雹形成机制的研究并论人工雹胚与自然雹胚的"利益竞争"防雹假说[J].大气科学,2001(2):277-288.

[3] 郑媛媛,俞小鼎,方冲,等.一次典型超级单体风暴的多普勒天气雷达探测分析[J].气象学报,2004,62(3):327-328.

湖南干旱分析及人工增雨作业布局和方案设计

周　盛[1]　徐冬英[1]　徐靖宇[2]　高　沁[1]

(1 湖南省人工影响天气领导小组办公室,长沙 410118;

2 湖南省气象台,长沙 410118)

摘　要:利用湖南省地面气象观测站逐日观测数据计算得到的综合气象干旱指数,分析湖南省干旱的特征,结合干旱特征研究和讨论人工增雨作业布局和方案设计,得到:湖南省的地面装备数量和干旱频次分布并不一致,湖南省干旱频次的高值区主要在自西向东气流和自南向北气流的背坡面,干旱频次的低值区主要在资水、沅江和湘江下游的交汇区及永州偏西的地区;而地面装备湘西北和湘南较多,其他区域差异不大。当出现连片干旱时,可采取跨市州联合作业方式调动地面作业装备抵御干旱。飞机作业主要飞湘南、湘西南和湘西北 3 个方向,通过 3 个方向的飞机作业可抵御持续时间长的跨季干旱。

关键词:干旱,综合气象干旱指数,分区,飞机,作业装备

1　引言

全球变暖背景下高温、干旱等气候事件频发[1-2],在这些气候灾害中,干旱占 70%[3],由干旱带来的水资源缺少对工、农业生产产生了很大影响。湖南省年降水丰富,年均降水量接近 1400 mm,但降水量时空分布不均,几乎每年都会出现季节性干旱。一般 7 月副高北抬控制着湖南省大部分区域开始进入伏旱期,此时农作物处于抽穗扬花时期,缺水对农作物影响很大[4]。湖南省兴建的很多水利工程是抗旱应急水源工程,可确保干旱时群众的基本用水[5],但这属于被动抗旱措施,干旱持续时间很长或区域很广时,被动抗旱措施往往不够,需要主动出击,增加降水来抗旱。人工增雨作业是主动抗旱、缓解水资源短缺的的最有效措施之一[6]。

一些研究表明[7-9],干旱期有相当的作业潜力,在干旱期内捕捉有利作业时机进行人工增雨作业可适度增加降水量。周益辉等[10]分析了南方夏、秋干旱期的天气气候特征,指出湖南省西北部人工增雨潜力较大。唐林等[11]利用雷达卫星等数据总结了湖南省夏秋干旱期的主要增雨对象。周毓荃等[12]和白先达等[13]对人工增雨抗旱减灾做了研究,分析了不同的作业工具的特点。上述研究很少将干旱特征和人工增雨相结合,本文试从这个角度出发,分析干旱气候特征及相应的人工增雨作业布局和方案设计,探究更加合理的应对干旱的人工增雨布局和方案设计,以期减轻干旱灾害的影响。

2　研究数据及方法介绍

2.1　研究数据介绍

研究中使用数据包括湖南省建站开始至 2015 年 12 月 31 日,97 个国家气象站逐日温度、相对湿度、降水量等要素数据,主要通过湖南省信息中心的 CIMISS 客户端获取,部分不全的数据由湖南省气候中心提供。研究使用湖南省天气气候分区结果,将湖南省划分为 5 个区(图 1):湘北、湘中、湘东南、湘西北、湘西南[14]。湘西北包括张家界、湘西州、怀化西北部县市;湘北包括常德、岳阳、益阳中北部县市;湘西南包括除掉怀化西北部和邵阳东部的怀化、邵阳大部分县市区及娄底东部;湘中包括邵阳和娄底中东部的县

市、衡阳中北部大部分县市及湘潭株洲中北部的县市；湘南包括永州、郴州、衡阳的南部。全省97个国家气象台站及区划如图1所示。

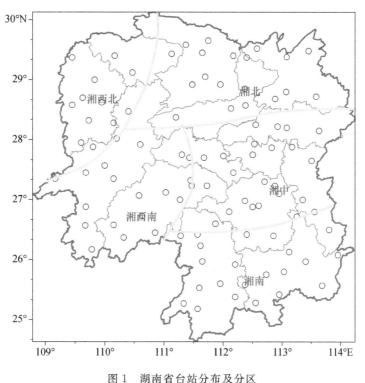

图1 湖南省台站分布及分区

2.2 研究方法

干旱过程和干旱持续时间根据气象行业标准《气象干旱等级》[15]计算得到。文中使用了Mann-Kendall趋势检验方法[16]分析干旱持续天数的趋势，该方法的使用较多，很多文献都有过详细说明，在此不再做介绍。

3 湖南省干旱特征

3.1 湖南省干旱频次特征

湖南省干旱频次为湖南省站点干旱过程的次数。如图2，湖南省干旱频次特点为西北、西南、东北部和中部偏低，其他地区偏高。区域特点表现为湘中因有低值中心，较其他区域偏低，湘西北、湘北、湘南、湘北则向西、向东降低。干旱频次高于100的区域主要在自西向东气流的背坡面和自南向北气流的背坡面，包括武陵山背面的凤凰和麻阳地区，雪峰山脉背面的邵阳地区，南岭山脉背面的洞庭湖区域北部及洞庭湖区的北部。永州西南部因有西南气流直接吹过，出现了干旱频次的低值区，资水、沅江和湘江下游的交汇区是干旱频次的低值区。

3.2 湖南省干旱发生季节及持续时间

湖南省区域干旱特征的研究可通过选取代表站进行[17]，选取郴州、宁乡、桑植、怀化、邵东为代表站分别代表湘南、湘东北、湘西北、湘西、湘中5个分区[18]。根据各代表站干旱过程起始时间和结束时间所在季节将其分为：春旱、夏旱、秋旱、冬旱、春夏连旱、夏秋连旱、秋冬连旱、冬春连旱、冬春夏连旱、夏秋冬连旱10种类型(图4)，其中前4种为季节性特旱，后面6种为跨越季节的连旱。图4中方框的高度为最长干旱持续天数，考虑到干旱的影响列出湖南省发生特大干旱时的干旱持续天数，由图可见，湘中的邵东最长干旱持续天数达到140 d，其次是怀化和桑植都在100 d以上。

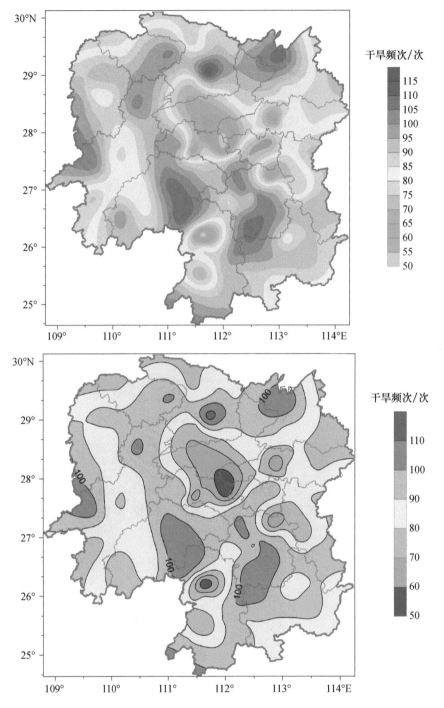

图 2　湖南省干旱频次

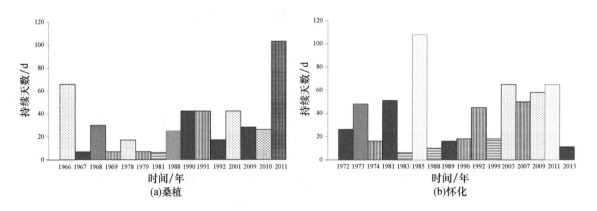

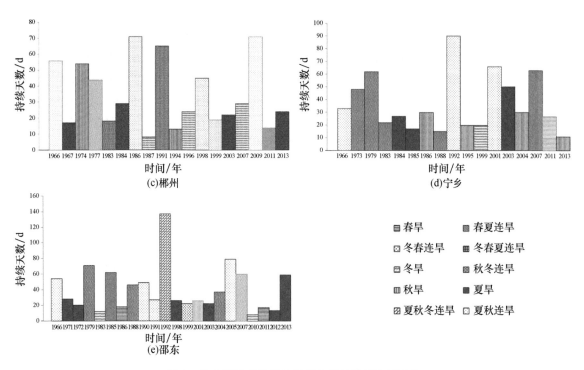

图 3　各分区代表站干旱类型和最长干旱持续天数

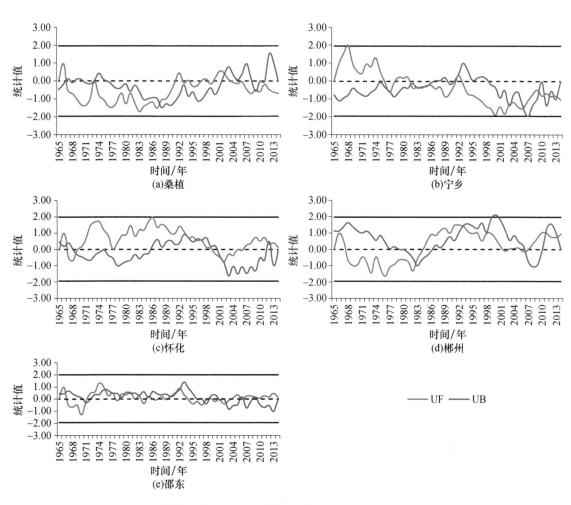

图 4　湖南省各代表站干旱持续天数的 Mann-Kendall 趋势检验

（上、下横线表示给定显著性水平 $\alpha=0.05$，统计量为 ±1.96 的临界值）

利用 Mann-Kendall 趋势检验方法分析各代表站干旱持续天数随时间的变化趋势,桑植和邵东均不存在明显的上升或下降趋势;宁乡在 20 世纪 60 年代末存在明显的上升趋势,21 世纪 00 年代初和 21 世纪 00 年代末存在明显的下降趋势;怀化在 20 世纪 80 年代中期存在明显的上升趋势;郴州在 21 世纪 00 年代初存在明显的上升趋势。5 个代表站均有 UF 和 UB 线的交汇点,说明均存在突变;邵东的 UF 和 UB 线波动接近,二者的交点很多;桑植的突变发生在 20 世纪 80 年代末和 21 世纪 00 年代初;宁乡的突变发生在 20 世纪 80 年代初和 21 世纪 00 年代末;怀化的突变发生在 20 世纪 90 年代中和 21 世纪 00 年代初;郴州的突变发生在 20 世纪 80 年代初、20 世纪 90 年代初和 21 世纪 00 年代末。

4 人工增雨布局和方案设计

4.1 人工增雨布局

湖南省自 1959 年开始人工影响天气作业,作业目标主要为抗旱增雨,作业装备早期为 37 mm 高炮,20 世纪 90 年代开始布局增雨火箭进行抗旱作业,经过几十年发展,大致形成了每个区县均有 2～3 个地面作业装备的布局(图 5),地面装备的数量湘南和湘西北较多,其他区域差异不大。地面作业要求必须在作业点进行空域登记后才能开展,图 5b 是固定作业点分布图,可见固定作业点和图 5a 的装备分布图基本一致,与图 2 结合分析,地面作业装备的布局并不是干旱频次高地面作业装备数量就多,二者并不一致,因此若某区域发生重特大干旱时,需要由省级单位协调调集装备进行地面区域联合作业。

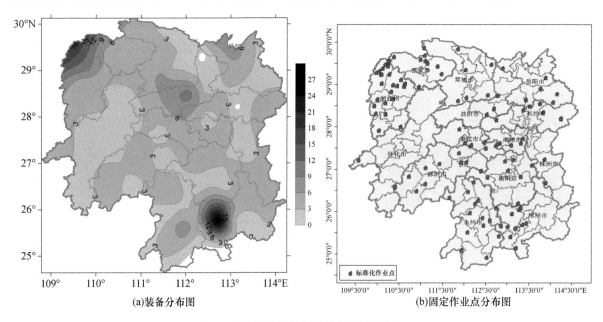

(a)装备分布图 (b)固定作业点分布图

图 5 湖南省地面装备数量和地面作业点

不同于高炮的瞬时点源和火箭的瞬时线源,飞机为移动点源[19],具有播撒持续时间长、播撒面积大的特点。当出现连季且成片区的干旱时,如干旱扩展到某个分区时,飞机作业播撒的优势可以充分利用。湖南省的飞机作业是利用空军长沙机场,飞机主要飞行湘南、湘西南、湘西北 3 个方向,影响范围如图 6 所示。

4.2 跨区联合作业探讨

中国气象局在《全国人工影响天气发展规划》里将全国划分为东北、西北、华北、中部、西南和东南 6 个人工影响天气区域。区域内有牵头省份,可开展跨省(区)联合作业。考虑湖南省干旱的连发连片发生的特点,可仿照中国气象局模式开展跨市(州)联合作业,区域划分参考湖南省天气气候分区。根据候威等[20]研究,设定分区内四分之一站点干旱为区域干旱启动条件开展跨区作业,当然这还需要进一步结合

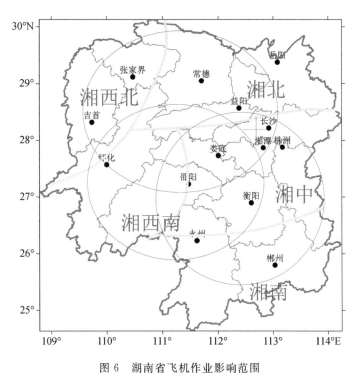

图 6 湖南省飞机作业影响范围

(红色圆圈为飞机作业到湘南、湘西南、湘西北的影响范围;红色十字为飞机起飞位置)

实际情况研究确定,区域干旱的人工增雨可启动多种作业工具结合立体播撒的方式,科学地增加催化剂量以求增强人工增雨效果。

5 结论

利用全省 97 个气象观测站逐日气象要素得到湖南省综合气象干旱指数,结合湖南省天气气候分区分析湖南省干旱特及人工增雨布局和方案设计,得到如下结论。

(1)湖南省干旱频次的高值区主要在自西向东气流和自南向北气流的背坡面,干旱频次的低值区主要在资水、沅江和湘江下游的交汇区及永州偏西的地区。湖南省的地面装备数量分布和干旱频次分布并不一致,当有连片干旱时可以分区内的形式调动地面作业装备联合作业抵御干旱。

(2)湖南省干旱持续时间长,产生跨季节的连旱,利用 Mann-Kendall 趋势检验方法分析各分区代表站干旱持续天数发现:桑植和邵东均没有明显的上升或下降趋势,怀化宁乡郴州在部分时段出现明显的上升和下降趋势,年最长干旱持续天数宁乡在 20 世纪 60 年代末明显的变长,怀化在 20 世纪 80 年代中明显变长,郴州在 21 世纪 00 年代明显变长,宁乡 21 世纪 00 年代初和 21 世纪 00 年代末明显变短。5 个代表站均存在突变,桑植的突变发生在 20 世纪 80 年代末和 21 世纪 00 年代初,宁乡的突变发生在 20 世纪 80 年代初和 21 世纪 00 年代末,怀化的突变发生在 20 世纪 90 年代中和 21 世纪 00 年代初,郴州的突变发生在 20 世纪 80 年代初、21 世纪 90 年代初和 21 世纪 00 年代末。

(3)湖南省地面作业设备的布局和干旱频次分布并不一致,当有大片区的干旱发生时可考虑分区域联合作业,如干旱发生在夏、秋季且持续时间长时,利用飞机进行播撒作业可扩大作业影响面积,增强作业效果。

参考文献

[1] 徐娜.我国干旱的主要特点[J].中国减灾,2004(10):24-25.

[2] 秦大河.应对全球气候变化防御极端气候灾害[J].求是,2007(8):51-53.

[3] 吴玉成.我国重特大干旱灾害频发原因探析[J].中国防汛抗旱,2012,22(5):10-12.

[4] 李维华.干旱致灾机理分析[J].四川气象,2003,23(4):40-44.

［5］吕石生,刘燕龙.湖南省引调提水工程建设经验[J].中国防汛抗旱,2017,27(4):9-12.

［6］王广河,姚展予.人工增雨综合技术研究[J].应用气象学报,2003(S1):1-10.

［7］夏丽花,冯玲,曾光平.福建省干旱概况及夏旱期间人工增雨条件分析[J].应用气象学报,2003,14:143-150.

［8］李玉林,杨梅,曾光平,等.江西干旱期间人工增雨天气条件与潜力区分析[J].应用气象学报,2003,14:170-179.

［9］王东林.华北地区干旱分析及人工增雨经济效益预测[J].江西农业学报,2015,27(9):104-108.

［10］周益辉,曾光平,唐林,等.南方夏秋干旱期间的天气气候分析[J].应用气象学报,2003,14:118-125.

［11］唐林,张中波,王治平.湖南省夏秋干旱期人工增雨作业条件判别指标的研究[J].安徽农业科学,2008,36(7):2838-2839.

［12］周毓荃,孙博阳.论河南省人工增雨抗旱减灾的可行性[J].气象与环境科学,1997(1):42-43.

［13］白先达.桂林干旱风险评估及人工增雨抗旱研究[J].气象,2013(10):42-43.

［14］郭凌曜,章新平,廖玉芳,等.湖南短时强降水事件气候特征[J].灾害学,2013,28(2):76-80.

［15］中国气象局,全国气候与气候变化标准化技术委员会.气象干旱等级:GB/T 20481—2007[S].北京:中国标准出版社,2007.

［16］Daniel W.大气科学中的统计方法[M].朱玉祥译.北京:气象出版社,2017.

［17］王文,蔡晓军.长江中下游地区干旱变化特征分析[J].高原气象,2010,29(6):1587-1593.

［18］张剑明,廖玉芳,彭嘉栋,等.湖南气象干旱日数的时空变化特征[J].中国农业气象,2013,34(6):621-628.

［19］周毓荃,朱冰.高炮、火箭和飞机催化扩散规律和作业设计的研究[J].气象,2014,40(8):965-971.

［20］候威,赵俊虎,封国林.区域干旱预警标准研究Ⅱ:区域旱涝强度等级划分及其在干旱预警中的应用[J].高原气象,2014,33(2):444-451.

海南省暖云人工增雨作业应用技术

黄彦彬[1] 毛志远[1] 敖 杰[1] 邢增闻[2]

(1 海南省人工影响天气中心,海口 570203;

2 海南省保亭县气象局,保亭 572300)

摘 要:本文介绍了海南省暖云人工增雨地面发生器选点气象条件、催化剂扩散及人工催化影响区域的技术方法。2014—2016 年开展了暖云人工增雨地面发生器随机化检验外场试验,结果表明:催化样本影响区平均增雨量为 3.36 mm/2h,未催化样本平均增雨量为 2.97 mm/2h,催化比未催化样本平均增加雨量0.39 mm,相对增加 11.4%,显著性分析差异显著;对于增长阶段的积雨云,催化样本反射率增强、含水量增大、回波顶高升高;处于减弱阶段的积云,多数催化样本回波减弱趋缓。使用 WRF 模式模拟了部分暖云催化个例,播撒暖云催化剂对云中云水含量和冰晶含量都有一定的作用,通过云微物理过程对雨水产生影响,这表明中尺度粒子云滴播撒对云和降水的影响不仅仅局限于暖云过程,对冷云过程也有一定的影响;从降水量播撒和无播撒降水量水平分布差值发现,播撒区导致降水量增加,而在播撒区的下游出现了降水减少的情况。

关键词:暖云,人工增雨,作业技术,数值模拟

1 引言

我国各地多采用火箭、高炮进行冷云地面人工增雨作业,但受空域限制和火箭弹安全储运等诸多因素的影响,导致很多作业良机无法实施作业。2014 年开始海南省先后引进了 11 套陕西省中天火箭生产的暖云地面发生器(或称暖云烟炉),催化剂配方采用中国气象局人工影响天气中心自主开发研制 ZY-1NY 吸湿性焰条,经过多年的科学研究和业务实践,开展作业技术和效果评估方面的研究,总结了整套的暖云人工增雨地面发生器作业技术,发展了有暖云人工催化功能的 WRF 模式,模拟了海南省暖云人工催化的典型作业个例,为暖云人工增雨作业技术提供理论支撑。

2 暖云人工增雨地面发生器设点气象条件

2.1 上升气流的计算方法

依据现场观测或周边气象站数据、数值模式产品资料,分析选址地点盛行风向与山体关系,估算垂直气流分布情况,综合考虑作业季节,应选择最大上升气流区,上升气流的计算采用以下途径获得。

(1)风廓线资料。风廓线雷达可以提供 1 min 间隔的雷达站上空三维风的观测资料,作业点位于风廓线雷达 50 km 以内,可以使用风廓线的上升气流速度资料。

(2)数值模式资料。NCEP 再分析资料可以提供 6 h/次的格点垂直分量风的资料。下载 NCEP 历史资料,读取海平面以上不同高度下的垂直风速"VGRD P0 L102 GLL0"(m/s),该变量为经度、纬度和高度的三维变量。以人工增雨地面催化剂发生器选址点为中心点,绘制不同高度的垂直风速平面分布图(图 1填色部分),分析地面催化剂发生器选址地点附近的垂直风速的分布。经过选址地点,沿山脉走向做垂直风速的垂直剖面图(图 2填色部分)和垂直风矢量图(图 3),分析垂直风速的大小分布以及走势情况,以确定沿山脉选择最适宜安装地面催化剂发生器的高度和地点。

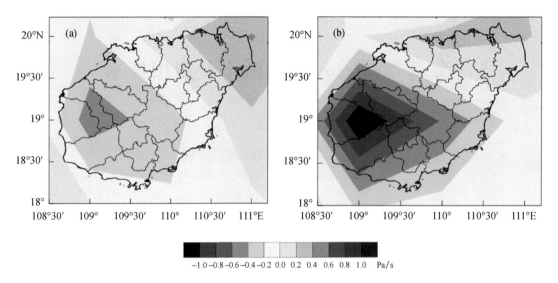

图 1　925 hPa(a)和 850 hPa(b)的垂直风速平面分布图

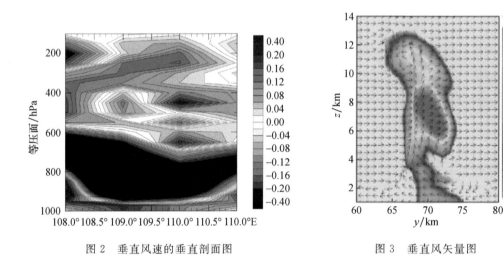

图 2　垂直风速的垂直剖面图　　　　图 3　垂直风矢量图

2.2　暖云人工增雨地面发生器选址地形条件

　　地面暖云人工增雨发生器人工催化需要借助云中上升气流播撒,作业点的地形条件也是上升气流发展的重要条件,利用地形抬升产生的上升气流将催化剂带入云中,海南省降水季节盛行东南风,因此主要考虑西北—东南向和北—南走向的山谷和河谷,通常这类走向的山谷或河谷,山谷风特征明显,可利用谷风将催化剂带入云中。何媛等[1]选取了昌江县霸王岭、东方市玉龙山、乐东县付光、五指山市毛阳 4 个典型作业点,根据当地地形特点、自动站降水和风场数据分析作业点的风场、地形条件,表 1 可看出 4 个作业点均位于西北—东南向、北—南向的山体上,山体强迫抬升可引发上升气流,有利于将催化剂带入云中。

表 1　海南省地面烟炉作业点地理信息

作业点	海拔高度/m	山体走向
昌江县霸王岭	516	北—南
东方市玉龙山	415	北—南
乐东县付光	605	西北—东南
五指山市毛阳	251	西北—东南

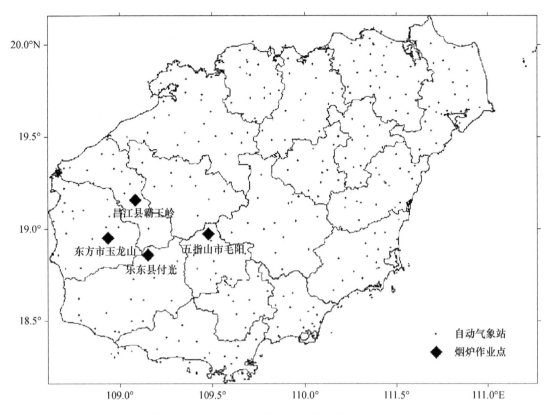

图 4　海南省暖云人工增雨地面发生器作业点位置

2.3　暖云人工增雨催化剂扩散范围

使用人工影响天气模式计算和分析选址地点催化剂扩散、输送及核化规律,影响区域应覆盖人工增雨的主要目标区。根据《环境影响评价技术方法》地面源扩散符合利用高斯扩散模式,高斯模式的假设有:

(1)污染物在大气空间环境中遵从高斯分布(正态分布);

(2)在整个空间中风速是均匀的、稳定的,风速大于 1.5 m/s;

(3)定常、均匀的湍流场;

(4)源强是连续均匀的;

(5)在扩散过程中污染物质量是守恒的。

扩散公式为:

$$q = \frac{Q}{2\pi\sigma_z\sigma_y\mu}\exp\left\{-\frac{y^2}{2\sigma_y^2}\right\}\exp\left\{-\frac{(z-H_0)^2}{2\sigma_z^2}\right\} + \exp\left\{-\frac{(2+H_0)^2}{2\sigma_z^2}\right\} \tag{1}$$

式中:Q 为催化剂源的核生成率;σ_y 和 σ_z 别为 y 和 z 轴方向上催化剂质点数浓度分布的均方差;μ 为 x 轴上的分风速;H_0 为发生器的催化剂排放口高度(m);y 为催化剂排放口与通过排气筒的平均风向轴线在水平面上的垂直距离(m);z 为催化剂排放口与水平面的垂直高度(m)。

根据不同稳定度分类 σ_y 和 σ_z 取不同值,根据帕斯奎尔法利用地面风速(距离地面 10 m)、白天太阳辐射状况(分为强、中、弱、阴天等)或夜间云量的大小将稳定度分为 A~F 共 6 个级别,源高 H_0 包含催化剂排放源的自然高度 h 和烟流的抬升高度 Δh,参照国家烟囱设计规范中确定的典型烟源数据。

2.4　暖云云底高度的计算

将抬升凝结高度近似为云底高度,其计算公式为:

$$H = a(T_s - T_d) \tag{2}$$

式中:H 是抬升凝结高度(m);T_s 为抬升起始高度的地面温度(℃);T_d 为露点温度(℃);a 取 124 m/℃。

使用（1）式计算地面燃烧源扩散情况，海南省所用暖云催化剂的核生成率 $Q=4.4\times10^{15}$ 个/s，海南省 $\sigma_y(x)=0.147x^{0.889}$，$\sigma_z(x)=0.4x^{0.652}$，$q_0=1\times10^5$ 个/m³，源高 H_0 包含排放源的自然高度 h 和烟流的抬升高度 Δh，参照国家烟囱设计规范中确定的典型烟源数据。

催化剂的分布相似浓度 q' 表示：

$$q'=\frac{q}{q_0} \tag{3}$$

选取东方市玉龙山作业点的催化剂扩散情况进行说明，其中东方市玉龙山作业点海拔高度为 415 m，图 5a 和 5b 为催化剂水平和垂直扩散分布图。从图 5a 计算得出东方市玉龙山作业点催化剂释放高度接近 3 km，水平距离为 3.5 km 的区域为催化剂高浓度区，数浓度为 1×10^7 个/m³，5 km 高度催化剂数浓度为 1×10^6 个/m³，水平扩散范围超过 10 km，数浓度为 1×10^5 个/m³ 高度可达 9 km。图 5b 可以看出催化剂在 x 轴方向 3.5 km、y 轴方向 1.5 km 左右范围为 1×10^7 个/m³ 的高浓度区，在 x 轴方向 10 km、y 轴方向 4 km 左右范围催化剂数浓度可达 1×10^6 个/m³。由于缺乏人工观测云底高度，而国内外许多学者指出可将抬升凝结高度近似作为云底高度[2-6]，其计算公式为：

$$H=a(T_s-T_d) \tag{4}$$

式中：H 是抬升凝结高度（m）；T_s 为抬升起始高度的地面温度（℃）；T_d 为露点温度（℃），本文 a 取 124 m/℃。

根据 2010—2014 年各作业点附近自动站的温度和露点温度，可计算得出昌江县、东方市、乐东县和五指山市的平均抬升凝结高度（近似为云底高度）分别为：842.74 m、718.93 m、786.62 m 和 664.0 m，图 5 可看出东方市玉龙山作业点在 1600 m 高度催化剂的数浓度值为 1×10^8 个/m³。因此，作业点释放的吸湿性催化剂能以较高数浓度进入云中合适催化部位。

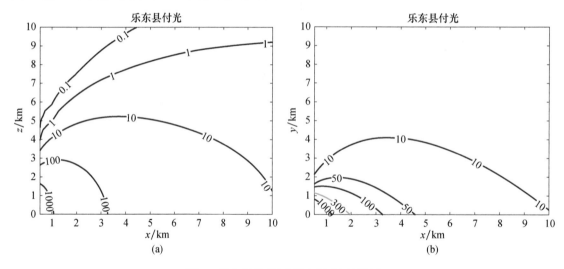

图 5　催化剂垂直（a）及水平（b）扩散图

2.5　暖云人工增雨地面发生器作业方法

根据海南省海口市、三亚市多普勒雷达站资料分析总结了作业指标。

（1）回波面积：作业点组合反射率回波强度＞25 dBZ 的面积在 5×5 km²。

（2）回波高度：作业点上空的回波顶高＞6 km。

（3）作业对象：处于发展或成熟阶段的纯暖云、积雨云或积层混合云的暖层。

（4）地面风向方向作业判别指标：

昌江县霸王岭：90°～270°；

乐东县付光：90°～270°；

五指山市毛阳：135°～315°；

东方市江边：0°～180°。

3 暖云人工增雨地面发生器作业效果分析

2015—2016年在海南省昌江县霸王岭开展地面暖云人工增雨随机化人工催化效果检验,共取得催化和未催化试验样本34个。黄彦彬等[7]利用TITAN风暴追踪系统结合自动雨量资料进行统计和物理效果分析。结果表明:催化样本影响区平均增雨量为3.36 mm/2h,未催化样本平均增雨量为2.97 mm/2h,催化比未催化样本平均增加雨量0.39 mm,相对增加11.4%,显著性分析差异显著;对于增长阶段的积雨云,催化样本反射率增强、含水量增大、回波顶升高;处于减弱阶段的积云,多数催化样本回波减弱趋势趋缓。

4 暖云人工催化数值模拟

4.1 暖云催化数值模式

发展了有暖云人工催化功能的可分辨云模式,暖云播撒催化数值模式主要包含自然背景气溶胶分档技术、水凝物分档技术、催化剂粒子分档技术和详尽的云微物理过程。

根据大气中的气溶胶粒径分布特征,采用三模态对数正态气溶胶谱分布,气溶胶拥有43个谱档,最大半径扩至2.5 μm,表达式为:

$$\frac{\mathrm{d}N}{\mathrm{d}\ln r_d} = \sum_m \frac{N_m}{\sqrt{2\pi}\ln(\sigma_m)} \exp\left[-\frac{\ln^2\left(\frac{r_d}{r_m}\right)}{2\ln^2(\sigma_m)}\right] \tag{5}$$

式中:N为CCN数浓度;N_m是指在第m模态CCN的数浓度;r_m和σ_m指第m模态的中心半径和几何标准差。干气溶胶粒子最大半径为2.5 μm,最小的CCN表示为爱根核模态(粒径小于50 nm),对数正态分布的中心为0.005 μm,中等大小的CCN被认为是积聚模态(粒径50~250 nm),中心为0.035 μm,最大的CCN被认为是粗粒子模态,中心在0.31 μm。

吸湿性催化剂采用三模态对数正态CCN谱分布,分为43档。液滴活化过程是根据K-Köhler理论处理的,在每个时间步长都计算一次过饱和度和一个临界云凝结核大小,如果此时的云凝结核粒子超过这个云凝结核临界尺寸变会转化为液滴,同时云凝结核相应的粒径分布的档位便会被清空。模式中不考虑云滴或者雨滴蒸发导致的云凝结核再次回到大气的过程。

云内水凝物按照粒径分布分成4类:液滴、冰雪聚合物(冰晶和雪,即低密度冰相粒子)、霰和雹(高密度冰相粒子),每1种水凝物被定义为对数等距的质量倍增档位,半径根据$M=(4/3)\pi R^3$计算。液滴分为33档,最小半径为2 μm,最大半径为4 mm;冰雪聚合物分为33档;雪和霰分为33档,其中高密度粒子的最大下落速度为8 m/s。液滴的冻结过程使用的方法是冻结率与液滴质量成正比的方法,主要适用于温度低于−20 ℃的环境下,对于温度高于−20 ℃时,将半径小于100 μm的冻滴转化为小的聚合物。

气溶胶、新型催化剂、液滴(云滴和雨滴)、低密度冰相粒子(冰晶和雪花)、高密度冰相粒子(霰和雹)粒子大小分布谱(即粒径谱)的形状均伴随着平流、扩散增长/蒸发、凝华/升华、碰撞、沉降以及冻结/融化这些微物理过程的发生而变化。同时液滴的扩散增长/蒸发和冰粒子的凝华/升华是通过扩散增长公式和过饱和度方程来解决的,因此扩散增长过程中过饱和度的变化是被时刻考虑。不同种类粒子间的碰撞是通过使用碰撞内核的随机碰撞方程来解决的,会产生粒径谱分布的变化。

4.2 暖云催化数值模拟试验

针对海南地区2020年7月12日一次降水过程进行吸湿性催化剂暖云云底播撒试验,播撒浓度为1000个/cm³,播撒尺度选择直径大于2 μm的大粒子。播撒位置为降水云系移动方向前部,此时该播撒位置未产生明显降水,播撒 30 min 左右,播撒区域为儋州市,基本为降水中心区域,播撒高度为云底高度。

采用双层嵌套(图 6),水平方向格点分别为 100×102,109×109,分辨率分别为 9 km 和 3 km,垂直方向分为 38 层。初始气象场和边界场使用 1°×1°的 FNL (National Environmental Prediction Center,Final)资料,具体方案设定如表 2 所示。

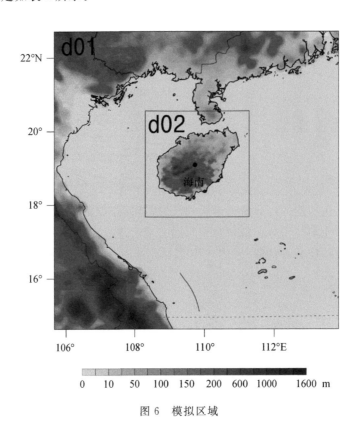

图 6　模拟区域

表 2　方案设定

方案名称	设定
云微物理方案	fast-SBM
短波辐射方案	Dudhia
长波辐射方案	rrtm
地表	Monin-Obukhov
陆面过程	Noah
行星边界层方案	YSU
积云参数化方案	Kain-Fritsh (only domain01)

图 7 是播撒和无播撒情况下地面降水量的分布。可以看到,吸湿性催化剂播撒后地面强降水中心的降水量增加。图 8 是播撒与无播撒情况下平均累计降水量随时间的演变。可以看到,吸湿性催化剂的播撒对整个区域累计降水量的影响相对减小。从播撒降水量和无播撒降水量水平分布差值发现,播撒区导致降水量增加,而在播撒区的下游出现了降水减少的情况。这一现象说明,通过上游区域的播撒作业可以减少下游区域的降水。播撒吸湿性催化剂对云中云水含量和冰晶含量都有一定的作用,通过云微物理过程对雨水产生影响,这表明中尺度粒子云滴播撒对云和降水的影响不仅仅局限于暖云过程,对冷云过程也有一定的影响(图 9)。

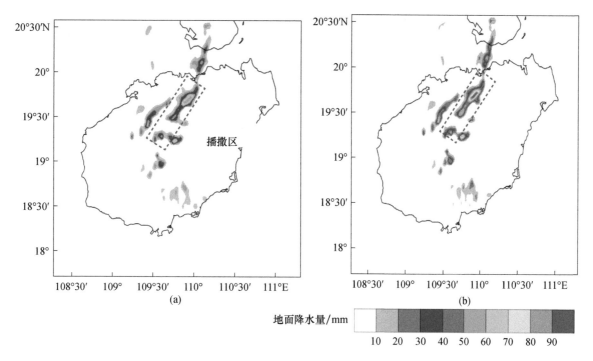

图 7　无播撒(a)与播撒(b)情况下地面降水量分布

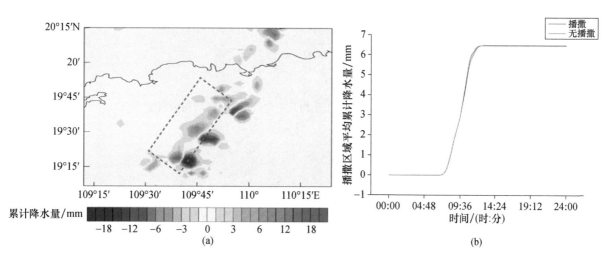

图 8　播撒与无播撒情况累计降水量差值的水平分布(a)与平均累计降水量随时间的演变(b)

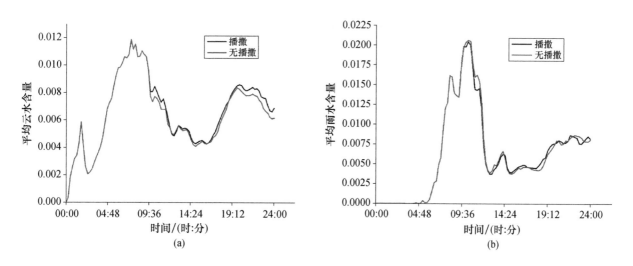

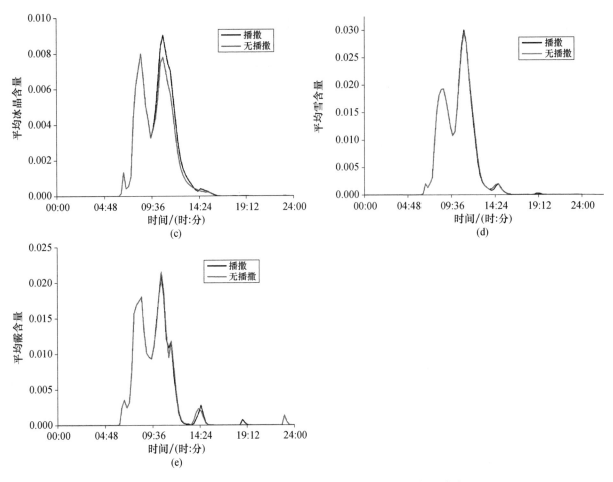

图 9　播撒与无播撒情况下平均云中水成物含量随时间的演变
(a)云水；(b)雨水；(c)冰晶；(d)雪；(e)霰

5　结论与讨论

(1)暖云人工增雨地面发生器作业点的选址必须考虑上升气流的分布情况,上升气流的计算可以使用 NCEP 再分析资料进行综合分析,然后结合当地山脉走向和自动气象站的风向风速资料,分析选址地点盛行风向与山体关系,估算垂直气流分布情况,综合考虑作业季节,应选择最大上升气流区。使用扩散模式可以计算暖云催化剂的扩散区域,进一步确定人工催化作业的影响范围。

(2)选择 1 个作业点进行随机化效果检验外场试验,统计结果表明:相对增雨率增加,人工催化后样本与不催化样本对比,雷达参量有一定的明显响应,说明暖云人工催化具有一定的催化效果。但是由于外场试验样本数偏少,其结果有待进一步验证。

(3)发展了包含自然背景气溶胶分档技术、水凝物分档技术、催化剂粒子分档技术和详尽的云微物理过程的暖云催化数值模式,可针对播撒时间、播撒位置、播撒粒径尺度及剂量等物理量进行暖云催化技术研究,最大效率地提高暖云的催化效率。

参考文献

[1] 何媛,黄彦彬,李春鸾,等.海南省暖云烟炉设置及人工增雨作业条件分析[J].气象科技,2016,44(6):1043-1052.

[2] Manton M J,Warren L,Kenyon S L,et al. A confirmatory snowfall enhancement project in the snowy mountains of Australia. Part I:Project cesign and response variables[J]. Journal of Applied Meteorology and Climatology,2011,50:1432-1447.

[3] Pokharel B,Geerts B A. Multi-sensor study of the impact of ground-based glaciogenic seeding on clouds and precipitation

over mountains in Wyoming. Part I: Project description atmospheric research[J]. Elsevier Science Inc, 2016, 182: 269-281.

[4] Flossmann A I, Manton M, Abshaev A, et al. Review of advances in precipitation enhancement research[J]. Bulletin of the American Meteorological Society, 2019, 100: 1463-1480.

[5] Jing X, Geerts B, Boe B. The Extra-Area effect of orographic cloud seeding: Observational evidence of precipitation enhancement downwind of the target mountain[J]. Journal of Applied Meteorology and Climatology, 2016, 55: 1409-1424.

[6] Qun M, Geerts B. Airborne measurements of the impact of ground-based glaciogenic cloud seeding on orographic precipitation[J]. Advances in Atmospheric Sciences, 2013, 30: 1025-1038.

[7] 黄彦彬, 毛志远, 邢峰华, 等. 海南岛西部山区人工催化暖底积云随机化效果检验[J]. 气象科技, 2019, 47(3): 486-494.

中国天眼(FAST)一次三级联防区作业情况分析 *

唐碎如　崔　蕾　黄　钰　张小娟　彭宇翔　喻乙耽

(贵州省人工影响天气办公室,贵阳 550081)

摘　要:自 2016 年 7 月 3 日中国天眼(FAST)建成以来,冰雹灾害成为对 FAST 安全运行威胁最大、影响最大的气象灾害,为进一步了解人影作业对提高防御能力、提升防御水平、减少冰雹灾害影响的情况,本文利用多普勒雷达资料、探空资料以及炮站作业资料,根据平塘县回波移动和降雹情况,构建 FAST 三级联防作业区,并分析了 2019 年 3 月 4—5 日三级防御作业区作业情况。结果表明:位于 FAST 中上游的作业防御重点区能在降雹前积极进行防雹作业;作业防御核心区由于空域协调等问题作业时间稍晚于降雹时间;总体而言,作业效果较好,能起到减少冰雹对 FAST 影响的作用。同时,建议加强对人工影响天气的重视,以进一步减少因空域协调而无法及时、科学作业等情况的发生次数。

关键词:中国天眼(FAST),防雹,雷达回波,作业

冰雹是贵州省主要气象灾害之一,主要集中在每年的 3—5 月份[1],对农业、经济、人民的生命和财产可造成严重影响。准确地对冰雹进行预报预警,并积极、科学、安全地开展人工防雹工作具有重大意义。在过去的几十年里,国内外学者在冰雹的时空分布特征、冰雹预测预警、冰雹发生规律和冰雹导致的灾害损失等方面进行了大量的研究,周永水等[2]利用 1971—2007 年贵州省实测冰雹资料研究了贵州省冰雹的时空分布特征;柯莉萍等[3]利用 1997—2014 年的冰雹资料研究了威宁县冰雹天气预报指标;国外学者发现[4-8],过去二三十年,冰雹在贵州省造成的破坏在急剧增加,且冰雹多发生在春末和夏季的下午和傍晚。冰雹的分布、发生规律、预报因子等研究对高效开展防雹、消雹工作具有重要意义。

FAST 位于贵州省黔南布依族苗族自治州平塘县克度镇大窝凼的喀斯特洼坑中,是国之重器,是探索太空的锐器,对我国在科学前沿实现重大原创突破、加快创新驱动发展具有重要意义。冰雹灾害是对 FAST 安全运行威胁最大、影响最大的气象灾害。本文利用多普勒天气雷达资料和探空资料,结合炮点作业数据,根据研究区冰雹发生规律和主要影响天气系统,构建以 FAST 为中心的冰雹灾害三级联防作业区,并对 2019 年 3 月 4—5 日 FAST 三级联防区作业情况进行统计分析,以期为进一步积极、科学、全方位保障 FAST 安全提供理论依据。

1　资料与方法

1.1　研究区概况

平塘县位于贵州省南部,其气候多样,地形复杂,地区差异和垂直差异较明显,具有典型的高原山地气候特点和变化规律,属于亚热带季风湿润气候,是冰雹多发区。1961—2019 年,平塘县有 35 a 出现过冰雹天气,冰雹年际发生率高达 60%。

1.2　数据来源及处理方法

1.2.1　冰雹路径及 FAST 三级防御作业区划分

贵州初始冰雹生成主要源于贵州省西部及云南省昭通市等地[9-10],有 5 个主要冰雹源地和 5 条主要冰雹路径(图 1),而 FAST 所在地黔南州平塘县主要在 3 号路径中段和 4 号路径末端。3 号路径由西北

---

* 发表信息:本文原载于《贵州冰雹防控外场试验论文汇编》。

至东南方向,六枝—普定—安顺—长顺,并在长顺、平塘、独山冰雹源地得到补充后继续发展至三都—榕江—从江。4 号路径由西向东,盘县—晴隆—关岭—镇宁—紫云,进而继续发展至长顺、惠水、平塘交界地带。

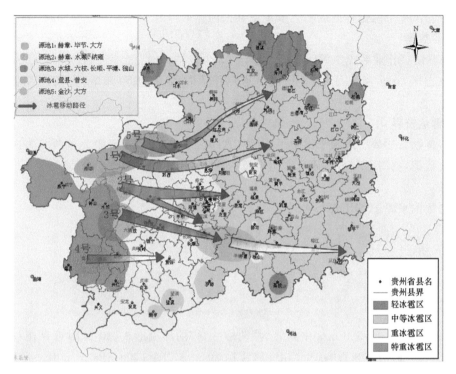

图 1 贵州冰雹发生源地与冰雹主要路径分布图

冰雹云的生命演变可分为发生、跃增、孕育、降雹和消亡 5 个过程[11],持续时间短则数分钟,长可达 3 h 以上[12-14]。冰雹的移动速度一般为 35~42 km/h[15],本文选定冰雹移动速度为 40 km/h。影响 FAST 的冰雹云主要来自西北、正西和西南方向,沿着贵州省冰雹主要路径外推:0.125~1.25 h 范围定义为 FAST 冰雹灾害防御作业核心区;1.25~2 h 范围定义为 FAST 冰雹灾害防御作业加强区;2~3 h 范围定义为 FAST 冰雹灾害防御作业重点区。构建 FAST 冰雹灾害三级综合防御体系,形成防御作业重点区、防御作业加强区和防御作业核心区的作业布局,如图 2 所示。

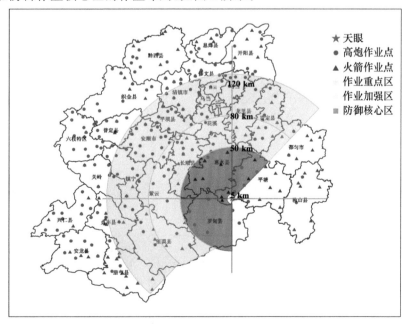

图 2 FAST 冰雹灾害三级防御作业区及站点分布图

其中80～120 km区域的重点区主要包括贵阳市、安顺市、黔西南州和黔南州的部分地区,共有13个混合作业点(含高炮和火箭)和47个高炮作业点;50～80 km区域的加强区主要位于贵阳市、安顺市、黔西南州和黔南州,在加强区内共有17个高炮作业炮站点;5～50 km区域的核心区主要位于安顺市和黔南州,在核心区内共有14个高炮作业点和2个平塘县火箭作业点。

1.2.2 炮点作业数据

FAST三级联防区作业数据来源于三级联防区93个炮站,分别统计防御作业重点区、防御作业加强区和防御作业核心区2019年3月4—5日相应炮点作业时段、高炮用弹量、火箭用弹量以及炮站内降雹情况。

1.2.3 多普勒雷达资料

研究区域多普勒雷达数据来源于贵阳雷达(Z-RADR-I-Z9851,位于天眼北偏西7°方向104.953 km)。基于多普勒雷达数据,利用CPAS对研究区组合反射率进行切片分析。

1.2.4 探空数据

研究区探空数据来源于MICAPS 4。

2 结果与分析

2.1 天气分析

2019年3月4日08:00,500 hPa中高纬为"两槽一脊"的环流形式,30°N附近存在一高空槽,贵州省位于高空槽前脊后,受西南气流影响,500 hPa风速在20 m/s以上;700 hPa上云南—贵州西南低空急流建立,提供了良好的水汽输送条件;低层850 hPa上在贵州省西北部边缘存在切变线,贵州省大部为偏南风控制。从3月4日08:00贵阳探空图(图3)可知,地面至550 hPa,温湿廓线呈明显"喇叭口"分布,大气存在上干下湿的特点,500 hPa与近地层的垂直风速差达22 m/s,具有较强的垂直风速切变,为对流的发展提供了动力不稳定条件,风向由低层随高度顺转,表明有暖平流的存在,有利于大气的垂直上升运动;此外,0 ℃层高度和−20 ℃层的高度分别为3525 m和6688 m,适宜的0 ℃层和−20 ℃层高度也为冰雹发生、发展提供了良好的温度环境条件。

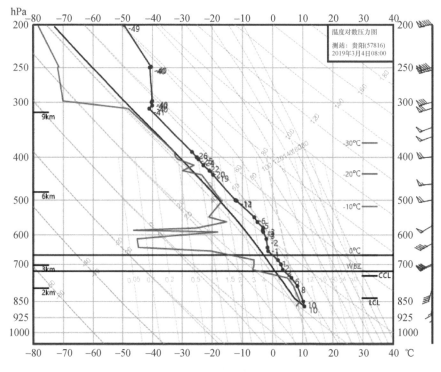

图3 2019年3月4日探空图

2.2 多普勒雷达特征分析

利用 CPAS 对 3 月 4 日 FAST 组合反射率进行分析，根据云监测反演分析从图 4 中可以发现，4 日

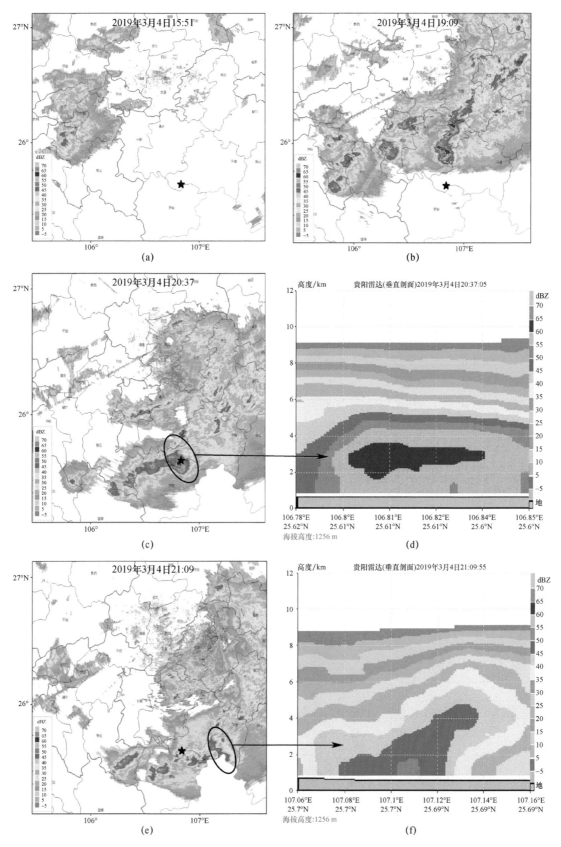

图 4　2019 年 3 月 4 日雷达组合反射率(a、b、c、e)和垂直剖面图(d、f)

(标★处为 FAST)

15:51贵州省西部有云系生成,云系自西向东南移动。根据雷达回波图可以发现,19:09强对流天气开始进入平塘地区,20:37发展旺盛,该单体回波强度高达65 dBZ,回波顶高达到5 km以上,FAST核心区作业于20:34申请防雹作业,由于空域繁忙等问题,实际作业时间为20:53—20:54,在播撒催化剂后需要10~15 min时间才能长大成毫米级的霰粒子备作雹胚之用[16],21:09该单体回波强度最高为50 dBZ,且回波体积减小,作业效果较好。

2.3 作业情况分析

表1为3月4—5日FAST三级联防区作业情况表,从中可以看出,针对本次强对流天气过程FAST三级联防区作业时段在16:00至次日01:00,共9个作业点申请作业14次,使用人雨弹264发,火箭弹8发。

表1 2019年3月4—5日FAST三级联防区作业情况表

序号	日期	市县	炮点	作业时间	降雹时间	降雹直径/mm	用弹量/发
1	3月4日		双堡	18:40—18:41	—	—	18
2	3月4日		双堡	19:39—19:40	—	—	18
3	3月4日		旧州	18:40—18:41	—	—	9
4	3月4日		旧州	19:39—19:41	—	—	23
5	3月4日	安顺市西秀区	鸡场	19:23—19:24	—	—	25
6	3月4日		鸡场	16:21—16:22	—	—	28
7	3月4日		新场	18:34—18:35	—	—	16
8	3月4日		新场	19:23—19:24	—	—	15
9	3月4日		岩腊	16:21—16:22	—	—	16
10	3月4日		东屯	18:40—18:41	—	—	38
11	3月4日	镇宁县	郎宫	18:08—18:10	—	—	58
12	3月4日	黔南州	光明	20:53—20:54	—	—	3*
13	3月5日		光明	00:13—00:14	—	—	2*
14	3月4日	平塘县	塘泥	20:53—20:54	20:35—20:37	10	3*

注:"*"为火箭作业,其余为高炮作业。

图5为3月4—5日FAST三级联防区(93个作业点)作业用弹量空间分布图。由图5可知,FAST冰雹灾害防御核心区作业用弹量低于10发,FAST冰雹灾害防御重点区实施作业的炮站平均作业用弹量

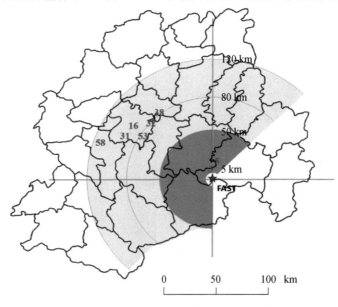

图5 2019年3月4—5日FAST三级联防区作业用弹量空间分布图

为 37 发,其中镇宁县朗宫炮站用弹量最高,达到 58 发,而 FAST 冰雹灾害防御作业加强区,在此次强对流天气过程中并没有实施防雹作业。

根据图 4 可知,强对流天气于 19:09 开始进入平塘地区,20:37 在 FAST 附近发展旺盛。

从图 6 中可以看出,防御重点区作业时段主要分布在 18:00—20:00,防御核心区作业时段主要分布在 20:53—20:54。

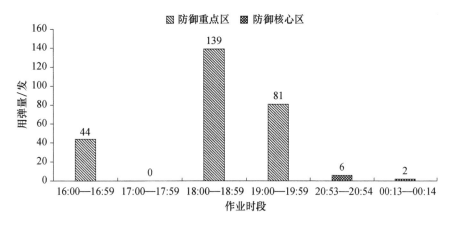

图 6　2019 年 3 月 4—5 日 FAST 三级联防区作业情况

3　结论与建议

本文利用多普勒雷达资料、探空资料、炮点作业数据,构建了中国天眼(FAST)三级防御区,分析了 2019 年 3 月 4—5 日三级防御作业情况,发现:位于 FAST 中上游的作业防御重点区能在 FAST 降雹前积极进行防雹作业;防御作业加强区在本次强对流过程中并没有积极进行防雹作业;作业防御核心区由于空域协调等问题作业时间稍晚于降雹时间;总体而言,作业效果较好,能起到减少冰雹对 FAST 影响的作用。

建议加强对基层人影科学、及时、安全作业的指导,在遇到强对流天气过程时,涉及的炮站能准确、科学、安全地进行人影作业,尽最大可能保护 FAST。建议政府部门加强对人工影响天气的重视,以进一步减少因空域协调而无法及时科学作业等情况的发生次数。

参考文献

[1] 曾勇,邹书平,曹水,等.贵州威宁 1997—2017 年冰雹时空变化特征分析[J].高原山地气象研究,2018,38(2):25-29,98.

[2] 周永水,汪超.贵州省冰雹的时空分布特征[J].贵州气象,2009,33(6):9-11.

[3] 柯莉萍,刘佳,谢明,等.威宁县冰雹天气预报指标研究[J].贵州气象,2016,40(5):14-19.

[4] Mohr S,Kunz M. Recent trends and variabilities of convective parameters relevant for hail events in Germany and Europe[J]. Atmospheric Research,2013,123:211-228.

[5] Počakal D,Večenaj Ž,Štalec J. Hail characteristics of different regions in continental part of Croatia based on influence of orography [J]. Atmospheric Research,2009,93(1-3):516-525.

[6] Sioutas M,Meaden T,Webb J D C. Hail frequency,distribution and intensity in northern Greece[J]. Atmospheric Research,2008,93(1-3):526-533.

[7] Tuovinen J P,Punkka A J,Rauhala J,et al. Climatology of severe hail in Finland:1930-2006 [J]. Mon Wea Rev,2009,137(7):2238-2249.

[8] Berthet C,Dessens J,Sanchez J L. Regional and yearly variations of hail frequency and intensity in France [J]. Atmospheric Research,2011,100(4):391-400.

[9] 邹书平.贵州冰雹云雷达回波图集(2006—2015 年)[M].北京:气象出版社,2017:51.

[10] 谷晓平.特色农业气象灾害研究——以贵州省"两高"沿线为例[M].北京:气象出版社,2016:45.

[11] 黄美元,王昂生.人工防雹导论[M].北京:科学出版社,1980:45.

[12] 邹书平,李丽丽,常履福,等.贵州山区强冰雹云单体演变特征分析[J].贵州气象,2016,40(2):15-19.

[13] 赵文慧,姚展予,贾烁,等.1961—2015年中国地区冰雹持续时间的时空分布特征及影响因子研究[J].大气科学,43(3):539-551.

[14] 池再香,黄艳,杨海鹏.贵州西部一次冰雹灾害天气强对流(雹)云演变分析[J].贵州气象,2010,34(2):10-12.

[15] 贵州省气象科学研究所.贵州冰雹的气候分析[J].气象科技,1976(3):3-4.

[16] 许焕斌,段英,刘海月.雹云物理与防雹的原理和设计[M].北京:气象出版社,2004:9.

基于 FY-2G 卫星反演产品的贵州降雹识别指标研究*

彭宇翔　文继芬　李　皓　刘　涛　唐辟如

(贵州省人工影响天气办公室,贵阳 550081)

摘　要:以 FY-2G 卫星的云顶高度、云顶温度、过冷层厚度、光学厚度、有效粒子半径、液水路径、黑体亮温等 7 项反演产品为输入参数建立 Logistic 回归模型,对 2020 年贵州省冰雹云进行识别研究。收集了 2020 年 3—5 月 11 个冰雹日 136 组 FY-2G 卫星反演产品数据,其中包括了 68 个降雹点数据和 68 个未降雹点数据,每个降雹点选取降雹时段之前或者之后 15 min 内的反演产品作为该时段的反演数据,未降雹点选取了该 11 个冰雹日中未降雹点的反演数据作为对比。将该数据集分为模型训练集和模型检验集。从中随机选取 116 组数据作为模型训练集用于训练模型(其中包括 58 组降雹点和 58 组未降雹点数据),剩余 20 组数据作为模型检验集(其中包括 10 组降雹点和 10 组未降雹点数据)。利用模型训练集完成 Logistic 回归模型建立,用检验集的 20 组数据检验模型识别效果。结果表明:所建模型冰雹识别准确率为 85%,其中对 10 个降雹点识别准确率为 90%,对 10 个未降雹点识别准确率为 80%。因此,卫星反演产品对降雹识别研究是十分有意义的。

关键词:Logistics 回归,分类,冰雹,识别,检验

1　引言

FY-2G 卫星观测资料是目前我国人工影响天气业务主要使用的卫星资料,中国气象局人工影响天气中心基于 FY-2G 卫星提供的云顶高度、云顶温度、过冷层厚度、光学厚度、有效粒子半径、液水路径、黑体亮温等 7 项反演产品在我国人工影响天气监测预警业务中发挥了重要作用。

近年来,很多学者利用卫星红外云图、可见光、中波红外等资料针对对流云的识别开展了研究[1-2]。2018 年,朝鲁门[3]利用卫星遥感技术开展了冰雹灾害监测研究;2019 年,倪煜淮等[4]利用 FY-2D 逐小时亮温资料对 1 次冰雹天气过程进行了分析研究;2009 年,尹跃等针对卫星反演产品也有相关研究[5],2004 年,安晓存等[6]和张杰等[7]分析了云顶亮温、云顶亮温梯度特征与冰雹的关系及卫星遥感监测;2014 年,孙玉稳等[8]分析了 1987 年 5 次降雹个例的云系的云顶温度与地面雹雨分布特征;2020 年,刘小艳等[9]利用 CPAS 系统统计分析了冰雹个例的 FY-2G 卫星反演产品的特征参数及其时间变化。但是,现阶段还没有学者利用 FY-2G 卫星反演产品进行降雹识别研究。FY-2G 卫星提供的反演产品虽已用于贵州省人工影响天气监测预警业务,但针对冰雹云的监测还主要是依靠地面雷达,卫星反演产品主要是对贵州省云系发展进行较大范围的宏观监测,且主要是依靠个人经验进行主观定性判断,针对反演产品对降雹是否具有实质性的指示作用还没有进行过深入研究。因此,本研究主要基于 FY-2G 卫星反演产品,建立 Logistic 回归降雹识别模型,验证卫星反演产品对冰雹的识别作业。

本文以 FY-2G 卫星的反演产品为输入参数建立 Logistic 回归模型,利用检验集数据检验模型识别效果,检验卫星反演产品对降雹识别研究的有效性。

---

* 资助信息:贵州省气象局科研业务项目"基于 BP 神经网络的降雹识别技术研究"。

2 数据与方法

2.1 FY-2G 卫星数据

FY-2G 是风云二号（03 批）卫星中的第二颗卫星，于 2014 年 12 月 31 日成功发射，自 2015 年 7 月 1 日开始定位于 105°E 赤道上空，并提供观测服务，是目前我国人工影响天气业务主要使用的卫星资料，中国气象局人工影响天气中心基于 FY-2G 卫星提供的云顶高度、云顶温度、过冷层厚度、光学厚度、有效粒子半径、液水路径、黑体亮温等 7 项反演产品在我国人工影响天气监测预警业务中发挥了重要作用。

本文收集了 2020 年 3—5 月 11 个冰雹日 136 组 FY-2G 卫星反演产品数据，其中包括了 68 个降雹点数据和 68 个未降雹点数据，每个降雹点选取降雹时段之前或者之后 15 min 内的反演产品作为该时段的反演数据，未降雹点选了该 11 个冰雹日中未降雹点的反演数据作为对比。将该数据集分为模型训练集和模型检验集。从中随机选取 116 组数据作为模型训练集用于训练模型（其中包括 58 组降雹点和 58 组未降雹点数据），剩余 20 组数据作为模型检验集（其中包括 10 组降雹点和 10 组未降雹点数据）。

2.2 Logistic 回归模型

Logistic 回归模型是一种广义的线性回归分析模型，常用于数据挖掘、疾病自动诊断、经济预测等领域。该模型常用来处理二分类问题。事实上冰雹的识别就是一种二分类问题，即：降雹与未降雹。我们将是否降雹作为因变量，并假设 $y=1$ 表示降雹，$y=0$ 表示未降雹，这样就将冰雹识别转换成了"0-1 型"因变量的识别问题。要建立识别模型就需要对模型进行两个方面的改进：第一，回归函数应该改用限制在 $[0,1]$ 内的连续曲线，常用的就是 Logistics 回归模型，模型的形式是 $f(x)=e_x/(1+e_x)$；第二，因变量 y_i 本身只取 0 或 1 两个离散值，因此可以用 $y_i=1$ 的概率代替 y_i 本身作为因变量。在冰雹识别 Logistic 模型的建立中，用降雹的概率作为模型的因变量，Logistic 冰雹识别模型就可以表示为 $p(y_i)=\exp(a_0+a_{ij}x_{ij})/[1+\exp(a_0+a_{ij}x_{ij})]$，其中 x_{ij} 为模型输入变量，i 为样本量，j 为自变量数量。这样 $p(y_i)$ 的取值就被限制在 $[0,1]$，$p(y_i)$ 可理解为 $y_i=1$ 的概率，当 $p(y_i)\in[0,0.5)$ 时，$y_i=0$，即未降雹；当 $p(y_i)\in[0.5,1]$ 时，$y_i=1$，即降雹。基于该理论，可建立冰雹云识别 Logistic 回归模型，并对冰雹云进行识别。

3 结果与讨论

3.1 Logistic 回归模型建立

在 2020 年 3—5 月 11 个冰雹日 136 组 FY-2G 卫星反演产品数据中随机选取 116 组数据作为模型训练集用于训练模型（其中包括 58 组降雹点和 58 组未降雹点数据），完成 Logistic 回归模型建立（1）式：

$$p(y)=\frac{\exp(3.659-6553\,x_1-0.564\,x_2+2.874\,x_3+0.015\,x_4-0.078\,x_5+0.018\,x_6-0.345\,x_7)}{1+\exp(3.659-6553\,x_1-0.564\,x_2+2.874\,x_3+0.015\,x_4-0.078\,x_5+0.018\,x_6-0.345\,x_7)}$$

(1)

式中：x_1 为云顶高度；x_2 为云顶温度；x_3 为过冷层厚度；x_4 为光学厚度；x_5 为有效粒子半径；x_6 为液水路径；x_7 为黑体亮温。

3.2 模型识别效果检验

2020 年 3—5 月 11 个冰雹日 136 组 FY-2G 卫星反演产品数据中建模随机选取 116 组数据后剩余的 20 组数据作为模型检验集（其中包括 10 组降雹点和 10 组未降雹点数据）对模型识别效果进行检验，检验结果见表 1。

表 1 模型识别检验结果

序号	日期	降雹区域	区县	站点乡镇	降雹时间	反演时间	分类	识别结果
1	3月22日	毕节	大方	黄泥塘	18:06—18:25	18:00	1	1
2	3月22日	毕节	大方	羊场	19:13—19:16	19:00	1	0
3	4月10日	贵阳	清镇	犁倭	19:12—19:14	19:00	1	1
4	4月10日	毕节	纳雍	勺窝	17:59—18:03	18:00	1	1
5	4月18日	黔南	独山	尧梭	19:30—19:35	19:30	1	1
6	5月2日	六盘水	水城县	顺场乡	16:06—16:09	16:00	1	1
7	5月2日	黔西南	兴仁	巴铃镇政府	17:01—17:06	17:00	1	1
8	5月3日	黔西南	贞丰	连环乡	17:50—17:55	18:00	1	1
9	5月4日	铜仁	思南	兴隆	16:53—16:56	17:00	1	1
10	5月4日	铜仁	石阡	大沙坝	17:00—17:15	17:00	1	1
11	3月22日	黔南	都匀	甘塘	—	07:00	0	0
12	3月22日	黔南	贵定	新铺	—	20:00	0	1
13	3月25日	遵义	绥阳	宽阔	—	20:00	0	0
14	3月26日	毕节	纳雍	猪场	—	18:00	0	0
15	4月10日	遵义	湄潭	高台	—	19:00	0	1
16	4月17日	毕节	大方	大山	—	20:00	0	0
17	4月18日	黔南	瓮安	松坪	—	20:00	0	0
18	5月2日	毕节	织金	化起	—	23:00	0	0
19	5月3日	遵义	绥阳	温泉	—	20:00	0	0
20	5月4日	遵义	绥阳	茅垭	—	22:00	0	0

识别结果显示:所建 Logistic 回归模型冰雹识别准确率为 85%,其中对 10 个降雹点识别准确率为 90%,对 10 个未降雹点识别准确率为 80%。

4 结论

本文以 FY-2G 卫星的反演产品为输入参数建立 Logistic 回归模型,对 2020 年贵州省冰雹云进行识别研究,所使用的 7 项反演产品包括:云顶高度、云顶温度、过冷层厚度、光学厚度、有效粒子半径、液水路径、黑体亮温。将收集的 2020 年 3—5 月 11 个冰雹日 136 组 FY-2G 卫星反演产品数据,其中包括了 68 个降雹点数据和 68 个未降雹点数据分为模型训练集和模型检验集。从中随机选取 116 组数据作为模型训练集用于训练模型,完成 Logistic 回归模型建立,利用剩余 20 组数据作为模型检验集,验证模型识别效果。结果表明,所建模型冰雹识别准确率为 85%,其中对 10 个降雹点识别准确率为 90%,对 10 个未降雹点识别准确率为 80%。因此,卫星反演产品对降雹识别研究是十分有意义的,利用卫星反演产品开展降雹识别研究一定程度上弥补了雷达探测存在盲区的局限性,在今后的研究中增加降雹识别的提前量,将有效提升冰雹天气的识别预警能力,利用卫星反演产品进行冰雹识别结合雷达实时监测将促进防雹作业指挥作业的科学性与精准性。

参考文献

[1] 刘健,李云.风云二号静止气象卫星的云相态识别算法[J].红外与毫米波学报,2011,30(4):322-327.

[2] 白洁,王洪庆,陶祖钰.GMS卫星红外云图强对流云团的识别与追踪[J].热带气象学报,1997(2):63-72.

[3] 朝鲁门.基于卫星遥感的冰雹灾害监测研究[J].农村经济与科技,2018,29(19):50-51.

[4] 倪煜淮,何宏让,陈涛.基于雷达和卫星资料对一次冰雹天气过程的中尺度特征分析[J].海洋技术学报,2019,38(3):59-63.

［5］尹跃,李万彪,姚展予,等.利用FY-2C资料对西北太平洋海域云分类的研究［J］.北京大学学报（自然科学版）,2009,45（2）:257-263.

［6］安晓存,董晶,景学义.利用静止卫星云图特征对黑龙江省冰雹天气进行估计［J］.黑龙江气象,2004（4）:5-6.

［7］张杰,李文莉,康凤琴,等.一次冰雹云演变过程的卫星遥感监测与分析［J］.高原气象,2004（6）:758-763.

［8］孙玉稳,孙霞,韩洋,等.雹云顶部温度分布与地面降雹、雨的相关性观测研究［J］.科学技术与工程,2014,14（8）:120-125.

［9］刘小艳,刘国强,王兴菊,等.基于卫星云参数监测产品的贵州冰雹云指标分析［J］.中低纬山地气象,2020,44（1）:10-14.

"FAST"冰雹防御技术初探及问题探讨[*]

罗喜平　罗　雄　李　皓　张小娟

（贵州省人工影响天气办公室，贵阳 550081）

摘　要：利用平塘县 1962—2018 年逐日冰雹资料及 2006—2018 年县域内 5 个高炮点、2 个固定火箭点炮点降雹资料，分析了平塘县域冰雹的气候特征；利用近 10 年影响"FAST"（10 km 范围内）的 7 次冰雹天气个例，结合贵阳新一代天气雷达数据，运用云精细化分析系统（CPAS），提取冰雹云从初生到降雹时段内每个体扫的经纬度信息及雷达特征参数，并结合 0 ℃层、−20 ℃层高度进行综合分析，揭示了 7 次冰雹过程的源地及路径，初步建立基于雷达的"FAST"冰雹识别指标，结果如下。（1）平塘县年降雹频率呈略减少趋势；降雹的月季变化显著，春季频次最多，其次分别是冬季、秋季、夏季；冰雹日变化明显，主要集中在 18：00（北京时，下同）—次日 04：00，夜间降雹的概率大于白天；平塘县冰雹以小到中冰雹为主（占 92%），大冰雹以上的概率仅 8%，最大冰雹直径达 50 mm。（2）近 10 a 影响"FAST"的冰雹云主要路径为西北及偏西，主要源地在贵州省安顺市。（3）"FAST"的降雹前 30 min 识别指标为 $Z_{max} \geqslant 55$ dBZ，$VIL_{max} \geqslant 25$ kg/m^2，$H_{45\,dBZ} \geqslant 8$ km，$H_{45\,dBZ} - H_{0℃} > 4$ km，$H_{45\,dBZ} - H_{-20℃} > 1$ km。基于以上防御技术，初步构建了"FAST"冰雹灾害三级综合防御体系。最后针对 2020 年"FAST"冰雹防御中存在的问题，进行了探讨并提出建议。

关键词："FAST"防雹，冰雹识别，指标应用

1　引言

冰雹天气属于中小尺度的灾害性天气，冰雹天气的定点预报属于世界性难题，固定目标点的冰雹防雹效果也是有限的，为提升固定目标点的冰雹防御技术，需要做大量的科学研究。位于贵州省平塘县的 500 m 口径球面射电望远镜（以下简称"FAST"），是利用贵州省南部喀斯特洼地的独特地形条件建设的全球最大高灵敏度巨型射电望远镜，是习近平总书记亲自命名为"中国天眼"的大国重器，于 2016 年 9 月 25 日在平塘县克度镇建成启用。因为"FAST"反射面板仅由 1 mm 的铝合金构成[1]，极易受到冰雹冲击而损伤。因此，为保障"FAST"免受冰雹灾害的威胁，提高其冰雹灾害的防御能力，本文围绕"FAST"冰雹气候特征及冰雹识别指标等冰雹防御技术开展初步研究，成果的应用在 2020 年"FAST"冰雹防御中一定程度降低了冰雹灾害对"FAST"的影响。

近年来，许多学者对我国各地冰雹的时空特征开展过研究，但大多集中在华北、西北地区及西南地区的四川、云南、重庆等省市[2-7]；在贵州省也有学者对冰雹的气候特征开展研究，周永水等[8]研究表明春季冰雹最多，占全年雹日的 70.6%，一天中冰雹发生时间 17：00—19：00 最多，而 05：00—07：00 最少；另外，贵州省也有部分县开展了局地冰雹气候分析，各地在冰雹出现的月季分布、日变化上均存在一定差异，贵州省冰雹地域性强、季节变化明显，春季是大部分县市出现冰雹最多的季节[9-11]，但贵州省西部的威宁县却是夏季出现冰雹最频繁，占全年的 70%左右[12-13]。可见，地理环境和气候环境的差异造成了各地降雹具有不同的特征。"FAST"所在的平塘县尚未开展过冰雹气候特征的研究，为保护"FAST"免受冰雹灾害的威胁，掌握其降雹规律，是冰雹预报、预警和防雹的基础。

早期识别冰雹云，在冰雹尚未形成前开展防雹作业，可达到事半功倍的效果。冰雹识别一直是气象

* 资助信息：贵州省气象局重要业务科研项目（黔气标合 ZY［2020］04 号），贵州省气象局科研业务项目（黔气科登［2019］11-10 号），贵州省科技支撑计划项目（黔科合支撑［2019］2387 号）。

界的一大课题,在混合相态降水中识别出冰雹信号对于人工影响天气的作业指挥有十分重要的意义[14]。目前基于多普勒天气雷达的冰雹识别较为成熟[15]。

研究表明,垂直累计液态水含量(VIL)对冰雹的存在有较好的指示作用,根据美国400多个冰雹事件统计发现,冰雹直径随着VIL的增大而增大,VIL达到55 kg/m²以上的风暴一般会产生3.0 cm以上的冰雹[16];俞小鼎等[17]指出产生大冰雹最显著特征是反射率因子具有高悬的高值区,−20 ℃层高度之上有超过40 dBZ的反射率因子核、风暴顶辐射和三体散射等特征;大量国内外观测资料显示[18-20],冰雹云的雷达回波存在强度大、回波顶高、上升气流强等共性,在雷达PPI和RHI上常表现出"V"型缺口、穿隆等形态特征;贵州省大量研究表明[21-24],当冰雹云回波强度大于45 dBZ、高度大于7 km且45 dBZ回波高度发展到对流云中上部时,将可能发生冰雹。

2 资料与方法

平塘县域冰雹观测资料来源于平塘县1962—2018年逐日冰雹资料及2006—2018年县域内5个高炮点、2个固定火箭点炮点降雹资料;多普勒雷达资料选取贵阳市雷达站的数据,探空资料选取临近时刻贵阳市国家气象站数据,即根据个例发生时间,若冰雹生成时间在02:00—14:00用08:00资料,14:00—02:00用20:00资料。

利用"FAST"最近(10 km范围内)的3个人工影响天气作业站点(塘泥、光明、航龙)的降雹信息、"FAST"台址降雹信息、"FAST"所在地克度镇的冰雹观测记录等资料,选取10 a(2010年1月—2020年7月)影响"FAST"区域的7次冰雹个例;结合贵阳市新一代天气雷达(CD)数据,利用云精细化分析系统(CPAS),提取冰雹云从初生到降雹时段内每个体扫的最大回波强度(Z_{max})、45 dBZ回波顶高($H_{45\ dBZ}$)、最大垂直累计液态水含量(VIL_{max})等雷达特征参数和降雹过程临近的0 ℃层高度($H_{0\ ℃}$)和−20 ℃层高度($H_{-20\ ℃}$)贵阳市探空资料,开展了冰雹源地及路径、冰雹云雷达特征参数分析,建立了基于雷达的"FAST"冰雹识别指标。

3 "FAST"防雹防御技术初探

3.1 "FAST"区域冰雹气候特征

3.1.1 年际变化

平塘县近57 a累计冰雹日数为59 d,平均每年出现1个冰雹日,图1为平塘县年累计冰雹日数的年际变化,其中冰雹日数最多为1963年、1989年、1995年、2006年,全年均出现4次冰雹;平塘县降雹呈略减少趋势,每10 a减少0.198次;分析其年代际特征,在20世纪60年代的8 a共降雹12次,平均每年1.5次;20世纪70年代和80年代均降雹12次,平均每年1.2次;90年代共降雹14次,平均每年1.4次;21世纪以来的19 a仅降雹9次,平均每年0.5次;从总体变化来看,1962—1980年呈现波动下降趋势,1981—2006年为多冰雹期,而2007年之后下降趋势明显。

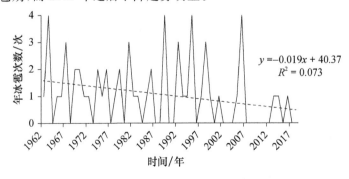

图1 1962—2018年平塘县年累计冰雹日数的年际变化

随着贵州省人工影响天气事业的发展,防雹投入逐年增加,作业炮点与防雹作业量也逐步增加,降雹次数随之减少,2007年之后人为因素是否对平塘县冰雹下降有影响,有待进一步深入研究。

3.1.2 月季变化

平塘县冰雹发生的一个明显特征是季节性强。57 a来平塘县降雹出现最早的月份为1月,出现在1月12日(1969年),降雹最晚结束在11月,出现在11月19日(2006年),1—6月、10—11月都有冰雹发生的可能;从1962—2018年平塘县累计冰雹日数的月季变化(图2)可知,从2月开始降雹频率逐月增加,4月的21次为全年最高值,随后5月呈明显下降趋势,7—9月及12月平塘县历史上没有出现过冰雹天气。近91.5%的雹日出现在2—5月,尤其集中在3—4月。从季节特征看,雹日主要集中在春季,占全年雹日的79.7%;其次是冬季,占13.6%;再次是秋季仅占5.1%;而夏季最少,为1.7%。因此,每年的2—5月是"FAST"台址主要防雹时段。

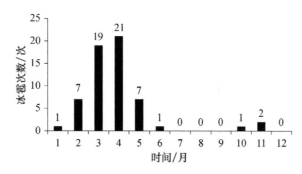

图2 平塘县累计冰雹日数的月季变化

3.1.3 日变化及冰雹直径

由于平塘县气象站是国家一般气象站,出现在夜间(20:00—08:00)的冰雹不记录降雹的具体时间,因此无法统计夜间的日变化特征。为详细分析降雹的日变化,本文收集了2006—2018年平塘县域内5个高炮点、2个固定火箭点共23个冰雹日31站次降雹资料,统计全天逐小时发生冰雹的百分率(图3)。冰雹的日变化特征明显,全天中冰雹主要发生在18:00—次日04:00,占冰雹总数的87.2%,小时最大频率出现在19:00—20:00达19.4%,而04:00—09:00没有冰雹天气出现过;09:00—18:00中仅4 h偶有冰雹发生;统计白天(08:00—20:00)和夜间(20:00—08:00)出现的冰雹概率,夜间出现冰雹天气的概率占冰雹总数的61.3%,白天只占冰雹总数的38.7%。可见,18:00—次日04:00是平塘县一天中防雹的主要时段。

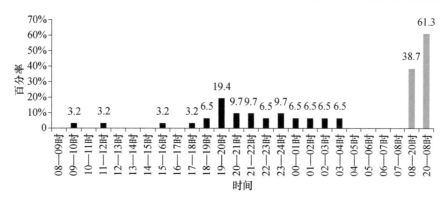

图3 平塘县炮点逐小时发生冰雹的百分率

根据冰雹等级的国家标准[25],用D表示冰雹直径,定义$D<5$ mm时为小冰雹,5 mm$\leqslant D<20$ mm时为中冰雹,20 mm$\leqslant D<50$ mm时为大冰雹,$D\geqslant50$ mm时为特大冰雹。根据收集到的平塘县及炮点有冰雹直径的46条降雹记录,统计冰雹直径概率(图4),57 a小冰雹和中冰雹降雹频率均达46%,直径超过20 mm的冰雹非常少,占8%,仅出现2次(2005年4月22日和2016年4月9日,直径分别为50 mm和40 mm),虽然平塘县冰雹以小到中冰雹为主,但是一旦出现大冰雹,将对"FAST"安全运行产生重大影响,因此"FAST"的防雹任务仍然是艰巨的。

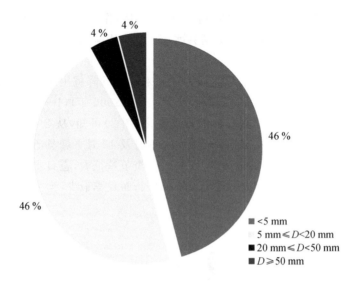

图 4　平塘县冰雹直径频率

3.2　"FAST"冰雹云识别指标研究

本文选取近 10 a 影响"FAST"区域的 7 个冰雹天气个例,降雹信息如表 1 所示。

表 1　"FAST"冰雹个例信息表

冰雹个例编号	降雹日期	降雹时间	降雹地点	冰雹直径/mm
个例 1	2012 年 4 月 4 日	19:24—19:26	航龙	1
个例 2	2012 年 4 月 28 日	22:54—22:56	克度镇	7
个例 3	2013 年 3 月 23 日	20:26—20:28	航龙	1
个例 4	2018 年 4 月 3 日	02:06—02:08	塘泥	5
个例 5	2019 年 3 月 4 日	20:35—20:37	"FAST"台址、塘泥	5～10
个例 6	2020 年 3 月 2 日	22:01—22:30	"FAST"台址、克度镇、航龙、塘泥、光明	5～10
个例 7	2020 年 3 月 23 日	19:13—19:15	克度镇	2

3.2.1　冰雹源地及路径

利用贵阳市新一代天气雷达观测资料,运用云精细化分析系统(CPAS)提取每次个例冰雹云从初生到降雹时段内逐 6 min 体扫的最大雷达反射率因子的经纬度信息,绘制 7 次冰雹云移动矢量路径图(图5)。由图可见,影响"FAST"的冰雹云主要源地在安顺市紫云县西部和北部(共 3 次个例,包括个例 2、4、6),其次是安顺市镇宁县西北部(个例 3)、黔南州长顺县南部(个例 1)、黔南州罗甸县北部(个例 7)和黔西南州兴仁县东部(个例 5);其主要路径为西北路径(共 5 次个例,包括个例 1、2、3、4、6),其次是偏西路径(个例 5)和西南路径(个例 7)。由上可知,移动方向是自西向东移动的。

3.2.2　"FAST"降雹前 30 min 识别指标

利用云精细化分析系统(CPAS)提取 7 次冰雹天气过程"FAST"降雹前 30 min 冰雹单体最大回波强度(Z_{max})、最大垂直累计液态水含量(VIL_{max})、45 dBZ 回波顶高($H_{45 dBZ}$)等雷达特征参数,并利用 MI-CAPS4 系统提取降雹过程临近的 0 ℃层高度($H_{0℃}$)和 −20 ℃层高度($H_{-20℃}$),对以上数据进行数理统计分析,获得"FAST"降雹前 30 min 雷达特征参量识别指标。

(1)最大回波强度

图 6 给出了 7 次冰雹过程降雹前 30 min(t_{-5})最大回波强度的不同强度所占频次。由图可知,在降雹前 30 min,7 次冰雹过程的最大回波强度在 40～70 dBZ,其中有 6 次(占 85.7％)过程降雹前最大回波达到 55 dBZ 以上,仅有 1 次过程(个例 7)最大回波强度为 40 dBZ,个例 7 历时最短(初生到降雹仅 36 min),

在"FAST"台址西南部快速生成发展的对流云可忽略;因此,可将降雹前 30 min 最大回波强度≥55 dBZ 作为"FAST"降雹的识别指标之一。

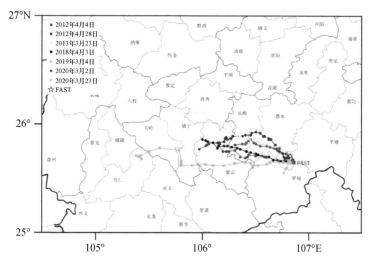

图 5 影响"FAST"的冰雹云路径图

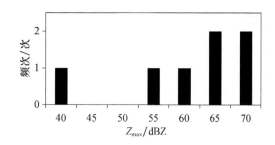

图 6 冰雹云序列降雹前 30 min(t_{-5}时刻)最大回波强度频次分布

(2)垂直累计液态水含量

图 7 给出了 7 次冰雹过程降雹前 30 min(t_{-5})垂直累计液态水含量的不同 VIL 值所占频次。由图可知,在降雹前 30 min,VIL_{max}值主要集中在 25～50 kg/m² (占 85.7%);最小值为个例 7 的 15 kg/m²,由于个例 7 生消时间快,从冰雹云初生到降雹仅 6 个体扫,降雹前 30 min 仍然处于初生阶段,所以 VIL_{max} 值明显小于其他个例。综合考虑,可将降雹前 30 min VIL_{max}≥25 kg/m² 作为"FAST"降雹的识别指标之一。

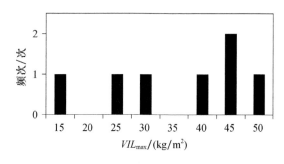

图 7 冰雹云序列降雹前 30 min(t_{-5}时刻)不同 VIL 值占比分布

(3)45 dBZ 回波顶高度

对 7 次过程降雹前 30 min 最大回波强度统计发现,个例 7 降雹前 30 min 最大回波强度仅 40 dBZ。因此,只选取其余 6 次降雹过程作为样本,分析降雹前 30 min 45 dBZ 回波顶高(图略),45 dBZ 回波顶高在 8.2～13.2 km。因此,可将 $H_{45 dBZ}$≥8 km 作为"FAST"降雹的另一识别指标。

(4)45 dBZ 回波顶高度与典型层高度差

将降雹前 30 min 最大回波强度达到 45 dBZ 以上的 6 次个例的 45 dBZ 回波顶高分别与临近时刻贵

阳站的 $H_{0℃}$ 和 $H_{-20℃}$ 相减,绘制高度差分布图(图8)。由图可见,影响"FAST"的冰雹云发展极其旺盛,6次冰雹过程45 dBZ回波顶高均超过 $H_{0℃}$ 和 $H_{-20℃}$ 高度层,并且 $H_{45 dBZ}-H_{0℃}>4$ km,最小为4.5 km,最大为8.8 km; $H_{45 dBZ}-H_{-20℃}>1$ km,最小为1.4 km、最大为5.7 km。因此,可将 $H_{45 dBZ}-H_{0℃}>4$ km, $H_{45 dBZ}-H_{-20℃}>1$ km作为"FAST"降雹预警指标之一。

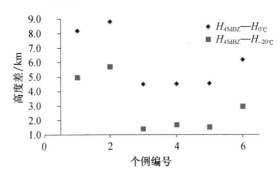

图8 45 dBZ回波顶高与 $H_{0℃}$ 和 $H_{-20℃}$ 高度差

综合以上分析,将 $Z_{max}\geq55$ dBZ、$VIL_{max}\geq25$ kg/m²、$H_{45 dBZ}\geq8$ km、$H_{45 dBZ}-H_{0℃}>4$ km、$H_{45 dBZ}-H_{-20℃}>1$ km作为"FAST"的降雹识别标准。

3.3 "FAST"冰雹灾害三级综合防御体系

为提高"FAST"冰雹灾害联防能力,综合分析7次影响"FAST"冰雹源地及路径、雷达特征变化特征、降雹信息等信息,进一步完善基于省、市(州)、县(区)"FAST"冰雹灾害三级综合防御体系(图9),包括防御作业重点区、加强区和核心区,三级防御圈包含了7次冰雹过程的对流云初生源地。其中150 km≤$H<100$ km为"FAST"冰雹灾害防御作业重点区,100 km≤$H<50$ km为"FAST"冰雹灾害防御作业加强区,50 km≤$H<5$ km作为FAST冰雹灾害防御核心区。结合图5分析,有6次个例冰雹源地均在"FAST"冰雹灾害防御作业重点区和加强区,需加强重点区和加强的冰雹云监测和识别,在形成冰雹云的早期及时作业,从而实现冰雹的"打小、打早、打好"。

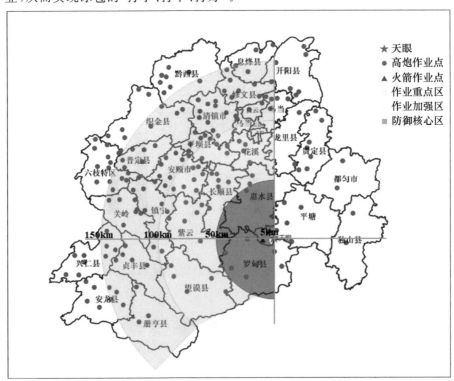

图9 "FAST"冰雹灾害三级防御作业区

4 2020年贵州省"FAST"冰雹联防情况及问题

2020年威胁"FAST"台址的冰雹天气过程共有12次,贵州省人工影响天气办公室共制作下发地面防雹作业指导报文34期,下发作业指令277条;"FAST"冰雹灾害联防区共申请作业523次,10 min有效批复率82%;高炮作业390次,用弹量8280发,火箭作业67次,用弹量129枚,合计经费约293万元。全年平塘县(含县域19个乡镇、7个人影炮站、"FAST"台址)降雹日有5 d,仅3月2日"FAST"台址降了5 mm的软雹,历时短(1 min),对其安全运行未造成影响,全年的防雹效益是明显的。但防雹联防工作中发现以下两个问题值得思考。

4.1 "FAST"台址静默区局地生成的强对流单体无法防御

2020年5月16日15:27,在"FAST"静默区(台址5 km范围内)有弱回波生成(强度仅10 dBZ),22 min后(15:49,图10)弱回波迅速发展为60 dBZ的冰雹云,期间台址静默区周边的光明、航龙、塘泥3个炮站因受禁射区限制均无法向"FAST"台址方向开展防雹作业。所幸,此次回波虽强,但因45 dBZ回波顶高刚超过0 ℃层高度(当日0 ℃层高度4808 m,−20 ℃层高度8069 m)1 km,没有达到本研究的降雹识别指标,台址没有降雹。

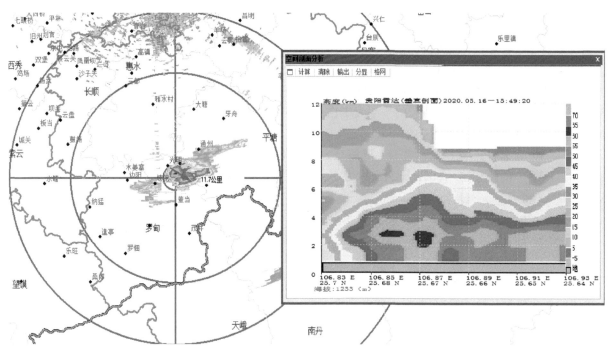

图10　5月16日15:49雷达组合反射率及垂直剖面

4.2 超强雹云单体的作业效果甚微

2020年5月19日20:19,在六枝生成的初生对流,先东北移动到普定,之后以25 km/h的速度缓慢朝"FAST"台址方向移动(图11a),并逐步发展增强,冰雹云途经的11个炮站共开展防雹作业24次,作业后(21:21)回波略有减弱;但当日大气环境场持续供给能量和水汽,单体回波强度始终保持在60 dBZ以上,最强达70 dBZ,45 dBZ强回波顶高维持在6~7 km;冰雹云移动路径上存在60 km的炮站空白区(沙子关和光明炮站之间,图11a中红圈区域),无法开展作业;5月20日01:27(图11b),单体回波强中心达70 dBZ,45 dBZ强回波顶高达7.6 km,回波具有明显的悬垂结构和回波墙等典型的冰雹云回波特征,降雹的可能性极大。所幸当天西南气流强盛,对流单体在距"FAST"台址12 km处转向正东方向移动,才与"FAST"台址擦肩而过,未对台址造成重大影响。

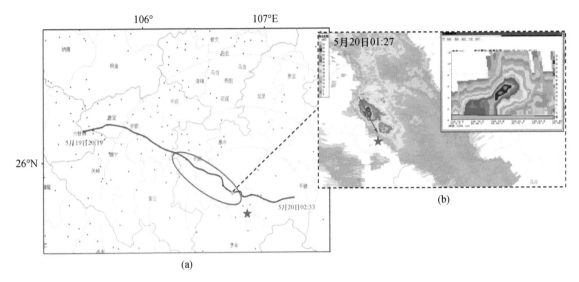

图11 5月19日威胁"FAST"台址的冰雹云移动路径(a)及5月20日01:27雷达组合反射率及垂直剖面(b)

5 主要结论

本文主要对平塘县域冰雹的气候特征和7次过程的冰雹源地及路径进行了分析,并初步建立基于雷达的"FAST"冰雹识别指标,主要结论如下。

(1)平塘县年降雹频率呈略减少趋势;降雹的月季变化显著,主要集中在2—5月;夏季和秋季降雹偶有出现;冰雹日变化明显,夜间降雹的概率大于白天;平塘县冰雹以小到中冰雹为主(占92%),大冰雹以上的概率仅8%,最大冰雹直径达50 mm。

(2)近10 a影响"FAST"的冰雹云主要路径为西北及偏西,主要源地在安顺市。

(3)"FAST"的降雹前30 min识别指标为$Z_{max} \geqslant 55$ dBZ、$VIL_{max} \geqslant 25$ kg/m^2、$H_{45dBZ} \geqslant 8$ km、$H_{45dBZ} - H_{0℃} > 4$ km和$H_{45dBZ} - H_{-20℃} > 1$ km。

6 探讨及建议

在2020年"FAST"冰雹防御业务中,发现"FAST"台址静默区局地生成的雹云单体无法防御、超强雹云单体的作业效果其微等问题,并提出3点建议。

(1)"FAST"台址在冰雹防御措施上需建设防雹网。国内外研究表明,人工防雹总有效率在30%～40%,不可能完全消除冰雹的影响,尤其是超强冰雹单体的防御作业效果仍然十分有限,建议重大工程设施安装防雹网。

(2)在"FAST"冰雹联防区增设相控阵雷达和双偏振雷达。根据贵州省雷达布局,采用雷达等射束高度进行雷达探测拼图,拼图上虽然盲区内有望谟县局全固态天气雷达,但因地形阻挡、探测精度、组网拼图等原因导致探测存在盲区;建议在"FAST"冰雹联防区增设相控阵雷达和双偏振雷达等,提升冰雹云的探测能力,为冰雹联防赢得时间。

(3)需深入开展"FAST"区域冰雹防控技术研究。文中仅用近10 a 7次影响"FAST"的冰雹个例进行冰雹识别研究,识别指标是否具有普适性还需要更多的观测资料积累和持续开展复杂地形条件下冰雹形成机理和人工防雹催化技术科学攻关;在后期研究中可考虑增加对回波跃增、VIL跃增、初期回波及强回波出现的高度等识别因子的分析。

参考文献

[1] 王丽,骆飞,李惊亚.全球最大射电望远镜主体工程在黔完工[J].工程建设标准化,2016(7):25.

[2] 匡顺四,韩军彩,孙云,等.石家庄冰雹气候分析及人工防雹布局[J].气象科技,2013,41(2):407-411.

[3] 马鸿青,于雷,司丽丽,等.保定地区冰雹的气候及物理量参数特征[J].干旱气象,2014,32(4):616-621.

[4] 赵红岩,宁惠芳,徐金芳,等.西北地区冰雹时空分布特征[J].干旱气象,2005,23(4):37-40.

[5] 刘晓璐,张元,刘建西.川西南山地冰雹灾害的时空特征[J].干旱气象,2016,34(1):75-81.

[6] 陶云,段旭,段长春,等.云南冰雹的变化特征[J].高原气象,2011,30(4):1108-1118.

[7] 廖向花,廖代秀,李轲.重庆冰雹气候特征及人工防雹对策[J].气象科技,2010,38(5):620-624.

[8] 周永水,汪超.贵州省冰雹的时空分布特征[J].贵州气象,2009,33(6):9-11.

[9] 郑西.浅析关岭县冰雹活动规律及防御对策[J].贵州气象,2008,32(3):31-31.

[10] 何肖国,袁仕锋.息烽县冰雹规律及防治对策分析[J].贵州气象,2007,31(5):19-20.

[11] 李国厅.福泉地区冰雹气候特点及预报方法初探[J].贵州气象,2006,30(S1):17-18.

[12] 曾勇,邹书平,曹水,等.贵州威宁 1997—2017 年冰雹时空变化特征分析[J].高原山地气象研究.2018,38(2):23-27,96.

[13] 柯莉萍,刘佳,谢明,等.威宁县冰雹天气预报指标研究[J].贵州气象.2016,40(5):14-19.

[14] 曹俊武,刘黎平.双线偏振多普勒天气雷达识别冰雹区方法研究[J].气象.2006(6):13-19.

[15] Winston H A,Ruthi L J. Evaluation of RADAP Ⅱ severe storm detection algorithms[J].Bull Amer Meteor Soc,1986,61(2):142-150.

[16] Edwards R,lthompson L R. Nationwide comparisons of hail size with WSR-88d vertically integrated liquid water(Vil) and derived thermodynamic sounding data[R]. Accepted for Publication in Weather and Forecasting,1998.

[17] 俞小鼎,王迎春,陈明轩,等.新一代天气雷达与强对流天气预警[J].高原气象,2005(3):456-464.

[18] 廖向花,林娜,李轲,等.利用多普勒雷达产品识别重庆冰雹云指标分析[J].西南大学学报:自然科学版,2011,33(11):131-135.

[19] Witt A,Elits M D,Stumpf G J,et al. An enhanced hail detection algorithm for the WSR-88D[J]. Weather and Forecasting,1998,13:286-303.

[20] 李丽丽,邹书平,杨哲,等.贵州中部一次多单体冰雹天气的雷达回波特征[J].中低纬山地气象,2018,42(2):21-27.

[21] 陈军,李小兰,黎荣,等.贵州铜仁两次大范围冰雹过程的对比分析[J].沙漠与绿洲气象.2019,13(4):30-36.

[22] 王瑾,王洪斌,邹蓓.基于风暴数值模拟的冰雹临近预报方法研究[J].贵州气象,2011,35(2):1-7.

[23] 李明元,陈明林,刘建国,等.贵州一次强冰雹过程降雹单体的特征分析[J].贵州气象,2007,31(1):23-25.

[24] 池再香,黄艳,杨海鹏.贵州西部一次冰雹灾害天气强对流(雹)云演变分析[J].贵州气象,2010,34(2):10-12.

[25] 中国气象局,全国气象防灾减灾标准化技术委员会.冰雹等级:GB/T 27957—2011[S].北京:中国标准出版社,2011.

六盘山地形云野外科学试验基地建设与管理探讨

舒志亮[1,2]　常倬林[1,2]　桑建人[1,2]　田　磊[1,2]

(1 中国气象局旱区特色农业气象灾害监测预警与风险管理重点实验室,银川 750002；
2 宁夏气象防灾减灾重点实验室,银川 750002)

摘　要:通过调研建设发展较好的 4 个气象野外科学试验基地,发现六盘山地形云野外科学试验基地发展建设过程中存在特种探测设备种类不齐全和布局不完善、科学技术研究不深入、对外合作深度和广度不够以及管理制度不健全等问题。针对存在的问题,提出了 4 条解决办法:(1)加快推进探测设备建设进程,尽快形成种类齐全、手段多样、布局合理的观测体系;(2)建设标准化人影观测场;(3)开展观测数据质量控制方法引进及研究,加快基础科学的研究,加大科技成果转化力度,开展新技术、新装备、新方法的试验和应用;(4)加强对外合作,推进更多合作项目落地六盘山地区,推动技术发展和人才培养;(5)尽快建立健全的运行、管理制度,建立工作机制、成果转化办法及人才培养措施。

关键词:六盘山地形云,野外科学试验基地,特种观测设备,建设与管理

1　引言

围绕野外科学试验基地建设及管理中存在的主要问题,针对中国气象局长江中游暴雨监测野外科学试验基地(武汉暴雨研究所)、中国气象局南海(博贺)海洋气象野外科学试验基地(博贺海洋气象科学试验基地内)、华南云物理与强降水野外科学试验基地及中国气象局邢台大气环境野外科学实验基地,在仪器布设、研究试验开展、基地管理等方面进行调研,推动六盘山地形云野外科学试验基地的建设,将其打造为中国气象局认证的"地形云野外综合试验基地",为地形云雾基础理论的研究,解决气象业务中的关键核心问题提供支撑平台。

2　中国气象局野外科学试验基地建设的总体情况

中国气象局 2018 年在灾害性天气、大气化学、生态与农业气象、应用气象、大气物理以及大气探测等领域遴选了 21 个野外科学试验基地[1-3]。其中在生态环境及农业气象方面有东北地区生态与农业、淮河流域典型农田生态、青海高寒生态、锡林浩特草原生态、固城农业 5 个气象野外科学试验基地;在大气化学方面有临安、龙凤山、上甸子、瓦里关 4 个试验基地;在大气物理与大气环境方面,有华北云降水、吉林云物理、秦岭气溶胶与云微物理 3 个试验基地;此外还有针对中小尺度暴雨监测预警预报的长江中游暴雨监测野外科学试验基地,针对沙漠气象的塔克拉玛干沙漠气象野外试验基地,针对山地气象的大理山地气象野外科学试验基地,针对干旱区气象的干旱气象与生态环境野外科学试验基地,针对青藏高原气象的高原陆气相互作用野外科学试验基地。

3　部分基地的相关做法和经验

3.1　基地建设目标明确

武汉暴雨研究所以全面提升中小尺度暴雨系统观测能力为中心,以功能先进、结构优化、布局合理、

集约开放为设计原则,依托气象业务观测设施,以高空探测系统、边界层探测系统及高密度 GPS/MET 水汽监测网、云观测系统、强降水过程宏微观特征观测系统及高山梯度观测系统为建设重点,最终目标是对中尺度暴雨系统从水汽传输—成云发展—降水形成—强降水演变这一完整生命史开展综合观测。博贺海洋气象野外科学试验基地是我国首个海洋气象科学综合试验基地,其解决的科学问题是:热带季风区大气边界层结构、海气相互作用的多尺度演变特征和规律、海洋水汽输送条件、台风内部结构特征及风雨分布、台风路径变化成因、海洋灾害性天气(强风、海雾、海岸带暴雨过程等)的结构特征、数值模式近海面通量参数化设计、海盐气溶胶对天气气候的影响等诸多问题。华南云物理与强降水野外科学试验基地主要针对云降水物理过程观测,获取云降水的微物理和动力参数的垂直廓线数据,针对华南季风/台风强降水预报难题,在关键区域采用多种手段进行加密观测,为华南强降水机理研究和精细数值预报模式研发提供重要的科学研究数据。中国气象局邢台大气环境野外科学试验基地主要承担气象行业、大专院校、科研机构等开展大气环境综合观测试验,大气环境多设备协同观测技术研究,新设备考核对比观测试验,制定大气环境观测设备的技术标准和观测方法,开展太行山地形对华北区域雾、霾机理研究,边界层污染物—气象要素垂直结构精细探测研究气象条件对大气污染物传输路径影响的研究以及大气物理、大气化学等方向的相关研究[4-7]。

3.2 观测设备多样,布局合理

武汉暴雨研究所建成了武汉、咸宁、荆州 3 个探测基地,在长江中游初步形成了点、面相结合的观测布局。基地建设的特种观测设备包括车载 X 波段和 C 波段双偏振雷达共 3 部、边界层风廓线雷达 5 套、毫米波测云雷达 1 部、微波辐射计 3 台、地基 GPS/MET 站 59 个、激光雨滴谱仪 5 台、大气边界层梯度观测塔 1 座。博贺海洋气象野外科学试验基地由几部分构成。一是在近海陆地设置的多要素陆基观测站安装了观测设备,如 GPS 探空系统、边界层风廓线仪、微波辐射计、辐射表、能见度仪、雾滴谱仪、土壤温湿度观测系统、全天空成像仪、云高仪、光电雨量计、雨滴谱仪、测波雷达、地波雷达等。二是在距海岸 6 km 左右的海上气象观测平台,重点对海气相互作用进行监测,观测内容包括涡动协方差观测系统、五层风温湿梯度观测、四分量净辐射、红外皮温观测仪、雨滴谱仪、Flow Quest 多普勒流速波浪仪、超声水位计、红外海温遥测仪、温盐梯度链、五层超声风温仪、高速红外成像仪、飞沫滴谱仪($0.5\sim20\ \mu m$、$2\sim50\ \mu m$)、激光测风雷达等。三是在距海岸 4.5 km 的峙仔岛上建立的 100 m 通量观测塔,进行风温湿梯度、湍流输送观测,包括超声风温仪(40 m、80 m)、风速风向(10 m、20 m、40 m、60 m、80 m、100 m)、温度和湿度(10 m、20 m、40 m、80 m)。四是观测海洋和气象要素的大型海上浮标观测平台,观测内容包括风速风向(2 层)、温度湿度(2 层)、气压、雨量、短波/长波辐射、能见度、波浪参数、海流参数、海表温度盐度、叶绿素浊度等。华南云物理与强降水野外科学试验基地主要建设有气溶胶激光雷达、云凝结核、气溶胶粒径谱仪、颗粒物质谱仪、GNSS/MET 站、负氧离子探测仪、闪电定位仪、边界层风廓线雷达、C 波段垂直连续波雷达、微波辐射计、全天空成像仪、双偏振毫米波雷达、微雨雷达、激光雨滴谱仪、边界层辐射和通量观测系统、测风雷达、激光云高仪、拉曼激光雷达、2DVD 雨滴谱仪等专业探测设备。中国气象局邢台大气环境野外科学试验基地建设有环境气象观测仪器:3D 可视型气溶胶激光雷达、风廓线雷达、微波辐射计、β射线法大气颗粒物监测仪、激光云高仪、超声风速温度仪、多要素空气质量监测仪、降水降尘自动采样器等;地面气象观测仪器:降水现象仪、能见度传感器、温湿度传感器、翻斗式雨量传感器、风向风速传感器、气压传感器、称重式雨量传感器、蒸发传感器、暗筒式日照计等;高空气象观测:GFE(L)型二次测风雷达 1 部、GNSS/MET 水汽站;其他观测设备:携带气溶胶观测探头的飞机 3 架、可接收多种卫星的地面卫星接收站 1 套;还建设有大气负离子监测仪、地基太阳光度计、连续波测风雷达、拉曼温廓线激光雷达、激光云高仪、通量观测塔(100 m)、涡度相关设备、自动日照计、大型蒸渗计、土壤热通量仪、多层气象要素观测等观测仪器。

3.3 科研成果丰富

武汉暴雨研究所建站以来,成功开发了雷达短时临近预报系统、地基 GPS 大气水汽监测系统、新型探测资料综合显示平台,开展了双偏振雷达探测技术、毫米波雷达探测技术、青藏高原的大气观测资料分析、微波辐射计资料误差分析、边界层风廓线雷达资料误差分析等研究。博贺海洋气象野外科学试验基地优化海—气动量拖曳系数参数化方案，获得近海风浪统计关系，依托海雾研究项目的进展对比分析了两种平流冷却雾的边界层条件和垂直结构特征，探讨了两种平流冷却海雾在物理机制上存在的差异；开展了华南季风降水试验加密观测、上层海洋与海气相互作用观测、地波雷达长期观测试验、大气湍流探空观测试验、近海及登陆台风强度变化科学试验等科研实验和观测项目。华南云物理与强降水野外科学试验基地开展了多波长雷达资料融合和云降水参数反演方法研究，基于双偏振雷达前期研究成果开展降水粒子相态和地面降水二次产品研发，为华南前汛期不同降水类型云降水微物理过程研究和数值模式云微物理参数优化研究提供数据支撑。中国气象局邢台大气环境野外科学试验基地围绕大气环境方向开展科研取得一系列科研成果，初步建成了较为先进的河北省环境气象业务体系，在大气污染防治工作中发挥了显著作用。

3.4 对外合作广泛

武汉暴雨研究所与 NCAR、NCEP、NOAA 等下属科研业务单位保持了稳定的合作关系，并与澳大利亚天气气候研究中心建立了初步的合作关系，多名科研人员在 NOAA 下属的强风暴实验室与地球系统研究实验室、NCAR、马里兰大学等国外一流业务单位、科研机构与大学短期访问和客座研究。博贺海洋气象野外科学试验基地面向各部门专家学者、业务人员开放了实验室，与多个部门进行了科研、业务合作，如与中国科学院大气物理研究所和中国科学院南海海洋研究所联合开展台风边界层与海洋飞沫大型观测试验，与中山大学合作开展了海—陆下垫面过程和台风破坏力观测试验，与中国气象科学研究院和南京大学等联合开展了台风海气耦合边界层观测试验，与国家海洋局第一海洋研究所开展水下能量传输观测试验，与中国科学院南海海洋研究所合作开展地波雷达观测试验等。华南云物理与强降水野外科学试验基地与中国气象科学研究院、中国气象局气象探测中心、广东省气象局、南京大学、香港天文台等多个单位开展了协同观测试验。中国气象局邢台大气环境野外科学试验基地 2006 年和 2014 年两次与北京大学环境科学与工程学院联合开展大气污染气溶胶观测，2016 年与北京师范大学合作，依托"云、气溶胶及其气候效应的观测与模拟研究"项目在邢台基地联合开展地面空中综合观测试验，共 34 种国内外先进观测设备参加试验，积累了大量辐射和气溶胶理化特征、云—降水观测、温度水汽风廓线等要素的观测数据。

3.5 试验管理规范

武汉暴雨研究所建立了《中国气象局武汉暴雨研究所暴雨外场试验基地科研设备和观测数据共享管理办法》，规定了对符合业务观测条件并纳入气象业务观测体系的科研设备，其维护运行数据传输由湖北省气象局负责，武汉暴雨研究所负责相关技术研发与资料的应用；对尚未纳入气象业务观测体系的科研设备，由武汉暴雨研究所负责；对于安装在地方气象台站的设备，武汉暴雨研究所以外场试验协作的方式委托地方气象局予以协助并与台站以项目合作的方式共同开展试验；基地实行课题制管理和动态人事管理制度。博贺海洋气象野外科学试验基地是由广东省气象局独立设置的海洋气象观测站机构，委托茂名市气象局按照直属事业单位管理。中国气象局邢台大气环境野外科学试验基地由河北省气象局为野外试验基地的建设、运行和管理提供必要条件，邢台市气象局具体管理，河北省气象与生态环境重点实验室、河北省环境气象中心提供技术支撑，邢台基地具体承担野外科学试验的架构模式。

4 六盘山地形云野外科学试验基地存在的问题

4.1 探测设备建设问题

（1）C 波段和 X 波段雷达还没有组网，Ka 波段云雷达、微雨雷达以及激光云高仪还没有对比分析，风的垂直结构只有梯度站 10 m 高的三维风速仪一种手段，对于更高层的风场结构探测尚属空白。（2）能够观测降水粒子形状和相态的双偏振雷达在核心区布网不全面；对二维雨滴谱的观测，对气溶胶粒子的观测还很缺乏;六盘山山脊上的水汽的垂直探测还缺乏相应的手段。(3)在热力场、水汽场、动力场等的观测方面,六盘山核心站点仍然缺少能够连续、实时遥感大气风场的有效工具。(4)六盘山试验基地西侧无探空站,东侧的探空站距离试验区的核心站点较远。

4.2 基地设备布局问题

4.2.1 数据传输问题

人影观测仪器多种多样,不同厂家、不同型号的仪器的传输方式不同。经学习总结,仪器数据传输线缆总体分为串口数据线、单模光纤、多模光纤3类,但不同厂家、不同设备的数据传输光纤的具体型号不相同。仪器布设时存在数据传输线转接的问题。

4.2.2 电源问题

人影观测仪器大多不自带稳压设备,过高、过低的电压均会对仪器造成不可逆转的损害;另外,在观测中常会遇见跳闸、检修等因素引起的短时停电的情况,为了尽量保证观测数据的连续性,需要应急电源使仪器度过短暂的停电期。

4.2.3 信号干扰

人影观测设备大多针对空中水汽进行探测,水汽吸收带的频率相近,互相之间可能会产生干扰,如Ka波段云雷达和微雨雷达发射的电磁波在微波辐射计的接收通道内。激光雨滴谱仪及二维视频雨滴谱仪的杂散光有可能会对激光云高仪造成干扰。全天空成像仪以连续成像的方式监视天空状况,安装地点周边不应有明显遮挡。

4.3 试验科技成果问题

虽然已经开展了六盘山区的天气气候背景、作业指标、空中云水资源、云雷达微雨雷达微波辐射计等特种观测资料的研究,但是上述的研究仅仅处于初步阶段,对于观测仪器数据的质量控制,地形云形成的机理研究,天气系统过境时各设备数据特征量的变化等方面的问题还没有很好的手段去解决。

4.4 对外合作问题

目前,六盘山基地在"西北人工影响天气能力建设"等项目的支撑下,与中国气象局人工影响天气中心、华中科技大学、兰州大学、南京信息工程大学等单位虽然已经开展了初步的合作,但是合作深度和广度都有待加强,特别是参与大型的野外科学试验还比较少,申报和吸引落地的国家级项目不多,与其他各地的协同野外科学试验开展还不够。

4.5 基地管理问题

建设现代化基地,需要积极研究和探索推进野外科学试验基地建设和发展机制,提高野外科学试验基地的观测、试验手段和数据处理能力,实现资源共享并实现观测和试验数据的网络化;在仪器设备管理维护等方面建立长效机制;建立仪器设备的管理和维护制度。目前六盘山基地在管理方面还未形成相应制度。

5 六盘山基地建设展望

5.1 尽快完善六盘山基地特种探测设备

在云的宏观结构、微观结构及热力场、水汽场、动力场的观测等方面增加如下设备:在六盘山山顶以及东西两侧增加全天空成像仪4部;在六盘山西北侧的西吉增加1部X波段双偏振多普勒雷达;在六盘山区气象站增加1部二维视频雨滴谱仪和1部气溶胶粒径谱仪;在六盘山东西两侧各增加1部边界层风廓线雷达;在六盘山顶增加1部微波辐射计;在六盘山西侧建设移动探空设备;在山顶和东坡梯度站增加涡度观测设备。尽快完善六盘山基地观测系统。

5.2 建设标准化人影观测场

5.2.1 观测场布局

结合人工影响天气观测场拟建仪器设备的特点,考虑在六盘山区气象站、泾源县气象局和隆德县气象局建设标准化人影观测场(如图1所示),根据实际情况选择一个方形区域(15 m×15 m~25 m×25 m),在该区域参照国家级气象观测站标准建设地沟、围栏等设施,建设电源模块和通讯模块,各仪器之间的距离为5 m,地沟布设光纤、电缆,与台站人影观测室联通,以方便布设人影观测设备及收集应用观测数据。

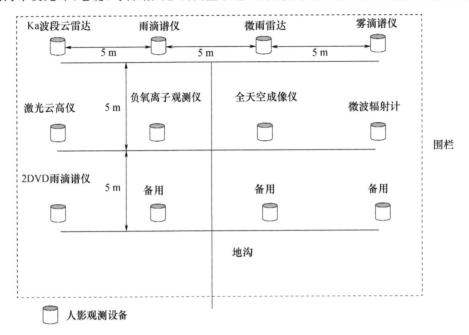

图 1   人影观测场仪器分布示意图

5.2.2 人工影响天气观测场仪器数据传输

微波辐射计、Ka波段云雷达采用光纤进行控制和数据传输,微雨雷达、激光云高仪、雾滴谱仪、激光雨滴谱仪、二维视频雨滴谱仪、全天空成像仪、大气负氧离子自动观测仪自带数据线接口为232串口,串口数据线信号耗损较大,不宜长距离进行数据传输,因此,串口数据线标配长度小于50 m;泾源县和隆德县人工影响天气观测场离设备控制室超过200 m。综合考虑,需在观测场建设数据转接设备,将仪器的串口数据转接为光纤,在地沟统一布设12芯单模光纤和12芯双模光纤各1根,到设备控制室后再由光纤转接为串口连接控制电脑,这样可以避免数据信号在传输中的损失。

5.2.3 人工影响天气观测场设备用电

为了不影响台站气象观测设备用电,人影观测场设备用电单独配备UPS设备。人影观测场拟建设设备的用电功率配备大于10 kW的在线式UPS电源。UPS电源放置在台站配电室,从配电室通过地沟布设1根电缆到观测场配电柜,方便各观测设备用电。

5.3 加快科技成果的转化

加快基础数据质量控制方法的研究和引用,在保证数据准确的同时对观测数据进行大量的对比分析,结合天气形势和背景,查找天气过程前、中、后各观测数据特征量的变化以及可利用的规律;开展地形云发展变化的基础研究,搞清楚地形云以及地形云降水自然发展过程的各宏微观特征因子演变过程;在六盘山基地开展人工影响天气试验,分析试验结果,提高人工影响天气业务水平,开展新技术、新装备、新方法在六盘山基地的试验和研究。

5.4 加强对外合作

全面提升开放合作力度,加强与南京大学、华中科技大学、兰州大学、南京信息工程大学等高校的局校合作以及地方科研院所等的合作交流,完善信息共享、科研合作、社会力量参与等方面的合作机制,吸引更多的理论研究、探测装备、科学试验等项目落地六盘山基地,还要加强与国际相关机构和试验的合作,推动技术发展和人才培养。建设科研实训平台,更好地完成科学研究任务,从而为基地的建设和完善提供实践和理论两方面的支持。

5.5　完善基地建设及管理制度

尽快建立健全六盘山基地运行、管理制度,建立对外开放、合作、共享的工作机制,建立科研成果转化的相关办法,建立人才引进培养的相关措施,明确各相关单位的权利和义务、分工和职责,做到六盘山基地在仪器建设和维修维护,对内管理和对外合作,成果转化和人才培养等方面都做到有法可依。

参考文献

[1] 王亮.中国气象局遴选出第二批野外科学试验基地[N].中国气象报,(2019-10-12)[2020-11-23].

[2] 贾庆宇,王笑影,谢艳兵,等.东北地区生态与农业气象野外科学试验基地建设规划[J].气象与环境学报,2018,34(6):161-168.

[3] 王奉安.我国近代气象科学研究机构及其贡献述略[J].辽宁气象,2004(4):45-46.

[4] 陈蓉,黄健,万齐林,等.茂名博贺海洋气象科学试验基地建设与观测进展[J].热带气象学报,2011,27(3):417-426.

[5] 中国气象局兰州干旱气象研究所野外观测体系[J].地球科学进展,2007(6):546.

[6] 李耀辉.中国气象局定西干旱气象与生态环境野外科学试验基地[J].干旱气象,2019,37(3):517.

[7] 王德英.2008年我国南方暴雨野外科学试验(SCHeREX)[J].中国气象科学研究院年报,2008:20-23.

GNSS/MET 反演整层大气可降水量在宁夏人影业务中的应用

常倬林[1,2]　崔洋[1]　田磊[1,2]

(1 中国气象局旱区特色农业气象灾害监测预警与风险管理重点实验室,银川 750002;
2 宁夏回族自治区气象灾害防御技术中心,银川 750002)

摘　要:本文利用 GNSS/MET 反演的整层大气水汽资料、卫星反演的整层大气水汽资料及宁夏区域自动站和探空站的资料,根据天气气候的影响、地理地貌的影响等将宁夏全区分为北部川区、中部干旱带东部、中部干旱带西部、南部山区东部及南部山区西部 5 个区域,分析了不同天气条件下不同地区整层大气可降水量的分布特征,并结合典型个例分析了不同地区大气水汽含量与实际降水的发生和消亡之间的关系。得出如下结论:宁夏整层大气水汽含量基本从东南向西北方向逐渐减少;宁夏夏季降水前 5~6 h 大气水汽含量会出现增长,在大气水汽含量开始下降后 2~3 h 降水会基本结束;夏季宁夏中北部地区及南部山区整层大气水汽含量分别达到 35 mm 和 40 mm,且呈现随时间上升的趋势时区域可能会出现降水,当该值分别达到 40 mm 和 45 mm 时可能出现大于 1 mm 的降水。

关键词:GNSS/MET,大气可降水量,作业指标

1 引言

GNSS/MET 观测网作为气象综合观测系统的一个重要组成部分,近年来发展迅速。它具有自动化程度高,资料结果客观、精确,可连续观测和高密度等优点,大大弥补了人工观测不足。尽管水汽在大气中所占的比例最多不超过 4%,但是水汽在各种大气物理过程中起着至关重要的作用。强天气现象都是在对流层中发生的,可根据对流层的水汽含量、温度、不稳定指数等研究暴雨的生成和发展。GNSS/MET 探测的实时整层水汽可以弥补水汽分析的不足,有效改善强天气系统的预警能力。大气水汽是人工影响天气基础条件之一,整层大气水汽总量及其动态变化是云水资源考察的关键性因素之一,一些研究利用地基微波辐射计对云中水汽含量和云液态水含量进行监测,研究人工增雨的最佳作业区[1-2],也有利用 GNSS 监测水汽的结果[3-5]。地基 GNSS 接收机的相位信号可用于计算整层大气的水汽含量,其时间精度可达到 15 min,且 GNSS 测量大气水汽含量的方法是一种绝对测量,不需要校准,并可以全天候自动进行。所以,GNSS 测量的大气水汽含量将会越来越多地应用到天气、气候、人工影响天气等诸多领域。

1993 年毛节泰[3]对地基 GPS 反演大气水汽技术进行了全面深入的介绍。随后,李成才等[4]介绍了地基 GPS 遥感大气水汽总量的方法,并分析了各种误差影响因素以及消除办法,总结了湿延迟推算水汽总量的方法。杨光林等[5]、梁宏等[6]在青藏高原进行 GPS 监测大气水汽实验,利用 GPS 水汽资料分析青藏高原大气水汽特征。陈小雷等[7]利用石家庄、张家口、秦皇岛三站的 GPS 大气水汽含量资料分析了河北省大气水汽含量的时空分布特征并与实际降水的关系进行了研究。为了获得水汽的三维结构,宋淑丽等[8]利用层析技术将 GPS/MET 反演得到的三维水汽场资料用于数值模式的改进。曹玉静等[9]建立了新的 GPS 层析方程垂直约束条件模型;分析不同层析垂直分层方法对层析结果的影响;比较三种不同的先验方案对层析结果的影响;采用蒙特卡罗随机模拟方法确定最佳层析解,分析不同模拟次数对蒙特卡罗层析解算的影响。

宁夏地处西北地区东部,干旱半干旱区域占全区总面积的 70% 以上,水资源严重缺乏,天然水资源总量在全国 31 个省、自治区、直辖市中居末位。北部的年降水量只有 160~300 mm,中部干旱带常常出现人畜饮水困难;南部山区虽然年降水量可达 400~600 mm,但因其处在山区,水土流失严重。干旱对社会

经济、生产生活、生态建设等造成了严重的威胁。2013 年宁夏回族自治区国土资源厅与宁夏回族自治区气象局在宁夏全区范围内建设了 23 部 GNSS/MET 站,但是如何把这些资料应用到气象预报中,如何发挥这些资料在宁夏抗旱减灾中的作用,在此方面的研究宁夏还是空白。因此,为了充分发挥新型遥感探测资料在气象预报及人工增雨防雹中的作用,开展宁夏地基 GNSS 资料的应用开发研究是十分必要的。

2 数据和方法

2.1 数据资料

研究中使用的资料为 2014—2017 年宁夏全区 23 个 GNSS/MET 站反演的整层大气水汽资料及与其相对应的宁夏区域自动站资料,具体分布见图 1。在研究的过程中,根据天气气候的影响、地理地貌的影响等,同时根据 GNSS/MET 站点的分布将全区分为北部川区、中部干旱带东部、中部干旱带西部、南部山区东部及南部山区西部 5 个区域(如图 1 所示)。

图 1 研究区域划分

2.2 方法

GNSS/MET 遥感大气水汽是利用地基高精度 GNSS 接收机,通过测量 GNSS 信号在大气中湿延迟量的大小来遥感大气中水汽总量。可以用下式表示:

$$ZTD = ZHD + ZWD \tag{1}$$

式中:ZTD 为总的延时量;ZHD 和 ZWD 分别表示为干延时量和湿延时量。而整层水汽含量 $IPWV$ 可表示为:

$$IPWV = K \times ZWD \tag{2}$$

式中:ZWD 为单位长度;K 为比例系数。

$$K = \left[10^6 \left(\frac{k_3}{T_m} + k'_2 \right) R_v \rho \right]^{-1} \qquad (3)$$

式中:ρ 为水的密度;R_v 为水汽的气体常数;T_m 为大气的温度加权平均。k'_2 可表示为:

$$k'_2 = k_2 - mk_1 \qquad (4)$$

式中:m 为水汽质量与空气干质量之比;k_1、k_2、k_3 为常用的大气折射率 N 表达式中的 3 个物理常量。

3 GNSS/MET 反演整层大气可降水量的时空变化特征

对 2014—2017 年宁夏全区 GNSS/MET 站反演的大气水汽含量进行年月日平均,得到如下结论:宁夏全区大气可降水量的年均值为 12.31 mm,从空间分布来看从东南向西北方向逐渐减少。其中南部山区较大,在 2.5~13.7 mm;中部干旱带次之,在 11.6~13.0 mm;北部川区最少,在 0.5~12.1 mm。

从季节分布来看(图略),宁夏大气可降水量按夏秋春冬依次减少,其中夏季大气可降水量最大,在 0.9~55.52 mm,全区均值大约为 23.48 mm,各地均值在 15.35~26.38 mm;秋季次之,在 0.02~42.62 mm,全区均值大约为 12.29 mm,各地均值在 6.03~14.84 mm;春季再次之,在 0.02~36.06 mm,全区均值大约为 8.71 mm,各地均值在 5.56~10.86 mm;冬季最小,在 0.02~15.92 mm,全区均值大约为 3.86 mm,各地均值在 2.14~4.09 mm。从季节分布的空间分布来看,春季、秋季大气可降水量从南到北依次减少,夏季大气可降水量从东到西依次减少,特别值得注意的是贺兰山沿山的大气可将水量在春夏秋三季都最少,但在冬季其值大于中北部地区。

从全区各地大气可降水量的月变化特征来看(图略),8 月宁夏各地大气可降水量最大,其次为 7 月,其月变化呈现出抛物线型变化,1—8 月大气可降水量逐渐上升,9—12 月大气可降水量逐渐减少。从月变化的空间分布来看,南部山区东部大气可降水量最大,其他 4 个区域月均值大致相当,需特别注意的是贺兰山站大气可降水量的值为全区最小。

4 大气水汽含量与冰雹降水发生消亡之间的关系探讨

4.1 冰雹发生前后 GNSS/MET 反演大气水汽含量的变化

对 2016—2017 年发生的 19 次冰雹天气过程(如表 1 所示)分析对应最近的 GNSS/MET 反演的大气水汽含量变化,冰雹天气发生时局地性较强,且持续时间短。GNSS/MET 反演的数据为小时数据,且离冰雹发生地点有一定的距离,因此,无法建立冰雹天气过程时 GNSS/MET 反演的大气水汽含量的指标,但是通过分析可以发现,84% 的冰雹个例在发生冰雹前,其最近的 GNSS/MET 站(13~46 km)在冰雹发生前 2~3 h 有 1~2 mm/h 的大气可降水量的增加。

表 1　2016—2017 年在中南部地区发生的 19 个冰雹个例

序号	时间	地点	最大冰雹直径 /mm	持续时间 /min	大气水汽含量 /mm	最近 GNSS/MET
1	2016 年 6 月 12 日 17:02— 17:06	泾源县惠台乡	3~5	5	21.32	彭阳站
2	2017 年 7 月 15 日 15:43 左右	温堡乡、联财镇、奠安乡等	3	15	21.14	兴平乡
3	2016 年 6 月 29 日 20:00	曹洼乡	5	8	26.30	兴平乡
4	2017 年 7 月 14 日 14:30— 19:00	西吉县马莲乡、什字乡、兴隆镇、硝河乡、新营乡	6		17.97	兴平乡
5	2016 年 6 月 29 日 21:00	西吉县沙沟乡东沟村	10	10	26.29	兴平乡
6	2017 年 6 月 6 日 17:30	开城乡	10	20	14.55	固原市

序号	时间	地点	最大冰雹直径 /mm	持续时间 /min	大气水汽含量 /mm	最近 GNSS/MET
7	2017 年 7 月 14 日 15:35—15:45	下马关镇	10	10	21.17	同心县
8	2017 年 7 月 14 日 16:10—16:15	预旺乡	10	10	26.75	同心县
9	2017 年 7 月 14 日 16:30—16:35	马高庄乡	10	10	26.75	同心县
10	2017 年 7 月 15 日 17:30—18:00	原州区寨科乡新淌村、东淌村、李岔村,彭堡镇姚磨村、吴磨村	10	15	15.52	固原市
11	2017 年 6 月 7 日 16:02 左右	海原县树台乡、红羊乡、关庄乡、关桥乡	15		20.25	海原县
12	2017 年 6 月 7 日 16:02 左右	海原县树台乡、红羊乡、关庄乡、关桥乡	15		20.25	海原县
13	2017 年 6 月 20 日 22:50	中宁县长山头乡	15	15	27.63	红寺堡
14	2017 年 6 月 7 日 15:43 左右	隆德县观庄乡、陈靳乡、城关镇	10~20	20	18.40	兴平乡
15	2017 年 5 月 18 日 13:10—13:35	彭阳县红河镇、古城镇	20	25	19.78	彭阳县
16	2017 年 5 月 18 日 13:10—13:35	彭阳县红河镇、古城镇	20	25	19.78	彭阳县
17	2016 年 6 月 12 日 15:00—16:10	彭阳县	25	30	21.32	彭阳县
18	2016 年 7 月 1 日 15:40—16:10	彭阳县	25	30	21.32	彭阳县
19	2016 年 6 月 12 日 17:20—18:00	隆德县沙塘镇、神林乡、陈靳乡			15.31	兴平乡

4.2　不同类型降水发生前后 GNSS/MET 反演大气水汽含量的变化

收集整理了 2016—2017 年期间近 30 次增雨雪天气过程,分季节对 GNSS/MET 反演的大气可降水量在过程来临前后的变化特征进行了分析。

结合典型的层状云降水天气过程,在上述分析的基础上,对比分析夏季北部川区、中部干旱带东部地区、中部干旱带西部地区、南部山区的西部地区及南部山区的东部地区 5 个不同区域的整层大气可降水量与实际降水量。可见,北部川区:当整层大气可降水量大于 30 mm,且该值呈现上升趋势时,1~6 h 后该区域可能出现降水;当整层大气可降水量大于 40 mm 可能出现 1 mm 以上的降水,这时也是人工增雨的较好的时机;当整层大气可降水量开始呈现出下降趋势时,且降到 30 mm 以后,2 h 后降水会基本结束。中部干旱带西部区域:当整层大气可降水量大于 34 mm,且该值呈现上升趋势时,1~6 h 后该区域可能出现降水;当整层大气可降水量大于 40 mm,可能出现 1 mm 以上的降水。中部干旱带东部区域及南部山区的西部区域:当整层大气可降水量大于 38.5 mm,且该值呈现上升趋势时,1~6 h 后该区域可能出现降水;当整层大气可降水量大于 40 mm,可能出现 1 mm 以上的降水。南部山区的东部区域:当整层大气可降水量大于 40 mm,且该值呈现上升趋势时,2~3 h 后该区域可能出现降水;当整层大气可降水量大于 45 mm,可能出现 1 mm 以上的大降水。

具体来看,在晴天天气条件下(图2),不同地区整层大气可降水量的日变化不大,北部川区大气可降水量的值基本在15~20 mm,中部干旱带的西部及东部整层大气可降水量相近,基本在20~25 mm,南部山区东部整层大气可降水量略高于南部山区西部地区,大气可降水量的值在30~35 mm。

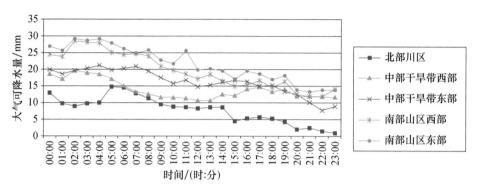

图 2　典型晴天天气条件下不同地区的整层大气可降水量的日变化

在阴天天气条件下(图3),不同区域整层大气可降水量的日变化同样不大,呈现出微弱的单峰型分布。整层大气可降水量上午逐渐增加,到14:00达到最大值,其后开始逐渐减小。北部川区及中部区域整层大气可降水量高于晴天天气条件,其值在30~40 mm,南部山区西部及东部大气可降水量的值同样高于晴天天气条件,但二者的差距高于晴天天气,南部山区西部地区大气可降水量的值在30~40 mm,东部地区大气可降水量的值在40~45 mm。

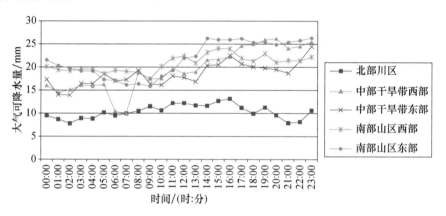

图 3　典型阴天天气条件下不同地区的整层大气可降水量的日变化

在典型的层状云降水的过程中,图4表示从北到南的全区性天气过程。北部川区及中部干旱带的降水从05:00开始到11:00结束,两个地区整层大气可降水量的值00:00—09:00一直保持在35 mm以上,09:00以后,整层大气可降水量开始出现急剧下降,在大气可降水量出现下降趋势后2 h内降水结束。大气可降水量的急剧的下降意味着降水天气过程的即将结束,在此时段内开展人工增雨,效果将会不显著。中部干旱带的东部降水从10:00开始到16:00结束,该区域整层大气可降水量00:00—04:00一直保持在35 mm,从04:00开始,中部干旱带东部的整层大气可降水量开始缓慢上升到10:00达到最大,该区域开始降水,13:00以后整层大气可降水量开始下降,特别是在16:00后,开始急剧下降,大气可降水量的值降到20 mm。即在降水开始前6 h,整层大气可降水量开始增加,当大气可降水量下降后2 h降水基本结束。南部山区的西部地区降水从11:00开始到21:00结束,从08:00开始整层大气可降水量逐渐增加,10:00达到最大值,其后大气可降水量的值一直维持变化不大。南部山区的东部地区降水从14:00开始到21:00结束。整层大气可降水量一直维持在45 mm,08:00开始出现逐渐下降,12:00下降到最小值40 mm,其后开始又逐渐增加,与降水的变化基本一致。

图5表示宁夏中南部地区的局地降水过程。16:00前,北部川区及中部干旱带的西部地区及中部干旱带的东部地区整层大气可降水量从15 mm逐渐上升到35 mm,16:00后北部川区及中部干旱带西部整层大气可降水量开始下降,一直未出现降水,但中部干旱带东部地区在整层大气可降水量达到35 mm以

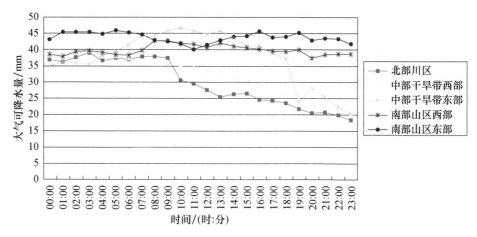

图 4 典型全区性天气过程不同地区的整层大气可降水量的日变化

后继续逐渐增加,该区域在 18:00 开始出现降水,小时降水量在 23:00 达到 1 mm 以上。南部山区西部及南部山区东部地区大气可降水量一直在 40 mm 以上,南部山区的西部地区 02:00 开始整层大气可降水量开始逐渐增加,到 11:00 开始,整层大气可降水量达到 40 mm 以上,03:00—11:00,该区域出现弱降水,11:00 开始,区域出现 1~5 mm 降水。同样,南部山区的东部地区 02:00 开始整层大气可降水量开始逐渐增加,到 11:00 开始,整层大气可降水量达到 45 mm 以上,03:00—11:00,该区域出现弱降水,11:00 开始后,区域出现 1~5 mm 降水量。

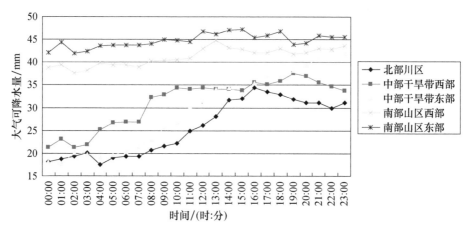

图 5 典型中南部局地性天气过程不同地区的整层大气可降水量的日变化

5 结论

(1)从空间分布来看,宁夏整层大气水汽含量基本从东南向西北方向逐渐减少。基本上在不同天气条件下,南部山区的东部整层大气可降水量最大,南部山区西部次之,中部干旱带的东西部差别不大,北部川区整层大气可降水量最小。

(2)夏季北部川区:当整层大气可降水量大于 30 mm,且该值呈现上升趋势时,1~6 h 后该区域可能出现降水;当整层大气可降水量大于 40 mm,可能出现 1 mm 以上的降水。

(3)夏季中部干旱带西部区域:当整层大气可降水量大于 34 mm,且该值呈现上升趋势时,1~6 h 后该区域可能出现降水;当整层大气可降水量大于 40 mm,可能出现 1 mm 以上的降水。中部干旱带东部区域及南部山区的西部区域当整层大气可降水量大于 38.5 mm,且该值呈现上升趋势时,1~6 h 后该区域可能出现降水;当整层大气可降水量大于 40 mm,可能出现 1 mm 以上的降水。

(4)夏季南部山区的东部区域:当整层大气可降水量大于 40 mm,且该值呈现上升趋势时,2~3 h 后该区域可能出现降水;当整层大气可降水量大于 45 mm,可能出现 1 mm 以上的大降水。

（5）利用 GNSS/MET 反演宁夏大气可降水量在降雹、降雨前后的变化,可以初步为人工增雨及防雹作业时机的把握提供一定的参考。本文只针对夏季冰雹及降水过程前后大气可降水量的变化做了粗浅的分析,下一步将结合更多典型个例对不同季节不同地区不同降水类型的降水过程进行深入分析,以期更深入了解 GNSS/MET 反演大气水汽含量的变化,分析人工增雨防雹的作业效果。

参考文献

[1] 袁野,王成章,蒋年冲,等.不同云天条件下水汽含量特征及其变化分析[J].气象科学,2005,4:68-72.

[2] 王黎俊,孙安平,刘彩红,等.地基微波辐射计探测在黄河上游人工增雨中的应用[C]//中国气象学会人工影响天气委员会,中国气象科学研究院,中国气象局人工影响天气中心.第十五届全国云降水与人工影响天气科学会议论文集（Ⅱ）.北京:气象出版社,2008:275-279.

[3] 毛节泰.GPS 的气象应用[J].气象科技,1993,4:45-49.

[4] 李成才,毛节泰.GPS 地基遥感大气水汽总量分析[J].应用气象学报,1998,9(4):470-477.

[5] 杨光林,刘晶淼,毛节泰.西藏地区水汽 GPS 遥感分析[J].气象科技,2002(5):266-272.

[6] 梁宏.青藏高原及其周边地区大气水汽分布和变化特征研究[D].北京:中国气象科学研究院,2005.

[7] 陈小雷.地基 GPS 在河北气象中的应用研究[D].兰州:兰州大学,2007.

[8] 宋淑丽,朱文耀,丁金才,等.上海 GPS 层析水汽三维分布改善数值预报湿度场[J].科学通报,2005,50(20):2271-2277.

[9] 曹玉静.地基 GPS 层析大气三维水汽及其在气象中的应用[D].北京:中国气象科学研究院,2012.

FY-2E 卫星反演云特性参数产品在乌鲁木齐暴雪天气分析中的应用[*]

王智敏[1] 冯婉悦[2] 李圆圆[1] 李斌[1] 史莲梅[1]

（1 新疆维吾尔自治区人工影响天气办公室，乌鲁木齐 830002；
2 新疆维吾尔自治区气象技术装备保障中心，乌鲁木齐 830002）

摘 要：利用 FY-2E 静止卫星反演的云参数产品对乌鲁木齐 2015 年 12 月 11 日和 2017 年 12 月 27 日两次暴雪天气过程进行了分析，发现在降水发生前 2 h，云宏观参数的云顶温度、黑体亮温、云顶高度和过冷层厚度都处于不断增强的较高水平，且出现快速增强后又不断减弱对应后期可能要出现强降水，其与小时降水量变化具有较好的相关性，降水前期相关参量较降水中后期要大。在降雪天气中云顶温度普遍在 $-60 \sim -20\ ℃$，云顶高度最大值均超过了 10 km，过冷层厚度集中在 $2 \sim 9$ km。从云微观参量来看，降雪云的光学厚度主要在 $10 \sim 35$，绝大多数的有效粒子半径分布在 $15 \sim 35\ \mu m$，两场天气的液水路径分别分布在 $75.49 \sim 975.63\ g/m^2$ 和 $47.41 \sim 796.01\ g/m^2$，前者降雪天气的云宏微观参量均值都不同程度大于后者。

关键词：静止卫星，云参数，地面降水，相关性

云的宏微观物理特征对降水的形成发展过程起着重要作用[1]，然而长期以来对云的观测主要通过人工目测取得云资料，尤其在高山、荒漠等无人区，更是严重缺乏云观测资料，因此很难对云宏微观物理参数进行研究，进而进行云与降水的研究工作。

近年来，随着卫星遥感技术的快速发展，高时空分辨率的卫星资料为云的连续性监测提供了科学途径，不仅能够利用卫星遥感反演资料研究大范围云系的分布变化情况，还可以获取地面常规观测无法提供的云宏微观特征资料。许多学者对云的宏微观特征参数与降水关系的研究已有一些进展，如 Rosenfeld 等[2]利用 T-re 的反演方法得到 NOAA 卫星所观测云系的云顶的有效粒子半径，通过大量个例分析得出，有效粒子半径为 14 μm 时降水开始出现。张杰等[3]分析了 MODIS 的云参数产品与台站 6 h 的降水量资料的关系，结果表明祁连山区产生较大降水的云粒子有效半径在 $6 \sim 12\ \mu m$，云光学厚度在 $8 \sim 20$。傅云飞等[4]利用 TRMM 卫星和红外辐射计的资料，研究了一次台风的云系个例，得出降水云中粒子较大，非降水云中粒子谱较宽。刘健等[5]研究了 FY-1D 和 NOAA 极轨卫星反演得到的云光学厚度和地面降水数据，发现地面降水区与云光学厚度的大值区一致。郑媛媛等[6]和王晨曦等[7]研究了云顶温度与降水的对应关系，兰红平等[8]利用 GMS-5 卫星和自动站的降水资料，建立了云顶亮温变化估算降水强度信息的方法。周毓荃等[9-10]利用 FY-2 静止卫星观测数据结合 L 波段探空等资料反演得到了云顶高度、云顶温度、云光学厚度、云粒子有效半径等多种的云宏微观物理特征参数产品，同时还通过对比 MODIS 云产品、CloudSat 云产品和雷达实测资料证明了此种产品与同类产品具有较好的一致性。廖向花等[11]利用 FY-2 静止卫星反演得到有效粒子半径产品，分析了一次冰雹天气过程，发现降雹时云粒子有效半径普遍较大。陈英英[12-13]和蔡淼等[14]利用 FY-2 反演的云参数产品，综合分析了降水过程中雷达回波和地面降水等的初步研究，发现光学厚度和液水路径的大值区与地面降水分布情况较为一致。还有学者对新疆的强降水天气的环流形势和天气演变过程中静止卫星的红外云图变化特征等进行了研究[15-19]。

目前利用静止卫星的云参数产品研究新疆干旱半干旱地区的降水云的宏微观物理属性较少，人工增

---

[*] 发表信息：本文原载于《沙漠与绿洲气象》，2020，14（3）：53-60.

资助信息：中亚大气科学研究基金项目（CAAS201919），中国气象局云雾物理环境重点开放实验室开放课题（2020Z00712）。

水的主要作业对象是降水云,通过分析云结构特征参数与降水的关系,进而探讨降水云系的云参数与雨强的对应关系,对认识云降水发展演变规律,识别人工增雨播云条件具有重要意义。

1 资料与方法

本文利用中国气象科学研究院人工影响天气中心和北京大学联合研发的FY-2静止卫星云参数反演系统,该系统以FY-2静止气象卫星资料结合L波段探空秒数据和地面其他观测信息进行联合反演,得到一组同云系人工增雨作业条件直接相关的人工影响天气云降水宏微观物理特征参数。该反演产品的空间分辨率为$0.05°×0.05°$,反演的时间间隔为0.5 h。该产品是以成熟的FY-2系列卫星反演技术为基础再融合其他观测资料开发的,具有较高精确性。这些云系物理特征参数,不仅可为人工影响天气作业提供指导,也可为云系变化的监测和短时临近精细天气预报提供帮助。

目前发布的云参数反演产品主要有7种,包括云黑体亮温、云顶高度、云顶温度、云体过冷层厚度4种宏观参量和云光学厚度、云粒子有效半径、液水路径3种微观参量,各参量的物理意义如表1所示。

表1 FY-2卫星反演的云特征参数

名称	定义
云顶高度	云顶到地面的距离,单位为km
云顶温度	云顶所在高度的温度,单位为℃
云光学厚度	云系在整个路径上云消光的总和,无量纲
云过冷层厚度	0 ℃层到云顶的厚度,单位为km
有效粒子半径	指假设云层在垂直方向均匀的条件下,云粒子的有效半径,单位为μm
液水路径	指云体单位面积上的液水总量(或叫柱液水量),单位为g/m^2
云黑体亮温	指卫星观测的下垫面物体(这里是云顶)的亮度温度,单位为℃

2 资料选择

本文选取了乌鲁木齐市国家基本气象观测站点的逐小时降水观测资料和对应卫星反演产品,其中卫星反演得到的云参数为0.5 h一次、间隔5 km×5 km的格点信息。为了研究两者的相互关系,需要对两类资料进行时空匹配,时间以卫星观测资料为对比时间,空间对应的转换选择以气象观测站点所在点为中心,取其周边最近9个格点各个云参数的算术平均值为该点对应的云参数值,便于与地面气象站点的观测资料进行对比。时间上,取同一时次的探空和卫星反演产品,与其后一个时次的小时降雪量值进行比较分析。通过对整个站点云参数属性的统计分析,以期对乌鲁木齐的降雪天气过程的云参数特征有进一步的了解。

3 暴雪天气过程概况

过程1:2015年12月10—12日,受欧洲脊发展衰退、乌拉尔低槽东移南下的影响,新疆出现以暴雪为主的强天气过程,北疆沿天山一带为主要暴雪区,大部地区降雪超过20 h,乌苏到木垒一线的北疆沿天山一带共13站出现暴雪,并有15站降雪量突破12月日极大值,10站降雪量突破冬季日极大值,最大积雪深度20~62 cm。大暴雪中心位于乌鲁木齐及其周边,乌鲁木齐11日降雪量35.9 mm,突破近51 a来的冬季日极大值,最大积雪深度45 cm,降雪持续37 h。

过程2:2017年12月26—29日,受乌拉尔山低槽前强盛的西南气流和北方冷空气在新疆天山地区附近汇合以及下游脊阻挡的影响,造成局地暴雪天气持续。新疆出现以暴雪、大风为主的中强天气过程,北疆各地均出现降雪天气,其中12站出现暴雪,2站大暴雪,暴雪区主要位于乌鲁木齐市、天池至木垒一线,最大1 h降雪量为3.2 mm,北疆大部新增积雪5~35 cm,伊犁州南部山区、石河子市、乌鲁木齐市、昌吉州最大积雪深度20~50 cm。

4 云参数和地面降水演变特征的对比分析

4.1 云系的整体变化

文中主要利用地面降雪出现时刻和小时降雪量最大时刻的云顶高度和云顶温度参量来分析云系整体发展演变情况,其中云顶高度和云顶温度有助于了解云系的发展程度、演变趋势和进行云系播云温度窗的选择。如图 1 和图 2 所示(图中所使用的地图为地理信息公共服务平台公开发布的产品),过程 1 中18:00 开始出现降水,此时在乌鲁木齐站以西存在较强的东北—西南向云带,云顶高度主要在 10～12 km,云顶温度在－60～－40 ℃,云带在西风气流的影响下,自西向东移动,在 12 月 11 日 08:00 降水最强,此时云顶高度已出现明显下降,云顶温度上升,云系面积锐减,至 12 月 12 日 06:00 降水结束,云顶高度和云顶温度分别主要在 5～7 km 和－30～－20 ℃,此后云系逐渐东移消散。

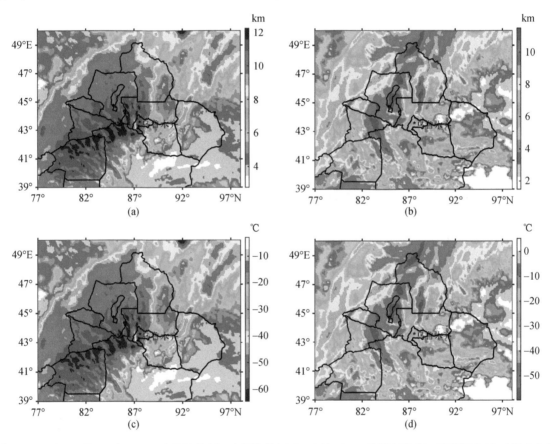

图 1　2015 年 12 月 10 日 18:00 云顶高度(a)、云顶温度(c)和 11 日 08:00 云顶高度(b)、云顶温度(d)时间分布图

从图 2 中看,在过程 2 中 12 月 27 日 16:00 降水刚开始时,乌鲁木齐站主要位于整个自西向东发展云系的中后部,此时云顶高度主要在 10～11 km,云顶温度在－60～－50 ℃;在 19:00 最大小时降水出现,云系面积减小,云顶高度降低,云顶温度升高,但变化程度不大;在 28 日 05:00 降水结束,云顶高度在 3～5 km,云顶温度在－20 ℃附近,此后云系逐渐向东移出新疆。

4.2 云宏观参量与地面降水量对比分析

按照时空匹配的方法,提取了过程 1 和过程 2 的乌鲁木齐站两次暴雪的天气过程,对应静止卫星反演的云宏观参数资料和自动站的逐小时降水资料,做出了云参数与降水的时间序列变化图(图 3 和图 4 所示)。云顶高度和云顶温度有助于了解云系的发展程度、演变趋势和进行云系播云温度窗的选择,过冷层厚度可用于了解云系的冷暖结构的配置,云系的发展、演变和冷暖层垂直结构对降水都会产生直接影响,从图 3 可以看出，云顶温度和黑体亮温、云顶高度和云过冷层厚度变化趋势较为一致，图中时间轴的信息为 12 月 10 日 10：00—12 日 12：00。

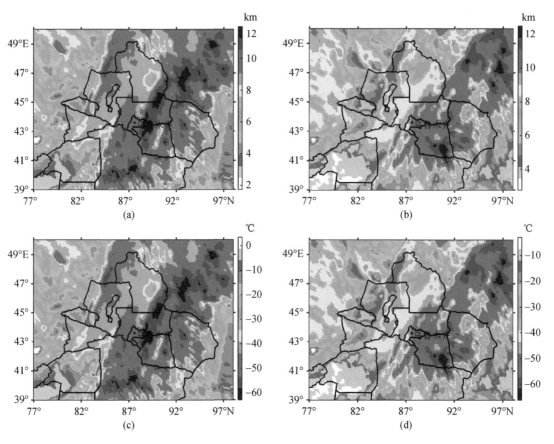

图 2　2017 年 12 月 27 日 16：00 云顶高度(a)、云顶温度(c)和 19：00 云顶高度(b)、云顶温度(d)时间分布图

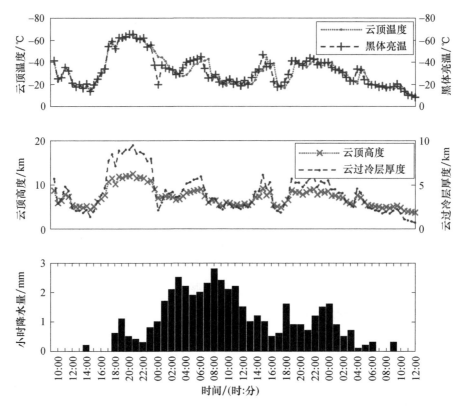

图 3　2015 年 12 月 10 日 10：00—12 日 12：00 云特征参数与逐小时降水时间序列

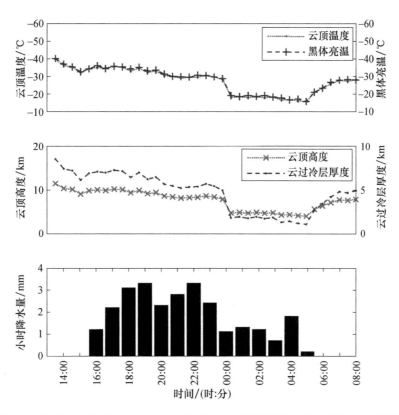

图 4　2017 年 12 月 27 日 14:00—28 日 08:00 云特征参数与逐小时降水时间序列

从图 3 中可以发现在降水时段云顶温度和黑体亮温分布在 −66.17 ～ −16.59 ℃ 和 −59.16 ～ −19.61 ℃。在降水发生前,云顶温度和黑体亮温都存在数值上的陡然降低,从 10 日 16:00 开始云顶温度从 −25.06 ℃ 快速降低,降水在 18:00 开始发生,云顶温度和黑体亮温到 21:00 出现最低值为 −66.17 ℃ 和 −59.16 ℃,然后开始升高至 11 日 04:00 的 −27.5 ℃,存在一个明显的隆起,对 11 日 00:00—12:00 的强降水时段(平均小时降水量为 2.2 mm)有较好的指示作用;从 11 日 13:00—12 日 06:00 这段时间为降水较弱的阶段(平均小时降水量为 0.85 mm),对应的云顶温度和黑体亮温都较大,分布在 −44.36 ～ −16.59 ℃ 和 −47.00 ～ −17.80 ℃,其中在弱降水阶段的 11 日 14:00—17:00 云顶温度和黑体亮温出现一个隆起,在 15:30 出现 −42 ℃ 的低值,对应 11 日 18:00 的小时降水量大值,随着降水的结束,云顶温度和黑体亮温都逐渐升高。

在降水时段云顶高度和云过冷层厚度在 4.86～12.5 km 和 1.86～9.5 km。在未发生降水和刚开始降水的降水前期云顶高度和云过冷层厚度出现不断的增加,即从 10 日 16:00 分别为 6.17 km 和 3.17 km,到 21:00 达到最大值分别为 12.5 km 和 9.5 km,3 h 内均升高了 6.33 km,平均每小时升高 2.11 km,而后在 11 日 23:30 开始减弱,分别为 7 km 和 2.14 km,出现一个隆起,对后期的强降水有明显的指示作用,在 11 日 14:00—17:00 云顶高度和过冷层厚度同样出现一个隆起,对应 11 日 18:00 的小时降水量大值;在 11 日 00:00—12 日 06:00 的降水中后期的时间内云顶高度和过冷层厚度主要分布在 4.86～9.14 km 和 1.86～6.14 km,降水前期的云顶高度和过冷层厚度平均值(10.59 km 和 7.59 km)分别是降水中后期(7 km 和 3.93 km)的 1.51 倍和 1.93 倍,这与蔡淼等[14]通过分析一次北方层状云降水过程,得出在强降水发生之前云顶高度超过 10 km,云顶温度和云黑体亮温都低于 − 40 ℃ 的结论较为一致。

通过分析发现,在降水大值出现 2 h 之前云宏观参量出现了数值上的跃增,对强降水有明显的提前指示作用,云宏观参量与小时降水量的强弱变化具有较为一致的对应关系。

图 4 表征的是 2017 年 12 月 27 日 14:00—28 日 08:00 云顶温度和黑体亮温、云顶高度和云过冷层厚度的变化趋势,分析图中云顶温度和黑体亮温得出:在 27 日 16:00 之前两者变化平稳,一直处于较高水平在 −60.04 ～ −44.53 ℃ 和 −60.84 ～ −45.94 ℃;随着 27 日 16:00 出现降水,云顶温度和黑体亮温出现缓慢升高,在 28 日 00:00 数值出现大幅减弱,此时降水也出现明显的减小,此后直到 28 日 05:00 两者一

直处于较低水平(均值为－21.53 ℃和－22.35 ℃)维持直到降水结束。分析图中云顶高度和过冷层厚度可以发现,在降水出现之前的 2 h 里,云顶高度和过冷层厚度处于较高水平,分别在 9.17～11.56 km 和 6.17～8.56 km,随着降水的不断增强变化,二者出现缓慢减小的趋势,在 28 日 00:00 存在一个减小的跳变,直到降水结束,均处于较低的水平,其中云顶高度在 4.36～4.97 km,过冷层厚度分布在 1.25～1.86 km。可见,在这次天气过程中,降水出现前 2 h 云宏观参量处于大值区,降水减弱时从云宏观参量的负跳变上也能得到较好的印证。

从两场天气的宏观参数特征比较来看,2015 年 12 月 10 日降雪期间云顶温度平均值为－36 ℃,比 2017 年 12 月 27 日天气平均值(－33.74 ℃)小 6.7%,云顶高度和过冷层厚度前者平均值分别为7.74 km 和 4.68 km,比后者平均值 7.5 km 和 4.5 km 分别大 3.2%和 4.0%。周毓荃等[20]得出有降水发生时,云顶高度普遍高于 7.5 km,云顶温度峰值主要位于－45～－30 ℃,这与文中结论较为一致。

4.3 云微观参量与地面降水量的比较分析

文中选取出了两次降雪天气过程中,降雪时段的光学厚度、有效粒子半径和云液水路径的云微物理参量特征信息,通过对这 3 个参量的分析,可以对云内的微物理特征有较为深入的了解。

光学厚度指云系在整个路径上单位体积中所有颗粒的消光截面之和,在某种意义上很好地反映了云体的密实程度和含水量的多少,无量纲。图 5 中黑色柱状图表示 2015 年天气过程中的光学厚度变化特征,其中最大值和最小值分别是 39.88 和 9.10,平均值是 21.98,有 53.19%的光学厚度值小于 25,有 46.81%的光学厚度值大于 25。图中白色柱状图表示 2017 年天气过程中的光学厚度分布,其主要分布在 5.78～34.34,平均值为 19.54,小于 25 的光学厚度占到了 73.08%,大于 25 的数值只占到了 26.92%。可见 2015 年的这次降雪天气过程的平均光学厚度比 2017 年天气中的光学厚度大 12.49%,且 2015 年天气光学厚度主要在 10～20 和 30～40,而 2017 年则主要集中在 15～25。周毓荃等[20]得出,当光学厚度大于 20:00,地面雨强明显增大,且层状云弱降水光学厚度峰值多处在 10～20,对流性降水一般在 20～30。

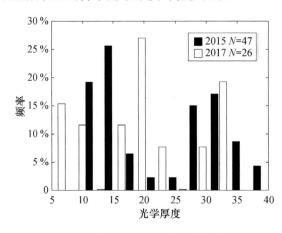

图 5　两场天气的光学厚度分布特征

通过对有效粒子半径参量的分析,可以实现对云中粒子大小的判断,这对人工影响天气来说至关重要,图 6 给出了两场天气的有效粒子半径的分布特征,其中 2015 年天气过程中的有效粒子半径分布在 7.82～42.76 μm,平均值为 29.96 μm,有 76.6%的有效粒子半径集中在 25～35 μm,有 17.02%大于 35 μm,有 6.38%小于 25 μm;2017 年天气过程中的有效粒子半径最大值和最小值分别为 43.08 μm 和 9.33 μm,均值为 27.35 μm,分布在 25～35 μm 的有效粒子半径占到了 53.85%,大于 35 μm 的数值占到 19.23%,小于 25 μm 的数值有 26.92%。从两场天气的粒子有效半径分析结果来看,2015 年分布较为集中,绝大多数的粒子半径在 25～35 μm,2017 年分布较为集中的在 15～35 μm,且大于 35 μm 的粒子数占比相对 2015 年要大,但平均值比 2015 年小 9.5%。周毓荃等[20]得出降水云的粒子有效半径普遍在 10～30 μm,可观测到较多大于 40 μm 的降水云。徐冬英等[21]对湖南一次降水过程分析发现降水期间粒子有效半径主要集中在 20～24 μm,刘星光等[22]得出黑龙江一次夏季降水过程中云粒子有效半径绝大部分在 15～25 μm,这些结论与乌鲁木齐降雪天气的有效粒子半径主要分布区间较为一致。

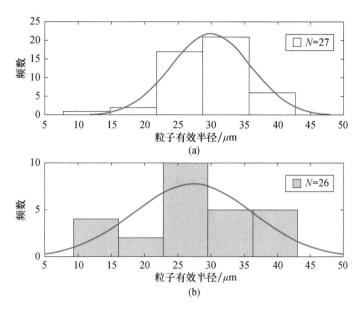

图 6 2015 年(a)和 2017 年(b)两场天气的有效粒子半径分布特征

云液水路径指云体单位面积上的液水总量(或叫柱液水量),可用于了解云水的丰沛程度。2015 年天气个例的云液水路径箱线图可以看到(图 7),最小值和最大值分别为 75.49 g/m² 和 975.63 g/m²,2017 年天气个例的云液水路径的分布范围是 47.41～796.01 g/m²,两者的中位数分别是 525.56 g/m² 和 421.71 g/m²。可见 2015 年天气个例的液水路径要明显强于 2017 年,其中 2015 年液水路径的中位数比 2017 年大 24.63%,液水路径的 25% 百分位值为 301.51 g/m² 和 247.71 g/m²,2015 年天气个例的中位值与 25% 百分位值差别较大,得出 2015 年的液水路径变化幅度较 2017 年大,2015 年的液水路径的 75% 百分位值(750.51 g/m²)是 2017 年(610.21 g/m²)的 1.23 倍。盛日锋等[23]发现,云图中降水多发生在液水路径大于 200 g/m² 的区域,且液水路径大于 400 g/m² 的区域与地面雨强的中心位置基本一致。

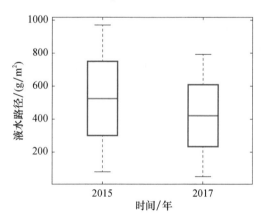

图 7 两场天气的液水路径箱线图分布特征

5 结论与讨论

本文按照 9 点平均的算法,提取了 2015 年和 2017 年乌鲁木齐两场暴雪天气过程中的静止卫星反演云参数产品,通过对整个降水过程中云参数的统计分析,发现:

(1)在降水出现之前 2 h 云宏观参量开始维持在大值区,对降水有明显的提前指示作用,云宏观参数产品与降水量有很好的相关性,其中小时降水量与云过冷层厚度、云顶高度呈正相关,与云顶黑体亮温、云顶温度呈相关,且降水前期的云宏观参量较降水中后期都要大。

(2)2015 年降雪天气特点是降水持续时间较长,连续降雪 37 h;2017 年天气则是单小时降雪量较大,最大 1 h 降雪量达到了 3.2 mm。2015 年降雪期间云顶温度平均值为－36 ℃，比 2017 年平均值（－33.74 ℃）大 6.7％，云顶高度和过冷层厚度前者平均值分别为 7.74 km 和 4.68 km，比后者平均值 7.5 km 和 4.5 km 分别大 3.2％和 4.0％。

（3）从云微观参量来看，2015 年降雪天气光学厚度主要在 10～20 和 30～40，而 2017 年则主要集中在 15～25，前者的平均光学厚度比后者大 12.49％；2015 年降雪云中绝大多数的有效粒子半径在 25～35 μm，2017 年分布较为集中在 15～30 μm，平均值比 2015 年小 9.5％；两场天气降雪云的液水路径分布范围在 75.49～975.63 g/m² 和 47.41～796.01 g/m²，前者的液水路径值明显大于后者。

研究结果显示，静止卫星反演的云特征参数产品在乌鲁木齐强降雪天气的分析方面具有适用性，其反演出来的云宏微观产品对监测识别大范围人工影响天气作业条件、分析可播区以及构建适合人影作业的天气过程概念模型具有十分重要的意义。

参考文献

[1] 黄美元,沈志来,洪延超.半个世纪的云雾、降水和人工影响天气研究进展[J].大气科学,2003(4):536-551.

[2] Rosenfeld D,Gutman G. Retrieving microphysical properties near the tops of potential rainclouds by multispectral analysis of AVHRR data[J]. Atmospheric Research,1994,34:259-283.

[3] 张杰,张强,田文寿,等.祁连山区云光学特征的遥感反演与云水资源的分布特征分析[J].冰川冻土,2006(5):722-727.

[4] 傅云飞,刘栋,王雨,等.热带测雨卫星综合探测结果之"云娜"台风降水云与非降水云特征[J].气象学报,2007(3):316-328.

[5] 刘健,张文建,朱元竞,等.中尺度强暴雨云团特征的多种卫星资料综合分析[J].应用气象学报,2007(2):158-164.

[6] 郑媛媛,傅云飞,刘勇,等.热带测雨卫星对淮河一次暴雨降水结构与闪电活动的研究[J].气象学报,2004(6):790-802.

[7] 王晨曦,郁凡,张成伟.基于 MTSAT 多光谱卫星图像监测全天时我国华东地区的梅雨期降水[J].南京大学学报(自然科学版),2010,46(3):305-316.

[8] 兰红平,张儒林,江崟.用红外云图估测小区域雨强及其在短时预报中的应用[J].热带气象学报,2000(4):366-373.

[9] 周毓荃,欧建军.利用探空数据分析云垂直结构的方法及其应用研究[J].气象,2010,36(11):50-58.

[10] 周毓荃,陈英英,李娟,等.用 FY-2C/D 卫星等综合观测资料反演云物理特性产品及检验[J].气象,2008,34(12):27-35,130-131.

[11] 廖向花,周毓荃,唐余学,等.重庆一次超级单体风暴的综合分析[J].高原气象,2010,29(6):1556-1564.

[12] 陈英英,周毓荃,毛节泰,等.利用 FY-2C 静止卫星资料反演云粒子有效半径的试验研究[J].气象,2007(4):29-34.

[13] 陈英英,唐仁茂,周毓荃,等.FY-2C/D 卫星微物理特性参数产品在地面降水分析中的应用[J].气象,2009,35(2):15-18,130.

[14] 蔡森,周毓荃,朱彬.FY-2C/D 卫星反演云特性参数与地面雨滴谱降水观测初步分析[J].气象与环境科学,2010,33(1):1-6.

[15] 侯建忠,薛春芳,陈小婷,等.西北地区东北部两次强降水的环流及云图对比分析[J].沙漠与绿洲气象,2018,12(5):32-38.

[16] 张俊兰,李圆圆,张超.ECMWF 细网格模式降水产品在北疆暴雪中的应用检验[J].沙漠与绿洲气象,2013,7(4):7-13.

[17] 努尔比亚·吐尼牙孜,杨利鸿,米日古丽·米吉提.南疆西部一次突发极端暴雨成因分析[J].沙漠与绿洲气象,2017,11(6):75-82.

[18] 许婷婷,张云惠,于碧馨,等.2015 年 12 月乌鲁木齐极端暴雪成因分析[J].沙漠与绿洲气象,2017,11(5):23-29.

[19] 周晓丽,杨昌军.基于 FY-2D 的新疆区域强对流云识别[J].沙漠与绿洲气象,2017,11(2):82-87.

[20] 周毓荃,蔡森,欧建军,等.云特征参数与降水相关性的研究[J].大气科学学报,2011,34(6):641-652.

[21] 徐冬英,张中波,王璐,等.FY-2C 卫星反演云参数产品在湖南人工增雨抗旱中的应用[J].安徽农业科学,2013,41(36):13958-13960.

[22] 刘星光,李鹏,单良.FY-2C 卫星反演云参数产品在一次飞机增雨作业中的应用[J].黑龙江气象,2008(3):23-24.

[23] 盛日锋,龚佃利,王庆,等.FY-2D 卫星反演的云特征参数与地面降水的相关分析[J].气象科技,2010,38(S1):68-72.

沙雅县二牧场防雹作业点科学布局的探讨

热孜亚·克比尔 刘新强

(阿克苏地区人工影响天气办公室,阿克苏 843000)

摘　要:根据阿克苏地区沙雅县2016—2020年雷达观测资料,对沙雅县二牧场受到冰雹灾害的天气过程进行综合分析,建议在二牧场建设防雹基地,加强前沿火力,为提高防雹效益提供参考。

关键词:降雹特征分析,作业点布局,基地建设

所谓防区前沿,作业点布局,即冰雹云入侵防区的第一门户。前沿区域的防守,直接关系到冰雹云生消演变的结果。基地建设作业点提供保障作用,提前作业,可以遏制减弱冰雹云的发展;若前沿火力薄弱,流动车辆按规定时间到达不了目的地,错过作业最佳时机,影响作业效果,就会给冰雹云留有发展和加强的时机。因此,防区前沿的火力布局至关重要,关系到冰雹天气过程中防雹作业成败。

沙雅县地处新疆阿克苏的东部。北接天山南缘的库车县和新和县,南接塔克拉玛干大沙漠与和田的民丰、策勒、于田三县遥遥相望,东邻库尔勒的尉犁县和且末县,西与阿克苏相连,位于渭干河下游,塔里木河中部,东西宽 180 km,南北长 220 km,总面积 32000 km²,耕地面积 1600 km²,平均海拔高度为943~1050 m,是全国优质棉生产县,自治区粮食、甘草、罗布麻、红花等经济作物基地。

二牧场是冰雹对流天气高发区之一,距离沙雅县城 70 km,辖区面积 1750 km²,耕地面积 92.5 km²。二牧场属于重灾区,由于独特的地形地貌特点,区域内冰雹天气局地性强、破坏力大,对农作物带来毁灭性的破坏使每年经济损失上千万元,占全县的1/3。

2016 年 6 月—2020 年 6 月共出现 170 次强对流天气过程,最多在 2019 年出现强对流天气过程 45次。2019 年南部二牧场出现强对流天气 12 次,影响范围广,受冰雹、暴雨和大风的共同影响,沙雅县灾情造成经济损失达 45 万元,受灾严重,重灾区占二牧场2/3。云体生成、消亡、维持时间长,时间跨度为 14:20—23:55,天气过程持续时间大于 10 h 以上。利用 714CD 多普勒雷达(2016—2019 年)和 X 波段双偏振天气雷达(2019 年 10 月—2020 年 7 月)观测资料,雷达效探测范围为 150 km,针对沙雅县二牧场天气过程的观测资料和作业情况进行了分析,为今后更好地防御冰雹天气提供参考(表 1)。

表 1　沙雅县二牧场强对流天气次数及受灾情况

年	总天气次数/次	二牧场次数/次	单次受灾面积/km²	经济损失/万元
2016	39	5	263.33	4455.0
2017	32	3	169.80	14184.7
2018	32	5	76.47	745.6
2019	45	3	300.00	18995.8
2020	22	2	6.61	223.7

1　降雹特征分析

第一,局地性强。二牧场的冰雹天气集中出现在每年 5—7 月午后,冰雹云路径从西北往西南,从西往东方向,从西南往东或东北方向。第二,雷达 PPI 上出现多处出现块状回波。回波单体结构紧密,回波强度强,强中心达到 60 dBZ。第三,历时长,影响区域广。水平范围可达 50 km 以上,移动速度非常快,风

力非常大,生命史较长并带有明显的突发性,约为一小时甚至几十小时以上。第四,冰雹、短时强降水和大风共同存在,冰雹灾情严重(图1)。

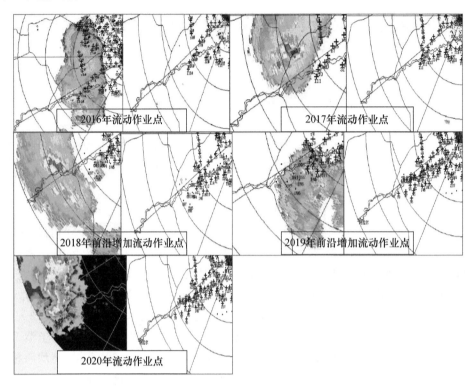

图1　雷达回波及防雹作业点

2　作业点布局

2018 年前流动作业点虽然大部分设在防区前沿、农田密集区重点作物区的上游,但是仍未能达到提前作业的效果,所以依据 5 a 的雷达回波资料对比,分析冰雹云路径前沿源头,提前设伏、提前作业,让冰雹云在戈壁滩减弱打散,以减轻沙雅县二牧场的冰雹灾情。2018 年在沙雅县二牧场原来防线的基础上对流动作业点前沿前推了 20 km,减去并调整没有发挥作用的流动点,前沿冰雹路径增加 6 个流动作业点,并进行了排号。2019—2020 年在防雹作业中进一步得到验证,2020 年 7 月 5—13 日天气过程中,前沿流动作业点防雹作业中发挥了重要的阻击作用,虽然作业过程中用弹量多些,但在前沿就打散了冰雹云,阻挡了云体进入作物保护区,在云体进入防区时,已处于减弱消散状态,作业效果很明显。

3　基地建设

因雹灾给农业生产带来的经济损失越来越大,2019 年 5 月 6 日降雹使农业和林果业受灾严重。虽然高炮/火箭弹作业量较多,但是没有防好雹灾,主要原因是路途遥远,没有及时补充弹药,造成重大灾害,经济损失达 45 万元。面对严峻的冰雹灾害,加强地面防雹作业基地,建设提升农区人影防雹能力,降低因冰雹灾害造成的经济损失,保障粮棉安全,助力脱贫攻坚和乡村振兴,二牧场需要建设防雹作业区基地。

作业时根据云体的移动方向和移动速度外推,确定下一时段云体可能到达的位置,命令流动火箭车提前到达指定点,保证及时作业;根据路况,指定时间内迅速到达作业点,保证前沿火力集中,提前作业让冰雹云在戈壁滩打散或者减弱,为了方便人员和车辆管理,建议 22 班固定作业点改造为防雹作业基地,增加流动作业车 5 辆(图2)。

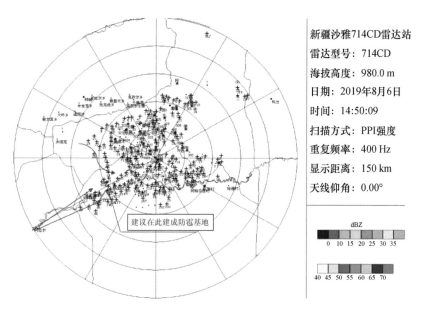

新疆沙雅714CD雷达站
雷达型号: 714CD
海拔高度: 980.0 m
日期: 2019年8月6日
时间: 14:50:09
扫描方式: PPI强度
重复频率: 400 Hz
显示距离: 150 km
天线仰角: 0.00°

dBZ
0 10 15 20 25 30 35
40 45 50 55 60 65 70

建议在此建成防雹基地

图 2　防雹基地位置和冰雹路径

4　结论

4.1　针对冰雹云路径设防雹流动作业点

西南和正西路径移来的冰雹云,前沿设防雹流动作业点,要加强增加火力,做到精准、足量作业,冰雹云进入保护区前消灭、削弱冰雹云的能量,防止冰雹云继续发展[1]。

4.2　调整作业点的布局和基地建设

二牧场作业点的布局比较稀疏而且流动作业点比较多,流动车辆比较少,前沿力量薄弱,把前沿作业点作为整体防御的重中之重,需要精简以前设定的流动点;需要建设防雹基地,火箭高炮交替作业,前沿防雹基地需要高炮和固定火箭架,选择地点应交通便利,流动车辆快速到达指定的作业点,集中作业,消灭雹云,达到最佳的作业效果。

4.3　加强指挥人员、作业人员技能培训及科研技术交流

目前人影探测设备、通信和火器装备以及炮弹管理不断地更新,加上气候多变而造成的灾害比较多。应加强雷达观测指挥人员和防雹作业人员业务技能培训、防雹专业知识培训及交流[2]。

4.4　建议

冰雹云可能会一路发展加强,到达需要保护的区域时冰雹云已成熟,进行防雹作业为时已晚。因此,应指挥流动火箭车提前到达指定地点,及时进行防雹作业,进一步提高防雹效益,对前沿防区原有的固定点改成防雹基地。

参考文献

[1] 张学文,张家宝.新疆气象手册[M].北京:气象出版社,2006.
[2] 达吾提·阿布都合力力.沙雅县冰雹天气特征及方与对策[J].沙漠与绿洲气象,2014(8):13-14.

双偏振雷达在南疆强对流天气防雹中的应用

张　磊　达吾提·阿布都合力力　张继东

(阿克苏地区人工影响天气办公室,阿克苏 843000)

摘　要:利用阿克苏 SCRXD-02P 型双偏振雷达对南疆温宿县低温条件下一次历史罕见的强对流天气发展演变过程进行了实时跟踪监测,依据反射率因子特征结合双偏振参数处理生成的云及降水的相态识别产品来追踪、判识、预警冰雹,及早发布预警信息、布控火力,利用对冰雹有指示意义的霰粒子区域和冰雹区域帮助判定云体的发展演变趋势,指导防雹作业时机和部位,制定防雹作业方案进行决策指挥,防雹作业效果显著,为提高双偏振雷达灾害性天气的监测预警水平和指导防雹作业决策服务提供借鉴。

关键词:冰雹,回波强度,预警,防雹作业

温宿县地处天山山脉南麓、塔里木盆地北缘,其北部的天山山区占总面积的 56.67%,地势北高南低,属典型的大陆性气候,农业资源独具优势,形成了以棉花、水稻、苹果、红枣、核桃等为主的特色多元化农业格局。

由于温宿县境内山区、戈壁与绿地等并存的复杂地形特征,加之水稻、鱼塘、林果分布密集,导致冰雹灾害频发、重发,对农业经济造成非常严重的损失。如何早期判断和预警冰雹,抓住有利时机在冰雹云早期实施防雹作业[1],有效避免或减轻冰雹灾害,是防雹减灾工作的重点和难点之一。2019 年 5 月初,阿克苏地区出现低温条件下历史罕见的强对流天气,本文利用阿克苏 SCRXD-02P 型双偏振雷达对 5 月 3 日温宿境内强对流天气发展演变过程进行了实时跟踪监测,应用反射率因子特征结合双偏振参数处理生成的云及降水的相态识别产品来追踪预警冰雹[2],为灾害天气预警、冰雹决策指挥作业服务提供参考依据。

1　天气形势及实况

2019 年 5 月 3 日,巴湖低涡天气系统稳定少动,涡前短波扰动使低层产生切变辐合,不稳定能量较高,导致 5 月 3 日 14:00—22:00 温宿县大部出现强对流天气过程。阿克苏地区人工影响天气指挥中心指挥温宿县人工影响天气办公室 11 个防雹作业站点及时实施防雹减灾作业,作业后实况反馈所有作业站点均出现短时强降水,其中阿热勒镇、恰格拉克乡的 4 个作业站点降水中夹 2~3 min 冰雹未造成灾害,但短时强降水产生的暴雨洪涝仍导致共青团镇、克孜勒镇、古勒阿瓦提乡、恰格拉克乡、阿热勒镇等乡镇的棉花、小麦、玉米、苹果等农作物受灾 4371.4 hm²,经济损失约 1788.31 万元。

2　雷达探测参量与资料来源

阿克苏 SCRXD-02P 型双偏振雷达天线海拔高度为 1126 m,其采用双通道、脉间双线极化捷变、全相参脉冲多普勒体制,利用交替发射双线偏振信号获得更多与降水粒子的大小、形状、相态、空间取向和分布等密切相关的雷达参量[3],主要包括差分反射率、线性退极化比、差分传播相移、水平和垂直极化相关系数等。以这些偏振参数作为输入参量建立降水粒子相态模糊逻辑算法,对云内水凝物粒子的相态进行识别判断,将回波区分为毛毛雨、小/中/大雨、小大雹、雨夹雹、霰、雪、冰晶、过冷水、地物等 12 种相态,可直观显示降水粒子的分布、结构、相态特征等信息。雷达探测方法为某选定仰角的平面显示 PPI 扫描和

经过强中心的垂直剖面 RHI 扫描方式。在人工防雹作业决策过程中,双偏振雷达可大大提高对冰雹云的早期识别能力,为人工防雹作业条件选择、作业决策和效果评估提供重要的参考依据。

3 强对流天气演变及人影防雹分析指挥过程

3.1 发展初期

5月3日午后,温宿县西北及北部山区上空有对流单体开始发展,多个对流单体逐渐汇合成絮状结构在山区上空缓慢沿着山体走向向东移动。人影指挥中心于 14:42 向温宿县发出预警信息,随后及时布控火力,安排 3 辆流动作业车辆赶赴温宿县前沿的吐木秀克镇和柯柯牙镇提前拦截布防。

3.2 发展增强阶段

16:37 絮状云团已经翻越山脉,并加速向东南移动。云团为大范围毛毛雨中间包裹着若干雨区,其中吐木秀克镇西北有一强度 35 dBZ 对流单体(图 1a),强度强中心的相态对应区域为大雨区。但观察垂直剖面结构呈柱状结构,此对流单体强中心高度 4400 m,其左侧有明显入流,相态产品在 3500~5500 m 高度有霰粒子存在(图 2a)。根据当日 08:00 探空资料显示 0 ℃层高度为 2277 m,−6 ℃层高度为 2990 m,据此判断对流单体正处于初始发展阶段,极有可能发展为冰雹云[4]。指挥中心申请空域批复后,立即命令吐木秀克镇流动作业车辆向西北方向强回波区实施火箭防雹作业,作业 9 枚火箭后此对流单体结构逐渐松散减弱。

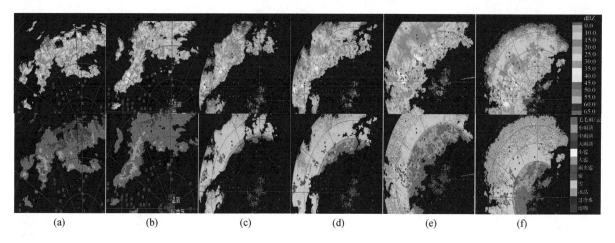

图 1 2019 年 5 月 3 日对流云团反射率因子及相态产品随时间演变图
(a)16:37;(b)16:57;(c)17:23;(d)17:43;(e)18:11;(f)18:30

云团整体继续向东南移动,其西南侧不断有对流单体生成向东南快速移动,16:57 絮状云团西南端汇入一个强度 40 dBZ 的对流单体,随后不断增强至 45 dBZ,相态显示在大雨区域中间杂着少量小冰雹(见图 1b)。此时,强中心呈柱状结构处于 3000~6200 m 中空高度,云顶高度超过 10800 m,相态产品中霰粒子区域明显增大连成密实柱状结构,包裹着柱状小雹区域(图 2b),表明云体跃增发展增强。人工影响天气指挥中心观测云体移近时,结合回波强中心区和相态产品霰粒子区域下达吐木秀克镇实施 5 轮次、每轮次发射 3 枚火箭弹的防雹作业指令,作业后回波外缘扩大,强度略减弱,作业区域附近出现中雨,并逐渐向东南移动。指挥中心命令 3 辆流动车辆分别赶赴吐木秀克镇、恰格拉克乡、阿热勒镇进行增援和拦截。

17:23 对流云团西南又汇入一个对流单体,这个单体也持续增强,中心强度达到 46 dBZ(图 1c),垂直剖面观察 45 dBZ 区域在 4000~7000 m 中空高度,相态产品中此单体霰粒子区高度达 9800 m,小雹区也达到 7000 m 高度(图 2c),表明云中上升气流发展非常旺盛,云体中上部已有冰雹形成。云体向温宿恰格拉克乡防区移动,人工影响天气指挥中心立即命令较前位置的乌什县实施拦截作业,同时根据云体演变和移动情况及时调整温宿县作业指令,命令恰格拉克乡立即向此对流单体强中心对应的霰粒子区域实施防雹作业50发炮弹、9枚火箭弹,吐木秀克镇也向偏北强中心霰粒子区作业9枚火箭弹。

云团西南端仍有对流单体不断汇入与原对流云团逐渐连接成带状结构,带长近100 km,对流带中至少分布了7个大于35 dBZ的单体,整体向东南移动。在持续火箭防雹作业下,17:43带状结构上偏东对流单体逐渐减弱散开,但西南侧新汇入的强中心仍在发展增强,相态产品中各单体强中心分布明显,对应区域有分散的霰、冰雹等指示(图1d)。期间人工影响天气指挥中心命令阿热勒镇针对带状结构西南侧强对流单体加强火力,固定高炮结合火箭多轮次向霰粒子区域作业24枚火箭弹、100发炮弹后云体持续东移,稍后恰格拉克乡也开始实施防雹作业,作业后中心强度虽然变化不大,但35 dBZ范围扩大,结构变松散。

18:11由于带状云团部分在路况较差的戈壁区域上空,防雹作业车辆无法前往实施作业,导致原先分散的多个强中心又重新聚合增强成为强度超过48 dBZ结构密实的2个强中心,相态产品出现大冰雹区,并逐层被小冰雹区、霰区、雨区紧紧包裹着的结构分布(图1e),垂直剖面中大于45 dBZ强中心区域已经接地低于5000 m,但霰粒子区域仍在8000 m左右,小雹区高度在6000 m(图2d)。指挥中心判断由于当日0 ℃层高度较低,霰粒子及小雹区高度仍在负温层较高处,降雹危险仍非常大,遂命令这2个强中心周边的阿热勒镇和恰格拉克乡持续向强中心区域实施高炮和火箭协同作业,共发射高炮200发、火箭30枚。作业后期回波强度明显降低,强中心区域迅速缩小,实况反馈阿热勒镇降暴雨,恰格拉克乡出现大雨夹冰雹。流动作业车辆尽量向前推进作业,大部分冰雹降落在戈壁区域,保护了下游农作物免受冰雹灾害。

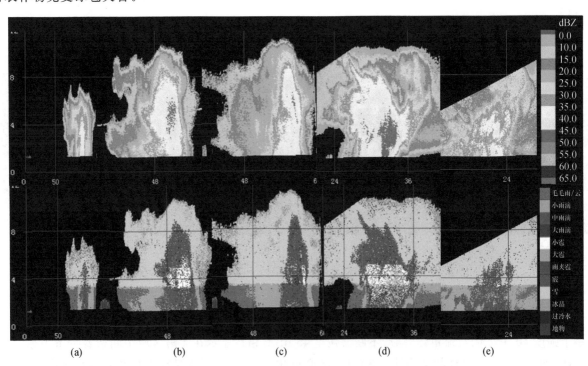

图2　2019年5月3日对流云团垂直剖面的反射率因子及相态产品
(a)16:37;(b)16:57;(c)17:24;(d)18:11;(e)18:37

3.3 减弱阶段

絮状云团不断东南移动,云体在持续作业下逐渐减弱,18:30对流云团除西南端乌什县境内一个对流单体较强外,温宿县防区云体强度均降至35 dBZ及以下,结构越来越松散(图1f),18:37云体垂直结构下塌明显,强中心基本处于云体中下部主体接地,说明下沉气流占主导,对应相态产品中霰粒子区也被下沉气流向下拖曳(图2e),人工影响天气指挥中心结合降水实况,判断云体已解除降雹危险,命令温宿县所有作业站点停止防雹作业。

4 结论

(1)这次强对流天气发生在巴湖低涡天气系统稳定少动背景之下,涡前短波扰动使低层产生切变辐合,不稳定能量较高,为强对流天气的发生发展提供了有利的环境条件。

(2)造成温宿县降雨、降雹的强对流带状云团由多个对流单体不断辐合合并形成的对流复合云团形成,在移动过程中云体西南不断有新的对流单体并入,持续时间长,影响范围大。由于带状云团移动速度较快,带上对流单体生消变化迅速,需要依据雷达回波反射率因子和相态产品演变情况灵活调整防雹作业站点及其作业部位、剂量等,才能取得较好的作业效果。

(3)云体初始阶段,强中心位于中空发展,且相态产品霰粒子区在−6 ℃层以上,可判断对流单体正处于初始发展阶段,必须及时在早期实施防雹催化作业,可取得明显效果。当强中心范围不断扩大,呈密实块状结构,反射率梯度大,强中心高度维持较高,相态产品中雨、霰区、雹区逐层紧紧包裹着的结构分布,且霰粒子及小雹区高度仍在负温层较高处,表明云体仍在发展或成熟阶段,降雹危险非常大,需要持续实施大剂量防雹催化作业。当云体强度逐渐降至35 dBZ及以下,结构越来越松散,且垂直结构下塌明显,强中心基本处于云体中下部主体接地,对应相态产品中霰粒子区也被下沉气流向下拖曳,结合降水实况判断云体已解除降雹危险,可停止防雹作业。

(4)在防雹决策指挥过程中,人工影响天气指挥中心将双偏振雷达的反射率因子产品与相态产品结合分析,利用对冰雹有指示意义的霰粒子区域和冰雹区域帮助判定云体的发展演变趋势,对及早发现对流初始回波,提早预警,更有利于把握防雹作业的时机和作业部位,为人工防雹作业条件选择、作业决策和效果评估提供重要的参考依据,提升了防雹作业效果。

参考文献

[1] 雷雨顺,吴宝俊,吴正华.冰雹概论[M].北京:科学出版社,1978.

[2] 王湘玉,王雨琪,李洋.X波段双偏振多普勒雷达降水观测[J].中国农学通报,2019,35(13):112-118.

[3] 刘亚男,肖辉,姚振东,等.X波段双极化雷达对云中水凝物粒子的相态识别[J].气候与环境研究,2012,17(6):925-936.

[4] 王若升,张彤,樊晓春,等.甘肃平凉地区冰雹天气的气候特征和雷达回波分析[J].干旱气象,2013,31(2):373-377.

一次东北冷涡结构及云系特征分析[*]

史月琴[1,2]　周毓荃[1,2]　戴艳萍[1,2]

(1 中国气象科学研究院灾害天气国家重点实验室,北京 100081;
2 中国气象局云雾物理环境重点开放实验室,北京 100081)

摘　要:利用 ERA5 逐小时再分析资料、FY-4A 卫星反演云特征参量产品、逐小时地面降水资料,分析了 2020 年 5 月 16—19 日一次东北冷涡降水过程的环流形势、热力不稳定条件、水汽输送及云系宏微观特征。结果显示,本次过程 500 hPa 低涡中心位于 $36°\sim48°$N,对流层中高层至低层均有气旋性环流,伴随有地面气旋,属于深厚的中偏南涡,共维持了 6 d。18 日辽宁东部出现区域性暴雨,24 h 降水量超过 100 mm 的站点有 15 个,最大雨强达到了 43.4 mm·h^{-1},暴雨区出现在冷涡成熟阶段,位于冷涡后部偏北气流影响下,来自热带低压东侧西南低空急流输送的水汽与冷涡东南部的水汽输送合并,成为了暴雨产生的必要条件。降水强度大于 6 mm·h^{-1} 的区域,K 指数基本都大于 35 ℃,且整层都有较强的垂直上升运动。冷涡云系云顶高度为 $4\sim9$ km,靠近冷涡中心的涡旋状云系云光学厚度大于 30,云层水凝物含量丰富密实,属于冷暖混合云,降水主要出现在这些区域;远离冷涡中心的区域云系光学厚度小于 20,云层松散属于高层冰云,地面基本无降水。

关键词:东北冷涡,区域性暴雨,不稳定条件,水汽输送,云系特征

1　引言

东北冷涡是指中国东北附近地区具有一定强度的大尺度高空气旋性涡旋环流系统,从低空到高空都有表现的比较深厚的系统。孙力等[1]、郑秀雅等[2]将东北冷涡定义为:500 hPa 天气图上($35°\sim60°$N,$115°\sim145°$E)范围内有闭合等高线,配合有冷中心或冷槽,具有能够持续维持 3 d 或 3 d 以上的低压环流系统。按冷涡中心地理位置可分为北涡($50°\sim60°$N),中间涡($40°\sim50°$N)和南涡($35°\sim40°$N),其中中间涡出现频率最高。孙力[3]指出东北冷涡一年四季均可出现,但多发生在 4—10 月,其中尤以 5—6 月和 9 月最多。学者们较多关注东北冷涡的动力场、热力场、水汽输送及其与降水的关系[4-6],王宗敏等[7]指出冷涡降水落区主要出现在冷涡系统的东南部,处于冷涡的发展阶段。东北冷涡系统结构复杂,王东海等[8]对东北暴雨研究进展进行了梳理总结,指出东北冷涡的内部结构特征及其发展演变机理需要更进一步研究。东北冷涡云系含有丰富的云水资源,是缓解东北地区春夏季干旱的主要降水系统,各地都很重视利用东北冷涡系统开展人工增雨作业。

本文选取 2020 年 5 月 16—19 日的一次东北冷涡降水过程,利用 ERA5 逐小时再分析资料、FY-4A 卫星反演云特征参量产品、地面逐小时降水量资料,从环流形势、热力不稳定条件、水汽输送及云系宏微观特征等方面进行分析,以获得冷涡降水的结构特征和云系宏微观特征,为今后开展增雨作业条件预报、作业方案设计,合理开发空中云水资源等提供参考。

2　降水过程概况

随着 500 hPa 切断低压的逐渐形成,2020 年 5 月 15 日内蒙古东部、辽宁南部出现降水,降水持续到 19 日 20 时,后随着低涡东移离开东北地区而结束,降水主要出现在内蒙古东部、黑龙江中南部、吉林、辽

---
[*] 资助信息:国家重点研发计划课题"新一代人影数值模式系统研发"(2018YFC1507901),公益性行业(气象)科研专项(GYHY20120625)。

宁等地,降水分布范围广,持续时间长。累计降水中心主要位于辽宁东部、内蒙古兴安盟地区,其中辽宁东部 18 日降水量最大,24 h 降水量超过 100 mm 的站点有 15 个,出现在辽东岫岩、庄河、盖州等市县,超过 50 mm 的站点有 223 个,主要集中在辽东半岛及宽甸县。降水强度最大的时段为 18 日 10—17 时,其中 14 时的 1 h 降水量有 8 个站点超过 25 mm,最大达到了 43.4 mm·h⁻¹,位于庄河市三家山满族乡,此次降水表现出很强的对流性特征,降水分布不均、强度大,降水时段集中。

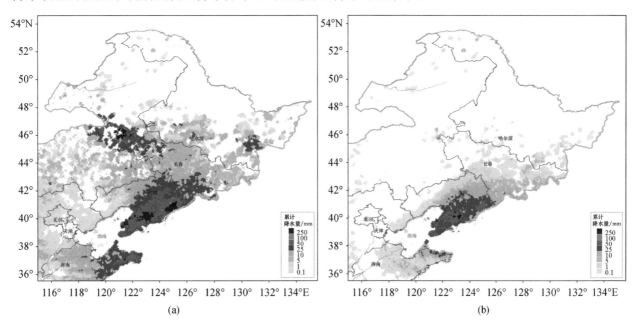

图 1　累计降水量分布
(a)2020 年 5 月 15 日 08 时—19 日 20 时;(b)2020 年 5 月 18 日 08 时—19 日 08 时

3　环流演变特征分析

利用 ERA5 逐小时再分析资料分析此次冷涡形成发展演变特征。2020 年 5 月 15 日 08 时,在贝加尔湖东南区域 500 hPa 高度场上有高空槽东移发展,槽后配合有 −28 ℃ 的冷中心,形成极强的冷平流,有利于低槽低涡的发展,850 hPa 已经形成气旋性环流,地面也已形成闭合低压环流,低层低压中心的形成早于对流层中层,并位于西风槽东侧(图略)。15 日 20 时,500 hPa 高空槽底部发展加强切断形成低涡,位于(109°E,48°N)(图略)。到 16 日 08 时,500 hPa 低涡发展加强,低涡中心位于(111°E,47°N),中心气压低到 540 dagpm 并伴有 −24 ℃ 的冷中心,850 hPa 低涡环流中心东南侧风速达到 6~8 m·s⁻¹,地面蒙古气旋发展,中心气压下降到 995 hPa,200 hPa 上高空急流位于冷涡后部及前部,急流核风速达到 60 m·s⁻¹(图 2a),200 hPa 上东亚地区为两脊一槽环流型,120°E 附近高空急流呈“人”字形辐散,整个东北地区都处于辐散场的控制(图略),此时正处于冷涡新生阶段,地面气旋中心位于 500 hPa 冷涡中心的偏东区域,冷涡随高度呈现出向西倾斜的特征。随着低涡系统向东南移动,低涡不断加强,到 16 日 20 时,500 hPa 闭合等高线水平范围扩大,低涡中心东移到(113°E,46°N)附近,200 hPa 也发展加强切断形成闭合环流,冷涡南侧 200 hPa 高空急流风速核达到 60 m·s⁻¹。850 hPa 低涡前部的暖湿切变线位于吉林北部地区,辽宁受低涡前部西南暖湿气流影响。

17 日 08 时,500 hPa 低涡中心东移南落到(116°E,43°N)附近,闭合环流中心轴线逐渐转为纬向分布,850 hPa 暖湿切变线位于 45°N 吉林与黑龙江交接处附近,850 hPa 环流中心与地面气旋中心仍处于 500 hPa 低涡中心东侧,低涡处于发展阶段。17 日 20 时,500 hPa 闭合环流中心轴线转为西南—东北分布,850 hPa 暖湿切变线位置少动。

18 日 08 时,500 hPa 低涡环流中心继续东移南落至(119°E,38°N)附近,850 hPa 气旋环流中心位于 500 hPa 低涡中心东侧,但倾斜程度减弱,低涡发展逐渐接近成熟。18 日 20 时,冷涡进一步东移南落,

500 hPa低涡中心、850 hPa环流中心、地面气旋中心接近重合,均位于(122°E,38°N)附近渤海海域,呈标准的正压结构,地面低压中心强度低于995 hPa,冷涡逐渐发展进入成熟阶段,冷涡前部200 hPa急流核位置北抬,850 hPa暖湿切变线位于36°N,辽宁受东北气流影响(图2f)。

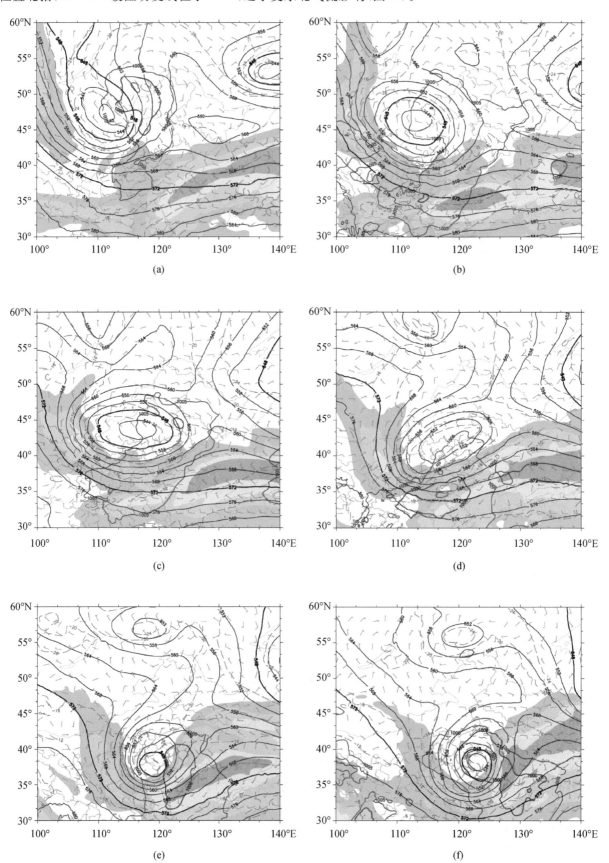

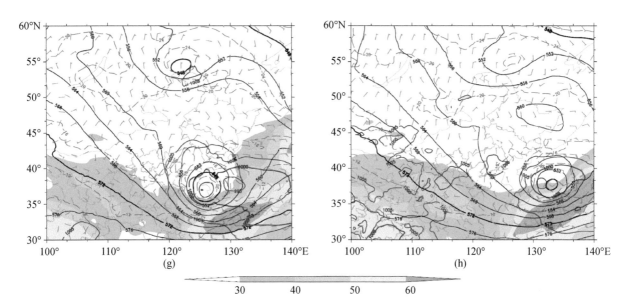

图 2　2020 年 5 月 15—19 日 500 hPa 位势高度(黑色实线,单位:dagpm)和温度(红色虚线,单位:℃)、
850 hPa 风场(青蓝色风矢量,单位:m·s⁻¹,长划、短划分别代表 4 m·s⁻¹、2 m·s⁻¹)、
海平面气压场(蓝色实线,单位:hPa)、200 hPa 高空急流(阴影,单位:m·s⁻¹)
(a)16 日 08 时;(b)16 日 20 时;(c)17 日 08 时;(d)17 日 20 时;(e)18 日 08 时;(f)18 日 20 时;(g)19 日 08 时;(h)19 日 20 时

19 日 08 时,500 hPa 高度场上低涡中心进一步东移南落,位于朝鲜半岛西侧(125°E,36°N)附近,此次低涡过程对东北区域的影响趋于结束(图 2g),200 hPa 闭合环流已经减弱为高空槽。19 日 20 时,500 hPa 高度场上低涡中心已东移北撤至朝鲜半岛以西洋面(132°E,38°N)附近(图 2h)。

20 日 08 时,500 hPa 低涡中心东移北撤至(136°E,40°N)附近,地面气旋中心位置处于 500 hPa 低涡中心西南侧,低涡随高度转向呈东北倾斜。20 日 20 时,地面气旋中心减弱消散,500 hPa 低涡中心继续东移北撤至(140°E,41°N)附近,850 hPa 气旋式环流中心位于 500 hPa 低涡中心西南侧。21 日 08 时,500 hPa、850 hPa 气旋式环流仍然维持,但低涡向东北方向的倾斜加剧,到 21 日 20 时,500 hPa 高度上气旋式环流消散,低涡过程结束(图略)。

此次冷涡过程从 15 日 20 时初步形成,持续到 21 日 20 时消散,共维持了 6 d 时间,低涡闭合中心先从低层出现向高层发展加强,冷涡衰退时先从高层开始,而后地面气旋环流消散,对流层中高层闭合环流最后消散,冷涡过程结束。500 hPa 低涡中心位于 36°～48°N,对流层中高层至低层均有气旋性环流,伴随有地面气旋,属于深厚的中偏南涡,给东北地区带来了一次明显的降水天气过程。

4　不稳定能量特征分析

不稳定条件是触发对流抬升的关键因素之一,不稳定能量的大小取决于垂直方向上大气温、湿层结状况。K 指数综合考虑了 500、700 和 850 hPa 的温度、湿度条件,能反映对流层中低层大气的热力情况、层结稳定度以及水汽饱和程度,其值越大越有利于产生强对流过程,当 K 指数大于 35 ℃时,将可能出现成片雷暴。对流有效位能(CAPE)是气块浮力能的垂直积分,同时包含低层和高层空气特性,体现出大气环境所具有的静力不稳定能量。K 指数和 CAPE 是对流性天气分析中常用的对流参数[9-10]。

从图 3a 和 3b 可以看出,在冷涡发展阶段,降水产生在冷涡前部东南气流影响的区域,该区域 CAPE 值最高可达 1100 J·kg⁻¹,K 指数基本大于 25 ℃。冷涡发展接近成熟阶段(图 3c 和 3d),冷涡前部东南气流、冷涡后部东北气流及冷涡北部偏东气流控制的区域均产生了降水,这 3 个区域 K 指数基本都大于25 ℃,但只有冷涡前部东南气流影响的区域 CAPE 值较高。强降水主要出现在冷涡前部及后部,且降水强度越大,K 指数越高,降水强度大于 6 mm·h⁻¹时,K 指数大于 35 ℃。可以推知,此次冷涡降水过程热力不稳定程度较强,降水的对流性较高,降水区域与 K 指数大值区有较好的一致性。

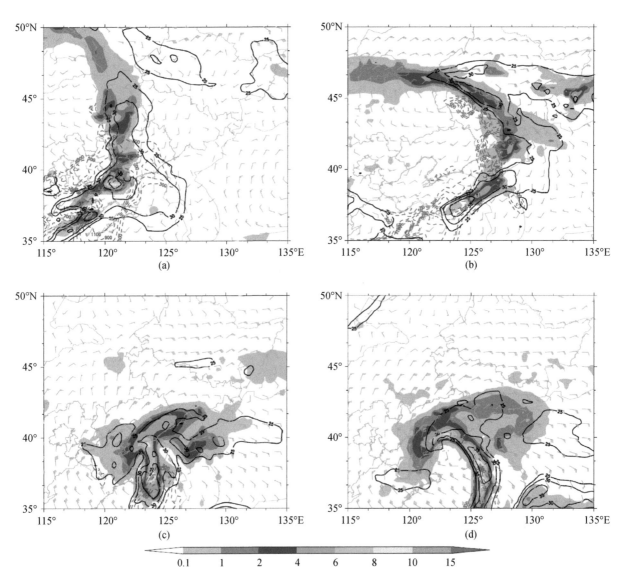

图 3　2020 年 5 月 16—18 日 K 指数(蓝色实线,单位:℃)、$CAPE$(红色虚线,单位:J·kg^{-1})、
925 hPa 风场(风向杆,单位:m·s^{-1})和 1 h 降水量(阴影,单位:mm)
(a)16 日 20 时;(b)17 日 14 时;(c)18 日 08 时;(d)18 日 14 时

5　水汽条件分析

　　充足的水汽供应是降水发生发展的必要条件,水汽辐合及其强度大小对降水量、降水分布范围及演变有重要影响。此次冷涡过程在新生、发展期,冷涡环流东南部局地有西南水汽输送,整层水汽通量较小,强度约 25 kg·(m·s)$^{-1}$,并存在水汽辐合中心,北部有偏东水汽输送,水汽辐合强度较小(图 4a 和 4b)。18 日白天冷涡发展接近成熟,热带低压东侧西南低空急流向我国东南沿海输送水汽,与东北冷涡东南侧水汽输送通道合并,暖湿气流从远离冷涡的南侧南海区域呈气旋式弯曲被卷入到冷涡中心的东部、北部、西部,辽宁地区处于冷涡后部东北气流影响下,稳定的西南水汽输送通道将水汽源源不断地向东北地区输送,水汽通量增加,强度达到了约 50 kg·(m·s)$^{-1}$,水汽辐合区域增加,辽宁东部属于水汽辐合区,18 日 14 时降水强度最大的时段辽东半岛是水汽辐合中心,水汽辐合中心强劲的水汽输送及水汽辐合为暴雨的产生提供了必要条件(图 4c 和 4d)。

　　根据降水过程分析得知,18 日 10—17 时辽宁东部降水强度最大,利用不同时次相对湿度、垂直上升运动和 1 h 降水量沿暴雨中心的垂直剖面分析(图 5)可以看出,18 日 02 时辽宁东部还没有产生降水,此时

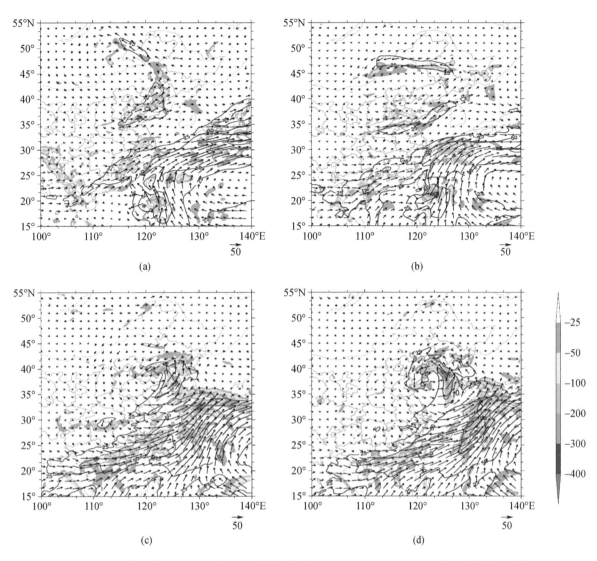

图 4 2020 年 5 月 16—18 日整层水汽通量(矢量,单位:kg·(m·s)⁻¹)及整层水汽通量散度
(阴影,单位:×10⁻⁶ kg·(m²·s)⁻¹),蓝色实线为水汽通量 25 kg·(m·s)⁻¹、50 kg·(m·s)⁻¹ 的大值区
(a)16 日 20 时;(b)17 日 14 时;(c)18 日 08 时;(d)18 日 14 时

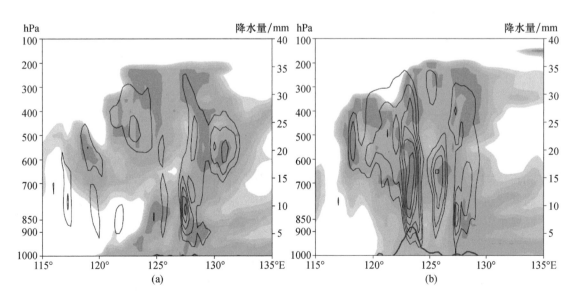

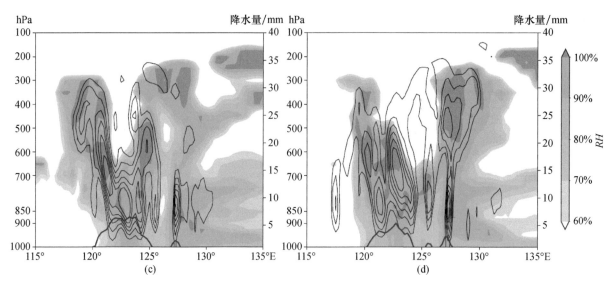

图 5　沿 40°N 相对湿度(阴影,%)、垂直上升速度(黑色等值线,单位:Pa·s⁻¹,间隔 −0.5)、
1 h 降水量(蓝色等值线,单位:mm)的垂直剖面
(a)18 日 02 时;(b)18 日 08 时;(c)18 日 14 时;(d)18 日 20 时

120°～125°E 中高层相对湿度较大,而 700 hPa 以下的中低层有明显干层存在,上升速度也只出现在高层。03 时之后降水逐渐在辽东半岛产生并发展加强,从 18 日 08 时、14 时、20 时的垂直剖面可以看出,降水强度大于 5 mm·h⁻¹ 的区域,其从近地面到 200 hPa 整层相对湿度大于 80%,湿层深厚,垂直上升运动贯穿整个湿层,降水强度大的区域,上升运动强烈,上升速度中心强度达到了 −3 Pa·s⁻¹,造成强对流。到暴雨结束后,中低层相对湿度明显降低,上升运动消散。

6　云系宏微观特征分析

云是大气动力、热力过程的体现,是水汽凝结、凝华的产物,在天气系统演变过程起着重要作用。FY-4A 卫星及地面应用系统已于 2018 年 5 月 1 日正式投入业务运行,周毓荃等[11]研发了一套卫星反演云特征参量算法,利用该算法可反演得到云顶高度、云光学厚度、云顶粒子有效半径等云宏微观参量。云光学厚度是云系在整个路径上云消光的总和,反映出云系垂直方向的厚实程度与水凝物含量的多少,光学厚度产品反演时主要用到卫星可见光通道数据,因此夜间无光学厚度产品。云顶高度是指云顶相对地面的距离。云顶高度越高的云,其云顶温度越低,云顶温度与降水有一定的相关性。如对流云降水,云顶高度与光学厚度相关性较好,通常云顶越高,光学厚度越大,并且产生降水时,云光学厚度大多数大于 17,云顶高度普遍大于 7 km,当光学厚度大于 20 时地面雨强明显增大[12]。

16 日 20 时冷涡处于发展阶段,受冷涡前部偏南气流影响,辽宁、吉林西部和内蒙古东部区域有云系覆盖,云系呈涡旋状,螺旋云带清晰可辨,云顶高度为 3～11 km,处于冷涡东南部区域的云顶高度明显大于冷涡北部区域的云顶高度(图略)。

17 日 14 时,随着冷涡中心东移南落,处于冷涡北部的云系影响东北区域,云系呈带状分布,云光学厚度大于 17 的云系主要出现在吉林北部、黑龙江南部及内蒙古的东部区域,其水平宽度仅 150～300 km,该区域云顶高度可达 7～9 km,可知云中水凝物含量丰富,云层密实,地面降水主要出现在这个区域;在其北部有光学厚度小于 8 的松散云层,其宽度约 300 km,该区域云顶高度也约 7～9 km,可判断出此处云层为含水量稀少的高层冰云,地面无降水;云光学厚度达到 60 的云区主要位于吉林东北部和黑龙江东南部交界处,受低涡前部偏东南气流影响,云顶高度为 4～6 km,属于混合云。

18 日 14 时,冷涡发展接近成熟,冷涡中心已东移南落到渤海湾,云系整体移动到了辽宁、吉林和黑龙江东南部地区,涡旋云系水平尺度减小,云系呈明显的涡旋状,并展现出围绕涡旋中心东西对称特征,其中影响辽宁东部地区的云系处于冷涡后部偏北气流影响下,光学厚度达到 30 以上,最大到了 60,云顶高度在 4～9 km,地面有明显降水;而辽宁西部、内蒙古东南部、吉林境内云系光学厚度总体小于 20,但云顶高度大于 7 km,属于高层冰云,大部分区域地面无降水,只在吉林东南部区域有小雨。冷涡外围云系光学厚度远小于靠近涡旋中心的云系。

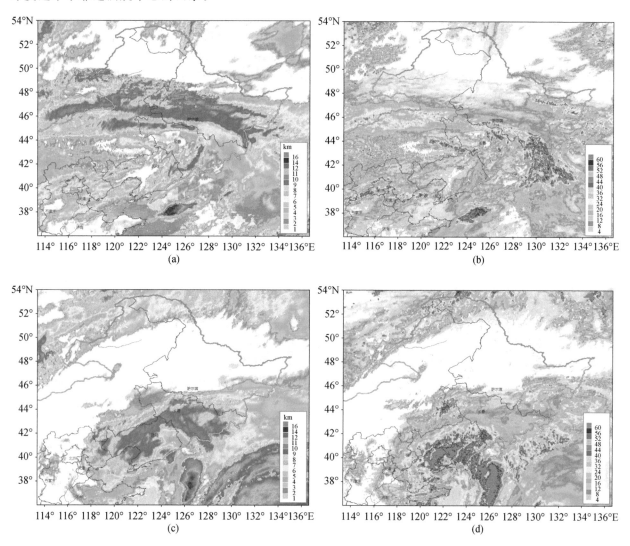

图 6 FY-4A 反演云顶高度和云光学厚度
(a)17 日 14 时云顶高度;(b)17 日 14 时云光学厚度;(c)18 日 14 时云顶高度;(d)18 日 14 时云光学厚度

7 结 论

利用 ERA5 逐小时再分析资料、FY-4A 卫星反演云特征参量产品、逐小时地面降水资料,分析了 2020 年 5 月 16—19 日东北冷涡降水过程的环流形势、热力不稳定条件、水汽输送及云系宏微观特征,主要得到如下结论。

(1)此次冷涡过程给内蒙古东部、吉林、辽宁、黑龙江南部带来了明显的小到中雨、局部暴雨的天气过程,强降水中心出现在辽宁东部,24 h 降水量超过 100 mm 的站点有 15 个,降水强度最大的时段为 18 日 10—17 时,最大雨强达到了 43.4 mm·h^{-1},位于庄河市三家山满族乡,降水分布不均、强度大、降水时段集中,对流性特征明显。

(2)5 月 15 日 20 时,500 hPa 高空槽发展加强切断形成低涡伴有—24 ℃的冷中心,冷涡持续到 21 日 20 时消散,共维持了 6 d 时间,低涡闭合中心先从低层出现向高层发展加强,冷涡衰退时先从高层开始,而后地面气旋环流消散,对流层中高层闭合环流最后消散。500 hPa 冷涡中心位于 36°～48°N,对流层中高层至低层均有气旋性环流,伴随有地面气旋,属于深厚的中偏南涡。

(3)16—17日冷涡初生及发展阶段,冷涡环流的东南部及北部有局地水汽输送,但水汽输送及辐合量较小,带来的总降水量较少;18日冷涡发展接近成熟时,来自热带低压东侧西南低空急流输送的水汽与冷涡东南部的水汽输送通道合并,水汽输送通量增加,水汽辐合中心范围扩大,强劲的水汽输送成为辽宁东部区域性暴雨产生的必要条件。

(4)从 K 指数、对流有效位能 $CAPE$、上升运动与降水强度相关性分析可知,降水强度大于 $1\ mm\cdot h^{-1}$ 的区域,K 指数基本都大于 25 ℃;降水强度大于 $5\ mm\cdot h^{-1}$ 的区域,K 指数基本都大于 35 ℃,且整层都有较强的垂直上升运动,降水区域与 K 指数大值区有较好的一致性,而与 $CAPE$ 的相关性较弱。

(5)冷涡云系呈涡旋状分布,云顶高度为 $4\sim9\ km$,靠近冷涡中心的云系云光学厚度超过 30,最大达到了 60,属于水凝物含量丰富密实的混合云,降水主要出现在这些区域;远离冷涡中心的云系云光学厚度小于 20,属于含水量稀少的高层冰云,这些区域地面基本无降水。

东北冷涡是东北区域的主要降水天气过程,降水常常出现在冷涡的东南部区域,但此次辽宁东部的区域性暴雨过程出现在冷涡后部偏东北气流的影响下,未来需要对此次暴雨形成的动力条件、热力条件、水汽输送及降水形成机制等做进一步的分析,提高对强降水落区、时段的预报,以便更好地趋利避害,科学合理开发空中云水资源。

参考文献

[1] 孙力,郑秀雅,王琪.东北冷涡的时空分布特征及其与东亚大型环流系统之间的关系[J].应用气象学报,1994,5(3):297-303.

[2] 郑秀雅,张廷治,白人海.东北暴雨[M].北京:气象出版社,1992:129-137.

[3] 孙力.东北冷涡持续活动的分析研究[J].大气科学,1997,21(3):297-307.

[4] 孙颖姝,王咏青,沈新勇,等.一次"大气河"背景下东北冷涡暴雨的诊断分析[J].高原气象,2018,37(4):970-980.

[5] 齐铎,袁美英,周奕含,等.一次东北冷涡过程的结构特征与降水关系分析[J].高原气象,2020,39(4):808-818.

[6] 王宁,徐祥德,徐洪雄,等.一次东北冷涡暴雨的水汽输送特征和位涡分析[J].地理科学,2014,34(2):211-219.

[7] 王宗敏,李江波,王福侠,等.东北冷涡暴雨的特点及其非对称结构特征[J].高原气象,2015,34(6):1721-1731.

[8] 王东海,钟水新,刘英,等.东北暴雨的研究[J].地球科学进展,2007,22(6):549-560.

[9] 齐琳琳,刘玉玲,赵思雄.一次强雷雨过程中对流参数对潜势预测影响的分析[J].大气科学,2005,29(4):536-548.

[10] 周方媛,戴建华,陈雷.基于关键对流参数分级的强对流潜势预报[J].气象科技,2020,48(2):229-241.

[11] 周毓荃,陈英英,李娟,等.用 FY-2C/D 卫星等综合观测资料反演云物理特性产品及检验[J].气象,2008,34(12):27-35.

[12] 周毓荃,蔡淼,欧建军,等.云特征参数与降水相关性的研究[J].大气科学学报,2011,34(6):641-652.

第二部分
外场观测

华南和青藏高原 0 ℃ 层亮带和微物理特征研究

贺婧姝　　郑佳锋　　李剑婕

（成都信息工程大学大气科学学院,成都 610225）

摘　要:应用 Ka 波段毫米波雷达在华南和青藏高原地区获得的雷达资料,通过亮带识别算法对降水数据进行识别,对比研究了两地亮带的高度、厚度、回波特征、日变化以及垂直结构等,结果表明:龙门融化层更不稳定,对流发展消失快;亮带以上冰晶尺寸更大,经过融化层后形成了更大的雨滴。那曲亮带厚度平均值比龙门的稍小;融化层内的粒子尺寸和相态变化等不稳定。那曲亮带高度的日变化比龙门明显,且回波强度的日变化表现为两个波动;那曲降水强度小,对流频繁却不强,具有亮带特征的云多为积层混合云。

关键词:毫米波雷达,0 ℃ 层亮带,时空分布特征,垂直结构,微物理特征

1　引言

0 ℃ 层亮带的位置、厚度、回波强度等的变化信息对云和降水物理研究、人工影响天气指挥和效果评估、数值模拟云参数化均有重要意义[1-5]。国内外气象学者利用云雷达识别亮带的工作开展了很多[6-14]。但对于两地对比研究不多。华南地区云和降水与东亚季风有密切联系;青藏高原独特的地形使周边大气强制性爬坡和绕流,使高原上的云和降水物理过程不同于低海拔地区,所以对比两地云降水物理有重要意义[15]。

2　资料与方法

2.1　资料

本文选用的 Ka 波段毫米波雷达是中国气象科学研究院与航天科工集团共同研制的一部多普勒雷达。雷达工作频率为 33.44 GHz,对应波长为 8.9 mm,该波长对云和弱降水都具有较好的探测能力[16]。

选用 2017 年 6—7 月龙门的探测数据以及 2014 年 6—7 月和 2015 年 6—7 月那曲的探测数据。

2.2　0 ℃ 层亮带的识别方法

0 ℃ 层亮带识别算法流程见图 1。

第 1 步:不存在 0 ℃ 层亮带的初步判断。

根据当反射率因子 Z_e 和平均速度 MV 比较小时,粒子下落速度慢就不存在 0 ℃ 层亮带这一统计事实,如果 $MV > -1.0$ m/s 或者 $Z_e < -10$ dBZ,则判断为不存在 0 ℃ 层亮带[13]。

第 2 步:初步识别亮带高度。

利用 MV 计算出亮带的判断区间,计算一定高度差 $\Delta H (\Delta H = 150$ m) 内 Z_e 极大值的高度,记为 H_{Ze2};在区间内自下向上检索退偏振比 LDR 的最大值,其高度记为 H_{LDR2},如果二者差值小于 300 m,则初步判断亮带存在[11]。

第 3 步:初步识别亮带上下边界。

在区间内逐点计算一定高度差 $\Delta H (\Delta H = 150$ m) 内 Z_e、MV、LDR、SW(谱宽)的差值 ΔZ_e、ΔMV、ΔLDR、ΔSW。如果差值满足变化阀值($\Delta Z_{emax} = 3$ dBZ、$\Delta MV_{max} = 0.6$ m/s、$\Delta LDR_{max} = 3$ dB、$\Delta SW_{max} =$

0.4 m/s），则计算出它们超过阀值的高度[13]，记为 H_{Ze1}、H_{LDR1}、H_{MV1}、H_{SW1}，H_{Ze3}、H_{LDR3}、H_{MV3}、H_{SW3}；其中"1"表示可能的 0 ℃层亮带下边界的高度，"3"表示可能的亮带上边界的高度。

　　第 4 步：对初步获取的各高度进行测试。

　　步骤 3、4 得到的相关高度可能存在奇异值，要对其进行筛选。对上面求得的所有高度进行平均，只有位于平均值高度上下 250 m 内的高度数据才认为是有效的。

　　第 5 步：亮带相关高度的进一步确认。

　　利用一致性检验公式(1)[18]判断 Z_e 和 LDR 探测到亮带的高度差的绝对值是否满足一致性检验，表示粒子的反射率因子变化情况是否与它的偏正参量探测结果一致。若差值绝对值满足 $|H_{Ze2}-H_{LDR2}|<d$，则 $H_2=(H_{Ze2}+H_{LDR2})/2$，如果大于 d，则 $H_2=H_{LDR2}$[12]。

$$d = 0.03221 + 0.000845Z_{emax} + 0.0000876Z_{emax}^2 \qquad (1)$$

式中：d 的单位为 km；Z_{emax} 为反射率因子的最大值，单位为 dBZ。

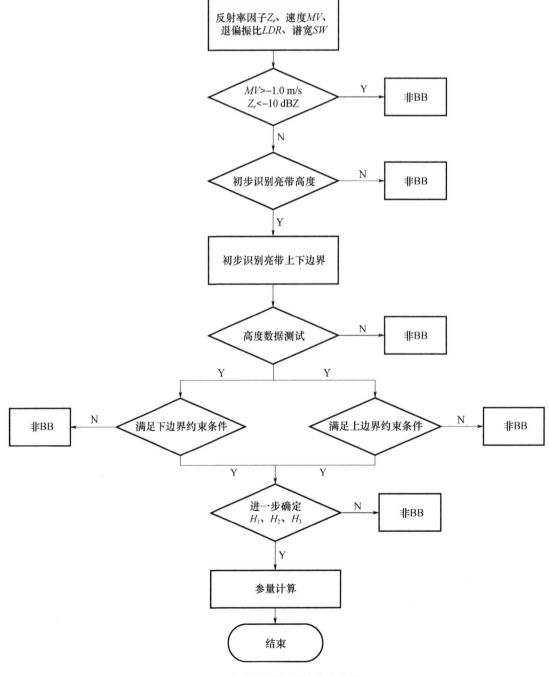

图 1　0 ℃层亮带识别算法流程图

选择 H_{LDR1} 和 H_{SW1} 进一步检验,如果差值不超过一定阀值,则 $H_1=(H_{LDR1}+H_{SW1})/2$,如果不满足,则单独使用 H_{LDR1} 或 H_{SW1} 来确定下边界。选择 H_{LDR3} 和 H_{MV3} 进一步检验,如果差值不超过一定阀值,则 $H_3=(H_{LDR3}+H_{MV3})/2$,如果不满足,则单独使用 H_{LDR3} 或 H_{MV3} 来确定亮带上边界[12]。

第 6 步:获取亮带高度和上下边界高度

进一步分析比较 H_1、H_2、H_3,如果三者中至少有两个存在,且满足条件(2)、(3),则亮带存在,如果有一变量不存在则使用公式(4)、(5)、(6)计算出其值。最后计算亮带的主要参数,如亮带厚度、Z_e、LDR、MV、SW 在上下边界以及亮带高度的值。上述条件如下:

$$|H_1-H_3|<750\ \text{m(毫米波雷达探测到融化层厚度的最大值}^{[18]}) \tag{2}$$

$$H_1<H_2<H_3 \tag{3}$$

$$H_2=(H_1+H_3)/2 \tag{4}$$

$$H_1=H_2-(H_3-H_2) \tag{5}$$

$$H_3=H_2+(H_2-H_1) \tag{6}$$

3 0 ℃层亮带的特征

本研究共选用了 2017 年 6—7 月在广东龙门探测到的 45 个个例,2014 年 6—7 月和 2015 年 6—7 月在西藏那曲探测到的 111 个个例。对这些数据进行亮带识别,在龙门、那曲分别识别出了 28940 根、84159 根有亮带的径向。

3.1 亮带的空间特征

为了研究龙门和那曲两地亮带的空间结构异同,统计了两个地区亮带的高度和厚度,结果如图 2 所示。由于两地海拔高度和气象条件的差异较大,亮带的高度差异也非常显著。那曲亮带的高度远比龙门低,两地亮带上、下界高度分布也与中心类似。龙门融化层更不稳定,大气温度场变化更为活跃。然而两

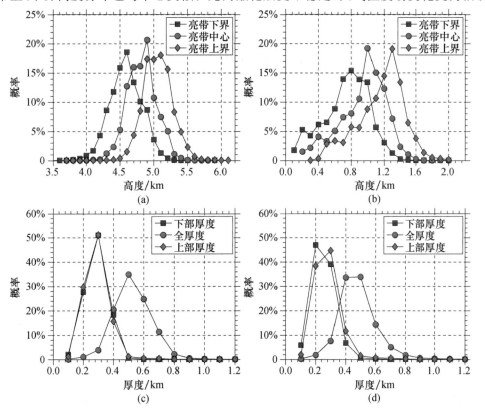

图 2 0 ℃层亮带中心、亮带上界和亮带下界高度的概率分布以及亮带全厚度、上部厚度、下部厚度的概率分布
(a、c 为龙门;b、d 为那曲)

地的亮带厚度较为一致,主要集中在0.1~0.9 km。那曲亮带全厚度和上下部分厚度平均值均比龙门的稍小,可能与那曲亮带以上的云内冰晶稍小或大气密度较低而冰晶在融化层停留时间稍长的原因有关。两个地区亮带厚度与其他学者观测的结果(0.5~0.75 km)较为一致[12-13]。两个地区亮带厚度标准差都非常小,说明亮带厚度基本较为稳定。

3.2 亮带的雷达回波特征

为了进一步了解两地亮带的雷达回波差异,统计了亮带上界、中心和下界处的雷达反射率因子、径向速度、谱宽和线性退极化比。4个雷达观测量的平均值和标准差如表1所示。对比两地差异发现:龙门亮带以上冰晶尺寸更大,在经过融化层后形成了更大的雨滴,且雨滴谱也比那曲稍宽。此外,那曲融化层内的粒子尺寸和相态变化等更不稳定。

表 1 龙门和那曲亮带高度和厚度的平均值和标准差

地区	平均值和标准差	亮带高度/km			亮带厚度/km		
		下界	中心	上界	下半部	全厚度	上半部
龙门	平均值	4.58	4.82	5.05	0.29	0.53	0.29
	标准差	0.24	0.22	0.21	0.08	0.12	0.08
那曲	平均值	0.74	0.94	1.17	0.25	0.48	0.28
	标准差	0.28	0.28	0.28	0.08	0.13	0.10

冰晶融化成雨滴的过程中粒子的尺寸、数浓度和相态等会发生显著变化,表2列出了两个地区亮带下半部和上半部的4个雷达观测量的平均差异和标准差。两个地区亮带的ΔZ_{e1}和ΔSW_1都明显小于ΔZ_{e2}和ΔSW_2,但ΔMV_1明显大于ΔMV_2,而ΔLDR_1稍大于ΔLDR_2。总体来看,"亮带"的特征,从雷达Z_e和SW角度,上半部更为明显,而从雷达MV和LDR的角度,下半部更为明显。对比两个地区还发现,那曲亮带上半部Z_e的变化幅度比龙门大,反之,下半部比龙门小。由于那曲冰晶尺寸较小,下落速度的变化幅度也比龙门小。那曲融化层过冷水的含量比龙门多,使得LDR变化幅度也相对较小。

表 2 龙门和那曲0 ℃层亮带中心和上下界的回波平均差异,其中ΔZ_{e1}、ΔMV_1、ΔSW_1、ΔLDR_1
为中心减去下界(下半部),ΔZ_{e2}、ΔMV_2、ΔSW_2和ΔLDR_2为中心减去上界(上半部)

地区	指标	Z_e/dBZ		MV/(m/s)		SW/(m/s)		LDR/(dB)	
		ΔZ_{e1}	ΔZ_{e2}	ΔMV_1	ΔMV_2	ΔSW_1	ΔSW_2	ΔLDR_1	ΔLDR_2
龙门	平均值	2.10	7.42	1.83	−2.35	−0.52	0.23	11.40	10.35
	标准差	2.20	3.29	0.89	0.99	0.71	0.14	2.88	3.05
那曲	平均值	2.81	6.04	1.32	−1.82	−0.52	0.18	9.92	9.22
	标准差	3.70	4.54	1.23	1.26	0.27	0.20	4.50	4.00

3.3 亮带的时间特征

为了揭示并对比龙门和那曲0 ℃层亮带变化的时间分布,对两地亮带的日变化从出现频次、中心高度以及回波强度3方面进行了研究和分析,图3为24 h的变化情况,从图中可以看出:龙门亮带出现频数总体表现为午后多于夜间。那曲17:00—次日08:00先增加,在22:00达到峰值后减少[19-20]。

那曲亮带高度的日变化比龙门明显[21-22]。那曲高原大气不稳定,降水强度较小,对流频繁却不强;反射率因子的日变化表现为两个波动,分别是09:00—17:00和17:00—次日09:00,认为这两个波动分别对应两次对流活动[23]。而龙门降水不稳定,对流发展消失快,为阵性降水。

3.4 亮带的垂直结构

那曲上升运动更强,可能是因为那曲出现亮带的云多是积层混合云,云体内部上升气流比龙门强,尽管龙门云体发展高度可达12 km,但对流运动较弱,多为层状云降水。

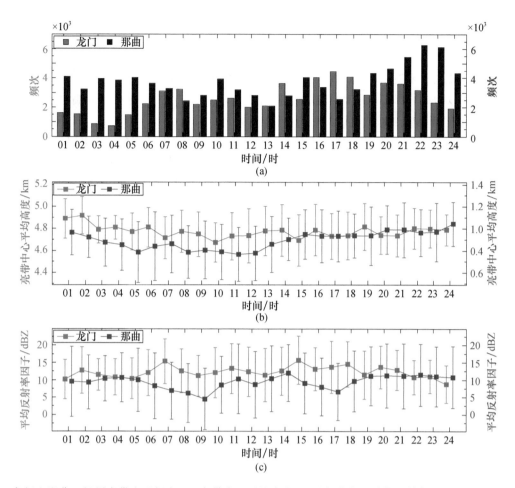

图 3　龙门和那曲 0 ℃层亮带出现频次(a)、亮带中心平均高度(b)及亮带中心平均反射率因子(c)的日变化情况

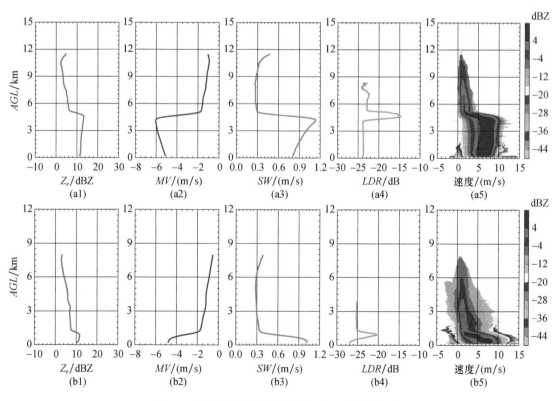

图 4　不同高度的平均雷达测量值和平均功率谱

(a1～a5 分别为龙门的反射率因子、平均多普勒速度、谱宽、退偏振比和功率谱;b1～b5 同 a1～a5,为那曲)

4 结论

本文应用 Ka 波段毫米波雷达在华南和青藏高原地区获得的雷达资料,通过综合应用 Z_e、MV、SW、和 LDR 识别亮带,对龙门、那曲两地的降水数据进行识别,对比研究了两地亮带的高度、厚度、回波特征、日变化以及垂直结构等,结果如下。

(1)龙门融化层更不稳定,对流发展消失快;亮带以上冰晶尺寸更大,经过融化层后形成了更大的雨滴。那曲亮带厚度平均值比龙门的稍小;融化层内的粒子尺寸和相态变化等不稳定。

(2)那曲亮带高度的日变化比龙门明显,且回波强度的日变化表现为两个波动,分别是 09:00—17:00 和 17:00—次日 09:00;那曲降水强度小,对流频繁却不强,具有亮带特征的云多为积层混合云。而龙门白天亮带比夜晚强,白天降水多为不稳定的局地性降水。

(3)那曲上升运动更强,可能是因为那曲出现亮带的云多是积层混合云,云体内部上升气流强,尽管龙门云体发展高度可达 12 km,但对流运动较弱,多为层状云降水。

两地 0 ℃层亮带的垂直结构和微物理特征区别有待进一步的研究。

参考文献

[1] Hobbs P V,Funk N T,Weiss R,et al. Evaluation of a 35 GHz radar for cloud physics research[J]. Journal of Atmospheric and Oceanic Technology,1985,2(1):35-48.

[2] Lhermitte R. A 94-GHz doppler radar for cloud observations[J]. Journal of Atmospheric and Oceanic Technology,1987,4(1):36-48.

[3] Mead J B,Mcintosh R E,Vandemark D,et al. Remote sensing of clouds and fog with a 1.4-mm radar[J]. Journal of Atmospheric and Oceanic Technology,1986,6(6):1090-1097.

[4] Giangrande S E,Krause J,Ryzhkov A V,et al. Automatic designation of the melting layer with a polarimetric prototype of the WSR-88D radar[J]. Journal of Applied Meteorology and Climatology,2008,47(5):1354-1364.

[5] Smith C J. The reduction of errors caused by bright bands in quantitative rainfall measurements made using radar[J]. Journal of Atmospheric and Oceanic Technology,1986,3(1):129-141.

[6] Sassen K,Campbell J R,Zhu J,et al. Lidar and triple-wavelength doppler radar measurements of the melting layer:A revised model for dark-and brightband phenomena[J]. Journal of Applied Meteorology,2005,44(3):301-312.

[7] Pasqualucci F,Bartram B W,Kropfli R A,et al. A millimeter-wavelength dual-polarization doppler radar for cloud and precipitation studies.[J]. Climate Appl Meteor,2010,22(5):758-765.

[8] Khanal A K,Delrieu G,Cazenave F,et al. Radar remote sensing of precipitation in high mountains:Detection and characterization of melting layer in the Grenoble Valley,French Alps[J]. Atmosphere,2019,10(12):784-796.

[9] Devisetty H K,Jha A K,Das S K,et al. A case study on bright band transition from very light to heavy rain using simultaneous observations of collocated X-and Ka-band radars[J]. Journal of Earth System Science,2019,128(5):1-10.

[10] Jha A K,Kalapureddy M C,Devisetty H K,et al. A case study on large-scale dynamical influence on bright band using cloud radar during the Indian summer monsoon[J]. Meteorology and Atmospheric Physics,2019,131(3):505-515.

[11] 孙晓光,刘宪勋,贺宏兵,等.毫米波测云雷达融化层自动识别技术[J].气象,2011,37(6):720-726.

[12] 王德旺,刘黎平,仲凌志,等.毫米波雷达资料融化层亮带特征的分析及识别[J].气象,2012,38(6):712-721.

[13] 刘黎平,周淼.垂直指向的 Ka 波段云雷达观测的 0 ℃层亮带自动识别及亮带的特征分析[J].高原气象,2016,35(3):734-744.

[14] 谢丽萍,王德旺,黄宁立,等.基于云雷达的大气 0 ℃层亮带识别[J].干旱气象,2016,34(3):472-480.

[15] 郑佳锋.Ka 波段—多模式毫米波雷达功率谱数据处理方法及云内大气垂直速度反演研究[D].北京:中国气象科学研究院,2016.

[16] 仲凌志,刘黎平,葛润生,等.毫米波测云雷达的系统定标和探测能力研究[J].气象学报,2011,69(2):352-362.

[17] Brandes E A,Ikeda K. Freezing-Level estimation with polarimetric radar[J]. Journal of Applied Meteorology,2004,43(11):1541-1553.

[18] Zhang J,Langston C,Howard K. Brightband identification based on vertical profiles of reflectivity from the WSR-88D[J]. Journal of Atmospheric and Oceanic Technology,2008,25(10):1859-1872.

［19］Michio Y,Cheng F L. Mechanism of heating and the boundary layer over the Tibetan Plateau[J]. Mon Wea Rev,1994,122(2):305.

［20］Li P L,Jin M F,Rong Z C,et al. The diurnal variation of precipitation in monsoon season in the Tibetan Plateau[J]. Advances in Atmospheric Sciences,2002,19(2):365-378.

［21］刘黎平,楚荣忠,宋新民,等.GAME-TIBET 青藏高原云和降水综合观测概况及初步结果[J].高原气象,1999,18(3):441-450.

［22］唐洁.青藏高原那曲夏季云和降水微物理特征及形成机理数值模拟研究[D].北京:中国气象科学研究院,2018.

［23］常炜,郭学良.青藏高原那曲夏季对流云结构及雨滴谱分布日变化特征[J].科学通报,2016,61(15):1706-1720.

那曲和玉树 Ka 波段雷达观测的云降水垂直结构对比研究

尹晓燕[1]　郑佳锋[1]　胡志群[2]

(1 成都信息工程大学大气科学学院，成都 610225；
2 中国气象科学研究院灾害天气国家重点实验室，北京 100081)

摘　要：青藏高原云和降水探测对提高数值预报准确率和加强国家的防灾减灾能力有重要意义。毫米波雷达在云和降水的综合观测能力和时间连续性方面具有明显优势，因此，本文利用 Ka 波段毫米波雷达，对那曲和玉树的云降水的垂直结构和日变化特征进行了研究分析。结果表明：那曲的云降水发生频次明显高于玉树，并且两地都以非降水云为主（超过 60%）。那曲和玉树云和降水大都出现在 15.5 km 以下，最高出现频率分别位于 7.7 km 和 7.5 km。那曲上空的中高云比玉树更多，而低云则比玉树少。两地的云宏观参数具有相似的变化趋势，且大部分云层都较为浅薄，并都以单层云为主。另外，那曲和玉树上空的云的发生发展都具有明显的日变化。那曲上空的云发生可分为明显的 3 个阶段，其中下午至午夜云发生最频繁；而玉树上空的云发生的日变化则更具有波动性。那曲白天的云发展和对流活动都比玉树强，而夜间则较弱。

关键词：毫米波雷达，云降水，垂直结构，日变化

1　引言

青藏高原的云和降水的时空变化对高原水汽输送和加热有重要作用，高原上的天气系统常常发展东移，造成下游的洪涝等灾害[1-2]。青藏高原云和降水探测不仅能提高数值预报准确率，更有助于加强国家的防灾减灾能力。目前，国内外学者们基于自动站观测资料、再分析资料、卫星以及地面遥感技术等对青藏高原云降水特征做了一系列有价值的探测和研究。如高蓉等[3]通过分析青藏高原 80 个测站低云量的变化，发现青藏高原的低云量从东南向西北减少，高原东北部是低云量多且比较稳定的地区。谢欣汝等[4]基于 12 套再分析资料对青藏高原夏季降水特征的研究发现，青藏高原多年夏季平均降水的空间分布存在着一个由东南向西北递减的梯度，降水强度在高原的东南部超过 5 mm/d。Luo 等[5]利用 Cloud-Sat/CALIPSO 资料的研究表明，相比亚洲季风区和北美副热带地区，夏季青藏高原上的深对流云更浅薄，镶嵌于更小尺度对流系统中。

2014 年在西藏那曲开展了第 3 次青藏高原大气科学试验，使用了更加先进的 Ka 波段毫米波雷达、Ku 波段微雨雷达、C 波段调频连续波雷达以及激光云高仪多种地面雷达观测设备，并配以微波辐射计、雨滴谱仪等设备，还开展了水汽、云和降水的加密探空观测，为青藏高原云和降水的研究提供了宝贵观测数据[6-7]。基于这些观测数据，学者们进一步揭示了高原云和降水发展的微物理特征以及云、地表加热和大气环境之间的相互作用[8]。如常祎等[9]利用此次观测数据，对青藏高原云宏观结构、日变化及降水特征进行了分析，结果表明观测试验期间青藏高原对流活动主要集中在高原东南部和中部地区并且其对流云和降水过程有着显著的日变化特征。

毫米波雷达在云和降水的综合观测能力和时间连续性方面具有明显优势，被较多地应用于青藏高原的云降水物理的研究。本文利用 Ka 波段毫米波雷达，对那曲和玉树地区的云降水的垂直结构和日变化特征进行了研究分析。

2 资料和方法

2.1 设备与资料

为了进一步加深对青藏高原不同区域云和降水的了解,中国气象科学研究院和成都信息工程大学于2019年7—8月在那曲(NQ)海拔高度4507 m和玉树(YS)海拔高度3717 m进行了观测试验。在试验期间,使用了两部Ka波段毫米波雷达(Ka-MMCR)。观测点位置及仪器外观如图1所示。

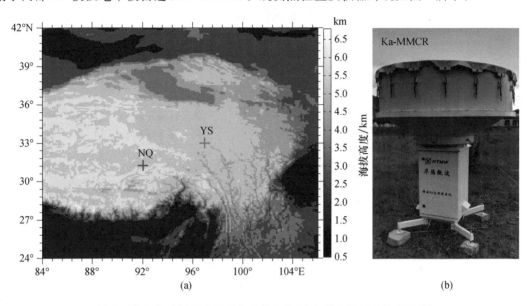

图1　那曲和玉树两个观测点地理位置(a)和毫米波雷达外观图(b)

本文使用的Ka-MMCR是一种固态多普勒雷达。它以垂直指向模式工作,通过测量雷达反射率因子(Z,dBZ)、径向速度(V,m/s)和速度谱宽度(SW,m/s)来获得云和降水的垂直剖面。该雷达的工作频率为35 GHz,波长为8 mm。在工作过程中,雷达同时发射窄脉冲(0.2 μs)和宽脉冲(5 μs和20 μs),以探测不同高度的不同云类。窄脉冲的视距较短,用于观测低空云团,而宽脉冲的灵敏度较高,用于测量中高层云。该雷达的最大探测高度为15 km,其空间和时间分辨率分别为30 s和5 s。Z、V、SW的有效值范围为−40~30 dBZ、−15~15 m/s、0~15 m/s。

2.2 资料处理方法

固态Ka-MMCR由于其固有的局限性,数据存在不准确性,其电磁波穿透云层和降水时存在一定程度的信号衰减[10-11]。此外,它还可能受到一些低水平散射杂波和浮游生物的污染[12]。为了提高其数据质量,为后期应用打下良好的基础,采用了专门的数据处理和质量控制技术。本文分别采用了K领域法[13]来滤除噪声回波,Z阈值法[14]来滤除低空浮游物杂波,以及通过设定判断范围和阈值进行旁瓣滤除。

3 那曲和玉树上空的云降水特征

3.1 那曲和玉树云降水统计

在观测期间,Ka-MMCR共探测了541585根(45132 min)和523699根(43642 min)的有效云降水廓线,分别占整个雷达观测径向数的55.17%和43.22%。这表明那曲上空的云和降水比玉树上空的云和降水发生率更高。我们进一步将有效廓线分为非降水廓线和降水廓线。如果雷达回波已经接近低空甚至接地,则定义为一个降水廓线,否则视为非降水廓线。结果表明,两个站点的云和降水大部分为非降水廓线,那曲和玉树的非降水廓线分别占 67.37% 和 65.51%,而降水廓线仅为 32.63% 和 34.49%。

为了进一步阐明每一高度层的云和降水情况,统计了那曲和玉树两个站点云和降水在各个高度出现的频率(图 2)。结果表明,那曲和玉树的云降水大都出现在 15.5 km 以下,并且发生频率随高度的下降先增大后减小,并且分别在 7.7 km 和 7.5 km 左右云降水出现的频率最大。另外,我们发现那曲和玉树降水和非降水的曲线变化趋势有很大不同。在 6.5 km 以上,那曲的非降水云发生概率高于玉树,而在 6.5 km 以下则相反,说明那曲的中高云比玉树更多,而低云则比玉树少。两站点的降水云的发生频率均随着高度的下降而增加,而那曲降水云的斜率比玉树高,说明那曲降水在空中可以释放更多潜热。

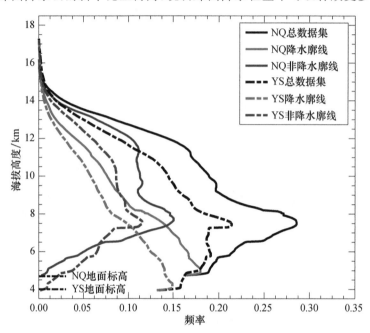

图 2　那曲和玉树的非降水廓线、降水廓线和总数据集的高度—频率图

3.2　云的垂直结构特征

在这一小节中,利用 MMCR 在整个观测期间探测的 Z_e 和反演的云底高度、云顶高度、云层厚度和云层数云宏观参数来进一步分析那曲和玉树空中云层的垂直结构特征。考虑到降水对 MMCR 的衰减影响较大,因此本文统计仅针对非降水云。

如图 3a 和 3c 为那曲和玉树上空非降水云 Z_e 的标准化高度概率分布图,以及图 3b 和 3d 为 Z_e 的盒须图与平均垂直廓线的叠加图。可见,那曲上空的云层最高可达 15 km,而其水凝物主要集中在 6.8～13.2 km 的高度。相比之下,玉树最高可以达到 16 km 左右,而其水凝物主要集中在 7.2～12.3 km 的较低高度。两个站点的盒须图和平均廓线图表明,那曲和玉树上空 50% 的云层(从第 25 到 75 个百分位)分别为 −29～−7 dBZ 和 −25～−4 dBZ。两站点的平均廓线总体上呈现出相似的变化趋势,均随着高度的降低先增大后减小。两站点的平均 Z_e 最大值也不同,分别为 −14 dBZ 和 −11 dBZ,那曲和玉树分别出现在 8 km 和 7.2 km 处。

对比那曲和玉树的云宏观参数(图 4),发现两个地点云的 4 个宏观物理参数的概率分布具有相似的变化趋势。云底高度发生的概率总体上随高度的增加先增大后减小,那曲和玉树的峰值分别位于 7 km 和 7.7 km 处。云顶高度具有双峰分布,那曲的第 1 个和第 2 个峰值分别位于 8.5 km 和 12.5 km 处,而玉树的峰值分别位于 8.2 km 和 11.7 km 处。两个站点的云层厚度发生概率均随高度增加而降低。两站点的云层厚度的分布也较为相似,大部分云层非常浅薄,75% 的云层厚度都小于 2.1 km。云层数的对比表明,两站点云层均以单层云为主,分别占整个样本的 64.04% 和 65.01%。

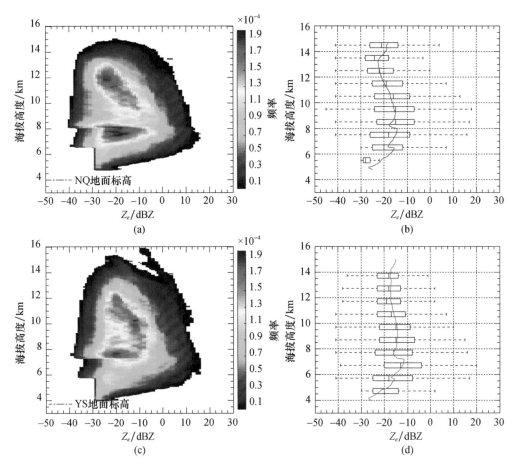

图 3 那曲和玉树反射率因子Z_e的归一化等频率高度图(a 和 c)以及盒须图和垂直廓线叠加图(b 和 d)

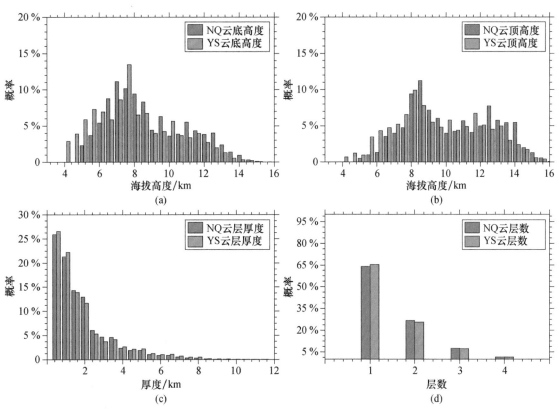

图 4 那曲和玉树的云底高度、云顶高度、云层厚度高度—概率分布图(a、b、c)和云层数的概率分布图(d)

3.3　云的日变化特征

由于太阳辐射的加热效应,云和降水的发生通常具有一定的日变化[15-16]。但由于高原面积巨大,其不同区域的地形和气候背景不同,不同区域的云和降水日变化可能有很大差异。因此,需进一步研究和比较那曲和玉树两站点上空云层的日变化特征。

如图5所示,图5a和5b为每小时内各个高度层内有云的廓线数与总的雷达廓线数之比得到该高度上的云发生的概率,图5c统计了每小时所有高度上的云发生次数。结果表明,那曲和玉树上空的云的发生都具有明显的日变化。那曲上空的云发生可以分为01—06时、07—15时和16—24时3个阶段,发生最频繁的是16—24时。而玉树上空的云发生频率的日变化则更具波动性,在04—15时与那曲变化趋势基本相反,尤其是中午,玉树的云发生比那曲更频繁。此外,我们发现,那曲上空的云回波顶高的日变化相对较小,而玉树上空的云回波顶高度呈现先降后升的趋势,在17时和18时,云顶最高可达16 km以上。

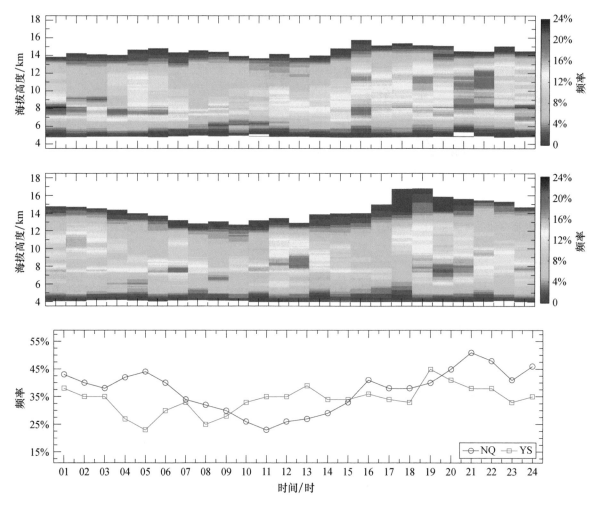

图5　那曲和玉树上空的云发生频率的时间—高度图和整层累计发生频率日变化曲线图

为了进一步比较那曲和玉树上空的云发展强弱和对流活动的差异,如图6a和6b所示,我们统计了每小时内不同高度层上的 Z_e 的平均值,图6c统计了两个站点每小时内雷达反射率因子的平均值。可见,两站点上空的云在日出之前(01—08时)都相对较弱,但玉树的 Z_e 比那曲更强,日出后,由于太阳辐射加热效应和对流活动的增强,两个地点上空云发展得更高更强。但两站点日变化仍存在差异,我们发现那曲和玉树分别在18时和18—20时有较强的对流云出现,其高度可以发展到14 km以上和16 km以上。在18时和21时后,云发展强度和对流活动逐渐减弱,相应的平均 Z_e 也减弱,而玉树上空的云仍然比那曲的上空的云更强。比较发现,相比那曲,玉树在夜间的对流活动更强,但在白天更弱。

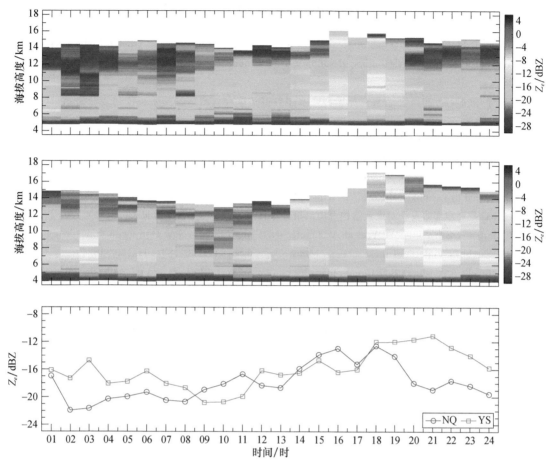

图 6　那曲和玉树平均反射率因子时间—高度图和整层平均反射率因子日变化曲线图

4　结　论

本文利用 2019 年 7—8 月的那曲和玉树的 Ka 波段毫米波雷达数据,对两地云降水的垂直结构和日变化特征进行了研究,结果如下。

(1)那曲的云降水发生频次明显高于玉树,并且两地都以非降水云为主(超过 60%)。另外,那曲和玉树云和降水大都出现在 15.5 km 以下,最高出现频率分别位于 7.7 km 和 7.5 km。那曲上空的中高云比玉树更多,而低云则比玉树少。

(2)那曲上空的云最高可达 15 km,而玉树上空的云则可以发展得更高,但主要还是分布在 7.2~12.3 km 的较低高度范围内,同时玉树的中云比例高于那曲。那曲和玉树的云宏观参数具有相似的变化趋势,大部分云层都较为浅薄,并都以单层云为主。

(3)那曲和玉树上空的云的发生发展都具有明显的日变化。那曲上空的云发生可分为明显的 3 个阶段,其中下午至午夜云发生最频繁;而玉树上空的云发生的日变化则更具有波动性。那曲白天的云发展和对流活动都比玉树强,而夜间则较弱。

参考文献

[1] Wu G,Duan A,Liu Y,et al. Tibetan Plateau climate dynamics:recent research progress and outlook[J]. National Science Review,2015,2(1):100-116.

[2] Wu G X,Liu Y M,Wang T M,et al. The influence of mechanical and thermal forcing by the Tibetan Plateau on Asian climate [J]. Journal of Hydrometeorology,2007,8(4):770-789.

[3] 高蓉,陈少勇,董安祥.青藏高原低云量的年际变化及其稳定性[J].干旱区研究,2007(6):760-765.

[4] 谢欣汝,游庆龙,保云涛,等.基于多源数据的青藏高原夏季降水与水汽输送的联系[J].高原气象,2018,37(1):78-92.

[5] Luo Y L,Zhang R H,Qian W M,et al. Intercomparison of deep convection over the Tibetan Plateau-Asian monsoon region and subtropical North America in boreal summer using CloudSat/CALIPSO data [J]. Journal of Climate,2011,24(8):2164-2177.

[6] 刘黎平,郑佳锋,阮征,等.2014年青藏高原云和降水多种雷达综合观测试验及云特征初步分析结果[J].气象学报,2015(4):29-41.

[7] Zhao P,Li Y,Guo X,et al. The Tibetan Plateau surface-atmosphere coupling system and its weather and climate effects: The third Tibetan Plateau atmospheric science experiment[J]. Journal of Meteorological Research,2019,33(3):375-398.

[8] Chen B J,Hu Z Q,Liu L P,et al. Raindrop size distribution measurements at 4500 m on the Tibetan Plateau during TIPEX-III[J]. Journal of Geophysical Research:Atmospheres,2017,122(20):92-106.

[9] 常祎,郭学良.青藏高原那曲夏季对流云结构及雨滴谱分布日变化特征[J].科学通报,2016(15):1706-1720.

[10] Kollias P,Clothiaux E E,Miller M A,et al. Millimeter-wavelength radars:New frontier in atmospheric cloud and precipitation research[J]. Bulletin of the American Meteorological Society,2007,88(10):1608-1624.

[11] Kollias P. Albrecht B A,Marks F D. Cloud radar observations of vertical drafts and microphysics in convective rain[J]. Journal of Geophysical Research,2003,108:40-53.

[12] Luke E P,Kollias P,Johnso K L,et al. Technique for the automatic detection of insect clutter in cloud radar returns[J]. Journal of Atmospheric and Oceanic Technology,2008,25(9):1498-1513.

[13] 梁海河,张沛源,葛润生.多普勒天气雷达风场退模糊方法的研究[J].应用气象学报,2002,13(5):591-599.

[14] Gorsdorf U,Lehmann V,Bauerpfundstein M,et al. A 35-GHz polarimetric doppler radar for long-term observations of cloud parameters—Description of system and data processing[J]. Journal of Atmospheric and Oceanic Technology,2015,32(4):675-690.

[15] Bergman J W,Salby M L. The role of cloud diurnal variations in the time-mean energy budget[J]. Journal of Climate,1997,10(5):1114-1124.

[16] Liu L P,Feng J M,Chu R Z,et al. The diurnal variation of precipitation in monsoon season in the Tibetan Plateau[J]. Advances in Atmospheric Sciences,2002,19(2):365-378.

张掖地区探空资料云垂直结构判定及其特征分析

黄　颖[1]　张文煜[1,2]

(1 兰州大学大气科学学院,兰州 730000;2 郑州大学地球科学与技术学院,郑州 450001)

摘　要:基于张掖地区 2016—2018 年的探空资料,结合温度露点差阈值法与相对湿度阈值法,对该地区的云垂直结构进行判定,并分析了云的垂直结构特征。结果表明:将相对湿度阈值法与温度露点差阈值法相结合,可更加科学准确地判定云垂直结构;张掖地区出现云的概率约为 35%,以单层云和双层云为主,各层数云的出现概率都呈夏高冬低;张掖地区低云在全年中出现的概率较稳定,约 18%;中云和高云在 6~9 月出现的概率较高,而在 11 月—次年 2 月较少出现;张掖地区多数云底高度分布在 1~5 km,且其出现的概率较为均匀;云顶高度分布在 1~8 km,出现在 5 km 左右的概率最高;云层厚度随高度的升高而减小,70% 的云层厚度在 1 km 左右。

关键词:张掖地区,探空资料,云垂直结构

1　引言

云在地球气候系统的辐射能量收支和物质循环过程中起着不可或缺的作用,是影响天气、气候的重要因素之一[1-4]。干旱、洪涝灾害与大气环流有密切的关系[5-6],而云是影响大气环流的重要因素之一[7],且其垂直结构对环流强度的作用比其水平分布的作用更为显著[8]。另外,云是人工影响天气作业的主要对象[9],其宏微观结构的研究对识别作业条件、捕获可播云区、科学实施催化尤为重要[10-11]。因此,了解云的垂直结构对于研究天气、气候及人工影响天气具有重要的意义。

利用探空资料判定云垂直结构方法主要有三种:一是温度露点差阈值法[12],二是相对湿度阈值法[13],三是温度和湿度随高度变化的二阶导判定法(简称 CE 法)[14]。2010 年周毓荃等[15]利用 CloudSat 云雷达探测结果和地面人工观测资料与三种探空资料分析云垂直结构的方法进行对比,发现 CE 法判定出的云垂直结构与云雷达探测结果不一致,温度露点差阈值法和相对湿度阈值法的判定结果与云雷达较为一致,且相对湿度阈值法判定结果同云雷达的探测结果更接近,认为用相对湿度阈值法判定云垂直结构是较为合理的方法。2011 年韩丁等[16]基于相对湿度阈值法,利用 COSMIC 掩星资料对中国地区的云垂直分布进行了研究。2012 年张日伟等[17]利用相对湿度阈值法对荷兰德比尔特地区的云出现频率及云底高度、云顶高度等参数的分布特征进行了分析。2014 年吴昊等[18]利用相对湿度阈值法,对 Vaisala RS92 型探空仪和国产长峰探空仪的测云性能进行了对比分析。2017 年李绍辉等[19]将相对湿度阈值法和温度露点差阈值法结合,对南京地区的云垂直结构特征进行了统计分析。

目前利用探空资料判定云垂直结构的方法中,相对湿度阈值法的应用最为广泛,但该方法存在一个缺陷:当发生降水或大雾等天气现象时,近地面的相对湿度可能会大于所设定的阈值,此时相对湿度阈值法判定的底层云云底高度是不准确的。而温度露点差阈值法的判定取决于大气温度和露点温度之差,可弥补相对湿度阈值法的缺陷[19]。本文基于张掖地区探空秒数据,将温度露点差阈值法和相对湿度阈值法结合,对该地区的云垂直结构进行判别,并对其分布特征进行研究。

2 资料和方法

2.1 资料

本文使用张掖探空站2016—2018年每日两次的秒级探空数据,共2191个样本,其中96%的样本探测高度超过20 km。

2.2 云垂直结构判定方法

(1)温度露点差阈值法

温度露点差可表示大气的湿度。温度露点差阈值法对不同的温度范围设定对应的温度露点差阈值(记为ΔT_d),当某个高度上的温度露点差小于设定的阈值时,将该高度的大气湿层判定为云层。1979年,Air Weather Service(AWS)提供的阈值为:气温高于0 ℃时,ΔT_d为2 ℃;气温在$-20\sim 0$ ℃时,ΔT_d为4 ℃;气温低于-20 ℃时,ΔT_d为6 ℃。1994年Poore根据俄克拉荷马城、关岛安德森空军基地及韩国乌山空军基地一年的探空资料,改进了AWS提供的阈值:气温高于0 ℃时,ΔT_d为1.7 ℃;气温在$-20\sim 0$ ℃时,ΔT_d为3.4 ℃;气温低于-20 ℃时,ΔT_d为5.2 ℃[12]。本文参照Poore设定的阈值,以温度露点差阈值法判定云的垂直结构,阈值如表1所示。

表1 温度露点差阈值法的阈值设定/℃

气温范围	温度露点差阈值
$T>0$	$\Delta T_d=1.7$
$-20\leqslant T\leqslant 0$	$\Delta T_d=3.4$
$T<-20$	$\Delta T_d=5.2$

(2)相对湿度阈值法

相对湿度阈值法最早由Wang等[13]于1995年提出,简称WR95法,该方法判定某一高度范围内出现云层必须满足3个条件:云层内相对湿度至少为84%,最大相对湿度大于或等于87%,且相对湿度在云顶和云底的跳变至少为3%。Zhang等[20]指出,WR95法云顶和云底跳变3%的条件适用于低垂直分辨率的探空数据,但对于秒级的高分辨率探空数据难以实现。故针对本文使用的秒级探空数据,参照李绍辉等[19]的做法,将WR95法[13]与Zhang等[20]的研究相结合,将相对湿度阈值法判定云层的条件改进为:云层内相对湿度大于或等于84%,且最大相对湿度大于或等于87%。

本文结合温度露点差阈值法和相对湿度阈值法对张掖地区的云垂直结构进行研究,先用相对湿度阈值法确定出所有云的云顶高度和除最底层云之外的云底高度,再用温度露点差阈值法确定最底层云的云底高度。同时,参考欧建军[21]、吴昊等[18]的研究方法:若上下两云层间距小于300 m且夹层内相对湿度大于80%,则将该夹层视为云层,与上下两云层连为一体进行统计;云层厚度小于80 m时,将该高度层视为大气湿层,不作为云层进行统计。

3 云垂直结构分析及其统计特征

3.1 云垂直结构个例分析

利用张掖地区的探空资料,通过相对湿度阈值法和温度露点差阈值法反演了该地区的云垂直结构,以下给出两个较有代表性的反演个例。

图1a为2017年10月9日相对湿度阈值法确定的云垂直结构图,黑实线为大气相对湿度廓线,虚线为84%和87%的相对湿度。按照相对湿度阈值法,从地面0~1227 m,相对湿度大于84%,且最大相对湿度大于87%,该高度层可判定为云层;同理,1249~1383 m也可判定为云层,这两层云之间的夹层厚度仅

为 22 m 且夹层间相对湿度皆大于 80%,所以这两层云应视为同一云层,即第一层云的云底高度为 0 m,云顶高度为 1383 m,云厚度为 1383 m。在 1849～4940 m,大气相对湿度大于 84% 且最大相对湿度大于 87%,该高度满足可判定为云层的条件,所以第二层云的云底高度为 1849 m,云顶高度为 4940 m,云厚度为 3091 m。在更高的大气中,相对湿度皆小于 84%,说明更高处无云层存在,所以相对湿度阈值法共判定出两层云,其夹层厚度为 466 m,且这两层云的云底高度皆小于 2500 m,皆为低云。图 1b 为 2017 年 10 月 9 日温度露点差阈值法确定的云垂直结构图,实线为温度露点差廓线,虚线为该高度处的温度所对应的温度露点差阈值。该时次探空的大气温度在地面 0～527 m 处高于 0 ℃,该高度上的温度露点差阈值为 1.7 ℃;527～4837 m 温度在 −20～0 ℃,相应的温度露点差阈值为 3.4 ℃;4837 m 以上高度的大气温度低于 −20 ℃,其温度露点差阈值为 5.2 ℃。在 387～5291 m 和 6450～6793 m 高度范围上,温度露点差低于所设定的阈值,根据温度露点差法,可将这两个高度判定为云层。但对比图 1a 的相对湿度廓线可知,5100 m 以上的大气相对湿度低于 80%,远达不到形成云的条件,即温度露点差阈值法将大气湿层误判为了云层。

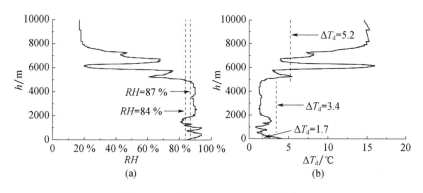

图 1　2017 年 10 月 9 日云垂直结构
(a)相对湿度阈值法;(b)温度露点差阈值法

　　综上可知,两种云垂直结构判定结果存在一定的差异,且都存在不足之处:当近地面大气相对湿度较大(如大雾天气)时,相对湿度阈值法可能将地面误判为云底高度;而在高空,温度露点差阈值法可能将大气湿层误判为云,导致判定出的云厚度较大或层数较多。所以结合两种判定方法,在相对湿度阈值法的基础上用温度露点差法确定最底层云的云底高度,可更加准确地判定云层的垂直结构。综合两种方法可得:2017 年 10 月 9 日个例中有两层低云,其云底高度、云顶高度、云层厚度分别为 387 m、1383 m、996 m 和 1849 m、4940 m、3091 m,两云层之间的夹层厚度为 466 m。

　　图 2 为 2017 年 8 月 23 日云垂直结构图,由温度露点差阈值法(图 2b)可得,最底层云云底高度为 2393 m,由相对湿度阈值法(图 1a)可得,最底层云的云顶高度为 2833 m,计算得到最底层云的厚度为 440 m;再由相对湿度阈值法得到中层云和上层云的云底高度、云顶高度、云层厚度分别为 3790 m、4200 m、410 m 和 5993 m、6907 m、914 m。该时次张掖地区至下而上分别存在低云、中云、高云共 3 层云。

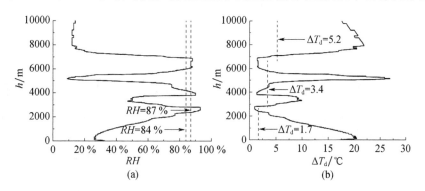

图 2　2017 年 8 月 23 日云垂直结构
(a)相对湿度阈值法,(b)温度露点差阈值法

3.2 不同层数云出现频率统计分析

云的层数对大气内部的辐射传输有重要的影响。表2对张掖地区2016—2018年的不同云层数发生频率进行了统计。统计结果表明,张掖地区全年有65%的天数无云,出现云的概率仅为35%。该地区云的层数为1~5层,出现单层云的频率最高,为18%;其次为双层云,其发生频率为13%;3层云的发生频率仅为3%;4层及5层云出现的频率更小,不足1%。可见,就全年而言,张掖地区无云的概率较大,出现云时多为单层云或双层云,3层、4层和5层云所占比例较小,故将3层及以上的云归类为多层云。图3为各季节单层云、双层云、多层云及所有云的发生频率,云的季节变化明显,夏季出现云的频率最高,达到59%,冬季出现云的频率最低,仅16%,且不同层数的云的发生频率也均表现为夏高冬低;春、秋、冬3个季节中,单层云出现的频率最高,其次为双层云,而夏季双层云出现的频率高于单层云;这是因为夏季温度高,对流旺盛,且大气中的水汽含量较高,空气湿度较大,湿空气容易上升到高空形成云;而冬季气温较低,空气湿度较小,不容易形成云。

表2 不同层数云出现的频率

	月											
	1	2	3	4	5	6	7	8	9	10	11	12
无云	81%	85%	69%	71%	64%	48%	49%	26%	48%	73%	85%	88%
有云	19%	15%	31%	29%	36%	52%	51%	74%	52%	27%	15%	12%
1层	15%	12%	23%	19%	16%	24%	17%	22%	22%	20%	13%	10%
2层	4%	2%	6%	9%	17%	23%	24%	35%	22%	6%	2%	2%
3层	0	1%	2%	1%	4%	4%	9%	12%	7%	1%	0	0
4层	0	1%	0	0	0	1%	2%	4%	1%	0	0	0
5层	0	0	0	0	0	0	0	1%	0	0	0	0

3.3 不同高度云的特征分析

图4为张掖地区2016—2018年低云、中云及高云出现的频率,低云在8月出现的频率最高,达35%,其他月份低云出现的概率不足20%。中云出现的频率较高,6—9月中云出现概率约为40%,是其出现的高峰期,而11月—次年2月出现的频率较低,不足10%。高云的频率曲线呈单峰型,从1月开始逐渐增高,8月达最高值48%,而后逐渐降低;在3年的统计中,11月和12月未出现高云。总体而言,6—9月为张掖地区出现云概率较大的时间段,而11月—次年2月张掖地区出现云的概率较小。

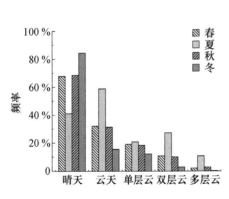

图3 各季节不同层数云出现的频率

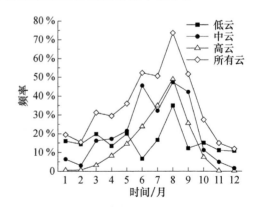

图4 各月不同云出现频率

为了解张掖地区云的垂直分布,对2016—2018年张掖地区低云、中云、高云的云底高度、云顶高度以及云层厚度进行统计。由图5a可见,低云各月平均云底高度在0.7~1.9 km,云顶高度在1.7~4.4 km,云底高度和云顶高度的变化趋势较为一致,最低值出现在1月,最高值为6月,在季节变化上呈现夏冬低的特征。图 5b 为中云的垂直分布图,其云底高度在 2.8~3.6 km,云顶高度在 2.9~4.6 km;云底 8 月最高,12 月最低,云顶 5 月最高,12 月最低。在 3 年数据的统计中,11 月和 12 月无高云,由图 5c 可见,高云的云底高度在 5.0~5.8 km,云顶高度在 5.4~6.5 km;云底高度和云顶高度的变化较为一致,在 7 月达到最高值。图 5d 给出了低云、中云、高云的云层厚度变化,低云的云层厚度变化范围较大,且其明显厚于低云和高云,其月平均厚度 6 月最大,达到 2.5 km,1 月最薄,为 1.0 km。中云、高云云厚相近且变化平缓,其平均云厚为 0.7 km。

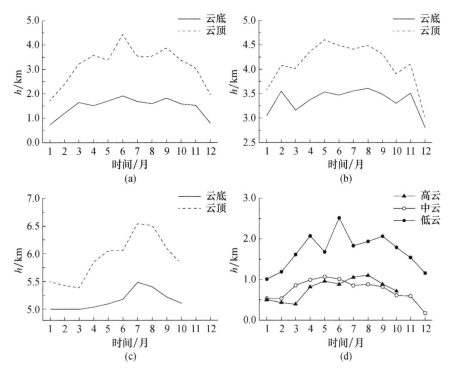

图 5 低云、中云、高云垂直分布(a、b、c)及云层厚度(d)

为研究张掖地区所有云各垂直参数的概率分布,统计了各高度范围内云底高度、云顶高度、云层厚度以及顶层云云顶高度的出现频率。由图 5 可见,张掖地区的云底高度分布在 7 km 以下,其在 1~5 km 的概率分布较为均匀,在 18% 左右,在 6 km 以上的概率仅为 4%。云顶高度分布在 8 km 以下,其概率分布曲线呈单峰型;云顶高度在 1~5 km 出现的频率随高度的升高而增大,出现在 5 km 的频率最高,超过 30%,5 km 以上频率随高度而减小。顶层云的云顶高度大多分布在 3~6 km,其在 4 km 的频率最高,达 22%。张掖地区的云层厚度小于 5 km,其随高度的增加而减小,70% 以上的云层厚度在 1 km 左右。

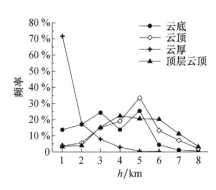

图 6 云垂直结构参数的频率分布

4 结论

本文使用温度露点差阈值法与相对湿度阈值法,对张掖地区的云垂直结构进行判定,并分析了该地区云的垂直结构特征。结果如下。

(1)结合温度露点差阈值法和相对湿度阈值法判定云垂直结构的方法可综合两种判定方法的优点,且可以弥补其各自的缺陷。

(2)张掖地区出现云的概率约为 35%,以单层云和双层云为主,各层数云的出现概率都表现为夏高冬低。

(3)张掖地区低云在全年中出现的概率较稳定,约 18%;中云和高云皆在 6—9 月出现的概率较高,而在 11 月—次年 2 月较少出现。

（4）对张掖地区所有云的垂直参数进行统计发现，其云底高度大多数在 1～5 km，且其出现的概率较为均匀；云顶高度分布在 1～8 km，其出现在 5 km 左右的概率最高；云层厚度随高度的升高而减小，70％的云层厚度在 1 km 左右。

参考文献

[1] Arking A. The radiative effects of clouds and their impact on climate[J]. Bulletin of the American Meteorological Society,1991,72(6):795-813.

[2] Wu J,Zhang L,Gao Y,et al. Impacts of cloud cover on long-term changes in light rain in Eastern China[J]. International Journal of Climatology,2017,37(12):4409-4416.

[3] 丁守国,石广玉,赵春生. 利用 ISCCP D2 资料分析近 20 年全球不同云类云量的变化及其对气候可能的影响[J]. 科学通报,2004,49(11):1105-1111.

[4] 刘玉芝,石广玉,赵剑琦. 一维辐射对流模式对云—辐射强迫的数值模拟研究[J]. 大气科学,2007,31(3):486-494.

[5] Aizen E M,Aizen V B,Melack J M,et al. Precipitation and atmospheric circulation patterns at mid-latitudes of Asia[J]. International Journal of Climatology,2001,21(5):535-556.

[6] 牛若芸,苏爱芳,马杰,等. 典型南涝(旱)北旱(涝)梅雨大气环流特征差异及动力诊断分析[J]. 大气科学,2011,35(1):95-104.

[7] Slingo A,Slingo J M. The response of a general circulation model to cloud longwave radiative forcing. I:Introduction and initial experiments[J]. Quarterly Journal of the Royal Meteorological Society,1988,114(482):1027-1062.

[8] Wang J,Rossow W B. Effects of cloud vertical structure on atmospheric circulation in the GISS GCM[J]. Journal of Climate,1998,11(11):3010-3029.

[9] 姚展予. 中国气象科学研究院人工影响天气研究进展回顾[J]. 应用气象学报,2006(6):142-151.

[10] Bruintjes R T. A review of cloud seeding experiments to enhance precipitation and some new prospects[J]. Bull Amer Meteor Soc,2010,80(5):805-820.

[11] 郭学良,付丹红,胡朝霞. 云降水物理与人工影响天气研究进展(2008—2012 年)[J]. 大气科学,2013,37(2):351-363.

[12] Poore K D,Wang J,Rossow W B. Cloud layer thicknesses from a combination of surface and upper-air observations[J]. Journal of Climate,1995,8(3):550-568.

[13] Wang J,Rossow W B. Determination of cloud vertical structure from upper-air observations[J]. Journal of Applied Meteorology,1995,34(10):2243-2258.

[14] Chernykh I V,Eskridge R E. Determination of cloud amount and level from radiosonde soundings[J]. Journal of Applied Meteorology,1996,35(8):1362-1369.

[15] 周毓荃,欧建军. 利用探空数据分析云垂直结构的方法及其应用研究[J]. 气象,2010,36(11):50-58.

[16] 韩丁,严卫,贾本凯,等. 基于掩星资料的中国地区云垂直分布研究[J]. 电波科学学报,2011,26(6):1040-1045,1227.

[17] 张日伟,严卫,韩丁,等. 基于 RS92 探空资料的云垂直结构判定及其分布研究[J]. 遥感技术与应用,2012,27(2):231-236.

[18] 吴昊,黄兴友,杨荣康,等. 两种探空仪判别云垂直结构的对比研究[J]. 气象科学,2014,34(3):267-274.

[19] 李绍辉,孙学金,张日伟,等. 探空资料云检测及其统计研究[J]. 气象科学,2017,37(3):403-408.

[20] Zhang J,Chen H,Li Z,et al. Analysis of cloud layer structure in Shouxian,China using RS92 radiosonde aided by 95 GHz cloud radar[J]. Journal of Geophysical Research Atmospheres,2010,30(29):115-128.

[21] 欧建军. 利用探空数据分析云垂直结构的方法及其应用研究[D]. 南京:南京信息工程大学,2011.

海坨山冬季地形云雾宏微特征观测分析[*]

陈云波[1] 毕 凯[1] 马新成[1] 何 晖[1] 陆春松[2]

(1 北京市人工影响天气办公室，北京 100089；
2 南京信息工程大学中国气象局气溶胶与云降水重点开放实验室，南京 210044)

摘 要：为了探究冬季北京山区降雪期间地形云雾的宏微观特征变化，利用架设在北京市海坨山闫家坪地区的自动观测站、FM120、风廓线雷达探究了在近两年北京市冬季降雪期间海坨山地区的地形云宏微观物理特性，主要观测结论如下。(1)海坨山冬季地形云出现多与降雪天气过程同时发生，为层状云结构。偏东或偏东南风在海坨山山谷地形的作用下更容易形成地形云，而底层回流和倒槽、高空槽的天气形势在北京冬季典型降水过程中对海坨山的地形云的形成更有利。本文讨论了海坨山冬季地形云云滴谱型类型、地形云滴数浓度、液态水含量、平均粒径的微观属性的变化，并用 Gamma 分布和 Lognormal分布描述了其谱函数分布。(2)在地面观测到地形云过境期间，降雪强度会随着地形云的演变不断增强，在地形云演变末期逐渐变大。地面降雪粒子尺度和凇附程度也是不断变大的。另外，不同相态的降雪粒子对地形云滴谱型改变作用是不同的。(3)结合(1)、(2)观测结果发现，海坨山地形云中过冷水较为丰富，对降雪粒子的长大和形成有一定的促进作用，有一定的增雪潜力。在冬季层状云降水"催化—供给"云结构模型中可以充当供水云的角色。

关键词：地形云，云滴谱分布，降雪形状，谱函数

1 引言

地形云作为山地地区常见的天气现象，对山区降水过程起到了重要作用[1]。在对地形云的研究中，对山区地形云的演化特征的宏微观测是对其最直接且基础的工作[2]。目前，国内外均有对地形云项目的观测研究。从 20 世纪 60 年代至今，我国在青藏高原，四川[3]，西北地区的祁连山[4-5]，南方的九华山[6]、南岭[7-9]、鄂西[10]、秦岭[11]等地开展了对山区复杂地形下的夏季地形对流云和冬季降雪期间南方过冷云雾的观测；20 世纪 70 年代末至 20 世纪 90 年代，Herckes 等[12]在加州圣华金河谷，欧洲的也有 Fuzzl 等[13]和 Wobrock 等[14]在山谷地形云雾粒子的观测，利用地面 PVM、FM100 等仪器研究各地地形云雾发展演变的物理过程，分析了天气形势变化、气溶胶活化、云滴谱特征、云中化学组分的变化和地面降雪形状的观测等[15-19]。

冬季是我国北方降水较少的季节，目前对山区降水和地形云雨雾观测的研究主要集中在长三角和珠三角[20-23]。而在北方，由于所处海拔较高，气温较低，自动站与人工观测分布站点较少，对山区降雪期间和地形云的现象研究也较少。目前的研究，主要集中在针对冬季南方过冷雾对电力设施的影响[24-25]和华北平原地面雾的观测研究[26-27]，对华北地区山区开展的地形云的观测研究相对较少。

2022 年我国将在北京、张家口举办冬奥会，北京延庆的海坨山地区是高山速降滑雪比赛场地之一，由于地处华北山区，在冬季伴随着天气系统的过境，在降雪发生期间的山区，由于海拔较高，经常出现地形云过境的天气现象。这种地形云雾造成的低能见度现象对冬奥比赛赛事有十分不利的影响[28]，但地形云也是冬季人工增雪的重要目标的研究对象[3]。本文基于海坨山冬季降雪期间发生的地形云现象，利用自动气象站、雾滴谱仪和地面降雪形状的显微观测，对海坨山地区冬季降雪期间发生的地形云的宏微观特

* 资助信息：北京市气象局科技项目(BMBKJ201701008)，北京市气象局云降水物理研究和云水资源开发北京市重点实验室联合基金项目(BMBKJ201905003)。

征,对发生在海坨山奥运比赛山谷发生的地形云现象进行了观测研究,并探究地形云形成与演变趋势和其与冬季降水的相互影响机制。

2 观测站点及仪器

本次观测选取时间在2016—2018年冬季,共观测到5次较为明显的冬季地形云过境现象。本次观测站点位于北京与河北交界闫家坪(海拔1450 m)。观测站点均位于海坨山地区的松山山谷,海坨山地区位于北京西北部,燕山与太行山交界,其东南与西南是北京西北部延庆平原,地势相对平坦,平均海拔900 m,西部与北部是河北坝上高原,多山地形,平均海拔1500 m。松山山谷位于海坨山主峰大小海坨南侧,山谷开口朝向东南方向,整个山谷呈现西北高,东南低分布(图1)。本次观测站点是山谷西部的闫家坪,观测仪器主要有自动气象要素观测站,FM120雾滴谱仪,OTT雨滴谱仪,用于观测海坨山地区山区发生云雾的气象要素和云与降水的微观特征。另外,在延庆布设一台风廓线雷达用于观测海坨山山前风场垂直结构的变化。

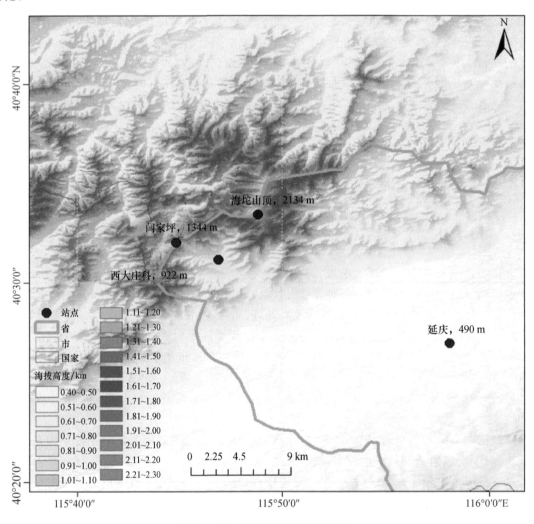

图1 海坨山观测站点分布(圆点)

3 数据处理与方法

3.1 地形云滴谱的计算

本研究使用FM120实时统计不同粒径(共30个档位,对应粒径范围4~50 μm;粒径为r,每档粒径间

距为 Δr, i 为档数)档下的每分钟个数数据,采样频率 $f=1$ Hz,计每档每秒不同粒径粒子数 N_i(个),采样空速 TAS(m/s),采样面积 $A=0.351$ mm^2。本文首先进行数据滑动平均到 1 min,然后得到每分钟平均每档数浓度:

$$n_i = \frac{N_i}{TAS \times A \times \Delta r} \tag{1}$$

则有总数浓度:

$$N = \sum n(r) \tag{2}$$

液态水含量:

$$L = 1 \times 10^{-6} \times \rho \times \sum \frac{4\pi}{3} r^3 n(r) \tag{3}$$

式中:ρ 为水的密度。

3.2 云滴谱其他物理量的计算

常见的衡量云滴谱型的微物理量如下。

(1)k 阶距与云滴离散度

k 阶距:

$$\bar{r} = m_1 \tag{4}$$

$$m_k = \sum r^k \frac{n(r)}{N} \tag{5}$$

式中:1 阶距为算术平均粒径。

由式(4)、(5)可以得到云滴离散度为:

$$\sigma = \sqrt{(m_2 - m_1^2)} \tag{6}$$

(2)峰度与偏度

它们能较好地描述云雾谱中粒子粒径的各个属性,偏度 S 主要描述云雾谱中粒子偏向大粒子段还是小粒子段。一般认为,偏度 S 表示粒子谱偏向小于或大于平均半径的程度,当 $S>0$ 时,表示粒子谱呈现左偏态,谱峰偏向小粒子,在大粒子段存在一尾端,反之则表示谱形偏向大粒子段;峰度 K 表示粒子谱峰向上突出的程度,通常由于在正态分布的粒子谱峰度值等于 3,本式中 K 是与标准正态分布比较;因此,当 $K<3$ 时,说明粒子谱分布更集中,有比正态分布更短的尾部,粒子谱分布主要分布在较短的粒径段;而当 $K>3$ 时说明粒子谱分布不那么集中,在大粒径段有比正态分布更多粒径段的分布,类似于矩形的均匀分布[29-30]。通常描述其云雾谱的峰度与偏度的表达式为:

$$S_k = \frac{m_3 - 3m_1 m_2 + 2m_1^3}{(m_2 - m_1^2)^{3/2}} = \frac{2}{\sqrt{1+\mu}} \tag{7}$$

$$K_u = \frac{m_4 - 4m_1 m_3 + 6m_1^2 m_2 - 3m_1^4}{(m_2 - m_1^2)^2} - 3 = \frac{6}{1+\mu} \tag{8}$$

其对应着的峰度与偏度的离散度为:$C_k = S_k^2/4$,$C_s = K_u/6$。

4 结果与分析

4.1 总体概况

本次研究分析时间主要集中在 2016—2018 年,在闫家坪观测站共观测到 5 次较为明显的地形云雾过境本站过程。结合能见度仪的分钟资料,按照水平能见度小于 1 km,分钟雾滴数浓度大于 50 个/cm^3,宏观记录显示有明显的地形云过境事件记为一次地形云过境个例,统计其出现的持续时间。本文将云雾过境时间期间的降水类型、云粒子平均数浓度(N_{avg})、平均液态水含量(LWC_{avg})、平均有效粒径(ED_{avg})和最低能见度(Vis)统计成表格。

表 1　海坨山地形云观测概况

个例	日期	时间	持续时间	降水类型	数浓度 /(个/cm³)	液态水含量 /(g/cm³)	有效粒径 /μm	最低能见度 /m
1	2016 年 11 月 20 日	11:23—16:00	4 h 37 min	小霰	130.640	0.047	9.59	43.25
		16:00—18:27	2 h 27 min	毛毛冻雨	82.230	0.058	12.41	47.00
		19:00—20:50	2 h 50 min	雪	72.830	0.030	10.53	89.25
		21:00—21:58	58 min	湿雪雪团	38.980	0.017	8.47	101.00
2	2017 年 1 月 7 日	06:51—08:11	20 min	雪	1.760	$9.385×10^{-5}$	4.62	821.50
		08:50—12:36	2 h 49 min	雪	139.060	0.020	7.72	52.25
		10:06—10:28	22 min	雪	0.302	$7.200×10^{-5}$	3.02	564.00
		10:35—14:46	4 h 11 min	雪	35.900	0.003	4.40	84.50
3	2017 年 2 月 21 日	15:12—16:18	1 h 6 min	雪	4.440	$4.320×10^{-4}$	3.02	79.25
		16:42—17:09	27 min	雪	62.720	0.005	4.31	362.50
		17:23—18:34	1 h 11 min	雪	0.650	$1.110×10^{-4}$	3.31	338.50
4	2018 年 2 月 27—28 日	11:20—12:49	1 h 29 min	—	10.090	$0.740×10^{-3}$	4.89	47.50
		18:28—08:03	14 h	—	106.450	0.010	8.11	49.00
	2018 年 4 月 4 日	14:52—18:56(仪器故障)	>4 h 4 min	雪	117.400	0.010	8.21	53.00
		00:50(维修完毕)—01:31	>100 min	雪	64.900	0.025	10.67	84.00
5	2018 年 4 月 5 日	03:05—03:26	20 min	雪	86.300	0.015	5.16	73.75
		04:33—04:50	17 min	雪	104.850	0.020	7.35	100.00
		06:07—06:16	9 min	雪	148.000	0.038	8.04	68.50
		09:09—09:38	29 min	霰	87.720	0.013	5.69	72.50

由上表可以看出,在观测期间的 5 次地形云的个例中,有 4 次伴随着降雪过程。在云雾过境期间:个例 1 出现多种形态的降水,包括霰粒子、过冷冻雨或凇附严重的雪花等;个例 4 则出现了较为显著的雾凇景象和电线积冰现象。从云雾持续时间来看,个例 1 和个例 5 两次过程持续时间较长,最长可以持续 12 h,云雾持续经过本站的过程中,能见度均很低,最低不足 50 m,而且差异性较大,但趋势是云雾出现时间越长,云中能见度越低。从出现的地形云时间频率来看,本站地形云可能发生在一天中的任何时刻。在观测期间的降雪和云雾的出现时间有较好的同步性,这种云雾混杂的现象也说明了几次云雾过程并不是由于山区局地的辐射降温造成的辐射雾,这与具体的降雪天气系统过境有着较为明显的联系。

4.2　地形云演变期间的宏观特征与风场—天气形势分析

4.2.1　海坨山地形云宏观特征

图 2 是本站观测期间个例 1 拍摄的地形云从山谷下方逐渐爬升至本站后的宏观图像,可以看出,在地形云移动至本站的初期,本站能见度迅速下降。在地形云爬升至本站之前,本站可以看到地形云云顶,从山谷下方涌起的地形云云顶平整,略有波纹的结构,为明显的层状云。在地形云演变后期,通常伴随着降水的出现,本站能见度也逐渐好转[31]。

图 2　海坨山地形云宏观图像

4.2.2 地形云演变期间风场—天气形势分析

通过表 1 研判分析,几次观测到的地形云过程均出现在特殊的天气形势背景之下。本文通过分析,得到了冬季北京山区容易出现地形云的天气形势的类型。在高空形势上主要分为低涡低槽型、冷涡型和平直西风型;而常见的地面天气形势有高压后部型(回流型)、低压前部型(气旋前部)和地面倒槽型。表 2 总结了这 5 个个例的天气类型。

表 2　海坨山地形云演变期间天气形势配置

个例	日期	时间	高空形势			地面形势
			500 hPa	700 hPa	850 hPa	
1	2016 年 11 月 20 日	11:23—21:58	平直西风	平直西风	低涡低槽	高压后部
2	2017 年 1 月 7 日	06:51—12:36	冷涡	冷涡	冷涡	地面倒槽
3	2017 年 2 月 21 日	10:06—17:09	低涡低槽	低涡低槽	低涡低槽	低压前部
4	2018 年 2 月 27—28 日	11:20—08:03	低涡低槽	低涡低槽	冷涡	低压前部
5	2018 年 4 月 4—5 日	14:52—09:38	低涡低槽	低涡低槽	冷涡	低压前部

由上表可以看出,5 次地形云个例中,高层以低涡低槽类型为主,近地面以高压后部(地面倒槽)天气类型为主。这种天气类型的配合会使得海坨山地区的整层大气在低槽配合下,大气动力条件变好,加之在降雪期间底层大气水汽条件充足,在近地面天气(高压后部、倒槽前)形势下,海坨山谷内以东风或东南风为主,而与此对应的海坨山谷的地形开口方向也是东南方向,这对地形云的形成十分有利[32-33]。图 3 显示了在个例 2 的一次地形云过境过程中,山谷内自西北向东南不同高度上设立的 3 台风廓线雷达(红、蓝、黑分别代表延庆(YQ)、西大庄科(XDZK)、闫家坪(YJP))的垂直风场变化,可以看出,2 km 以上维持西北气流,1 km 以下近地面维持弱的偏东风或东风,这与本次观测地点的山谷开口方向一致,由于本站处于山谷的高处,底层偏东风的厚度维持在地面至 1200 m 处,这与闫家评站的海拔高度相一致。偏东风的维持使得气流沿山谷爬升形成山谷内的地形云,而在地形云演变末期,垂直风场转为整层偏西风,这不利于地形云的维持。

总体来看,冬季 500 hPa 高空槽前、地面形势为回流或低压前部是有利于在海坨山出现地形云的天气形势。在这种天气形势的配合下,偏东气流的建立是几次地形云形成的重要原因。在地形云形成之前,底层的偏东气流逐渐建立,这种东风沿山谷爬升的气流是维持地形云出现的主要原因,而随着偏东风气流层减弱消散,西南气流的加大导致的降水粒子不断的冲刷,是地形云消失的主要原因。

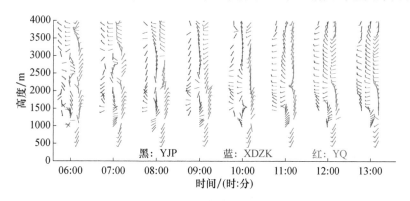

图 3　2017 年 1 月 7 日个例 2 海坨山地形云演变期间云场垂直特征变化

4.3　地形云演变期间的微观物理量特征分析

4.3.1　地形云演变期间微观物理量和云滴谱的变化

图 4 是粒子数浓度、液态水含量、粒子中值直径、有效粒径和对应的能见度与小时雨强时间演变。图 5 是 5 个个例中的云滴谱数浓度的演变情景。在 5 次地形云个例中,云滴谱均出现了一定程度的变化,但也存在一定差异。总体来看,主要呈现为由单峰型向双峰型转变,单峰型峰值粒径为 4 μm,双峰型峰值粒

径的两个峰值分别为 7 μm 和 16 μm，云滴数浓度较大，云滴粒径主要分布在小粒子段，谱分布表现为窄谱分布。随着降雪强度的变大，10 μm 以下粒径段云滴谱的离散度也随之变大。在地形云演变初期，云滴谱云滴粒子集中在小粒子端，云滴数浓度会出现爆发性增长，粒子集中程度较高；随着降雪粒子尺度的逐渐变大，对云滴谱影响主要是增大云滴谱的大粒子端数浓度，增加云滴谱的离散度，云滴谱峰逐渐变平，峰值粒径转向大粒子。在云雾演变后期，降雪粒子对云滴谱的影响是削减大于平均粒径大云滴端的数浓度，使得云滴平均粒径变小，谱峰度变大，云滴谱逐渐变为宽谱分布，云滴粒径逐渐变大，谱宽变宽，云滴数浓度逐渐下降，峰值粒径逐渐变大，谱宽逐渐变宽，对应的峰值数浓度逐渐降低，对应的云滴离散度达到最大。而无降水或者降雪强度很弱的云雾个例，云滴谱宽变化较小，主要表现为窄谱双峰分布，峰值数浓度维持少动，在演变的后期云滴谱逐渐变窄，数浓度逐渐下降。

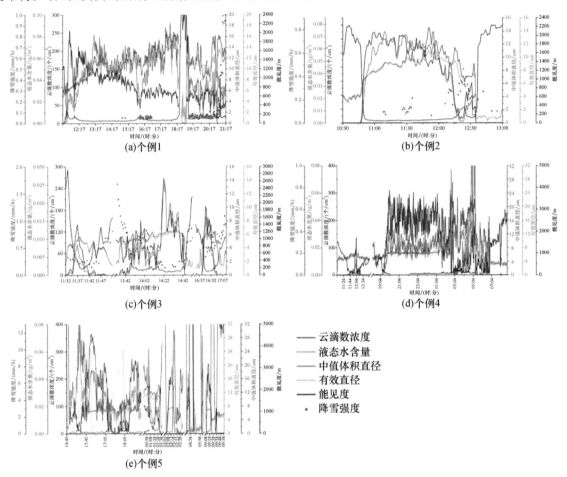

图 4　5 个个例海坨山地形云数浓度、液态水含量、中值体积直径、有效粒径、能见度、降水强度随时间的变化

以个例 1 为例，在 2016 年 11 月 20 日北京地区出现的冬季第一场降雪，在海坨山的降雪期间出现了地形云经过闫家坪本站的现象，并且持续时间长达 12 h。在此期间，随着地形云的演变，降雪粒子也出现了不同程度的变化。在降雪发生之前，本站的地形云在山谷内逐渐爬升，本站看到地形云的云顶逐渐接近，在进入地形云之后，能见度随即下降，云滴数浓度出现了爆发式的增长，云滴谱小粒子段出现了较为明显的爆发性增长，从不足 50 个/cm^3 迅速上升至超过 250 个/cm^3，液态水含量也上升至 0.08 g/m^3；此时云滴中值体积直径和有效粒径在 10 μm 以下，平均粒径小于 3 μm，云滴谱离散度小于 1，云滴谱峰度与偏度显示：$S>0$，$K>3$，说明此时的云滴粒子谱呈现左偏态分布，粒子谱峰较大，谱宽较窄，此时云滴谱峰值直径为 8 μm；较大的云滴粒子数浓度较少，说明在地形云移动至本站初期，云雾主要以小云滴为主，并且数浓度较大，这与在平原地区观测到的辐射雾前的粒子数浓度出现爆发性增长类似，这可能因为大气中的气溶胶粒子较多，容易吸湿增长成较小的云滴，而在从而造成了小云滴数浓度的快速增加[34-35]。到地形云演变中后期，本站先后出现了毛毛冻雨、降落的凇附雪团（尺度逐渐变大），此时云雾谱形从单峰型逐渐转为双峰或多峰结构，在 10 μm 和 20 μm 附近出现了两个峰值，峰值粒径也逐渐向大粒子端移动。

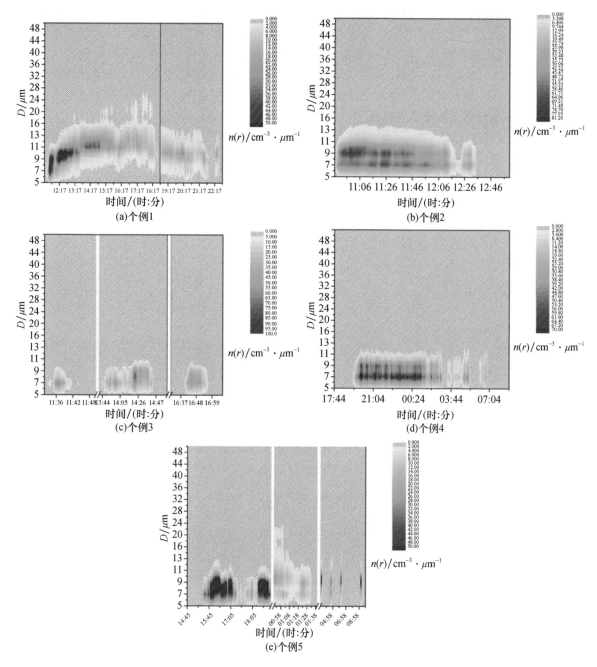

图5　5个个例海坨山地形云滴谱随时间的变化

入夜后,由于气温下降,降水粒子逐渐从毛毛冻雨演变成凇附的大的雪团与雪花,云滴数浓度出现大幅震荡,凇附的雪花在下降经过本站地形云雾后,地面的雪团有明显的凇附现象(图6),凇附现象降低了云中液态水含量(从 0.1 g/m³ 降至 0.02 g/m³)[36],使得云中中值半径和有效半径维持在 10~16 μm,云滴离散度逐渐变小,云滴平均粒径缓慢下降,S 重新变为正值,K 逐渐大于3,说明云滴谱转为较小的窄谱,谱峰缓慢变大,但由于云滴谱离散度和云滴平均粒径相对于云滴谱前期较大,云滴谱依旧表现较宽的分布。

　　个例4仅仅为一次单纯的地形云过境的个例,本站并没有出现降雪。在地形云过境前期,云滴数浓度也出现了爆发性增长,但后期变化不大,维持在 200 个/cm³。在云雾过境期间,云物理粒子的中值半径和峰值粒径变化较小,维持在 4 μm,粒子平均粒径也在 4 μm 附近,云滴离散度很小,云滴谱偏度更接近于0,较大的峰度值这都说明此次过程云滴谱分布较为对称,尖峰程度较高,云滴谱呈现明显的窄谱分布,液态水含量表现为与数浓度有较大的相关性,云滴谱平均粒径较小,粒子谱宽变化很小,在此期间谱型稳定维持呈双峰型分布,两个峰值粒径分别在 7 μm 和 9 μm,两者较为接近。在近底层偏南气流平流作用下,近底层的气溶胶和雾滴粒子逐渐移动至本站,和其他几次地形云个例对比,本次地形云云滴粒径谱分布较窄,云中液态水含量很低,说明在云中的水汽对云滴的凝结增长并不突出,较高的气溶胶粒子数浓度也使得云滴普遍偏小[21,37]。与其他几次云雾过境末期相比,本站出现了雾凇现象,由于没有明显的降雪粒子对云雾的冲涮作用,因此此次云雾过境在云雾谱仅是数浓度的变化,不同大小的粒子在演变后期的过程随着云滴粒子不断蒸发,粒子数浓度逐渐降低,云滴离散度开始变大,而粒子大小的分布特征并没有明显的变化,粒子平均粒径变化不大,粒子谱宽也没有出现明显的变宽现象。

4.3.2 海坨山冬季地形云滴谱函数拟合

云滴谱函数是描述云滴谱型分布的重要工具,也是定量化描述云滴谱型的重要工具。本研究通过对观测数据的处理,拟合出在云滴谱稳定存在阶段的云滴谱函数。在稳定阶段,海坨山冬季地形云可以用 Gamma 分布和 Lognormal 分布描述,采用分粒径段的两种谱函数拟合的相关系数分别为 0.92($4\sim16\ \mu m$),0.97($16\sim50\ \mu m$)和 Gamma 分布:0.90(Lognormal 分布:$4\sim16\ \mu m$),0.99(Lognormal 分布:$16\sim50\ \mu m$)。相比于平原地区雾和海洋性层状云,海坨山地形云滴谱属于较为典型的大陆型层状云,谱宽介于两者之间,数浓度较低,平均云滴粒径较大。

Gamma 分布:

$$n(r) = 9.13 \times 10^{-5} r^{11.2} e^{-1.39r} \qquad n(r) = 1.45 \times 10^{-1} r^{22.52} e^{-1.216r}$$
$$4 \leqslant r \leqslant 16\ \mu m \qquad\qquad 16 < r \leqslant 50\ \mu m$$

Lognormal 分布:

$$n(r) = -2.42 + \frac{140.64}{\sqrt{2\pi} \times 0.345 \times r} \exp\left(-\frac{\ln(r/8.80)^2}{2 \times 0.345^2}\right)$$
$$4 \leqslant r \leqslant 16\ \mu m$$

$$n(r) = 0.042 + \frac{7.00}{\sqrt{2\pi} \times 0.176 \times r} \exp\left(\frac{\ln(r/19.39)^2}{2 \times 0.176^2}\right)$$
$$16 < r \leqslant 50\ \mu m$$

对于本次的观测结果,表3列举了一些平原地区雾和山区云的观测结果[7-9,37-41]。

表 3　本次观测与其他研究成果的对比

观测地点	观测时间	N_{avg}/(个/cm³)	LWC_{avg}/(g/cm³)	R_{avg}/μm
南京信息工程大学(雾)	2006 年	320.0	0.150	4.15
重庆(雾)	1990 年	453.0	0.100	4.80
南岭地区(山区雾)	1998—2001 年	201.7	0.140	7.20
日本筑波山(地形云)	1993 年	147.0	0.009	4.90
马德拉岛(层云)	1995 年	350.0	0.220	9.80
怀俄明(层云)	1995 年	270.0	0.010	2.30
本研究(地形云)	2017—2018 年	100.0	0.020	7.90

对比可以看出,相对于国内平原和城市地区的雾和国外地区海洋海岛地区的层状云的观测结果,海坨山冬季地形云雾的数浓度较低,平均粒径介于两者之间,而液态水含量差别不大,可能的原因是相比城市地区的相对较高的气溶胶背景和海洋上较为充足的水汽条件,海坨山所处的地理位置,气溶胶背景值介于这两者之间,而水汽条件较差。因此,所形成的地形云雾谱宽介于两者之间,平均云滴粒径较大,数浓度也相对较低,需要进一步探究本地气溶胶水平和地形云形成的关系。

4.4　地形云过境期间的云物理与降雪粒子结构分析

4.4.1　地形云过境期间与降雪粒子变化

本研究观测发现,海坨山地形云的出现与降雪粒子的出现时间具有较好的时间同步性。对比地形云滴谱在降雪期间的演变过程,发现不同形态的降雪粒子对地形云滴谱的影响是不同的,并且地形云过境期间的降雪粒子的显微微观图像也是变化的。本研究均观测到了不同相态和形状的降雪粒子(除了个例4),从小的霰粒,到冻雨雨滴、湿雪雪团,到不同形状大小的雪花等(图6)。在地形云演变初期,本站观测到的降雪粒子尺度较小,且小于 1 mm,形状多为小霰粒、板状雪花、针状雪花等,且雪花上淞附现象较少。在地形云演变后期,随着西南气流水汽的输送,随着水汽条件的变好,更有利于雪花凝华增长,出现的降雪粒子尺度也逐渐增大,从湿雪雪团,到大的六角形、辐枝状雪花为主,尺度大于 1 mm(图中的短线长度为 1 mm)。另外,从雪花的形态上可以看出,雪花的辐枝边缘存在凹凸不平的结构,这说明这些雪晶在下降的过程中经过了底层的地形云雾[42],与其内涵的过冷水滴不断碰并,发生了较为明显的淞附现象。具体照表 1 的地形云维持时间来看,当本站云雾维持时间越长(如个例 1 和 5),本站看到的降雪粒子发生淞附的程度也就越深。

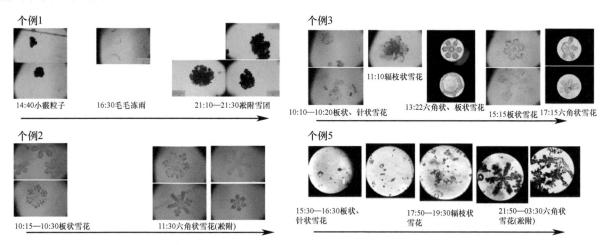

个例1

14:40小霰粒子　　16:30毛毛冻雨　　21:10—21:30淞附雪团

个例3

10:10—10:20板状、针状雪花　　11:10辐枝状雪花　　13:22六角状、板状雪花　　15:15板状雪花　17:15六角状雪花

个例2

10:15—10:30板状雪花　　11:30六角状雪花(淞附)

个例5

15:30—16:30板状、针状雪花　　17:50—19:30辐枝状雪花　　21:50—03:30六角状雪花(淞附)

图 6　观测不同个例中降雪地形云演变期间的降雪粒子微观结构的变化

4.4.2　不同降雪类型粒子与云滴相互作用分析

在不同降水类型下(无降水、雪雾混杂、毛毛冻雨雾混杂),云滴谱的峰度与偏度和云滴平均粒径的关系可以看出,随着云雾谱平均粒径变大,云雾谱峰度和偏度变小,说明当云滴谱平均粒径较大时,云滴谱宽较宽,谱峰较小,呈低峰的宽谱分布;而当云滴谱平均粒径较小时,云滴谱为窄谱尖峰分布。对比 5 个云雾个例中的峰度随粒径的变化可以看出,在相同谱峰的分布下,雨雾混杂情景时的云滴平均粒径最大,其次是雪雾混杂,而只有云雾过境期间的平均粒径最小,在相同谱偏度的分布下,雨雾混杂时云滴谱的平均粒径最大,云滴谱最偏向大粒子;在无降水期间,云雾谱更偏向于小粒子。在相同的平均粒径下,雨雾混杂时云滴谱谱偏度和峰度最小,其次是雪雾混杂;在无降水期间,云滴谱的偏度和峰度均是最大的。由此可见,不同相态的降水粒子对云滴谱的影响是不同的[36],这与之前的研究相类似。液态降水粒子在下落的过程中,增大了空气的相对湿度,这使得小的云滴更有利于凝结增长成为较大粒径的云滴,增大了云滴谱的平均粒径,而凝结成较大的云滴也更容易通过碰并作用收集小的云滴,从而减少粒径较小的云滴的数浓度,增大大云滴的数浓度,使得云滴谱峰变平,偏度变小。降雪粒子在下落的过程中,经过底层的

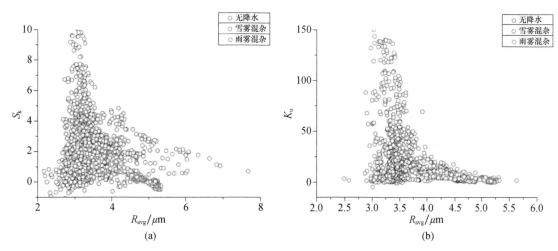

(a)　　　　　　　　　　　　　　　　　　　(b)

图 7　观测不同相态降水粒子对海坨山地形云滴谱分布的影响

地形云,通过不断碰并云滴,会发生淞附现象,而在淞附过程中,云滴谱中较大粒径的云滴更容易被收集。另外,降雪粒子通过蒸发作用和云滴竞争水汽,使得小云滴更难以长大[18,43]。因此,在降雪粒子与云滴碰并过程中,云滴谱逐渐收窄,谱峰逐渐变大,偏度变大。

4.5 海坨山冬季地形云过冷水分布及其增雪潜力分析

在观测中发现,本站的降雪强度在冬季地形云演变末期不断变大。之前的研究表明,冬季层状降水云存在一种"催化—供给"的云结构。在本次观测中发现,本站地面降雪量和降雪强度随着地形云爬升至本站而逐渐变大;地面观测到的降雪粒子的微观结构也显示,在地形云演变期间地面雪晶的形状也逐渐变大,而雪晶结构也出现了反映过冷水丰富现象的淞附碰并过程[19]。这都说明,底层的地形云具有一定的过冷水分布。在经典的层状云降水模型中,高层的冰晶在降落的过程中,经过底层过冷水较为丰富的云层(本研究为地形云),会促进降水粒子的长大,继而促进降水量的增长,这也从一个方面说明底层地形云的过冷水主要充当促进降水粒子长大的能力的角色,有一定的增雪潜力。本研究利用微波辐射计探测到地形云本站期间的累计液态水含量和液态水含量垂直分布的演变,过冷水累计含量 ILW 和 LWC 的垂直分布也出现了相应的峰值,说明底层地形云具有较为丰富的过冷水分布。这说明底层地形云充当了冬季层状云"催化—供给"云结构中供水云的角色,有一定的增雪潜力[1-2]。

图8a显示了个例2的一次降雪过程中降雪与地形云演变过程的变化。可以看出,微博辐射计显示的 ILW 垂直累计过冷水的变化在本个个例中出现了两次峰值,一次是降雪发生之前(04:00—06:00),另外一次(10:00—12:00)为地形云逐渐爬升到本站的过程之中,过冷水含量可达 $0.15\ \mathrm{g/m^3}$。可以看出地形云在逐渐进入本站之后降雪强度开始减弱,雪中微观降雪粒子出现了稀淞附的现象,可以推测在高层雪晶降落的过程经过了底层地形云中过冷水含量比较丰富的地区,雪晶长大且出现了淞附现象。在此期间,高空降落的雪晶经过"供给"云的过冷水供应,地面降雪雪晶尺度和降雪量不断变大,底层地形云充当了冬季层状云降水"催化—供给"云结构中"供给"云的角色,也说明了底层地形云在冬季降雪过程中具有一定的增雪潜力。

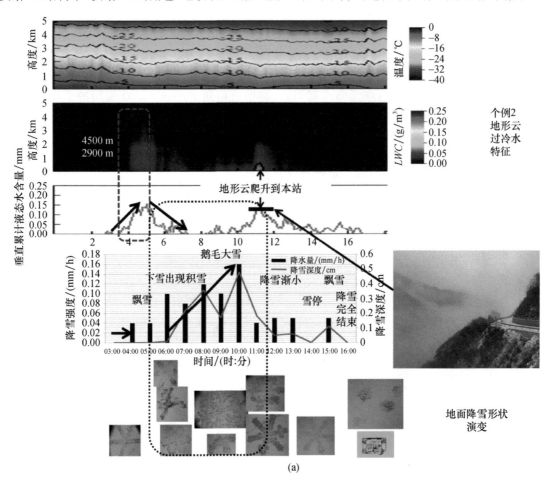

(a)

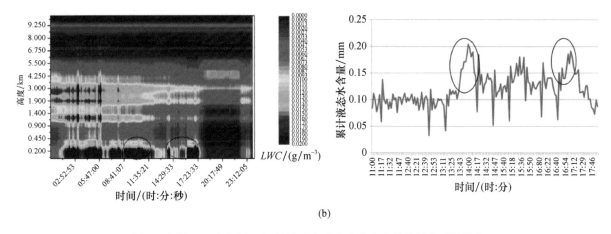

(b)

图8 个例2(a)和个例3(b)地形云中过冷水分布含量特征的时间演变

图8b显示了个例3的一次降雪过程中的地形云演变中微博辐射计显示的 ILW 垂直累计过冷水和 LWC 垂直阔线随时间的变化。对应着图4和图6中地形云出现的两个时刻,可以看出 ILW 出现了两次峰值(图中黑色圆圈所标),对应的时刻为13:43—14:00和16:54—17:10,这与个例3中后两段小的地形云演变过程相对应,从 LWC 垂直阔线来看,过冷水分布高度的范围也对应着近底层的地形云爬升的时间,并且在其1.4～3 km的高度上存在另一高值区,为冰晶播撒云。在此时间内,地面观察到了尺度不断变大的六棱板状和枝状雪晶。由此说明,个例3的两次小的地形云进入本站的过程中,其内部的过冷水含量可达0.19 g/m³,有较为丰富的过冷水含量,增雪潜力较好。高空落下的雪晶在经过底层较为丰富过冷水含量的地形云时不断碰并长大,促进了其雪晶形状的变化和降雪强度的变大,这也说明了底层地形云在冬季层状云降水"催化—供给"云结构中有充当"供给"云的角色。

5 主要结论

(1)海坨山冬季地形云为层状云结构,常与冬季降雪过程同时发生。高空槽前、地面形势为回流或低压前部的天气形势是比较有利于海坨山出现地形云的。在这种天气形势的配合下,偏东气流的建立是几次地形云形成的重要原因。在地形云形成之前,底层的偏东气流沿山谷爬升是维持地形云出现的主要原因,而随着偏东风气流层减弱消散,西南气流的加大导致的降水粒子不断的冲刷,是地形云消失的主要原因。

(2)海坨山地形云云滴谱型主要分为单峰型和双峰型,单峰型峰值半径为4 μm,双峰型峰值粒径的两个峰值分别为7 μm和16 μm。本研究观测的5个个例中,降水与非降水地形云的云滴谱演变存在明显差异。在发生降水的地形云个例中,云滴谱会发生明显变化,初期云滴谱云滴粒子集中在小粒子端,云滴数浓度会出现爆发性增长,粒子集中程度较高;随着降雪粒子尺度的逐渐变大,对云滴谱影响是:增大了云滴谱的大粒子端数浓度、增加云滴谱的离散度、云滴谱峰逐渐变平。在云雾演变后期,降雪粒子对云滴谱的影响是削减云滴谱的数浓度,使得云滴平均粒径变小,谱峰度变大,对应着云滴离散度达到最大。

(3)在云雾稳定维持阶段,海坨山冬季地形云可以用Gamma分布和Lognormal分布描述,采用分粒径段的两种谱函数拟合的相关系数分别为0.92(4 μm$\leqslant r \leqslant$16 μm),0.97(16 μm$< r \leqslant$50 μm)和Gamma分布:0.90(Lognormal分布:4 μm$\leqslant r \leqslant$16 μm),0.99(Lognormal分布:16 μm$< r \leqslant$50 μm)。相比于平原地区雾和海洋性层状云,海坨山地形云滴谱属于较为典型的大陆型层状云,谱宽介于两者之间,数浓度较低,平均云滴粒径较大。

(4)在地形云过境期间,降雪粒子会出现明显的凇附现象,雪花尺度也逐渐变大,雪花形状从较小尺度的板状、针状雪花转变成辐枝状雪花或雪团。前者主要使较窄的云滴谱变宽,平均粒径变大;而后者作用是削减云滴谱数浓度,减少云谱峰度,使粒子谱整体下降。相比于固态降水粒子,降水粒子在云水转化效率方面更高,主要体现在增大云滴谱平均粒径和云滴谱离散度。结合上述观测结果发现,海坨山地形云中过冷水较为丰富,对降雪粒子的长大和形成有一定的促进作用,有一定的增雪潜力。在冬季层状云降水"催化—供给"晕结构模型中可以充当供水云的角色。

参考文献

[1] French J R,Friedrich K,Tessendorf S A,et al. Precipitation formation from orographic cloud seeding[J]. Proceedings of the National Academy of Sciences of the United States of America,2018,115(6):1168-1173.

[2] Braham R R,William A C,Robert D E,et al. Precipitation enhancement—A scientific challenge[M]. Boston:Review of Wintertime Orographic Cloud Seeding,1986:87-103.

[3] 祁红彦,申辉,韦巍,等.西岭雪山地形云人工增雪试验研究[J].气象与环境学报,2017,33(4):93-101.

[4] 孙晶,楼小凤,胡志晋.祁连山冬季降雪个例模拟分析(Ⅰ):降雪过程和地形影响[J].高原气象,2009(3):485-495.

[5] 陈添宇,郑国光,陈跃,等.祁连山夏季西南气流背景下地形云形成和演化的观测研究[J].高原气象,2010,29(1):152-163.

[6] 汪学军,王新来,姚叶青.九华山雾日时间变化特征及其形成的气象条件分析[J].暴雨·灾害,2012(3):287-292.

[7] 邓雪娇,吴兑,史月琴,等.南岭山地浓雾的宏微观物理特征综合分析[J].热带气象学报,2007(5):424-434.

[8] 邓雪娇,吴兑,叶燕翔.南岭山地浓雾的物理特征[J].热带气象学报,2002(3):227-236.

[9] 吴兑,邓雪娇,毛节泰.南岭大瑶山高速公路浓雾的宏微观结构与能见度研究[J].气象学报,2007(3):406-415.

[10] 栾天.鄂西山地雾的变化趋势及其与平原辐射雾的边界层特征差异[D].南京:南京信息工程大学,2012.

[11] 戴进,余兴,Rosenfeld D,等.秦岭地区气溶胶对地形云降水的抑制作用[J].大气科学,2008(6):1319-1332.

[12] Herckes P H,Chang T L,Collett J L. Air pollution processing by radiation fogs[J]. Water Air and Soil Pollution,2007(181):65-75.

[13] Fuzzi S,Waldvogel A. European aerosol conference,September 1989,Vienna,Austria,Workshop:Fog and cloud research[J]. J Aerosol Sci,1990,21(3):339-395.

[14] Wolfram W,Andrea I F,Marie M,et al. The cloud ice mountain experiment(CIME)1998:Experiment overview and modelling of the microphysical processes during the seeding by isentropic gas expansion[J]. Atmospheric Research,2001,58(4):231-265.

[15] Richard J V,David S C. Simultaneous observations of aerosol and cloud droplet size spectra in Marine Stratocumulus[J]. Journal of the Atmospheric Sciences,1997(5):2180-2192.

[16] Julie M,Thériault K L,Rasmussen T F,et al. Weather observations on Whistler Mountain during five storms[J]. Pure and Applied Geophysics,2014(171):129-155.

[17] Isaac G A,Joe P,Mailhot J,et al. Science of Nowcasting Olympic Weather for Vancouver 2010(SNOW-V10):A world weather research programme project[J]. Pure and Applied Geophysics,2014,171:1-24.

[18] Thé Riault J M,Rasmussen R M,Ikeda K,et al. Dependence of snow gauge collection efficiency on snowflake characteristics[J]. J Appl Meteorol Climatol,2012(51):745-762.

[19] Woods C P,Stoelinga M T,Locatelli J d,et al. Size spectra of snow particles measured in wintertime precipitation in the pacific northwest[J]. J Atmos Sci,2008(65):189-205.

[20] 李子华,刘端阳,杨军,等.南京市冬季雾的物理化学特征[J].气象学报,2011,69(4),706-718.

[21] 严文莲,刘端阳,濮梅娟,等.南京地区雨雾的形成及其结构特征[J].气象,2010,36(10):29-36.

[22] Chune S,Matthias R,Zhang H,et al. Impacts of urbanization on long-term fog variation in Anhui Province,China[J]. Atmospheric Environment,2008(42):8484-8492.

[23] 吴兑,李菲,邓雪娇,等.广州地区春季污染雾的化学特征分析[J].热带气象学报,2008,24(6):569-575.

[24] Li Z,Yang J B,Han J K,et al. Analysis on transmission tower toppling caused by icing disaster in 2008[J]. Power System Technology,2009(33):31-35.

[25] Yang J B,Li Z,Yang F L,et al. Analysis of the features of covered ice and collapsed tower of transmission line snow and ice Attacked in 2008[J]. Advances of Power System and Hydroelectric Engineering,2008(24):4-8.

[26] Niu S J,Liu D Y,Zhao L J,et al. Summary of a 4-year fog field study in Northern Nanjing,Part Ⅱ:Fog microphysics[J]. Pure Appl Geophys,2012(169):1137-1155.

[27] Zhang J,Xue H,Deng Z,et al. A comparison of the parameterization schemes of fog visibility using the in-situ measurements in the North China Plain[J]. Atmospheric Environment,2014(92):44-50.

[28] Li H Y,Hu Z X,Wei X. Analysis of meteorological elements in rain/snow-mixed fogs[J]. Chinese Journal of Atmos-

pheric Sciences,2010(34):843-852.

[29] Liu Y,You L,Yang W,et al. On the size distribution of cloud droplets[J]. Atmospheric Research,1995,35(24): 201-216.

[30] Liu Y G. The application of skewness and kurtosis to the studies on particle distribution[J]. Meteorological Monthly, 1991(17):9-14.

[31] 孟蕾,周奇越,牛生杰,等.降水对雾中能见度参数化的影响[J].大气科学学报.2010,33(6):731-737.

[32] 宗志平,刘文明.2003年华北初雪的数值模拟和诊断分析[J].气象,2004(11):3-8.

[33] 王迎春,钱婷婷,郑永光.北京连续降雪过程分析[J].应用气象学报,2004(1):58-65.

[34] Niu S J,Lu C,Liu Y,et al. Analysis of the microphysical structure of heavy fog using a droplet spectrometer:A case study[J]. Advances in Atmospheric Sciences,2010,27(6):1259-1275.

[35] Li Z,Zhong L,Yu X. The temporal-spatial distribution and physical structure of land fog in southwest China and the Changjiang River Basin[J]. Acta Geographica Sinica,1992,47(3):242-251.

[36] Zhou Y,Niu S J,Lu J J,et al. The effect of freezing drizzle,sleet and snow on microphysical characteristics of super-cooled fog during the icing process in a Mountainous Area[J]. Atmosphere,2016(7):143.

[37] Lu C,Niu S J,Tang L,et al. Chemical composition of fog water in Nanjing area of China and its related fog microphysics[J]. Atmospheric Research,2010(97):47-69.

[38] 李子华,吴君.重庆市区冬季雾滴谱特征[J].南京气象学院学报,1995,18(1):46-51.

[39] Akagawa H,Okada K. Sizes of cloud droplets and cloud droplet residues near stratus cloud base[J]. Atmospheric Research,1993,30:37-49.

[40] Albrecht B A. Aerosols,cloud microphysics and fractional cloudiness[J]. Science,1989,245:1227-1230.

[41] Vali G,Kelley R,Pazmany A,et al. Airborne radar and in-situ observations of a shallow stratus with drizzle[J]. Atmospheric Research,1995,38:361-380.

[42] 贾星灿,马新成,毕凯,等.北京冬季降水粒子谱及其下落速度的分布特征[J].气象学报,2018(1):148-159.

[43] Ikeda K,Rasmussen R M,Hall W D,et al. Observations of freezing drizzle in extratropical cyclonic storms during IM-PROVE-2[J]. J Atmos Sci,2007,64(9):3016-3043.

北京海坨山地区冬季降雪特征的观测研究

丁德平[1,2]　马新成[1,2]　毕　凯[1]　陈云波[1]　陈羿辰[1,2]

(1 北京市人工影响天气办公室，北京 100089；

2 云降水物理研究与云水资源开发北京市重点实验室，北京 100089)

摘　要：北京山区降雪观测很少，为了认识北京山区自然降雪特征，提高 2022 年北京冬奥会降雪精细预报水平和开展人工增雪试验，2016—2017 年冬季在海坨山地区实施了空中和地面的综合观测试验，观测发现：(1)高空槽和低涡是降雪的主要影响天气系统；(2)夜间是山区降雪出现的主要时间段，地面倒槽影响下的降雪持续时间较长，最大降雪强度通常在降雪开始后的 1～2 h 内出现；(3)降雪期间随着西南风的增强，通常都伴随有地形云出现，并能爬升到达闫家坪综合观测站(1344 m)，地形云云底高度约为 1 km；(4)降雪期间的低空主导风向为西南风，西南风的出现、增强和减弱与降雪关系密切，雪后由西北风控制并出现强风吹雪现象；(5)在降雪初期高空出现液态水含量的累计峰值，存在飞机催化潜力；地形云在降雪维持阶段出现时会导致低层出现液态水含量的累计次峰值，存在高山地基催化潜力；(6)正在降雪的云中低层冰粒子形状主要为凇附和攀附，与地面观测一致；在降雪维持阶段的地面降雪主要由大量凇附和攀附的枝状雪花构成，此外还观测到有凇附板状、板状和不规则等形状；降雪初期和后期，地面降雪形状一般为单个雪花，无凇附和攀附存在。初冬和冬末的降雪个例中会观测到大量霰粒。

关键词：冬季降雪，空中和地面观测，海坨山，北京

1　引言

2022 年北京冬奥会重要的高山滑雪项目将在延庆赛区的海坨山地区举行。自然积雪是冬奥会举办的重要气象条件，为了提高降雪的精细化预报和人工增加山区降雪，需要对海坨山地区的自然降雪过程有清晰的认识。

20 世纪 80 年代中国在西北部的新疆维吾尔自治区天山山区首次开展了空中和地面联合降雪观测试验，并对人工增雪作业潜力和自然条件进行了探讨[1-8]。美国从 20 世纪 70 年代起在多个山区开展了山区自然降雪过程研究和人工增雪试验，通过这些研究结果发现：不同山区的自然降雪云系有很大差异，相应地存在不同的降雪特征[9-11]。因此，有必要针对不同地理区域的山区降雪开展综合观测研究。

目前对北京海坨山地区自然降雪的观测研究基本空白。2016 年至 2022 年冬奥会结束，北京市人工影响天气办公室开展针对海坨山冬季地形降水观测和综合云催化试验研究(简称 TOPICE)，该项试验的重点研究内容包括以下 3 方面：(1)海坨山地区自然降雪条件；(2)山区人工增雪潜力评估；(3)冬季降雪催化试验。本文主要针对 2016—2017 年冬季组织的海坨山自然降雪空中和地面的综合观测，重点讨论海坨山地区自然降雪的宏微观结构特征。

2　观测区域和仪器

海坨山(图 1a)位于北京延庆西北部，方圆约 10 km，属燕山山脉。山脉呈西南—东北走向，成为北京与河北的自然分界线。海坨山顶是一个长近 10 km，宽 500 m 的平缓山顶。它有 3 个山峰，主峰大海坨居

北,海拔 2241 m;小海坨在大海坨南侧,海拔 2198 m;三海坨在小海坨南侧,海拔 1854 m。

观测飞机起降机场在北京昌平(位于海坨山东南,距离约 64 km),山区最低安全探测高度为 2900 m。山区建有闫家坪地面综合观测站(海拔 1344 m,距离海坨山顶约 6 km),位于海坨山西南方向的山脊上(图 1b)。

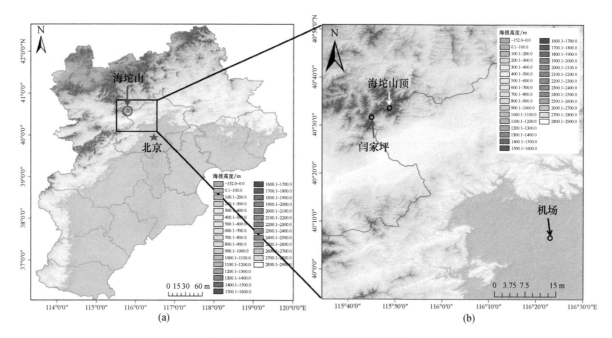

图 1 海坨山位置(a)和海坨山地形图(b)

2.1 飞机探测

以"运-12"和"空中国王"两架飞机进行空中探测。其中,"运-12"所载探测仪器为美国 DMT 公司生产机载粒子测量系统,"空中国王"飞机搭载 SPEC 公司生产的云物理探测仪器,具体仪器详见表 1。两架飞机搭载的探头和仪器每年在飞行使用之前都要送往美国进行标定,同时在每次飞行前都要对探头和仪器进行维护,以确保探测数据可靠。

表 1 飞机机载仪器

飞机	仪器名称	性能
"运-12"	PCASP-100X	范围:0.10~3.00 μm
	CAPS	CAS 范围:0.3~50.0 μm CIP 范围:25~1550 μm;CIP 分辨率:25 μm
	PIP	范围:100~6200 μm;分辨率:100 μm
	AIMMES-20	温度、湿度、气压、GPS 定位、空速和风速风向
	Edgtech V-C1	露点
"空中国王"	FCDP	范围:2~50 μm;分辨率:3 μm
	3V-CPI	CPI 范围:2.3~1024.0 μm;CPI 分辨率:2.3 μm 2DS 范围:10~1028 μm;2DS 分辨率:9 μm
	HVPS	范围:150~19200 μm;分辨率:150 μm
	PCASP-100X	范围:0.10~3.00 μm
	LWC/TWC	范围:0.005~3.000 g/m^3
	Goodrich T PROBE	范围:−54~71 ℃;精确率:0.002%
	AIMMES-20	温度、湿度、气压、GPS 定位、空速和风速风向

2.2 地面观测

海坨山地区的7要素自动站(气压、温度、湿度、风向、风速、固(液)态降水量)布点在小海坨(海拔2108 m)、二海坨(海拔1805 m)、长虫沟(海拔1316 m)和西大庄科(海拔928 m);6要素自动站(气压、温度、湿度、风向、风速)布点在松山(海拔756 m)。闫家坪地面综合观测站主要观测仪器有35通道微波辐射计、雨滴谱仪、雾滴谱仪、车载毫米波雷达、车载风廓线雷达、能见度仪、降雪形状显微观测、便携式6要素自动气象站和冰核计数器(5L混合云室)等;其中,地面降雪形状通过显微镜和相机组合进行观测,观测时间一般选在降雪初期、降雪维持阶段和降雪后期进行,雪花采样的载玻片(尺寸为7.6 cm×2.6 cm)一般暴露时间为5~30 s,降雪量和雪深由人工观测。此外,在海坨山山谷的西大庄科站安装了风廓线雷达和35通道微波辐射计(图2)。

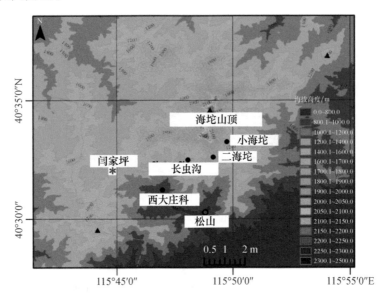

图2 北京海坨山地区地面观测仪器布点

3 观测数据

2016—2017年北京海坨山冬季外场观测共获得12个降雪观测个例,表1给出了海坨山冬季降雪过程、山区观测仪器状况和过程降雪量(以山前长虫沟自动站为例)情况。由于山区观测条件恶劣,很多观测仪器到2016年年底才布设到位;此外,由于降雪对飞机起降影响大,导致飞机观测较少。

表2中高空和地面天气形势以山区降雪主要出现时段的08:00或20:00的天气图(图略)进行分析,统计显示降雪过程高空主要影响系统为低槽和低涡;地面主要影响系统为地面辐合区、地面倒槽和东风回流。一般当低槽或低涡与地面倒槽或东风回流配合时往往会出现中到大雪以上量级降雪。过程累计降雪量为0.0~23.3 mm,平均为4.43 mm。

表2 海坨山冬季降雪过程个例和山区仪器状况汇总

个例编号	日期	天气形势(高空+地面)	飞机	云雷达	风廓线	微波辐射计	雨滴谱仪	自动站	雾滴谱仪	显微降雪形状	冰核计数器	过程累计降雪量/mm
1	2016年1月16日	高空槽+东风回流	○	×	×	×	○	○	×	○	×	3.80
2	2016年1月20—21日	弱高空槽	×	×	×	×	○	○	×	○	×	0.00
3	2016年11月6—7日	高空槽+倒槽	⊕	×	×	○	○	○	○	○	○	2.70
4	2016年11月10日	高空槽+低压底部	×	×	×	○	○	○	○	○	○	1.50
5	2016年11月20—21日	短波漕+回流	×	○	○	○	○	○	○	○	○	8.20

个例编号	日期	天气形势（高空＋地面）	飞机	云雷达	风廓线	微波辐射计	雨滴谱仪	自动站	雾滴谱仪	显微降雪形状	冰核计数器	过程累计降雪量/mm
6	2016 年 11 月 29—30 日	高空槽＋低压区	×	×	×	×	○	○	○	○	○	3.30
7	2016 年 12 月 5 日	高空槽＋偏东风	×	○	○	×	○	○	○	○	×	0.10
8	2016 年 12 月 25 日	短波槽＋低压区	×	×	○	×	○	○	○	○	○	0.35*
9	2017 年 1 月 7 日	低涡＋弱倒槽	×	○	○	○	○	○	○	○	○	0.83*
10	2017 年 1 月 19 日	高空槽＋低压区	×	○	○	○	○	○	○	○	○	0.70
11	2017 年 2 月 21 日	低槽＋低压区	×	○	○	○	○	○	○	○	○	8.20
12	2017 年 3 月 23—24 日	低涡＋倒槽	×	×	○	○	○	○	×	○	×	23.30

注：○代表有观测；×代表无观测；*由于长虫沟仪器故障，采用闫家坪数据；⊕表示飞机有观测但空速有故障。

4 观测结果与讨论

4.1 降雪过程特征

表 3 给出了闫家坪综合观测站地面降雪观测结果，可以看出大部分天气形势下降雪出现的时间段都集中在夜间，而且是连续的（仅个例 6 出现明显分段降雪）；降雪前半夜最多，后半夜次之，单独上午或下午出现降雪较少，而单独中午基本没有观测到降雪；持续时间较长的降雪一般都跨越凌晨，少数个例甚至会持续到第二天上午；高空低涡和地面倒槽共同影响下降雪持续时间最长可达 20 h，其他天气条件下降雪持续时间基本在 5~10 h，单独上午出现降雪的持续时间较短仅为 4 h，而零星降雪持续时间最短约 3 h 且地面基本观测不到积雪；最大降雪强度一般在降雪的前期出现（即大部分在降雪开始后的 1~2 h 内出现），对应出现的最大降雪强度最大为 3.5 mm/h，平均约为 0.8 mm/h。

表 3　海坨山地区降雪过程观测统计（闫家坪综合观测站）

个例	日期	降雪时间段	持续时间/h	最大降雪时间	最大降雪强度/(mm/h)	地形云是否爬升到本站
1	2016 年 1 月 16—17 日	16 日 19:00—17 日 00:00	5	16 日 20:00	0.90*	是
2	2016 年 1 月 20—21 日	20 日 23:00—21 日 02:00	3	21 日 00:00	0.00	无
3	2016 年 11 月 6—7 日	6 日 20:00—7 日 01:00	6	6 日 21:00	0.80*	无#
4	2016 年 11 月 10 日	07:00—11:00	5	09:00	0.90*	是
5	2016 年 11 月 20—21 日	20 日 20:00—21 日 11:00	16	20 日 22:00	0.57	是
6	2016 年 11 月 29—30 日	29 日 16:00—18:00,30 日 00:00—06:00	4,7	29 日 16:00,30 日 02:00	0.35	是
7	2016 年 12 月 5 日	03:00—07:00	4	04:00	0.00	无
8	2016 年 12 月 25 日	18:00—23:00	5	22:00	0.10	无#
9	2017 年 1 月 7 日	03:00—16:00	11	10:00	0.16	是
10	2017 年 1 月 19 日	03:00—06:00	3	04:00	0.10	无#
11	2017 年 2 月 21 日	08:00—23:00	15	13:00	1.80	是
12	2017 年 3 月 23—24 日	23 日 15:00—24 日 11:00	20	24 日 02:00	3.50	是

注：*为长虫沟观测结果，由于闫家坪故障；#表示地形云在闫家坪观测站以下的山谷中。

闫家坪人工观测结果显示，除零星小雪过程外，大部分降雪初期或降雪维持期都观测到有地形云沿着山谷从东南和西南方向爬升并到达本站（个别个例观测显示地形云未能爬升到本站，只在山谷中徘徊），造成本站能见度低于 100 m；而随着降雪趋于结束，地形云逐渐移出本站并退回到山谷，部分个例观测显示降雪期间地形云会多次反复爬升到本站。

图 3 给出了低涡和低槽两种典型天气条件下最大降雪时段海坨山地区上空可见光云图。可见光云图动态监测(图略)显示,影响海坨山的降雪云系通常都是由西南向东北方向移动的。图 5 给出相应低槽和低涡天气条件下海坨山地区降雪量分布情况。图中可以看出垂直梯度和水平梯度上降雪出现的时间基本一致,而山顶降雪结束时间相对较晚;天气条件对山区降雪分布有影响,低槽个例山前降雪量显著高于低涡个例,而山顶降雪量没有表现出显著差异;其他个例也显示出山前降雪明显高于山顶。

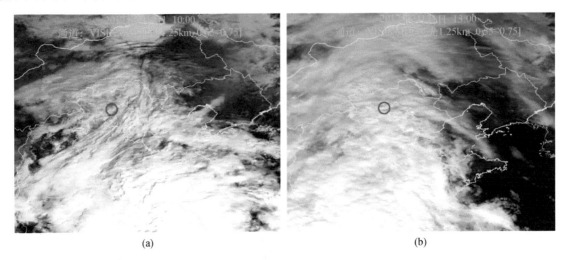

(a)   (b)

图 3 低涡(个例 9,a)和低槽(个例 11,b)典型天气条件下海坨山地区(红圈标记)上空可见光云图

(时间选取为最大降雪出现时段,a 为 10:00,b 为 13:00)

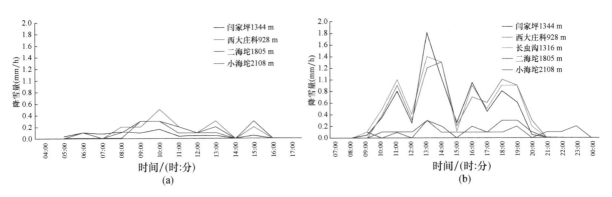

图 4 低涡(个例 9,a)和低槽(个例 11,b)典型天气条件下海坨山地区降雪量分布

(a 为 2017 年 1 月 7 日,b 为 2017 年 2 月 21 日)

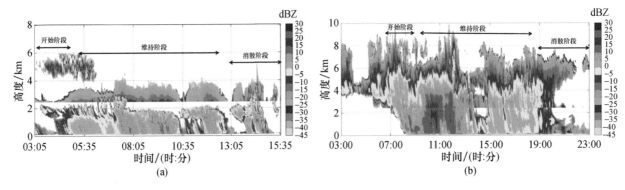

图 5 低涡(个例 9,a)和低槽(个例 11,b)两种典型天气条件下闫家坪上空降雪云回波强度演变

以海坨山山底的西大庄科自动站降雪期间地面温度进行统计,结果显示山底降雪期间地面平均温度都低于 0 ℃,其中 11 月、12 月、1 月、2 月和 3 月降雪期间个例平均温度分别为 −2.4 ℃、−4.9 ℃、

$-7.1\ ℃、-6.8\ ℃$和$-1.3\ ℃$。

4.2 降雪演变特征

4.2.1 降雪开始阶段

人工观测显示在降雪前,山区高空就已经有云覆盖,云底高度在 2 km 以上,低层还没有观测到有地形云爬升到本站,图 5 云雷达观测结果一般都是分层结构;随着低层西南风的出现(图 6a)或增强(图 6b),

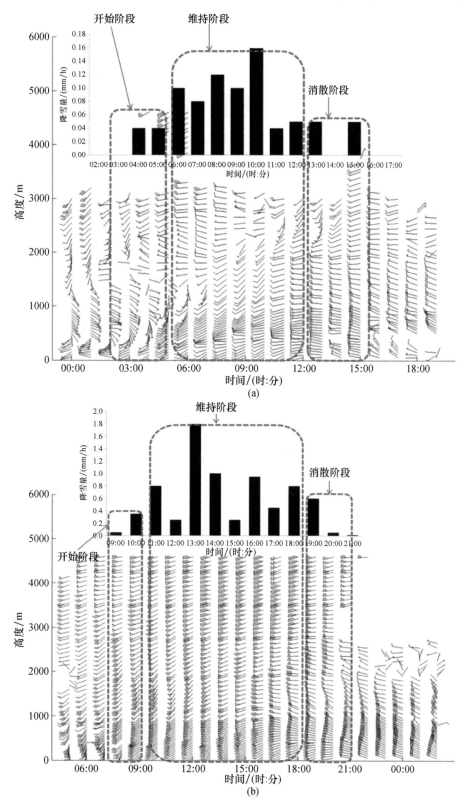

图 6 低涡(个例 9,a)和低槽(个例 11,b)和两种典型天气条件下闫家坪上空风场和降雪量(黑色直方图)演变

地面开始飘雪,高空云分层逐渐减弱并连成一片;微波辐射计观测显示降雪形成阶段累计液态水含量逐渐增加并迅速达到峰值约为0.15 mm(图7),液态水的垂直廓线趋势显示大值区主要分布在海拔高度2～4.5 km,说明在降雪开始阶段有较高液态水含量,存在飞机催化的潜力,所以降雪形成阶段可能是飞机进行催化作业的有利时机。液态水大值区对应高度的风场分布显示风向主要为西南风,所以飞机催化的位置应该选在海坨山西南方向的上游地区并垂直于西南风向进行播撒,这有利于播撒催化剂扩散并影响到海坨山。

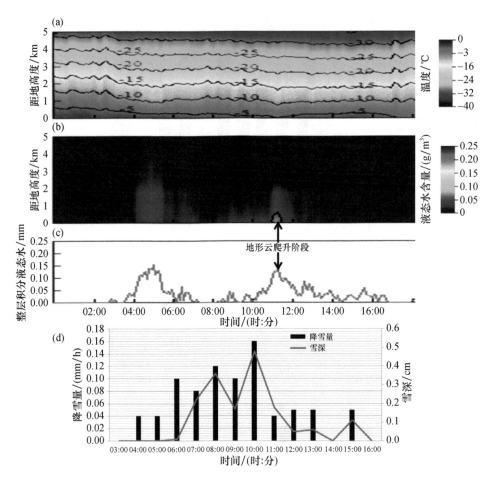

图7　低涡(个例9)典型天气条件下闫家坪上空降雪期间温度(a)、液态水廓线(b)、
累计液态水含量(c)、降雪量和雪深(d)综合演变图

地面的降雪形状观测显示,降雪形成阶段雪花形状通常主要为枝星状、片状和不规则状,没有凇附和攀附现象。但是在初冬(个例5)和冬末(个例12)观测到雪花主要由大量霰粒构成,人工观测显示这2个个例降雪期间闫家坪一直有地形云维持,并且出现雾凇现象,地面观测仪器显示出大量积冰现象。

4.2.2　降雪维持阶段

进入降雪维持阶段后,高空云通常加厚连成一片,从图5中可以看出低槽(图5a)明显比低涡(图5b)天气条件下降雪云深厚,前者平均云顶高度约为7 km,而后者仅不足5 km,相应的地面降雪量显著增大约10倍,说明不同天气条件对降雪云结构有影响,进而影响到地面降雪量。

风场结构方面,在没有风廓线雷达观测的个例中,梯度地面自动站的观测显示山前的长虫沟和西大庄科站的主导风向均为偏南风(图10);闫家坪的风廓线雷达观测显示,进入降雪维持阶段,低涡(个例9,图6a)天气条件下低空西南风的分布高度不断增加,最大高度由约2300 m逐渐增高到3400 m;而低槽(个例11,图6b)天气条件下整层(至少到5 km)都被西南风控制,而且西南风的强度和西南风分布的高度都明显高于前者,对应地面降雪也显著增加,综合地面梯度观测和风廓线观测结果发现,降雪期间低层主动风向为西南风,说明西南风对降雪的形成起重要作用;两个典型天气条件下的个例都显示出随着西南风的增强,地面降雪强度和降雪量不断增加,相应的累计液态水含量被不断消耗而逐渐减少;并且在西南风垂直分布达最大高度期间,有地形云沿着山谷爬升到达闫家坪观测站(图 8),低槽个例 11 观测到地形云多次反复爬升到达本站,对应地面降雪也出现了多次峰值(图 6b),说明西南风对地形云的形成有重要作用;而此时微波辐射计观测显示累计液态水含量再次出现次峰值(0.11 mm),液态水廓线显示液态水主要分布在低层,说明其主要来自地形云的贡献;人工观测显示地形云云底高度约 1 km,当地形云出现的时候低层有较多液态水,高山地基(一般安装在 900～1000 m 高度)存在催化潜力,因此伴随着西南气流加强,出现地形云的时期可能是高山地基催化的有利时机。

图 8   低涡(个例 9)天气条件下地形云出现(a)和爬升到达(b)闫家坪照片(手机对着东南山谷方向拍摄)

地形云爬升到本站期间的能见度仪观测(图 9)显示,地形云一般都低于 100 m(部分低于 50 m)且一直持续到其消散退出本站。图 9 给出了地形云雾滴谱仪观测结果,10:48 地形云到达后,云滴数浓度迅速递增到 320 个/cm³,液态水含量增加到 0.08 g/m³,云滴有效直径约 8 μm;随着地形云不断涌入闫家坪站,云滴数浓度和液态水含量基本维持不变,而云滴有效直径在不断增大,在 12:00 左右达到峰值约 15 μm,云滴谱也达到最大;之后随着西南风减弱,地形云逐渐减弱,并在 12:30 移出本站退到山谷,在地形云逐渐移出本站期间,云滴数浓度、液态水含量和有效直径量级都呈现递减趋势或者出现波动递减。地形云在本站维持时间约 2 h,在这期间造成了很低的能见度,观测显示地形云云顶高度至少在 1430 m以上,2022 年冬奥会海坨山延庆赛区赛道海拔高度在 2198～1300 m,所以降雪期间出现的地形云将会对冬奥会比赛项目产生影响,应引起足够重视。

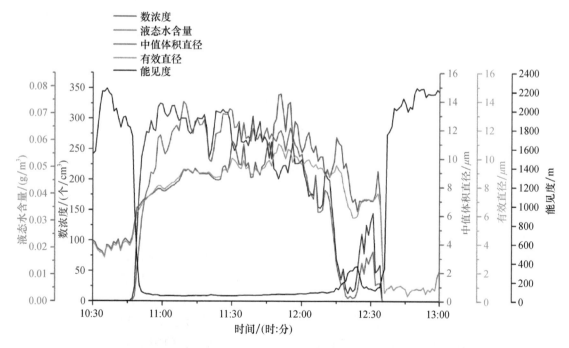

图 9   低涡(个例 9)天气条件下闫家坪地形云雾滴谱和能见度观测结果

降雪维持阶段的地面降雪形状观测显示,降雪粒子主要由大量凇附和攀附的枝状雪花构成,此外还观测到有凇附板状、板状和不规则等形状的雪花。

4.2.3 降雪消散阶段

随着西南风的减弱,降雪进入消散阶段。此时降雪量明显减弱,累计液态水含量不断被消耗减少,而且液态水廓线垂直分布非常少,说明在降雪的消散阶段不存在增雪潜力。云雷达观测(图5)显示降雪云回波明显减弱并逐渐消散。地面观测显示降雪粒子主要由板状、柱状和不规则雪花构成,不存在凇附和攀附现象。随着整层云被西北风控制,降雪停止。雪后都伴随有很强的西北风,并出现风吹雪现象。

4.3 降雪云的微物理结构

高空槽(个例1)天气条件下,组织了"空中国王"飞机在海坨山地区上空由西北向东南走向往返,在5个高度(4500 m、4000 m、3500 m、3200 m和2900 m)进行平飞探测,此外还沿着海坨山上空东西向进行了2900 m平飞探测,探测时间在19:38~20:30,对应地面降雪量观测显示正处于地面降雪量最大时期(图10)。下文基于有限的飞机观测资料对正在产生降雪的云微物理结构进行分析讨论。

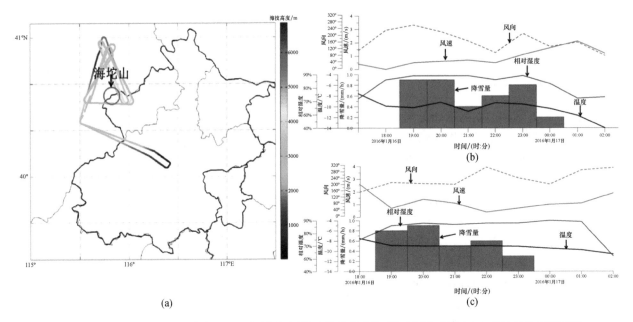

图10　高空槽(个例1)天气条件下飞机探测轨迹图(a)以及长虫沟(b)和西大庄科(c)自动站气象要素演变

4.3.1 云中冰粒子形状

云中冰粒子的形状由"空中国王"飞机的CPI(2.3~1024 μm)和2DS(10~1028 μm)探头观测获得。高空槽(个例1)中,由于"空中国王"飞机CPI故障,仅获得粒子数浓度,未能获得粒子图像。从2DS探头不同高度观测到的粒子图像(图11)可以看出:在云的上部(4500 m、4000 m)冰粒子尺度较小,粒子形状主要有枝星状、柱状、不规则状、小霰粒和片状;在云的中部(3500 m)冰粒子尺度进一步增大,粒子形状和云上部基本一致,但出现了枝星状间的攀附现象,凇附程度有进一步增强;在云的下部(3200 m、2900 m)冰粒子尺度明显增大,粒子形状主要有六角片状、枝星状、柱状、不规则状和霰粒,并观测到大量圆形冻滴,凇附和攀附现象明显,这与地面观测到的降雪形状一致。

4.3.2 云中液态水和冰粒子分布

云中液态水含量由"空中国王"飞机的FCDP计算得到(图12)。观测结果显示:云中部及以下液态水含量基本都小于0.05 g/m³;而云上部(4500 m)在云系的东南部液态水含量基本也小于0.05 g/m³,在进入山区上空云系的西北部液态水含量迅速增大,最大含量可达0.2 g/m³,并出现多个峰值,但含量都处于0.1~0.2 g/m³。以上结果说明,对于处在降雪维持阶段来说,云中液态水已经被消耗,降雪云系的中下部液态水分布较少,而在云的中上部却存在较多的液态水,个例1云的中上部可能还存在飞机催化的潜力。

云中冰粒子数浓度由"空中国王"飞机的2DS探头观测获得(图13)。观测结果显示靠近云层顶部的冰粒子比云层底层的冰粒子多。4000 m以下的冰粒子数浓度为30~150个/L;在4000~5100 m时冰粒

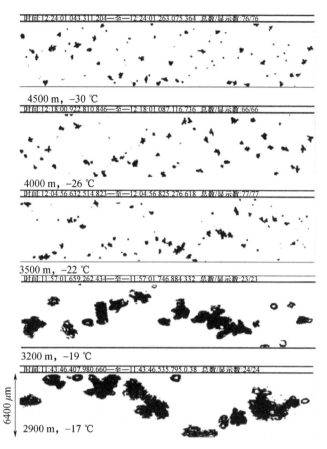

图11　高空槽(个例1)天气条件下不同高度云中 2DS 粒子图像示例

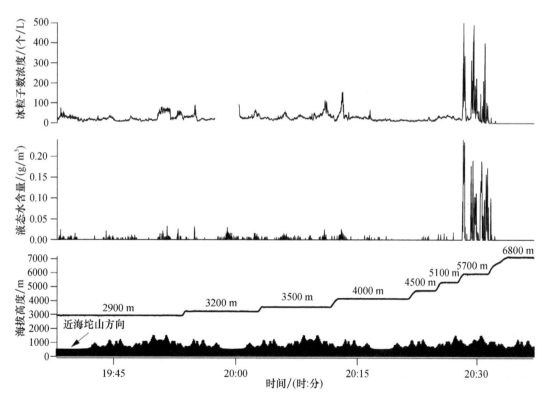

图12　高空槽(个例1)天气条件下不同高度液态水和冰粒子分布

子数浓度小于 50 个/L;而在上层,冰粒子数浓度可达 450 个/L。云层顶部附近的区域被发现是云层中冰粒子的主要来源。

5 总结和建议

本文根据2016—2017年冬季在海坨山进行的自然降雪过程观测,获得了一些有基础意义的基本降雪特征,总结如下。

(1)高空槽和低涡是海坨山地区降雪的主要影响系统,地面与之配合的主要影响系统为地面辐合区、地面倒槽和东风回流。

(2)海坨山地区降雪一般出现在夜间,前半夜最多,后半夜次之,早上和下午较少,而中午基本没有。倒槽配合下的降雪过程往往持续时间较长,一般在5～6 h。最大降雪强度通常在降雪开始后的1～2 h内出现。

(3)除零星小雪过程外,大部分降雪初期都观测到有地形云沿着山谷从东南和西南方向爬升并到达本站,造成本站能见度低于100 m;在降雪后期,地形云消散移出本站并退回到山谷。部分个例观测显示降雪期间地形云会多次反复爬升到本站。

(4)海坨山地区降雪期间低层主导风向为西南风,随着西南风的增强,降雪增大;随着西南风的减弱;降雪逐渐减弱;当整层由西北风控制时,降雪结束。

(5)降雪形成阶段有较高液态水含量,存在飞机催化的潜力;降雪形成阶段是飞机进行催化作业的有利时机。液态水大值区对应高度的风场分布显示风向主要为西南风,所以飞机催化的位置应该选在海坨山西南方向的上游地区并垂直于西南风向进行播撒,这有利于播撒催化剂扩散并影响到海坨山。

(6)当地形云出现的时候低层往往存在较多液态水,有高山地基催化的潜力,因此也是高山地基催化的建议时段。但是在地形云出现期间会出现低能见度现象,观测显示地形云出现的高度至少在1 km以上,所以降雪期间出现的地形云将会对冬奥会比赛项目产生影响,应引起足够重视。

(7)正在降雪的云中低层冰粒子形状主要为凇附和攀附,与地面观测一致;降雪维持阶段的地面降雪形状主要有大量凇附和攀附的枝状雪花,此外还观测到有凇附板状、板状和不规则等形状;降雪初期和后期,地面降雪形状一般都是单个雪花,无凇附和攀附存在。初冬和冬末的降雪个例中会观测到大量霰粒。

参考文献

[1] 游来光,王守荣,王鼎丰,等.新疆冬季降雪微结构及其增长过程的初步研究[J].气象学报,1989(1):73-81.

[2] 游来光,李炎辉,刘玉宝.自然云中冰晶生成的核化过程及雪晶对过冷云滴的撞冻[J].气象学报,1992(2):232-238.

[3] 游来光,马培民,胡志晋.北方层状云人工降水试验研究[J].气象科技,2001,30(增刊):19-56.

[4] 陈万奎,马培民.四川春季一次层状云宏微观特征和降水机制[J].气象科学研究院院刊,1986(1):53-58.

[5] 陈万奎.枝状雪晶碰撞攀附与折裂繁生[J].气象科学研究院院刊,1987(1):74-80.

[6] 王谦,游来光,胡志晋.新疆乌鲁木齐地区冬季层积云研究——一个例的观测结果与分析[J].气象学报,1987(1):2-12.

[7] 王广河,游来光.乌鲁木齐冬季冷锋云带和锋下层积云的微物理结构及其降雪特征[J].气象,1989(3):15-19.

[8] 刘玉宝,游来光.北疆冬季降水的中小尺度结构与人工增水作业潜力和自然条件探讨[J].应用气象学报,1990(2):113-122.

[9] Hobbs P V. The nature of winter clouds and precipitation in the Cascade Mountains and their modification by artificial seeding. Part I:natural conditions[J]. Journal of Applied Meteorology,1975,14(5):783-804.

[10] Rauber R M,Grant L O. The characteristics and distribution of cloud water over the Mountains of Northern Colorado during wintertime storms. Part II:spatial distribution and microphysical characteristics[J]. Journal of Climate and Applied Meteorology,1986,25(4):489-504.

[11] Breed D,Rasmussen R,Weeks C,et al. Evaluating winter orographic cloud seeding:design of the Wyoming Weather Modification Pilot Project (WWMPP)[J]. Journal of Applied Meteorology and Climatology,2014,53(2):282-299.

天津冬季浓雾过程雾滴谱及细粒子颗粒物特征 *

刘 晴[1,3] 吴彬贵[2] 王兆宇[1] 郝天依[2]

(1 天津市人工影响天气办公室，天津 300074；

2 天津市气象局，天津 300074；3 中国气象局云雾物理环境重点实验室，北京 100081)

摘 要：利用新型雾滴谱仪、能见度仪、环境颗粒物监测仪和高密度气象自动站观测资料，分析了天津 2016—2017 年冬季(强)浓雾过程雾滴谱和大气细粒子颗粒物特征，结果表明，相对于天津地区浓雾过程而言，强浓雾过程的雾滴数浓度、液态水含量和液态水含量极值更大，核化凝结是(强)浓雾过程雾滴增长的主要方式。平均谱型符合 Junge 分布，为宽谱雾(谱宽约 45 μm)，滴谱峰值直径为 5.4～7.2 μm，与全球受工业化影响较大的内陆城市浓雾相近；平均液态水含量 LWC_A 为 0.037 g/m³，常伴随重霾天气是该地区(强)浓雾 LWC_A 值低于全球部分沿海地区的主要原因。生成阶段雾滴的最大粒径对强浓雾的生成具有较好的指示作用。强浓雾过程成熟阶段雾滴谱宽较生成阶段拓宽 2 倍以上，雾滴数浓度提升两个数量级。严重霾背景下，雾的生成、发展和成熟阶段，均对大气颗粒物具有清除作用，且对 PM$_{2.5}$ 的清除更为显著。当 PM$_{2.5}$ 的质量浓度($C_{PM2.5}$)不超过 350 μg/m³ 时，细粒子颗粒物浓度的增加，有利于增强发展为强浓雾过程，但当 $C_{PM2.5}$ 超过临界值时，其浓度的增加对雾过程的发展起到负反馈作用。

关键词：雾滴尺度分布，雾，大气细粒子颗粒物，液态水含量，PM$_{2.5}$，雾滴谱

1 引言

雾到浓雾的演变非常迅速且难以预测，突发低能见度现象很容易导致突发安全事故[1]。雾滴数浓度(N)、液态水含量(LWC)、雾滴直径(D)、雾滴粒径分布和大气细颗粒物浓度等微物理参数直接影响雾滴中的能见度(Vis)[2]，决定雾滴的形成和消散。明确雾生命周期各阶段微物理参数的分布特征和变化规律，有助于提高对浓雾和强浓雾的预报[3]，也为人工消雾提供一定的理论依据[4]。

近 30 a，雾滴谱观测仪器的开发应用取得了持续进展，从早期的光电粒子计数器和三用滴谱仪，到现在广泛使用的 FM-100、FM-120 型雾滴谱仪[5-6]，对雾微物理特征的认识不断深入。美国阿拉斯加州雾的形成常伴随着雾滴粒径分布的扩大[7]。英国学者分析了贝德福德郡卡丁顿地区浓雾过程中的液滴尺寸变化，并发现其平均液滴直径是 15～20 μm，从微物理的角度阐明浓雾爆炸的启动信号[8]。一定程度上来说，微物理参数方案的调整有助于提高雾的数值模拟精度。摩洛哥学者通过研究雾滴粒径分布，进一步调整了卡萨布兰卡地区的微物理方案，从而提高了研究沿海雾的数值模拟技术[9-10]。如果模型能够使用详细的微物理参数化来预测每一个时间步长的 N 和 LWC，那么就可以计算出暖雾条件下的能见度[11]。我国早期浓雾微物理参量的研究，发现城区(南京、重庆)、山区(南岭、庐山)、海岸带地区(舟山、博贺)N 依次减少，而 LWC 依次上升。大量研究表明，D 和 LWC 是导致雾中低能见度的主要因素[12]，N 与 Vis 呈负相关，LWC 与平均直径(D_a)呈正相关[13]。

此外，近年来的研究表明大气微粒与浓雾雾滴的生长有着复杂的相互作用。即使在非饱和条件下，吸湿大气颗粒浓度的增加也能促进雾滴的形成，雾层的厚度也会随着大气颗粒浓度的增加而增加[14]。雾过程的强度会随气溶胶浓度的降低而减小[15]。大气颗粒物的吸湿性与颗粒物的粒径分布和

* 发表信息：本文英文版原载于《Atmosphere》。

资助信息：国家自然科学基金项目(41675018、41675135、41705045)，天津市自然科学基金项目(17JCYBJC23400)，环渤海区域基金项目(QYXM201801)，中国气象局云雾物理环境重点实验室开放课题(2018Z01605)。

化学成分有很大的相关性,且随相对湿度条件的不同而变化。因此,吸湿气溶胶可以改变雾滴的生长过程[16]。对于内陆城市而言,巴黎雾事件中细颗粒物数浓度在 5000~15000 个/cm³,其对雾微物理特性的影响大于化学(溶解度)[17-18]。华北平原大量气溶胶粒子可作为雾滴凝结核,进一步促进雾滴的形成[19]。对于沿海城市来说,大部分气溶胶(包括 PM_{2.5})都能被雾水有效清除,但是在日本沿海工业化地区,硫类物质却不能轻易被有效清除[20-21]。雾滴沉积是美国加州地区圣华金谷雾中气溶胶粒径分布演变的最重要过程[22]。

鉴于近年来华北地区频频出现浓雾天气,严重影响航空起降[23-24]。为了提高浓雾天气人工影响能力,天津市人工影响天气办公室办引进新型雾滴探测设备和环境颗粒物监测设备,首次在天津市开展冬季浓雾过程的微物理特性观测加强试验,以期认识天津冬季浓雾过程中雾滴生消特征以及细粒子颗粒物与雾滴生长的相互作用,为未来人工消雾作业提供基础。

2 观测试验与资料处理

本次观测试验地点设在天津市大气边界层观测站[25],观测时间为 2016 年 11 月—2017 年 1 月。该观测站西边为太行山脉,北边为燕山山脉,东边为渤海,距其西岸直线距离 50 km,位处华北平原中部,地理位置见图 1 中标注的天津(TJ),另外,文中与其他 4 个雾观测试验区域的雾滴谱特征进行了对比,图 1 中一并标注出,对比站分别为:南京北郊(NJBJ)[26-27]、广东湛江(GDZJ)[28-30]、北京(BJ)[31]。

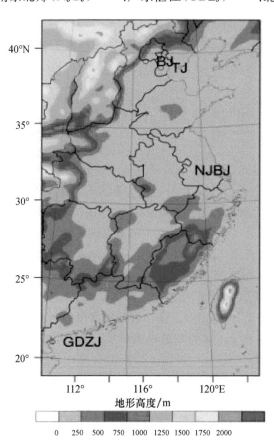

图 1　天津及其他雾观测试验区的位置示意图

雾滴谱观测资料来源于 FM-120 型雾滴谱仪,液滴直径(D)、液态水含量(LWC)、数浓度(N)数据采用切尾均值法[32]获得,该方法的公式如下:

$$\overline{X_k} = \frac{X_{([nk]+1)} + X_{([nk]+2)} + \cdots + X_{(n-[nk])}}{n - 2 \cdot [nk]} \tag{1}$$

式中:n 为观测次数;k 是人为确定的系数(0~0.5,且 $0 \leqslant k < 0.5$);[]表示取整数;X 表示连续的微物理观

测数据。由于数据量非常大(时间分辨率为 1 s),且必须保证数据的科学价值,所以在本研究中我们将 k 设为 0.25。能见度资料来源于 MODEL6000 前向散射型能见度仪,采用分钟级的观测资料;PM$_{2.5}$/PM$_{10}$ 来源于 TEOM(RP1405D)的观测,采用小时平均质量浓度数据,风、温、压、湿等气象数据采用 DZZ5 型自动气象站的 5 min 平均资料。各观测仪器的具体信息见表 1。

表 1　天津雾外场观测试验仪器概况

仪器名称	制造商	型号	时间分辨率	观测要素
雾滴谱仪	美国 DMT	FM-120	1 s	数浓度、尺度谱
前向散射能见度仪	美国 Belfort	MODEL6000	1 min	能见度
环境颗粒物监测仪	美国 Thermo	TEOM(RP1405D)	1 h	PM$_{2.5}$、PM$_{10}$
自动气象站	中国华云升达	DZZ5	5 min	风、温、压、湿

雾天气的局地性很强,为了避免选取到代表性不强的小范围浓雾过程,本文利用中国气象局综合确定和校验该 6 次过程均为渤海沿岸较大范围的雾过程。

在密集观测期间,天津经历了多次雾事件。结合中国气象局的 CIMISS 数据库中天气现象和能见度资料,每一个雾过程都伴随着大范围的雾-霾情况,我们将这种天气现象称为雾-霾过程。对于所有雾-霾过程,以能见度值作为判断标准,依据如下 3 个规则进行事件筛选:(1)能见度不高于 1500 m;(2)能见度先下降到低于 500 m,后攀升至 500 m 以上;(3)能见度连续 0.5 h 以上保持小于 500 m。同时满足以上 3 个规则的雾过程有 6 次。

根据雾级预报标准(GB/T 27964—2011)[33],雾级可分为浓雾事件(50 m≤Vis<500 m)和强浓雾事件(Vis<50 m)。基于此分类,事件 1、3、4、5、6 为浓雾事件,事件 2 为强浓雾事件。由于本研究主要关注大雾过程中雾滴和细颗粒物的变化,且其存在的天气背景是弱水平风速(图 2)和垂直风,因此,可以忽略细颗粒物的平流变化。在雾消散阶段,风垂直输运可能会对雾滴和细颗粒物的浓度有明显的影响,但是每个雾过程都是连续的(都不考虑其间出现间断),因此,在雾消散前可以忽略垂直运动引起的雾滴谱变化。此外,由于缺乏雾滴和细粒子在垂直方向的数据,后文针对雾滴谱特征及与细粒子相互影响的讨论,也假设雾滴谱的变化只受当地辐射冷却和细粒子的相互作用影响。

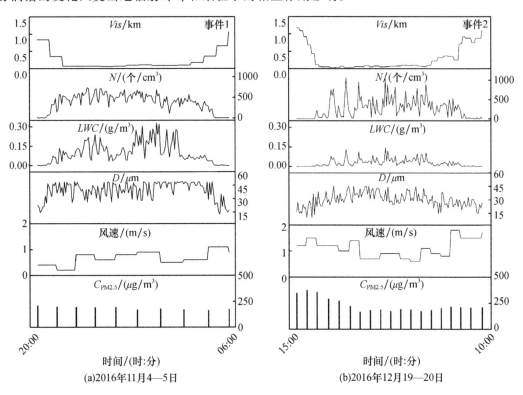

(a)2016年11月4—5日　　　　(b)2016年12月19—20日

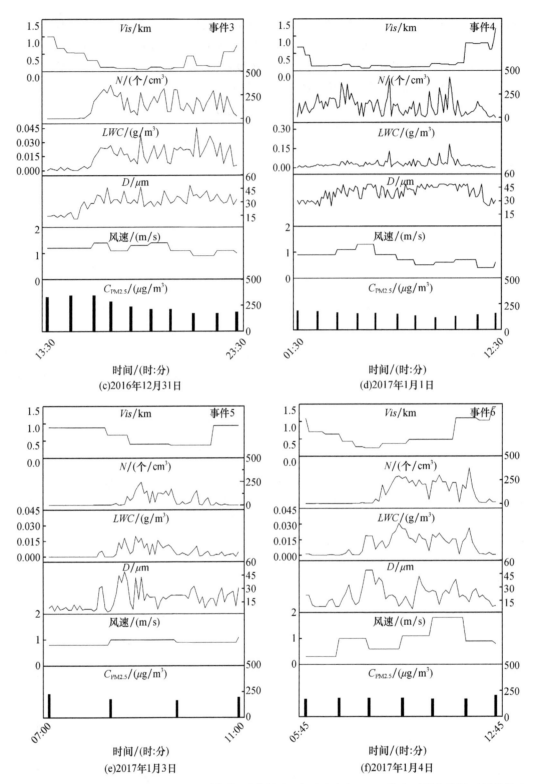

图 2　6 次雾过程的 D、LWC、N(5 min 平均值)及能见度、水平风速和 $C_{PM2.5}$ 的小时平均值随时间的演变

3　雾滴粒径分布和大气细粒子颗粒物特性

3.1　雾滴谱及大气细粒子颗粒物演变特征

表 2 中列举天津 6 次(强)浓雾小于 1 km 的时长(Dr_h)以及成熟阶段的时长(Dr_{ma})、最大/平均数浓度(N_{max}/N_a)、最大/平均液态水含量(LWC_{max}/LWC_a)、最大雾滴直径(D_{max})、成熟阶段的能见度变化范围

(Vis_{ma})和$PM_{2.5}$的质量浓度($C_{PM2.5}$)及其最大/最小值($C_{PM2.5\ max}/C_{PM2.5\ min}$)。图2和图3显示了$D$、$LWC$、$N$、$Vis$、水平风速和$C_{PM2.5}$的变化趋势,可以看到如下特征:

首先,从图2可以看出,天津地区(强)浓雾的LWC、N、D呈现出良好的正相关关系。这与南京冬季雾[26-27]和湛江沿海雾[28-30]的研究结果一致。从雾滴的谱宽特征来看,在6个雾过程中,其谱宽约为45 μm。根据牛生杰等[34]的研究结论,可以认为天津冬季(强)浓雾为宽谱雾。

其次,在天津(强)浓雾过程中,$C_{PM2.5\ max}$在188~375 $\mu g/m^3$,$C_{PM2.5\ min}$在121~173 $\mu g/m^3$(表2)。图3和表2表明,$C_{PM2.5\ max}$总是出现在形成阶段(事件1、2、3、4和5)或耗散阶段(事件6)。在6个事件中,细颗粒物质量浓度的下降趋势基本是一致,但下降幅度略有不同。表明在雾的发展和成熟阶段,雾滴对细颗粒物具有一定清除能力($C_{PM2.5}$显著下降)。特别是在图3中,$C_{PM2.5}$小时平均值的末端出现了"上翻尾"现象,说明消散阶段雾过程对细颗粒物的去除率明显降低。

表2 天津6次雾过程主要微物理参数、大气细粒子颗粒物质量浓度

序号	日期	Dr/Dr_{ma} (h)	N_{max}/N_a (个/cm³)	LWC_{max}/LWC_a (g/m³)	D_{max} (μm)	Vis_{ma} (m)	雾的分类	$C_{PM2.5\ max}$ ($\mu g/m^3$)	$C_{PM2.5\ min}$ ($\mu g/m^3$)
1	2016年11月4—5日	10/8	737/363	0.332/0.105	48	107~60	浓雾	210	164
2	2016年12月19—20日	19/10.5	1070/596	0.145/0.041	45	100~30	强浓雾	375	169
3	2016年11月31日	10/3.5	356/172	0.046/0.018	49	120~70	浓雾	346	173
4	2016年1月1日	11/7.5	431/141	0.183/0.035	48	200~80	浓雾	188	121
5	2016年11月3日	4/0.5	247/102	0.020/0.010	49	400~370	浓雾	230	167
6	2016年11月4日	7/2.5	374/142	0.031/0.013	42	480~240	浓雾	207	171

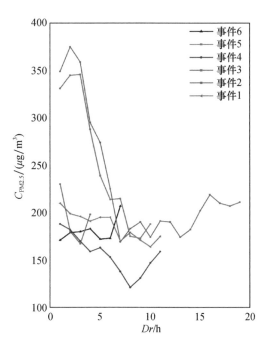

图3 6个事件$C_{PM2.5}$的时间演变

此外,表2揭示强浓雾过程中N_a、LWC_a和LWC_{max}大于浓雾过程。强浓雾(事件2)成熟阶段的N_a、LWC_a和LWC_{max}分别为596个/cm³、0.041 g/m³和0.145 g/m³,而浓雾各量的均值分别为184个/cm³、0.036 g/m³和0.122 g/m³。表3列出了天津(强)浓雾过程中的N_a、LWC_a和D_{max}的计算值,以及与世界其他典型沿海和内陆城市的比较。天津(强)浓雾过程中LWC_a为0.037 g/m³,与南京地区的LWC_a值非常接近[26-27],但明显低于湛江海岸[28-30]、加拿大新斯科舍省[35-36]和日本淀川盆地[20,37]的LWC_a值。保定地区的LWC_a最小[23,38]。虽然天津也是一个沿海城市,但(强)浓雾过程中的LWC_a值与内陆地区更相似。比较多个典型沿海和内陆城市的雾水化学成分和主要气溶胶的浓度(表3),我们发现在内陆高度工业化

地区(南京[26-27]、保定[23-38]、印度坎普尔[39-40])和天津，$C_{PM2.5}$ 或 C_{PM1} 约为 200 $\mu g/m^3$，然而，典型沿海地区(加拿大新斯科舍省[35-36]，淀川盆地[20,37]和美国阿拉斯加费尔班克斯[41-42])的气溶胶浓度要低得多。天津地区浓雾的 LWC_a 值较低的原因是，在一定的水蒸气条件下，较高质量浓度的 $PM_{2.5}$ 会捕获水蒸气，形成大量雾-霾水滴，而高液态水含量主要由大雾滴贡献[43]。此外，天津地区雾水的主要化学成分是类似于典型内陆城市的，即没有明显的海盐粒子[44]，这一点与其他典型沿海地区存在显著性差异，可能是因为观测地距渤海 50 km 左右且渤海几乎为内海。较大的海盐颗粒具有很强的吸湿生长能力，能进一步生成含盐离子(Na^+)的较大雾滴，补充雾滴的液态水含量。这可能就是湛江地区 $C_{PM2.5}$ 值也很大，但该地区 LWC_a 值仍大于天津的原因。

表3　全球典型沿海和内陆城市的浓雾过程的微物理特征、雾水的主要化学成分和主要气溶胶的浓度

观测站点	$N_a/$ (个/cm³)	$LWC_a/$ (g/m³)	$D_{max}/$ μm	平均谱型	雾水主要化学成分	主要气溶胶浓度	年
天津,中国	253	0.037	47	Junge 分布	硫酸盐＞颗粒有机物＞元素碳＞硝酸盐[44]	$C_{PM2.5\ max}=$ 188～375 $\mu g/m^3$ $C_{PM2.5\ min}=$ 121～173 $\mu g/m^3$	2016 (本文研究)
南京,中国[26-27]	380	0.040	47	Junge 分布	硝酸盐＞硫酸盐	$C_{PM2.5}=166\pm96\ \mu g/m^3$	2007
坎普尔,印度[39-40]	400	—	—	Junge 分布	硝酸盐＞硫酸盐＞地壳元素	$C_{PM1}=199\ \mu g/m^3$	2012
保定,中国[23]	350～500	0.001～0.010	50	—	硫酸盐	$N_{PM2.5}=10^4$ 个/cm³	2011
淀川盆地,日本[20,39]	—	0.112	—	—	硝酸盐＞硫酸盐 Ca^{2+},Na^+,Mg^{2+}	—	2005
阿拉斯加费尔班克斯,美国[41-42]	68	—	60	广义的 Gamma 分布	元素硫＞地壳化合物 Ca^{2+},Na^+,K^+	0.3 $\mu m<D<0.5\ \mu m$ $N_{PM2.5}=10$ 个/cm³	2012
广州湛江海岸,中国[28-30]	231	0.114	50	广义的 Gamma 分布	硫酸盐＞硝酸盐＞铵盐 Na^+,Cl^-	100 $\mu g/m^3\leqslant C_{PM2.5}\leqslant$ 200 $\mu g/m^3$	2011
卡萨布兰卡西海岸,摩洛哥[9]	—	—	—	广义的 Gamma 分布	—	—	2008
新斯科特,加拿大[35-36]	78	0.092	—	广义的 Gamma 分布	硫酸盐＞硝酸盐＞有机质 Na^+,Cl^-	$C_{PM2.5}=10\ \mu g/m^3$	1975

3.2　雾滴谱统计特征

图 4a 给出 6 次(强)浓雾过程的谱分布，6 个事件的雾滴谱均呈指数递减趋势，谱分布偏向小滴一侧，峰值出现在小滴区域。峰值直径为 5.4～7.2 μm，5 次浓雾过程雾滴峰值直径变化为 5.4～6.1 μm，强浓雾过程滴谱峰值直径为 7.2 μm。可见，(强)浓雾过程中，滴谱峰值直径与 Vis 呈负相关，滴谱峰值直径越大，Vis 越低。

研究表明，广义的 Gamma 分布[9]和 Junge 分布[40]是雾滴谱型的主要两种规律，其中 Junge 分布公式如下：

$$n(D)=a D^{-b} \tag{2}$$

式中：a 为形状参数；b 为逆尺度参数。

拟合优度系数 R^2 可以利用以下方程进行确定：

$$R^2=\frac{SSR}{SST}=\frac{\sum_{i=1}^{n}(\hat{n_i}-\bar{n})^2}{\sum_{i=1}^{n}(n_i-\bar{n})^2} \tag{3}$$

式中：SST 是总方差和；SSR 是回归方差和；n_i 代表每一个雾滴数浓度的观测值；$\hat{n_i}$ 代表每一个雾滴数浓度的回归值；$\bar{n}$ 代表雾滴数浓度的平均值。

图 4a 给出利用最小二乘法[45-46]拟合出天津地区 6 个事件各自的谱型拟合结果,图 4b 给出的平均谱分布拟合结果。所有事件都很好地符合 Junge 分布。计算平均谱公式如下:

$$n(D) = 1947.84\ D^{-1.80} \tag{4}$$

重庆陈家坪冬季浓雾平均谱也满足 Junge 分布[13],其 Junge 分布式中 a、b 分别为 2590、3.4,虽然天津和重庆地区浓雾的平均谱都符合 $Junge$ 分布,但滴谱型略有不同,这是由 a 和 b 的差异决定的。雾滴谱型由 b 决定,当 b 相互接近时,$n(D)$ 随 D 的变化强度由 a 决定,所以天津地区浓雾滴谱 $n(D)$ 随 D 的变化强度是弱于重庆地区的。结果表明,天津冬季(强)浓雾平均谱型分布与中国部分地区内陆雾平均谱型一样,呈指数下降的 Junge 分布形式。

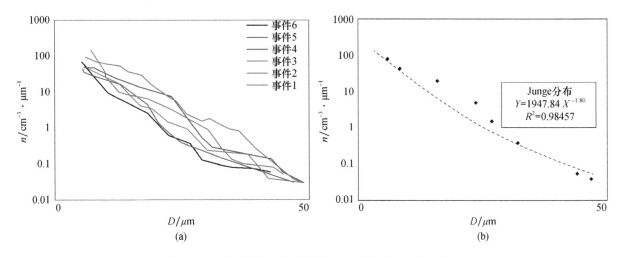

图 4　6 次雾过程的谱分布特征(a)和平均谱分布拟合(b)

针对典型沿海城市浓雾而言,以美国阿拉斯加费尔班克斯[41-42],加拿大新斯科舍省[35-36],湛江海岸[28-30]和卡萨布兰卡的西海岸[9]为例,其平均谱型大多服从广义的 Gamma 分布。针对典型内陆城市浓雾而言,以南京[26-27]和印度坎普尔[39-40]为例,其平均谱型服从 Junge 分布(表 3)。天津是华北平原渤海湾西岸的一个人口密度很高的大城市,由于渤海是内陆海,海域面积较小,对天津的影响相较于其他公海对于沿海城市的影响更小。因此,天津仍然是大陆性气候,是一个受工业化和城市化影响较大的沿海城市。利用表 3 进一步分析工业化程度较高的内陆和典型沿海地区吸湿颗粒物浓度和化学成分的差异。对于天津地区浓雾而言,细颗粒物对能见度的影响大于粗颗粒物,吸湿颗粒物的特殊化学成分(硫酸盐>颗粒物有机质>元素碳>硝酸盐)[44]与内陆重度污染城市相似。雾水的主要化学成分(含盐颗粒与否)对雾滴平均谱型有影响。综上所述,由于天津特殊的地理位置和吸湿颗粒的化学成分,其雾滴粒径分布与内陆重度污染城市相似,但与全球大多数沿海地区不同。

设想,如果可以明确(强)浓雾在最早期生成阶段雾滴微物理特征的异同点,或许可以提前对强浓雾的爆发进行判断,进而提高强浓雾的预报能力。基于此,对雾的生成、发展、成熟、消散 4 个阶段的雾滴谱特征对比分析,重点关注生成阶段。图 5 给出 6 次雾过程在生成阶段的雾滴最大粒径和平均粒径,对比分析发现,在雾生成阶段,雾粒滴径的平均值相近,在 4.02～5.20 μm,但雾滴最大粒径差异较大,浓雾过程大滴粒径分别为 13.45、14.91、14.97、11.48 和 16.98 μm,强浓雾过程最大粒径达到 24.95 μm。根据不同类型雾在生成阶段的雾滴最大粒径分布范围,在图 5 中划分 2 个区域,A 区域粒径为 11.48～16.98 μm,B 区域粒径为大于 16.98 μm。

图 6 给出 6 次(强)浓雾过程各阶段的雾滴谱分布特征,可看到出 5 次浓雾过程中:生成阶段,滴谱较窄,雾滴粒径较小,均值为 4.50 μm,空气中大部分为霾粒子或尺度较小的雾滴,但存在少量大滴(图 6 五角星标注),数浓度为 1～3 个/cm^3,雾滴凝结核谱型决定雾滴浓度[47-48];发展阶段,可充当雾滴凝结核的大粒子数量激增[19],能见度急速下降到 500 m 以下,滴谱上抬和谱宽增宽明显;成熟阶段,各尺度雾滴数均达到过程极大值,粒径范围为 42.4～48.9 μm,滴谱变宽明显。针对该阶段小滴数目不减反增这一现象,与 Liu 等[26]总结的因碰并造成大滴增多、小滴减少的现象有所不同。

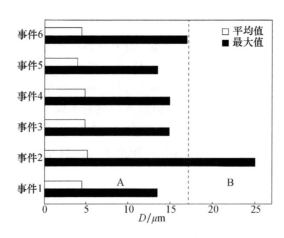

图 5　雾体生成阶段不同类型雾过程(浓雾和强浓雾)雾滴的最大粒径和平均粒径

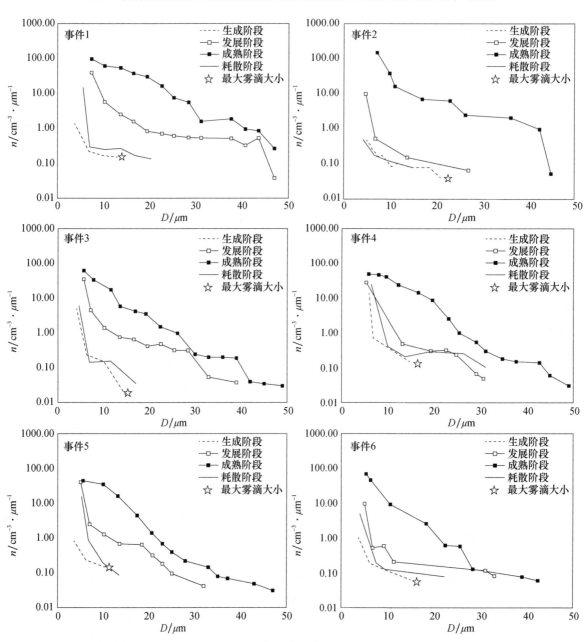

图 6　(强)浓雾过程 4 个阶段雾滴谱分布

(4 个阶段分别是形成、发展、成熟和耗散;事件 1,3,4,5,6 是浓雾,事件 2 是强浓雾;
图中星号表示雾滴形成过程中最大雾滴的大小;对应的 N 为雾滴形成阶段)

强浓雾过程中,生成阶段雾滴谱的谱宽明显宽于消散阶段(与5次浓雾过程不同),短时间内出现少量粒径为 24.95 μm 的雾滴凝结核(图6五角星标注),是强浓雾爆发的启动信号;发展阶段各微物理参量变化趋势与5次浓雾过程一致;成熟阶段最大粒径提高到45 μm,雾滴谱宽增长到38 μm,雾滴数浓度提升2个数量级,LWC_{max} 突增到 0.105 g/m³。

3.3 雾与大气细粒子的相互作用

利用强浓雾过程,进一步研究雾滴与大气细粒子的相互作用。强浓雾过程(事件2)伴随严重霾天气,$PM_{2.5}$ 浓度最大值为 375 μg/m³,其4个阶段 C_{PM10} 的变化如图7所示,发现 $PM_{2.5}$ 的质量浓度最大值出现在雾的生成阶段。雾发展和增强阶段,质量浓度呈快速下降趋势,直至强浓雾消散才逐渐上升。也就是说,天津强浓雾过程对 $PM_{2.5}$ 有一定的清除作用。印度恒河平原浓雾期间雾滴对水溶性气溶胶的清除作用证实了这一结论[49]。

中国北京地区相关研究发现,当 $C_{PM2.5}>200$ μg/m³ 时,气溶胶浓度对浓雾雾滴的快速增长和能见度的下降有很强的影响[31]。天津地区 $C_{PM2.5}>230$ μg/m³($C_{PM2.5}$ 值高于北京地区)对雾滴生长的正反馈作用明显。此外,如前文所述,天津地区 $C_{PM2.5}$ 与雾滴增长的相互作用更为复杂,因为随着 $C_{PM2.5}$ 的增大,其对雾滴增长的正反馈作用会减弱,甚至抑制雾滴的增长。结合图7和图8可以发现,在雾的发展阶段,$C_{PM2.5}$ 值范围跨度最大(215~371 μg/m³),且仅在雾的发展阶段出现 $C_{PM2.5}$ 介于 310~350 μg/m³ 范围内的情况,也就是说,在雾发展阶段前期 $PM_{2.5}$ 这类大气细粒子颗粒物的大量存在有利于细粒子颗粒物活化成为雾滴,也进一步加快浓雾的形成发展,但在雾的发展阶段后期,随着细粒子颗粒物浓度值的上升,当 $C_{PM2.5}$ 超过 350 μg/m³ 时,其对雾滴的形成又存在一定衰减作用。

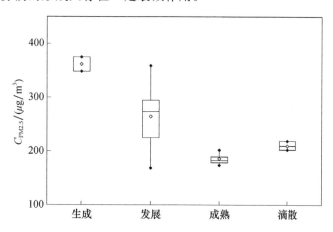

图7 生成、发展、成熟和消散4个阶段 $C_{PM2.5}$ 的变化(事件2)

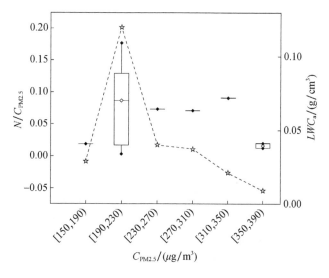

图8 $N/C_{PM2.5}$ 以及平均液态水含量随 $C_{PM2.5}$ 的演变趋势(事件2)

4 结论

考虑到雾-霾对中国北方重要港口城市和最大沿海开放城市的有害影响,在天津大气边界层观测站设置了雾滴粒径分布和大气细粒子的现场观测,以提高人工消雾的能力。基于对 2016 年 11 月—2017 年 1 月有限的 6 个(强)浓雾天气中雾滴和大气细粒子微物理参数的分析。引用沿海和内陆城市雾水和气溶胶化学成分的一些结果来解释观测现象,总结如下。

由于天津特殊的地理位置和背景污染,其霾日雾滴粒径分布拟合后服从 Junge 分布,类似于内陆重工业地区,冬季(强)浓雾均为谱宽 45 μm 的宽谱雾,滴谱峰值直径范围为 5.4~7.2 μm。在形成阶段当 D_{max} 超过 16.98 μm 时,对强浓雾的爆发有良好的指示作用。(强)浓雾天气中雾滴与大气细颗粒物之间的相互作用是独特且双向的。一方面,强浓雾过程对 PM2.5 的去除效果较强。另一方面,细粒子对雾有不同的作用。当 $C_{PM2.5}$ 低于阈值时,细粒子有利于增强雾过程,而当 $C_{PM2.5}$ 大于阈值时,则表现出负反馈效应,抑制雾过程。

需要指出的是,雾过程中动态参数变化(如风、湿度或湍流)的影响并没有被忽视,本研究的结论仅是从大气微物理特征分析中得出的。此外,对雾形成阶段大雾滴大小的阈值定量分析以及雾滴谱特征仅来自 6 个(强)浓雾事件,需要补充更多的雾事件来增强结论的可信度。

参考文献

[1] Kulkarni R,Jenamani R K,Pithani P,et al. Loss to aviation economy due to winter fog in New Delhi during the winter of 2011—2016[J]. Atmosphere,2019,10:198.

[2] Thies B,Egli S,Bendix J. The influence of drop size distributions on the relationship between liquid water content and radar reflectivity in radiation fogs[J]. Atmosphere,2017,8:142.

[3] Haeffelin M,Bergot T,Elias T,et al. Parisfog:Shedding new light on fog physical processes[J]. B Am Meteorol Soc,2010,91:767-783.

[4] Silverman B A,Kunkel B A. A numerical model of warm fog dissipation by hygroscopic particle seeding[J]. J Appl Meteorol,1970,9:627-633.

[5] Gultepe I,Fernando H J S,Pardyjak E R,et al. An overview of the Materhorn fog rroject:Observations and predictability [J]. Pure and Applied Geophysics,2016,173:2983-3010.

[6] Wang J,Daum P H,Yum S S,et al. Observations of marine stratocumulus microphysics and implications for processes controlling droplet spectra:Results from the marine stratus/stratocumulus experiment[J]. J Geophys Res,2009,114:1-10.

[7] Gerber H E. Microstructure of a radiation fog[J]. Journal of the Atmospheric Sciences,1981,38:454-458.

[8] Price J. Radiation fog. Part I:Observations of stability and drop size distributions[J]. Bound Lay Meteorol,2011,139:167-191.

[9] Bari D,Bergot T,Khlifi M E. Numerical study of a coastal fog event over Casablanca,Morocco[J]. Q J R Meteorol Soc,2015,141:1894-1905.

[10] Bari D. A preliminary impact study of wind on assimilation and forecast systems into the one-dimensional fog forecasting model Cobel-Isba over Morocco[J]. Atmosphere,2019,10:615.

[11] Gultepe I,Milbrandt J A. Microphysical observations and mesoscale model simulation of a warm fog case during Fram project[J]. Pure Appl Geophys,2007,164:1161-1178.

[12] Li X,Huang J,Shen S,et al. Evolution of liquid water content in a sea fog controlled by a high-pressure pattern[J]. J Trop Meteorol,2010,16:409-416.

[13] Niu S J,Lu C,Yu H,et al. Fog research in China:An overview[J]. Adv Atmos Sci,2010,27:639-662.

[14] Petters M D,Kreidenweis S M. A single parameter representation of hygroscopic growth and cloud condensation nucleus activity[J]. Atmos Chem Phys,2007,7:1961-1971.

[15] Khokhar M K,Yasmin N,Chishtie F,et al. Temporal variability and characterization of aerosols across the Pakistan Region during the winter fog periods[J]. Atmosphere,2016,7:67.

[16] Zang L,Wang Z M,Zhu B,et al. Roles of relative humidity in aerosol pollution aggravation over Central China during wintertime[J]. International Journal of Environmental Research and Public Health,2019,16:4422.

[17] Stolaki S,Haeffelin M,Lac C,et al. Influence of aerosols on the life cycle of a radiation fog event:A numerical and observational study[J]. Atmos Res,2015,151:146-161.

[18] Elias T,Haeffelin M,Drobinski P,et al. Particulate contribution to extinction of visible radiation:Pollution,haze,and fog[J]. Atmos Res,2009,92:443-454.

[19] Quan J,Zhang Q,He H,et al. Analysis of the formation of fog and haze in North China Plain (NCP) [J]. Atmos Chem Phys,2011,11:8205-8214.

[20] Shimadera H,Kondo A,Kaga A,et al. Contribution of transboundary air pollution to ionic concentrations in fog in the Kinki Region of Japan[J]. Atmos Environ,2009,43:5894-5907.

[21] Aikawa M,Hiraki T,Suzuki M,et al. Separate chemical characterizations of fog water,aerosol,and gas before,during, and after fog events near an industrialized area in Japan[J]. Atmos Environ,2007,41:1950-1959.

[22] Fahey K M,Pandis S N,Collett J L,et al. The influence of size-dependent droplet composition on pollutant processing by fogs[J]. Atmos Environ,2005,39:4561-4574.

[23] Guo L J,Guo X L,Fang C G,et al. Observation analysis on characteristics of formation,evolution and transition of a long-lasting severe fog and haze episode in North China[J]. Sci China Earth Sci,2015,58:329-344.

[24] Han S,Wu J,Zhang Y,et al. Characteristics and formation mechanism of a winter haze-fog episode in Tianjin,China [J]. Atmos Environ,2014,98:323-330.

[25] Li Q,Wu B,Liu J,et al. Characteristics of the atmospheric boundary layer and its relation with $PM_{2.5}$ during haze episodes in winter in the North China Plain[J]. Atmos Environ,2020,223:117-131.

[26] Liu D,Yang J,Niu S,et al. On the evolution and structure of a radiation fog event in Nanjing[J]. Adv Atmos Sci,2011, 28:223-237.

[27] Wu D,Zhang F,Ge X,et al. Chemical and light extinction characteristics of atmospheric aerosols in suburban Nanjing, China[J]. Atmosphere,2017,8:149.

[28] Yue Y,Niu S J,Zhang Y,et al. An observation study of sea fog in the coastal area of South China Sea[J]. Trans Atmos Sci,2015,38:694-702.

[29] Hagler G S W,Bergin M H,Salmon L G,et al. Source areas and chemical composition of fine particulate matter in the Pearl River Delta region of China[J]. Atmos Environ,2006,40:3802-3815.

[30] Wu D,Tie X,Li C,et al. An extremely low visibility event over the Guangzhou region:A case study[J]. Atmos Environ,2005,39:6568-6577.

[31] Quan J,Tie X,Zhang Q,et al. Characteristics of heavy aerosol pollution during the 2012—2013 winter in Beijing,China [J]. Atmos Environ,2014,88:83-89.

[32] Rosenberger J L,Gasko M. Comparing location estimators:Trimmed means,medians,and trimean[J]. Wiley,1983:297- 336.

[33] National Meteorological Center,National Standardization Technical Committee meteorological disaster prevention and mitigation. Grade of fog forecast:GB/T 27964—2011[S]. Beijing:Standards Press of China,2011.

[34] Niu S J,Liu D Y,Zhao L J,et al. Summary of a 4-year fog field study in Northern Nanjing,Part Ⅱ:Fog microphysics [J]. Pure Appl Geophys,2011,169:1137-1155.

[35] Fitzgerald J W. A numerical model of the formation of droplet spectra in advection fogs at sea and its applicability to fogs off nova scotia[J]. J Atmos Sci,1978,35:1522-1535.

[36] Dabek Z E,Dann T F,Kalyani M P,et al. Canadian National Air Pollution Surveillance (NAPS) $PM_{2.5}$ speciation program:Methodology and $PM_{2.5}$ chemical composition for the years 2003—2008[J]. Atmos Environ,2011,45:673-686.

[37] Hikari S,Kundan L S,Akira K,et al. Fog simulation using a mesoscale model in and around the Yodo River Basin,Japan[J]. J Environ Sci,2008,20:838-845.

[38] Yan P,Tang J,Huang J,et al. The measurement of aerosol optical properties at a rural site in Northern China[J]. Atmos Chem Phys,2008,8:2229-2242.

[39] Kaul D S,Tripathi S N,Gupta T. Chemical and microphysical properties of the aerosol during foggy and nonfoggy episodes:A relationship between organic and inorganic content of the aerosol[J]. Atmos Chem Phys Discuss,2012,12: 14483-14524.

[40] Chakraborty A,Gupta T. Chemical characterization and source apportionment of submicron (PM$_1$) aerosol in Kanpur Region,India[J]. Aerosol Air Qual Res,2010,10:433-445.

[41] Schmitt C G,Stuefer M,Heymsfield A J,et al. The microphysical properties of ice fog measured in urban environments of Interior Alaska[J]. J Geophys Res Atmos,2013,118:11136-11147.

[42] Wetzel M A. Physical,chemical,and ultraviolet radiative characteristics of aerosol in central Alaska[J]. J Geophys Res, 2003,108(D14):4418.

[43] Eldridge R G. The relationship between visibility and liquid water content in fog[J]. J Atmos Sci,1971,28:1183-1186.

[44] Han S,Bian H,Zhang Y,et al. Effect of aerosols on visibility and radiation in Spring 2009 in Tianjin,China[J]. Aerosol Air Qual Res,2012,12:211-217.

[45] Cachorro V E,DeFrutos A M,Gonzalez M J. Analysis of the relationships between Junge size distribution and angstrom a turbidity parameters from spectral measurements of atmospheric aerosol extinction[J]. Atmospheric Environment Part A Geneval Topics,1993,27:1585-1591.

[46] Bloomfield P,Royle J A,Steinberg L J,et al. Accounting for meteorological effects in measuring urban ozone levels and trends[J]. Atmos Environ,1996,30:3067-3077.

[47] Hudson J G. Relationship between fog condensation nuclei and fog microstructure[J]. J Atmos Sci,1980,37: 1854-1867.

[48] Laj P,Fuzzi S,Lazzari A,et al. The size dependent composition of fog droplets[J]. Contributions to Atmospheric Physics,1998,71:115-130.

[49] Izhar S,Gupta T,Panday A K. Scavenging efficiency of water soluble inorganic and organic aerosols by fog droplets in the Indo Gangetic Plain[J]. Atmos Res,2019,235:104-107.

霾污染背景下雾水爆发增强的微物理特征及成因研究*

吴彬贵[1]　刘　晴[2,3]　王兆宇[2]　刘敬乐[1]　聂皓浩[2]

(1 天津市海洋气象重点研究室,天津市气象局,天津 300074;
2 天津市人工影响天气办公室,天津 300074;
3 中国气象局云雾物理环境重点实验室,北京 100081)

摘　要:利用雾滴谱、大气颗粒物质量浓度、能见度、自动站和超声三维风观测,以及 NCEP/NCAR 再分析资料结合 255 m 边界层气象塔数据,分析了天津地区冬季雾爆发增强的微物理特征及成因。结果表明,天津(强)浓雾过程的平均雾滴数浓度(N_d)、平均液态水含量(LWC_a)和最大液态水含量(LWC_{max})比一般雾过程大约 50%。(强)浓雾过程对 $PM_{2.5}$ 有明显的去除作用,而一般雾过程对 $PM_{2.5}$ 无明显去除作用。(强)浓雾和一般雾的平均雾滴谱拟合均服从 Junge 分布。定义雾期间,30 min 内能见度(Vis)突降到 500 m 或 50 m 以下的现象,为雾"爆发性增强"现象。发现"爆发性增强"往往出现在雾发展阶段的中后期,期间 Vis、地表气温(T_a)和露点下降(T_a-T_d)呈下降趋势,而地表压力(P)、比湿(qv)、湍流动能(TKE)、摩擦速度(u_*)和垂直风速波动(w')呈上升趋势。爆发增强发生后,原来雾中的中性层结大气变为弱不稳定层结大气,且雾厚度显著加厚。结果表明,辐射冷却降温和比湿增加,以及高浓度 $PM_{2.5}$ 核化导致雾中能见度急剧下降,是雾爆发增强的原因。

关键词:液态水含量,湍流,$PM_{2.5}$,雾,爆发增强,天津

1 引言

一般情况下,轻雾在短时间内发展为浓雾,这种现象被称为"雾的爆发性增强"。雾的爆发性增强的定义是在 30 min 内能见度突然下降到 500 m 以下[1]。雾滴数浓度(N_d)、液态水含量(LWC)、雾滴直径(d)、雾滴谱分布等微物理参数直接影响能见度和雾滴生命周期[2-4]。了解微物理参数变化规律,分析能见度突然下降的原因,有助于提高浓雾天气预报水平[5-8]。

美国犹他大学的研究人员首先提出了这一概念[9]。在中国,李子华等[10]首次揭示了南京地区雾爆发增强的原因主要与高空高湿区水汽垂直输运有关。国内外对内陆和沿海雾的微物理特性和爆发增强进行了大量观测和实验。对于内陆雾而言,湍流混合主要影响雾滴谱的形成和增宽[11],垂直方向的雾爆发增强主要受湿冷空气平流的影响[12-13],爆发增强的基础是气溶胶沉积成长为小水滴[14-16]。通过对比 LWC 的反演位置和垂直剖面,可以揭示雾爆发增强事件中微物理参数的变化特征[17]。雾爆发增强的主要原因与地表逆温层、红外辐射冷却、逆温层顶部的低空射流和湍流的热湿输送有关[1,10,18]。对于沿海雾而言,雾爆发增强主要受大尺度环流、湍流和面流的影响[19-22]。中国南海观测表明,雾爆发增强伴随着雾滴谱的扩大以及平均直径、N_d 和 LWC 的突然增加[22]。大量研究发现,与海雾相比,内陆地区的颗粒尺寸较小,颗粒数浓度较大,从城市到山区和沿海地区,N_d 逐渐减小,而中位体积直径(MVD)逐渐增大,LWC 与 MVD 呈正相关[16,21,23-24]。

雾爆发增强与气溶胶类型和数浓度也有复杂的相互作用。吸湿气溶胶数浓度的增加,可以促进雾滴在不饱和条件下形成[25]。辐射雾的雾层厚度随着大气粒子浓度的增加而增加[26],但在亚马逊盆地地区,发现高度污染的条件会导致云滴谱发生巨大变化,从而影响雨和雾的形成[27]。

* 资助信息:国家自然科学基金项目(41675018、41675135、41705045),天津市自然科学基金项目(17JCYBJC23400),中国气象局云雾物理环境重点实验室开放课题(2018Z01605)。

低能见度天气通常伴随雾-霾粒子数浓度较高的天气[28-29]。在污染环境中,雾-霾颗粒的共存会对人类健康和交通造成极大的危害[30]。近年来我国北方雾-霾天气频繁发生,这也与雾爆发增强的条件有关。例如,He 等[31]发现北京地区吸湿颗粒物的大量增加会减小雾滴达到湿沉降的临界直径;郭丽君等[32]也认为高浓度气溶胶环境使布朗碰并加剧,是促进华北地区雾-霾天气加重的重要原因。

天津是渤海湾西岸高密度人口聚居的大城市,作为华北平原重要港口城市,由于雾-霾天气对交通安全和健康的影响引起广泛关注,针对天津地区雾-霾的转化条件和产生机制的研究较多,已有研究认为近地层温度、相对湿度和风的垂直分布等对雾-霾转化起到了重要作用,早期污染物的高层迁移、晚期污染物的积累和气溶胶的二次形成是雾-霾过程发生的重要机制[33]。但对监测的雾微物理参数的分析很少涉及。鉴于微物理参数可以直接反映雾的形成、发展和消散的发展,本研究利用2016—2017年天津冬季雾-霾加强监测数据,分析了雾-霾过程中微物理参数的演变特征。针对雾爆发增强阶段的雾滴直径和数浓度的异常突变,试图从微观物理概念出发,为大雾预报提供判据。

2 观测试验与资料处理

2016 年 11 月至 2017 年 1 月,天津市大气边界层观测站(TSOS)开展了针对雾-霾天气的加强探测实验,评估了雾爆发增强发生的原因。TSOS 位于中国华北平原中部,东边为渤海,距其西岸直线距离50 km。与我国其他几个雾观测试验区域的雾滴谱特征进行了对比,对比站分别为:南京北郊(NJNS)、广东湛江(GDZJ)、北京(BJ)、南京机场(NJA)和广东茂名(GDMM)。

表 1 列出了从 TSOS 获得的仪器及其测量值,包括仪器名称、制造商、型号、安装高度和采样率。前向散射能见度仪(MODEL6000)测量能见度。雾滴谱仪(FM120)提供 N_d、LWC 和 d 的测量值。FM120可获得的最小粒径为 3.5 μm(>2.5 μm),因此假设 FM120 得到的数浓度数据均为雾滴数浓度,而非气溶胶颗粒(PM₂.₅)数浓度。环境颗粒物监测仪(RP1405D)可提供 PM₂.₅ 的质量浓度($C_{PM_{2.5}}$)。DZZ5 自动气象站提供地面空气温度(T_a)、露点温度(T_d)、比湿(qv)、气压(P)、风向和风速。DZZ6 自动气象站安装在 255 m 气象塔的 15 个高度层,分别提供 5 m、10 m、20 m、30 m、40 m、60 m、80 m、100 m、120 m、140 m、160 m、180 m、200 m、220 m 和 250 m 高度的温度(T)、相对湿度(RH)、风速和风向。声波风速温度计(CSAT3)安装在同一塔的 40 m 高度处,提供三维风分量(u、v、w)和 T。此外,NCEP/NCAR 1°×1° 6 h间隔的再分析资料(http://www.nomad2.ncep.noaa.gov)用于分析雾过程。

表 1 雾分析中使用的仪器及其测量值

仪器名称	制造商	型号	安装高度	时间分辨率	观测要素
雾滴谱	DMT,美国	FM-120	2 m	1 s	N_d,LWC,d
前向散射能见度仪	Belfort,美国	MODEL6000	2 m	1 min	Vis
环境颗粒物监测仪	Thermo,美国	TEOM (RP1405D)	2 m	1 h	$N_{PM_{2.5}}$
地面自动气象站	Huayan Sounding,中国	DZZ5	2 m	1 min	风速,T_a,P,T_d,qv
边界层塔自动气象站	Zhonghuan TIG,中国	DZZ6	15 层(5 m、10 m、20 m、30 m、40 m、60 m、80 m、100 m、120 m、140 m、160 m、180 m、200 m、220 m、250 m)	1 min	T,RH,风速
三维超声风温仪	CAMPBELL,美国	CSAT3	40 m	0.1 s	u,v,w

3 研究方法

加强观测试验期间,TSOS 共经历了 8 次雾过程。这些事件是根据中国气象局的综合气象信息服务系统 CIMISS 数据库中天气现象和能见度资料确定的。根据中国国家标准 GB/T 27964—2011[34]，雾类型分为3 类：(1)500 m≤能见度<1000 m 为一般雾；(2)50 m≤能见度<500 m 为浓雾；(3)能见度<50 m 为强浓雾。基于此，8 次雾过程可归类如下：事件 1 和 7 为一般雾，事件 2、4、5、6、8 为浓雾，事件 3 为强浓雾。

雾过程各阶段的划分，以能见度值作为判别标准，雾过程可分为形成阶段(能见度从 1500 m 下降到1000 m)，发展阶段(介于雾形成后到成熟两阶段之间)，成熟阶段(能见度下降到最低值后维持少变，且连续时长超过 0.5 h)，消散阶段(从最低能见度开始明显回升至 1000 m)。除事件 1 和事件 7 外，其他 6 次雾过程在发展阶段均出现了爆发性增强现象。

根据中国雾-霾分级标准[35]，当 $C_{PM2.5}$ 超过 75 $\mu g/m^3$ 时，即发出雾-霾预警。8 个事件的 $C_{PM2.5}$ 均在75 $\mu g/m^3$ 以上，基于此，研究的所有个例都为经历雾-霾过程。

3.1 雾的动力学环境

理查德森数(R_i)用于研究大气稳定性，它与热稳定性和动力稳定性有关[36-37]，其计算公式为：

$$R_i = \frac{g}{T} \frac{\frac{\partial \theta}{\partial z}}{\left(\frac{\partial u}{\partial z}\right)^2} \tag{1}$$

式中：g 和 T 为重力加速度和温度；公式的分子为热稳定度(高度 z)和位温(θ)；分母为动态不稳定性；u 为水平风速。该方程也可以写成 T 梯度的函数[38]，其中 R_i 称为经典理查德森数。R_i 等于 0.25 为阈值，代表中性大气分层[37]，R_i 大于或小于 0.25 代表稳定和不稳定条件。

为了明确湍流动能(TKE)和摩擦速度(u_*)对雾爆发增强的影响，TKE 和 u_* 分别用公式 2 和 3[41]计算获得：

$$TKE = \frac{1}{2}(\overline{u'^2} + \overline{v'^2} + \overline{w'^2}) \tag{2}$$

$$u_* = (\overline{u'w'^2} + \overline{v'w'^2})^{1/4} \tag{3}$$

式中：u'，v' 和 w' 分别是 u，v 和 w 的波动。此外，利用三维风分量的平均值研究了平均动能(MKE)：

$$MKE = \frac{1}{2}(\overline{u^2} + \overline{v^2} + \overline{w^2}) \tag{4}$$

3.2 雾的微物理特性

以往研究表明，雾滴粒径分布的平均谱型通常服从 Junge 分布[42]或广义 Gamma 分布[43]。Junge 分布公式为：

$$N_d = a\,d^{-b} \tag{5}$$

式中：a 为形状参数，b 为逆尺度参数。拟合系数 R^2 的计算公式为：

$$R^2 = \frac{SSR}{SST} = \frac{\sum_{i=1}^{n}(\hat{n}_i - \bar{n})^2}{\sum_{i=1}^{n}(n_i - \bar{n})^2} \tag{6}$$

式中：n_i 代表 N_d 的逐个观测值，$\hat{n}_i$ 代表 N_d 的逐个回归值，$\bar{n}$ 代表 N_d 的平均值，SST 是 $\hat{n}_i$ 与 $\bar{n}$ 差的平方和，SSR 是 n_i 与 $\bar{n}$ 差的平方和。公式 5 和 6 中分别用 a_1、b_1、R_1^2 和 a_2、b_2、R_2^2 来表示一般雾和(强)浓雾两类雾滴谱拟合后的公式中的 a、b 和 R^2。

4 研究结果

4.1 天气背景

纵观 8 次雾-霾过程的环流形势，其中 6 次过程，高空被弱高压脊(事件 3、4、6、7 和 8)或弱高空槽(事件5)控制，以纬向型环流为主，另外两次被强盛的高压脊控制(事件 1 和 2)，为较强下沉气流。从地面气压场看,雾多发生在气压梯度很小的鞍型气压场(事件 4 和 5)和弱低(高)压系统中心(事件 1、2、3、6、7 和 8)附近(表 2)。大尺度环流背景综合分析表明,高空环流只要不存在明显上升气流,就不会对雾-霾过程生消造成影响,而低空尤其是近地面,弱气压场的存在是雾-霾过程出现的必要和前提条件。图 1 给出强浓雾事件(事件 3)的天气形势,其高低空气压场配置代表了渤海湾沿岸大范围雾-霾过程的典型高低空环流形势背景。

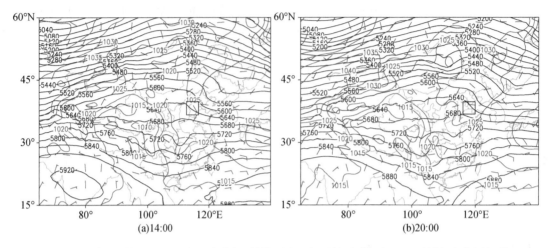

图 1　2016 年 12 月 19 日 500 hPa 高度场(黑线)、地面气压场(红线)和 10 m 风场(蓝色风标线)
(黑色正方形框内为研究区域)

4.2　雾-霾过程中微物理特征

本节给出了雾-霾事件的微观物理特征。表 3 列出了最大和平均雾滴数浓度(N_{max} 和 N_a),最大和平均水含量(LWC_{max} 和 LWC_a),和雾滴的最大直径(d_{max})以及成熟阶段能见度(Vis_{ma})和 $PM_{2.5}$ 最大质量浓度($C_{PM2.5\ max}$)。在所有雾事件中,事件 1 的 $N_{PM2.5\ max}$ 仅为 139 $\mu g/m^3$,而其他事件的 $N_{PM2.5\ max}$ 范围为 188～375 $\mu g/m^3$(表 2),且 N_a、LWC 和 LWC_{max} 值均较大。强浓雾事件的值明显大于一般雾事件的值,强浓雾过程中(事件 3),N_a 为 596 个/cm^3,LWC_a 为 0.041 g/m^3,LWC_{max} 为 0.145 g/m^3。浓雾过程,同样的参数分别为 184 个/cm^3、0.036 g/m^3 和 0.082 g/m^3。而一般雾过程,这些数值分别为 29 个/cm^3、0.013 g/m^3 和 0.031 g/m^3。通过比较可知,N_d 和 LWC 与天津地区 Vis 呈负相关,这与 Gultepe 等[5]给出的能见度参数化方案一致。

表 2　主要微物理参数、$C_{PM2.5}$ 和天气形势

序号	日期	天气形势 (高空+地面)	N_{max}/N_a (个/cm^3)	LWC_{max}/LWC_a (g/m^3)	D_{max} (μm)	Vis_{ma} (m)	$C_{PM2.5max}$ ($\mu g/m^3$)
事件 1	11 月 4 日上午	高压脊+蒙古高压前部	48/30	0.031/0.016	49	524～518	139
事件 2	11 月 4 日上午—5 日下午	高压脊+弱低压	737/363	0.132/0.105	48	107～60	210
事件 3	12 月 19 日下午—20 日上午	弱高压脊+地面弱高压	1070/596	0.145/0.041	45	100～30	350
事件 4	12 月 31 下午	弱高压脊+鞍型场	356/172	0.046/0.018	49	120～70	345
事件 5	1 月 1 日上午	弱高空槽+鞍型场	431/141	0.183/0.035	48	200～80	190
事件 6	1 月 3 日上午	弱高压脊+东北低压底部	247/102	0.020/0.010	49	400～370	230
事件 7	1 月 3 日下午	弱高压脊+弱低压	50/28	0.016/0.009	47	760～600	201
事件 8	1 月 4 日上午	弱高压脊+蒙古高压底部	374/142	0.031/0.013	42	480～240	207

多项研究表明,浓雾过程中雾滴对空气中 $PM_{2.5}$ 的去除效果显著[43-45]。本文进一步明确雾滴对 $PM_{2.5}$ 的去除作用主要发生在(强)浓雾过程中,而不是在一般雾过程中。从雾爆发增强前后 $C_{PM2.5}$ 的演变情况来看(图 2),$C_{PM2.5}$ 在事件 3、4、5、6 中显著下降,事件 2 和 8 中略有下降,事件 1 和 7 中略有上升。结果表明,$PM_{2.5}$ 仅在(强)浓雾过程中被去除。表 2 中雾滴对 $PM_{2.5}$ 的去除效率与 LWC 的大小没有关系,但

（强）浓雾过程 N_{max} 的值显著高于一般雾过程的对应值，说明 N_{max} 在清除机制中起主要作用。结果表明，高浓度雾滴对 $PM_{2.5}$ 的去除有积极作用，而低浓度雾滴对 $PM_{2.5}$ 的去除效果不明显。

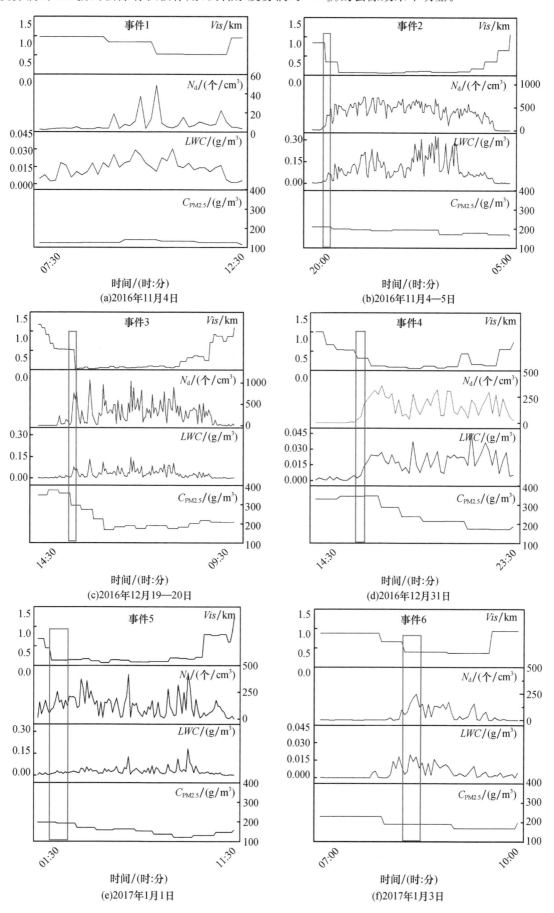

(a)2016年11月4日

(b)2016年11月4—5日

(c)2016年12月19—20日

(d)2016年12月31日

(e)2017年1月1日

(f)2017年1月3日

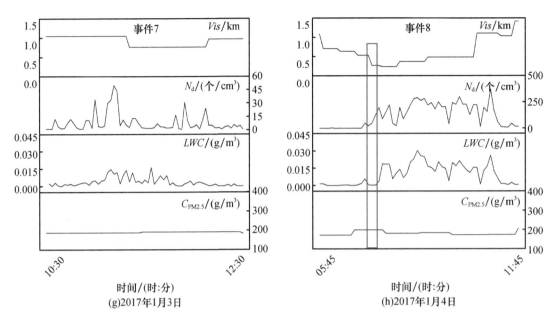

图 2　8 次雾-霾过程的雾滴 N_d 和 LWC（5 min 平均值）、Vis 和 $C_{PM2.5}$（1 h 平均值）随时间演变

（红框中的时间间隔表示每个雾过程的爆发增强阶段）

图 3 为（强）浓雾过程（事件 2、3、4、5、6、8）和一般雾过程（事件 1 和 7）平均谱的拟合线结果，图中的 d 值为间隔 5 μm 获得的平均直径。从图 3 可以看出，它们的谱宽非常相似，但雾滴数密度有显著差异。两种雾过程的雾滴谱随雾滴粒径的增大呈指数衰减，这与以南京为代表的浓雾过程谱宽特征有很大的不同，南京一般雾过程的谱宽低于浓雾过程（最高 25～30 μm）[18]。此外，（强）浓雾天气的 N_d 值显著大于一般雾过程，而且两者 N_d 的差值随直径的增加而减小。图 3 中的雾滴谱型拟合后服从 Junge 分布。对于（强）浓雾过程，拟合方程为：

$$N_d = 1947.84\ d^{-1.8} \tag{7}$$

对应公式（5）和（6）中的 a、b 和 k 参数，公式（7）中，a_1、b_1 和 R_1^2 的值分别为 1947.84、1.8 和 0.985。对于一般雾过程，拟合方程为：

$$N_d = 131.5\ d^{-1.76} \tag{8}$$

公式（8）中 a_2、b_2 和 R_2^2 的值分别为 131.5、1.76 和 0.982。逆尺度参数 b_1 和 b_2 非常接近，说明了两种雾过程的趋势一致。而（强）浓雾过程中的形状参数 a_1 几乎是一般雾过程 a_2 的 15 倍，（强）浓雾过程的雾滴数浓度比一般雾过程的雾滴数浓度大 1 个数量级。

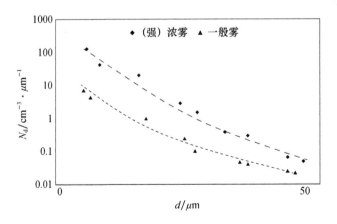

图 3　（强）浓雾与一般雾的平均谱分布对比

4.3　雾爆发增强的特点和原因

前文分析提到，8 次霾天气条件下雾过程中，有 6 次雾过程（事件 2、3、4、5、6、8）在 30 min 内，出现了

爆发性增强现象,且爆发性增强阶段的时间区间均处于每次雾过程发展阶段的中后期。

4.3.1 爆发增强阶段各参量演变特征

从气象要素和$C_{PM2.5}$的变化看(表3),雾爆发性增强期间(30 min 内),Vis、气温(T_a)、温度露点差(T_a-T_d)都呈现下降的趋势,地面气压(P)和比湿(qv)呈上升的趋势,风向转为东南方向,风速基本固定,$C_{PM2.5}$只在事件5中略有下降,其他事件中数值未变。其中,当一般雾爆发成为浓雾时,Vis、T_a、T_a-T_d分别下降327 m、0.26 ℃、1.2 ℃,降低327 m,平均P和qv分别增加0.36 hPa和0.07 g/kg。而一般雾爆发成为强浓雾过程中,Vis、T_a、T_a-T_d分别下降493 m、0.1 ℃、1.4 ℃,平均P和qv分别增加1.1 hPa和0.13 g/kg。

表3 雾爆发性增强前后气象要素和$C_{PM2.5}$的变化

	11月4日 (事件2)	12月19日 (事件3)	12月31日 (事件4)	1月1日 (事件5)	1月3日 (事件6)	1月4日 (事件8)
发展阶段时间区间	19:00—21:30	15:15—16:30	14:30—16:30	01:00—02:15	06:45—08:20	05:40—07:25
爆发性增强阶段 时间区间	20:30—21:00	15:45—16:15	15:30—16:00	01:45—02:15	08:15—08:45	06:45—07:15
Vis/m	839→345	540→47	530→320	690→450	880→400	640→430
T_a/℃	8.1→8.0	−2.0→−2.1	−2.7→−2.9	−0.5→−1.1	−2.3→−2.5	0.3→0.1
P/hPa	1007.3→1007.5	1024.1→1025.2	1026.8→1027.0	1025.0→1025.1	1022.6→1022.9	1025→1026
qv/(g/kg)	3.17→3.24	3.43→3.56	3.02→3.09	3.36→3.42	2.88→2.98	2.92→2.97
风向	141°→85° (SE→E)	151°→146° (SSE→SE)	168°→165° (SSE→SSE)	244°→91° (WSW→E)	173°→133° (S→SE)	96°→168° (E→SSE)
风速/(m/s)	0.7→1.0	1.2→1.5	0.5→0.6	1.1→0.8	0.6→0.7	0.6→0.8
T_a-T_d/℃	1.9→0.8	1.8→0.4	2.0→0.6	1.7→0.6	1.9→0.9	1.8→0.7
$C_{PM2.5}$/(μg/m³)	195	295	345	198→192	190	199

可以看出,Vis_{ma}(表2)和qv(表3)在爆发增强阶段前的最小值和最大值。qv的增加加速了雾的爆发增强过程,qv的降低导致相对湿度的降低和雾的能见度的增加[46],qv值越高,雾滴形成越早[47]。事件6和事件8中qv值小于3 g/kg,Vis_{ma}的最小值大于200 m。事件2、3、4、5中qv大于3 g/kg,Vis_{ma}最小值小于100 m。在事件3的爆发增强阶段,qv值在爆发增强之前是最大的(3.43 g/kg),能见度值下降最明显(从540 m到47 m),Vis_{ma}值对应的最小值(下降到30 m)。因此,较高的qv及其上升趋势可以预示雾的爆发和能见度的急剧下降。

在雾爆发增强阶段,T值急剧下降,是雾爆发增强发生的关键条件。在事件2、3、4、5时,爆发增强阶段发生在日落后或夜间,因此长波辐射冷却可能对T_a的急剧下降起到重要作用[23]。而在事件6和8中,由于日出后地面露水蒸发增加,爆发增强阶段出现,导致潜热消耗T下降[1]。

4.3.2 爆发增强阶段的雾顶高度及稳定性

雾顶高度可以通过近地表微观气象变量T和RH梯度的剧烈变化来估算[48]。对比6个发生了雾爆发增强的事件,在5～250 m高度范围内的爆发增强前后T和RH的剖面变化(图4),发现爆发增强后雾顶高度明显升高,大气稳定性明显下降。需要注意的是,事件2仅采集了5～140 m的10层数据,其他个例都采集了5～250 m的15层数据(图4)。

计算事件2的雾顶高度,发现在爆发增强前,雾体在120 m处出现强逆层,雾体内部R_i为0.23(表5),而爆发增强后R_i为0.14,逆温层到达150 m,大气稳定性由之前的中性状态变为不稳定状态,RH明显大于爆发增强之前,说明雾顶高度增加。同理,事件3中,爆发增强前后,雾顶高度由180 m增加到220 m,R_i由0.26增加到0.19。事件4和事件8中,在雾爆发增强前,逆温层底高度和RH下降到220 m高度,但爆发增强后,逆温不明显,分层相对不稳定,RH在250 m水平前保持100%,这说明雾顶高度从220 m上升到250 m以上。在事件5和事件6中,T剖面为中性,RH在250 m高度前保持100%,雾顶高度在250 m以上,雾层由中性状态变为弱不稳定状态。除事件5和事件6外,雾爆发增

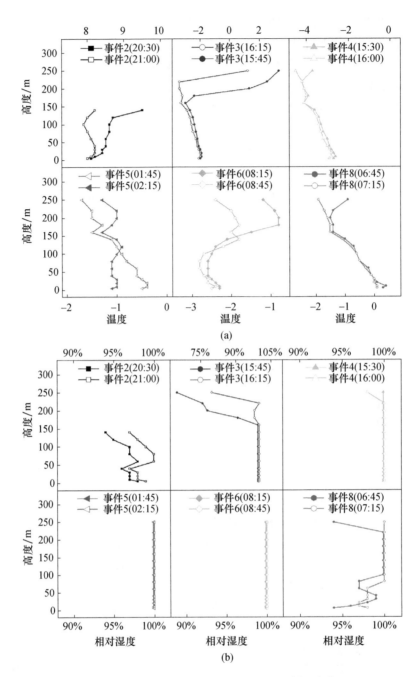

图 4　6 个事件温度(a)和相对湿度(b)的剖面变化

强后,雾顶高度呈明显加深趋势,且雾顶高度超出观测塔。在大气稳定性方面,雾体分层由中性状态变为弱不稳定状态。

表 4　6 个事件雾爆发增强前后的 R_i

	事件 2	事件 3	事件 4	事件 5	事件 6	事件 8
R_i(前)	0.23	0.26	0.16	0.25	0.24	0.18
R_i(后)	0.14	0.19	0.13	0.19	0.21	0.15

所有事件的风向一般为东南或南风(表 3),风速约为 1 m/s。此外,水平风速在事件 5 中减小,在其他事件中增大,难以用地面资料解释雾爆发增强和分层的原因。为此,我们通过爆发增强前和爆发增强过程中 30 min 平均湍流度参数(TKE、u^* 和 w')和 40 m 高度的 MKE 进一步分析了湍流强度对雾爆发增强的影响(图 5)。可以发现,各湍流参数在雾爆发增强前均有减小的趋势,在雾爆期间有明显的增大趋

势。而 MKE 在大多数雾事件中表现出相同的趋势,但在事件 5 中没有,这意味着湍流的增加会加剧雾的爆发。众所周知,湍流混合对雾的形成起着重要的作用[49],本研究发现湍流混合的增强也对雾爆发增强起关键作用。

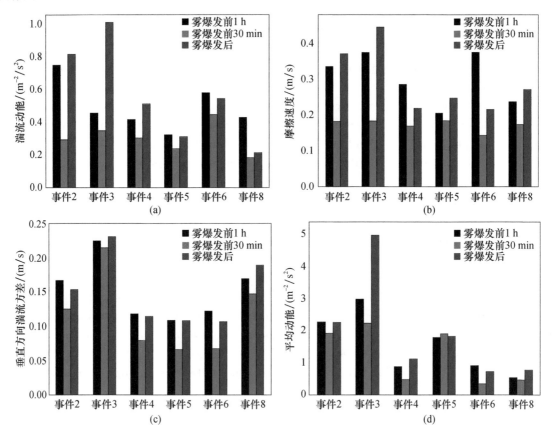

图 5　6 个事件爆发增强前和过程中,40 m 高度处湍流动能(a)、摩擦速度(b)、垂直方向湍流方差(c)和平均动能(d)的 30 min 平均值

5　结论

2016 年 11 月—2017 年 1 月,通过安装在 255 m 高通量塔上的现场仪器和地面密集观测,研究了天津地区雾-霾天气下雾的爆发增强过程。观测包括雾滴和气溶胶光谱测量、3D 风和 NCEP/NCAR 再分析数据。结果表明,雾爆发增强发生在高压系统的影响下。城市污染环境中(强)浓雾和一般雾的平均谱,满足逆尺度参数相似但形状参数差异较大的 Junge 尺寸分布。得到结论如下:

(1)在高比湿条件下,雾的爆发增强在短时间内与当地气象参数的变化有较好的相关性,如在 30 min 内,T_a 和 $(T_a - T_d)$ 的减小,P 和 qv 的增大;

(2)天津地区伴随霾天气的强浓雾过程 N_a、LWC_a 和 LWC_{max} 值明显大于一般雾过程。当 qv 和 $C_{PM2.5}$ 足够大时,N_d 变大,粒径变小,导致雾的爆发增强。高比湿下的高浓度 PM$_{2.5}$ 有助雾爆发增强,且雾爆发增强有助于 PM$_{2.5}$ 的沉降,其作用是双向的;

(3)湍流动能、摩擦速度和垂直方向湍流方差等湍流指标的增加,使大气层结稳定性由中性状态变为弱不稳定状态,有利于雾爆发增强现象的发生。

但需说明的是,雾爆发增强过程不排除二次气溶胶的影响,本文结论仅缘于大气物理特征的分析。另外,针对雾体形成阶段出现少量大滴进行定量化分析,需要继续收集更多的雾事件,丰富资料库,使其更具有说服力。

参考文献

[1] Pu M,Yan W,Shang Z,et al. Features of a rare advection radiation fog event [J]. Science in China Series D:Earth Sciences,2008,51(7):1044-1052.

[2] Gultepe I,Milbrandt J A. Microphysical observations and mesoscale model simulation of a warm fog case during FRAM project [J]. Pure and Applied Geophysics,2007,164(67):1161-1178.

[3] Gultepe I G,Pearson J A,Milbrandt B,et al. The fog remote sensing and modeling (FRAM) field project [J]. Bull of Amer Meteor Soc,2009,90:341-359.

[4] Richard D H. Microphysical and meteorological measurements of fog supersaturation [J]. Tellus,1975,27(5):507-513.

[5] Gultepe I G,Müller M D,Boybeyi Z. A new visibility parameterization for warm fog applications in numerical weather prediction models [J]. Journal of Applied Meteorology and Climatology,2006,45(11):1469-1480.

[6] Haeffelin M,Bergot T,Elias T,et al. PARISFOG:shedding new light on fog physical processes [J]. Bulletin of the American Meteorological Society,2010,91(6):767-783.

[7] Silverman B A,Kunkel B A. A numerical model of warm fog dissipation by hygroscopic particle seeding [J]. Journal of Applied Meteorology,1970,9(4):627-633.

[8] Yang D H,Ritchie S,Desjardins G,et al. High Resolution GEM-LAM application in marine fog prediction:Evaluation and diagnosis [J]. Weather and Forecasting. 2009,25:727-748.

[9] Korb G,Zdunkowski W. Distribution of radiative energy in ground fog [J]. Tellus,1970,22(3):298-320.

[10] 李子华,黄建平,孙博阳,等. 辐射雾发展的爆发性特征[J]. 大气科学,1999,23(5):623-631.

[11] Gerber H E. Microstructure of a radiation fog [J]. Journal of the Atmospheric Sciences,1981,38(2):454-458.

[12] Fuzzi S,Facchini M C,Orsi G,et al. The po valley fog experiment 1989 an overview [J]. Tellus Series B Chemical and Physical Meteorology,1992,44(5):448-468.

[13] Wobrock W,Schell D,Maser R,et al. Meteorological characteristics of the PO Valley fog [J]. Tellus Series B Chemical and Physical Meteorology,1992,44(5):20.

[14] Collett J L,Sherman D E,Moore K F,et al. Aerosol particle processing and removal by fogs:Observations in chemically heterogeneous central California radiation fogs [J]. Water,Air and Soil Pollution:Focus,2001,1(5-6):303-312.

[15] Fahey K M,Pandis S N,Collett J L,et al. The influence of size-dependent droplet composition on pollutant processing by fogs [J]. Atmospheric Environment,2005,39:4561-4574.

[16] Gultepe I R,Sharman P D,Williams,B. ,et al. A review of high impact weather for aviation meteorology [J]. Pure and Applied Geophysics,2019,176(5):1869-1923.

[17] Egli S,Maier F,Bendix J,et al. Vertical distribution of microphysical properties in radiation fogs—A case study [J]. Atmospheric Research,2015,151:130-145.

[18] Liu D,Yang J,Niu S,et al. On the evolution and structure of a radiation fog event in Nanjing [J]. Advances in Atmospheric Sciences,2011,28(1):223-237.

[19] Goodman J. The Microstructure of California Coastal Fog and Stratus [J]. Journal of Applied Meteorology,1977,16 (10):1056-1067.

[20] Gultepe I G,Fernando H J S,Pardyjak E R,et al. An overview of the MATERHORN fog project:Observations and predictability [J]. Pure and Applied Geophysics,2016,173(9):2983-3010.

[21] Koračin D,Dorman C E,Lewis J M,et al. Marine fog:A review [J]. Atmospheric Research,2014,143:142-175.

[22] 岳岩裕,牛生杰,赵丽娟,等. 湛江地区近海岸雾产生的天气条件及宏微观特征分析[J]. 大气科学,2013,37(3): 609-622.

[23] Niu S J,Lu C,Yu H,et al. Fog research in China:an overview [J]. Advances in Atmospheric Sciences,2010,27(3): 639-662.

[24] Schmitt C G,Stuefer M,Heymsfield A J,et al. The microphysical properties of ice fog measured in urban environments of Interior Alaska [J]. Journal of Geophysical Research:Atmospheres,2013,118(19):11136-11147.

[25] Petters M D,Kreidenweis S M. A single parameter representation of hygroscopic growth and cloud condensation nucleus activity [J]. Atmospheric Chemistry and Physics,2017,7(8):1961-1971.

[26] Stolaki S,Haeffelin M,Lac C. Influence of aerosols on the life cycle of a radiation fog event [J]. A numerical and observational study. Atmospheric Research,2015,151:146-161.

[27] Roberts G C,Artaxo P,Zhou J,et al. Sensitivity of CCN spectra on chemical and physical properties of aerosol:A case study from the Amazon Basin [J]. J Geophys Res,2002,107(D20):149-156.

[28] Pinnick R G,Hoihjelle D L,Fernandez G,et al. Vertical structure in atmospheric fog and haze and its effects on visible and infrared extinction [J]. Journal of the Atmospheric Sciences,1978,35(10):2020-2032.

[29] Liu Q,Wu B,Wang Z,et al. Fog droplet size distribution and the interaction between fog droplets and fine particles during dense fog in Tianjin,China [J]. Atmosphere,2020,11(3):258.

[30] Gao Y,Guo X,Ji H,et al. Potential threat of heavy metals and PAHs in $PM_{2.5}$ in different urban functional areas of Beijing [J]. Atmospheric Research,2016,178:6-16.

[31] He K,Yang F,Ma Y,et al. The characteristics of $PM_{2.5}$ in Beijing,China [J]. Atmospheric Environment,2001,35:4954-4970.

[32] 郭丽君,郭学良,方春刚,等. 华北一次持续性重度雾霾天气的产生、演变与转化特征观测分析[J]. 中国科学:地球科学,2015,(4):427-443.

[33] Han S,Wu J,Zhang Y,et al. Characteristics and formation mechanism of a winter haze-fog episode in Tianjin,China [J]. Atmospheric Environment,2014,98:323-330.

[34] 全国气象防灾减灾标准化技术委员会,国家气象中心. 雾的预报等级:GB/T 27964—2011[S]. 北京:中国标准出版社,2011.

[35] 全国气象防灾减灾标准的技术委员会,中国气象局广州热带海洋气象研究所. 霾的观测和预报等级:QX/T 113—2010[S]. 北京:气象出版社,2010.

[36] Gultepe I G,Starr D O. Dynamical structure and turbulence in cirrus clouds:Aircraft observations during fire[J]. Journal of the Atmospheric Sciences,1995,52(23):4159-4182.

[37] Thorpe A J,Hoskins B J,Innocentini V. The parcel method in a baroclinic atmosphere [J]. Journal of the Atmospheric Sciences,1989,46(9):1274-1284.

[38] Galperin B,Sukoriansky S,Anderson P S. On the critical Richardson number in stably stratified turbulence [J]. Atmospheric Science Letters,2007,8(3):65-69.

[39] Yagüe C,Viana S,Maqueda G,et al. Influence of stability on the flux-profile relationships for wind speed,ϕ_m,and temperature,ϕ_h,for the stable atmospheric boundary layer [J]. Nonlinear Processes in Geophysics,2006,13(2):185-203.

[40] Stull R B. An introduction to boundary layer meteorology [M]. Berlim:Springer Netherlands,1988:666.

[41] Cachorro V E,DeFrutos A M,Gonzalez M J. Analysis of the relationships between Junge size distribution and Angstrom a turbidity parameters from spectral measurements of atmospheric aerosol extinction [J]. Atmospheric Environment. Part A. General Topics,1993,27(10):1585-1591.

[42] Bari D,Bergot T,Khlifi M E. Numerical study of a coastal fog event over Casablanca,Morocco [J]. Q J R Meteorol Soc,2015,141:1894-1905.

[43] Hao T,Han S,Chen S,et al. The role of fog in haze episode in Tianjin,China:A case study for November 2015 [J]. Atmospheric Research,2017,194 (1):235-244.

[44] Li P H,Wang Y,Li Y H,et al. Characterization of polycyclic aromatic hydrocarbons deposition in $PM_{2.5}$ and cloud/fog water at Mount Taishan (China) [J]. Atmospheric environment,2010,44(16):1996-2003.

[45] Izhar S,Gupta T,Panday A K. Scavenging efficiency of water soluble inorganic and organic aerosols by fog droplets in the Indo Gangetic Plain [J]. Atmos Res,2019,235:104-121.

[46] Gu Y,Kusaka H,Doan V Q,et al. 2019. Impacts of urban expansion on fog types in Shanghai,China:Numerical experiments by WRF model [J]. Atmospheric Research,2019,220:57-74.

[47] Fitzjarrald D R,Lala G G. Hudson valley fog environments [J]. Journal of Applied Meteorology,1989,28:1303-1328.

[48] Román C,Yagüe C,Steeneveld G J,et al. Estimating fog-top height through near-surface micrometeorological measurements [J]. Atmospheric Research,2016,170:76-86.

[49] Gerber H E. Microstructure of a radiation fog [J]. Journal of the Atmospheric Sciences,1981,38(2):454-458.

衡水地区层状云和对流云降水特征分析

许　峰　王朝晖　黄兆楚　杨　洋

(河北省人工影响天气办公室,河北 050021)

摘　要:根据位于衡水安平的 Parsivel 激光雨滴谱仪于 2019 年获取的降水资料,结合雷达和雨量计资料选取 12 次典型层状云和对流云降水过程,对两类降水云系降水特征进行分析。结果表明,雨滴谱仪和雨量计观测的累计降水量较为吻合,层状云降水雨滴谱谱宽较窄,对流云降水雨滴谱谱宽较宽,层状云降水物理参量随时间波动小,对流云降水物理参量随时间波动大。直径小于 3 mm 的雨滴对层状云降水的贡献最大,贡献率为 99% 左右,直径在 1~3 mm 的雨滴对对流云降水的贡献率最大约为 90%。通过对雨滴谱进行 Gamma 拟合分析发现,2/3/4 阶矩和 3/4/6 阶矩计算方法的选择对两种类型降水雨滴谱 Gamma 拟合和层状云 Gamma 拟合参数拟合影响不大,对流云 2/3/4 阶矩计算的 Gamma 拟合参数拟合效果优于 3/4/6 阶矩。

关键词:衡水地区,雨滴谱,对流云,层状云,Gamma 分布

1　引言

雨滴是云降水微物理过程中多种影响因子相互作用的产物。不同的降水类型、不同的地域,雨滴也会有所差异。雨滴谱是粒子数浓度随雨滴直径变化的函数,是降水过程中不可或缺的微物理信息,对雨强、雷达反射率因子等参量有着决定性作用。通过本文的相关研究,可以得出衡水地区雨滴谱特征,可以更好地了解在衡水地区降水过程中所发生的有关微物理变化。

Marshall 和 Palmer 最早发现,雨滴数目随雨滴大小变化的函数可以用指数分布进行较好的描述[1],即目前常用的 M-P 分布。后来 Ulbrich 发现 M-P 分布在大粒径和小粒径部分和实测雨滴谱有着一定的差异,所以他在 M-P 分布的基础上对小雨滴段和大雨滴段进行了修正,形成了 Gamma 分布[2]。陈宝君等[3]利用沈阳地区雨滴谱资料,对积雨云、层状云和积层混合云进行了 M-P 分布和 Γ 分布拟合分析,讨论了两种分布的适用范围,给出了分布参数随雨强变化关系。宫福久等[4]利用雨滴谱仪在沈阳夏季测得的积云、层状云和积层混合云的降水资料,分析了 3 类云降水雨滴谱的谱型,微结构参量及其短时变化特征。近年来,许多专家学者对不同地区的雨滴谱特征进行了相关研究,但大多数集中在南方地区。本文通过气象雷达资料,地面气象站资料将降水类型分为层状云降水和对流云降水,使用 2019 年衡水安平 Parsivel 激光雨滴谱仪观测资料,对层状云和对流云降水雨滴特征进行分析,得出衡水地区降水特征,使用不同阶矩量计算 Gamma 分布参数进行拟合分析,得出河北省中南部地区层状云降雨和对流云降雨的最优 Gamma 拟合计算方法。

2　观测仪器及数据选取处理

Parsivel 激光雨滴谱仪是一种利用降水粒子对激光的衰减原理,可以对降水粒子直径、速度、分布密度、累计雨强等气象参数进行精确测量的高性能气象传感器。该激光雨滴谱仪的取样面积为 54 cm²(18 cm× 3 cm),时间分辨率为 1 min,测量粒径范围为 0.2~25 mm,测量粒速范围为 0.2~20 m/s,粒子直径和粒子速度都以 32 档量化输出,可以识别 8 种降水类型包括毛毛雨、小雨、雨、雨加雪、雪、米雪、冻雨、冰雹。本文所使用的雨滴谱数据资料来源于布设在衡水安平的 Parsivel 激光雨滴谱仪。此激光雨滴

谱仪自 2019 年开始进行不间断降水观测,至今获取了较为完整的降水资料。

Johnson 等[5]将降水强度大于 0.5 mm/min 的降水类型归纳为对流云降水,降水强度小于 0.5 mm/min 的降水类型归纳为层状云降水。本文通过降水宏观特征量结合雷达图像资料,对 2019 年获取的雨滴谱降水资料进行了分类筛选,从中挑选出降水特征相对较明显,降水持续时间相对较长的具有代表性的典型降水时段。所选取降水过程的降水类型、编号、观测日期以及有效样本个数见表 1。

表 1　典型降水过程信息

降水类型	编号	观测日期	有效样本数/个
层状云	01	2019 年 4 月 9 日	329
对流云	02	2019 年 4 月 24 日	67
对流云	03	2019 年 7 月 5 日	51
层状云	04	2019 年 7 月 6 日	68
对流云	05	2019 年 7 月 22 日	43
对流云	06	2019 年 7 月 29 日	192
对流云	07	2019 年 8 月 2 日	45
对流云	08	2019 年 8 月 4 日	94
层状云	09	2019 年 8 月 11 日	330
层状云	10	2019 年 9 月 13 日	205
层状云	11	2019 年 10 月 4 日	361
层状云	12	2019 年 10 月 16 日	383

根据筛选出的典型降水过程,对雨滴谱仪与称重式雨量计进行了数据对比分析。所选取的雨量计位于衡水安平气象观测场内,时间分辨率为 5 min,测量精度为 0.1 mm/h。

使用 Parsivel 激光雨滴谱仪的观测数据前进行了以下处理:(1)剔除粒子数小于 20 和雨强 R 小于 0.001 mm/h 的样本以及前两档数据(减小噪声对数据的影响);(2)剔除观测速度值偏离经验曲线计算值 60% 的样本。

3　结果与分析

3.1　激光雨滴谱仪与气象站雨量计数据对比分析

针对已筛选出的降水时段,对当天完整的降水过程进行雨滴谱仪与气象站雨量计的累计降水量对比。由于层状云降水量相对较小,气象站雨量计降水量分辨率较大为 0.1 mm,采样时间分辨率为 5 min,所以对层状云降水过程降水量进行了 10 min 累加,对对流云降水过程降水量进行了 5 min 累加。对比结果如图 1 所示。层状云降水 10 min 累计降水量主要分布在 0~0.3 mm,对流云降水 5 min 累计降水量主要分布在小于 1 mm 的范围内。通过线性拟合,得出层状云降水激光雨滴谱仪与雨量计观测降水量的相关系数 R^2 为 0.848,对流云降水相关系数 R^2 为 0.984,两者相关性都比较好,相较于层状云降水,对流云降水雨滴谱仪对于降水量的测量值和气象站降水资料更为吻合。可见,无论是层状云降水或是对流云降水,激光雨滴谱仪的观测结果与气象站降水资料都较为一致,同时也反映出激光雨滴谱仪数据是可靠的。由于雨量计分辨率的限制,对流云降水过程激光雨滴谱仪与雨量计的相关性要大于层状云降水。

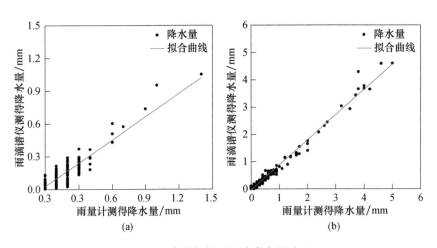

图 1 雨滴谱仪与雨量计降水量对比

(a)层状云降水 10 min 累计降水量对比；(b)对流云 5 min 累计降水量对比

3.2 微物理参量特征分析

3.2.1 微物理特征参量均值对比

对层状云与对流云降水微物理参量进行均值计算结果如表 2 所示，其中 N_T 表示总数浓度，R 表示雨强，W 表示雨水含量，E 表示降水动能通量，D 表示算术平均直径，D' 表示均方根直径，D_{eff} 表示有效直径，D_m 表示质量加权平均直径。

通过两类降水微物理参量均值对比表明，层状云与对流云降水过程中，相关微物理参量有着明显的差异。层状云降水雨强较小，粒子数浓度较小；对流云降水雨强较大，粒子数浓度较大，约为层状云降水的 3.8 倍。对流云含水量更为丰富，约为层状云的 14 倍，降水动能通量约为层状云降水的 51 倍。层状云降水 4 种特征直径较小，其中算术平均直径 D，均方根直径 D'，有效直径 D_{eff} 都小于 1 mm，质量加权平均直径 D_m 大小略微超过 1 mm 为 1.020 mm。对流云降水 4 种特征直径相对较大，且都在 1 mm 以上。

表 2 层状云与对流云微物理参量均值表

类别	N_T/(个/m³)	R/(mm/h)	W/(g/m³)	E/(m⁻²/h)	D/mm	D'/mm	D_{eff}/mm	D_m/mm
层状云	151.028	0.690	0.052	6.300	0.783	0.817	0.932	1.020
对流云	571.709	14.868	0.727	310.981	1.081	1.193	1.604	1.911

3.2.2 微物理特征参量演变分析

通过对比研究层状云与对流云降水的微物理参量演变，可以更好地了解这两类降水云系在降水机制上的差异和共性。不同云系降水的雨强主要取决于雨滴数密度和最大直径[6]。对编号为 01、04、09 的层状云降水过程，按照时间进行排序拼接，得到 727 个样本作为层状云降水微物理特征参量演变分析研究对象；对编号 02、03、05、06、07、08 的对流云降水过程做同样处理，得到 492 个样本作为对流云降水微物理特征参量演变分析研究对象。本文选取了雨水含量 W、总数浓度 N_T、雨强 R、质量加权平均直径 D_m 4 个参量进行对比分析。总体来看，层状云降水过程中雨水含量、总数浓度、雨强以及质量加权平均直径波动较小，变化趋势较为一致。除个别峰值外，层状云降水过程中雨水含量在 0.2 g/m³ 以下，总数浓度小于 400 个/m³，雨强不超过 4 mm/h，质量加权平均直径在 1 mm 左右（如图 2 所示）；对流云降水过程中，各参量变化趋势相对一致，但变化波动较大，雨水含量、总数浓度、雨强、质量加权平均直径最大值分别为 3.96 g/m³、2877 个/m³、93 mm/h 与 5.59 mm，其中质量加权平均直径在 2 mm 处上下波动（如图 3 所示）。

层状云降水过程中，4 个参量随时间变化幅度相对较小，变化趋势相对一致，波峰与波谷出现的时间也基本相同。从第 60 个样本开始质量加权平均直径和总数浓度开始增大，并达到了峰值，分别为 2.6 mm 和 356 个/m³，同时雨强和雨水含量也达到了峰值，分别为 5.7 mm/h 和 0.29 g/m³，说明质量加权平均直径和总数浓度的变化会引起降水强度和雨水含量的相对变化。和层状云对比,对流云微物理参量波动幅度更大。雨强、雨水含量、总数浓度、质量加权平均直径变化也基本一致。从第165和235个样本开始,质量加权平均直径的增大至峰值,分别达到 3.48 mm 和 5.60 mm,雨强也随之增大达到峰值分别为 93 mm/h 和 75 mm/h,说明质量加权平均直径的突然增大往往对应着强降水的出现,可以通过质量加权平均直径的变化情况,判断强降水的出现时间。

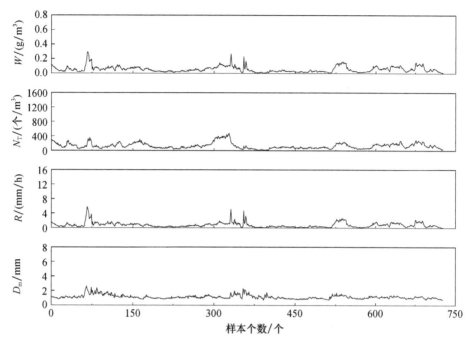

图 2　层状云见降水微物理参数随时间变化

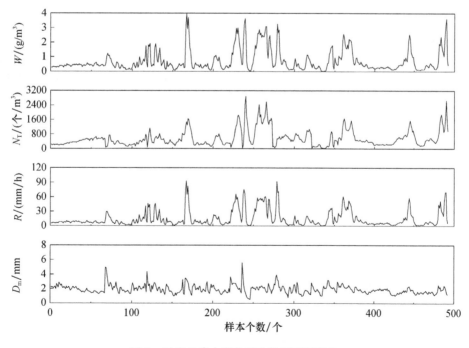

图 3　对流云降水微物理参数随时间变化

3.2.3　雨滴大小对降水贡献分析

对总数浓度 N_T、雨强 R、雨水含量 W 按照质量加权平均直径 $D_m \leqslant 1$ mm、1 mm$<D_m \leqslant 3$ mm、$D_m > 3$ mm 进行归档,将降水粒子分成 A、B、C 3 类。层状云与对流云中 3 类降水粒子对总数浓度、雨强、雨水含量的贡献率见图4。

层状云降水过程中 $D_m \leqslant 3$ mm 范围内的降水粒子对总数浓度、雨强、雨水含量的贡献率超过了99.7%。说明层状云降水过程中 $D_m \leqslant 3$ mm 的降水粒子是降水的主要贡献者，$D_m > 3$ mm 的降水粒子对层状云降水的贡献小于0.3%。A 类和 B 类降水粒子对总数浓度的贡献率分别为53.428%与46.530%，对雨强的贡献率分别为35.395%与64.326%，对雨水含量的贡献率分别为40.297%与59.580%。A 类降水粒子对总数浓度的贡献率大，对雨强和雨水含量的贡献率小于 B 类降水粒子，说明层状云降水过程中 1 mm $< D_m \leqslant 3$ mm 的雨滴是雨强和雨水含量的主要贡献者。

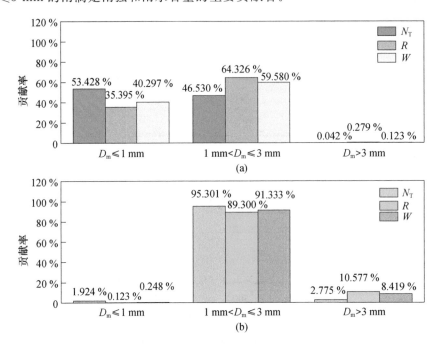

图 4　层状云与对流云对降水的贡献率
(a)层状云；(b)对流云

对流云降水过程中 B 类降水粒子对总数浓度、雨强、雨水含量的贡献率分别为95.301%、89.300%、91.333%。说明对流云降水过程中 1 mm $< D_m \leqslant 3$ mm 的雨滴仍然是雨强和雨水含量的主要贡献者。C类降水粒子对总数浓度的贡献率是 A 类降水粒子的1.4倍，雨强和雨水含量的贡献率分别是 A 类降水粒子的86倍和34倍。说明对流云降水过程中 $D_m > 3$ mm 的降水粒子对雨强和雨水含量的贡献率远大于$D_m \leqslant 1$ mm 的降水粒子。

3.3　雨滴谱特征分析

图 5 为层状云与对流云降水的雨滴谱和平均雨滴谱的 2/3/4 阶矩 Gamma 拟合曲线和 3/4/6 阶矩 Gamma拟合曲线。其中层状云降水的雨滴谱谱宽较窄，雨滴达到的最大直径只有 4.75 mm；对流云降水的雨滴谱谱宽较宽，雨滴达到的最大直径为 7.5 mm。层状云雨滴谱粒子数浓度变化范围为 0.74～2709.61 mm/m³，平均雨滴谱粒子数浓度变化范围为 0.88～269.74 mm/m³ 并在粒径为 0.687 mm 时达到峰值。对流云雨滴谱和平均雨滴谱变化范围分别为 0.42～654.81 mm/m³ 和 0.26～3570.43 mm/m³，都要大于层状云。

使用 2/3/4 阶矩和 3/4/6 阶矩对层状云降水进行 Gamma 拟合，相关系为0.97，对流云降水 2/3/4阶矩与 3/4/6 阶矩 Gamma 拟合结果相关系数为0.99。说明 2/3/4 阶矩和 3/4/6 阶矩计算方法的选择对两种类型降水雨滴谱 Gamma 拟合影响不大。对比雨滴谱 Gamma 拟合数据和实测数据，发现对流云Gamma 拟合效果要优于层状云。对层状云降水使用 2/3/4 阶矩计算 Gamma 拟合参数对雨滴谱进行拟合的效果要优于 3/4/6 阶矩。对流云降水使用 3/4/6 阶矩计算 Gamma 拟合参数对雨滴谱进行拟合的效果要优于 2/3/4 阶矩。

3.4　Gamma 拟合参数分析

对选取的12次降水过程的雨滴谱分别使用 2/3/4 阶矩和 3/4/6 阶矩进行 Gamma 分布拟合参数计

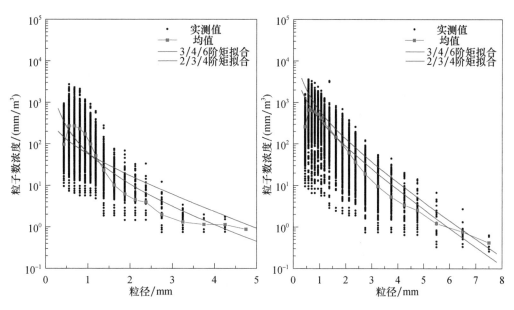

图 5　层状云与对流云实测谱数据及拟合对比图

算,对计算得出的 N_0、μ 和 λ 3 个参量进行分析,发现 μ 和 λ 具有正相关联系,如图 6 所示。质量加权平均直径的计算公式为 $D_m=(\mu+4)/\lambda$,所以当 D_m 的波动范围较小时,μ 和 λ 将具有一定的相关性[7],μ 和 λ 的相关性具有地域性的特点,且会随时间、地点、气候条件和降雨类型的不同而发生变化[8]。对 μ 和 λ 两参量进行深入研究,在双偏振雷达反演雨滴谱、双偏振雷达定量测量降雨等方面起着重要作用。通过计算图 6a、6b、6c、6d 拟合结果 R^2 分别为 0.947、0.945、0.833、0.782。说明无论是层状云还是对流云,使用的是 2/3/4 阶矩还是 3/4/6 阶矩进行 Gamma 分布拟合参数计算,参数 μ 和 λ 都有较好的二项式关系。层状云降雨过程 μ 和 λ 拟合效果优于对流云降水,2/3/4 阶矩 Gamma 分布拟合参数计算得出的 μ 和 λ 参数拟合效果优于 3/4/6 阶矩计算得出的拟合结果。随着 μ 和 λ 值的增大,μ-λ 散点分布越来越离散,说明 μ 和 λ 的相关性有一定的适用范围,超过范围,相关性就会变得很差。

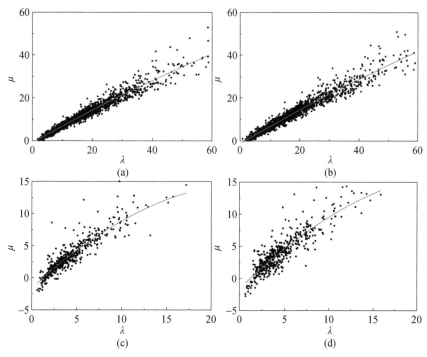

图 6　层状云与对流云 μ 与 λ 分布及拟合情况

(a)层状云 2/3/4 阶矩计算出的 μ 与 λ 分布及拟合情况;(b)层状云 3/4/6 阶矩计算出的 μ 与 λ 分布及拟合情况;

(c)对流云 2/3/4 阶矩计算出的 μ 与 λ 分布及拟合情况;(d)对流云 3/4/6 阶矩计算出的 μ 与 λ 分布及拟合情况

4 结论与讨论

对衡水安平地区的 12 次典型层状云与对流云降水过程的 Parsivel 激光雨滴谱仪观测数据进行处理，得到了层状云与对流云降水的微物理参量，雨滴谱特征并进行分析，结论如下。

（1）Parsivel 激光雨滴谱仪与气象站雨量计的观测结果一致性较好。

（2）层状云降水过程中雨强较小，雨水含量较小，降水持续时间较长；对流云降水过程雨强大，雨水含量丰富，降水持续时间短。层状云降水雨滴谱谱宽相对较窄，对流云降水雨滴谱谱宽相对较宽。层状云降水与对流云降水各物理参量之间变化趋势一致，层状云降水物理参量随时间波动较小，对流云降水随时间波动较大。

（3）层状云降水直径小于 3 mm 的雨滴对降水的贡献率最大达 99％左右；对流云降水直径在 1～3 mm 的雨滴对降水的贡献率最大占 90％左右。

（4）2/3/4 阶矩和 3/4/6 阶矩计算方法的选择对两种类型降水雨滴谱的 Gamma 拟合影响不大。对流云降水过程中 2/3/4 阶矩计算出的拟合参数 μ-λ 的拟合效果要优于 3/4/6 阶矩计算得出的拟合结果。

参考文献

[1] Marshall J S,Palmer W M K. The distribution of raindrops with size[J]. J Meteor,1948,5(4):165-166.

[2] Ulbrich C W,Atlas D. On the separation of tropical convective and stratiform rains[J]. Journal of Applied Meteorology,2002,41(2):188-195.

[3] 陈宝君,宫福久.三类降水云雨滴谱分布模式[J].气象学报,1998,56(4):506-512.

[4] 宫福久,刘吉成,李子华.三类降水云雨滴谱特征研究[J].大气科学,1997(5):607-614.

[5] Johnson R H,Hamiltion P J. The relationship of surface pressure features to the precipitation and airflow structure of an intense midlatitude squall line[J]. Mon Wea Rev,1988,116:1444-1473.

[6] 蔡淼,周毓荃,朱彬.FY-2C/D卫星反演云特性参数与地面雨滴谱降水观测初步分析[J].气象与环境科学,2010,33(1):1-6.

[7] 杨长业,舒小健,高太长,等.基于雨强分级的夏季降水微物理特征分析[J].气象科技,2016,44(2):238-245.

[8] 温龙.中国东部地区夏季降水雨滴谱特征分析[D].南京:南京大学,2016.

[9] 刘红燕,雷恒池.基于地面雨滴谱资料分析层状云和对流云降水的特征[J].大气科学,2006,30(4):693-702.

[10] Tokay A,Short D A. Evidence from tropical raindrop spectra of the origin of rain from Str.[J]. Journal of Applied Meteorology,1996,35(3):355-371.

[11] 胡子浩,濮江平,张欢,等.庐山地区层状云和对流云降水特征对比分析[J].气象与环境科学,2013(4):43-49.

[12] 霍朝阳,阮征,魏鸣,等.雨滴谱Gamma函数拟合方法的分析与评估[J].科学技术与工程,2018,18(34):1-10.

[13] 郑娇恒,陈宝君.雨滴谱分布函数的选择:M-P和Gamma分布的对比研究[J].气象科学,2007,27(1):17-25.

[14] 陈子健,胡向峰,陈宝君,等.河北省中南部暴雨雨滴谱特征[J].干旱气象,2019(4):586-596.

[15] Atlas D,Srivastava R C,Sekhon R S. Doppler radar characteristics of precipitation at vertical incidence[J]. Reviews of Geophysics,1973,11(1):1-35.

[16] 安英玉,金凤岭,张云峰,等.地面雨滴谱观测的图像自动识别方法[J].应用气象学报,2008(2):62-67.

[17] 朱亚乔,刘元波.地面雨滴谱观测技术及特征研究进展[J].地球科学进展,2013(6):685-694.

[18] Loffler-Mang M,Joss J. An optical disdrometer for measuring size and velocity of hydrometeors[J]. Journal of Atmospheric and Oceanic Technology,2000,17(2):130-139.

[19] 濮江平,赵国强,蔡定军,等.Parsivel激光降水粒子谱仪及其在气象领域的应用[J].气象与环境科学,2007,30(2):3-8.

[20] 濮江平,张伟,姜爱军,等.利用激光降水粒子谱仪研究雨滴谱分布特性[J].气象科学,2010,30(5):701-707.

[21] 黄兴友,印佳楠,马雷,等.南京地区雨滴谱参数的详细统计分析及其在天气雷达探测中的应用[J].大气科学,2019,43(3):691-704.

[22] 黄钦,牛生杰,吕晶晶,等.庐山一次积冰天气过程冻雨滴谱及下落末速度物理特征个例研究[J].大气科学,2018(5):1023-1037.

大陆性积云不同发展阶段宏观和微观物理特性的飞机观测研究 *

蔡兆鑫[1,2,3]　蔡　淼[2]　李培仁[1]　李军霞[1]　孙鸿娉[1]　顾　宇[2]　高　欣[4]

(1 山西省人工降雨防雹办公室,太原 030032;

2 中国气象科学研究院中国气象局云雾物理环境重点开放实验室,北京 100081;

3 北京师范大学,北京 100081;

4 山西省气象服务中心,太原 030002)

摘　要:2014 年 7 月 3 日,山西省人工降雨防雹办公室在该省忻州地区开展了国内首次大陆性积云飞机穿云探测。本文利用机载云物理探测资料,分析研究了不同发展阶段的积云宏、微观物理特性,主要结论如下。(1)初生发展阶段的积云水平尺度约为 8.2 km×5.5 km(经向×纬向,下同),云厚约 2 km;云中以小云粒子为主,云滴凝结增长;水平方向上,云液态水含量(LWC)和粒子数浓度(N_c)的最大值均位于云体中心位置;垂直方向上,云水分布相对均匀,但随着高度增加,云粒子数浓度变小,粒子尺度增大;粒子谱符合 Gamma 分布,峰值量级为 $10^2 \text{cm}^{-3} \cdot \mu\text{m}^{-1}$,谱宽在 100 μm 以下。(2)成熟阶段的积云水平尺度约为 4.6 km×10 km,云厚约 4 km;云内可以观测到积冰和雨线;小云粒子数浓度随高度增加起伏变化,3600 m、4100 m 和 4900 m 高度处存在峰值;大云粒子数浓度随高度先增加后减小,最大值出现云底以上 1.6 km 高度,云底以上 1.3 km 高度附近有降水粒子形成;粒子谱呈多峰分布,暖区符合 Gamma 分布,冷区为 Gamma 分布和 M-P 分布相结合,且随着高度的增加拓宽,4400 m 高度以下的谱宽小于 200 μm。(3)消散阶段积云尺度约为 11 km×5.6 km,云厚约 2 km,云下有降水粒子存在。

关键词:大陆性积云,粒子谱,云水含量,飞机探测

1　引言

积云在陆地上空的云中约占 30%,能够将低层的动量、热量、水汽和污染物等垂直传输到自由大气。积云的出现也是对流边界层内部结构中湍流改变的主要成因[1],其生成和发展对于气候、环境和辐射特性有重要影响。因此,研究积云不同发展阶段的宏、微观物理结构,包括积云尺度、积云内部含水量、粒子谱等特性,对认识积云降水特征具有重要的科学意义[2-4]。

针对积云的飞机观测,国际上开展了很多大型试验。如 20 世纪 40 年代美国"雷暴"探测计划[5]、合作对流性降水试验 CCOPE 试验[6]、小积云微物理研究 SCMS 试验[7-8]、海洋性浅对流降水 RICO 试验[10-11]、多米尼加试验 DOMEX 试验[10-11]等,这些综合观测试验为研究积云的宏、微观特性提供了大量宝贵的资料。"雷暴"计划对孤立、分散单块积云观测,认为单个气团雷暴的生命期约为 1~2 h,一般分为形成、成熟和消散 3 个阶段,成为 Byers-Braham 雷暴单体模式[12]。Blyth 等[13]利用 CCOPE 试验中 1981 年 7 月 27 日的飞机观测资料,分析了积云内部 6 层高度的粒子数浓度、粒子谱、含水量的分布特征,并且发现在云的中上部,当粒子数浓度较低时云滴更容易长大。Hudson 等[14]利用 SCMS 试验中 16 架次飞机观测资料,分析了凝结核(CN)和云凝结核(CCN)的垂直分布,发现由于风向的不同,观测地点各高度上气溶胶浓度随风向的变化而变化,当风从海洋方向吹来时,气溶胶浓度小,从陆地方向吹来时,气溶胶浓度高,

----

* 发表信息:本文原载于《大气科学》,2019,43(6):1191-1203.

资助信息:山西省气象局重点项目(SXKZDRY20185106),中国气象局云雾物理环境重点开放实验室开放课题(2018Z01601),国家自然科学基金项目(41805111)。

导致海洋性积云和大陆性积云不同速率的暖雨形成过程,在大陆性积云中,云粒子尺度较小,数浓度很高,而在海洋性积云中,不光有大量的云粒子和较高的含水量,还有大量的毛毛雨滴。科学家们利用RICO外场观测试验获取的卫星、雷达和飞机等资料,发现在海洋性浅积云的下部,在云底到云底以上500 m的高度范围内,云滴粒子的直径较小,没有雨胚形成,而浅积云厚度发展到1 km以上就可以产生雨滴,说明在1 km高度左右可以产生雨胚[15-20]。Smith等[10-11]利用DOMEX资料,分析由于信风引起的Dominica地区气溶胶含量、云的物理特性以及降水等信息。Vogelmann等[21]利用试验中飞机与遥感的观测资料,详细分析了层云、层积云、积云不同类型云中气溶胶粒子谱与活化率、CCN、液态水含量等特征。

此外,还有一些其他针对积云方面的观测研究,如Rosenfeld等[22]、Rosenfeld[23-24]将不同高度的积云云顶的飞机探测结果与极轨卫星的反演结果进行对比,并利用云顶温度(T)和有效半径(R_e)分析云垂直结构及降水形成过程,提出了T-R_e分析方法;通过对积云的飞行探测,研究了气溶胶对降水的影响,分析不同过饱和度下CCN的凝结,发现CCN决定了云底的云滴数浓度,进而影响云粒子尺度的垂直发展和降雨高度。Yang等[25]利用飞机观测资料,计算了热带海洋性积云中LWC和冰水含量(IWC),并讨论LWC与上升速度和积云生命史之间的关系。Tian等[26]结合飞机和雷达资料,对深对流系统(DCSs)中的冰云微物理参数进行了观测和反演,发现DCSs中IWC和质量中值直径(D_m)分别为0.47 ± 0.29 g·m^{-3}和2.02 ± 1.3 mm。Padmakumari等[27]利用印度的两次飞机观测资料,对比分析了海洋性积云和大陆性积云中不同LWC、云滴和粒子图像等微观参量特征。

积云内部上升气流较强,飞机难以进入其内部进行观测。从过去的研究结果可以发现,目前针对积云的飞机观测,主要以海洋性浅积云为主,针对大陆性积云观测相对较少,而针对中国北方高污染背景下大陆性积云的飞机观测更是空白。2014年7月3日,山西省人工降雨防雹办公室在该省忻州地区开展了国内首次大陆性积云的穿飞探测,本文利用机载云物理探测资料分析研究了不同阶段的积云尺度、积云内部的含水量、粒子数浓度以及粒子谱等信息,补充了对华北地区积云降水宏、微观物理结构特征的认识,其结果可为数值模式中的云参数化方案提供依据。

2 仪器、数据和飞行方案

2.1 飞机探测资料

本文所使用的资料为机载探测资料,探测飞机为运-12,该飞机飞行速度约为$60 \sim 70$ m·s^{-1},爬升和下降速度为$2 \sim 5$ m·s^{-1}。飞机搭载了美国DMT云物理探测系统(表1),采样探头主要包括:(1)云粒子探头CDP,测量范围为$2 \sim 50$ μm,共分为30档,前12档分辨率为1 μm,后面18档分辨率为2 μm,可以用来测量霾、云滴等粒子;(2)云粒子图像探头CIP,测量范围为$25 \sim 1550$ μm,共分为62档,分辨率为25 μm,主要用于探测冰晶和大云滴;(3)降水粒子图像探头PIP,测量范围为$100 \sim 6200$ μm,共分为62档,分辨率为100 μm,主要用于探测降水粒子;(4)飞机综合气象要素测量系统AIMMS-20,主要用于测量温度、湿度、相对湿度、空气的静态气压和动态气压、风速、风向、轨迹等。此外,飞机前挡风玻璃内侧安装录像设备两部,可对整个探测过程进行录像;飞机指挥人员携带高清照相机一部,可及时拍摄探测积云照片,取得积云的宏观特征资料。在探测之前,所有仪器均经过地面标定,为了减少仪器自身探测的系统误差,参考McFarquhar等[28]、McFarquhar等[29]的处理方法,CIP和PIP的数据均剔除了第一档观测值,根据过去研究,典型云滴直径小于50 μm,典型雨滴直径大于200 μm,本文中将CDP测得的粒子称为小云粒子,CIP测得的粒子称为大云粒子,PIP测得的粒子称为降雨粒子。

本文所选主要参数包括:CDP探测粒子谱计算的LWC(单位:g·m^{-3}),CDP探测粒子谱计算的有效粒子直径ED(单位:μm),CDP探测粒子数浓度CDP-N(单位:个·cm^{-3})。CIP探测粒子数浓度CIP-N(单位:个·L^{-1}),PIP探测粒子浓度PIP-N(单位:个·L^{-1})。根据前人研究,判断飞机入云有不同的方法,如(a)CDP-$N > 10$ 个·cm^{-3}[30];(b)$LWC > 0.01$ g·m^{-3}[31];(c)CDP-$N > 0.1$ 个·cm^{-3}且$LWC > 0.0005$ g·m^{-3}[32];(d)CDP-$N > 10$ 个·cm^{-3}且$LWC > 0.001$ g·m^{-3}[33]。本文参考Zhang等[33]的方法,当CDP-$N > 10$ 个·cm^{-3}且$LWC > 0.001$ g·m^{-3}时认为飞机入云。

表1 DMT系统各探头参数列表

探头名称	分档	测量范围/μm	每通道间隔/μm	主要探测粒子类型
CDP	30	2～50	1～12为1、13～30为2	霾、云滴、冰晶
CIP	62	25～1550	25	冰雪晶、大云滴
PIP	62	100～6200	100	云和降水粒子
AIMMS-20				温度、风、湿度、压强、经度、纬度

2.2 飞行探测概况

2014年7月3日13:00—15:00(北京时,下同),山西省人工降雨防雹办公室在忻州地区组织开展了积云穿飞探测试验。针对该时段该地区3块不同发展阶段的积云做了不同高度的穿云探测,完整的飞行轨迹和高度见图1。

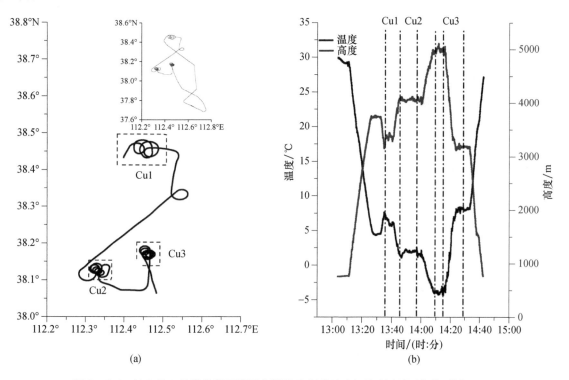

图1 2014年7月3日飞机积云穿飞探测的飞行轨迹(a)、飞行高度(蓝线,单位:m)
及对应温度(黑线,单位:℃)(b)

飞机从太原武宿机场起飞后一直爬升并向北部飞行,13:25到达忻州境内,高度3611 m,发现一扁平积云(记为Cu1),13:35:20飞至积云云下进行盘旋平飞探测,探测高度3299 m,对应温度为7.42 ℃,飞机窗上有明显雨线,云底为乌黑色,该积云水平尺度约为11 km×5.6 km(经向×纬向,下同),云厚约为2 km,13:46飞机离开该积云。

飞机离开Cu1后,向西南方向飞行,观测到一组由对流单体组成的云街(记为Cu2)。13:56:46飞机由该云街中部位置开始穿云,飞行高度4048 m,对应温度2.17 ℃,积云云体雪白;13:57:27出云,飞机出云后左转平飞并从侧面再次穿入该积云;14:00:20出云,飞机出云后,持续左转,14:01:25—14:01:40在积云云砧底部飞行,云体乌色,无雨线,云砧底部不平整。随后飞机开始爬升,14:02:19完全进入积云内部,云体呈白色,高度4236 m,温度0.49 ℃。此后飞机在云中盘旋爬升,14:07:42再次出云,出云高度4943 m,温度-3.2 ℃。该云街水平尺度约为8.2 km×5.5 km,云厚约2 km。

飞机出云后先向东,而后转向北飞行,14:13:22进入一个云塔中部(记为Cu3),入云高度5000 m,温度为-4.2 ℃,机窗上迅速有积冰出现,同时有较为明显的雨线。14:14:13出云,14:14:54再次入云,随后开始在云中盘旋下降探测,其中14:19:06—14:20:06,飞机基本在云边界飞行,对应高度为

4092～3742 m。14:23:23 飞机降至 3200 m 高度,温度为 7.08 ℃,继续平飞,14:26:22 彻底出云,随后返航。该积云水平尺度约为 4.6 km×10 km,高度约 4 km,探测期间飞机颠簸较严重。

结合此次探测过程宏观资料可以发现,不同积云云底高度相差不大,约为 3200 m,0 ℃层高度为 4400 m。根据地面观测站(海拔 806 m)观测结果可知,14:00 地面温度为 28 ℃,露点温度为 15 ℃,可以算出抬升凝结高度约为距地 1599 m,即海拔 2400 m,低于观测的积云云底高度。

Rosenfeld 等[34]研究给出了清洁和重污染环境下积云生命史的 3 个阶段的概念模型,包括初生发展、成熟和消散。重污染环境下,初生发展阶段的积云中存在大量云滴,云滴在暖区中难以长大;成熟阶段的积云进一步发展,低层仍以云滴为主,0 ℃层高度以上,云滴发生冻结,多种相态粒子共存,冻结释放潜热会促进积云进一步发展;消散阶段的积云顶部拓宽,底部产生降水,可见,本次穿云探测的 Cu1、Cu2 和 Cu3 分别处于积云的消散、初生发展和成熟 3 个不同阶段。本文将利用机载云物理探测资料细致分析积云不同生命阶段的宏、微观特性。

3 积云观测结果与分析

3.1 初生发展阶段积云团云微物理特性

3.1.1 云微物理量的时间演变

图 2 展示了初生发展阶段积云(Cu2)的飞机探测概况,飞机主要在积云的中上部盘旋探测,探测高度为 4046～4992 m,对应的温度为 2.2～−3.19 ℃。结合图 2a 和 2b 可以看出,Cu2 为多个积云团组成的云街,飞机由第二个积云团的中间位置开始穿云(图 2b),记为阶段 1,出云后盘旋对 Cu2 进行了约 10 次的垂直穿飞探测(图 a)。该照片拍摄时,飞机面朝西南方向,Cu2 为东北—西南走势,阶段 2 对应位置为云砧底部,阶段 3、4、5、7、9 对应位置为中间两个小的对流单体,阶段 6、8、10 对应位置为左侧云砧(图 2b)。

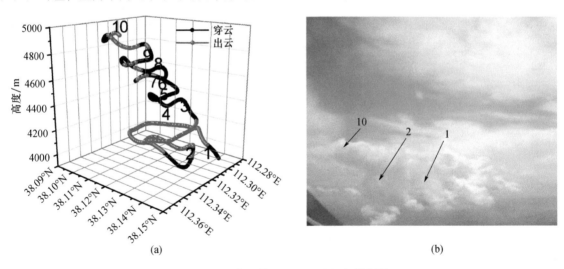

图 2　2014 年 7 月 3 日 Cu2 飞机探测概况
(a)飞行轨迹;(b)云图照片

探测时段内云微物理参量随时间的变化如图 3 所示。飞机在 10 个垂直探测阶段中,阶段 2 对应位置在云边界,存在一定程度的夹卷,含水量较低,其余阶段 LWC 含量均较大,基本超过 0.1 g·m⁻³,最大值出现在 4550 m 高度,为 0.758 g·m⁻³,同一高度上,积云体中部一般为 LWC 的大值区。$CDP-N$ 起伏变化较大,出入云变化非常明显,最大值为 1903.13 个·cm⁻³,出现在 4052 m 高度,粒子数浓度与 LWC 的大值区不完全对应,主要与粒子尺度有关,阶段 6～阶段 10,数浓度峰值较为接近,说明粒子数浓度大值区主要集中在云体中部,云的上部粒子数浓度分布较为均匀。CIP 探头探测的粒子数目较少,偶尔能探测到一些粒子,$CIP-N$ 最大值为 3.52 个·L⁻¹。PIP 探头几乎没有探测到粒子,$PIP-N$ 最大值为 0.304 个·L⁻¹。机窗上无雨线,云中全部为小云粒子,无降水粒子生成。

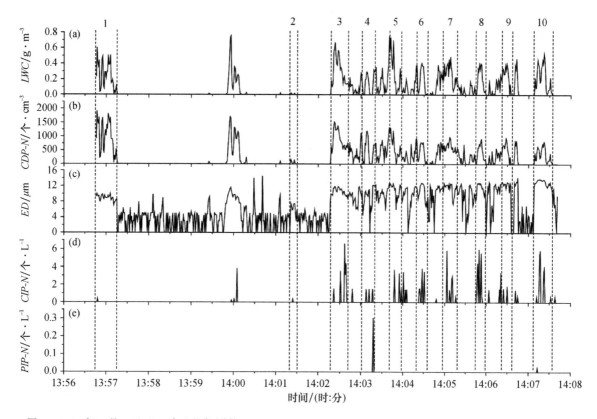

图 3 2014 年 7 月 3 日 Cu2 中飞机探测的 LWC(a)、$CDP\text{-}N$(b)、ED(c)、$CIP\text{-}N$(d)、$PIP\text{-}N$(e)随时间的变化

3.1.2 云微物理量的垂直分布特征

图 4 为 Cu2 微物理量随高度的变化。机载探测资料取百米平均,如 4000 m 高度的数据为 3950~4050 m 范围内的观测结果的平均值。分析可见,随着高度增加,Cu2 中的 LWC 变化较小,数值在 0.01~0.354 g·m^{-3} 范围内,基本维持在 0.2 g·m^{-3} 左右。LWC 的最小值出现在 4200 m 高度附近,对应的探测位置在阶段 2,属于云边界,有夹卷存在;最大值出现在 4300 m 高度(图 4a)。4400 m 高度以上,LWC 随着高度缓慢增加,$CDP\text{-}N$ 随高度增加缓慢减小(图 4b),量级为 $1×10^2$ 个·cm^{-3},ED 则缓慢增加(图 4c),说明云中粒子以凝结增长为主,ED 最大值小于 14 μm。根据 Rosenfeld 等[22]的研究结果,此时云中尚未启动碰并机制。5000 m 高度上,LWC、$CDP\text{-}N$ 和 ED 均锐减,这是由于 5000 m 高度为云顶,存在夹卷,大量云滴蒸发,所以云滴数浓度和尺度均减小,从而导致 LWC 的迅速降低。$CIP\text{-}N$ 总体较小(图 4d),数值在 $1×10^{-1}$ 个·L^{-1} 量级,随高度先增加后减小。垂直范围内 $PIP\text{-}N$ 几乎为零(图 4e),说明云中基本上无降水粒子生成。

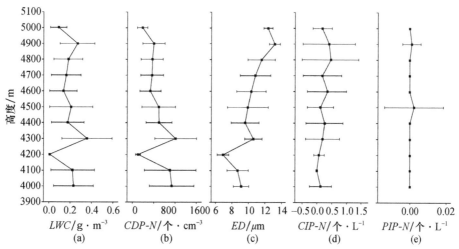

图 4 2014 年 7 月 3 日 Cu2 中 LWC(a)、$CDP\text{-}N$(b)、ED(c)、$CIP\text{-}N$(d)、$PIP\text{-}N$(e)的垂直分布特征

3.1.3 不同高度的粒子谱分布特征及拟合曲线

图 5 为 4100 m、4400 m、4700 m、5000 m 高度上的 Cu2 中全谱分布。Cu2 中不同高度的粒子谱均呈单峰分布,峰值在 5 μm 左右,粒子峰值浓度约为 1×10^2 cm$^{-3} \cdot \mu$m^{-1};粒子谱宽较窄,多数在 100 μm 以下,没有超过 200 μm 的粒子出现,说明云中没有降水粒子生成。随着高度的增加,粒子谱逐渐拓宽,由 27 μm 增大到 175 μm,说明积云的中上部已经有大云滴或冰晶粒子出现,并有可能向降水粒子发展。4100 m、4400 m、4700 m、5000 m 的粒子峰值数浓度分别为 111.49 cm$^{-3} \cdot \mu$m^{-1}、104.63 cm$^{-3} \cdot \mu$m^{-1}、69.06 cm$^{-3} \cdot \mu$m^{-1} 和 24.87 cm$^{-3} \cdot \mu$m^{-1},说明云中粒子数浓度随高度增加逐渐降低。4400 m(0 ℃)高度层以上,云粒子尺度大多在 20 μm 以下,50～100 μm 有少量不连续的粒子出现,说明云中冷区以过冷水为主,并开始冰晶化。

Gamma 分布公式为:

$$N(D) = N_0 D^\mu \exp(-\Lambda D) \tag{1}$$

式中:$N(D)$ 为粒子数浓度;N_0 为截距;μ 为形状因子;Λ 为斜率;D 为粒子直径。

为了进一步描述粒子谱的关系,利用 Gamma 分布公式对不同高度的云粒子谱进行拟合,拟合参数可为云的参数化以及云雷达反演,模式等提供经验关系。由 Cu2 不同高度的拟合曲线(图 5 中实线)和不同高度粒子谱的拟合结果(表 2),可以看出,N_0 集中在 5～7,μ 随着高度增加而减小,集中在 2～5,随着高度增加,粒子谱拓宽,相关系数 R^2 逐渐降低,但均超过 0.9,说明在非降水性积云中,Gamma 分布能够很好的拟合粒子谱分布。

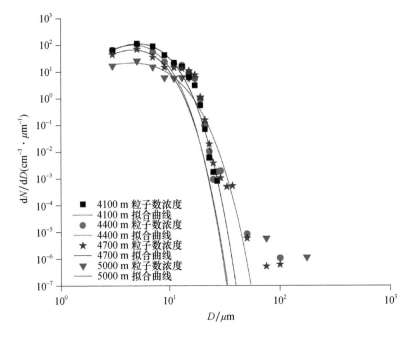

图 5　2014 年 7 月 3 日 Cu2 中不同高度(4100 m、4400 m、4700 m、5000 m)
粒子数浓度谱(散点)及其拟合曲线(实线)

表 2　2014 年 7 月 3 日 Cu2 中不同高度粒子数浓度谱拟合结果

高度/m	粒子数浓度谱拟合结果			
	截距 N_0	形状因子 μ	斜率 Λ	相关系数 R^2
4100	6.60665	4.44423	0.86796	0.99576
4400	6.87416	5.03567	1.08793	0.96889
4700	5.60062	4.7053	1.02656	0.94713
5000	7.13292	2.20719	0.49701	0.92354

3.2 成熟阶段积云团云微物理特性

3.2.1 飞行阶段云参量变化

图 6 为成熟阶段积云(Cu3)的飞机探测结果随时间的变化。Cu3 探测时间为 14:13:17—14:26:27,主要在积云的中下部盘旋探测,探测高度为 3127~5112 m,对应的温度为 8.4~−4.25 ℃。结合图 6a 和 6b 可以看出,Cu3 为发展旺盛的云塔,飞机由云团的中间位置开始穿云(图 6b),飞机入云时面朝正北方向,出云后向左盘旋入云,随后盘旋下降直至云底。飞机入云后,机窗迅速出现积冰,并伴有雨线,说明云中含有丰沛的过冷水。飞行过程中沿东西方向对 Cu3 截取约 11 个水平穿飞阶段(图 6a)。

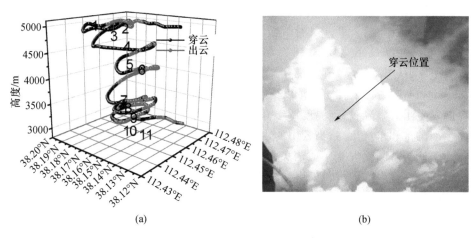

图 6　2014 年 7 月 3 日 Cu3 飞机探测概况

(a)飞行轨迹;(b)云图照片

根据机载观测得到的 Cu3 云微物理量时间序列(图 7),整个探测过程中 LWC 最大值为 1.748 g·m^{-3},出现在阶段 7,此外阶段 1、阶段 8、阶段 9 也有 LWC 大于 1 g·m^{-3} 的峰值出现。其中,阶段 1 的粒子数浓度低于另外 3 个阶段,但粒子尺度较大,故 LWC 较高。$CDP-N$ 起伏变化明显,平均值为 745.56 个·cm^{-3},最大值为 4803.6 个·cm^{-3},对应高度为 3300 m,靠近云底。阶段 2~阶段 4 中,LWC 含量较低,$CDP-N$ 为 10^3 个·cm^{-3},粒子尺度很小,ED 约 5 μm;CIP 和 PIP 探头探测到的粒子数相对较多,$CIP-N$ 最大值为 1864.99 个·L^{-1},平均值为 25.78 个·L^{-1},$PIP-N$ 最大值为 3.637 个·L^{-1},平均值为 0.069 个·L^{-1},说

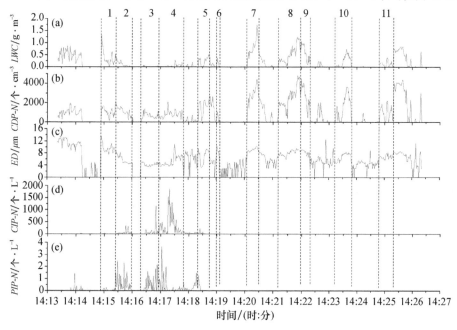

图 7　2014 年 7 月 3 日 Cu3 中飞机探测的 LWC(a)、$CDP-N$(b)、ED(c)、$CIP-N$(d)、$PIP-N$(e)随时间的变化

明该阶段云中为过冷云滴、过冷水滴及其他降水粒子共存。阶段 2 中的 $PIP\text{-}N$ 较大,阶段 4 中 $CIP\text{-}N$ 较大,阶段 5 以后 CIP 和 PIP 探测粒子数为 0。

3.2.2 云微物理量的垂直分布特征

图 8 为 Cu3 的云微物理量随高度每百米平均的垂直分布。Cu3 中 LWC 起伏较大,为多峰分布,整体趋势随高度为先增大再减小然后再增大,数值在 $0.004\sim1.029$ g·m^{-3}(图 8a),3600 m、4300 m 和 5000 m 高度为 3 个峰值,最大值为 1.039 g·m^{-3},出现在 3600 m 高度,该部位位于积云的中下部。$4300\sim$ 4900 m 高度上,Cu3 中的 LWC 明显小于 Cu2,可能是由于 Cu3 中已经产生了冰粒子的缘故。$CDP\text{-}N$ 随高度的变化趋势与 LWC 基本一致(图 8b),3600 m、4100 m 和 4900 m 有 3 个峰值区,3600 m 高度附近 $CDP\text{-}N$ 数值最大,达 3414.14 个·cm^{-3}。3600 m 以下,ED 总体小于 10 μm,且随高度抬升缓慢增长,根据 Rosenfeld 等[22] 的概念模型,云下部以凝结增长过程为主(图 8c),$3600\sim4400$ m 高度范围内,ED 起伏变化,$4401\sim4800$ m 高度,ED 迅速减小,4800 m 高度以上又明显增大。0 ℃层高度(4400 m)以上,$CIP\text{-}N$ 随高度先增加后减小(图 8d),峰值出现在 4600 m 高度,最大值为 3566.45 个·L^{-1},对应温度约为 -2 ℃。$4400\sim4600$ m,随着大云粒子数浓度 $CIP\text{-}N$ 的增加,小云粒子数浓度 $CDP\text{-}N$ 相应增加,粒子尺度减小,云内可能发生了贝吉隆过程(温度低于 0 ℃且过冷却水滴、冰晶、水汽共存的云区,由于冰面的饱和水汽压低,而水面的饱和水汽压高,当云中的水汽压处于冰面和水面饱和值之间时,水汽在冰晶上凝华而使冰晶长大,而水滴会不断蒸发变小或消失的冰水转化过程),使得云滴不断蒸发,而冰晶长大。同时由于冰晶生成释放了大量潜热,促进积云进一步发展,更多云滴凝结。整个高度范围内,降水粒子数浓度 $PIP\text{-}N$ 随高度增加而减小(图 8e),最大值为 2.2 个·L^{-1},4300 m 高度以下无降水粒子,说明云系还处于发展阶段,有较强的上升气流,降水粒子没有下落至积云下部。Cu3 的云底约 3000 m,说明云底以上 1.3 km 左右可以产生雨滴,这与王永庆[35] 研究结果相同。

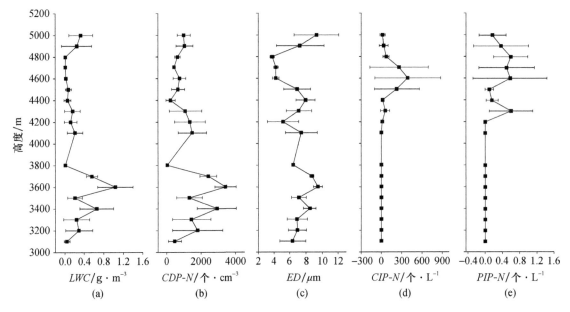

图 8　2014 年 7 月 3 日 Cu3 中 LWC(a)、$CDP\text{-}N$(b)、ED(c)、$CIP\text{-}N$(d)、$PIP\text{-}N$(e)的垂直分布特征

3.2.3 不同高度的粒子谱分布特征及拟合曲线

图 9 为 $3200\sim5000$ m(间隔 300 m)高度上 Cu3 的粒子全谱分布。分析可见,4100 m 高度以下,粒子呈单峰分布,4400 m 高度以上(含 4400 m),粒子呈多峰分布,粒子峰值在 $3\sim7$ μm,峰值数浓度为 400 cm^{-3}·μm^{-1}。Cu3 由低到高($3200\sim5000$ m(间隔 300 m))粒子谱宽分别为 75 μm、75 μm、13 μm、200 μm、1900 μm、3500 μm 和 5800 μm,4400 m 高度以下谱宽较窄,粒子尺度小于 200 μm,说明云中低层全部为液态云滴,从 4400 m 高度以上粒子谱拓宽,有超过 200 μm 的粒子出现,说明该高度以上有降水粒子生成,且随高度抬升,粒子谱迅速拓宽。$3200\sim5100$ m(间隔 300 m)各高度上的粒子数浓度峰值分别为 397.26 cm^{-3}·μm^{-1}、251.06 cm^{-3}·μm^{-1}、9.06 cm^{-3}·μm^{-1}、320.71 cm^{-3}·μm^{-1}、37.29 cm^{-3}·μm^{-1}、

$155.61\ \mathrm{cm}^{-3}\cdot\mu\mathrm{m}^{-1}$ 和 $138.99\ \mathrm{cm}^{-3}\cdot\mu\mathrm{m}^{-1}$。整体来说，4400 m 以下的粒子数浓度高于 4400 m 以上的粒子数浓度。

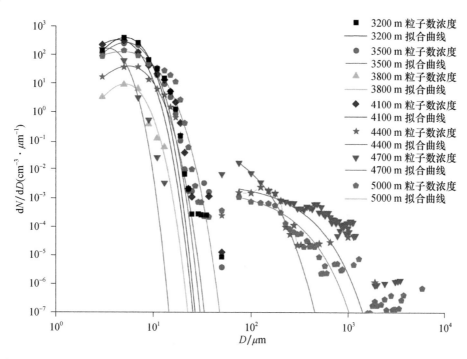

图 9　2014 年 7 月 3 日 Cu3 中不同高度(3200~5000 m(间隔 300 m))上粒子数浓度谱(散点)及其拟合曲线(实线)

拟合公式为：

$$N(D)=\begin{cases} N_0 D^{\mu}\exp(-\Lambda D) & D\leqslant 50\ \mu\mathrm{m} \\ N_0\exp(-\Lambda D) & D>50\ \mu\mathrm{m}\end{cases} \tag{2}$$

为了进一步描述粒子谱的关系，分别利用 Gamma 分布公式($D\leqslant 50\ \mu\mathrm{m}$)和 M-P 分布公式($D>50\ \mu\mathrm{m}$)，针对不同高度、不同大小的粒子谱进行拟合，结果列于表 3。可以看出，4400 m 高度以下，云中以云粒子为主，N_0 变化幅度较大，μ 集中 6~9，与 Cu2 相差不大，说明两者间的拟合曲线形状较为相近，相关系数均超过 0.9；4400 m 高度以上，仅用 Gamma 分布拟合，相关性较差，大端粒子无法被拟合，分段拟合后，相关性均超过了 0.95，说明降水性积云中，小滴端用 Gamma 分布，大滴端则需用用 M-P 分布进行拟合。

表 3　2014 年 7 月 3 日 Cu3 中不同高度粒子数浓度谱拟合结果

高度/m	Gamma 分布			M-P 分布		相关系数 R^2
	截距 N_0	形状因子 μ	斜率 Λ	截距 N_0	斜率 Λ	
3200	1.6121	8.5895	1.6623			0.9972
3500	2.4911	7.1687	1.3727			0.9831
3800	0.024	9.4282	1.8399			0.9827
4100	13.866	6.9397	1.6079			0.9955
4400	0.4924	6.1628	1.1104	2.8750×10^{-4}	0.0088	0.9870
4700	12.013	11.8000	3.4674	0.0338	0.0385	0.9954
5000	20.179	3.1938	0.6604	1.5785×10^{-4}	0.0117	0.9772

3.3　消散阶段积云团底部云微物理特性

图 10 为飞机探测的消散阶段的积云(Cu1)云微物理量随时间的演变。飞机主要在云下盘旋探测，对应高度为 3300 m，整个过程没有入云。云下 LWC 含量很低，最大值为 $0.007\ \mathrm{g}\cdot\mathrm{m}^{-3}$；CDP-N 起伏变化不大，最大值仅为 1.04 个 $\cdot\mathrm{cm}^{-3}$，说明积云下面小滴数浓度很低；ED 变化明显，多数小滴的 ED 在 5 $\mu\mathrm{m}$ 附近，但

也有多个大于 20 μm 的粒子,甚至有 50 μm 的粒子存在。探测时段内,CIP 和 PIP 探头基本上都能探测到大云粒子和降水粒子,13:38:06 时 CIP-N 最大,数值为 5.82 个·L^{-1},对应时刻的 PIP-N 为 0.585 个·L^{-1};13:45:18 时 PIP-N 的最大,数值为 3.02 个·L^{-1},说明云中有降水粒子生成并降落至云底,对应机窗上可以看到雨线。

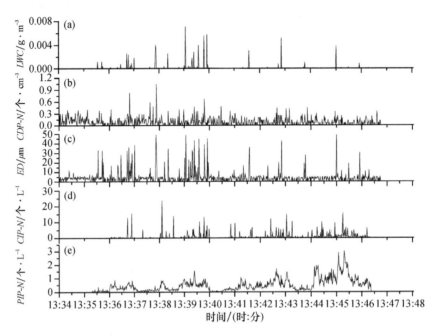

图 10　Cu1 下部飞机探测的 LWC(a)、CDP-N(b)、ED(c)、CIP-N(d)、PIP-N(e)随时间的变化

4　结论与讨论

本文利用 2014 年 7 月 3 日在山西省忻州地区的国内首次大陆性积云的穿云探测机载云物理资料,细致分析了我国北方大陆性积云初生发展、成熟和消散 3 个不同阶段的云宏微特征和粒子谱特性,主要结论如下。

(1)大陆性积云的宏观特征:初生发展阶段的积云为一个云街,水平尺度约 8.2 km×5.5 km,云厚约 2 km,云中无降水粒子生成。成熟阶段的积云为一个云塔,水平尺度约 4.6 km×10 km,云厚约 4 km,云底以上 1.3 km 处有冰晶和降水粒子形成。消散阶段的积云呈扁平状,水平尺度约 11 km×5.6 km,云厚约 2 km,云下有降水。

(2)大陆性积云的微物理特征:初生发展阶段的积云中以小云粒子为主,水平方向上,云中含水量和云滴数浓度的大值区在积云中心,积云边界相对较低,冷区主要为过冷云滴。成熟阶段积云暖区为小云滴,冷区过冷云滴、过冷雨滴和冰晶共存。

(3)大陆性积云的云降水物理过程:初生发展阶段的积云以凝结增长为主,随高度抬升,积云内部含水量分布相对均匀,粒子数浓度缓慢减小,尺度缓慢增加,云顶附近有夹卷存在,粒子浓度尺度均减小。随高度增加,3600 m、4100 m 和 4900 m 高度为云粒子数浓度的峰值,大云粒子随高度先增加后减小,最大值出现在 4600 m 高度。

(4)大陆性积云的粒子谱特征:初生发展阶段的积云粒子谱符合 Gamma 分布,峰值在 5 μm 附近,数浓度约为 $1×10^2$ cm^{-3}·μm^{-1},谱宽较窄,粒子尺度普遍在 200 μm 以下,云粒子主要集中在的云体的中下部,云体中上部粒子逐渐长大。成熟阶段的积云粒子谱峰值在 3~7 μm,峰值数浓度约为 400 cm^{-3}·μm^{-1};4400 m 高度以下谱宽较窄,均为小于 200 μm 的云滴,4400 m 高度以上粒子谱拓宽,有超过 200 μm 的粒子出现;Gamma 分布较好地拟合了直径小于 50 μm 的云滴谱,而大于 50 μm 的粒子谱更符合 M-P 分布。

国际上已经开展的积云飞机观测中,观测对象多为初生阶段积云,云滴数浓度普遍低于 1000 个·cm^{-3},本次机载云物理探测资料为国内首次针对大陆性积云的飞机探测,特别是针对成熟阶段的积云穿云探测，云中云滴数浓度时常超过 1000 个·cm^{-3}，最大值可达 4803.6 个·cm^{-3}。本文初步研究得到了我国北方大陆性积云的宏、微观特性及粒子数浓度谱特征，与国际上已经开展的观测结果相比，云中含水量值接近时，云滴尺度更小，数浓度更大，这与我国黄土高原特有的高污染背景密切相关。未来将进一步结合卫星和雷达观测资料，深入研究积云的云降水过程，相关研究成果可为积云参数化模式提供参考。

参考文献

[1] Stull R B,Eloranta E W. Boundary layer experiment-1983 [J]. Bull Amer Meteor Soc,1984,65(5):450-456.

[2] Warner J. The microstructure of cumulus cloud. Part I:General features of the droplet spectrum [J]. J Atmos Sci,1969,26(5):1049-1059.

[3] Warner J. The microstructure of cumulus cloud. Part II:The effect on droplet size distribution of the cloud nucleus spectrum and updraft velocity [J]. J Atmos Sci,1969,26(6):1272-1282.

[4] Warner J. The microstructure of cumulus cloud. Part III:The nature of the updraft [J]. J Atmos Sci,1970,27(4):682-688.

[5] Byers H R,Braham R R. The thunderstorm:Report of the thunderstorm project [R]. Washington:U S Gove Rep,1949:287.

[6] Dye J E,Martner B E,Miller L J. Dynamical-microphysical evolution of a convective storm in a weakly-sheared environment. Part I:Microphysical observations and interpretation [J]. J Atmos Sci,1983,40(9):2083-2096.

[7] Lasher-Trapp S,Anderson-Bereznicki S,Shackelford A,et al. An investigation of the influence of droplet number concentration and giant aerosol particles upon supercooled large drop formation in wintertime stratiform clouds [J]. J Appl Meteor Climatol,2008,47(10):2659-2678.

[8] Lasher-Trapp S G,Knight C A,Straka J M. Early radar echoes from ultragiant aerosol in a cumulus congestus:Modeling and observations [J]. J Atmos Sci,2001,58:3545-3562.

[9] Rauber R M,Stevens B,Ochs H T,et al. Rain in shallow cumulus over the ocean:The RICO campaign [J]. Bull Amer Meteor Soc,2007,88(12):1912-1928.

[10] Smith R B,Schafer P,Kirshbaum D J,et al. Orographic precipitation in the tropics:Experiments in Dominica [J]. J Atmos Sci,2009,66(6):1698-1716.

[11] Smith R B,Minder J R,Nugent A D,et al. Orographic precipitation in the tropics:The Dominica experiment [J]. Bull Amer Meteor Soc,2012,93(10):1567-1579.

[12] 盛裴轩,毛节泰,李建国,等. 大气物理学[M]. 北京:北京大学出版社,2003:522.

[13] Blyth A M,Benestad R E,Krehbiel P R. Observations of supercooled raindrops in New Mexico summertime cumuli [J]. J Atmos Sci,1997,54(4):569-575.

[14] Hudson J G,Yum S S. Maritime-continental drizzle contrasts in small cumuli [J]. J Atmos Sci,2001,58(8):915-926.

[15] Snodgrass E R,Di Girolamo L,Rauber R M. Precipitation characteristics of trade wind clouds during RICO derived from radar,satellite,and aircraft measurements [J]. J Appl Meteor Climatol,2009,48(3):464-483.

[16] Baker B,Mo Q X,Lawson R P,et al. Drop size distributions and the lack of small drops in RICO rain shafts [J]. J Appl Meteor Climatol,2010,48(3):616-623.

[17] Rauber R M,Zhao G Y,Di Girolamo L,et al. Aerosol size distribution,particle concentration,and optical property variability near Caribbean trade cumulus clouds:Isolating effects of vertical transport and cloud processing from humidification using aircraft measurements [J]. J Atmos Sci,2013,70(10):3063-3083.

[18] Boutle I A,Abel S J,Hill P G,et al. Spatial variability of liquid cloud and rain:Observations and microphysical effects [J]. Q J R Meteor Soc,2014,140(679):583-594.

[19] Nuijens L,Serikov I,Hirsch L,et al. The distribution and variability of low - level cloud in the North Atlantic trades [J]. Q J R Meteor Soc,2014,140(684):2364-2374.

[20] Lamer K,Kollias P,Nuijens L. Observations of the variability of shallow trade wind cumulus cloudiness and mass flux [J]. J Geophys. Res Atmos,2015,120(12):6161-6178.

[21] Vogelmann A M,McFarquhar G M,OgrenJ A,et al. RACORO extended-term aircraft observations of boundary layer clouds[J]. Bull Amer Meteor Soc,2012,93(6):861-878.

[22] Rosenfeld D,Lensky I M. Satellite-based insights into precipitation formation processes in continental and maritime convective clouds [J]. Bull Amer Meteor Soc,1998,79(11):2457-2476.

[23] Rosenfeld D. TRMM observed first direct evidence of smoke from forest fires inhibiting rainfall [J]. Geophys Res Lett, 1999,26(20):3105-3108.

[24] Rosenfeld D. Suppression of rain and snow by urban and industrial air pollution [J]. Science, 2000, 287 (5459): 1793-1796.

[25] Yang J, Wang Z E. Liquid-ice mass partition in tropical maritime convective clouds [J]. J Atmos Sci,2016,73(12): 4959-4978.

[26] Tian J J, Dong X Q, Xi B K, et al. Retrievals of ice cloud microphysical properties of deep convective systems using radar measurements [J]. J Geophys Res Atmos,2016,121(18):10820-10839.

[27] Padmakumari B, Maheskumar R S, Anand V, et al. Microphysical characteristics of convective clouds over ocean and land from aircraft observations [J]. Atmospheric Research,2017,195:62-71.

[28] McFarquhar G M, Cober S G. Single-scattering properties of mixed-phase Arctic clouds at solar wavelengths: Impacts on radiative transfer [J]. J Climate,2004,17(19):3799-3813.

[29] McFarquhar G M, Zhang G, Poellot M R, et al. Ice properties of single-layer stratocumulus during the mixed-phase arctic cloud experiment:1. Observations [J]. J Geophys Res Atmos,2007,112(D24):170-181

[30] Rangno A L, Hobbs P V, Microstructures and precipitation development in cumulus and small cumulonimbus clouds over the warm pool of the tropical Pacitic Ocean[J]. Q J R Meteorol Soc,2005,131:639-673.

[31] Gultepe I, Isaac G A, Leaitch W R, et al. Parameterization of marine stratus microphysics based on in situ observations: Implications for GCMs[J]. J Climate,1996,9:345-357.

[32] Gultepe I, Isaac G A. Aircraft observations of cloud droplet number concentration:Implications for climate studies[J]. Q J R Meteorol Soc,2004,130:2377-2390.

[33] Zhang Q, Quan J N, Tie X X, et al. Impact of aerosol particles on cloud formation:Aircraft measurements in China[J]. Atmospheric Environment,2011,45(3):665-672.

[34] Rosenfeld D, Lohmann U, Raga G B, et al. Flood or drought:How do aerosols affect precipitation? [J] Science,2008, 321(5894):1309-1313.

[35] 王永庆.海洋性浅对流云雨滴形成的微物理和动力机制的数值模拟研究 [D].北京:中国科学院大学,2015.

一次降水天气过程的云垂直结构探测分析*

毕力格[1,2]　弓　泓[1,2]　樊如霞[1,2]　张兴源[3]　张俊成[4]

(1 内蒙古自治区气象科学研究所,呼和浩特 010051;2 内蒙古自治区人工影响天气重点实验室,呼和浩特 010051;
3 兴安盟气象局,乌兰浩特 137400;4 赤峰市气象局,赤峰市 024000)

摘　要:为了研究黄河流域降水云系的微物理特性,利用机载大气粒子测量系统(DMT),对黄河上空的一次层状云降水云系进行飞机探测,获得不同层次的气溶胶粒子、液态水、冰晶、云凝结核等探测数据,分析了各因子的垂直分布情况,以期能够提高对黄河流域层状云降水机理的了解,为黄河流域空中云水资源的开发利用提供参考依据。

关键词:黄河流域,云垂直结构,飞机探测

1　引言

黄河流域千百年来自流排灌,取水便利,生活耕作在这里的农民从未因农田缺水而犯愁[1]。然而,近十几年来随着大规模能源项目的开发建设,年用水量大大增加,带来了黄河流域中上游地区水资源的供需矛盾,导致河套灌区引黄水量被压减至近十年来的最少量,农业灌溉用水严重短缺,造成河套引黄灌区严重的"水荒告急"[2],给当地的农业造成了巨大损失。水资源是人类生存和社会发展的基础,是制约国民经济的瓶颈。为促进河套地区社会经济的发展,确保内蒙古黄河流域的生态环境得到可持续发展,迫切需要开展和加强这一地区云水资源的开发与利用方面的研究工作。

飞机探测可直接获取云的宏微观结构特征,是云和降水物理研究的一项基础工作。云的微物理结构影响到降水产生的效率,也决定降水实际成效,是需要重点研究的课题[3]。

本文利用 2013 年 9 月 8 日一次西风槽天气过程的飞行个例分析了降水性层状云的宏微观物理特征,主要对层状云的云滴微物理参数的垂直分布进行分析,以期能够提高对黄河流域层状云降水机理的了解,为黄河流域空中云水资源的开发利用提供参考依据。

2　飞机探测

2.1　探测仪器

观测期间,使用由美国 DMT 公司生产的大气粒子测量系统,该系统是世界上最先进的机载大气粒子测量系统,包括:超高灵敏度气溶胶探头,云凝结核计数器,被动腔气溶胶探头,云、气溶胶和降水粒子组合探头或云粒子组合探头,云和气溶胶探头,云粒子探头,云粒子图像探头,热线含水量仪,降水粒子图像探头,飞机综合气象要素测量系统,露点温仪以及粒子分析和显示系统。其中被动腔气溶胶探头(PCASP-100)主要探测气溶胶的粒子谱及浓度,测量范围是 $0.1\sim3~\mu m$,分辨率是 $0.01~\mu m$。云、气溶胶和降水粒子组合探头(CAPS)主要包括云和气溶胶探头(CAS)、云粒子图像探头(CIP)以及热线含水量仪(LWC-100),其中 CAS 探测云滴的粒子谱及数浓度、相态,测量范围是 $0.54\sim50~\mu m$,分辨率是 $0.07~\mu m$,CIP 探测大气粒子的粒子谱、数浓度、形状测量范围是 $25\sim1550~\mu m$,分辨率 $25~\mu m$,LWC-100 探测大气中

---

* 发表信息:本文原载于《内蒙古水利》,2017(8):77-78.

资助信息:内蒙古自然科学基金项目(2020MS04015),中央级公益性科研院所基本科研业务费专项资金项目(IDM2018012)。

液态水的含量。降水粒子图像探头(PIP)探测大气粒子的粒子谱、数浓度、形状,测量范围是 $100\sim6200\ \mu m$,分辨率是 $100\ \mu m$。飞机综合气象要素测量系统(AIMMS-20)探测温度、气压、动压、湿度、风速、风向、垂直风速、飞行经纬度、飞行高度和飞机姿态。云凝结核计数器(CCN-100)探测不同过饱和度下的云凝结核数浓度,测量范围是 $0.5\sim10\ \mu m$,分辨率是 $0.25\ \mu m$。露点温度计(Dew Pointer)测量露点温度、相对湿度。

2.2 探测方案设计

为了抓住一次降水天气过程,获取黄河流域不同层次的气溶胶粒子、液态水、冰晶、云凝结核等大气探测数据,应满足以下三个条件:一是降水天气过程的云,二是必须在黄河流域上空,三是对云体的不同高度层进行垂直飞行探测。为了对云体的不同高度层进行探测,飞机应矩形螺旋式上升,飞机的初始飞行高度为 300 m(拔地高度,海拔高度上增加 300 m 为准),航线呈东西向,探测飞行距离为 20 km,爬升距离为 10 km。飞行时先到探测目的地上空的初始高度起飞行探测 20 km 后,转 90°,飞行 10 km 的距离爬升300 m,接着保持高度探测 20 km 后转 90°,飞行 10 km 爬升 300 m,以此类推,以 300 m 为步长,矩形螺旋上升,一直上升到云顶。飞行过程中利用 DMT 全程探测不同粒径尺度的粒子个数、数浓度和相态等信息。

2.3 飞行探测

为了获取有效的飞行探测数据,研究人员密切关注天气系统的演变情况。2013 年 9 月 7 日 20:00,500 hPa 在阿拉善盟东部有高空槽活动,锡林郭勒盟及其以东地区处于槽后 NW 气流控制,低层在河套西部有风切变,水汽通道还没完全打开,9 月 8 日 08:00 呼和浩特市西部受短波曹控制,云场在黄河流域区内自西南向东北方向移动,黄河流域上游地区出现零星降水,呼和浩特市西部回波逐渐增多。

为此,研究人员制定了在托克托县附近10:00—13:00 的飞行探测方案。飞机于 8 日 09:52 从呼市白塔机场起飞,飞到呼和浩特西南部托克托县地区(黄河上空)螺旋上升实施探测,飞行过程中主体云系为高层云,云系覆盖整个飞行区域,云底高度为 2430 m。

起飞时本场为透光性高层云(Astra Sc/10),飞机起飞后直飞探测目的地,初航高度为 2400 m,到 A作业点下降到 1500 m(拔地高度 300 m),向 B 点平飞(Astra/10),之后从 B 点到 C 点上升到 1800 m,再向 D 点平飞,D 到 A 上升到 2100 m,A-B 平飞,云高度约 1350 m,如此螺旋上升,飞 4 圈。2430 m 时入云,第三次经过 C 点时为蔽光性高层云(Asop/10)。飞机挡风玻璃上有雨线,以 300 m 的上升步长飞到2700 m,然后以 600 m 的步长上升到 4500 m,共探测 8 个高度层,然后在 A 点盘旋下降到 2700 m,之后返航,落地时本场为透光性高层云(Astra/10),飞行轨迹图如下图 1 所示。

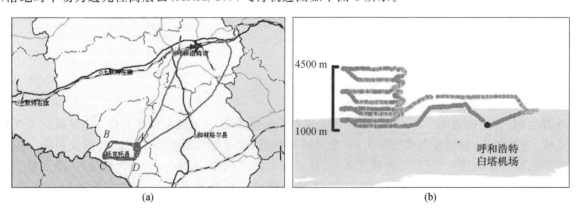

图 1　飞行探测平面轨迹图(a)和垂直轨迹图(b)

3 数据分析

飞行过程中,温度、相对湿度等气象要素通过飞机综合气象要素测量系统(AIMMS-20)测得。由图 2

可以看出,大气温度随着高度的增加逐渐降低,由 1058 m 的 18.6 ℃降低到—4.1 ℃;相对湿度在 10%~100% 内变化,随高度大致呈先降低后升高的趋势,在 3300 m 处相对湿度最低,平均相对湿度为 79%,可见云内相对湿度较高,水汽条件较好。

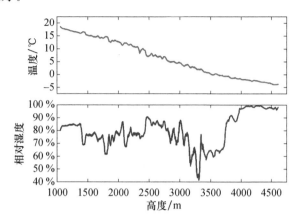

图 2 观测期间不同层次温度与相对湿度随高度的变化

3.1 CCN 数浓度随高度的变化

从不同高度的 CCN 数浓度对比图(图 3)可以看出,CCN 平均数浓度有较为明显的变化,其中在过饱和度为 1%时尤为明显。在 2500~3000 m 高度处的浓度较高,其他高度略低。CCN 平均数浓度最高约为 160 个/cm³。除过饱和度为 0.2%之外,其他过饱和度下,CCN 数浓度随着高度均有先升高后降低的趋势,且总体看,云内 CCN 平均数浓度高于云下。

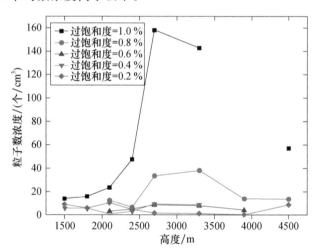

图 3 不同过饱和度下 CCN 数浓度随高度的变化

根据 CCN 数浓度在不同高度、不同过饱和度下的数浓度对比作(图 3)分析可知,随着过饱和度从 0.2%到 1%逐渐增加,CCN 数浓度逐渐增加。CCN 数浓度在 0~825.77 个/cm³,但总体平均数浓度较低,在 200 个/cm³以下。

3.2 云和气溶胶粒子数浓度随高度的变化

云和降水粒子数浓度由 CAS(2~50 μm)、CIP(25~1550 μm)和 PIP(100~6400 μm)测得,在不同高度层测得的云和降水粒子总数浓度如下图 5 所示。可以看出,2~50 μm 尺度的小粒子在 3300 m 高度出现最大值,粒子数浓度达到 522.69 个/cm³;25~2550 μm 尺度的中粒子和 100~6400 μm 尺度的大粒子在 4500 m 高度最多,分别是 0.42 个/cm³ 和 0.06 个/cm³,相比小粒子数浓度小很多。

从云的垂直部位来看,云的下面(低于 2400 m),小粒子平均数浓度为 0.98 个/cm³,中粒子总数浓度和大粒子总数浓度为 0 个/cm³;云底部位(2400~2700 m),小粒子平均数浓度为 1.2 个/cm³,中粒子总数

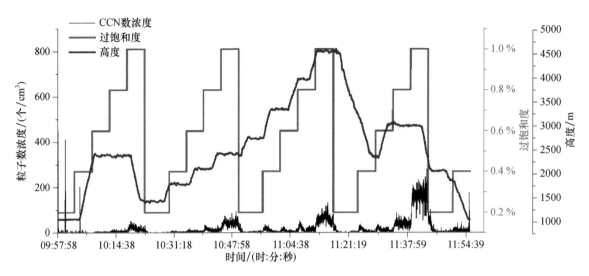

图 4　CCN 数浓度、过饱和度、高度随时间的变化

浓度和大粒子总数浓度也较低,为 0.0001 个/cm³ 左右;云中(3300 m 高度),小粒子大幅度增长,平均数浓度达到 522.69 个/cm³,中粒子总数浓度和大粒子总数浓度分别在 0.08 个/cm³ 和 0.007 个/cm³;云顶附近(4500 m),小粒子平均数浓度减少,为 76.14 个/cm³,而中粒子数浓度和大粒子数浓度分别增长一个量级,分别是 0.42 个/cm³ 和 0.06 个/cm³,相应的相对湿度也表现出较高的值,为 97%。

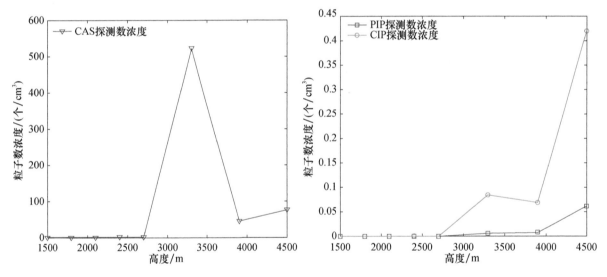

图 5　云和降水粒子数浓度随高度的变化

从温度层来看,0 ℃层(3700 m)以下小粒子平均数浓度为 178.52 个/cm³,中粒子总数浓度和大粒子总数浓度分别为 0.002 个/cm³ 和 0.024 个/cm³;0 ℃层附近(3700～3800 m)小粒子平均数浓度增长至 330.24 个/cm³,中粒子总数浓度和大粒子数浓度变化不明显,分别是 0.004 个/cm³ 和 0.026 个/cm³;0 ℃层以上小粒子平均数浓度降低至 105.41 个/cm³,中粒子总数浓度和大粒子数浓度都增长了一个量级,分别是 0.036 个/cm³ 和 0.262 个/cm³。总之,0 ℃层附近小粒子数浓度最高;0 ℃层以上,小粒子数浓度降低、中粒子总数浓度和大粒子数浓度增高。

表 1　不同温度层的粒子数浓度

高度	PIP 探测数浓度/(个/cm³)	CIP 探测数浓度/(个/cm³)	CAS 探测数浓度/(个/cm³)
0 ℃层以下	0.0018	0.024	178.52
0 ℃层附近	0.0041	0.026	330.24
0 ℃层以上	0.0360	0.262	105.40

4　结论

(1)除过饱和度为0.2%之外,其他过饱和度下,CCN数浓度随着高度均有先升高后降低的趋势,且总体看,云内CCN平均数浓度高于云下。

(2)随着过饱和度从0.2%到1%逐渐增加,CCN数浓度逐渐增加。CCN数浓度在0~825.77个/cm^3内变化,但总体平均数浓度较低,在200个/cm^3以下。

(3)云和降水粒子平均数浓度从高度分布来看,小粒子呈先增大后减小的趋势,在3300 m高度层处最大;中粒子和大粒子平均数浓度呈增长趋势,4500 m高度最大。从云体部位来看,云顶附近中粒子和大粒子平均数浓度最大。

(4)从温度层来看,0 ℃层附近小粒子数浓度最高;0 ℃层以上,小粒子数浓度降低,中粒子和大粒子数浓度增高。

(5)因飞机探测经验的不足,在采集CCN数浓度时,在不同高度层使用了不同的过饱和度,导致无法对比分析不同高度层的CCN数浓度。

参考文献

[1] 秦占荣,赵卫东,王志刚.关于提高黄河内蒙古段水资源评价成果的思考[J].内蒙古水利,2010(6):101-102.

[2] 刘巧云,张俊仁,王琴.河套灌区农作物灌溉与水资源紧缺的矛盾和对策[J].内蒙古水利,2010(1):115-116.

[3] 毛节泰,郑国光.对人工影响天气若干问题的探讨[J].应用气象学报,2006,17(5):643-646.

吉林省云凝结核浓度观测分析[*]

崔　莲[1]　胡建华[1]　齐彦斌[1]　王　旗[2]　王超群[1]

(1 吉林省气象灾害防御技术中心,长春 130062;

2 吉林省人工影响天气办公室,长春 130062)

摘　要:本文利用 2018 年 4—8 月,吉林省东部靖宇和西部白城云凝结核(CCN)的观测资料,分析了两地 CCN 数浓度、CCN 日变化和 CCN 活化谱等特征。结果表明:两地 CCN 瞬时数浓度变化范围均较大,平均数浓度比较接近,差异不大,平均数浓度随过饱和度的增加而增大;CCN 数浓度具有明显的日变化特征,靖宇 1 d 中出现两次峰值,白城 1 d 中出现 3 次峰值;随着过饱和度的增大,CCN 活化液滴谱谱宽变宽,液滴峰值数浓度升高,液滴峰值直径也增大;CCN 活化液滴谱谱型以单峰型为主,当饱和度大于等于 0.6% 时,观测到少量多峰谱型;对 CCN 活化谱进行拟合,4—8 月两地 CCN 以大陆型特征为主,当出现较强降水时,两地 CCN 表现为海洋型特征。

关键词:云凝结核,数浓度,观测分析

1　引言

云凝结核(CCN)是指在一定过饱和度条件下,能够活化成云滴的气溶胶粒子。在自然界中,如果不存在凝结核,纯净的水汽无法形成云雾滴,CCN 是成云致雨的必要条件。CCN 可参与云的微物理过程,决定云滴的浓度及初始粒径大小从而影响降水的形成。各种降水现象的性质和规模大小都与凝结核的有无和凝结核是否充沛息息相关。例如富含水汽的云系,如果在其经过区域上空有丰富的凝结核存在,则极易形成降水降落到地面。反之,如果某区域上空凝结核的含量较低,即使经过云系含有丰富的水汽,仍然不能形成降水。而冰雹、冻雨等灾害天气现象,也与凝结核有密切的关系。因此,人类可以应用此特点影响降水的产生和降水的性质。

我国从 20 世纪 80 年代开始,先后在青岛、黄河上游地区、乌鲁木齐以及贺兰山地区[1-3]开展过云凝结核的观测研究,但当时观测设备较为落后。2006 年起国内用先进的 DMT 公司云凝结核计数器对华北地区、西北地区[4-5]进行了地面及高空的观测研究。由于地域背景气溶胶总浓度和活化率的差异,云凝结核的浓度在各地也具有显著的变化。为了研究吉林省 CCN 数浓度分布特征及对云和降水的影响,2018 年4—8 月,利用 DMT 公司的 CCN 测量仪分别在吉林省东部的靖宇和西部白城两地进行了地面 CCN 的连续观测,利用观测资料对吉林省东西部地区 CCN 数浓度、CCN 的日变化和 CCN 活化液滴谱分布等特征进行了对比分析。

2　仪器和观测方法

2.1　仪器介绍

本次观测采用的是美国 DMT 公司生产的云凝结核计数器(CCN-100),CCN-100 利用大气热扩散慢于水汽扩散的原理测量大气中不同过饱和度下能够活化的云凝结核的浓度。CCN-100 内安装单一的云室柱,高 50 cm,云室内充满热不稳定、过饱和的水蒸气,由于水蒸气和热量的扩散速率不同,水蒸气会从

───────────

* 发表信息:本文原载于《气象灾害防御》,2020,27(1):34-37.

湿热的柱壁先扩散至柱腔的中心线。柱壁温度逐渐升高,创造了一个沿中心线精确控制,并且一致的过饱和条件。通过改变温度梯度和流量,从而获得相应的过饱和度。过饱和水蒸气会在随气流进入的云凝结核上凝结,以达到水汽平衡,从而模拟 CCN 在云中的形成过程。安装在底部的光学计数器则通过侧向散射光计数并计算活化粒子的大小。

CCN-100 过饱和度设置范围为 $0.1\% \sim 2\%$,采样间隔 1 s,过饱和度转变时间为 15 s,鞘气和样气比例为 $10:1$,粒径测量范围为 $0.75 \sim 10~\mu m$,分 20 档。CCN-100 观测时,可以设置一个过饱和度,进行连续观测,也可以设置最多不同过饱和度进行连续循环观测。

2.2 观测方法

2018 年 4 月 21 日—6 月 14 日在靖宇县气象站、2018 年 6 月 22 日—8 月 9 日在白城大青山机场,使用 CCN-100 进行了观测,过饱和度 S 值设置为 0.2%、0.3%、0.4%、0.6%、0.8% 和 1.0% 循环观测。每个过饱和度设定观测时间为 4 min。

2.3 数据处理

CCN-100 样气、鞘气流量的不稳定、气压波动、仪器温度参数转变的过程都会影响测量数据的质量,因此数据使用前需做进一步订正。

剔除仪器故障时的数据;剔除流量突然超过正常流量 10% 的数据;当过饱和度转换时,温度参数重新设置,剔除参数未达到稳定时的数据。经处理后,观测期间共取到有效样本 3289334 个,其中靖宇 1224185 个,白城 2065149 个。

3 结果分析

3.1 CCN 的变化范围

对靖宇县气象站、白城大青山机场每天的 CCN 观测资料,按 0.2%、0.3%、0.4%、0.6%、0.8% 和 1.0% 不同过饱和度,进行逐小时平均,统计分析观测期间不同饱和度下的 CCN 最大数浓度、最小数浓度、平均数浓度,结果见表 1。

表 1　靖宇、白城 CCN 数浓度的统计结果

过饱和度		0.2%	0.3%	0.4%	0.6%	0.8%	1.0%
平均数浓度/	靖宇	1217.48	1490.71	1758.13	2158.28	2344.12	2518.34
(个/cm³)	白城	892.35	1259.16	1448.04	1779.84	1984.78	2149.17
最大数浓度/	靖宇	9326.28	17380.58	26711.10	37087.70	37274.00	37711.34
(个/cm³)	白城	7331.42	18824.08	14937.25	18346.62	24051.32	31948.37
最小数浓度/	靖宇	76.66	129.14	133.56	188.13	275.70	325.95
(个/cm³)	白城	43.72	72.27	89.35	138.72	206.28	225.62

从表 1 可以看出,靖宇、白城两地观测 CCN 瞬时数浓度最大可达约 3×10^4 个/cm³,最小仅约 40 个/cm³,CCN 数浓度变化范围较大。靖宇、白城两地 CCN 平均数浓度比较接近,差异不大,不同饱和度下平均数浓度在 $1 \times 10^3 \sim 2 \times 10^3$ 个/cm³,平均数浓度随饱和度的增加而增大。

3.2 CCN 的日变化

不同过饱和度下,靖宇、白城两地 CCN 都具有明显的日变化特征,靖宇(图 1)一天中出现两次峰值,在 06 时和 18 时左右,数浓度起伏较大,最大值出现在 18 时左右,最小值出现在 12 时左右。白城(图 2)一天中出现 3 次峰值,分别在 01 时、06 时和 16 时左右,数浓度变化不大,最大值出现在 06 时左右,最小值出现在 12 时左右。

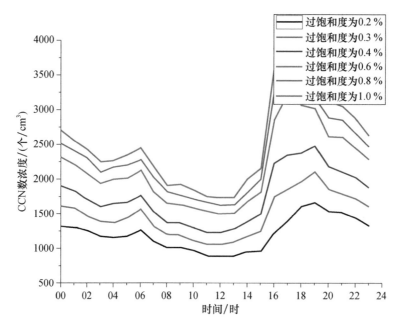

图 1 靖宇 CCN 数浓度的日变化

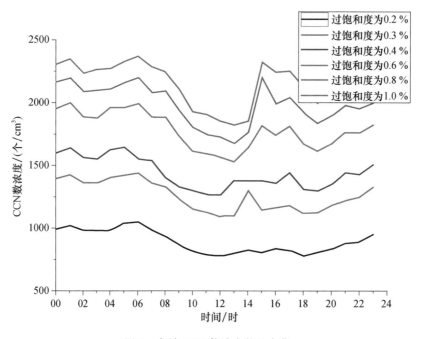

图 2 白城 CCN 数浓度的日变化

靖宇位于吉林省东南部,长白山山麓;白城位于吉林省西北部,平原地区。靖宇县气象站和白城大青山机场均离城区较远,CCN 数浓度受人为因素的影响较少,应主要受下垫面、气象因子、大气层结的影响所致。夜晚和早晨,短波辐射弱,长波辐射强,易形成逆温,逆温层限制了大气中的气溶胶粒子向高空中传输,使逆温层内的气溶胶粒子浓度变大;中午前后,太阳辐射最强,湍流增强,扩散增大,气溶胶粒子向高空传输扩散能力加强,地表面气溶胶粒子相对减少,导致凝结核相对减少。

3.3 CCN 活化液滴谱分布

对两地 CCN 活化后的液滴谱进行分析,发现随着过饱和度的增大,活化液滴谱谱宽变宽,液滴峰值数浓度越高,液滴峰值直径也越大。也就是说,随过饱和度的增加,CCN 可以凝结增长到较大的直径,活化产生的液滴谱更宽,表 2 和图 3。CCN 活化液滴谱型以单峰型为主,当饱和度大于等于 0.6% 时,观测到少量多峰谱型。

表 2　2018 年 6 月 22 日 12 时不同过饱和度下活化液滴峰值数浓度、峰值直径、谱宽

过饱和度	0.2%	0.3%	0.4%	0.6%	0.8%	1.0%
峰值数浓度/(个/cm³)	382	465	495	475	900	1224
峰值直径/μm	2.0	2.0	3.0	4.5	5.5	6.0
谱宽/μm	4.5	5.0	6.5	8.0	8.5	9.0

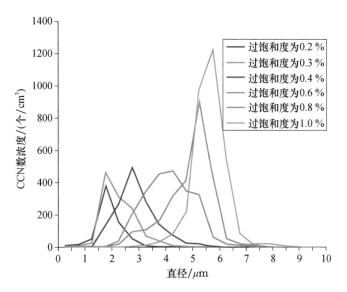

图 3　2018 年 6 月 22 日 12 时 CCN 活化液滴谱

3.4　活化谱分析

利用公式 $N=CS^k$ 对 CCN 活化谱进行拟合[6],其中 S 为过饱和度,N 为对应过饱和度下的 CCN 数浓度。Hobbs 等[7]据 C、k 值把核谱分为大陆型($C \geqslant 2200$ 个/cm³,$k<1$)、过渡型(1000 个/cm³ $<C<$ 2200 个/cm³,$k>1$)、海洋型($C<1000$ 个/cm³,$k<1$)。我们对观测期间每天的资料进行拟合,靖宇 CCN 活化谱拟合得到的 C、k 值如图 4 所示,C 值在 1000～5500,k 值在 0.2～1,均为大陆型。C 平均值为 2750.88,k 平均值为 0.488。靖宇 CCN 的活化谱 $N=2750.88S^{0.488}$。

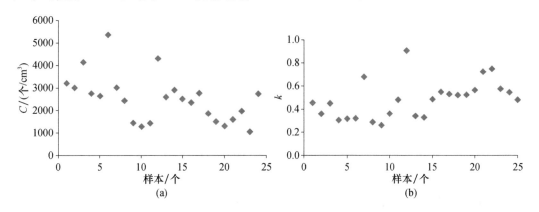

图 4　靖宇 CCN 活化谱拟合得到的 C(a)、k 值(b)

白城 CCN 活化谱拟合得到的 C、k 值如图 5 所示,C 值在 500～4500,平均值为 2261.48,k 值在 0.2～0.9,平均值为 0.562。白城 CCN 的活化谱 $N=2261.48S^{0.562}$,主要为大陆型。观测期间出现了 3 次 $C<1000$ 个/cm³、$k<1$,为海洋型样本,分别出现在 6 月 27 日、7 月 25 日、8 月 4 日,这 3 d 白城均出现了较大降水,24 h 降水量分别为 24.9 mm、35.9 mm、16.5 mm,因而观测到的 CCN 数浓度较小,表现为海洋型特征。

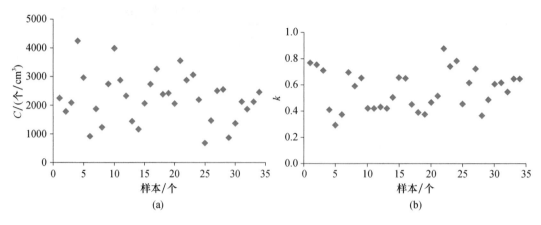

图5　白城 CCN 活化谱拟合得到的 C(a)、k 值(b)

3.5 降水对 CCN 的影响

降水对 CCN 具有明显的冲刷作用,2018 年 4 月 22 日 02—07 时,靖宇县气象站出现降水,小时降水量分别为 0.7 mm、2.1 mm、0.1 mm、0.7 mm、0.2 mm。分析靖宇 CCN 数浓度随时间变化(图 6),可以看出降水开始后,CCN 数浓度明显下降,过饱和度为 0.2% 时,06—17 时 CCN 数浓度一直在 1000 个/cm³ 左右,由于降水,06 时没有出现日变化峰值。

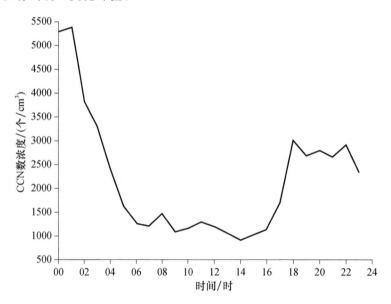

图6　2018 年 4 月 22 日靖宇 CCN 数浓度(过饱和度为 0.2%)随时间变化

4 结论

(1)靖宇、白城两地 CCN 数浓度变化范围较大,瞬时数浓度最大可达约 $3×10^4$ 个/cm³,最小仅约 40 个/cm³。CCN 平均数浓度比较接近,差异不大,不同饱和度下平均数浓度在 $1×10^3 \sim 2×10^3$ 个/cm³,平均数浓度随饱和度的增加而增大。

(2)CCN 数浓度具有明显的日变化特征,靖宇一天中出现两次峰值,为 06 时和 18 时左右,白城一天中出现 3 次峰值,分别在 01 时、06 时和 16 时左右。

(3)随着过饱和度的增大,CCN 活化液滴谱谱宽变宽,液滴峰值数浓度越高,液滴峰值直径也越大。CCN 活化液滴谱谱型以单峰型为主,当饱和度大于等于 0.6% 时,观测到少量多峰谱型。

(4)利用公式 $N = CS^k$ 对 CCN 活化谱进行拟合,靖宇活化谱 $N = 2750.88S^{0.488}$,白城活化谱 $N =$

2261.48$S^{0.562}$,4—8月两地 CCN 均以大陆型特征为主;当出现较强降水时,两地 CCN 表现为海洋型特征。

参考文献

[1] 游来光,马培民,胡志晋.北方层状云人工降水试验研究[J].气象科技,2002,30(增刊):19-63.

[2] 黄庚,李淑日,德力格尔,等.黄河上游云凝结核观测研究[J].气象,2002,28(10):45-49.

[3] 樊曙先,安夏兰.贺兰山地区云凝结核浓度的观测及分析[J].中国沙漠,2002,20(3):338-340.

[4] 石立新,段英.华北地区云凝结核的观测研究.气象学报[J],2007,65(4):644-652.

[5] 赵永欣,牛生杰,吕晶晶,等.2007 年夏季我国西北地区云凝结核的观测研究[J].高原气象,2010,29(4):1043-1049.

[6] Twomey S. The nuclei of natural cloud formation. Part I:The chemical diffusion method and its application to atmospheric nuclei[J]. Pure and Applied Geophysics,1959,43:227-250.

[7] Hobbs P V,Bowdle D A,Radke L F. Particles in the lower troposphere over the high plains of the united states,Part Ⅱ: Cloud condensation nuclei and deliquescent particles[J]. Journal of Climate and Applied Meteorology,1985,42: 1358-1369.

吉林省夏季大气颗粒物数浓度与粒径分布特征[*]

胡建华[1,2]　齐彦斌[1,2]　王超群[1,2]　崔莲[1,2]　牟江山[3]　薛丽坤[3]

(1 中国气象局吉林省人民政府人工影响天气联合开放实验室，长春 130062；

2 吉林省气象灾害防御技术中心，长春 130062；

3 山东大学环境研究院，济南 250100)

摘　要：本文利用机载粒径谱仪对 $10\ nm \sim 10\ \mu m$ 大气颗粒物的数浓度谱进行飞机观测，分析吉林省大气颗粒物的垂直分布廓线和粒径分布特征。结果表明，吉林省近地面颗粒物数浓度为 $5.8 \times 10^3 \sim 9.9 \times 10^4$ 个/cm³，平均值为 $2.7 \times 10^4 \pm 2.2 \times 10^4$ 个/cm³。垂直方向上颗粒物数浓度随海拔升高整体呈降低趋势，且垂直廓线存在两种类型：第一种是在边界层附近存在较明显的分界线，即在边界层下方，大气颗粒物数浓度随高度升高而显著降低，在边界层上方，大气颗粒物数浓度变化随高度变化不明显；第二种是随高度的升高，城市上空的大气颗粒物数浓度降低，且海拔高度与大气颗粒物数浓度呈现近似线性负相关的关系。在观测期间，颗粒物的粒径大多集中在爱根模态，其峰值位于 $25 \sim 30\ nm$。本研究为深入认识东北地区大气颗粒物的垂直分布及区域污染特征提供了依据。

关键词：大气颗粒物，垂直廓线，粒径分布，飞机航测

1　引言

气溶胶颗粒物为我国大多数城市的首要污染物，对大气中云和降水、环境及气候变化等都有重要影响[1]。大气颗粒物的环境效应与其数浓度以及粒径分布有着密切关系，研究颗粒物数浓度和粒径分布特征对于探究颗粒物的形成机理及其环境气候影响有着重要意义。

与近地面观测不同，飞机航测对于研究大气颗粒物的水平和垂直结构有着独特的优势[2]。利用飞机搭载多种气溶胶观测设备在对流层中低层开展气溶胶空间观测，是研究气溶胶垂直分布特征的最直接和有效的方式之一[3]。Xue 等[4]、陈鹏飞等[2]、孙玉稳等[5]利用飞机航测探究了不同地区的大气气溶胶物理特征。

大气颗粒物也是吉林省当地空气中一种主要的污染物。目前，对其研究相对较少，飞机航测研究则更少。文章通过飞机航测，探究了吉林省大气颗粒物数浓度的垂直分布与粒径分布特征，可以为认识当地污染、制定合理的大气质量控制措施提供支持。

2　方法

2.1　仪器与设备

航测实验的飞机是吉林省气象局人工增雨"运-12"飞机，巡航速度约为 288 km/h。颗粒物的观测设备采用美国 MSP 公司生产的宽范围粒径谱仪(WPS)，分 48 个通道测量 $10\ nm \sim 10\ \mu m$ 颗粒物的数浓度，时间分辨率为 1 min。WPS 仪器包括微分迁移率分析仪(DMA)、凝结核计数器(CPC)以及激光颗粒光谱仪(LPS)，其中，DMA 和 CPC 用于测量 $10 \sim 500\ nm$ 的颗粒物，LPS 用于测量 $350\ nm \sim 10\ \mu m$ 的颗粒物。

---

[*] 发表信息：本文原载于《地球化学》，2020，49(3)：324-333.

资助信息：国家重点研发计划项目(2016YFC0200500)，国家自然科学基金项目(41775140)。

此外,飞机上还安装了温度计、气压传感器、湿度仪、GPS及其他测量气体、颗粒物的仪器,能够同时获取温度、湿度、大气压强、海拔、经纬度等资料。

2.2 飞行探测方案

为研究边界层抬升过程中的气溶胶颗粒的分布特征和新粒子生成过程,本研究选择在晴天的上午进行航测实验,共获取了3 d的航测实验数据,飞行时间分别为2018年7月14日(07:37—10:19)、7月15日(07:01—11:29)和7月26日(10:00—12:59)。航测区域位于吉林省中西北部(43.1°~45.7°N,122.8°~125.1°E),包括白城市、大安市、松原市、四平市和通榆市等地。航测实验尽可能研究城市上空颗粒物数浓度和粒径分布的垂直分布特征,飞机由白城起飞,抵达各城市上空后下降至一定高度,然后螺旋上升,最终降落白城。具体方案为:7月14日于白城市起飞,途经松原市,最终返回白城市;7月15日于白城市起飞,途径大安市和松原市,最终返回白城市;7月26日于白城市起飞,途径四平市和通榆市,最终返回白城市(如图1)。期间,最高探测高度为3712 m,最低探测高度为145 m。

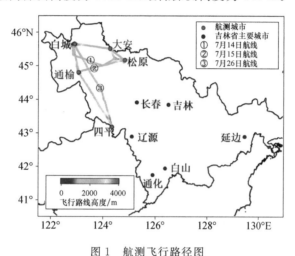

图1 航测飞行路径图

3 结果与讨论

3.1 颗粒物垂直分布特征

由于气溶胶颗粒物数浓度在垂直方向上的变化明显大于水平方向,为更好地了解气溶胶颗粒物的垂直分布情况,在不考虑水平方向上的变化的情况下,途经城市上空的颗粒物垂直廓线如图2所示。

城市大气中,近地面大气颗粒物的主要来源是人为源,如汽车尾气、工业活动、扬尘等,这些颗粒物在湍流的作用下垂直混合,被迅速输送到边界层顶端[6],但是由于混合层顶端的湍流强度低,阻碍了颗粒物从边界层继续向自由大气层的垂直输送,因此,人为源大气颗粒物主要集中在边界层下。而在高海拔的区域,受地面人为源影响较小,此时颗粒物的主要来源为气团的远距离输送,易受风速和气团来源的影响。7月14日早上,白城市近地面颗粒物数浓度为7×10^4个/cm^3,在边界层(约1000 m)以下随高度升高急剧下降至5×10^3个/cm^3,超过边界层后缓慢下降至3×10^3个/cm^3。接近中午(10:00左右)时,白城市上空颗粒物数浓度的垂直廓线与早上类似,即在边界层以下,颗粒物数浓度由1.6×10^5个/cm^3急剧下降到1.2×10^4个/cm^3,随后随高度上升数浓度变化幅度较小。但垂直方向上的大气颗粒物数浓度均为中午高于早上。当天白城市地面国控站点的$PM_{2.5}$质量浓度也呈现中午高(14 mg/m^3)、早上低(6 mg/m^3)的趋势,说明中午有局地污染源的排放,使其颗粒物数浓度和质量浓度均增高。在松原市上空1000~3200 m,颗粒物数浓度随高度变化不大,平均为9.8×10^3个/cm^3。7月15日和26日的垂直廓线与14日相比略有不同。随高度的升高,城市上空的大气颗粒物数浓度降低,且海拔高度与大气颗粒物数浓度呈现近似线性负相关的关系。例如在7月15日,白城市地面颗粒物数浓度高达1×10^5个/cm^3,到3800 m左右下降至

7×10^3 个/cm³。在大安市上空 1000 m 左右,颗粒物数浓度约为 1×10^4 个/cm³,随海拔上升至 3000 m,数浓度下降至 3×10^3 个/cm³。在松原市上空的飞行高度为 1000~4000 m,颗粒物数浓度随海拔升高从 2×10^4 个/cm³ 下降至 6×10^3 个/cm³。

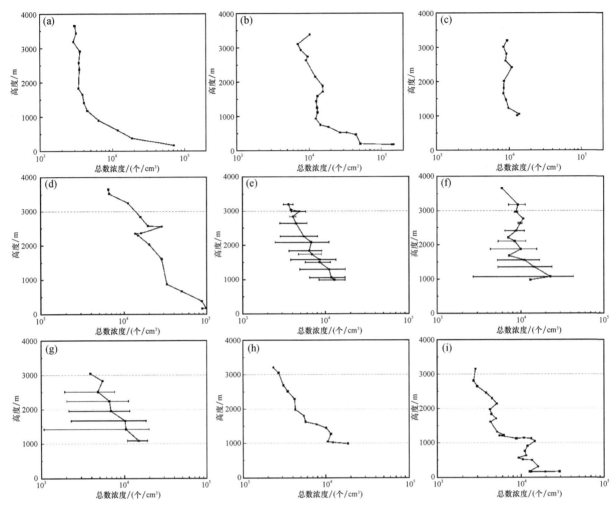

图 2　不同城市上方大气颗粒物数浓度的垂直廓线

(a)7 月 14 日白城市 07:42—07:57;(b)7 月 14 日白城市 09:53—10:17;(c)7 月 14 日松原市 08:40—08:52;
(d)7 月 15 日白城市 07:10—07:26;(e)7 月 15 日大安市 08:11—08:42;(f)7 月 15 日松原市 09:24—09:50;
(g)7 月 26 日四平市 10:12—10:46;(h)7 月 26 日通榆市 11:30—11:57;(i)7 月 26 日白城市 12:21—12:54

3.2　颗粒物的数浓度尺度谱分析

颗粒物的粒径大小会影响其物理化学特性和大气化学寿命,因此颗粒物的数浓度尺度谱分析对于研究颗粒物的化学组成及来源有着重要作用。将 0 m$\leqslant H <$1000 m,1000 m$\leqslant H <$2000 m,2000 m$\leqslant H <$3000 m 和 $H\geqslant$3000 m 共 4 个海拔范围的颗粒物数浓度分别作平均,给出了 3 d 航测的大气颗粒物数浓度尺度谱图,见图 3。7 月 14 日的大气颗粒物为单峰分布,各海拔范围均在 25~30 nm 出现峰值,其中,小于 1000 m 的颗粒物峰值粒径的数浓度为 5.4×10^3 个/cm³,是高于 1000 m 的各海拔范围内的颗粒物峰值粒径数浓度($1.0\times10^3\sim1.9\times10^3$ 个/cm³)的 3~5 倍。7 月 15 日也为单峰分布,在不同高度,峰值均在 25~30 nm,其中,在小于 1000 m 的海拔范围内其颗粒物峰值粒径数浓度最高,为 4.3×10^3 个/cm³,随高度升高,其峰值粒径数浓度降低,依次为 1.9×10^3 个/cm³、1.2×10^3 个/cm³ 和 0.9×10^3 个/cm³。7 月 26 日的粒径分布与前两天有所不同,在小于 1000 m 时为单峰分布,峰值在 25~30 nm,峰值粒径的颗粒物数浓度为 2.0×10^3 个/cm³;在 1000 m 以上的颗粒物粒径为双峰分布,峰值分别为 10 nm 和 25~30 nm,且 10 nm 的颗粒物数浓度最高,分别为 2.0×10^3 个/cm³、1.0×10^3 个/cm³ 和 2.2×10^3 个/cm³,25~30 nm 峰

值粒径的颗粒物数浓度分别为 1.2×10^3 个/cm^3、0.6×10^3 个/cm^3 和 0.7×10^3 个/cm^3,略低于其他两天。综合来看,7 月 14 日与 7 月 15 日主要为单峰分布,颗粒物模态主要为爱根核模,7 月 26 日在近地面($H<1000$ m)为单峰分布,颗粒物模态主要为爱根核模,而在更高的海拔,核模态数浓度升高。核模态颗粒物通常来源于成核过程,即过饱和气态前体物在大气中形成颗粒物(新粒子生成)或一次排放的高温气体在大气中冷凝形成颗粒物(汽车尾气)。在高空中,受燃烧影响较小,且 $25\sim30$ nm 处的峰值粒径的数浓度小于其他两日的峰值粒径数浓度,因此推测 7 月 26 日在四平市上空出现高浓度核模态颗粒物的主要原因是新粒子生成事件的发生。

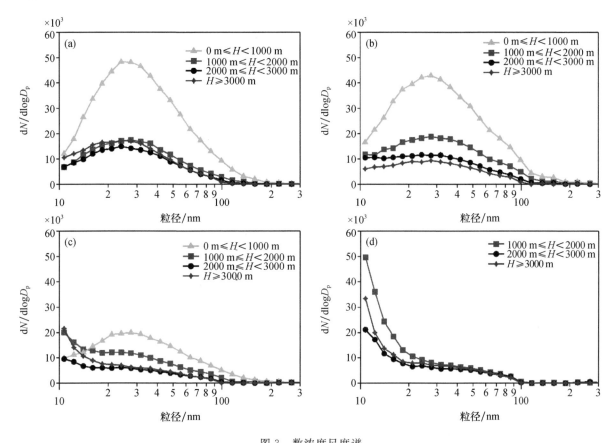

图 3 数浓度尺度谱

(a)7 月 14 日四平市;(b)7 月 15 日四平市;(c)7 月 26 日四平市;(d)7 月 26 日四平市

4 结 论

(1)在本次航测过程中,近地面的大气颗粒物数浓度平均为 $2.7\times10^4\pm2.2\times10^4$ 个/cm^3,颗粒物粒径主要分布在核模态、爱根模态和积聚模态。近地面的大气颗粒物粒径分布较宽,为 $10\sim200$ nm,高空中大气颗粒物粒径分布较窄,为 $10\sim80$ nm。

(2)大气颗粒物数浓度的垂直廓线主要有两种类型。第二种边界层以下大气颗粒物数浓度垂直梯度变化较大,边界层以上大气颗粒物数浓度的垂直梯度明显减小,出现这种类型廓线的主要原因是在边界层以下,受地面人为源影响大,而在边界层以上,受地面人为源影响小,颗粒物主要来自气团远距离输送。第二种垂直廓线类型为海拔高度与大气颗粒物数浓度呈现近似负相关的线性关系,近地面颗粒物数浓度较高,随着海拔升高,出现垂直递减梯度。航测期间,吉林地区颗粒物浓度廓线以第二种为主。

(3)观测期间,大气颗粒物数浓度尺度谱主要有两种分布类型。第一种为单峰分布,在 $25\sim30$ nm 出现峰值,后向轨迹显示其气团来源于吉林西部的蒙古国和我国内蒙古地区。第二种分布类型则主要出现在四平市的上空,除在 $25\sim30$ nm 出现一个峰值之外,核模态颗粒物数浓度增高,可能为新粒子生成事件发生,其后向气流轨迹显示气团来源于辽宁省和华北平原的远距离传输。

参考文献

[1] 王维佳,郭学良,李宏宇,等.基于飞机观测的四川盆地初夏云下气溶胶特征 [J].干旱气象,2018,36(2):167-175.

[2] 陈鹏飞,张蔷,权建农,等.北京上空气溶胶浓度垂直廓线特征 [J].环境科学研究,2012,25(11):1215-1221.

[3] 孟凡胜,王飞,殷宝辉,等.京津冀中部夏季大气颗粒物空间分布特征 [J].环境科学研究,2018,31(5):814-822.

[4] Xue L,Wang T,Simpson I J,et al. Vertical distributions of non-methane hydrocarbons and halocarbons in the lower troposphere over northeast China [J]. Atmospheric Environment,2011,45(36):6501-6509.

[5] 孙玉稳,孙霞,银燕,等.华北地区气溶胶数浓度和尺度分布的航测研究[J].中国环境科学,2012,32(10):1736-1743.

2019 年春夏季长白山麓云和降水特征综合观测分析 *

王超群[1,2]　胥珈珈[3]　王羽飞[1,2]　齐彦斌[1,2]　刘　洋[1,2]

(1 中国气象局吉林省人民政府人工影响天气联合开放实验室,长春 130062;

2 吉林省气象灾害防御技术中心,长春 130062;

3 吉林省白山市气象局,白山 134300)

摘　要: 本文利用 HT101 型全固态 Ka 波段测云仪,采用顶空垂直探测的工作方式,获取云顶高度、云底高度、云廓线结构、垂直速度等参数,实现云降水连续演变过程的探测。利用 matlab 工具对 2019 年靖宇 4—7 月的云雷达数据进行解码和计算,分析逐月的云的日演变特征、逐月平均有无云的概率分布、逐月云的垂直分布,对 4 个月的数据与天气实况进行对比分析。结果表明,测云仪回波强度与多普勒雷达的回波强度相关性很好,月平均值偏小 7.4 dBZ,其中弱降水的回波强度差异不显著。对 4 个月的基数据与国家站观测记录进行对比分析,可以认为白山的云雷达数据中回波强度在 −20~10 dBZ 考虑为云,其中 5~10 dBZ 可以认为有液态水,大于 15 dBZ 可以认为有降水产生。低层 80% 概率为低于 −20 dBZ 的弱回波,强回波主要分布在 2~8 km 高度,且垂直变化较为明显。回波强度的垂直分布具有明显的季节性,月际变化较大。4 月在夜间主要为晴好天气,10—20 时为云生成的集中时间段,10 时起中低层云迅速发展,云顶高度也逐渐升高,在 20 时前后发展到最高;20 时后云出现的概率明显减少,夜间云的分布变化不大。5—7 月云的概率分布较为相似,夜间云主要出现在前半夜,08—20 时低层 0~2 km 云出现概率异常,可以分析为低层湍流导致。4 km 左右高度的回波强度变化很小,2 km 以下以及 5 km 高度以上的云的回波强度有明显的日变化,云顶高度日变化较大,在凌晨及 12—20 时到达最高。平均 0 ℃层高度在 3.8 km 左右,且存在月变化。

关键词: 测云仪,云雷达,多普勒雷达,云特征

1 引言

云不仅是影响气候的重要因子,也是形成降水的前提,若能细致了解云的微物理特征参量,不仅有助于天气的监测和预报,也有助于全球气候变化的研究,还有助于人工干预天气业务的开展。因此对云的探测和研究具有重要意义。目前,毫米波测云仪是进行云参数探测的有效工具。HT101 型全固态 Ka 波段测云仪是一种全新的云观测设备,采用顶空垂直探测的工作方式,获取云顶高度、云底高度、云廓线结构、垂直速度等参数,实现云降水连续演变过程的探测。工作在 Ka 波段,中心频率 35 GHz,天线口径 1.6 m,采用全固态、准连续波体制和脉冲压缩的信号形式,以顶空垂直固定扫描的方式工作。最大探测高度大于 15 km,定量测量高度大于 10 km;具有 −40~40 dBZ 的探测能力。时空分辨率达到高度 30 m,时间 1 min 的分辨率要求。测量并输出云回波的反射强度(Z)、径向速度(V)、速度谱宽(W)等一次产品,并且在此基础上反演获得云顶高度、云底高度、云厚、云量等二次产品。

吉林省自 2018 年在白山市靖宇县观测站安装 HT101 型全固态 Ka 波段测云仪,2019 年 4 月开始具有完整的基数据观测资料,本文利用 matlab 对 2019 年 4—7 月的云雷达数据进行解码和计算,旨在分析逐月的白山云的特征,并与白山新一代多普勒天气雷达进行了观测对比。分析了在多云、弱降水、强降水中白山云雷达的特征,以期为下一步的多种观测设备(微波辐射计等)进行综合观测做基础铺垫,为吉林东南部山区的人工影响天气工作提供参考依据。

———————————
* 发表信息:本文原载于《吉林气象》,2019.

2 资料与方法

2.1 资料来源与处理工具

采用 2019 年 4—7 月逐日 HT101 型全固态 Ka 波段测云仪基数据,空间高度分辨率 30 m,时间 1 min,利用 matlab 对基数据进行解码分析。

首先,对 4—7 月的逐时次数据进行统计,各个高度上不同反射率因子出现的样本次数与这个月所有样本数的比值作为该高度上该反射率因子的出现概率,得出回波强度垂直概率分布。其次,以 0 dBZ 为最低阈值计算云出现的概率,得出逐月的云概率日变化,然后对有效回波强度进行平均,计算逐月的平均回波强度的日变化。

2.2 回波衰减订正

采用逐库订正法进行衰减订正,逐库法是由雷达回波强度的测量值 Z_M 求解实际值 Z_r,计算时按 $i=1,2,3,\cdots$ 的顺序,沿径向依次外推对各库进行衰减订正,即逐库外推。在完成对第 i 个库的衰减订正后,由前 i 个库的订正结果计算 τ_i,为进行第 $i+1$ 个库的衰减订正做准备。逐库订正结果由式(1)来计算得出:

$$Z_r(i) = [Z_M(i)/\tau_{i-1}]\exp\{aZ_M^b(i)\Delta R\}$$
$$a = 0.00087, b = 0.93 \tag{1}$$

2.3 云和降水的回波强度划分指标

一般认为,0～15 dBZ 为弱降水[1],因此本文对云和降水的回波强度进行以下划分。

根据前人对回波强度划分如下:弱云区 $Z < -20$ dBZ,厚云区 -20 dBZ $\leqslant Z < 0$ dBZ,云中包含液态水 0 dBZ $\leqslant Z < 15$ dBZ,弱降水 15 dBZ $\leqslant Z < 25$ dBZ,显著降水 $Z > 25$ dBZ。[2]

基于前人经验,本文筛选了白山多普勒雷达 2.4°仰角的固定位置(48d,68 km)回波强度在 0～20 dBZ 范围的 50 个体扫数据,对回波强度与径向速度进行散点图的绘制(图 1),可以得出在回波强度为 0～5 dBZ 时径向速度基本为 0 m/s;5～10 dBZ 时有径向速度,可判断为有液态水回波;对大于 10 dBZ 的 32 个时次与靖宇县气象站雨量观测结合分析,只有在大于 15 dBZ 时可以判断有降水产生。

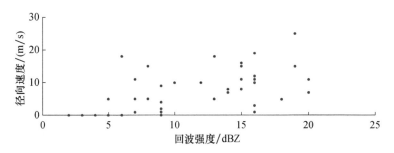

图 1　0～20 dBZ 回波强度与径向速度对比

3 测云仪与多普勒雷达观测对比

本文仅选取了 3 km 高度对 6—7 月的降水个例中测云仪与白山多普勒雷达同时次同位置(即靖宇站)的回波强度进行了对比(图 2)。结果表明:测云仪测得的回波强度与多普勒雷达的回波强度相关性很好,在 5 个弱降水个例中,毫米波测云仪的回波强度均值比多普勒雷达大 2 dBZ;而在 12 个强降水个例中,毫米波测云仪的回波强度均值比多普勒雷达偏低 11 dBZ,在各个时次均表现为比多普勒雷达观测值偏小,月平均值表现为测云仪的数值比多普勒雷达计算的结果偏小 7.4 dBZ。原因猜想如下:(1)白山多普勒天气雷达使用时间较长,2019 年春夏时未进行大修,可能数值不准确;(2)使用的降水个例太少,弱降水中云雷达的回波强度与白山新一代多普勒天气雷达的回波强度更接近,差异不显著。

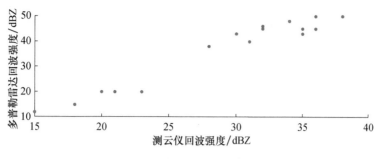

图 2　两种雷达回波强度对比

4　云垂直分布和日变化

对 4—7 月的逐时次数据进行统计,各个高度上不同反射率因子出现的样本次数与这个月所有样本数的比值作为该高度上该反射率因子的出现概率,得出回波强度垂直概率分布(图 3)。结果表明:吉林东南部长白山麓的云特征月际变化非常显著,其中 4 月在 0～5 km 的回波强度分布范围较广,为 -35～10 dBZ,出现概率大于 50%,在这个高度内回波垂直变化较大;0～5 km 高度内云和降水均存在,降水主要集中在 2～5 km 高度,回波强度增加到了 16～17 dBZ;5～10 km 回波强度主要在 0 dBZ 以下,垂直变化不明显;4 月 4 km 高度上回波强度突然增加,考虑为 0 ℃层亮带。

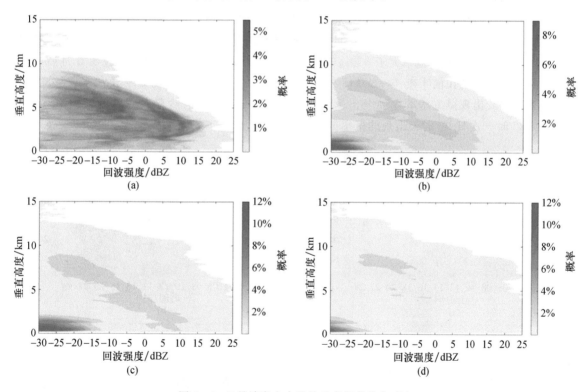

图 3　4—7 月靖宇含水量的垂直概率分布对比
(a)4 月;(b)5 月;(c)6 月;(d)7 月

5 月 10 km 以上的回波强度在 -10 dBZ 以下;7～8 km 存在 -20～-10 dBZ 的回波,回波垂直变化不大;3～6 km 回波强度主要集中在 -25～15 dBZ 范围内,在这个范围内回波强度随高度是减小的,以未形成降水的云为主,很少有降水产生;2～5 km 高度层内,回波强度增加显著,以超过 -10 dBZ 的回波为主,同时可以发展出超过 0 dBZ 的降水回波,回波强度增加到了 12～13 dBZ;1～3 km 回波强度主要在 -20 dbz 以下,这个范围内回波强度垂直结果变化不大,概率最大为 90%,同时在这个高度内也存在较大概率的集中在15 dBZ以下。

6月5 km以上回波强度主要集中在-25～-10 dBZ,回波垂直变化不大,以未形成降水的云为主,很少有降水产生;2～5 km高度层内,回波强度增加显著,以超过-10 dBZ的回波为主,并发展出超过0 dBZ的降水回波,回波强度增加到了12～13 dBZ;1～2 km回波强度主要在-15dbz以下,垂直结果变化明显,其中0～1.2 km的小于-25的弱回波概率接近100%,表明近地面层主要为空气湍流造成>1.2 km高度的回波明显减少,在同高度上还另外存在大于5 dBZ的回波,概率大于30%。

7月与6月的回波强度概率分布较相似,在0～2 km高度内主要为低于-20 dBZ的回波,概率大于80%;在5 km高度附近存在-15～0 dBZ的零散回波,较明显的回波强度主要集中在7～10 km高度,且分布范围较广;大于10 km高度的回波强度很弱,且概率低于10%。

另外,图3中可以得出2 km高度以下,-25 dBZ的回波出现概率在每个月都较大,尤其是5月、6月、7月出现的概率超过90%,考虑为低层湍流,不是真实的降水回波。

5 云出现概率的日变化

回波强度大于-20 dBZ认为是有云出现,对4—7月的逐月回波强度在每个观测时次取均值作月平均,以回波强度的数值为指标,统计每个观测时次有云的次数与样本数,得出有无云的概率,从而分析各月在24 h内云的变化。结果表明:4月夜间云主要出现在2～6 km,且概率低于30%,说明在夜间主要为晴好天气;在10—20时为云生成的集中时间段,10时起中低层云迅速发展,云顶高度也逐渐升高,在20时前后发展到最高;20时后云出现的概率明显减少,20时至次日08时云的分布变化不大。云底高度在18时之前变化很小,主要集中在1 km左右,20时至次日18时2 h内云底高度明显增高到3 km,云顶高度也升高到7 km左右。5—7月这3个月云的概率分布较为相似,其中5月夜间分布较为均匀,各时次没有明显差异,06—18时云发生概率大于30%;6月4—8日云出现的概率低于10%,说明6月后半夜云分布较少,夜间云主要出现在前半夜;5—6月在08—20时低层0～2 km云出现概率异常,可以分析为低层湍流导致,中高空云出现概率基本在20%～40%;7月低层0～1 km仍然存在异常的云概率,中高云在20%～35%,22时—次日05时云出现的概率低于10%。

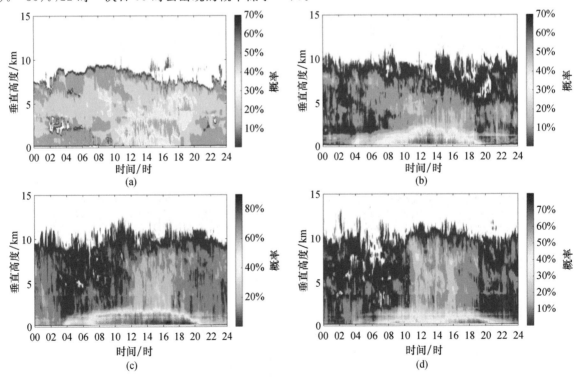

图4 逐月云的概率日变化对比

(a)4月;(b)5月;(c)6月;(d)7月

从图4可以看出,超过8 km高度时,云的发生概率小于10%。最大概率集中在2~7 km,这个高度的云日变化很明显,一般在09时之后增长,到14—16时概率最大,22时之后逐渐减少。低于2 km高度的低层杂波的日变化也同样非常明显,08时后急剧增厚,10—18时发生的概率超过90%,20时后低层的杂波减少。

6　云的垂直分布日变化对比

对2019年4月1日—7月31日云雷达的回波强度进行了逐月平均,与上文云概率分布一样,作了逐月的日变化分析,获取到了连续变化的云垂直结构数据,分析统计了云底高度、云厚、云层数和云垂直分布的日变化(图5)。4 km左右的回波强度变化很小,2 km以下及5 km高度以上的云的回波强度有明显的日变化,云顶高度日变化较大,在凌晨及12—20时到达最高。通过进一步分析发现,高云中深对流云及其消散后产生的高层云和高积云占了一定的比例,中低云中有部分正在发展的积云和层积云。某一高度上的云发生频次定义为该时段该高度层内有云的次数与总的样本数之比。值得注意的是:这种云发生频次的定义与雷达探测的最小回波强度有关,同等情况下,高度越高,观测的云发生频次就越低,因为雷达探测的最小回波强度随高度增大。4月在16时之前基本以中云为主,之后大于−10 dBZ的云底高度逐渐降低,云厚增大,持续到夜间,到00时之后云厚减小且平均回波强度也减小;5—7月云的日变化分布差异不大,在02—04时云底高度较低;其中6月该时段云底高度为1 km左右,04时之后云底高度升高,基本维持在2.5 km高度;6月、7月在12时之后云的厚度发展到最大,平均云顶高度超过10 km,20时之后云底高度均有下降;5月到前半夜低层2 km以下没有明显云回波;6月、7月22时至次日04时在低层1~2 km存在平均值在−5 dBZ左右的回波。从平均反射率因子的日变化可以看出明显的0 ℃层亮带,白山逐月平均0 ℃层高度在3.5 km左右;其中4月0 ℃层亮带高度具有较明显的日变化,08时前后存在0 ℃层亮带下降,之后又升高,0 ℃层亮带在2.5 km左右;5月0 ℃层亮带同样存在较明显的日变化,在08时前后有一个明显升高的过程,从2 km升至2.5 km;6—7月0 ℃层亮带高度相似,都在3.8~4 km。

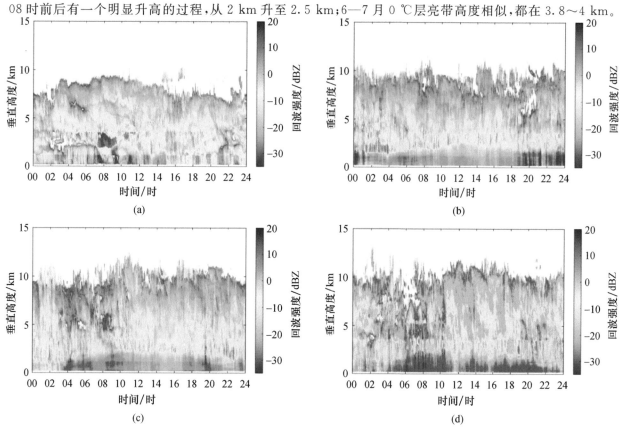

图5　24 h回波强度的平均演变
(a)4月;(b)5月;(c)6月;(d)7月

7 不同天气类型个例的测云仪观测对比

通过对回波强度进行衰减订正,得到不同天气过程的回波强度演变。

5月14日12时前后(图6a),高空低涡过境,站点处于槽后,受槽后西北气流带来的弱冷空气影响(图7a),地面为弱高压,结合靖宇县气象局国家观测站人工观测记录分析,此时段为晴好天气,测云仪观测到只有低层存在异常回波,2 km以上的高空中无明显回波。

7月17日11时(图6b、图7b)鄂霍茨克海高压东移,黑龙江向西南方向伸出低压槽,靖宇处于脊后槽前,西南气流为暖空气,根据观测记录此时段主要为多云天气,云底高度均高于5 km,云顶高度达到12 km,明显表现为卷云,回波强度最大为2 dBZ。但同时次白山多普勒天气雷达并未观测到该处有明显回波。

8月15日(图6c、图7c)台风"利奇马"北上在山东半岛北部的渤海湾停滞打转,白山受高空槽影响,利奇马与西风槽共同作用形成西南急流,输送水汽。靖宇在本次过程中主要为稳定性降水,结合人工观测分析主要为层状云,最大小时降水量不超过15 mm/h,选取15日靖宇降水较强的时段,得到回波强度大于32 dBZ,回波强度随时间变化不大,0 ℃层高度在图中可清晰分辨,在3 km高度附近,回波接地明显,降水持续时间长。同时次的多普勒天气雷达观测到15时前后该处最大回波强度为35 dBZ。

7月2日15—16时(图6d、图7d),副高北抬,东北冷涡中心处于黑龙江北部,白山处于500 hPa槽线附近,850 hPa暖平流促使地面低压系统发展,在地面存在明显的辐合线,本次强对流天气是发生在东北冷涡背景下的冰雹和短时强降水,为积雨云降水,云顶高度10 km左右,云底高度4 km左右,云厚达到6 km。大于40 dBZ强回波伸展到8 km以上的高度,从垂直分布上可以看出回波的演变剧烈,14时50分前后回波初始发展高度较高,对应低层为弱回波,强回波悬垂结构明显,强回波前有上升气流,15时30分前后对流单体发展成熟,开始出现阵雨,强回波逐渐接地,发展迅速,生成与消散的时间均较短。

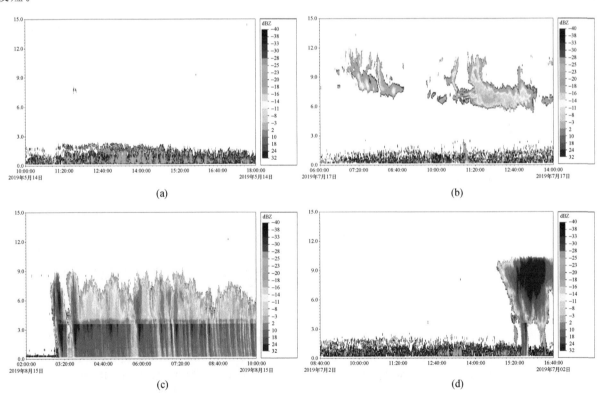

图6 衰减订正后的个例对比

(a)5月14日晴天个例;(b)7月17日多云个例;(c)8月15日稳定降水个例;(d)7月2日强对流天气个例

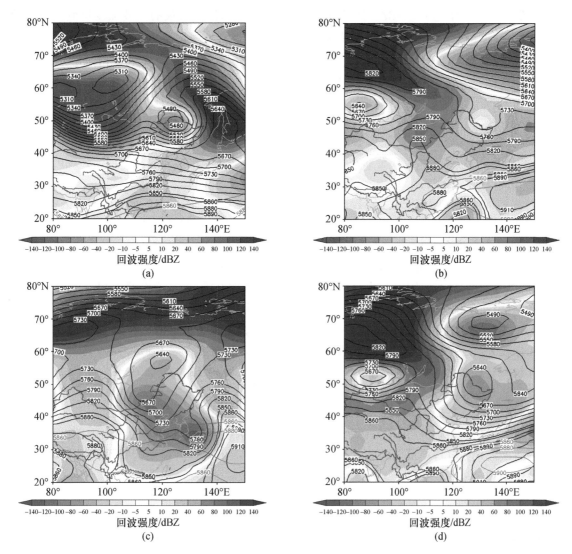

图 7　500 hPa 高度场(等值线)与距平场(阴影)

(a)5 月 14 日;(b)7 月 17 日;(c)8 月 15 日;(d)7 月 2 日

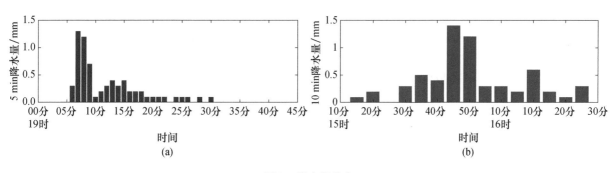

图 8　降水量分布

(a)7 月 2 日 19 时;(b)8 月 15 日 15—16 时

8　总结与展望

采用 2019 年 4—7 月逐日 HT101 型全固态 Ka 波段测云仪基数据,利用 matlab 对基数据进行解码分析,对 2019 年春夏长白山云的特征进行时间与空间分布的分析,得到如下结论。

(1)测云仪测得的回波强度与多普勒雷达测得的回波强度相关性很好,5 个弱降水个例中,测云仪的回波强度均值比多普勒雷达大 2 dBZ。12 个强降水个例中,毫米波测云仪的回波强度均值比多普勒雷达低 11 dBZ,月平均值偏小 7.4 dBZ,其中弱降水中云雷达的回波强度与白山新一代多普勒天气雷达的回波强度更接近,差异不显著。

(2)结合前人经验,对 4 个月的基数据与国家站观测记录进行对比分析,可以认为白山的云雷达数据中回波强度在 -20~10 dBZ 考虑为云,其中 5~10 dBZ 可以认为有液态水,大于 15 dBZ 可以认为有降水产生。

(3)通过对 2019 年 4—7 月逐月的回波强度概率垂直分布可以得出,在低层主要为低于 -20 dBZ 的弱回波,概率大于 80%,强回波主要分布在 2~8 km 高度,且垂直变化较为明显。回波强度的垂直分布具有明显的季节性,月际变化较大。

(4)4 月在夜间主要为晴好天气;在 10—20 时为云生成的集中时间段,10 时起中低层云迅速发展,云顶高度也逐渐升高,在 20 时前后发展到最高;20 时后云出现的概率明显减少,夜间云的分布变化不大。5—7 月云的概率分布较为相似,其中 5 月夜间分布较为均匀,各时次没有明显差异,06—18 时云发生概率大于 30%;6 月后半夜云分布较少,夜间云主要出现在前半夜;5—6 月 08—20 时低层 0~2 km 云出现概率异常,可以分析为低层湍流导致,中高空云出现概率基本在 20%~40%;7 月低层 0~1 km 仍然存在异常的云概率,中高云在 20%~35%,22 时至次日 05 时云出现的概率低于 10%。

(5)4 km 左右的回波强度变化很小,2 km 以下及 5 km 高度以上的云的回波强度有明显的日变化,云顶高度日变化较大,在凌晨及 12—20 时到达最高。平均 0 ℃层高度在 3.8 km 左右,其中 4 月 0 ℃层亮带高度具有较明显日变化,08 时前后存在 0 ℃层亮带下降,之后又升高,在 2.5 km 左右;5 月 0 ℃层亮带同样存在较明显日变化,在 08 时前后有一个明显升高的过程,从 2 km 升至 2.5 km;6—7 月 0 ℃层亮带高度相似,都在 3.8~4 km。

(6)云雷达资料在吉林的应用还未成熟,因此对云雷达的探讨将会在后期的工作中进一步展开,下一步工作计划将微波辐射计等产品与云雷达作对比,得出对长白山麓云特征更为详细的分析,以期为人影工作提供更多的理论依据。

参考文献

[1] 张培昌,王振会.天气雷达回波衰减订正算法的研究(Ⅰ):理论分析[J].高原气象,2001,20(1):1-5.
[2] 黄兴友,樊雅文,李峰,等.地基 35 GHz 测云雷达回波强度的衰减订正研究[J].红外与毫米波学报,2013(4):39-44.
[3] 王柳柳,刘黎平,余继周,等.毫米波云雷达冻雨—降雪微物理和动力特征分析[J].气象,2017,43(12):1473-1486.
[4] 刘黎平,宗蓉,齐彦斌,等.云雷达反演层状云微物理参数及其与飞机观测数据的对比[J].中国工程科学,2012,14(9):64-71.
[5] 崔延星,刘黎平,何建新,等.基于云雷达、C 波段连续波雷达和激光云高仪融合数据的华南夏季云参数统计分析[J].成都信息工程学院学报,2018,33(3):242-249.
[6] 仲凌志.毫米波测云雷达系统的定标和探测能力分析及其在反演云微物理参数中的初步研究[D].北京:中国气象科学研究院,2009.
[7] 吴举秀,魏鸣,周杰.94 GHz 云雷达回波及测云能力分析[J].气象学报,2014,72(2):402-416.
[8] 仲凌志,刘黎平,葛润生,等.毫米波测云雷达的特点及其研究现状与展望[J].地球科学进展,2009,24(4):383-391.

低涡横槽天气系统下强雷暴云团的移动特征

刘德安　　刘　慧

(博兴县气象局,博兴 256500)

摘　要:为认识低涡横槽系统下雷暴云团的时空分布规律,对 2015 年 6 月 19 日山东省西南部地区早晨和下午连续出现的两次雷雨天气的雷暴云团路径进行客观对比,从事物发展的客观规律方面进行论述,揭示了强雷暴云团连续出现时移动路径不重复这一特征。已经出现雷雨天气的地区,再遭受雷雨云主体影响的概率较小,而没有出现雷雨天气的地区,由于能量没有得到释放,只要低涡横槽系统存在,也将会受到雷暴云团的影响这一结论。

关键词:低涡横槽,强雷暴,移动特征,客观规律

1　引言

2015 年 6 月 19 日,山东省西南部早晨和下午两次出现了雷雨天气,对流云团发展旺盛,都形成了超级单体风暴,出现了雷雨大风、短时强降水和冰雹天气。这两个强对流云团都是同一片区域发展起来的,移动方向一致,但移动路径却一点也不重复。对雷暴云的移动规律,朱乾根等[1]指出,雷暴云或强雷暴云产生后,有两种作用使它产生移动:一种作用是大范围水平气流使云体不断平移,移向接近于云体中层高度上大范围水平气流的方向;另一种作用是在云体外围不断地形成新的雷暴单体而老云逐渐消散下去,即云体的新陈代谢传播,并指出雷暴云的传播方向受高空风速、风向垂直切变的影响很大。对于雷暴单体的移动与传播,孙继松等[2]也指出大多数雷暴单体的移动过程实质上是雷暴单体不断"新陈代谢"的传播过程,这一过程是雷暴本身与环境气流相互作用的结果。对低涡横槽天气系统雷暴云的移动路径特征研究文献较少,本文主要从事物发展的客观规律方面来论述,以期为此类天气的主观预报提供一种理论思维方式。

2　系统形势简单介绍

在 19 日 08:00 高空 500 hPa 图上,华北冷涡中心位于承德东部,从冷涡中心到内蒙古中部为横槽(图 1),低层 850 hPa 图上,山东西南部为暖区和风向辐合区的中心,正处于冷涡的南部雷暴天气发生区(图 2)[1]。

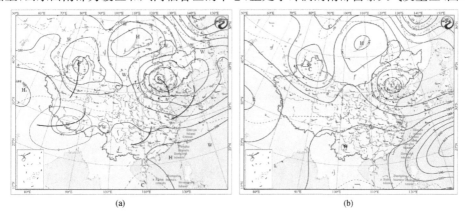

(a)　　　　　　　　　　　(b)

图 1　500 hPa 形势图

(a)18 日 20:00;(b)19 日 08:00

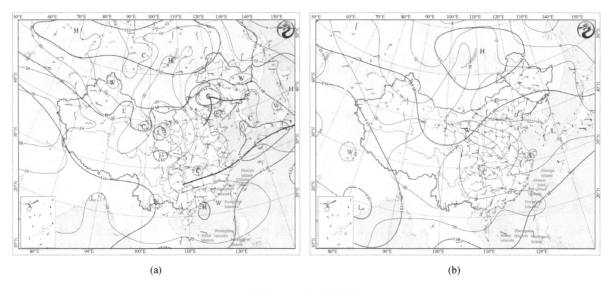

图 2　850 hPa 形势图

(a)18 日 20:00；(b)19 日 08:00

3　雷暴云移动路径

3.1　雷暴云移动路径 I

05:44 对流云团在东平县发展起来,沿对流云中层的风的右侧,向东南方向移动,并继续发展,经宁阳县、兖州市、邹城市移向滕州东北部(图 3)。

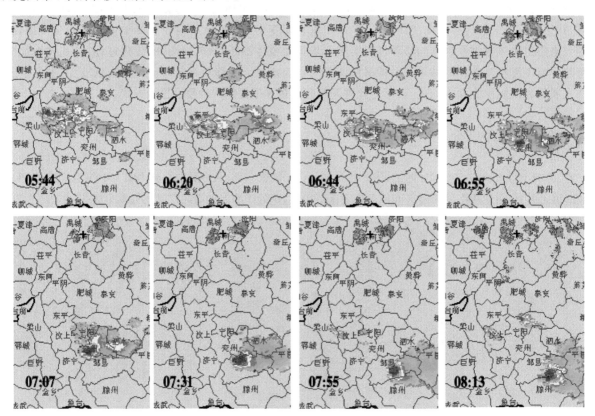

图 3　早晨对流云团移动路径 I 图

3.2 雷暴云移动路径 II

13:20 在聊城发展起来的强对流云团,同样沿东南方向向阳谷县、梁山县移动,到达汶上县西部后减弱,同时在其前部济宁市发展起来的强对流云团,向东南移向鱼台县东部(图4)。

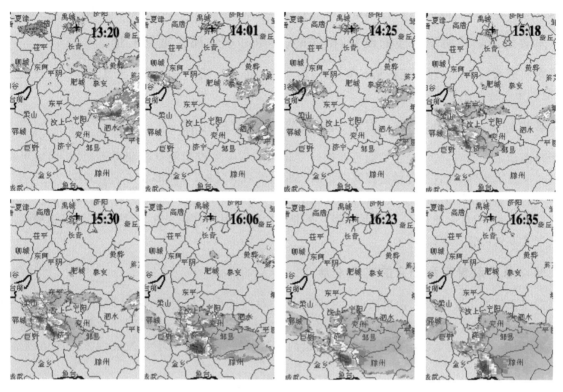

图4 下午对流云团移动路径 II 图

4 路径特征

对比这两次雷暴云团移动发现,它们都是在同一片区域发展起来的强对流云团,发展行进的方向也一致,但有一个明显的特点,即下午的雷暴云团完全避开了早晨的雷暴云团所走的区域,移动方向相同,却一点也不重复,基本上是平行的,相距只有 40~60 km(图5)。

图5 两次对流云团的路径图示

5 路径特征分析

那么,是什么原因造成强雷暴云团连续出现时路径不重复现象的呢?本文强调的是自然界的事物发展客观规律可以用哲学的观点来解释,这两次强对流天气过程体现了 3 个方面的规律。

5.1 只要是形势环境没有质的改变,相同的、类似的事件还会重复发生

低涡横槽天气系统深厚稳定的情况下,其南部和东南部会连续出现强对流天气,对应 19 日的天气过程,早晨和下午连续出现了强对流天气。

5.2 事物都有一个酝酿、形成、发展、成熟、减弱、消亡的过程

当冷涡稳定少动时,气层由于其稳定度的日变化而每到午后或傍晚就会变得不稳定,因而可有雷暴出现。对应这次天气,其日变化的过程就是雷雨云酝酿发展的过程,从而形成了下午的强对流天气。

对低涡横槽系统下的雷雨天气来讲,一般的情况是,一次雷雨(往往出现在下午至前夜)过后,要经过一段时间来酝酿,积蓄起能量,再形成和发展。鲁北地区的雷雨三过晌天气,就体现了低涡横槽系统下雷雨天气形成发展的客观规律。

5.3 事物总是沿着有利于它的方向发展

强对流天气多出现在水汽积累区的中心附近[3]。对应这次天气过程,早晨强对流云团所经过的区域,能量已经得到释放,当下午新的强对流云团再向这区域发展移动时,路径则发生偏移,完全避开早晨所经之处,雷雨云团朝着能够给它提供水汽、热量的邻近区域,向着有利于它发展的方向移动,形成了路径不重复这一特征。

6 结论

低涡横槽系统下的连续雷雨天气,雷暴云团的生消往往是此起彼伏的,一地区出现强雷雨后,当下一个强雷雨云团移向该地区时,一种情况会减弱,另一情况则是路径发生偏移。进一步阐明就是:已经出现雷雨天气的地区,再受雷雨云主体影响的概率较小;而没有出现雷雨天气的地区,由于能量没有得到释放,只要低涡横槽系统存在,那么终将会迎来雷雨天气。

参考文献

[1] 朱乾根,林锦瑞,寿绍文,等.天气学原理与方法[M].北京:气象出版社,2000.
[2] 孙继松,戴建华,何立富,等.强对流天气预报的基本原理与技术方法[M].北京:气象出版社,2014.
[3] 曹钢锋,张善君,朱官忠,等.山东天气分析与预报[M].北京:气象出版社,1988.

人工影响天气的大气污染物清除机制探讨 *

李良福

（重庆市气象局，重庆 401147）

摘 要：本文基于"大气污染防治攻坚战气象工程与非工程措施研究"（2019ZDIANXM07）的研究成果，对人工影响天气的大气污染物清除机制进行了详细探讨，归纳、凝练、总结出人工影响天气的大气污染物湿沉降清除机制、干沉降清除机制、稀释机制、化学转化清除机制科学内涵及机制图解，为人工影响天气改善空气质量研究型业务实践奠定了坚实的理论基础。

关键词：人工影响天气，大气污染物，清除机制

1 引言

随着我国经济社会高速发展，工业化和城市化不断推进，机动车辆迅速增加，导致我们赖以生存的大气环境受到大气污染物的严重影响，使全国多个城市大面积、长时间的重污染天气时有发生。如2015 年 12 月，北京市就曾发生 2 次重污染天气，为此北京市政府启动了 2 次空气质量红色预警，采取了相应的应急管控措施；2016 年 12 月 20 日河南省南阳市发生重污染天气，00：00—09：00 南阳市的空气质量持续"爆表"，其 PM$_{2.5}$ 浓度均超过 350 $\mu g/m^3$，10：00—15：00 的 PM$_{2.5}$ 浓度持续大于 300 $\mu g/m^3$，为此 20 日 00：00 南阳市政府启动了重污染天气橙色预警应急响应。重污染天气的发生，严重影响了城市环境空气质量和居民的身心健康，制约了我国经济社会科学发展。而气象条件是影响空气质量的重要因素，国内外有很多学者对气象条件与城市空气污染的关系进行了研究，取得了很大进展[1-4]，尤其对人工影响天气技术手段干预与大气污染密切相关的污染气象状态，使其朝着有利于降低大气中污染物浓度或清除、迁移大气中污染物，从而防止大气污染气象风险向大气污染事件转变方面也取得可喜成效[5-8]。但目前人工影响天气对大气污染物的清除机制系统研究还未见报道，为此作者基于中国气象局软科学研究项目"大气污染防治攻坚战气象工程与非工程措施研究"（2019ZDIANXM07）的研究成果，采取文献查阅、归纳法、分层法、排除法等方法对人工影响天气的大气污染物清除机制进行了详细分析研究，得到一些有意义的结论。

2 人工影响天气对大气污染物清除的科学基础

人工影响天气对大气污染物清除的科学基础就是通过人工影响天气技术手段，对局部区域内大气中的物理、化学过程某些环节进行人工干预，促使大气污染物从大气中清除或（和）使大气污染物浓度降低，达到改善空气质量、防范大气污染发生、实现大气污染治理的科学原理及其机制。其主要包括人工影响天气的大气污染物湿沉降清除科学原理及其机制、大气污染物干沉降清除科学原理及其机制、大气污染物稀释科学原理及其机制、大气污染物化学转化清除科学原理及其机制等 4 个方面。

---

* 发表信息：本文原载于《高原山地气象研究》，2020，40（3）：79-84.

3 人工影响天气对大气污染物的清除机制

3.1 人工影响天气的大气污染物湿沉降清除机制

人工影响天气的大气污染物湿沉降清除机制就是利用人工增雨(雪)技术、人工消雾技术、人造雨雾技术形成的雨滴、雾滴、雪等降水粒子对大气污染物进行湿沉降清除,其清除机制具体体现为以下两个维度。

一是基于空气动力学原理的清除机制。根据空气动力学原理,人工增雨(雪)、人工消雾、人造雨雾形成的降水粒子在重力作用下的下降过程中,含大气污染物气溶胶粒子的大气气流绕过降水粒子时,大气污染物气溶胶粒子与降水粒子通过惯性碰撞、重力、拦截、静电、扩散、凝结增长等多种作用而被捕捉(图1),然后大气污染物气溶胶粒子通过降水粒子重力沉降到地面而从大气中被清除。

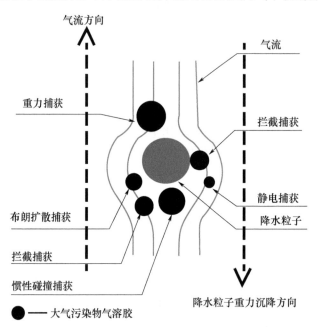

图1 基于空气动力学原理的大气污染物气溶胶粒子被降水粒子捕获的清除机制图解

从图1可知,图中涉及的惯性碰撞捕获是指较大的大气污染物气溶胶粒子在运动过程中遇到降水粒子时,其自身的惯性作用使得它们不能沿气体流线绕过降水粒子,仍保持其原来方向运动,碰撞到降水粒子,从而被降水粒子捕获;其捕获效率取决于含大气污染物气溶胶粒子的气流与降水粒子的相对速度,大气污染物气溶胶粒子的运动轨迹和降水粒子对大气污染物气溶胶粒子的附着能力。涉及的重力捕获是指含大气污染物气溶胶粒子的气流在运动时,粒径和密度大的大气污染物气溶胶粒子可能因重力作用自然沉降下来而被降水粒子捕获;重力作用取决于大气污染物气溶胶粒子的大小、密度和含大气污染物气溶胶粒子的气流与降水粒子的相对速度。涉及的拦截捕获是指当含大气污染物气溶胶粒子的气流携带大气污染物气溶胶粒子向降水粒子运动,并在离降水粒子不远处就要开始绕流运动,而对气流中质量较大的大气污染物,气溶胶粒子因惯性的作用会脱离流线而保持向降水粒子方向运动,但对气流中质量较小的大气污染物,气溶胶粒子则将和气流同步运动;当气溶胶粒子质心所在流线与降水粒子距离小于气溶胶粒子半径1/2时,气溶胶粒子便会与降水粒子接触从而被拦截下来,使其附着在降水粒子而被降水粒子捕获。涉及的布朗扩散捕获是指微小大气污染物气溶胶粒子随气流运动时,由于布朗扩散作用沉积在降水粒子上而被降水粒子捕获;随着含大气污染物气溶胶粒子气流的流速降低和大气污染物气溶胶粒子直径的减小,布朗扩散作用相应增强。涉及的静电捕获是指降水粒子携带大量电荷时,携带相反电荷的大气污染物气溶胶粒子与降水粒子电荷之间在库仑力作用下发生碰并而被降水粒子捕获;而库仑力作用大小与大气污染物气溶胶粒子、降水粒子携带电荷量和大气污染物气溶胶粒子介电常数密切相关。

二是基于云雾微物理学原理的清除机制。根据云雾微物理学原理,人造雨雾形成的微小降水粒子——微雨滴、雾滴,在含大气污染物气溶胶粒子有限空间时,能在很短时间内蒸发,使含大气污染物气溶胶粒子有限空间内水汽迅速接近饱和或达到饱和、过饱和,导致接近饱和或达到饱和、过饱和水汽凝结在大气污染物气溶胶粒子凝结核上形成新的微雨滴、雾滴;然后在水的相变和微雨滴、雾滴形成所导致的温度梯度、浓度梯度以及大气湍流、大气电场作用下,通过凝结增长、拦截、静电、布朗扩散、热泳移、扩散电泳,使携带大气污染物气溶胶粒子的微雨滴、雾滴与人造雨雾形成的微雨滴、雾滴相互碰撞、凝结并进而增长形成更大的雨滴、雾滴(图2),然后大气污染物气溶胶粒子通过更大的雨滴、雾滴重力沉降到地面而从大气中清除。

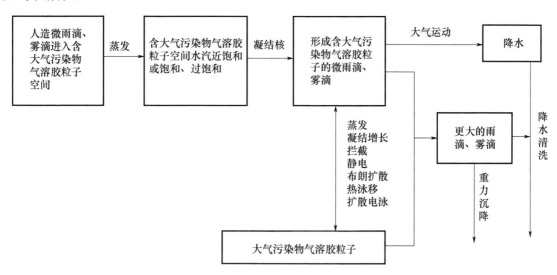

图 2　基于云雾微物理学原理的大气污染物气溶胶粒子被雨滴、雾滴捕获而被清除机制图解

从图2可知,图中拦截捕获、静电捕获、布朗扩散捕获与在前面"基于空气动力学原理的清除机制"中的介绍类似,这里就不作介绍了。而图中涉及的凝结增长是指大气污染物气溶胶粒子作为凝结核吸收水汽形成新的微雨滴、雾滴。涉及的热泳移捕获是指大气污染物气溶胶粒子与微雨滴、雾滴在温度梯度力作用下相互移动发生碰并而被微雨滴、雾滴捕获。涉及的扩散电泳捕获是指由浓度梯度引导的气溶胶运动;当微雨滴、雾滴在大气中发生蒸发时,微雨滴、雾滴附近大气的水汽浓度随距蒸发表面的距离增加而减少,水蒸气从微雨滴、雾滴表面流出向上的同时,空气分子就移向向下微雨滴、雾滴表面来取代蒸发流出的水分子,处于这个分子运动中并悬浮在微雨滴、雾滴表面周围的大气污染物气溶胶粒子与水分子碰撞,进而被向上推出或被推往下方,由于空气分子规模比水分子大,因此,空气分子在这个碰撞竞赛中会起主导作用,并产生一个作用在大气污染物气溶胶粒子上使其向微雨滴、雾滴运动的净作用力,从而导致大气污染物气溶胶粒子与微雨滴、雾滴发生碰并而被微雨滴、雾滴捕获。涉及的降水清洗是指雨滴、雾滴在大气运动过程中形成的降水,对大气中气溶胶态大气污染物和气态大气污染物冲刷,并将大气污染物携带致地面使其从大气中清除。

3.2　人工影响天气的大气污染物干沉降清除机制

人工影响天气的大气污染物干沉降清除机制就是利用磁化水人造云雾技术、预荷电水人造云雾技术、活性化水人造云雾技术、超声波人造云雾技术形成的云滴、雾滴,促进大气污染物微细气溶胶粒子团聚,利用人造声波技术形成的声波振动,促进大气污染物微细气溶胶粒子团聚,导致团聚长大的大气污染物气溶胶粒子在重力作用下干沉降,使大气污染物从大气中清除。其清除机制具体体现为以下两个维度。

一是基于高分子化学的絮凝、凝聚原理的清除机制。根据高分子化学的絮凝、凝聚原理,磁化水人造云雾技术、预荷电水人造云雾技术、活性化水人造云雾技术、超声波人造云雾技术形成的特殊云滴、雾滴,进入含有大气污染物微细气溶胶粒子有限开放空间,与有限开放空间中的大气污染物微细气溶胶粒子发生布朗扩散碰撞、静电碰撞、热泳移碰撞、扩散电泳碰撞过程中,由于特殊云滴、雾滴独特物理化学特性使大气污染物微细气溶胶粒子极易吞没在云滴、雾滴之中形成新的云滴、雾滴,随着新云滴、雾滴中的水分不断蒸发,将会导致含有高分子溶液的新云滴、雾滴固化成为颗粒物间的固体交联,或者使新云滴、雾滴溶液内溶解物质以晶粒形式析出,并在接触点固化,最终使得颗粒物之间出现固桥连接力团聚长大(图3),这些团聚长大的大气污染物气溶胶粒子在重力作用下干沉降,最终使大气污染物被干沉降清除。

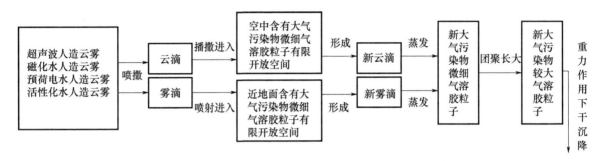

图 3　基于高分子化学的絮凝、凝聚原理的大气污染物气溶胶粒子团聚长大的清除机制图解

从图3可知,图中涉及的超声波人造云雾是指利用超声波发生器产生超声波,超声波产生的共振将液态的水分子结构打散而产生高密集的、直径只有 $1\sim50\ \mu m$ 的微细云雾滴,由于这些微细云雾滴粒径小,与空气接触面积大,蒸发率高,能使近地面或(和)空中含有大气污染物微细气溶胶粒子有限开放空间的水汽迅速接近饱和或达到饱和、过饱和,通过提高大气污染物微细气溶胶粒子周围环境中水汽分压比,使水汽吸附在大气污染物微细气溶胶粒子上,在表面形成一个薄薄的水膜,使微细气溶胶粒子具有亲水性,改善微细气溶胶粒子表面的润湿性,提高微细气溶胶粒子的黏性,增加微细气溶胶粒子与云雾滴或微细气溶胶粒子与微细气溶胶粒子之间凝结并形成新的云雾滴概率,新的云雾滴中水分不断蒸发固化成为颗粒物间的固体交联,或者使新云滴、雾滴溶液内溶解物质以晶粒形式析出,并在接触点固化,最终使得颗粒物之间出现固桥连接力团聚长大。涉及的磁化水人造云雾是指水在一定压力作用下,让水流通过磁化装置使水流在施加的外磁场与水流自身通过磁化装置产生的附加磁场相互作用,促使水分子的内聚力下降,黏滞力减弱,成为磁化水,磁化水通过高压人造云雾发生装置形成的黏度、表面张力降低,吸附、溶解能力增强的云雾滴,使大气污染物微细气溶胶粒子极易被吞没在这些云雾滴之中形成新的云雾滴,新的云雾滴中水分不断蒸发固化成为颗粒物间的固体交联,或者使新云滴、雾滴溶液内溶解物质以晶粒形式析出,并在接触点固化,最终使得颗粒物之间出现固桥连接力团聚长大。涉及的预荷电水人造云雾是指通过最佳水压力为 $1.0\sim1.5$ MPa 的人造云雾发生装置让水流高速通过电介喷嘴形成云雾滴时,由于高速水流与电介喷嘴接触、摩擦及分离原理,使水流在不用电源的条件下产生带负电的云雾滴,通过带负电的云雾滴对带正电大气污染物微细气溶胶粒子的静电吸引力和不带电大气污染物微细气溶胶粒子的镜象吸引力,使大气污染物微细气溶胶粒子极易被吞没在这些负电云雾滴之中形成新的云雾滴,新的云雾滴中水分不断蒸发固化成为颗粒物间的固体交联,或者使新云滴、雾滴溶液内溶解物质以晶粒形式析出,并在接触点固化,最终使得颗粒物之间出现固桥连接力团聚长大。涉及的活性化水人造云雾是指在人造云雾的水中添加由亲水基和疏水基组成的化合物表面活性湿润剂,由于活性湿润剂溶于水时,其分子完全被水分子包围,亲水基一端被水分子吸引,疏水基一端则被排斥伸向空中,这样表面活性湿润剂物质的分子在水溶液表面形成紧密的定向排列层(界面吸附层),使水的表层分子与空气接触状态发生变化,接触面积大大缩小,导致水的表面张力降低,同时朝向空气的疏水基与大气污染物微细气溶胶粒子之间有吸附作用;因此,添加成为表面活性湿润的活性化水通过高压人造云雾发生装置形成的表面张力和湿润边角减小的云雾滴,使大气污染物微细气溶胶粒子极易被吞没在这些云雾滴之中形成新的云雾滴,新的云雾滴中水分不断蒸发固化成为颗粒物间的固体交联,或者使新云滴、雾滴溶液内溶解物质以晶粒形式析出,并在接触点固化,最终使得颗粒物之间出现固桥连接力团聚长大。

二是基于声波振动原理的清除机制。根据声波振动原理,通过声波发生器在含有大气污染物微细气溶胶粒子有限开放空间产生与微细气溶胶粒子相适应的声波,利用声波振动有限开放空间的大气,迫使大气污染物微细气溶胶粒子加剧运动造成距有限开放空间中不同距离、不同状态的大气污染物微细气溶胶粒子的运动也不同,那么大气污染物微细气溶胶粒子表面的电荷导致大气污染物微细气溶胶粒子在布朗扩散运动、声波振动以及磁力作用下相互撞击而引起凝聚的速度大大加快,最终造成大气污染物微细气溶胶粒子凝聚成微粒团(图4),这些团聚长大的新大气污染物气溶胶粒子在重力作用下干沉降,最终使大气污染物被干沉降清除。

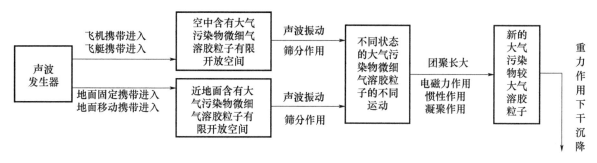

图4　基于声波振动原理的大气污染物气溶胶粒子团聚长大的清除机制图解

从图4可知,图中涉及的声波振动的筛分作用是指声波发生器在含有大气污染物微细气溶胶粒子有限开放空间产生的声波对大气污染物微细气溶胶粒子进行强迫振动,由于大气污染物微细气溶胶粒子的粒径不同、质量不同、距离声波产生源位置不同以及在声场中大气污染物微细气溶胶粒子的运动状态不同,使大气污染物微细气溶胶粒子在声场运动的过程中相互碰撞加剧的作用。涉及的团聚长大的电磁力作用是指近地面或(和)空中含有大气污染物微细气溶胶粒子有限开放空间的大气污染物微细气溶胶粒子在声波的作用下相互摩擦、碰撞、冲击产生静电使其受到电磁力从而影响大气污染物微细气溶胶粒子在有限开放空间气流中的稳定性,导致大气污染物微细气溶胶粒子在电磁力的作用下互相间吸引成微粒团而形成新的大气污染物较大的气溶胶粒子并在重力作用下干沉降,最终使大气污染物被干沉降清除的作用。涉及的团聚长大的惯性作用是指近地面或(和)空中含有大气污染物微细气溶胶粒子有限开放空间的大气污染物微细气溶胶粒子在声波的作用下团聚长大形成新的大气污染物较大的气溶胶粒子,这些新的大气污染物较大的气溶胶粒子质量也会随着增大,其惯性也会随之增大,导致新的大气污染物较大的气溶胶粒子在随着有限开放空间气流运动的过程中相互之间发生惯性碰撞捕获,造成新的大气污染物较大气溶胶粒子进一步团聚长大而形成更大的气溶胶粒子并在重力作用下干沉降,最终使大气污染物被干沉降清除的作用。涉及的团聚长大的凝聚作用是指近地面或(和)空中含有大气污染物微细气溶胶粒子有限开放空间的大气污染物微细气溶胶粒子在声波的作用下发生碰撞,并相互结合,从而促进大气污染物微细气溶胶粒子的凝聚,凝聚形成新的大气污染物较大的气溶胶粒子在惯性作用和电磁力作用下团聚长大形成更大的气溶胶粒子并在重力作用下干沉降,最终使大气污染物被干沉降清除的作用。

3.3　人工影响天气的大气污染物稀释机制

人工影响天气的大气污染物稀释机制就是利用人工影响天气动力催化技术、热力扰动技术、动力扰动技术、热力动力混合扰动技术形成运动气流进入含有大气污染物微细气溶胶粒子有限开放空间,影响含有大气污染物微细气溶胶粒子有限开放空间的大气层结稳定性和干扰、破坏大气静稳天气条件,促进含有大气污染物微细气溶胶粒子的大气发生水平和垂直方向的运动,使大气污染物微细气溶胶粒子随着运动气流输送稀释、扩散稀释、迁移稀释,最终有效降低有限开放空间大气污染物浓度,减少大气中大气污染物积累到有害的程度。其稀释机制具体体现为以下两个维度。

一是基于人工影响天气动力催化原理的稀释机制。根据人工影响天气动力催化原理,人工影响天气动力催化技术对含有大气污染物微细气溶胶粒子有限开放空间的温度低于0 ℃冷云迅速播撒大量的人工冰核,在人工冰核作用下使云中的水汽在人工冰核表面凝华成为冰晶,云中的过冷水滴冻结。由于水汽在人工冰核表面凝华和过冷水滴冻结释放的相变潜热导致云内大气温度升高,而云中上升气流的速度主要决定于云内外温差造成的浮力,因此相变潜热形成的浮力促使云内上升气流速度增大,造成云体在垂直和水平方向迅速发展,从而使含有大气污染物微细气溶胶粒子空气发生水平和垂直方向的运动,导致大气污染物微细气溶胶粒子随着运动气流输送稀释、扩散稀释、迁移稀释(图5),最终有效降低有限开放空间大气污染物浓度,减少大气中大气污染物积累到有害的程度。

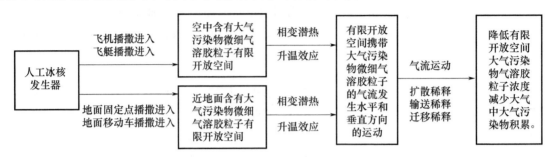

图5 人工影响天气动力催化原理的大气污染物稀释机制图解

从图5可知,图中涉及的人工冰核发生器是指安装在飞机、飞艇、移动车上或固定地点的能够安全存储、播撒成冰催化剂的装置。涉及的相变潜热升温效应是指云中水汽在人工冰核表面凝华释放出的凝华热量和云中过冷水滴冻结释放凝结热量共同作用导致云内大气升温的效应。涉及的输送稀释是指有限开放空间中含有大气污染物微细气溶胶粒子的气流发生水平和垂直方向运动,导致有限开放空间之外的新鲜气流从水平方向输入并产生垂直上升运动的过程中与有限开放空间中含有大气污染物微细气溶胶粒子的气流混合,使有限开放空间大气污染物微细气溶胶粒子浓度降低而被稀释。涉及的扩散稀释是指有限开放空间中含有大气污染物微细气溶胶粒子的气流在相变潜热升温作用下,在近地面产生垂直上升运动和空中产生水平方向扩散,导致有限开放空间中近地面大气污染物微细气溶胶粒子被气流携带发生垂直和水平方向扩散,使有限开放空间大气污染物微细气溶胶粒子浓度降低而被稀释。涉及的迁移稀释是指有限开放空间中含有大气污染物微细气溶胶粒子在凝华、凝结过程和输送稀释、扩散稀释过程中通过凝结、凝华、碰撞、重力、拦截、静电、扩散、热泳移、扩散电泳、团聚等发生干湿沉降迁移出有限开放空间,使有限开放空间大气污染物微细气溶胶粒子浓度降低而被稀释。

二是基于大气流体力学、热力学原理的稀释机制。根据大气流体力学、热力学原理,人工影响天气热力扰动技术、动力扰动技术、热力动力混合扰动技术形成运动气流进入含有大气污染物微细气溶胶粒子有限开放空间,迫使有限开放空间含有大气污染物微细气溶胶粒子的空气发生水平和垂直方向的运动,导致大气污染物微细气溶胶粒子通过输送稀释、扩散稀释、迁移稀释(图6),最终有效降低有限开放空间大气污染物浓度,减少大气中大气污染物积累到有害的程度。

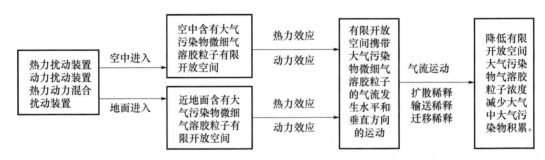

图6 人工影响天气动力催化原理的大气污染物稀释机制图解

从图6可知,图中涉及的热力扰动装置是指安装在飞机、飞艇、移动车上、固定地点能加热有限开放空间含有大气污染物微细气溶胶粒子的气流,使气流升温产生垂直上升运动的装置;动力扰动装置是指安装在飞机、飞艇、移动车上、固定地点的能强迫有限开放空间含有大气污染物微细气溶胶粒子的气流产生垂直和水平方向运动的装置;热力动力混合扰动装置是指安装在飞机、飞艇、移动车上、固定地点既能加热有限开放空间含有大气污染物微细气溶胶粒子的气流使其升温产生垂直上升运动又能强迫有限开放空间含有大气污染物微细气溶胶粒子的气流产生垂直和水平方向运动的装置。涉及的空中进入是指扰动装置依托飞机、飞艇为载体,对空中有限开放空间含有大气污染物微细气溶胶粒子的气流实施热力扰动、动力扰动或热力动力混合扰动;地面进入是指扰动装置安装在移动车上、固定地点,对近地面有限开放空间含有大气污染物微细气溶胶粒子的气流实施热力扰动、动力扰动或热力动力混合扰动。涉及的热力效应是指由热力扰动装置或热力动力混合装置加热有限开放空间含有大气污染物微细气溶胶粒子的气流使其升温产生垂直上升运动的效应;动力效应是指由动力扰动装置或热力动力混合装置强迫有限开放空间含有大气污染物微细气溶胶粒子的气流产生垂直和水平方向运动的效应。输送稀释、扩散稀释、迁移稀释与在前面"基于人工影响天气动力催化原理的稀释机制"中的介绍类似,这里就不作介绍了。

3.4 人工影响天气的大气污染物化学转化清除机制

大气污染物化学转化是指大气中的污染物质之间或与其他物质之间不断地发生化学反应,以及污染物质自身的衰减,生成新的物质,从而减少大气环境中初生污染物(一次污染物)的过程,而人工影响天气的大气污染物化学转化清除机制不仅要充分利用人工影响天气技术促进大气污染物化学转化减少大气环境中初生污染物,而且要充分利用人工影响天气技术阻止或减少大气环境中初生污染物化学转化生成大气环境中新污染物(二次污染物)。因此,人工影响天气大气污染物化学转化清除机制包含促进大气污染物化学转化的一次污染物清除和阻止或减少大气污染物化学转化的二次污染物清除两个维度,即基于大气污染化学原理的促进化学转化的清除机制和基于大气太阳辐射能量传输原理的阻止或减少化学转化的清除机制。

一是基于大气污染化学原理的促进化学转化清除机制。根据大气污染化学原理,人工增雨(雪)技术、人造雨雾技术形成的雨滴、云雾滴、雪等降水粒子进入含有气态大气污染物有限开放空间,与有限开放空间的气态大气污染物发生化学转化形成新的物质而被降水粒子捕获后通过降水粒子湿沉降或(和)团聚长大后通过干沉降而从大气中清除的机制(图7)。

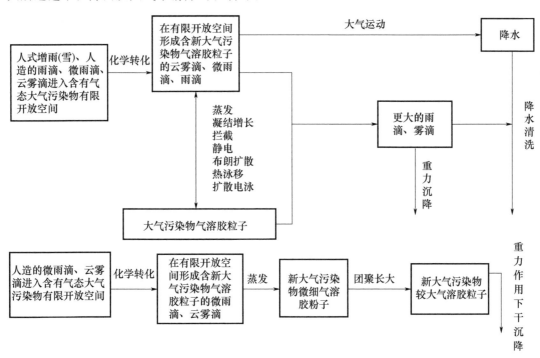

图 7　基于大气污染化学原理的促进化学转化清除机制图解

从图 7 可知,图中涉及的化学转化是指大气中气态大气污染物溶于雨滴、云雾滴形成新的大气污染物微细气溶胶粒子的化学反应使气态大气污染物减少导致大气中气态大气污染物浓度降低的过程。例如 SO_2 在日光照射下可氧化成 SO_3,SO_3 溶于大气中的雨滴、云雾滴,形成硫酸雨滴、云雾滴;SO_2 直接溶于雨滴、云雾滴中可形成亚硫酸,氧化后成硫酸雨滴、云雾滴;NO_x 与 O_3 化合溶于雨滴、云雾滴中,形成硝酸雨滴、云雾滴;同时雨滴、雾滴中硫酸和硝酸可与其他物质化合形成盐类粒子等。这些新雨滴、云雾滴和盐类粒子通过干湿沉降到地面而从大气中清除。

二是基于大气太阳辐射能量传输原理的阻止或减少化学转化清除机制。根据大气太阳辐射能量传输原理,人造云雾技术形成的云滴、雾滴进入含有大气氮氧化物(NO_x)和碳氢化合物(HC)等一次污染物的有限开放空间,对有限开放空间的太阳辐射吸收、散射、反射使太阳辐射远离有限开放空间大气或(和)通过云滴、雾滴蒸发吸收有限开放空间大气热量,降低有限开放空间大气太阳辐射强度和大气温度,破坏有限开放空间大气氮氧化物(NO_x)和碳氢化合物(HC)、一氧化碳(CO)、二氧化硫(SO_2)、烟尘等一次大气污染物发生一系列光化学反应生成臭氧(O_3)、过氧乙酰硝酸酯(PAN)、高活性自由基、醛、酮、酸及其盐等二次大气污染物的基础条件,有效阻止或减少大气中二次污染物产生、积累到有害的程度,从而阻止或减少有限开放空间一次大气污染物和二次大气污染物的混合物(气体和颗粒物)——光化学烟雾的形成(图8),防止或减少光化学烟雾危害。

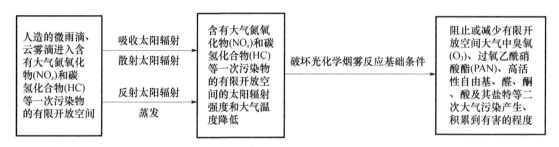

图 8　基于大气太阳辐射能量传输原理的阻止或减少化学转化清除机制图解

4　结论

(1)人工影响天气的大气污染物清除机制主要由人工影响天气的大气污染物湿沉降清除机制、干沉降清除机制、稀释机制、化学转化清除机制等构成,其清除机制的图解为人工影响天气改善空气质量研究型业务实践奠定了坚实的理论基础。

(2)人工影响天气的大气污染物湿沉降清除机制包含基于空气动力学原理的清除机制和基于云雾微物理学原理的清除机制两个维度。

(3)人工影响天气的大气污染物干沉降清除机制包含基于高分子化学的絮凝、凝聚原理的清除机制和基于声波振动原理的清除机制两个维度。

(4)人工影响天气的大气污染物稀释机制包含基于人工影响天气动力催化原理的稀释机制和基于大气流体力学、热力学原理的稀释机制两个维度。

(5)人工影响天气的大气污染物化学转化清除机制包含基于大气污染化学原理的促进化学转化清除机制和基于大气太阳辐射能量传输原理的阻止(减少)化学转化清除机制两个维度。

参考文献

[1] 尚可政,王式功,杨德保,等.兰州城区冬季空气污染预报方法的研究[J].兰州大学学报(自然科学版),1998,34(4):165-170.

[2] 刘小红,洪钟祥,李家伦,等.北京地区严重大气污染的气象和化学因子[J].气候和环境研究,1999,4(3):231-236.

[3] 王淑英,张小玲.北京地区PM_{10}污染的气象特征[J].应用气象学报,2002,13(特刊):177-184.

[4] 陈训来,范绍佳,李江南,等.香港地区空气污染的典型天气背景形势[J].热带气象学报,2008,4(2):195-199.

[5] 陈小敏,李轲.重庆主城区人工增雨对空气质量的影响分析[J].西南师范大学学报(自然科学版),2010,35(6):152-156.

[6] 高建秋,林镇国,林俊君,等.珠三角地区人工增雨消霾的可行性分析[J].广东气象,2014,36(1):59-62.

[7] 李岩,陈筱涵,杨开甲.人工增雨对福州空气质量的影响分析[J].海峡科学,2015(8):24-26,32.

[8] 刘昭武.人工增雨对$PM_{2.5}$空气环境质量的影响研究[J].环境科学与管理,2019,44(8):28-31.

四川南部层积云降水特征分析*

刘晓璐[1,2] 张 元[1] 冯金燕[3] 雷连发[4]

(1 四川省人工影响天气办公室,成都 610072;
2 中国气象局云雾物理环境重点实验室,北京 100081;
3 宜宾市气象局,宜宾 644000;4 西安电子工程研究所,西安 710100)

摘 要:利用微波辐射计反演产品数据,结合地面降水量、云量、L 波段探空等资料,对 2015 年 10 月—2019 年 10 月川西南地区层积云降水过程中水汽与液态水含量进行了统计,并分析了 2016 年 3 月一次层积云降水过程中的水汽含量、液态水含量的演变特征。结果表明:宜宾地区层积云降水过程及全云阶段的平均时长均为夏季最短,冬季最长;其降水多发生在夜间,降水开始时间的日内跨度夏季大于冬季,1 h 降水主要为小雨,大雨和中雨均发生在夏季,1 h 降水量大值多出现在午夜;其水汽含量的季节性特征明显,夏季高冬季低,平均值为 31.68 mm,液态水含量在全云天气下季节性特征不明显,平均值为 0.191 mm;其水汽含量和液态水含量在层积云降水过程中的特征与实际观测情况吻合,能够反映云系的演变特征。

关键词:层积云降水,微波辐射计,水汽含量,液态水含量

1 引言

微波辐射计通过被动遥感方式,测量大气中氧气、水汽和液态水的多频率通道微波辐射强度,通过大气亮温(即一级数据)和反演计算地面至 10 km 高度的大气温度、相对湿度、水汽密度、液态水含量的廓线及云与降水信息等二级数据[1-7]。

水汽和液态水是空中水资源的重要组成部分,影响地球大气辐射、全球热平衡、大气运动和变化,掌握大气中的水汽和液态水的时空演变特征,对开发空中水资源、预报降水天气过程、指导人工影响天气等方面都具有重要意义[8-15]。

四川省人工影响天气办公室于 2015 年在叙州区气象站(原名:宜宾县气象站,站号:56491)外布设了 1 台微波辐射计。本文总结了 2015 年 10 月—2019 年 10 月共 4 年的层积云降水过程,分析水汽总含量和液态水总含量在降水过程中的特征,为微波辐射计资料在四川省人工影响天气作业中的应用提供理论基础。

2 资料与方法

2.1 资料

微波辐射计数据:布设在四川省宜宾市宜宾县 2015 年 8 月 17 日—2019 年 1 月 22 日的 MWP967KV 型地基多通道微波辐射计反演大气温度、相对湿度、水汽密度、液态水密度廓线数据。廓线的垂直覆盖范围为地表至顶空 10 km,共划分为 58 层。其中 $H<0.5$ km、0.5 km$\leqslant H<2$ km、2 km$\leqslant H<10$ km 的分辨率分别为50 m、100 m、250 m,时间分辨率为 3~5 min。

雨量数据为国家一般气象站(56491)的逐分钟降水量。

---

* 资助信息:公益性行业(气象)科研专项(GYHY201406032),中国气象局云雾物理环境重点实验室开放课题(2017Z016)。

云量数据为国家基本气象站(56492)在北京时间08:00、14:00、20:00的总云量和低云量。

2.2 资料筛选原则

本文设定一次降水过程为4个阶段。第1阶段为晴空阶段,低云量、总云量均为0;第2阶段为多云阶段,低云量、总云量为1~9;第3阶段为全云阶段,低云量、总云量均为10,云属为层积云;第4阶段为降水阶段,降水开始分钟起且降水前24 h内无降水,降水停止分钟止且降水停止后24 h内无降水。

依据上述原则,从2015年9月—2019年9月共4年的样本中筛选出降水过程40例。

3 结果分析

3.1 降水过程的时间特征

4年累计层积云降水过程为40次,每月平均3.3次,由表1可见,1月、3月、6月、10月、11月的累计降水过程数均超过该平均值,1月最大达6次,2月最小仅1次。降水过程数的四季平均值为10次,春、夏、秋、冬均为10次。由此可见,层积云降水过程虽然在各个月份的次数有差异,但是在四季出现的概率相同。

表1 宜宾2015—2019年各月累计降水过程事件数与发生频率

时间	降水过程数/次	发生频率
3月	5	12.5%
4月	2	5.0%
5月	3	7.5%
春季	10	25.0%
6月	5	12.5%
7月	2	5.0%
8月	3	7.5%
夏季	10	25.0%
9月	2	5.0%
10月	4	10.0%
11月	4	10.0%
秋季	10	25.0%
12月	3	7.5%
1月	6	15.0%
2月	1	2.5%
冬季	10	25.0%

统计降水过程的前3个阶段,即晴空到降水开始时刻的总时长,根据图1的各月情况可以看出,时长最短在5月仅17 h,最长在1月为339 h。平均时长最短在5月为40 h,最长在1月为130 h。全年平均时长75 h,1月、2月、3月、4月、8月、11月、12月超过平均值。春、夏、秋、冬四季的平均时长分别为70 h、64 h、70 h、97 h,夏季最短,冬季最长,春秋季相同。

第3阶段是全云到降水的阶段,该时长能反映层积云形成后到降水的时间演变情况,时长最短在8月仅0.5 h,最长在1月为174 h。平均时长最短在5月为6 h,最长在1月为57 h。全年平均时长25 h,仅1月、4月、10月、11月、12月超过平均值,平均值呈现单波结构形态,5—8月为波谷时长均小于10 h,1月为波峰。春、夏、秋、冬四季的平均时长分别为18 h、8 h、29 h、44 h,夏季最短,冬季最长近2 d时长,秋季超过1 d时长。

层积云全云天气形成后产生降水的时长,夏季明显少于冬季,可能是因为冬季的大气层结更加稳定,层积云能持续长时间而不降水。夏季大气能量高,大气更加不稳定,层积云能够较快产生降水。由此可见,成云致雨时长在不同季节存在差异。

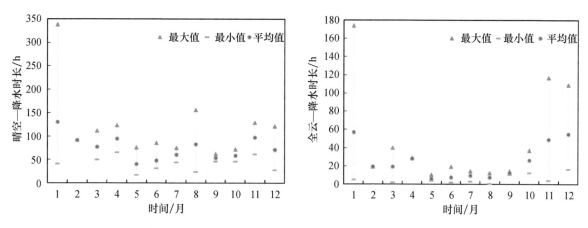

图1 降水过程前3阶段时长及第3阶段时长的最大值、最小值与平均值

由图2可知,从降水时间来看,08:00—20:00和20:00—次日08:00的降水过程数量分别为11次、29次,可以看出层积云降水多发生在夜间。各月的降水时段有差异,从红色的趋势线可以看出,16:00后,中间的空白区域在5月最短,在1月最长。层积云在夏季从午夜到正午均有发生,日内跨度大,冬季的降水开始时间集中在傍晚至凌晨,日内跨度小。夏季午夜降水晚于冬季的傍晚,可能是由于日落时间夏季晚于冬季,太阳辐射减弱的时间差异造成;而夏季跨度大于冬季,可能是由于夏季不稳定能量高,冬季静稳天气较多造成的。

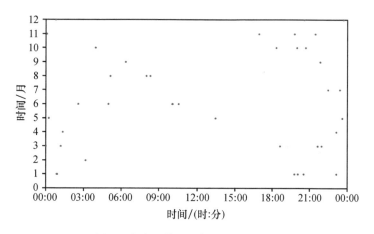

图2 降水开始时间与月份的散点图

3.2 降水量的时间特征

40例降水过程中1 h降水量最小值为0.1 mm出现在1月、6月、8月、10月、11月、12月,最大值为11.2 mm出现在6月。全年平均1.1 mm,中值为0.35 mm。根据1 h降水量等级划分,0.1~2.5 mm为小雨,2.6~8.0 mm为中雨,8.1~15.9 mm为大雨。降水过程中小雨37例,中雨2例,大雨1例。中雨出现在7月、8月,大雨出现在6月。

从图3可以看出,6月、7月、8月的1 h降水量跨度明显大于其他月,可能是由于夏季层积云的云水含量大,产生中雨到大雨的概率更大。

层积云降水过程在20:00—次日08:00的1 h降水量值为0.1~11.2 mm,平均值为1.2 mm,中值为0.5 mm。08:00—20:00的1 h降水量为0.1~1.8 mm,平均值为0.7 mm,中值为0.3 mm。由此可见1 h降水量的平均值和中值均为夜间大于白天。大雨11.2 mm的降水开始时间出现在02:35,中雨5.5 mm、4.2 mm的降水开始时间出现在23:35、07:59。整体上,降水开始时间主要出现在夜间,降水量较大的时间均在00:00附近(图4)。

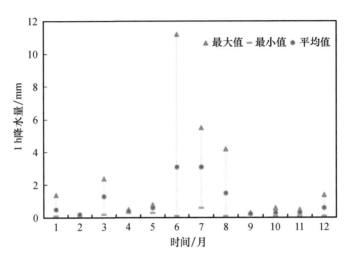

图3 降水过程的1 h降水量的最大值、最小值与平均值的月际变化

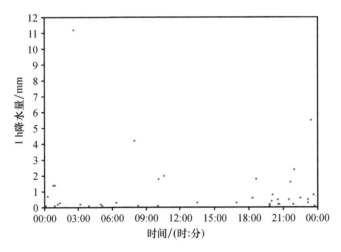

图4 降水过程的1 h降水量的最大值、最小值与平均值的日内变化

3.3 水汽含量和液态水含量特征

大气水汽含量,是指某一时刻假设单位平方米大气柱中的水汽凝结为液态水,并以降水的形式落在地面的液态水厚度,单位为 mm。云液态水含量,是指云中液态水密度在垂直方向上的积分总量,单位为 mm[16]。

为了避免人工增雨、人工防雹作业对天气和云的影响,因此,需排除人工影响天气作业时段内的样本。并且由于部分时段微波辐射计资料缺失,因此仅剩下完整的层积云降水过程个例31例。

晴空的水汽含量最大值在 8 月达 65.48 mm,最小值在 1 月仅 10.92 mm,全年水汽平均值为30.34 mm,4—9 月的水汽平均值超过了平均值。水汽含量有明显月际变化特征,平均值 8 月最高达61.61 mm,2 月最低仅 14.18 mm。晴空的液态水含量最大值与最小值均在 1 月分别为 0 mm、0.274 mm,平均值为 0.064 mm,6—8 月的液态水平均值超过了该平均值。液态水含量平均值 8 月最高达 0.177 mm,2 月最低仅 0.175 mm(图5)。

全云的水汽含量最大值在 8 月达 72.47 mm,最小值在 1 月仅 13.63 mm,平均值为 31.68 mm,3—10月超过了平均值。水汽含量的月际变化特征比晴空更加明显,平均值在 8 月最大达 67.12 mm,在 1 月最小仅 18.63 mm。全云的液态水含量最大值在 3 月达 0.677 mm,最小值在 1 月仅 0.013 mm,平均值为0.191 mm,有 1 月、3 月、5 月、8 月、9 月、10 月超过了平均值。液态水含量最大值和平均值波动变化,最小值在 8 月最高达 0.15 mm,2 月最低仅 0.082 mm(图6)。

由晴空和全云的水汽含量和液态水含量的月际变化可以看出,水汽含量的季节性特征明显,无论是有云还是无云天气,均表现为夏季水汽含量高,冬季水汽含量低。液态水含量在无云的晴空天气下季节

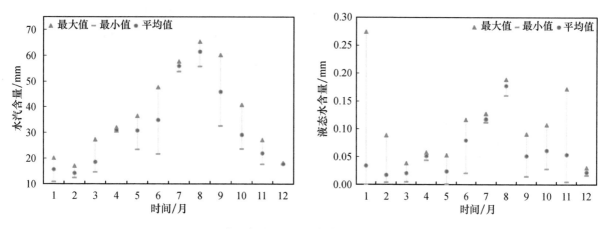

图 5　晴空水汽含量和液态水含量的月际变化

性特征明显,夏季液态水含量高,冬季液态水含量低,但是在全云天气下的季节特征不显著。

比较晴空和全云的水汽含量与液态水含量的平均值之差,发现全云天气均大于晴空天气。水汽含量的差异在 8 月最大达 24.10 mm,11 月最小仅 2.03 mm,平均差为 9.26 mm。液态水含量的差异在 3 月最大达 0.224 mm,4 月最小仅 0.080 mm,平均差为 0.124 mm。由此可见,夏季有云天气的水汽含量增长最为显著,有云天气的液态水含量增加不因季节不同而存在差异,液态水含量的平均值之差和单次层积云过程的云水状况有关,和季节的关系不明显。因此可以推断,水汽含量与整层大气的水汽特征、季节因素等关系密切,而液态水含量对云系本身的液态水特征更加敏感。

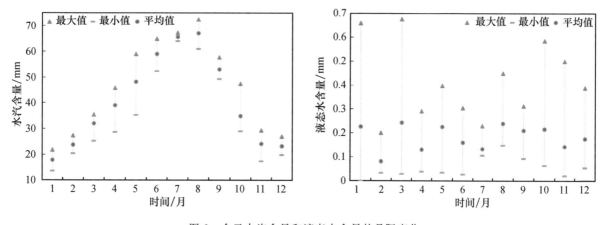

图 6　全云水汽含量和液态水含量的月际变化

选取一次层积云降水过程:2016 年 3 月 5 日 19:00—2016 年 3 月 8 日 02:00,分析 4 个阶段的云量、云状、水汽含量与液态水含量的特征演变,见图 7。

第 1 阶段,2016 年 3 月 5 日 20:00 观测记录为晴空,2016 年 3 月 6 日 08:00 观测记录为层积云,这是晴空转变为有云的过程,在 19:00—22:00 时段内,水汽含量维持在 20 mm 以下,液态水总量维持在 0 mm。22:00 开始,水汽含量整体提升至 20 mm 以上,液态水含量变化不大,可能是由于大气环境水汽增加,有云生成,而微波辐射计上空无云。从相对湿度、水汽密度、液态水密度的连续廓线图看出,8 km 以上的相对湿度激增,2 km 附近相对湿度也有所增加,1 km 以上水汽密度增加显著,8 km 以下液态水密度增加明显。

第 2 阶段,2016 年 3 月 6 日 20:00 观测记录为积状云,云量为 2。2016 年 3 月 7 日 08:00 观测记录为层积云,云量为 10。该阶段为多云转变为阴天全云的过程,水汽含量整体提升至 25 mm 以上,液态水含量也有 0.2 幅度的变化。连续廓线上面看,相对湿度在低层和高层云达到了 70%,水汽密度和液态水密度在中低层较前一阶段明显增加。

第 3 阶段,2016 年 3 月 7 日 21:57 观测到降水,在 2016 年 3 月 7 日 11:00 降水发生期间,水汽含量整体提升至 30 mm,并从 17:00 开始缓慢增加,在 21:00 开始出现剧烈波动增加的特征,在 21:45 升至降水前的高值 61.24 mm。液态含量在 20:00 之后开始出现缓慢上升的趋势,并在 21:00 开始出现波动增加的特征,并在 21:36 从 0.252 mm 陡增至 0.977 mm,直至降水发生时的 2.055 mm。相对湿度在 2 km 左右接近饱和,水汽密度在该阶段的 2 km 以下较上一阶段也整体增加。但是液态水含量的连续廓线只在接近降水的 1 h 内出现剧烈增加。

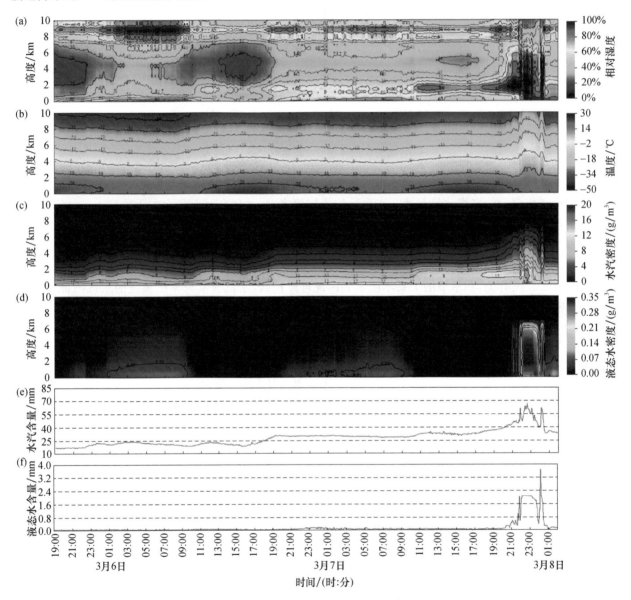

图 7　2016 年 3 月 5 日 19:00—3 月 8 日 02:00 的相对湿度、温度、水汽密度、
液态水密度的连续廓线及水汽含量、液态水含量的时间演变

第 4 阶段,2016 年 3 月 8 日 00:44 降水终止。在降水阶段,水汽含量保持在 40 mm 以上,最大为 67 mm。液态水含量平均为 1.60 mm,最大值为 2.058 mm。相对湿度、温度、水汽密度、液态水密度的连续廓线均发生剧烈变化,但是由于微波辐射计挡雨板着水会影响观测数据质量,因此对降水后的数据应当谨慎参考。

4　结论与讨论

(1)宜宾地区的层积云降水过程在四季出现的概率相同。春、夏、秋、冬四季的平均时长分别为 70 h、64 h、70 h、97 h,夏季最短,冬季最长,春秋季相同。全云阶段平均时长为 5～57 h,夏季最短,冬季最长。

(2)层积云降水多发生在夜间,降水开始时间的日内跨度夏季大于冬季。1 h 降水等级主要为小雨,中雨和大雨仅 3 例均在夏季。1 h 降水量大值的多出现在午夜。

(3)水汽含量全年平均值为 31.68 mm,晴空和全云天气的季节性特征明显均为夏季高冬季低。液态水含量全年平均值为 0.191 mm,在无云的晴空天气下季节性特征明显,夏季高,冬季低,但是在全云天气下的季节特征不显著。

(4)通过一次层积云降水过程的分析发现,水汽含量和液态水含量在 4 个阶段的特征与实际观测情况吻合,能够反映云系的演变特征。温度、相对湿度、水汽密度、液态水密度的垂直廓线精度整体上能够反映云系的演变,但是依然有改进提升的空间。

参考文献

[1] 李青,胡方超,楚艳丽,等.北京一地基微波辐射计的观测数据一致性分析和订正实验[J].遥感技术与应用,2014,29(4):547-556.

[2] 卢建平,黄建平,郭学良,等.探测大气温湿廓线的 35 通道微波辐射计设计原理与特点[J].气象科技,2014,42(2):193-197.

[3] 刘红燕.三年地基微波辐射计观测温度廓线的精度分析[J].气象学报,2011,69(4):719-728.

[4] 刘建忠,何晖,张蔷.不同时次地基微波辐射计反演产品评估[J].气象科技,2012,40(3):332-339.

[5] 刘晓璐,刘东升,郭春君,等.国产 MWP967KV 型地基微波辐射计探测精度[J].应用气象学报,2019,30(6):731-744.

[6] 韩珏靖,陈飞,张臻,等.MP-3000A 型地基微波辐射计的资料质量评估和探测特征分析[J].气象.2015,41(2):226-233.

[7] 郭丽君,郭学良.利用地基多通道微波辐射计遥感反演华北持续性大雾天气温、湿度廓线的检验研究[J].气象学报,2015,73(2):368-381.

[8] 段英,吴志会.利用地基遥感方法监测大气中汽态、液态水含量分布特征的分析[J].应用气象学报,1999,10(1):34-40.

[9] 刘红燕,王迎春,王京丽,等.由地基微波辐射计测量得到的北京地区水汽特性的初步分析[J].大气科学,2009,33(2):388-396.

[10] 雷恒池,魏重,沈志来,等.微波辐射计探测降雨前水汽和云液态水[J].应用气象学报,2001,12(Z1):73-79.

[11] 陈添宇,陈乾,丁瑞津.地基微波辐射仪监测的张掖大气水汽含量与雨强的关系[J].干旱区地理,2007,30(4):501-506.

[12] 党张利,张京朋,曲宗希,等.微波辐射计观测数据在降水预报中的应用[J].干旱气象,2015,33(2):340-343.

[13] 张文刚,徐桂荣,廖可文,等.降水对地基微波辐射计反演误差的影响[J].暴雨灾害,2013,32(1):70-76.

[14] 黄治勇,徐桂荣,王晓芳,等.地基微波辐射资料在短时暴雨潜势预报中的应用[J].应用气象学报,2013,24(5):576-584.

[15] 黄建平,何敏,阎虹如,等.利用地基微波辐射计反演兰州地区液态云水路径和可降水量的初步研究[J].大气科学,2010,34(3):548-558.

[16] 李军霞,李培仁,晋立军,等.地基微波辐射计在遥测大气水汽特征降水分析中的应用[J].干旱气象,2017,35(5):767-775.

云贵高原东侧一次大范围冰雹天气过程闪电活动特征分析 *

曾 勇[1,2] 邹书平[1] 黄 钰[1] 罗 雄[1] 周筠珺[3] 文继芬[1]

(1 贵州省人工影响天气办公室,贵阳 550001;2 中国气象局云雾物理环境重点实验室,北京 100081;
3 成都信息工程大学大气科学学院高原大气与环境四川省重点实验室,成都 610225)

摘 要:利用 VLF/LF 三维闪电监测资料、Micaps 常规观测资料和地面降雹观测资料,对发生在云贵高原斜坡过渡带一次大范围致灾冰雹天气过程闪电活动特征进行分析。结果表明,高空南支槽的稳定维持与低层切变线、低空急流和地面辐合线配合,是触发此次大范围冰雹过程的天气系统配置;降雹区域内每 5 min 总闪频次在降雹前出现"跃增"现象并出现总闪频次峰值,在降雹后总闪频数急速下降;冰雹云在降雹之前均出现了闪电跳跃预警信号($2\sigma_{LFCR}$),$2\sigma_{LFCR}$ 信号超前于总闪频次峰值信号 7 min,两种信号对降雹均具有预警指示作用;闪电密度的空间分布与冰雹云的移动路径基本一致,对冰雹云移动发展具有指示作用,降雹落区主要处于地闪发生位置的右侧。以上分析结论可以为云贵高原斜坡过渡带冰雹云监测预警和人工消雹提供科学参考。

关键词:云贵高原斜坡过渡带,冰雹云,云闪,地闪,$2\sigma_{LFCR}$ 跳跃信号

1 引言

冰雹是贵州省春季主要的气象灾害之一,常给工农业生产带来巨大的经济损失,具有局地性强、发展速度快、灾害强的特点[1]。闪电是强对流天气发展过程中伴随的放电现象,在冰雹天气过程中尤为突出。闪电资料在时间上较雷达资料更为实时,在探测范围内不受高山或建筑物的干扰,可以作为天气雷达进入探测盲区后的有效资料补充。因此,针对冰雹天气过程闪电资料进行分析研究,获得闪电信息对降雹指示作用对冰雹的监测预警预报具有重要意义。

早期关于闪电与对流降水的研究是分开的,闪电研究人员关注的是闪电,对流降水研究人员只关心降水。随着关于雷暴起电的非感应起电机制的深入研究,霰、雹粒等大冰相粒子群的存在为非感应起电提供了物质基础得到证实[2],因此,闪电与对流降水关系的研究得到广泛开展。国外研究者针对强风暴过程闪电特征进行观测研究,发现产生较大冰雹的雷暴正地闪发生频次较高,正地闪主要集中发生在降雹阶段,当闪电从负极性地闪转为正极性地闪时,将会产生大冰雹、大风等灾害性天气,正地闪信息可作为指示强对流天气发生的"指示器"[3-6]。然而,国外也有研究表明冰雹云地闪频数远低于那些仅产生降水的风暴,冰雹云地闪频数一般不超过 2 fl/min,而暴雨过程却可以达到 12 fl/min[7]。所以,单纯使用正地闪发生频次高低来识别冰雹云具有很大程度不确定性。鉴于此,Schultz 等[8]利用完整地闪跃增信息对冰雹事件的提前识别进行了检验,主要基于 2σ 闪电跃增法得到了地闪跃增相对于降雹的超前时间,能够有效识别降雹。

我国在 20 世纪 60 年代便研制了闪电计数器并用于冰雹云与雷雨云的观测试验,得到了冰雹云与雷雨云闪电频数的差别并应用于人工防雹作业[9]。针对中国西北与内陆高原地区冰雹云闪电特征研究表明,冰雹云发展演变过程伴随较高的正地闪比例,闪电每 5 min 变化在降雹前出现跃增并伴随闪电频数峰值[10-14]。国内研究主要基于对降雹前闪电峰值时间的统计进而获得峰值时间提前量,然而峰值时间提前量是闪电经历跃增后的结果,对闪电初始跃增信号没有进行深度挖掘,得到相对于峰值时间提前量更长

---

* 发表信息:本文原载于《干旱气象》,2020,38(5):771-781.

资助信息:中国气象局云雾物理环境重点实验室开放课题(2018Z01602),贵州省科技支撑计划项目(黔科合支撑[2019]2387 号),贵州省气象局科研业务项目(黔气科登[2020]02-01 号)。

的闪电跳跃预警信号。实际上,强对流天气事件云闪发生频繁,总闪(云闪和地闪)频数跃增对冰雹事件发生的指示作用更为有效。Yao 等[15]利用 2σ 闪电跃增法对北京地区地闪和总闪进行检验分析,认为 2σ 闪电跃增法可以应用于北京冰雹的预警。以往由于受到探测系统的限制,研究更多基于地闪资料,没有考虑云闪数据,因而缺少对总闪信息的分析。随着闪电探测技术的发展,我国多地架设了能够探测云闪和地闪的 VLF/LF 闪电定位系统,但利用该系统获取的全闪资料进行冰雹过程闪电特征研究尚少。再者,不同地理位置、气象条件与海拔高度,冰雹云闪电特征具有明显的地域特征,过往研究主要在青藏高原和北方地区开展,在云贵高原台地及斜坡过渡带还没有开展冰雹云闪电特征相关研究。本文研究切入点为基于 VLF/LF 全闪资料对发生在云贵高原斜坡过渡带一次大范围致灾冰雹天气的闪电活动特征进行分析,挖掘总闪跳跃信号与峰值信号,揭示此次大范围冰雹天气过程闪电特征,得到对降雹识别具有一定指示意义的闪电特征量,为冰雹云实时监测预警和人工防雹作业指挥提供支撑。

2 资料和方法

2.1 资料

闪电资料选用 2018 年 3 月 13 日贵州省 VLF/LF 三维闪电监测定位系统观测到的全闪(地闪和云闪)数据。贵州省自 2013 年开始布设 VLF/LF 三维闪电监测网,于 2017 年全部完成布设(图 1)。VLF/LF 三维闪电监测定位系统由 VLF/LF 三维闪电探测站、数据处理中心、数据库和三维图形显示与产品制作系统三个部分组成,该系统主要结合了欧洲 LINET 网(德国慕尼黑大学天电研究小组研制的 VLF/LF 闪电监测网)和美国 IMPACT-ESC(美国 VLF/LF 时差测向混合云地闪和云闪探测系统)的优点,利用 GPS 精确测量雷暴放电产生的 VLF/LF 电磁脉冲信号到达时间,采用基于宽带网络通讯技术与多站时间差定位算法(TOA),实现闪电 VLF/LF 辐射源的时间、位置、高度、强度及极性等主要参数的三维定位,提高了定位精度与探测效率,能够全面探测云闪、地闪及闪电高度。对贵州省 VLF/LF 三维闪电监测网建成以来(2017 年 1 月—2019 年 7 月)探测到的云闪和地闪频次进行统计,得到云闪与地闪频次比值为 0.52,因此 VLF/LF 三维闪电监测定位系统对地闪的探测效率高于云闪。表 1 给出了 VLF/LF 三维闪电监测定位系统主要特征参数。

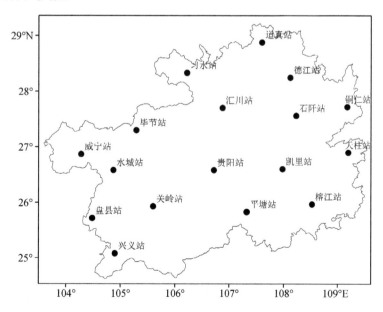

图 1　贵州省 VLF/LF 三维探测站点分布(圆点表示探测站点)

VLF/LF 三维闪电监测定位系统探测云闪是记录每次云闪辐射点放电的时间和位置,而对于地闪则是记录所有回击信息,因此系统对探测到的云闪和地闪数据分别进行归闪识别。对相邻两次云闪放电作为一次云闪识别的标准为:空间距离在 10 km 以内,时间差在 0.5 s 以内,且正、负极性相同的所有辐射点属于同一次云闪。对于一次地闪的识别标准为:空间距离在 5 km 以内,时间差在 1 s 以内,且正、负极性相同的所有回击属于同一次地闪。基于上述两个识别条件,闪电辐射放射的信息和回击信息便转换为实际的云闪和地闪信息资料,从而确保了闪电数据的质量。

表 1　VLF/LF 三维闪电监测定位系统主要特征参数

定位算法	探测产品	探测闪电类型	探测精度
时间到达 TOA 算法	闪电时间、经度、纬度、强度、陡度、 高度、电荷、能量	正云闪、负云闪、 正地闪、负地闪	水平位置误差小于 300 m、 高度位置误差小于 500 m

探空资料采用贵阳探空站 L 波段探空雷达探测的 2018 年 3 月 13 日 08:00 和 20:00 高低空数据。降雹资料采用当日地面天气报文和市县人工影响天气作业站点降雹观测记录。

2.2　分析方法

本文主要采用统计方法和 2σ 闪电跃增法,对降雹区域冰雹云闪电频次时间变化与闪电跃增信息进行统计和计算,闪电的空间分布特征分析主要基于地理信息系统(GIS)空间分析功能,对闪电数据和降雹信息进行叠加分析。在对降雹区域闪电活动特征进行分析之前,对区域内闪电数据进行筛选,闪电资料的取值范围为降雹区域整个冰雹云区,剔除不属于降雹区域内闪电数据,保证分析数据的可靠性。闪电数据筛选原则为:综合冰雹发生时间地点信息和冰雹过程雷达回波资料,根据雷达回波发生发展过程对流云团区域范围筛选闪电数据,剔除不属于降雹区域闪电数据。

为了便于描述和分析,文中总闪、地闪、云闪分别记为 TL、CG、IC。正闪比记为 POP,$POP=(+CG/CG)\times100\%$,$+CG$ 表示正地闪;负闪比记为 NOP,$NOP=(-CG/CG)\times100\%$,$-CG$ 表示负地闪;云闪比记为 IOP,$IOP=(IC/TL)\times100\%$;云闪与地闪的比值定义为 Z 值,$Z=IC/CG$。

3　过程概况与受灾情况

图 2 给出了此次冰雹天气过程降雹实况分布。2018 年 3 月 13 日 14:00—3 月 14 日 00:00,贵州省中西部地区出现强对流天气,贵阳南部、安顺北部、毕节、六盘水北部、黔西南、黔南北部等多地发生降雹灾害,共有 58 个乡镇出现冰雹,最大冰雹直径为 16 mm,分别出现在贵阳、水城阿嘎、蟠龙。结合天气雷达回波演变,此次大范围冰雹天气过程主要有 3 条冰雹路径,在图 1 中分别标记为①、②和③。①号路径是

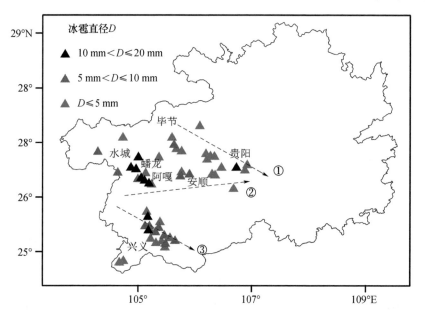

图 2　2018 年 3 月 13 日 14:00—14 日 00:00 降雹实况分布
(黑色虚线箭头表示冰雹云移动方向;①、②、③表示 3 条冰雹路径)

冰雹云在省的西北毕节地区生成,之后往贵州省的东南方向移动,途经大方县、黔西县,最后到达清镇市和贵阳市,呈西北—东南走向,造成沿途降雹。②号冰雹路径冰雹云从省的西部的六盘水形成,自西向东移动,途经纳雍县、织金县和普定县和平坝县,造成沿途降雹。③号冰雹路径是黔西南州北部生成的对流单体向东南方向移动在黔西南州中部造成多地降雹,冰雹云在移动降雹过程中都伴随有短时强降水。根据灾情直报系统资料统计,此次大范围冰雹天气过程造成直接经济损失约 1267.65 万元,共 20551 人受灾,受灾农作物面积 1413.67 hm²,成灾面积 884.33 hm²,主要造成蔬菜、经果林大面积受灾。

4 环流背景场分析

4.1 环流形式分析

2018 年 3 月 12—13 日,500 hPa 中高纬位势高度场上为"一槽一脊"形势,贝加尔湖地区为以宽广的低压槽区,引导冷空气南下,中低纬青藏高原有南支槽建立,贵州省受南支槽前西南气流影响,川北—重庆—贵州西北部有低槽东移,槽后有冷空气南下影响省的中西部。从图 3b 中可以看出,相比所在纬度带平均位势高度场的距平值来看,3 月 12—14 日贵州中西部上空的一直是维持负距平,持续受低值系统控制,且控制范围随着时间的推移不断向南延伸,强度加强。700 hPa(图略)低涡切变位于四川、贵州和重庆三省市交界地区,贵州省的南部受西南急流影响,850 hPa(图略)切变位于贵州省西北部,地面辐合线位于中部偏西一线。500 hPa 南支槽后的冷平流使得高空变冷,低空 700 hPa、850 hPa(图 3c 和 3d)存在暖平流,形成上冷下暖的环流配置,具备生成强对流的热力和动力背景条件。

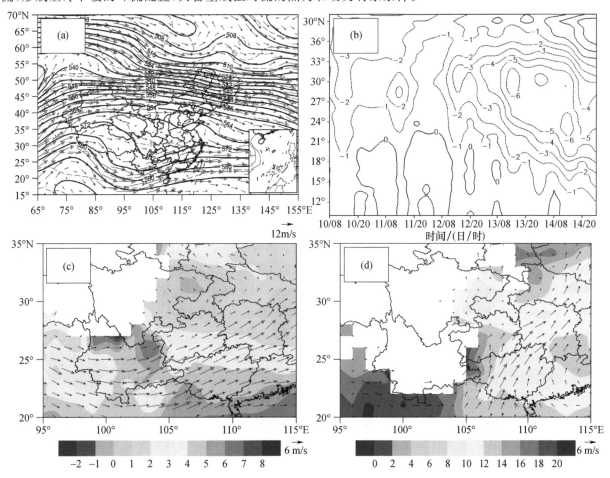

图 3　2018 年 3 月 13 日 14:00 500 hPa 形式场(黑色等值线为高度场,单位:dagpm;红色等值线为温度,单位:℃;矢量箭头为风场,单位:m/s)(a)、3 月 10—14 日 500 hPa 位势高度场 106°E 距平(与 75°~110°N 纬度带的距平值,单位:10gpm)(b)、14:00 700 hPa 与 850 hPa 温度场(阴影,单位:℃)及风场(单位:m/s)(c、d)

4.2 探空分析

图 4 给出了 2018 年 3 月 13 日 08:00 与 20:00 贵阳站探空温度对数压力图。从图 4a 可以看出,08:00 低层湿度较大,500 hPa 以上为干层,层结具有条件不稳定,对流有效位能 CAPE 值为 269.3 J/kg,0 ℃层高度位于 3.5 km,−20 ℃层高度位于 6.4 km,K 指数为 29 ℃,SI 指数为 −5.3 ℃,0~6 km 具有 22 m/s 的垂直风切变,强对流威胁指数为 194.4。20:00(图 4b),850 hPa 到 400 hPa 发展为整层湿层,对流有效位能 CAPE 值达到 294 J/kg,K 指数为 38 ℃,SI 指数为 −3.22 ℃,0 ℃层和 −20 ℃层高度分别位于 3.2 km 和 6.5 km 高度。20:00 500 hPa 高度上风速约为 16 m/s,且随高度升高风速变大,风向由低层的南风随高度顺时针旋转为西风,有暖平流发展。20:00 0~6 km 垂直风切变为 12 m/s,属中等强度垂直风切变,强对流威胁指数增加为 265。从 08:00 与 20:00 探空分析可知大气存在不稳定层结,结合贵州强对流发生环境场条件,有利于雷暴、冰雹大风等强对流天气的发生。

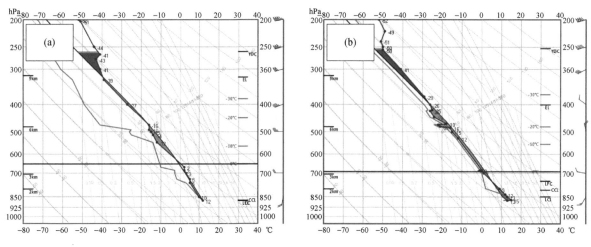

图 4　2018 年 3 月 13 日 08:00(a)与 20:00(b)贵阳探空站(57816)温度对数压力图

5 闪电活动特征分析

5.1 闪电统计特征分析

考虑闪电(地闪和云闪)、雷达资料和地面降雹观测资料的完整性,对此次大范围降雹过程 12 个降雹区域(县、市)闪电数据进行统计,统计结果列于表 2。由表 2 可知,(1)12 个降雹区域内总闪频次在 35~473 次,地闪频次在 19~343 次,冰雹过程总闪和地闪频次变化范围大,同时注意到冰雹直径大小不能以闪电发生频数来衡量,闪电频数低也能产生 10 mm 以上降雹,因此不能用总闪频数多少来识别和判别冰雹云。(2)12 个降雹区域平均 POP、NOP 和 IOP 值分别为 19.58%,80.42%,30%,平均值 POP 值高于贵州省 2006—2015 年正地闪占总地闪比例平均值 4.02%[16](该统计值由 ADTD-1 二维闪电定位系统提供),是其 4.87 倍,说明冰雹天气过程较其他类型雷暴天气具有较高的正地闪比例,但此正闪比例远低于国内陈哲彰[17]研究给出的山东地区和京津冀地区冰雹过程正闪比例。言穆弘等[18]利用三维强风暴动力耦合模式分析得出南方地区层结很不稳定,具有较大的 CAPE 值,雷暴电荷结构以上正下负的偶极性电荷结构为主体。所以,冰雹过程主要以负地闪发生为主可能与此相关,这与我国内陆高原和北方地区关于雹暴过程通常具有较高正闪比存在差别。(3)Fu 等[19]研究发现云闪频次、上升气流和雹粒/霰粒回波体积存在较好的相关性,云闪发生活跃指示云体内雹/霰的含量极为丰富,产生冰雹的可能性大。从表 2 中 Z 值分布看,Z 值在 0.13~1.46,平均值为 0.51,低于 0.5 的占 67%,造成 Z 值如此大差异原因是 VLF/LF 三维闪电定位系统对云闪探测效率低于地闪探测效率。冰雹过程个别降雹区域(晴隆县)的 Z 值大于 1,云闪频数超过地闪频数,而且产生 15 mm 的大冰雹,因此将云闪和地闪数据结合起来分析冰雹云中闪电特征更能反映闪电信息对冰雹的指示作用。

表 2   2018 年 3 月 13 日 12 个降雹区域闪电统计特征

降雹地点	降雹时间	总闪/次	地闪/次	云闪/次	POP	NOP	Z 值	雷暴持续时间/h	最大雹径/mm
安龙县	19:40	35	19	16	15.79%	84.21%	0.84	1.9	10
大方县*	15:43/16:34	444	393	51	2.54%	97.46%	0.13	3.2	10
平坝县	19:31	207	154	53	5.19%	94.81%	0.34	1.2	5
普定县	19:01	208	161	47	9.32%	90.68%	0.29	2.4	7
黔西县	17:43	382	321	61	6.54%	93.46%	0.19	3.3	12
清镇市	19:01	224	160	64	7.50%	92.50%	0.40	2.3	5
晴隆县	16:42	96	39	57	69.23%	30.77%	1.46	2.3	15
水城	17:18	91	56	35	39.29%	60.71%	0.63	2.5	16
兴仁县*	17:35/18:18	157	82	75	57.32%	42.68%	0.91	3.5	12
织金县	17:15	473	343	130	11.08%	88.92%	0.38	3.2	5
龙里县	18:30	70	57	13	3.51%	96.49%	0.23	1.3	5
贵阳城区	18:18	68	52	16	7.69%	92.31%	0.31	2.2	16

注：* 表示过程含有二次降雹。

5.2   闪电时序变化特征分析

基于降雹区域筛选闪电数据,对 12 个降雹区域闪电(地闪和云闪)发生按照每 5 min 间隔进行统计,得到闪电发生的时序变化,见图 5,降雹区域地名在每个图中左上角给出。从图 5 可以明显观察到 12 个降雹区域在降雹之前总闪均发生跃增,无论闪电频次发生高与低,总闪变化趋势从缓慢增加到跃增出现一个闪电频次峰值,且峰值均提前于降雹时间,在出现总闪峰值之后一段时间范围内出现降雹,降雹后闪

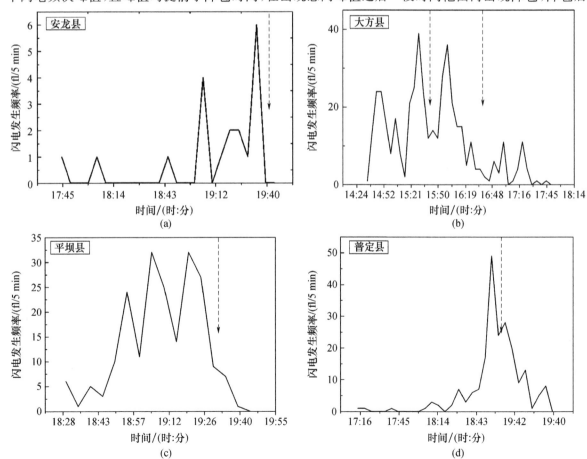

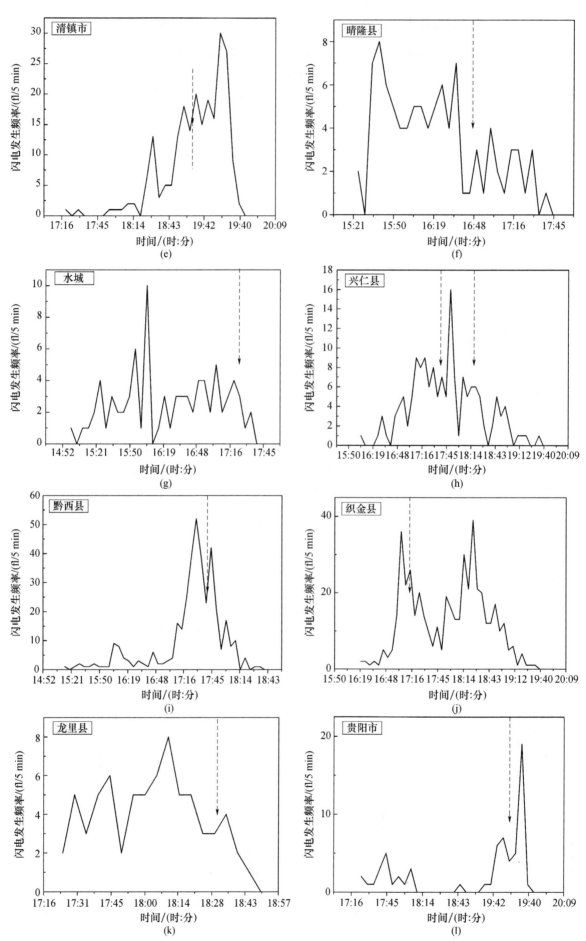

图 5　2018 年 3 月 13 日 12 个降雹区域总闪时序变化(红色箭头线标识降雹时间)

电发生急剧较少。从图 5 还可以看出大方县、清镇市、兴仁县、织金县、贵阳城区 5 个降雹区域总闪频次变化出现二次跃增现象,其中大方县和兴仁县在二次跃增后产生二次降雹。从整个冰雹时段内雷达回波演变可知过程期间具有较强的辐合上升运动,对流单体在移动过程中合并为有组织的对流系统,存在冰雹云降雹后的二次发展。因此,闪电的二次跃增与冰雹云二次发展是有关联的,但并不是说没有经历二次增长的冰雹云在降雹后不会出现总闪频次的二次跃增现象,冰雹云在降雹后减弱转变为普通雷雨云后闪电发生也可能存在二次跃增现象,但增幅较一次跃增小。

冰雹云的生命史分为发生、跃增、孕育、降雹和消亡 5 个阶段[20],云体内混合相态区雹/霰粒子的数浓度也经历由少变多,在经历降雹过程雹/霰粒子消耗,这可以从冰雹云发展演变过程雷达回波特征给予证实。Takahashi 等[21]提出非感应起电机制,认为云体内粒子,特别是混合相态区粒子,是电荷的载体,雹粒、霰粒和冰晶在强上升气流作用下不断碰并分离而带上不同极性的电荷,因粒子自身重量的差异在强烈上升气流作用下而带到不同的高度,从而建立不同极性的电荷区继而产生云内闪电和云地闪电。因此,闪电和降雹之间存在较好的关联性,这可以解释总闪在降雹之前所呈现的跃增现象与降雹之后闪电的陡降现象。总闪出现的二次跃增主要为冰雹云在一次降雹后其能量没有完全消耗,在有利天气系统和地形条件配合下,存在单体的合并,冰雹云获得能量补充,出现闪电的二次跃增现象,在达到降雹条件下进而产生二次降雹。

5.3 闪电跳跃信号分析

闪电的跃增与峰值提前量对降雹识别提供了有效信号,但还不足以完全揭示闪电的初始跃增特征,因此基于 Schultz 等[22]提出的 2σ 闪电跃增法对闪电跳跃信号进行提取分析,2σ 闪电跃增法计算如下。

(1)首先对降雹区域范围内相邻时次闪电数据进行滑动平均处理,消除个别噪声数据的干扰。

$$LF_{\text{avg}}(t_i) = \frac{LF_{t1}(t_1) + LF_{t2}(t_2)}{2} \tag{1}$$

式中:LF_{avg} 为闪电频次滑动平均值(次/min);LF_{t1} 和 LF_{t2} 分别为 t_1 和 t_2 时次内对应的闪电总频次(次/min)。

(2)对 LF_{avg} 进行微分处理,求解获得各时次的闪电频次变化率 $LFCR$(次/min²)。

$$LFCR = \frac{\text{d}}{\text{d}t}LF_{\text{avg}}(t_{i+1}) = \frac{LF_{\text{avg}}(t_{i+1}) + LF_{\text{avg}}(t_i)}{t_{i+1} - t_i} \tag{2}$$

(3)建立闪电跳跃预警信号识别机制。基于式(1)与式(2)计算结果,求解总体 $LFCR$ 的标准偏差 σ_{LFCR},利用各时次的 $LFCR$ 值与 $2\sigma_{LFCR}$ 值进行比对,大于 $2\sigma_{LFCR}$ 的点被记录为闪电跳跃预警信号,结合降雹观测记录时间,得到闪电跳跃信号的提前量,这就是 2σ 判别机制。

基于上述方法,对 12 个降雹区域 $2\sigma_{LFCR}$ 跳跃信号提前量和闪电每 5 min 变化峰值时间提前量进行计算和统计,结果列于表 3。从表 3 可以看出 $2\sigma_{LFCR}$ 跳跃信号时间提前量均大于闪电频次峰值时间提前量,两者之差最大值达 28 min,也就是说利用 $2\sigma_{LFCR}$ 跳跃信号能够超前于用闪电峰值时间提前 28 min 预警降雹。12 个降雹区域 $2\sigma_{LFCR}$ 跳跃信号时间提前量平均值为 20 min,而闪电频次峰值时间提前量平均值为 13 min,所以利用 $2\sigma_{LFCR}$ 跳跃信号提前预警降雹优于闪电峰值时间。

表 3　2018 年 3 月 13 日冰雹过程 12 个降雹区域闪电提前量统计特征

编号	降雹地点	降雹时间	$2\sigma_{LFCR}$跳跃信号时间	$2\sigma_{LFCR}$跳跃信号提前量/min	闪电频次峰值时间	闪电频次峰值提前量/min
1	安龙县	19:40	19:32	8	19:35	5
2	大方县*	15:43/16:34	15:15/15:58	28/36	15:30/16:00	13/34
3	平坝县	19:31	18:52	39	19:20	11
4	普定县	19:01	18:50	11	18:55	6
5	黔西县	17:43	17:17	26	17:30	13

编号	降雹地点	降雹时间	$2\sigma_{LFCR}$跳跃信号时间	$2\sigma_{LFCR}$跳跃信号提前量/min	闪电频次峰值时间	闪电频次峰值提前量/min
6	清镇市	19:01	18:52	9	18:55	6
7	晴隆县	16:42	16:31	11	16:35	7
8	水城	17:18	16:59	19	17:05	13
9	兴仁县*	17:35/18:18	17:05/17:48	30/30	17:20/17:50	15/28
10	织金县	17:15	17:00	15	17:05	10
11	龙里县	18:30	18:03	27	18:10	20
12	贵阳市	19:20	19:12	8	19:15	5

注:* 表示过程含有二次降雹。

因篇幅限制,以下仅对一个降雹区域$2\sigma_{LFCR}$闪电跳跃信号变化作分析。图6给出了2018年3月13日黔西县冰雹过程总闪时间演变(图6a)和$2\sigma_{LFCR}$信号的演变特征(图6b)。从图6a可以观察到,在15:15—16:00总闪间歇发生且闪电频次不高,最大闪电频次为2次/min;在16:00—16:20总闪变得较前一阶段活跃,分别在16:03和16:09出现5次/min的峰值,之后出现9 min内无闪电发生的间歇期;16:29—17:00总闪发生又开始活跃,总闪频次维持在2次/min左右波动变化;在17:00以后总闪增加明显,17:05出现首个小峰值7次/min,之后总闪出现脉冲波动式跃增,17:35出现16次/min的最大峰值,随后总闪开始呈现波动减少趋势,并在17:43地面观测到12 mm的冰雹,在降雹后一段时间内总闪减小明显,降雹阶段总闪变化与跃增阶段基本对称,即降雹前的"跃增"和降雹后的"陡降"现象,这与冰雹云内冰相粒子由少变多,再由多变少相关联,对流云体内也经历了电荷累积—放电—电荷累积间歇过程。降雹后总闪波动减少且间歇发生,在18:31后无闪电发生。

从图6b $2\sigma_{LFCR}$的演变看,闪电频次变化率总体呈现振荡波动变化,对照图6a,其活跃期与降雹前后总闪频次变化相对应。经计算,闪电频次变化率总体标准偏差为1.54次/min²,按照跳跃信号判断机制,将各时次闪电频次变化率值与$2\sigma_{LFCR}$阈值进行比对,在17:17首次出现大于3.08次/min²的跳跃信号,记录为$2\sigma_{LFCR}$闪电跳跃信号即图6b中绿色竖线箭头标识。降雹观测时间为17:43(图6b黑色竖线箭头标识),因此,$2\sigma_{LFCR}$闪电跳跃信号提前时间量为26 min。

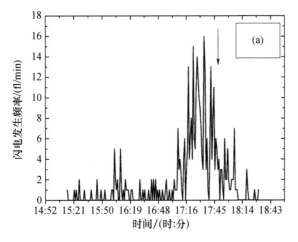
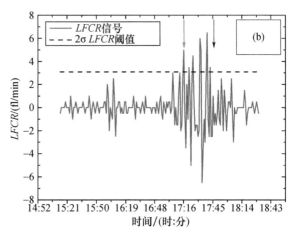

图6 2018年3月13日黔西县冰雹过程总闪频次(a)与$2\sigma_{LFCR}$信号(b)时序变化
(绿色箭头标识闪电跳跃信号出现时刻,黑色箭头标识降雹时间)

综上分析可知,利用闪电的$2\sigma_{LFCR}$跳跃信号和闪电频次峰值信号提前识别降雹是可行的,$2\sigma_{LFCR}$跳跃信号提前预警降雹优于闪电峰值时间,可以综合利用$2\sigma_{LFCR}$跳跃信号与闪电频次峰值信号为冰雹云临近监测预警预报和人工防雹作业提供参考。在实际运用中,可以基于总闪频次的实时监测对闪电频次变化及$2\sigma_{LFCR}$信号进行动态统计和计算,综合利用$2\sigma_{LFCR}$信号和闪电频次峰值信号预警降雹。

5.4 冰雹过程闪电空间分布特征分析

冰雹云发展过程中伴随不同极性的闪电发生,为了认识不同极性闪电发生的空间分布与冰雹云发展移动的对应关系,从总体上对此次大范围冰雹天气过程逐小时总闪、云闪、正地闪、负地闪进行提取,制作1 km×1 km网格的闪电密度,采用自然断点分级法(Jenks优化方法)对闪电密度进行分级处理,得到图7各类闪电密度分布图。从图7可以观察到,首先,闪电的密度分布可以表征此次大范围冰雹过程区域范围即云贵高原斜坡过渡带区域。其次,总闪、云闪和地闪的密度分布基本能够标识3个冰雹云单体移动方向,其中总闪密度分布最能表征冰雹云系的主要移动方向。所以,闪电发生的空间密度分布可以在一定程度上对冰雹云移动具有一定的指示作用。

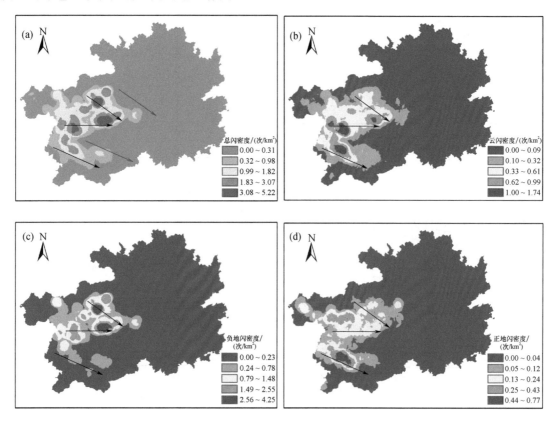

图7 2018年3月13日15:00—14日00:00总闪(a)、云闪(b)、负地闪(c)和正地闪(d)密度分布
(黑色箭头线条标识冰雹云移动方向)

图8给出了2018年3月13日偏北冰雹路径(毕节—大方县—黔西县—清镇市、贵阳市)闪电逐小时发生位置与降雹位置叠加图。此条冰雹路径呈西北—东南走向,冰雹云回波于15:00在毕节东面生成,此后发展向东南方向移动,先后移经大方县、黔西县再到清镇市和贵阳市,在沿途乡镇产生降雹,最大冰雹直径为贵阳城区16 mm,整条冰雹路径上总闪发生1173次,其中地闪发生960次,云闪发生213次,以地闪发生为为主,主要为负地闪。从图8a可以看出,总闪发生位置与冰雹云移动路径基本一致,同时降雹位置与闪电的发生对应关系也较好,但不是严格意义上的一一对应关系,降雹落区略偏总闪电发生的右侧(相对于冰雹云移动方向)。Changnon[23]对典型冷锋天气系统引起的雹暴天气的地闪与冰雹落区之间的分布进行观测分析,同样发现降雹落区主要偏向于地闪发生的右侧,认为雷暴在发展过程中存在对峙的上升气流区和下沉气流区,这在雹暴中更为明显,上升气流区通常位于雷暴发展的右前方,降雹主要发生在上升气流区相邻近的下沉气流区域内,而闪电发生对应于冰相降水粒子较为丰富的区域内,所以冰雹落区与闪电的位置在空间分布上存在一点差异,不是严格意义的对应关系。

从图8b、8c负地闪和正地闪发生位置可见,两者均能标识冰雹云的移动路径,负地闪发生数量多,其发生主要在降雹点左前方,正地闪虽然发生数量少,其发生位置同样靠雹区域左侧。过去关于雹暴闪电空间分布研究主要基于地闪资料,主要受限于探测技术,本文将云闪信息加入,从图8d可以看到,云闪的空间分布与降雹位置对应关系较好,云闪作为云体内冰相粒子活跃而产生放电的标志,将其加入对冰雹云移动的判断将更加丰富闪电信息对冰雹云空间发展的指示作用。而云闪高度、云闪极性等信息还需要在今后研究中不断挖掘,这对于深入分析冰雹云中闪电活动特征和对冰雹云电荷结构的研究具有重要意义。

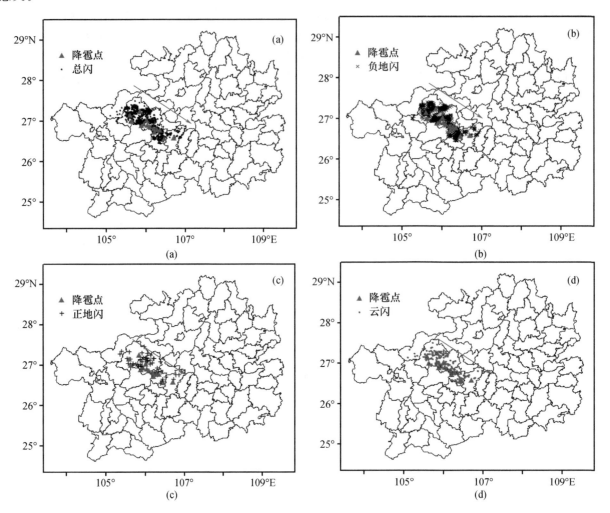

图 8 2018 年 3 月 13 日偏北冰雹路径总闪(a)、负地闪、(b)正地闪(c)和云闪(d)分布
(红色箭头线条标识冰雹云移动方向)

从另外两条冰雹路径闪电空间分布特征(图略)也进行同样分析表明,总闪发生的空的间位置与冰雹云的移动方向基本一致,降雹落区主要在闪电集中发生的右侧。因此,闪电的空间分布能够对冰雹云移动具有一定指示作用。

6 结论

针对云贵高原斜坡过渡带一次大范围致灾冰雹天气过程,利用 VLF/LF 三维全闪资料和降雹观测资料,对此次过程闪电时间特征、跃增特征和空间特征进行分析,结果如下。

(1)在南支槽槽前西南气流的引导下,贵州中西部上空水汽条件较好,低空切变、地面辐合线和低层暖平流为此次大范围对流单体的发展维持提供动力条件。

(2)12 个降雹区域平均 POP、NOP 和 IOP 分别为 19.58%、80.42% 和 30%,正闪比与内陆高原和北方地区雹暴过程存在差异。

(3)12 个降雹区域总闪频次在降雹之前经历波动增加,再转为"跃增"式增长,出现总闪频次的峰值,在总闪峰值后一段时间出现降雹,降雹后总闪表现出"陡降"特征,部分降雹区域出现降雹后总闪频次的

"二次跃增"后经历二次降雹。

(4)12个降雹区域在降雹之前总闪均出现了$2\sigma_{LFCR}$闪电跳跃信号,$2\sigma_{LFCR}$闪电跳跃信号出现时间提前降雹时间平均为 20 min,闪电频次峰值时间提前降雹时间平均为 13 min,$2\sigma_{LFCR}$跳跃信号提前预警降雹优于峰值信号。在贵州地区冰雹云监测预警中,可以综合利用总闪的$2\sigma_{LFCR}$跳跃信号和峰值信号预警降雹。

(5)总闪、云闪和地闪的密度分布基本能够标识 3 个冰雹云单体移动方向,总闪密度分布最能表征冰雹云系的主要移动方向。降雹区域主要处于地闪发生的右侧区域,云闪的空间分布与降雹位置对应关系优于地闪。

参考文献

[1] 王瑾,刘黎平.基于 GIS 的贵州省冰雹分布与地形因子关系分析[J].应用气象学报,2008(5);627-634.

[2] Jayaratne E R,Saunders C P R,Hallett J. Laboratory studies of the charging of soft-hail during ice crystal interactions [J]. The Quarterly Journal of the Royal Meteorological Society,1983,109;609-630.

[3] MacGorman D R,Burgess D W. Positive cloud-to-ground lightning in tornadic storms and hailstorms[J]. Monthly Weather Review,1994,122(8);1671-1697.

[4] Reap R M,MacGorman D R. Cloud-to-ground lightning:Climatological characteristics and relationships to model fields,radar observations,and severe local storms[J]. Monthly Weather Review,1989,117(3);518-535.

[5] Branick M L,Doswell C A. An observation of the relationship between supercell structure and lightning ground strike polarity[J]. Weather and Forecasting,1992,7(1);143-149.

[6] Carey L D W,Buffalo K M. Environmental control of cloud-to-ground lightning polarity in severe storms[J]. Monthly Weather Review.2007,135(4);1327-1353.

[7] Soula S,Seity Y,Feral L,et al. Cloud-to-ground lightning activity in hail-bearing storms[J]. Journal of Geophysical Research:Atmospheres,2004,109(D2);2-11.

[8] Schultz C J,Peterson W A,Carev L D. Lightning and severe weather:a comparison between total and cloud-to-ground lightning trends[J]. Weather and Forecasting,2011,26(5);744-755

[9] 叶宗秀,陈倩,郭昌明,等.冰雹云的闪电频数特征及其在防雹中的应用[J].高原气象,1982(2);53-56.

[10] 郄秀书,刘欣生,张广庶,等.甘肃中川地区雷暴的地闪特征[J].气象学报,1998(3);57-67.

[11] 周筠君,张义军,郄秀书,等.陇东地区冰雹云系发展演变与其地闪的关系[J].高原气象,1999(2);111-119.

[12] 李国昌,李照荣,李宝梓.冰雹过程中闪电演变和雷达回波特征的综合分析[J].干旱气象,2005(3);26-33.

[13] 李照荣,付双喜,李宝梓,等.冰雹云中闪电特征观测研究[J].热带气象学报,2005(6);588-595.

[14] 李照荣,张强,陈添宇,等.一次强冰雹暴雨天气过程闪电特征分析[J].干旱区研究,2007(3);321-327.

[15] Yao W,Zhang Y J,Meng Q,et al. A comparison of the characteristics of total and cloud-to-ground lightning activities in hailstorms[J]. Acta Meteor Sinica,2013,27(2);282-293.

[16] 吴安坤,李艳,张淑霞,等.贵州省闪电活动时空分布特征分析[J].防灾科技学院学报,2017,19(1);56-62.

[17] 陈哲彰.冰雹与雷暴大风的云对地闪电特征[J].气象学报,1995,53(3);367-374.

[18] 言穆弘,刘欣生,安学敏,等.雷暴非感应起电机制的模拟研究Ⅱ:环境因子影响[J].高原气象,1996(4);53-62.

[19] Fu D H,Guo X L. A Cloud-resolving Study on the Role of Cumulus Merger in MCS with Heavy Precipitation[J]. Advances in Atmospheric Sciences,2006(6);857-868.

[20] 王昂生,黄美元,徐乃璋,等.冰雹云物理发展过程的一些研究[J].气象学报,1980(1);64-72.

[21] Takahashi T. Riming electrification as a charge generation mechanism in thunderstorms[J]. Journal of the Atmospheric Seierces,1978,35(8);1536-1548.

[22] Schultz C J,Petersen W A,Carey L D. Preliminary development and evaluation of lightning jump algorithms for the real-time detection of severe weather[J]. J Appl Meteorol Clim,2009(48);2543-2563.

[23] Changnnon S A. Temporal and spatial relations between hail and lightning[J]. J Appl Meteor,1992,31(6);587-604.

山地环境下冻雨形成机理及观测特征分析*

王　瑾[1]　高守亭[2]　许　丹[3]

(1 贵州省山地环境气候研究所,贵阳 550002;
2 中国科学院大气物理所,北京 100021;3 贵州省气候中心,贵阳 550002)

摘　要:围绕复杂山地环境下冻雨研究面临的科学问题,依托公益性(气象)行业专项"复杂山地环境下凝冻形成机理及防范措施研究"(GYHY201306051),通过山地环境下典型冻雨过程的数值模拟以及2014—2015 年贵州威宁冻雨野外观测试验,开展贵州冻雨形成的关键天气系统云贵准静止锋的结构特征,冻雨形成的微物理及动力特征等关键问题的研究,凝练了贵州冻雨区上空大气的简单概念模型,揭示了贵州冻雨长期维持的关键因素——暖层维持的原因,并利用毫米波雷达和雨滴谱、雾滴谱仪等观测资料,比较了冻雨及降雪相态云雷达观测特征,研究了山地环境下冻雨微物理结构,结合数值模拟揭示了贵州冻雨天气系统的"过冷暖雨"结构特征,这些创新性的工作为贵州冬季冻雨天气的预报预警及专业服务提供了坚实的理论基础。

关键词:冻雨,云贵准静止锋,过冷暖雨,暖层维持,冻雨形成概念模型,云雷达,冻雨微物理特征

1　山地环境下冻雨的形成机理

针对山地环境下冻雨发生机制,存在以下必须考虑的科学问题。①以往对于冻雨天气过程的研究局限于大尺度的环流与天气系统的分析,缺乏对复杂地形条件下云贵静止锋天气系统结构特征的细致和深入地研究(包括其中的中尺度结构特征的研究)。②普遍认为冻雨形成为"三层模式"[1],贵州冻雨是"冰相融化"还是"过冷暖雨"过程? 这两种冻雨机制出现的概率及冻雨的大气层结特征是怎样的? ③在贵州冻雨形成过程中,地面冷垫以上逆温层,这种大气层结特征为什么能够稳定维持?

针对上述科学问题,我们通过山地环境下典型冻雨过程的数值模拟,开展贵州冻雨形成的关键天气系统云贵准静止锋的结构特征,冻雨形成的微物理及动力特征等关键问题的研究,凝练了贵州冻雨区上空大气的简单概念模型,揭示了贵州冻雨长期维持的关键因素——暖层维持的原因。

1.1　贵州冻雨形成的关键天气系统云贵准静止锋的结构特征

选取 WRF 模式的 V3.2 版本,采用非静力、三重双向嵌套方案,对 2011 年 1 月 1 日 08:00—3 日 08:00 的冻雨过程进行模拟。模式初值场和边界条件采用 NCEP/NCAR 再分析资料。

1.1.1　准静止锋垂直结构分析

从 2011 年 1 月 1 日 12:00(世界时,下同)典型贵州冻雨发生时刻的准静止锋垂直剖面可见(图 1,沿107°E,即冻雨发生最强烈的贵州地区),对流层中存在着两个 θ_e 密集带,对应着两个锋区-急流系统,其中高层的是副热带锋区和急流(STJ),低层的是云贵准静止锋(26°～28°E)和沿着锋区向上爬升的西南气流。

准静止锋锋后冷区以上、600 hPa 高度以下存在沿着锋面的逆温。0 ℃温度线向北伸展至 28°N 地区700 hPa 高度,向南伸展到 24°N 的 900 hPa。表明在 24°～28°N 锋面上部存在高于 0 ℃的暖层,锋下是低于 0 ℃的冷层,这种温度分布特征是造成贵州强冻雨的重要条件之一。从相当位温和湿区的垂直分布来看,以 27°N 为中心的冻雨上空,逆温层将相当位温的密集区和相对湿度大于 60% 以上的湿区都限制在

---

* 资助信息:贵州省长专项基金项目(黔省专合字[2011]11 号),中国气象局气候变化专项基金项目(CCSF202027)。

700 hPa以下的层次,利于大气稳定层结,使得冬季静止锋降水具有很好的稳定性;而28°N的以北降雪地区,不再具有低层逆温的结构,相对湿度和云水大值区向高层扩展到200 hPa。

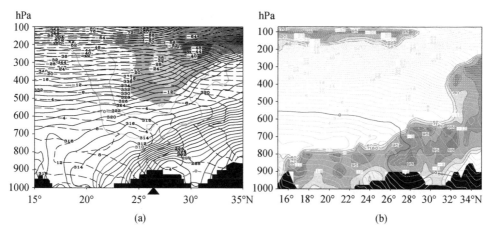

图1　2011年1月1日12:00相当位温(a)和相对湿度(b)沿107°E的垂直剖面

1.1.2　冻雨区上空水物质相态结构分析

通过对2011年初的这次WRF数值模拟可以看到(图2),从沿107°E的垂直剖面上看,贵州冻雨区(26°～28°N)上空逆温结构很明显,基本以云水和雨水为主,它们较均匀地分布于700 hPa以下,而冰晶和雪等其他固态水凝物都分布在28°N以北的区域。

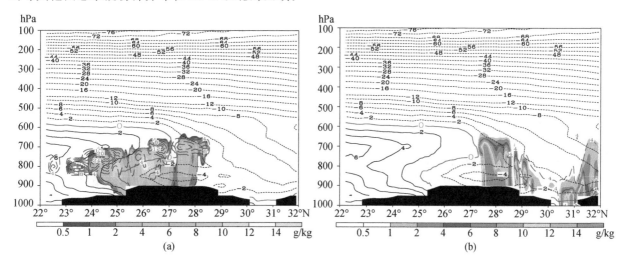

图2　2011年1月1日20:00温度(黑线,其中0 ℃温度线为红色)、云水(红线)、雨水(阴影)含量(a)和
雪水(阴影)、冰水(蓝色线)含量(b)沿107°E的垂直剖面

1.2　暖层维持原因分析

从云贵准静止锋的结构分析中,我们发现了准静止锋附近的温度分层结构,即近地面冷层,以700 hPa为中心的低层暖层,再往上为中高层冷层的温度分布特点。并且在贵州冻雨的整个过程中,准静止锋及其温度层结结构都能够稳定维持。暖层的维持对于冻雨的形成有着非常重要的作用。

冻雨发生时,与高层副热带锋区和低层云贵准静止锋相互对应出现了两个垂直环流,从沿107°E做的ω_{NCEP}垂直剖面上(图3)可以清楚地看到,高空锋区存在明显的向北倾斜的垂直环流(对应高层上升支和中层下沉支),低层准静止锋存在明显的低层垂直环流(低层弱倾斜上升支与近地面下沉支)。该低层垂直环流对冻雨的发生和维持有重要作用,沿锋区的上升运动将南方暖湿空气向锋面逆温层中输送,利于上部暖层维持,而沿锋区下部的下沉支则将来自北方的干冷空气输送到近地面,利于近地面冷层维持,这是冻雨发生发展的重要气象条件,垂直速度间隔出现的这种特征在此次贵州冻雨期都可以看到。

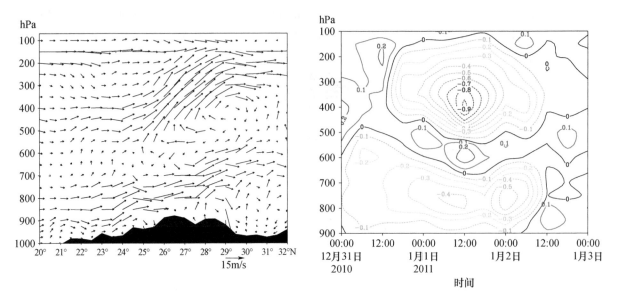

图 3　2011 年 1 月 1 日 12:00 沿着 107°E 的垂直环流(a)及其 2010 年 12 月 31 日 00:00—
2011 年 1 月 3 日 00:00 的 NCEP 垂直速度区域平均的气压—时间图(b)

1.3　贵州冻雨形成概念模型

在以上诊断和数值模拟分析的基础上,我们结合贵州冻雨期中高层和低层大气的特征,总结出贵州冻雨的一个简单概念模型(图 4):中高纬度东北冷空气与来自中印半岛的偏西暖空气在云南贵州地区交汇,形成低层准静止锋。在准静止锋中,由于暖层中 $\Phi_{adv,ia}$ 正值和近地面 $\Phi_{adv,ia}$ 负值强迫,在低层驱动出沿着准静止锋上边界的上升支和沿着锋面下边界的下沉支,利于暖层和近地面冷层的维持。冻雨区由于高空副热带锋区和急流的作用,在高层副热带急流的入口区,由平流作用造成温度场和风场的不平衡,高层 $\Phi_{adv,ia}$ 正值和中层 $\Phi_{adv,ia}$ 负值的分层结构在对流层中高层也强迫出一垂直于锋区向北倾斜的垂直环流,中层的下沉支对冻雨区低层上升支起抑制作用,从而阻止了深对流的发展,使得冻雨区中低层层状云得以长时间存在。此外,高空垂直环流与低空垂直环流之间的强风切变使得冻雨区中低层层云中出现扰动,而中低层层云中的冰核含量很少,大多都是小云滴,云滴在扰动条件下通过碰并增长,并最终形成过冷雨滴降落到近地面冷层中,冻雨生成。

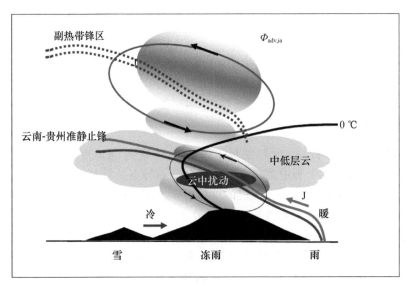

图 4　贵州冻雨形成概念模型

2 山地环境下冻雨的观测特征分析

根据以上的模拟结果表明,贵州冻雨区上空云系特征不符合"三层模式"(融化模式)。但这个结论还需要实际的冻雨云系观测进行验证。为此 2014—2015 年冬季我们在贵州西部的威宁县组织了冻雨外场观测,图 5 为部分观测装备。

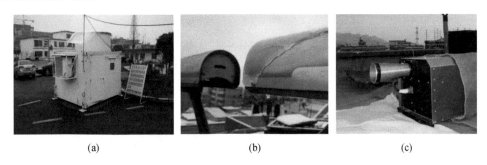

图 5 贵州威宁冻雨观测设备云雷达(中国气象科学研究院提供)(a)、雨滴谱仪(b)和
雾滴谱仪(南京信息工程大学提供)(c)

2.1 贵州冻雨过程云系特征观测

从 2014 年 12 月 17 日 03:00 风云二号卫星(FY-2)得到的南方地区的卫星云顶高度图(图略)、反演云顶温度图及威宁、贵阳站探空(图 6)可以看出,贵州地区(24°~28°N,106°~110°E)卫星云顶高度很低,均未超过 3 km,其他区域大部分云层也在 5 km 以下。这造成云顶温度较高(−5~10 ℃),不足以直接在顶部形成冰相粒子,为暖雨过程提供良好条件。地面观测资料(图略)的结果显示,16 日下午威宁地区为大范围小雨,17 日凌晨降水范围明显减小,但降水类型变为冻雨。威宁站的探空图(图 6b)显示在 850 hPa 附近大气出现逆温,云顶温度在 −3 ℃左右,地面温度 −4 ℃左右。

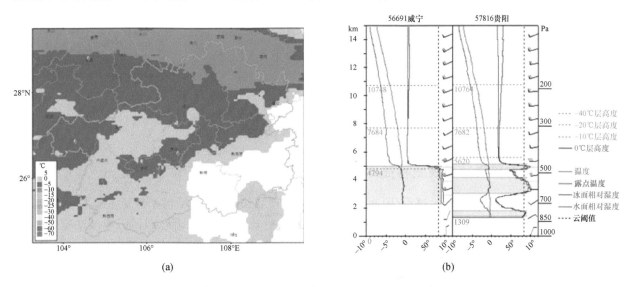

图 6 2014 年 12 月 17 日卫星反演云顶温度(a)和威宁、贵阳探空(b)

图 7 为同时段云雷达探测的冻雨的云系特征,可以发现冻雨的回波特征主要是片状不均匀结构,反射率因子主要集中在 −20~0 dBZ,云顶高为 1.4 km 左右,属于浅薄的层状云系,无融化层亮带。径向速度图(图 7b)表明,云内粒子的上升和下落比较杂乱无序,速度很小比较符合小粒子特征。速度谱宽图(图 7c)上 1.2~1 km 粒子下落高度范围内速度谱宽值增大,表明小粒子在该段增长较快,1~0.8 km 粒子下落高度范围内速度谱宽值减小,在此范围内大粒子的含量增长到与小粒子相当的程度,随后粒子以该状态下落。

2.2 贵州冻雨过程微物理特征观测

图 8 为 2014 年 12 月 17 日冻雨过程的雨滴谱及雾滴谱观测。观测表明:本次冻雨的雨滴谱、雾滴谱滴谱窄,直径小,符合"过冷暖雨"的形成机制;冻雨前的雾过程不太可能发生碰并增长过程,而应该以凝结核化为主要的增长方式;威宁冬季 CCN 活化谱属典型大陆型核谱。分析认为,贵州西部冻雨的微物理过程应该是在静止锋面冷暖交汇界面附近的对称不稳定区,云滴粒子运动碰并增长,产生小雨滴,下落形成冻雨。

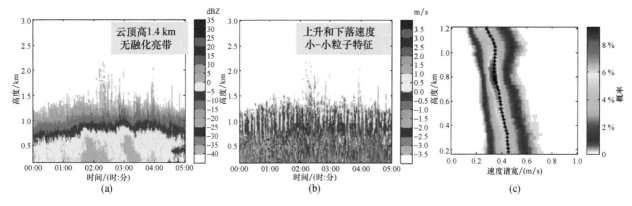

图 7　2014 年 12 月 17 日冻雨云雷达观测
(a)反射率因子;(b)径向速度;(c)速度谱宽概率垂直分布

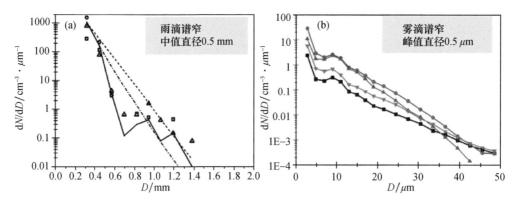

图 8　2014 年 12 月威宁冻雨微物理观测
(a)冻雨雨滴谱;(b)过冷云雾滴谱

2.3 冻雨过程与降雪过程观测特征比较

与冻雨过程(图 7)相比,降雪过程(图 9)反射率回波丝缕状结构明显,反射率因子主要集中在 0~20 dBZ,云顶高度较冻雨过程高出很多,发展到 4.5~6.5 km,有比较明显的积状云特征,速度谱宽较小,有明显的有序上升气流(图略)。

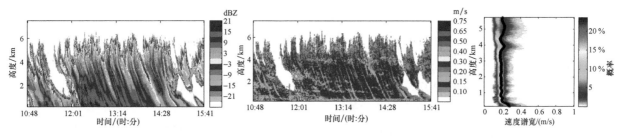

图 9　2014 年 12 月 18 日中雪过程云雷达探测
(a)反射率因子;(b)速度谱宽;(c)速度谱宽概率垂直分布

图10给出了冻雨和降雪时云顶高度与云顶温度的关系图。随着云顶高度的上升，冻雨与降雪的云顶温度都随之呈线性递减。冻雨天气的云顶温度总体比降雪天气高，并且集中在−11～5 ℃，而降雪的云顶高度主要集中−22～5 ℃，降雪的云顶温度分布比冻雨分散。降雪与冻雨云顶温度分布既存在区别也有重叠，重叠区域基本在−10～5 ℃。

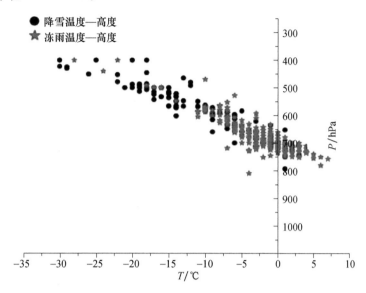

图10　2008—2013年探空站观测的86个降雪个例(黑色)与210个冻雨个例(红色)的温度—高度图

3　结论

（1）观测与模拟结果表明，贵州西部冻雨的形成机理应符合"二层模式"（过冷暖雨模式）。

（2）云贵准静止锋是形成贵州冻雨的主要天气系统。其锋面准南北向稳定存在于600 hPa以下的大气低层，24°～28°N锋面上部存在高于0 ℃的暖层，锋下是低于0 ℃的冷层。

（3）凝练了贵州冻雨形成的概念模型。冻雨形成期上空存在相互协调的两个高低空环流圈。动力场上，中高层垂直环流圈的下沉支可延伸到对流层中层，一定程度上阻碍了冻雨区上空暖层的发展，抑制了低层强对流的发生。

（4）冻雨与降雪的云系在云顶温度、云高上有明显差别。

参考文献

[1] 朱乾根，林锦瑞，寿绍文，等.天气学原理和方法[M].北京：气象出版社，2000.

西安地区积层混合云的 *Z-R* 关系研究*

王　瑾[1,2]　岳治国[1]　贺文彬[3]　戴昌明[4]　潘留杰[4]　刘　慧[4]　张　镭[2]

(1 陕西省人工影响天气中心,西安 710014；2 兰州大学大气科学学院,兰州 730000；
3 陕西省气象局,西安 710014；4 陕西省气象台,西安 710014)

摘　要：根据 2013—2014 年 5—10 月西安地区观测得到的雨滴谱数据,结合 C 波段新一代多普勒天气雷达的观测资料,对西安地区 43 次积层混合云降水的平均雨滴谱分布、微物理特征量及雷达反射率因子 Z 和雨强 R 的关系进行统计分析。结果表明：积层混合云降水的平均雨滴谱呈单峰型,Gamma 分布对降水大粒子的拟合明显优于 M-P 分布；积层混合云中雨滴数浓度最大值及对雨强贡献最大值均出现在雨滴直径小于 1 mm 的范围内；利用最小二乘法建立了西安地区积层混合云的 *Z-R* 关系 $Z=168R^{1.43}$；当雨滴谱数据计算的回波强度小于(大于)30 dBZ,雷达对回波强度有明显高估(低估)现象,针对此现象提出了积层混合云雷达回波的 5 档修正方案；利用 $Z=168R^{1.43}$ 估算西安积层混合云降水个例的降水量更接近实测降水量,估算降水量的相对误差从 51.3% 减小到 25.4%。

关键词：雨滴谱,激光雨滴谱仪,积层混合云,*Z-R* 关系

1　引言

积层混合云是我国北方的主要降水云系,其降水效率高、降水持续时间长,可有效地缓解干旱。因此,研究积层混合云的降水特征,对工农业生产及防灾减灾有重要意义。

雨量站可以实现单点雨量的连续观测,测量精度较高,但由于地面降水量分布不均匀及雨量站分布稀疏,使用地面雨量站的雨强 R 和雨量很难准确地计算出一定区域上的雨量。与雨量站相比,雷达反射率因子 Z 作为定量测量区域降水的工具,能实时探测云和降水结构及系统发生、发展演变情况,能迅速提供一定区域内大面积的定量实时降水估计。国内外对雷达定量测量降水开展了大量研究,其中 *Z-R* 关系在估测降水方面的应用较为广泛。雷达反射因子 Z 为单位体积内所有粒子直径的 6 次方之和,雨强 R 与单位面积上雨滴直径的 3 次方成正比,Z 和 R 都与雨滴直径有关。因此,大量的雨滴直径统计结果对建立可靠的 *Z-R* 关系至关重要。

Marshall 等(1948)建立了典型降水过程的 *Z-R* 经验关系 $Z=200R^{1.6}$；Rosenfeld 等(2003)讨论了在不同下垫面(海洋和陆地)降水的 *Z-R* 关系；何宽科等(2007)结合 2004—2005 年舟山雷达资料和雨滴谱资料拟合出适合舟山台风降水的 *Z-R* 关系；濮江平等(2012)建立了南京对流性降水过程的 *Z-R* 关系；冯雷等(2009)确定了沈阳、哈尔滨等地不同降水过程的 *Z-R* 关系；刘红燕等(2008)分析了 2004 年北京 45 次降水过程的 *Z-R* 关系；庄薇等(2013)建立了适合青藏高原地区降水的气候 *Z-R* 关系。这些研究结果表明,*Z-R* 关系随地区、季节及降水类型(层状云、对流云、积层混合云)的变化会有所差异(Smith 等,1993；Steiner 等,1999；Chumchean 等,2003；Seed 等,2010)。为了消除或减小雷达估测降水的误差,可根据降水成因对降水分类以减少雨滴谱的谱型变化,从而缩小 *Z-R* 关系中系数的变化范围。通过对层状云(Tokay 等,1996；Nzeukou 等,2004)、对流云(王建初等,1981；Tokay 等,1996；Atlas 等,2003；Nzeukou 等,2004；濮江平等,2012；赵城城等,2014)和积层混合云(刘红燕等,2008；晋立军等,2012)降水的 *Z-R* 关系

───────────────

＊ 发表信息：本文原载于《暴雨灾害》,2020,39(4)：409-417.

　　资助信息：国家重点研发计划项目(2016YFA0601704),国家重大科研仪器研制项目(41627807),西北区域人影科学试验研究项目(RYSY201905、RYSY201909),陕西省重点研发计划项目(2020SF-429)。

分类统计,研究发现同一地点统计的 Z-R 关系能代表当地同一降水类型的降水情况。然而,业务运行的雷达观测软件中 Z-R 关系的系数一般为一组固定值,研究适合本地降水类型的 Z-R 关系对提高雷达估测降水的精度显得十分重要。

准确测量的雨滴谱是确定适当 Z-R 关系的关键。传统的滤纸色斑方法测量精度低、工作量大且实时性差。随着光电技术的发展,激光雨滴谱仪得到广泛应用,实现了雨滴谱测量的自动化。激光雨滴谱仪采用光电转换原理,可快速准确测量雨滴直径和下落速度,实时性较强。研究表明(濮江平等,2007;Thurai 等,2011;胡子浩等,2014;张扬等,2016;岳治国等,2018)激光雨滴谱仪的测量结果准确可靠。本文利用激光雨滴谱仪观测的西安地区积层混合云降水雨滴谱资料,统计了 2013—2014 年共 43 次积层混合云降水概况(包括降水时段、总降水量和样本数),计算了平均雨滴谱分布和微物理参量平均值特征,建立了适于该地区积层混合云降水的 Z-R 关系,并对新建立的 Z-R 关系进行评估。西安地区积层混合云的 Z-R 关系的建立,为今后改进西安地区天气雷达对积层混合云降水的定量估计,降水精细化预报,人工增雨作业及其效果检验等奠定了基础。

2 资料与方法

2.1 观测资料与仪器

本研究使用了 2013—2014 年 5—10 月连续观测的雨滴谱数据、自动气象站分钟降水量数据和雷达观测资料。布设在陕西省西安市长安区气象局(海拔高度 433 m)的激光雨滴谱仪和翻斗式自动雨量计分别提供雨滴谱数据和自动气象站分钟降水量数据,布设在陕西省西安泾河站(海拔高度 456.3 m)的新一代多普勒天气雷达(CINRAD-CB)提供雷达观测资料。长安区气象局和泾河站直线距离 41 km,海拔高度相差 23 m。

采用德国 OTT 公司生产的激光雨滴谱仪(Parsivel)对雨滴谱进行测量,Parsivel 是采用激光遥测技术对降水过程进行分析、记录的全自动监测设备,可对各种降水过程进行精确测量。Parsivel 的激光发射器发射一束 3 cm×18 cm 的水平光束,激光接收器可将检测到的光束转换为电信号。当激光束里没有降水粒子降落穿过时,接收器的输出电压为最大电压。当降水粒子穿过水平光束时以其相应的直径遮挡部分光束,导致接收器输出电压变化,可通过电压的大小来确定降水粒子的直径大小,降水粒子的下降速度则可根据电子信号持续时间计算。降水雨滴谱仪通过统计降水粒子在速度和粒径上的分布计算各种降水类型的强度、总量,还可给出降水过程中雷达反射率因子等。Parsivel 对降水过程进行观测时,数据记录周期为 1 min,其具体参数见表 1。

表 1　Parsivel 主要性能指标

指标项	详细说明
工作原理	激光二极管,波长 780 nm,峰值功耗 2 mW
采样面积	54 cm²
粒径范围	0.062～24.500 mm(32 档)
速度范围	0.050～20.800 m·s⁻¹(32 档)
雨强范围	0.001～1 200 mm·h⁻¹
雨量精度	±5%(液态降水)/ ±20%(固态降水)

翻斗式自动雨量计的测量分辨率为 0.1 mm,当计量翻斗承受的降水量为 0.1 mm 时,计量翻斗把降水倾倒到计数翻斗,翻斗翻转时就输出一个脉冲信号,采集器自动采集存储 0.1 mm 降水量。自动雨量计的数据记录周期与 Parsivel 相同,主要用来对 Parsivel 计算的降水量进行检验。

CINRAD-CB 是 C 波段新一代多普勒天气雷达,雷达采用 21 体扫模式进行体扫,在低层每个仰角上扫描两次,共 11 个仰角扫描,完成一次体扫用时为 6 min。根据雷达反射率因子的平面位置显示(反射率因子)和反射率因子垂直剖面可判断雷达回波是否为积层混合云降水。

2.2 数据处理

为研究积层混合云成雨过程、云中动力学及微物理学之间的相互关系,需要了解降水过程中的雨滴谱分布。

雨滴数浓度(N;单位:个·m^{-3})的计算公式为:

$$N(D_i) = \sum \frac{n_{ij}}{A \cdot \Delta t \cdot V_j \cdot \Delta D_i} \tag{1}$$

式中:n_{ij}代表尺度第i档,速度第j档的雨滴数;A和Δt分别代表采样面积和采样时间;D_i代表第i档的雨滴直径;ΔD_i代表对应的直径间隔;V_j代表第j档的雨滴的下落末速度;$N(D_i)$代表直径D_i至$D_i + \Delta D_i$的雨滴数浓度。

单位体积中,直径在D_i至$D_i + \Delta D_i$的雨滴数密度$n(D_i)$与平均直径$D_i + \frac{1}{2}\Delta D$的关系,称作雨滴数浓度分布,即雨滴谱分布。大量观测结果表明,雨滴谱分布一般遵从负指数分布。常用的是 Marshall 等(1948)雨滴谱分布公式,即 M-P 分布:

$$n(D) = n_0 \, e^{-\lambda D} \tag{2}$$

式中:$n(D)$为雨滴数密度分布函数($m^{-3} \cdot mm^{-1}$);n_0和λ分别为谱参数。

M-P 分布在小滴和大滴区域对雨滴谱的拟合效果不是很好。提出用 Gamma 分布(Ulbrich,1981)来拟合雨滴谱:

$$n(D) = n_0 \, D^\mu \, e^{-\lambda D} \tag{3}$$

式中:$n(D)$为雨滴数密度分布函数($m^{-3} \cdot mm^{-1}$);n_0和λ分别为谱参数;Gamma 分布中引入了形状因子μ。

雨滴谱分布是降水物理学中的重要参数,通过雨滴谱分布可计算雨强R、含水量Q和雷达反射率因子Z,有效半径R_e等参数,数学表达式如下:

$$R = \frac{\pi}{6} \sum N(D_i) D_i^3 V(D_i) \tag{4}$$

$$Q = \frac{\pi \rho}{6} \sum N(D_i) D_i^3 \tag{5}$$

$$Z = \sum N(D_i) D_i^6 \tag{6}$$

$$R_e = \frac{\sum N(D_i) \, D_i^3}{2 \sum N(D_i) \, D_i^2} \tag{7}$$

式中:$N(D_i)$是直径为D_i的雨滴的空间数浓度;$V(D_i)$是直径为D_i的雨滴的下落末速度。

为利用雷达回波估测降水,Marshall 等(1948)建立了Z-R的数学统计关系并指出适合的Z-R关系对雷达定量测量降水精度的提高至关重要。Z-R关系是在对雨滴谱分布形式做了某种假设条件下得到的,通常采用的经验公式如下:

$$Z = AR^b \tag{8}$$

式中:Z为雷达反射率因子;R为雨强;A和b为Z-R关系的系数。

2.3 降水个例的选取及其概况

根据雷达资料对 2013—2014 年 5—10 月的积层混合云降水过程进行筛选,对符合积层混合云降水回波特征的降水过程的雨滴谱资料、自动站分钟降水量及雷达资料进行整理,统计出 43 次积层混合云降水过程,雨滴谱数据样本共 23910 份,表 2 给出了 43 次降水过程概况及每次降水过程时段内雨滴谱数据样本个数。

表 2 2013—2014 年 43 次积层混合云降水概况

次数	降水日期 年/月/日	降水时段	总降水量 /mm	样本数 /份	次数	降水日期 年/月/日	降水时段	总降水量 /mm	样本数 /份
1	2013/5/5	16:52—17:53	0.99	62	23	2014/6/13	09:43—13:54	7.07	252
2	2013/5/17	09:01—22:45	14.31	825	24	2014/6/19	07:54—13:07	5.38	314
3	2013/5/24	05:24—10:25	2.67	302	25	2014/6/24 至 6/25	24 日 19:15— 25 日 00:50	3.61	336
4	2013/5/25	05:13—17:00	31.05	708	26	2014/6/28 至 6/29	28 日 17:16— 29 日 02:26	3.78	551
5	2013/6/8 至 6/9	8 日 17:45— 9 日 18:08	54.31	1464	27	2014/7/3	04:29—06:23	2.84	115
6	2013/7/2	08:55—14:22	12.43	328	28	2014/ 7/10	12:51—20:21	6.24	451
7	2013/7/4	09:00—17:47	13.33	528	29	2014/8/7	11:24—15:19	8.17	236
8	2013/7/17 至 7/18	17 日 10:03— 18 日 12:51	24.15	1543	30	2014/ 8/8	13:18—16:57	5.58	220
9	2013/7/22	08:38—15:56	12.50	439	31	2014/8/30	09:20—21:39	32.76	740
10	2013/8/8	02:12—07:58	4.78	347	32	2014/9/1	02:39—13:39	18.58	661
11	2013/8/28	10:39—15:16	6.70	278	33	2014/9/7	03:52—14:35	15.87	644
12	2013/9/4	01:18—04:39	1.08	202	34	2014/9/8 至 9/9	8 日 15:56— 9 日 17:46	61.43	1551
13	2013/9/8	05:51—09:02	2.07	192	35	2014/ 9/10	03:14—21:55	29.55	1123
14	2013/9/19	02:31—07:21	9.15	291	36	2014/ 9/11	16:17—23:57	27.07	461
15	2013/9/23	00:05—10:44	3.69	640	37	2014/9/13	12:22—18:47	6.66	386
16	2013/10/14	08:48—14:35	9.23	348	38	2014/9/14	09:07—17:47	19.39	521
17	2013/10/16	01:09—12:12	7.17	664	39	2014/9/15	01:44—21:50	19.81	1207
18	2013/10/30 至 10/31	30 日 12:26— 31 日 03:49	10.28	924	40	2014/9/23	10:03—12:21	3.71	139
19	2014/5/10	01:03—20:04	39.62	1142	41	2014/9/27	13:42—19:49	3.82	368
20	2014/5/13	09:14—15:39	4.64	386	42	2014/10/1	02:25—08:50	8.10	386
21	2014/5/19	02:21—06:17	1.74	237	43	2014/10/20	09:54—16:60	7.49	427
22	2014/5/23 至 5/24	23 日 08:06— 24 日 00:10	20.10	965					

2.4 Parsivel 降水量数据检验

将自动站观测的降水量作为真值,对 Parsivel 计算得到的降水量进行检验,取每 5 min 降水量进行对比(表 3)。对 43 次降水过程分别计算平均值、标准差、均方根误差和相关系数,通过对比发现,43 次过程中 Parsivel 计算的降水量平均值和自动站观测的降水量平均值范围均为 0.06～0.2 mm,其中有 26 次降水过程的降水量平均值相同,只有 1 次过程两者的平均值相差 0.02 mm。Parsivel 降水量标准差的范围为 0.04～0.26,而自动站观测的降水量标准差的范围为 0.06～0.3,这表明自动站测得的降水量的离散程度大于 Parsivel 计算的降水量。有 95％的降水过程,Parsivel 和自动站的降水量的均方根误差不大于0.05,说明 Parsivel 计算的降水量与自动站测得的降水量有很好的一致性。有 2 次降水过程的相关系数小于 0.8,相关系数在 0.8～0.9 的有 8 次过程,相关系数大于 0.9 的过程有 33 个,占总降水过程的 77％。总体而言,Parsivel 计算得到的降水量与自动站观测的降水量的一致性较好。

表 3 Parsivel 和自动站的降水量统计量对比

次数	平均值/mm Parsivel	平均值/mm 自动站	标准差 Parsivel	标准差 自动站	均方根误差	相关系数
1	0.08	0.08	0.04	0.06	0.05	0.57
2	0.09	0.09	0.05	0.07	0.05	0.75
3	0.07	0.08	0.06	0.07	0.04	0.80
4	0.19	0.20	0.18	0.20	0.05	0.97
5	0.19	0.20	0.26	0.30	0.07	0.98
6	0.12	0.12	0.10	0.11	0.04	0.93
7	0.14	0.14	0.12	0.13	0.05	0.95
8	0.08	0.08	0.10	0.12	0.05	0.93
9	0.09	0.10	0.13	0.14	0.05	0.95
10	0.07	0.08	0.10	0.12	0.04	0.93
11	0.09	0.09	0.11	0.12	0.05	0.93
12	0.07	0.07	0.10	0.11	0.04	0.92
13	0.07	0.08	0.10	0.11	0.05	0.92
14	0.09	0.10	0.10	0.12	0.05	0.93
15	0.06	0.06	0.09	0.10	0.04	0.90
16	0.08	0.09	0.13	0.15	0.05	0.95
17	0.07	0.07	0.09	0.10	0.04	0.90
18	0.08	0.08	0.08	0.10	0.05	0.89
19	0.16	0.16	0.15	0.16	0.05	0.95
20	0.15	0.15	0.15	0.16	0.05	0.96
21	0.14	0.14	0.15	0.17	0.05	0.96
22	0.10	0.11	0.14	0.16	0.05	0.96
23	0.09	0.10	0.12	0.14	0.05	0.95
24	0.08	0.09	0.12	0.14	0.05	0.94
25	0.08	0.08	0.12	0.14	0.04	0.95
26	0.08	0.08	0.12	0.13	0.04	0.94
27	0.09	0.09	0.12	0.13	0.05	0.94
28	0.09	0.09	0.12	0.13	0.05	0.94
29	0.10	0.10	0.13	0.15	0.05	0.95
30	0.09	0.10	0.12	0.14	0.05	0.95
31	0.16	0.18	0.21	0.24	0.06	0.97
32	0.12	0.13	0.20	0.22	0.05	0.97
33	0.11	0.11	0.13	0.15	0.05	0.94
34	0.20	0.20	0.19	0.21	0.05	0.98
35	0.19	0.19	0.19	0.20	0.04	0.98
36	0.13	0.13	0.22	0.22	0.04	0.98
37	0.06	0.06	0.07	0.08	0.04	0.87
38	0.10	0.10	0.13	0.13	0.05	0.95
39	0.08	0.09	0.08	0.09	0.05	0.86
40	0.09	0.09	0.10	0.10	0.05	0.88
41	0.07	0.07	0.07	0.08	0.05	0.84
42	0.09	0.09	0.08	0.09	0.05	0.84
43	0.08	0.08	0.07	0.08	0.05	0.83

2.5 雷达回波资料提取

由于 Parsivel 的采样时间比较短,为 60 s,而雷达体扫一周需要 6 min,为了保证两者在时间上的一致性,将雨滴谱数据按照 6 min 进行平均。

雨滴谱资料为点资料,可以代表该站单点的降水情况,而雷达得到的是面数据,在比较雷达观测到的回波强度 Z_{rad} 与 Parsivel 计算的回波强度 Z_{par} 时,应考虑点资料和面资料的空间对应。泾河站海拔高度比长安区气象局高 23 m,0.5° 和 1.5° 仰角雷达波束轴线高度与长安 Parsivel 的垂直距离分别为 378 m 和 1086 m,因此选取 0.5° 和 1.5° 雷达仰角观测到的回波强度进行点对点,多点空间平均等 4 种对应方式,对 Z_{rad} 和 Z_{par} 的相关系数(表 4)进行对比分析。根据表 4 中的结果,选择 0.5° 仰角,对水平方向进行 9 点平均的对应方式可以降低雷达面资料与 Parsivel 点资料由于水平位置平移造成的误差。

表 4 雨滴谱反射率因子与雷达反射率因子的相关系数

雷达扫描仰角选取	对应方式	相关系数	数据控制后的样本数
0.5° 仰角	点对点	0.60	3 689
1.5° 仰角	点对点	0.37	2 885
0.5° 仰角	水平 9 点平均	0.60	4 179
1.5° 仰角	水平 9 点平均	0.40	3 364

3 雨滴谱特征及微物理特征分析

3.1 平均雨滴谱分布及微物理特征

利用 M-P 分布和 Gamma 分布对 43 次积层混合云降水的平均雨滴谱分布进行拟合,得到了相应的拟合参数(图 1)。从图 1 中可看出,积层混合云降水平均雨滴谱曲线变化比较平缓,为单峰型。测量的平均雨滴谱谱宽范围为 0.31~4.75 mm,数浓度最大值为 46 个·m^{-3},出现在直径 0.44 mm 处。

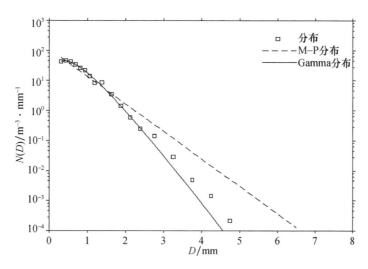

图 1　43 次降水实测平均雨滴谱分布、M-P 分布和 Gamma 分布拟合情况

使用 M-P 分布和 Gamma 分布分别拟合积层混合云雨滴谱时得到相应的谱参数。M-P 分布的谱参数 $n_0 = 111$,$\lambda = 2.11$;Gamma 分布的谱参数 $n_0 = 1027$,$\lambda = 4.07$,$\mu = 1.62$,Gamma 分布曲线向下弯曲。M-P 分布对雨滴谱拟合的平均相对误差为 269%,在雨滴直径在 0.31~1.63 mm 拟合较好,平均相对误差为 19%,直径大于 1.63 mm 拟合较差,平均相对误差为 581%。Gamma 分布对实测雨滴谱拟合的平均相对误差为 24%,直径在 0.31~2.38 mm,Gamma 分布对小粒子拟合很好,平均相对误差仅为 9%,直径大于 2.38 mm,Gamma 分布拟合的平均相对误差为 63%。对于存在大粒子的积层混合云,Gamma 分布能更好的体现大滴增多导致的实际曲线的弯曲情况。

为了讨论降水的物理特征,利用雨滴谱资料分别计算了微物理特征量。表 5 给出了 43 次积层混合云降水过程的微物理参量的平均值,其中第 41 次降水过程中雨滴平均数浓度出现最大值,为 1083 个·m^{-3},而平均雨强和平均含水量在第 4 次降水过程最大,分别为 2.84 mm·h^{-1}、0.79 g·m^{-3};第 12 次降水过程出现雨滴平均数浓度最小值,为 38 个·m^{-3}。

表 5　2013—2014 年 43 次积层混合云降水微物理参量平均值

次数	数浓度/个·m^{-3}	雨强/mm·h^{-1}	含水量/g·m^{-3}	雷达反射率因子/dBZ	次数	数浓度/个·m^{-3}	雨强/mm·h^{-1}	含水量/g·m^{-3}	雷达反射率因子/dBZ
1	125	0.86	0.24	162.0	23	137	1.69	0.47	522.9
2	410	0.94	0.26	68.3	24	188	1.05	0.29	113.6
3	100	1.07	0.30	70.5	25	261	0.80	0.22	44.5
4	391	2.84	0.79	390.6	26	86	0.80	0.22	56.1
5	454	2.43	0.68	210.7	27	195	1.51	0.42	368.5
6	160	2.28	0.43	301.5	28	252	0.85	0.24	65.5
7	365	1.57	0.44	119.0	29	457	0.94	0.26	23.0
8	158	1.09	0.30	103.7	30	396	0.74	0.15	21.8

次数	数浓度 /个·m⁻³	雨强 /mm·h⁻¹	含水量 /g·m⁻³	雷达反射率因子 /dBZ	次数	数浓度 /个·m⁻³	雨强 /mm·h⁻¹	含水量 /g·m⁻³	雷达反射率因子 /dBZ
9	183	1.92	0.53	193.4	31	365	2.65	0.74	334.6
10	114	0.93	0.26	69.0	32	192	1.71	0.48	123.1
11	194	1.02	0.28	66.3	33	659	1.81	0.50	84.4
12	38	0.30	0.08	29.6	34	611	2.47	0.69	188.5
14	229	2.06	0.57	419.8	35	203	1.87	0.52	87.5
13	92	0.68	0.19	74.0	36	318	0.82	0.23	46.6
15	477	0.43	0.12	28.4	37	461	1.09	0.30	66.9
16	402	1.66	0.46	136.9	38	478	1.44	0.40	47.0
17	131	0.54	0.15	36.5	39	498	1.65	0.50	56.0
18	120	0.39	0.11	20.5	40	253	1.64	0.45	196.5
19	396	1.94	0.54	213.8	41	1083	1.24	0.34	35.5
20	81	0.80	0.22	120.0	42	196	1.26	0.35	210.0
21	103	0.73	0.20	50.5	43	738	0.89	0.25	26.4
22	265	1.66	0.46	105.6					

3.2 各档雨滴直径对雨强的贡献

图 2 为 2013—2014 年 3 次积层混合云降水中各档直径雨滴对总雨滴数浓度和雨强的贡献。将雨滴分为 0 mm<D≤1 mm、1 mm<D≤2 mm、2 mm<D≤3 mm 和 D>3 mm 4 个档。0 mm<D≤1 mm 降水粒子数占总降水数浓度的 87%,对雨强的贡献率为 71%;1 mm<D≤2 mm 降水粒子数占总降水数浓度的 13%,对雨强的贡献率为 26%;2 mm 以上降水粒子数占总降水数浓度的 1%,对雨强的贡献率为 3%。直径小于 1 mm 的雨滴对数浓度的贡献最大,对雨强的贡献最大。2 mm 以上的雨滴占总数浓度的比例虽只占 13%,但对雨强的贡献却占到 29%,可见大滴虽然所占比重很小,但大滴的尺度大,对雨强的贡献不能忽视。在山东、江苏、辽宁等地区研究结果(濮江平等,2012;周黎明等,2014;房彬等,2016)中也表明积层混合云中大滴对雨强的贡献较大。

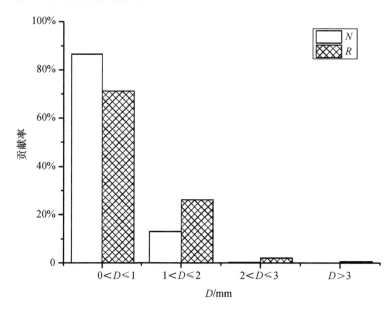

图 2　43 次降水过程各档直径雨滴对总数浓度和雨强的贡献

3.3 雨强和各参量的关系

对 43 次积层混合云降水过程中的雨强、数浓度、含水量等物理量的变化进行分析,在双对数坐标上给出了 43 次降水过程所有数浓度和含水量的分钟值随分钟雨强的变化(图 3),可以看到含水量与雨强呈线性相关,李景鑫等(2010)对雷州半岛的积层混合云降水研究也有相同的结果,这说明不同地区的积层混合云的性质相似,雨强越大则含水量越大。积层混合云由对流云和层状云组成,因此,积层混合云的雨强量级范围较大,从 1×10^{-2} mm·h^{-1} 到 1×10^{2} mm·h^{-1},积云降水强度高,对总降水量的贡献也较大(洪延超等,1987)。雨滴数浓度量级从 1×10 个·m^{-3} 到 1×10^{4} 个·m^{-3},宫福久等(1997)发现层状云和积层混合云雨滴数浓度的量级分别为 1×10^{2} 个·m^{-3} 和 1×10^{3} 个·m^{-3}。

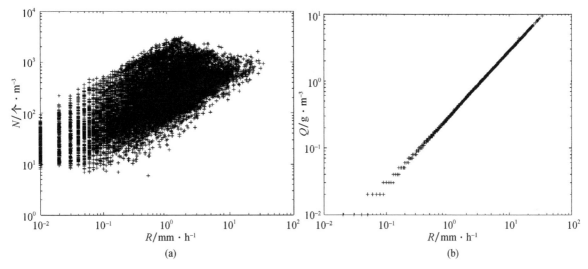

图 3　不同物理参量数浓度(a)、含水量(b)随雨强的变化关系

图 4 为计算得到的 43 次降水过程雨滴有效半径及最大直径分钟值与分钟雨强的关系,有效半径 R_e 的范围是 0.18～1.37 mm,最大直径在 0.56～6.5 mm 范围变化,雨强随雨滴有效半径和最大直径的增大均呈增强趋势,雨强最大值达到 33.98 mm·h^{-1},降水强度大于 15 mm·h^{-1} 较强的区域主要集中在雨滴有效半径 0.6～1 mm,最大直径 3.5～6 mm 范围内,这也反映出大粒径的雨滴对雨强的贡献不容忽视。

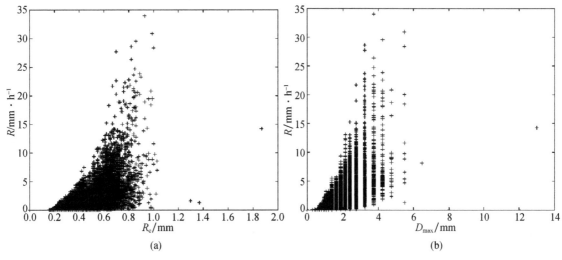

图 4　雨滴有效半径(a)、最大直径(b)与雨强的关系

3.4 *Z-R* 关系

新一代天气雷达的降水系列算法中 WSR-88D 的 *Z-R* 关系采用的是美国夏季深对流云降水统计得到 $Z=300R^{1.4}$,*Z-R* 关系的本地化对提高西安雷达定量估测降水精度至关重要。本研究致力于得到适应西

安地区积层混合云降水的 Z-R 关系,并应用该关系改进西安雷达估测积层混合云降水的精度。图 5 是通过最小二乘法拟合 43 次积层混合云降水过程中 Z 和 R 的分钟值得到的 Z-R 关系 $Z=168R^{1.43}$。

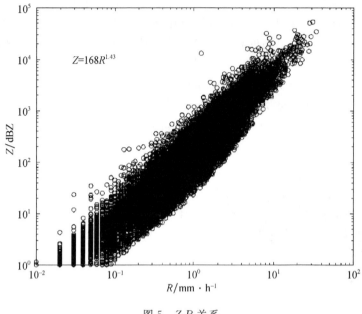

图 5 Z-R 关系

Atlas 等(1999)统计了不同降水过程 Z-R 关系系数 A 和 b 的关系,发现 A 和 b 成反相关。Maki 等(2001)指出,在 b 值相同时,A 值越大表示雨滴尺度越大。此次研究中,关注 5—10 月每个月中积层混合云降水过程的 A 和 b 的变化,表 6 给出了 5—10 月中的 A 和 b 值,7 月、9 月和 10 月共 3 个月的 b 值均为 1.37,其中 7 月 A 值最大,为 207,9 月 A 值最小,为 125。

结合表 6 和图 6 可以看出,较大的 A 值对应较小的数浓度,也就是说 7 月的积层混合云中雨滴尺度较大,数浓度较小,9 月雨滴尺度较小,而数浓度较大。由表 6 和图 7 可知,7 月和 9 月的 b 值相当,且雨强相当。综上可见,7 月的积层混合云降水以雨滴尺度较大,数浓度较小的对流性降水为主,9 月以雨滴尺度较小,而数浓度较大的层状云降水为主。

表 6 不同月份的积层混合云降水的 A 和 b 值

月	A	b
5	183	1.45
6	195	1.42
7	207	1.37
8	151	1.53
9	125	1.37
10	183	1.37

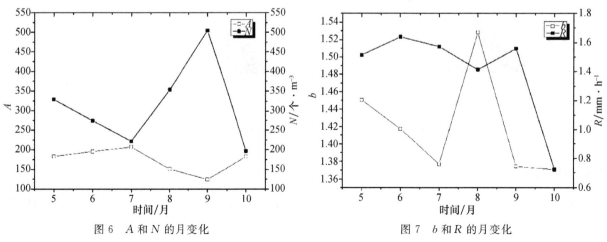

图 6 A 和 N 的月变化   图 7 b 和 R 的月变化

3.5 雷达估测降水修正方案

对 43 次降水过程中 $0.5°$ 仰角的雷达观测回波强度 Z_{rad} 和 Parsivel 计算的回波强度 Z_{par} 的比较，Z_{par} 与 Z_{rad} 的相关性较好，相关系数为 0.6（表 4）。将所有点按照 Z_{par} 的大小分为 5 档：$Z_{par}<10$ dBZ、10 dBZ$\leqslant$ $Z_{par}<20$ dBZ、20 dBZ$\leqslant Z_{par}<30$ dBZ、30 dBZ$\leqslant Z_{par}<40$ dBZ、$Z_{par}\geqslant40$ dBZ。由表 7 可知，随着 Z_{par} 的增大，5 档的差值平均值分别为 -14.2 dBZ、-6.2 dBZ、-0.9 dBZ、5.9 dBZ、20.6 dBZ，其中当 20 dBZ$\leqslant$ $Z_{par}<30$ dBZ 时，差值平均值最小，样本数为 1 522 个，占总样本数的 36%；当 10 dBZ$\leqslant Z_{par}<20$ dBZ 时，Z_{par} 平均值比 Z_{rad} 小 6 dBZ，样本数有 1 550 个，占 37%。经过分析可知，$Z_{par}<30$ dBZ 时，雷达有高估回波强度的情况，当 $Z_{par}\geqslant30$ dBZ 时，雷达有低估回波强度的情况。

表 7 Z_{rad} 和 Z_{par} 差异统计

Z_{par}/dBZ	$Z_{par}-Z_{rad}$ 平均值/dBZ	样本数/个	占总样本数
$Z_{par}<10$	-14.2	844	20%
$10\leqslant Z_{par}<20$	-6.2	1 550	37%
$20\leqslant Z_{par}<30$	-0.9	1 522	36%
$30\leqslant Z_{par}<40$	5.9	249	6%
$Z_{par}\geqslant40$	20.6	14	1%

3.6 雷达估测降水个例

2013 年 7 月 2 日降水过程是一次积层混合云降水过程，降水过程从 08:55 开始持续到 14:22 结束。图 8 是 2013 年 7 月 2 日 08:55—14:22 微物理量随时间的变化图，此次过程中总降水量 12.43 mm，平均雨滴数浓度为 160 个·m^{-3}，平均含水量 0.43 g·m^{-3}，平均雨强 2.28 mm·h^{-1}，最大雨强达 5.61 mm·h^{-1}。

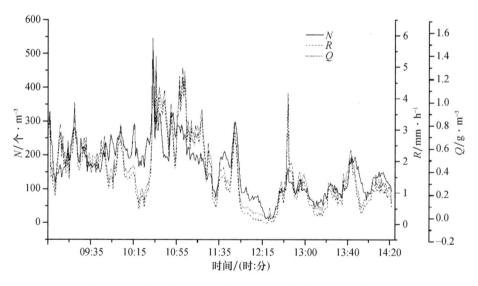

图 8 2013 年 7 月 2 日 08:55—14:22 微物理量随时间的变化

图 9 是 2013 年 7 月 2 日降水过程中 Z_{par} 与 Z_{rad} 的对比分析。从图中可以看到，Z_{par} 与 Z_{rad} 随时间的变化有较好的一致性，两者的相关系数为 0.65。当 20 dBZ$\leqslant Z_{par}<30$ dBZ 时，二者的一致性较好；当 $Z_{par}<30$ dBZ，Z_{par} 低于 Z_{rad}，表明雷达有高估回波强度的现象；而当 $Z_{par}\geqslant30$ dBZ 时，Z_{par} 高于 Z_{rad}，表明雷达存在低估回波强度的情况。由于 Z_{par} 变化范围较大，且 Z_{par} 在不同范围时雷达高估和低估回波强度的情况不一，因此对雷达回波修正时参考表 7 中雷达反射率因子和雨滴谱反射率因子的强度差异分 5 档对积层混合云降水回波进行修正。当 $Z_{par}<10$ dBZ，Z_{rad} 减小 7 dBZ；当 10 dBZ$\leqslant Z_{par}<20$ dBZ，Z_{rad} 减小 3 dBZ；当 20 dBZ$\leqslant$

$Z_{par}<30$ dBZ,Z_{rad}不变;当 30 dBZ$\leqslant Z_{par}<40$ dBZ 时,Z_{rad}增加 3 dBZ;当 $Z_{par}\geqslant40$ dBZ,Z_{rad}增加 10 dBZ。

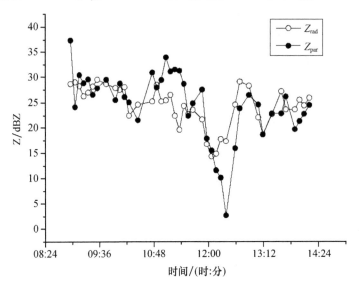

图 9　2013 年 7 月 2 日 08:55—14:22 Z_{par} 和 Z_{rad} 对比分析

　　在新一代天气雷达预测降水时,通常是依据经验公式 $Z=300R^{1.4}$ 得到降水量,但对于不同地区不同降水云系,雷达对降水强度的低估或高估会对降水量预测带来较大的误差,对雷达回波的修正是非常必要的。对于此次降水过程,根据统计的结果 $Z=168R^{1.43}$ 对雷达实测回波 Z_{rad} 进行校正,再对 Z_{rad} 进行校正后计算降水量,并与 Parsivel 观测的降水量进行比较,比较结果见表 8。由表 8 可以看出,此次过程 Parsivel 降水量为 12.43 mm,而根据经验公式 $Z=300R^{1.4}$ 得到的过程降水量只有 6.05 mm(相对误差 51.3%),利用统计公式 $Z=168R^{1.43}$ 得到的降水量为 9.27 mm(相对误差 25.4%),对雷达实测回波修正后,降水量为 10.05 mm,修正回波估测得到的降水量最为接近 Parsivel 观测的降水量,因此,对不同地区不同降水云系等 Z-R 关系的统计以及雷达回波修正对雷达估测降水的本地化是十分必要的,可以有效提高雷达估算降水的准确性。

表 8　Parsivel 测得的降水量与 Z-R 公式估计的降水量差异

Parsivel 观测降水量	$Z=300R^{1.4}$计算降水量	$Z=168R^{1.43}$计算降水量	
	不修正回波	不修正回波	修正回波
12.43 mm	6.05 mm	9.27 mm	10.05 mm

4　结论

　　本文利用 2013—2014 年 5—10 月西安地区的观测资料对积层混合云降水的微物理特征进行分析,并且得出了西安本地化的 Z-R 关系,最后对雷达估测的降水量进行本地化应用,主要结论如下。

　　(1)对 43 次积层混合云降水的平均雨滴谱分布拟合发现,平均雨滴谱分布呈单峰型,谱宽范围为 0.31~4.75 mm。无论是 M-P 分布和 Gamma 分布都对小粒子的拟合较好,Gamma 分布对于大粒子的拟合明显优于 M-P 分布。积层混合云雨滴数浓度最大值及对雨强的贡献最大值均出现在直径小于 1 mm 范围内。

　　(2)通过最小二乘法对所有的积层混合云降水建立了 Z-R 关系 $Z=168R^{1.43}$;对不同月的雷达参数 A 和 b 分析中发现 5—10 月的 A 和 b 成反相关,且相关关系为 $A=10^{2.33}b^{-0.65}$,研究发现 7 月和 9 月 b 值相同,雨滴数浓度相当,较大(小)A 值对应较大(小)的雨滴尺度,表明 7 月的积层混合云降水中对流性降水占主导,9 月则是层状云降水占主导。

　　(3)通过对比 Z_{rad} 和 Z_{par} 发现,当 Z_{par} 小于 30 dBZ 时,雷达对回波强度明显高估;当 Z_{par} 大于 30 dBZ 时,雷达对回波强度有低估现象,此次研究针对积层混合云的 Z_{rad} 提出了 5 档修正方案。

　　(4)利用雷达经验公式 $Z=300R^{1.4}$ 和新建立的积层混合云关系式 $Z=168R^{1.43}$ 分别估测 2013 年 7 月 2

日积层混合云降水过程的降水量,与 $Z=300R^{1.4}$ 估测的降水量(6.05 mm,相对误差 51.3%)相比,$Z=168R^{1.43}$ 估测的降水量(9.27 mm,相对误差 25.4%)更接近实测降水量(12.43 mm),利用 5 档修正方案对雷达回波修正后估算的降水量有小幅增加。结果表明,采用适于积层混合云的 Z-R 关系对于提高雷达估算降水的准确性非常有必要。

参考文献

房彬,郭学良,肖辉,2016.辽宁地区不同降水云系雨滴谱参数及其特征量研究[J].大气科学,40(6):1154-1164.

冯雷,陈宝君,2009.利用 PMS 的 GBPP-100 型雨滴谱仪观测资料确定 Z-R 关系[J].气象科学,29(2):192-198.

宫福久,刘吉成,李子华,1997.三类降水云雨滴谱特征研究[J].大气科学,21(5):607-614.

何宽科,范其平,李开奇,等,2007.舟山地区台风降水 Z-R 关系研究及其应用[J].应用气象学报,18(4):573-576.

洪延超,黄美元,吴玉霞,1987.梅雨锋云系中尺度系统回波结构及其与暴雨的关系[J].气象学报,45(1):56-64.

胡子浩,濮江平,张欢,等,2014.Parsivel 激光雨滴谱仪观测较强降水的可行性分析和建议[J].气象科学,34(1):25-31.

晋立军,封秋娟,李军霞,等,2012.自动激光雨滴谱仪在雷达降水估测中的应用[J].气候与环境研究,17(6):740-746.

李景鑫,牛生杰,王式功,等,2010.积层混合云降水雨滴谱特征分析[J].兰州大学学报(自然科学版),46(3):56-61.

刘红燕,陈洪滨,雷恒池,等,2008.利用 2004 年北京雨滴谱资料分析降水强度和雷达反射率因子的关系[J].气象学报,66(1):125-129.

濮江平,张昊,周晓,等,2012.对流性降水雨滴谱特征及其与雷达反射率因子的对比分析[J].气象科学,32(3):253-259.

濮江平,赵国强,蔡定军,等,2007.Parsivel 激光降水粒子谱仪及其在气象领域的应用[J].气象与环境科学,(2):3-8.

王建初,汤达章,1981.不同雨型的 Z-I 关系及几种误差讨论[J].大气科学学报,(2):185-191.

岳治国,梁谷,2018.陕西渭北一次降雹过程的粒子谱特征分析[J].高原气象,37(6):1716-1724.

张扬,刘黎平,何建新,等,2016.雨滴谱仪网数据在雷达定量降水估测中的应用[J].暴雨灾害,35(2):173-181.

赵城城,杨洪平,刘晓阳,等,2014.大雨滴对雷达定量测量降水的影响研究[J].暴雨灾害,33(2):106-111.

周黎明,王俊,龚佃利,等,2014.山东三类降水云雨滴谱分布特征的观测研究[J].大气科学学报,37(2):216-222.

庄薇,刘黎平,王改利,等,2013.青藏高原复杂地形区雷达估测降水方法研究[J].高原气象,32(5):1224-1235.

Atlas D,Ulbrich C W,Marks Jr F D,et al,1999.Systematic variation of drop size and radar-rainfall relations [J].Journal of Geophysical Research,104(D6):6155-6169.

Atlas D,Williams C R,2003.The anatomy of a continental tropical convective storm [J].Journal of the Atmospheric Sciences,60(1):3-15.

Chumchean S,Sharma A,Seed A,2003.Radar rainfall error variance and its impact on radar rainfall calibration [J].Physics and Chemistry of the Earth,28(1):27-39.

Maki M,Keenan T D,Sasaki Y,et al,2001.Characteristics of the raindrop size distribution in tropical continental squall lines observed in Darwin,Australia [J].Journal of Applied Meteorology,40(8):1393-1412.

Marshall J S,Palmer W M K,1948.The distribution of raindrops with size [J].Journal of Meteorology,5(4):165-166.

Nzeukou A,Sauvageot H,Ochou A D,et al,2004.Raindrop size distribution and radar parameters at cape verde [J].Journal of Applied Meteorology,43(1):90-105.

Rosenfeld D,Ulbrich C W,2003.Cloud microphysical properties,processes,and rainfall estimation opportunities [J].Meteorological Monographs,30:237-258.

Seed A W,Nicol J,Austin G L,et al,2010.The impact of radar and raingauge sampling errors when calibrating a weather radar [J].Meteorological Applications,3(1):43-52.

Smith J A,Krajewski W F,1993.A modeling study of rainfall rate-reflectivity relationships [J].Water Resources Research,29(8):2505-2514.

Steiner M,Smith J A,Burges S J,et al,1999.Effect of bias adjustment and rain gage data quality control on radar rainfall estimation [J].Water Resources Research,35(8):2487-2504.

Thurai M,Petersen W A,Tokay A,et al,2011.Drop size distribution comparisons between Parsivel and 2-D video disdrometers [J].Adv Geo Sci,30:3-9.

Tokay A,Short D A,1996.Evidence from tropical raindrop spectra of the origin of rain from stratiform versus convective clouds [J].Journal of Applied Meteorology,35(3):355-371.

Ulbrich C W,1981.Effect of size distribution variations on precipitation parameters determined by dual-measurement techniques[C]//Conference on Radar Meteorology.Boston:MA,276-281.

基于火箭探空资料的冰雹云内部结构个例分析[*]

李金辉　田　显　岳治国

(陕西省人工影响天气办公室,西安 710015)

摘　要:利用探空火箭、新一代天气雷达和气象探测资料对 2015 年 7 月 17 日延安市宝塔区冰雹云进行了综合探测,结果如下。(1)当日 08:00 500 hPa 河套低涡分裂东移,有较强冷平流且移动速度较快,地面 14:00 升温明显造成了这次降雹。(2)偏后位置的冰雹云内部温、湿条件,对流指数(Tg),整层比湿积分(IQ),总指数(TT)均小于外部的自然大气;层结稳定度指数(K)、抬升指数(LI)、沙氏指数(SI)冰雹云内部比外部自然大气偏小;热力参数风暴强度指数(SSI)冰雹云内部低于外部自然大气;冰雹云内部能量参数($CAPE$)、对流加速度(Vm)明显低于自然大气;冰雹云内部 0 ℃层高度低于冰雹云外部自然大气。(3)火箭探测的位置偏冰雹云后部,冰雹云由低层到高层风向呈递时针变化,探空仪摆动明显,−20 ℃温度层偏高,气流较强,整层偏下沉气流。(4)冰雹云 0 ℃层附近温度为 5.0~1.8 ℃,厚度 1.0 km 范围内有最大湿度区,湿度达 80% 以上,最大湿度 87.1%,为冰雹的形成提供了水汽条件。(5)紧贴 0 ℃层下部,有最大水平风速为 19 m/s 急流,厚度为 0.022 km。在温度为 5.0~4.8 ℃,厚度为 1.6 km 范围内维持 13 m/s 以上水平风速,为冰雹的形成提供了动力场条件。(6)温度为 −8.7~9.2 ℃,厚度 0.2 km,有小于或等于 2 m/s 弱风区,弱风区下方 −4.6~8.8 ℃,厚度 0.889 km 有上升气流,平均上升速度 1.79 m/s,对最大上升速度 4 m/s,这种配置为冰雹的生长提供了环境场。

关键词:冰雹云,结构,气象要素,特征

1　引言

　　冰雹是强对流天气过程的一种产物,具有突发性、局地性特点,经常对工农业生产、交通运输以及人民生命财产造成严重危害,特别是陕西渭北地区冰雹灾害对苹果的生产影响较大,因此各级政府非常重视人工防雹工作,经费投入大。在冰雹云结构研究方面,根据雹云垂直剖面和平面回波及地面实况,推测出了冰雹云二维结构(廖远程,1986,1990),冰雹日出现逆温层的概率为 61%(廖远程等,1982)。多普勒雷达反演雹暴水平流场与垂直气流结构可以看出,垂直剖面上的气流有良好的组织,表现出强烈的旋转和上升(葛润生等,1998),在冰雹云的识别及提前识别方面,冰雹云和雷雨云雷达回波特征有明显区别(肖辉等,2002),提出了利用雷达强回波 45 dBZ 高度识别和提前识别冰雹云的方法(李金辉等,2007),在冰雹形成及人工防雹机理方面,主要是采用数值模式的方法进行研究,建立了三维冰雹分档强对流数值模式和循环增长机制(郭学良等,2001a,2001b),利用发展的三维弹性冰雹云催化模式模拟研究了冰雹形成机制和催化防雹机制(洪延超,1999;洪延超等,2002),利用改进的三维完全弹性强对流云模式,模拟研究了强降水云物理过程(肖辉等,2002),利用三维冰雹云模式讨论了过冷雨水低含量条件下冰雹形成和增长机制及 AgI 催化效果(李宏宇等,2003)等。在三维完全弹性冰雹云模式的基础上,把雨滴冻结过程作了进一步改进,增加了雨滴冻结成霰的过程,通过模拟部分冰雹中存在过冷雨水累积带,累积带中的过冷雨水有利于雹块的增长(周玲等,2001;胡朝霞等 2003)。

　　在对冰雹云探测方面的研究,目前采用的主要手段是雷达。利用 C 波段双线偏振雷达探测冰雹云,

---

[*] 发表信息:本文原载于《大气科学》,2020,44(4):748-760.

　　资助信息:公益性行业(气象)科研专项(GYHY201306060),国家重点研发计划项目(2016YFA0601704),西北区域人影科学试验研究项目(RYSY201905)。

反射率因子和降雹强度不一定是一一对应关系(刘黎平等,2002),在弱天气尺度系统影响下,天气尺度分析不足以判断强天气发生的潜势条件,探空资料的中尺度及其综合图分析能够清楚地反映冷暖平流、干线、湿舌、显著流线及切变线的位置,是强对流天气分析的有效手段(潘留杰等,2013),在降水发生前,低层大气表现为对流不稳定,降水发生后,对流不稳定能量得到释放,大气趋于稳定(周围等,2018)。在新的探测技术研究方面,利用地基微波辐射计对咸宁一次冰雹天气过程进行了监测分析,固、液、气混合相态变化非常复杂,过冷水滴与冰粒子消耗过程、贝吉隆过程和过冷水滴与冰晶增长过程交替出现,产生了相对湿度在 6 km 以下低于 80% 的区域,从而形成了冰雹生长过程中交替干、湿增长生长环境,非常有利于冰雹粒子群快速累积以及分层增长(唐仁茂等,2012);对流云单体合并主要发生在低层辐合区内,合并后上升运动加强,上升气流范围变大,闪电活动显著增强,并主要发生在具有较强垂直风切变的区域,少部分闪电发生在对流区后部开始出现下沉气流的区域(徐燕等,2018),雨滴谱仪粒子谱特征分析表明:冰雹数浓度占总降水粒子数浓度的 0.3%,而冰雹对总降水量的贡献为 37%,经验公式计算的冰雹末速度平均相对误差为 2.8%(岳治国等,2018)。

近年,探空火箭受到各国的重视,国内外研制和应用了不同高度和种类的探空火箭,广泛应用于地球资源勘探、天文观测、高空物理学、微重力条件下的材料加工实验等领域。陕西省人工影响天气办公室和中天火箭股份有限公司合作研制的 TK-2GPS 气象探测火箭(以下简称探空火箭),搭载长峰 CF-06-A 型 GPS 探空仪,该探测火箭具有全天候快速获取 7.0 km 以下高度范围内大气的温度、湿度、压力和风速、风向及经纬度等数据能力,探测的气象资料除满足人影科学作业需求外还可补充常规气象探空资料,为中尺度数值预报提供探空资料补充,发射系统和接收处理系统设备适应性强,能够满足野外环境工作需求。本文利用新研制的探空火箭对冰雹云进行了探测,揭示了冰雹云内部温度、湿度、风场及垂直气流的变化特征,为更好地了解、认识冰雹云结构,开展人工防雹作业提供了参考。

2 数据来源及方法

探空火箭布设在冰雹出现较多的延安市富县北道德乡、延安市宝塔区气象站、咸阳市长武县,3 个火箭探空点均为固定点(图 1)。在强对流天气过境时向对流云中发射探空火箭,取得探空资料。2015 年 6—8 月共发射 10 枚探空火箭。咸阳长武县因站点改造没有发射探空火箭外,其他延安市富县北道德乡成功发射了 8 枚探空火箭,延安市宝塔区气象站成功发射了 2 枚探空火箭,成功发射火箭探测的 9 d 中,6 d 在探空附近出现了降雹天气,2 次进入了冰雹云内部(表 1)。

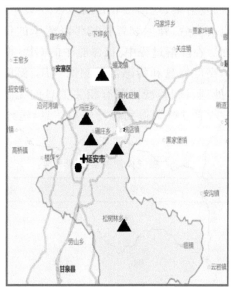

图 1 探空火箭布设的位置示意图

(十表示雷达探测位置;•表示探空火箭发射位置;▲表示降雹地点)

表 1 2015 年探空火箭发射时间、地点、降雹区域

序号	火箭发射时间	火箭发射地点	天气情况	降雹区域及时间	备注
1	2015 年 6 月 16 日 20:14	富县北道德乡	晴天	无	无云
2	2015 年 7 月 5 日 16:57	富县北道德乡	雷雨	上游咸阳市长武县 21:26	入对流云
3	2015 年 7 月 14 日 14:39	富县北道德乡	雷雨	上游旬邑县 13:30、麟游县 13:18	没有入云
4	2015 年 7 月 15 日 16:00	富县北道德乡	对流前	咸阳彬县	入云
5	2015 年 7 月 16 日 17:22	延安市宝塔区	雷雨	无	没有入云
6	2015 年 7 月 17 日 18:04	延安市宝塔区	冰雹云	延安市宝塔区 16:00—20:00	入云
7	2015 年 7 月 20 日 14:26	富县北道德乡	雷雨	延安市宝塔区 14:30	入云
8	2015 年 7 月 21 日 15:41	富县北道德乡	雷雨	延安市富县降雹 16:30—17:35	入云
9	2015 年 7 月 21 日 16:25	富县北道德乡	冰雹云	延安市富县降雹 16:30—17:35	入云
10	2015 年 8 月 9 日 16:18	富县北道德乡	晴天	无	没有入云

利用 2015 年 7 月 17 日常规天气资料,14:00 加密探空气象资料、延安市新一代天气雷达(5 cm)及 7 月 16—17 日火箭探空资料,对比分析了冰雹云外部(与 14:00 气象加密探空对比)的对流参数变化特征及冰雹云内部温度、湿度、风速、风向、垂直速度随高度变化特征,在计算冰雹云垂直气流速度时由于空气密度、气压的变化原因,火箭下降速度越来越慢,利用 7 月 16 日同一地点的火箭探空资料校准下降速度,得出冰雹云内垂直气流的真实速度。

据灾情信息,2015 年 7 月 17 日 16:00—20:00,延安市宝塔区遭遇强对流天气袭击,对流云滞留时间长,发展旺盛,此次风雹灾害受灾人口约 2200 人,直接经济损失达 520 万元。有 6 个乡镇不同程度降雹,4 个乡镇出现暴雨,姚店镇达到大暴雨,2 h 降水量达 82.2 mm,农作物受灾面积 159.3 hm²,其中葡萄、梨等林果业严重受损 44.6 hm²,大棚受损 87 个,蔬菜、西瓜、小瓜、红薯等经济作物严重受损面积 54.6 hm²,玉米、谷子等农作物严重受损面积 60.0 hm²,直接经济损失 310 余万元。

3 火箭探空的方法及探头精度

3.1 火箭探测系统组成及工作原理

探空火箭系统由探测火箭、地面发射架、地面接收设备以及安装了数据接收处理程序的笔记本电脑等组成。探空火箭发射升空到预定高度后,弹射装置将携带降落伞的仪器舱弹射到大气中,降落伞打开后带着火箭探空仪徐徐下落到地面。在降落过程中,仪器舱中的 GPS 模块通过接收 GPS 卫星信号,经过计算,随时得到火箭探空仪的位置、高度信息和传感器探测的气压、温度、湿度、风向、风速等大气基本物理参数信息,经过微型处理器初步处理、调制,变成载有相关信息的无线电波,经发射机发送到地面。接收机收到发射机传来的无线电信号,通过解调得到各种气象信息,送计算机进行处理,供分析使用,表 2 为探空火箭主要技术参数。

表 2 探空火箭主要技术参数

参数名称	单位	参数
弹径	mm	81
弹长	m	1.56
全弹质量	kg	8.6
发射最大高度	km	≥8(射角 75°)
仪器舱降落速度	m/s	≤7
残骸降落速度	m/s	≤10

参数名称	单位	参数
数据采集频率	Hz	1
气压测量范围	hPa	$10\sim1100(\pm0.5)$
气温测量范围	℃	$-50\sim60(\pm0.2)$
湿度测量范围	—	$0\sim100\%(\pm2\%)$
风速测量范围	m/s	$0\sim25(\pm0.3)$
风向测量范围	—	$0°\sim360°(\pm3)$
电池	—	可充锂电
工作时间	h	>1

3.2 探空仪精度

探空火箭搭载的探空仪为长峰 CF-06-A 型 GPS 探空仪,该探空仪作为中国气象局指定代表参加了 2010 年 7 月在广东阳江由世界气象组织(WMO)举办的第八届国际 GPS 探空仪比对试验,取得了综合得分第四名的成绩,是唯一通过国际竞标拿到 GPS 探空仪国际订单的探空仪,能够满足全球气候观测系统(GCOS)探空的要求和技术水平。根据 WMO 公布的分析报告,CF-06-A 型 GPS 探空仪在以下几个方面的技术处于世界领先水平:温度传感器的防辐射处理技术领先,在气压为 10 hPa 的高度时,温度修正值仅为 0.6 ℃,在所有参赛探空仪中最低;完成处理后的温度传感器响应时间最快,在气压为 10 hPa 的高度,相对响应时间为 4 s;高度、气压与风场的探测与计算,处于领先地位。

长峰 CF-06-A 型 GPS 探空仪整体相对系统温度偏差为 0.4 ℃,30 km 高度以下温度系统偏差在 0.2 ℃,表现比较稳定;湿度探测结果除距地面 2~5 km 外基本呈偏干状态,14 km 高度以下湿度系统偏差在 4%;风速最大系统偏差为 0.4 m/s,长峰探空仪则整体波动稍大,为 0.2~1.0 m/s。对于东西风分量,均在 0.2 m/s。

3.3 火箭探空与气象探空比较

火箭探空与气象探空所用的探测仪器均为探空仪。两种探测方式不同,火箭探空是由高空到地面取得气象数据,而气象探空由地面到高空取得气象数据;获取气象数据的方式不同,火箭探空的位置信息依赖于全球卫星定位系统(GPS),在地面接收数据,气象探空的数据靠探空站 L 波段探空雷达系统接收;获取气象数据的高度不同,火箭探空发射高度小于 8 km,气象探空可以探测到 30 km 以上。

两种探空仪同步对比试验。2011 年 5 月 24 日 23:00,在西安泾河探空站(当日天气晴好,地面风速 1.1 m/s,海拔高度 411 m)利用 L 波段探空系统施放气球中,搭载火箭探空仪和气象探空仪。火箭探空与气象探空的温度、气压、湿度、风向、风速两种探测手段的探空曲线有较好的一致性,火箭探空温度 1000 m 高度上可以看见较明显的逆温,火箭探空温度数值略高,大约 4 ℃,火箭探空湿度平均误差 8%。

两种探空对比试验。2011 年 4 月 14 日气象探空在西安泾河探空站施放,探测时间 07:15,火箭探空在西安市临潼区新市镇(海拔高度 361 m 位于泾河探空站东北方向大约 23.79 km)采用移动火箭车方式发射,发射时间 07:26,火箭探空与气象探空温度、气压、湿度、风向、风速曲线等趋势有较好的一致性,火箭探空与气象探空在 2500 m 以下温度误差 1.0 ℃,湿度误差在 16%。

2013 年改用精度较高的长峰 CF-06-A 型 GPS 探空仪。2014 年 10 月 9 日—11 月 5 日,四川市宜宾市人工影响天气中心工作人员陆续发射了 10 枚探空火箭。火箭探空与气象探空对比分析表明:探空火箭仪能够比较好地描述温度、湿度、露点、风向、风速等气象要素的变化特征,探空火箭仪温度廓线与 L 波段探测数据非常一致,且可以清楚地描述大气中存在的逆温特征。湿度、露点等廓线存在一定的偏差,误差来源于探测方式、时间、位置不同,本文使用的探空火箭为同一批次的火箭。

4 冰雹云火箭探测

4.1 降雹日天气形势

2015 年 7 月 17 日 08:00 500 hPa 天气图显示(图 2),蒙古低窝前部有冷空气下滑,延安市宝塔区上游有最低温度−12.0 ℃的冷平流闭合区域,槽线位于河套、延安、渭南一线,槽线南北分布,槽后有风速大于或等于 14 m/s 西北气流大风区域,18:00 卫星云图显示为涡旋云系后部对流云团,降雹区域的延安宝塔区 08:00—14:00 地面升温明显,达 10.0 ℃。降雹区位于槽线或 700 hPa 切变线曲率最大处。雷达显示:对流云 10:17 开始在宝塔区上游西北方向 160 km 的定边、鄂托克旗出现,云顶高度 12:23 达到 11 km,15:16 达到 14 km,移动方向为由东南到西北,最后变为西北到东南向,延安市宝塔区、宜川、富县、铜川王益 16:00—20:00 陆续降雹。另外,08:00 延安市宝塔区上游银川市探空资料显示(图 3):沙氏指数 −2.39 ℃,K 指数 33 ℃,对流不稳定。

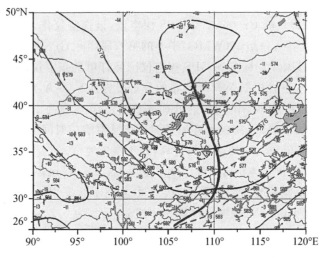

图 2　2015 年 7 月 17 日 08:00 500 hPa 天气图

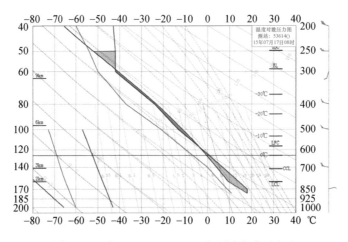

图 3　2015 年 7 月 17 日 08:00 银川市气象站探空

4.2 降雹日火箭探空分析

4.2.1 冰雹云的识别

根据"九五"国家科技攻关成果,陕西省旬邑县冰雹云识别指标:冰雹云初期回波和强回波都出现在 0 ℃层到−5 ℃层,强冰雹云 45 dBZ 回波顶高大于 8 km,弱冰雹云 45 dBZ 回波顶高为 7～8 km;另外,结合渭北地区冰雹云雷达识别指标:7月45 dBZ回波高度大于或等于7 261 m属冰雹云的酝酿阶段。

2015年7月17日延安市雷达组合反射率显示,17:20对流云团呈西南—东北分布,并向东南方向移动(图4a)。16:52在雷达站西南方向高显显示(图4c),三块多单体对流云45 dBZ雷达强回波高度达到8 km以上,回波顶高度在10 km以上;17:20(图4d)在雷达站东北方向45 dBZ雷达强回波高度也达到8 km以上,云顶高度达到11 km,均为冰雹云。另外通过过测站的雷达回波强度垂直剖面显示(图4b),冰雹云在17:14已经形成,45 dBZ雷达强回波高度达到8 km以上,因扫描模式的原因云顶高度不能精确判断,但属于冰雹云回波,与图4c和4d得出的对流云团属于冰雹云团结论一致。

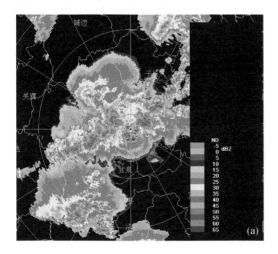
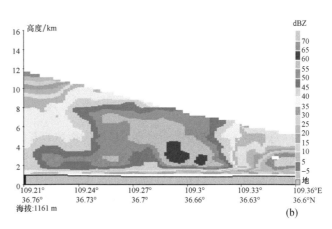

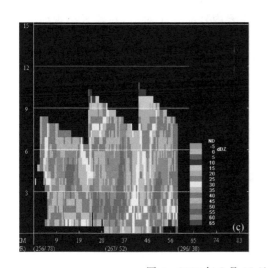
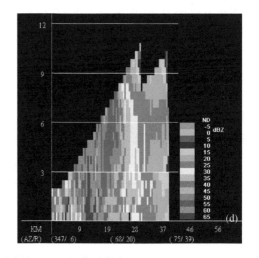

图4 2015年7月17日延安市雷达站17:20组合反射率(a)和
17:14、16:52、17:20回波强度垂直剖面(b、c、d)

4.2.2 火箭探空冰雹云内外的对流参数比较

4.2.2.1 探空火箭的飞行轨迹

探空火箭发射时间为2017年7月17日18:04,发射探空火箭时,进行了时间校对。结合新一代天气雷达图,火箭探空的位置偏冰雹云的后部(图5a),雷达中心偏西南5 km处的宝塔区气象局为火箭探空发射的位置,火箭发射方向为西北方向,火箭升空到7800.2 m后,打开降落伞,探空仪出仓,9 s后达到8353 m,随后探空仪向东北方向漂移,18:12:15探空仪下降到4209 m,探空仪移动方向为偏东南方向,18:17:49探空仪下降到3145 m向西南方向移动(图5b),探空仪降落到地面用时23 min 2 s。

4.2.2.2 降雹前后对流参数的比较

为了了解冰雹云内外对流参数的变化,探空资料选取延安市宝塔区降雹上游的银川市08:00、延安站08:00、14:00、20:00及火箭探空的对流参数(表3)。温湿条件参数选Tg(对流指数)、IQ(整层比湿积

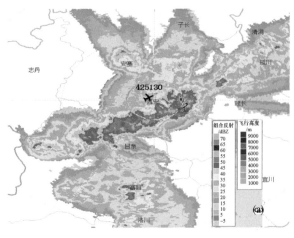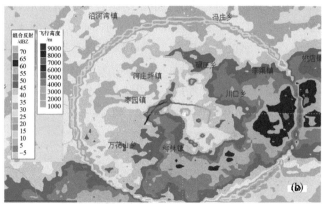

图5 2015年7月17日火箭探空雷达回波及位置(曲线为火箭探空轨迹)

(a) 开始时间 18:06;(b) 结束时间 18:28

分)、TT(总指数),层结稳定度参数 SI(沙氏指数)、K(K 指数)、LI(抬升指数)。热力参数选择 SSI(风暴强度指数)。能量参数选 $CAPE$(对流有效位能),特殊层选 zh(0 ℃层高度)、$-20H$(−20 ℃层高度)、$TcLp$(抬升凝结高度)、Vm(对流加速度)。

通过对比可以看出:温湿条件方面火箭探空的冰雹云内部 Tg 为 21.2 ℃,IQ 为 2376.0 g/kg,TT 为 43.0 ℃,均小于冰雹云外部的自然大气,说明周围环境大气更有利于发生对流,由于火箭探空位置偏冰雹云后部,整层湿度条件不是很好;层结稳定度方面降雹前的 14:00 K、LI、SI 分别为 34.0 ℃、−4.9 ℃、−2.6 ℃,冰雹云内部为 30.0 ℃、3.0 ℃、2.8 ℃,K 值表明冰雹云内外易发生对流,对流云出现前大气发生雷暴的概率更大,可能有分散雷暴和成片雷暴产生,LI、SI 说明发生对流前大气层结更加不稳定;热力参数 SSI 256.2,低于冰雹云外部自然大气;能量参数 $CAPE$ 冰雹云内部为 0.1 J/kg,而降雹前的14:00 延安市探空 $CAPE$ 为 1407.5 J/kg,降雹前大气中的能量较强;冰雹云内部 0 ℃层高度 3800.0 m 与 14:00 探空相比明显偏低,偏低了 561.2 m,而冰雹云内部 −20 ℃层高度比降雹前偏高,可能是低层有冷空气,高层空气抬升对流混合所致;Vm 14:00 明显偏高,达到 53.0 m/s,而冰雹云内部 Vm 仅为 0.4 m/s,明显偏小,探测位置偏冰雹云后部,下沉气流所致。

表3 延安市降雹前后探空对流参数比较

	2015 年 7 月 17 日 08:00 银川市探空	2015 年 7 月 17 日 08:00 延安市探空	2015 年 7 月 17 日 14:00 延安市探空	2015 年 7 月 17 日 18:00 延安市火箭探空	2015 年 7 月 17 日 20:00 延安市探空
A 指数	7.0	17.0	−2.0	10.0	14.0
Tg/℃	25.8	23.7	33.6	21.2	25.9
IQ/(g/kg)	2043.3	2489.7	2992.2	2376.0	2611.0
TT/℃	53.0	49.0	50.0	43.0	45.0
SI/℃	−2.39	−0.63	−2.60	2.80	0.32
K/℃	33.0	35.0	34.0	30.0	29.0
LI/K	−1.86	2.76	−4.90	3.00	1.61
SSI	251.9	195.7	262.0	256.2	261.2
$CAPE$/(J/kg)	241.8	0.0	1407.5	0.1	24.0
zh/m	3994.5	4022.4	4361.2	3800.0	4326.5
$-20H$/m	6792.7	7010.0	7338.3	7440.0	7582.4
$TcLp$/hPa	794.6	851.9	816.3	814.0	850.1
Vm/(m/s)	22.0	0.0	53.0	0.4	6.9

4.2.2.3　冰雹云内部湿度、温度场分布特征

探空仪开伞后,迅速适应环境,在 25 s 达到最大海拔高度 8364.0 m,冰雹云从 7824.8 m 到地面,相对湿度在 60% 以上,最大相对湿度为 80% 以上的高度在 4028.2～3028.7 m,厚度大约 1.0 km,温度为 −1.82～4.87 ℃,说明 0 ℃ 层附近的相对湿度最大,为冰雹的形成提供了水汽条件(图 6)。温度变化由高到低递减,探空仪出仓 10 s,温度达到 −20.50 ℃,25 s 达到 −24.91 ℃,为探空的最低温度,随后随着探空仪下降,温度缓慢增加,在 06 分 10 秒—06 分 24 秒,5567.1～5466.1 m 高度,厚度 101.0 m 内有平均温度相差 0.34 ℃ 的逆温层,温度递减率 0.34 ℃/100 m,在 14 分 42 秒—15 分 24 秒,2790.4～2598.5 m 高度,191.9 m 厚度内有最大温度误差为 0.34 ℃ 的逆温层,温度递减率 0.18 ℃/100.0 m(图 7)。

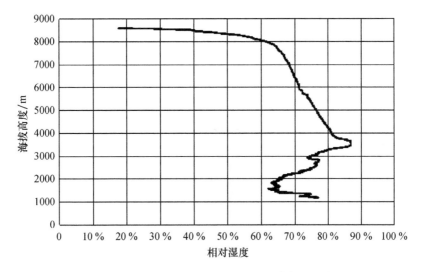

图 6　2015 年 7 月 17 日 18:04—18:28 火箭探空湿度变化

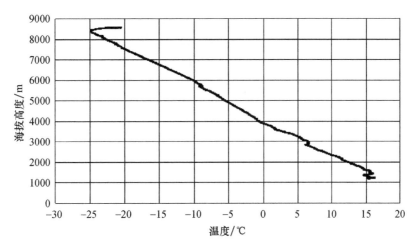

图 7　2015 年 7 月 17 日 18:04—18:28 火箭探空温度变化

温度探测表明这次冰雹云有两个逆温层,低层的逆温较弱,高层逆温较强。逆温层是稳定的层结,它的存在阻碍了对流层中上部对流扰动的发展,限制了浓积云、积雨云发展,从温度层结来看,它不利于对流发展,然而考虑湿度层结对稳定的影响,高层逆温层存在着有利于对流发展的一面,高层逆温层阻碍着中低层水汽向高层的输送,向上传输的水汽只能集中在逆温层之下,最大相对湿度为 80% 以上的高度在 4028.2～3028.7 m,逆温层主要起到了干暖盖聚能作用,它阻碍了湿空气向上穿透,有利于中低层增暖、增湿,使潜在的不稳定能量增加,在天气系统配合下,大量的不稳定能量得以释放,造成暖湿气流强烈的辐合上升,对流引起更加强烈的对流,突破高层逆温,快速形成冰雹,导致冰雹天气的发生发展。

4.2.2.4 冰雹云内部风速风向变化特征

冰雹云内部的风向变化由低层到高层,呈逆时针变化,探空仪有摆动,说明云层对流较强(图8)。在 5742.2 m 以上水平风速大于或等于 10 m/s;5361.1～5461.0 m 厚度 100 m 有水平风速小于或等于 2 m/s 弱风区,对应的温度在 −9.24～8.72 ℃;在 3001.5～4645.5 m,厚度 1644 m,有水平风速大于或等于 13 m/s 的大风区,与大风区对应的湿度较大,湿度为 77.1%～87.1%;在 3455.3～3477.3 m,厚度 22 m,有最大 水平风速 19 m/s 急流,对应的温度为 1.3 ℃,即在 0 ℃层下面有厚度为 22 m,水平风速 19 m/s 急流;在 0 ℃层上面 −9 ℃左右有厚度为 100 m 水平风速小于或等于 2 m/s 弱风区。这些流场结构为冰雹的形成 提供了动力条件和环境场条件(图9)。

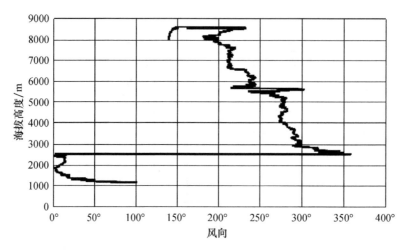

图 8 2015 年 7 月 17 日 18:04—18:28 火箭探空风向变化

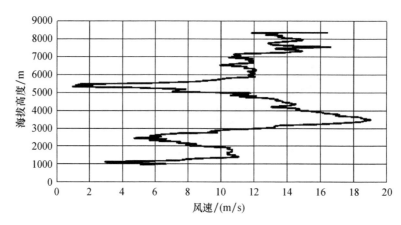

图 9 2015 年 7 月 17 日 18:04—18:28 火箭探空风速变化

4.2.2.5 冰雹云内部垂直速度变化特征

探空仪一秒读取一个数据,除有温度、湿度、风向、风速等气象要素外,还有海拔高度,用后一时次减 去前一时次海拔高度,可以推算出火箭的下降速度,利用冰雹云内火箭下降速度与没有对流的探空火箭 下降速度比较,可以推算出冰雹云内部垂直气流速度。

火箭探空仪的下降速度受初始下降速度和气压及空气密度的影响。正常情况下探空火箭有降落伞, 下降应该匀速,但是受气压及空气密度影响,探空仪下降过程中速度越来越小,平均降落速度从 7 km 以 上到地面大约减少 2.00 m/s。如延安市富县 2015 年 6 月 16 日 19:47—20:11 探空仪下落过程中,海拔 高度 7 km 以上平均降落速度比 2 km 以下平均降落速度快 2.13 m/s,2015 年 8 月 9 日 15:49—16:10,探空 仪海拔高度 7 km 以上平均降落速度比 2 km 以下平均降落速度快 2.00 m/s,延安市宝塔区 2015 年 7 月 16 日 17:22—17:48 火箭探空仪下降速度海拔高度 7 km 以上平均降落速度比 2 km 以下平均降落速度快 1.96 m/s,受气压及空气密度影响,每千米高度平均减小下落速度 0.28 m/s。另外统计四次探空火箭 7～ 8 km 高度初始平均降落速度为 6.62 m/s,2015 年 7 月 17 日 18:04,7～8 km 高度平均降落速度为

7.12 m/s,初始降落速度误差在 1 m/s 之内。

为了准确得到冰雹内部垂直速度,利用延安市宝塔区气象站探空前一天试发的一枚探空火箭的下降速度为参考,校准 2015 年 7 月 17 日 18:04—18:28 冰雹云内部火箭下降速度,如果冰雹云内部同高度火箭下降速度大于试射火箭下降速度,则说明有下降气流,反之冰雹云内部有上升气流。图 10 给出了延安宝塔区 2015 年 7 月 16 日 17:22—17:48 火箭探空仪下降速度随海拔高度变化,图 11 给出了 2015 年 7 月 17 日 18:04—18:28 冰雹云内探空仪下降速度减去同高度 7 月 16 日 17:22—17:48 火箭探空仪下降速度后,垂直气流速度随高度变化情况,可见:在 4601～5490 m(－4.6～8.8 ℃)有上升气流,平均上升速度 1.79 m/s,最大上升速度 4 m/s,其他层均为下沉气流。

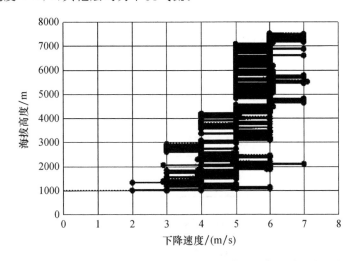

图 10　2015 年 7 月 16 日 17:22—17:48 火箭探空仪下降速度变化

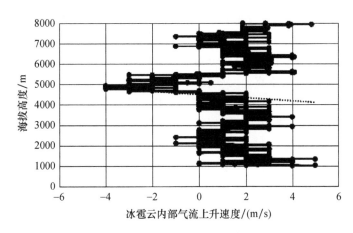

图 11　2015 年 7 月 17 日 18:04—18:28 火箭探空冰雹云内部气流上升速度变化

5　总结与讨论

综合火箭探测冰雹云得到的水平风速、垂直风速、湿度、温度等气象参数随高度变化特征,可以看出冰雹云偏后位置的基本流场结构特征:0 ℃层附近 3028.7～4028.2 m(4.98～1.82 ℃)厚度 1 km 范围内有最大湿度区,空气湿度达 80% 以上,最大湿度 87.1%,为冰雹的形成提供了充沛的水汽条件;水平风速的变化在 0 ℃层以下有两股水平急流,接近地面的 1363.5～1941.3 m 厚度 577.8 m 范围内有 10～11 m/s 水平急流;紧贴 0 ℃层下高度 3455.3～3477.3 m(－0.8～1.3 ℃)厚度 22 m 范围内有 19 m/s 水平急流;另外在 3028.7～4645.5 m(5.0～4.8 ℃)厚度 1616 m 范围维持大于或等于 13 m/s 水平风速,在 4361～5461 m(－8.7～9.2 ℃),有水平风速小于或等于 2 m/s 弱风区,弱风区附近 4601～5490 m 有上升气流,平均上升气流速度 1.79 m/s,最大上升气流速度 4 m/s,可能是冰雹的生长区(图 12)。

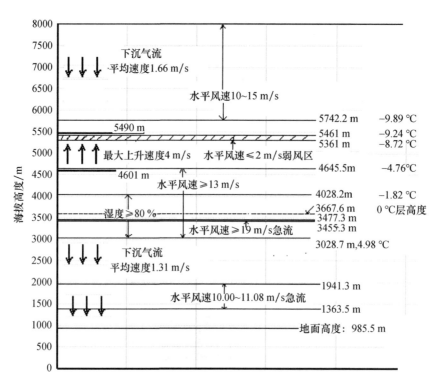

图 12　火箭探空冰雹云内部结构示意图

　　从探空仪穿过雹云温度脉动看,冰雹云有两个逆温层,5567.1～5466.1 m 高度,厚度 101 m,温度递减率 0.34 ℃/100 m,较强;低层 2790.4～2598.5 m 高度,厚度 191.9 m,温度递减率 0.18 ℃/100 m,比较弱。两层之间湿度最大,有利于水汽的凝聚,在高层逆温层附近的 4601～5490 m 有强的上升气流,平均上升速度 1.79 m/s,最大上升速度 4 m/s,一方面高层的逆温层抑制对流发展,另一方面逆温层附近有强的上升气流,这种配置对大粒子冰雹的生长十分有利。

　　利用对比方法校准计算冰雹云垂直速度变化,因火箭下降速度受初始下降速度和气压、空气密度、气流的变化影响较大,不同探空仪初始下降速度有误差,相对误差在 1 m/s 之内,受气压及空气密度影响,探空仪下降过程中速度越来越小,平均降落速度从 7 km 以上到地面大约减少 2 m/s,校准后计算冰雹云内垂直气流速度变化可能存在偏差,但是趋势是有价值的。

　　冰雹云内部与外部温湿条件、层结稳定度、热力参数、能量参数及特性层存在明显的区别。冰雹云内的湿度条件不是很好,有两个逆温层,热力参数 SSI 低于冰雹云外部自然大气,能量参数 CAPE 小于降雹前 14:00 延安市宝塔区自然大气,降雹前大气中的能量较强。冰雹云内部 0 ℃层高度与 14:00 自然大气相比明显偏低,而冰雹云内部 -20 ℃层高度比降雹前偏高,可能是对流混合所致,降雹前的 Vm 对流加速度 14:00 明显偏高,达到 53.0 m/s,而冰雹云内部 Vm 仅为 0.4 m/s,明显偏小,可能处于冰雹云后部,主要为下沉气流所致。

　　这次冰雹云天气过程为飑线过境的单带多单体回波,属于较强的冰雹云体。14:06,在延安市宝塔区西北方向有西北到东南带状回波向东北方向移动;15:15 之后,整个云团呈逆时针缓慢旋转;16:00 形成西南到东北方向带状回波,同时在延安市宝塔区东北方向 30 km 处,有新生单体生成,稳定少动,与原带状回波形成两条平行带状回波;17:48 两个带状回波合并,形成一条带状回波,继续向东南方向移动;17:48 带状回波继续南下东移;21:46,云层整体减弱东移。可见这次冰雹的形成是对流云逆时针方向缓慢旋转,对流云团在生消过程中移动方向发生变化,并与前面的带状回波发生合并形成降雹。

　　径向速度垂直剖面(VCS)可以看出(图略):两个带状回波合并前的 17:26,雷达的西南方向带状回波为多单体,流场结构复杂,强回波区域主要为下沉气流,在延安市宝塔区东北方向新生单体的为多单体,低空 3 km 以下有向雷达的径向速度,高层有远离雷达的径向速度;18:00 冰雹云前部显示有悬挂回波,有高度为 5 km 左右的向雷达的楔形上升气流,可以看到旋转;18:17 冰雹云东北方向前部显示有悬挂回波,维持5 km左右的向雷达的楔形上升气流,最大径向速度达到10 m/s。

虽然这次火箭探测位置偏于冰雹云的后部,由于雷达的观测位置与探空火箭发射位置相差5 km左右,不能很好地反映探测火箭在冰雹云内部的相对高度位置及当时的雷达回波强度等参数,但仍然看到了冰雹云中湿度最大区域与水平风速,上升气流区配置合理,为冰雹的生长提供了适宜的动力场和环境场。综合分析,冰雹云内部流场结构复杂,冰雹云移动方向的前部有与冰雹云移动方向相反的低层气流,冰雹生成阶段悬挂回波明显,楔形上升气流高度可达到5 km,冰雹云后部主要为下沉气流。

参考文献

葛润生,姜海燕,彭红,1998.北京地区雹暴气流结构研究[J].应用气象学报,9(1):1-6.

郭学良,黄美元,洪延超,等,2001a.三维冰雹分档强对流云数值模式研究Ⅰ.模式建立及冰雹的循环增长机制[J].大气科学,25(5):707-720.

郭学良,黄美元,洪延超,等,2001b.三维冰雹分档强对流云数值模式研究Ⅱ.冰雹粒子的分布特征[J].大气科学,25(6):856-864.

洪延超,1999.冰雹形成机制和催化防雹机制研究[J].气象学报,57(1):31-45.

洪延超,肖辉,李宏宇,等,2002.冰雹云中微物理过程研究[J].大气科学,26(3):421-432.

胡朝霞,李宏宇,肖辉,等,2003.旬邑冰雹云的数值模拟及累积带特征[J].气候与环境研究,8(2):196-208.

李宏宇,胡朝霞,肖辉,等,2003.人工防雹实用催化方法数值研究[J].大气科学,27(2):212-222.

李金辉,樊鹏,2007.冰雹云提前识别技术研究[J].南京气象学院学报,30(1):114-119.

李伟,赵培涛,郭启云,等,2011.国产GPS探空仪国际对比试验结果[J].应用气象学报,22(4):453-462.

廖远程,1986.雹暴逆温层特征分析[J].高原气象,5(2):172-179.

廖远程,1990.甘肃冰雹云结构研究[M].北京:气象出版社:1-99.

廖远程,李生柏,1982.冰雹云气流和温度结构分析[J].大气科学,6(1):103-108.

刘黎平,2002.双线偏振多普勒天气雷达估测混合区降雨和降雹方法的理论研究[J].大气科学,26(6):761-772.

潘留杰,张宏芳,王楠,等,2013.陕西一次强对流天气过程的中尺度及雷达观测分析[J].高原气象,32(1):278-289.

唐仁茂,李德俊,向玉春,等,2012.地基微波辐射计对咸宁一次冰雹天气过程的监测分析[J].气象学报,70(4):806-813.

肖辉,吴玉霞,胡朝霞,等,2002.旬邑地区冰雹云的早期识别及数值模拟[J].高原气象,21(2):159-166.

肖辉,王孝波,周非非,等,2004.强降水云物理过程的三维数值模拟研究[J].大气科学,28(3):385-404.

徐燕,孙竹玲,周筠珺,等,2018.一次具有对流合并现象的强飑线系统的闪电活动特征及其与动力场的关系[J].大气科学,42(6):1393-1406.

岳治国,梁谷,2018.陕西渭北一次降雹过程的粒子谱特征分析[J].高原气象,37(6):1716-1724.

张元,刘东升,王维佳,等,2016.TK-2GPS人影火箭探空数据与L波段探空数据对比分析[J].高原山地气象研究,(1):91-95.

周玲,陈宝君,李子华,等,2001.冰雹云中累积区与冰雹的形成的数值模拟研究[J].大气科学,25(4):536-550.

周围,包云轩,冉令坤,等,2018.一次飑线过程对流稳定度演变的诊断分析[J].大气科学,42(2):339-356.

陕西渭北一次降雹过程的粒子谱特征分析*

岳治国　梁　谷

(陕西省人工影响天气中心,西安 710016)

摘　要:冰雹的大小、浓度和末速度等特征参量对冰雹云及人工防雹研究至关重要。基于 Parsivel 激光降水粒子谱仪观测的 2013 年 5 月 22 日陕西渭北一次降雹过程的资料,结合雷达反射率回波和自动站分钟降水量,分析了降雹过程中的雨强、雨量、最大冰雹直径、数浓度、谱分布、冰雹末速度等物理量随时间的演变。主要结论为:(1)计算了降雹过程的平均粒子谱分布,并使用 M-P 分布对雨滴和冰雹分段进行了拟合,直径 0.3~4.75 mm 的雨滴谱拟合相关系数为 0.95,直径 5.5~11 mm 的冰雹谱拟合相关系数为 0.99;(2)冰雹数浓度占总降水粒子数浓度的 0.3%,而冰雹对总降水量的贡献为 37%;(3)降雹过程中,雨滴和冰雹数浓度同时增加或减小,冰雹分钟数浓度最大为 5 个·m^{-3},雨滴分钟数浓度最大为 1423 个·m^{-3};(4)国内首次现场观测了冰雹的末速度,使用实测值拟合得到了平均冰雹末速度与冰雹直径的经验公式,经验公式计算的冰雹末速度平均相对误差为 2.8%。该项研究将为更深入地研究冰雹的形成过程和更有效地实施人工防雹作业奠定基础,也对数值模式的显式云物理方案发展有重要参考价值。

关键词:Parsivel;降水粒子谱仪,冰雹谱,M-P 分布,冰雹末速度

1　引言

冰雹是常见的气象灾害之一,对农业生产有严重的影响[1-3]。冰雹的大小、形状、浓度、密度、末速度等参量对冰雹云及人工防雹研究至关重要。由于冰雹出现稀少及降雹参量变化较大等原因,一般采用一些廉价且能大量使用的累计式冰雹测量仪器,以便获取是否降雹及冰雹累计量的信息。如冰雹印迹板是最为广泛使用的累计式测雹办法,其利用冰雹质量和末速度差异造成的不同印痕来分析雹粒大小、质量等参量[4-8]。印迹法的优点是成本低、简单方便、可供野外大量布设,可以指示有无冰雹、估计冰雹大小、按一定假设计算冰雹的落地动能。但由于冰雹形状复杂,密度差异大,印迹法不能准确获得冰雹大小、降雹时间和冰雹空间浓度,也无法区分不同降雹过程和冰雹印痕重叠的影响等。

为了更深入研究冰雹及人工防雹,人们设计并制作了记录冰雹大小、降雹起止时间的仪器。如雹雨分离器,但这些仪器都无法直接测量冰雹粒子的下落速度,而降水粒子的下落末速度是降水研究和数值模拟[9]中最重要的微物理量之一,下落末速度与降水粒子质量共同决定了降水粒子的动能。降水对污染物的清除作用与降水粒子的落速有直接关系,由雨滴落速计算得到的雨滴谱分布也是气象测雨雷达探测回波的基础。冰雹造成灾害的程度与其落地的动能大小密切相关,因而冰雹下落末速度是冰雹研究的重要特征量。Macklin 等[10]直接测量了 17 个人造冰雹从 2 km 高空落下的下落末速度。Auer[11] 在北美高原海拔 2.1 km 处对球形和圆锥形软雹及冰雹的降落末速度进行了实测。徐家骝[12-13]根据冰雹阻力系数的半经验关系及 Macklin 等[10]的实测值,研究了雹胚、小冰雹和冰雹末速度的近似公式。我国对实况降雹下落末速度的测量研究未见报道。

目前,除了架设地面防雹网的防雹措施外,我国各地广泛开展了地面高炮和火箭人工影响冰雹云的

---

* 发表信息:本文原载于《高原气象》,2018,37(6):1716-1724.

资助信息:国家重点研发计划项目(2018YFC1507903、2016YFA0601704),中国气象局西北区域人影科学试验研究项目(RYSY201905、RYSY201909),陕西省重点研发计划项目(2020SF-429)。

防雹作业。这些高炮和火箭防雹的理论基础能够影响冰雹形成的物理过程,以达到减轻冰雹灾害的目的。这就必须先认识冰雹的形成过程和条件,雹云的生消规律和地面降雹等特征。地面降雹的粒子谱特征在一定程度上反映了冰雹在对流云内的生长情形,是冰雹研究的一个重要内容。本文根据 Parsivel 激光降水粒子谱仪(以下简称 Parsivel)观测的陕西渭北一次降雹过程中的粒子直径谱和速度谱资料,分析降雹过程中的雨滴及冰雹谱的演变特征。这将为更深入地研究冰雹的形成过程和更有效地实施人工防雹作业奠定基础,也对数值模式的显式云物理方案发展有重要参考价值。

2 观测及资料订正

德国 OTT 公司生产的 Parsivel 是以激光为基础的新一代光学粒子测量仪器,测量面积为 3×18 cm^2,可测量直径(D)在 $0.2 \sim 25$ mm、速度(v)在 $0.2 \sim 20$ m·s^{-1} 的液体和固态降水粒子。仪器有 32 个直径测量档和 32 个速度测量档,采样间隔可设为 10 s$\sim$2 h,每一采样间隔内的测量数据有 $32 \times 32 = 1024$ 个[14]。

本研究使用的 Parsivel 布设于陕西渭北东部的韩城市气象站(海拔高度 458 m)值班室屋顶位于气象观测场正北 90 m 处。自 2012 年 6 月开始连续观测,采样间隔为 1 min。Parsivel 完整记录了 2013 年 5 月 22 日下午韩城市气象站降雹期间的粒子谱资料。由于 Parsivel 无法准确区分雨滴和冰雹粒子,故仪器记录的降水粒子应为雨和雹兼有。由于自然降水中大部分直径大于 5 mm 的雨滴在降落到地面过程中已经破碎,地面大于 5 mm 的雨滴很少见到。本文分析中将直径小于 5 mm 的降水粒子视为雨滴、直径大于 5 mm 的降水粒子视为冰雹粒子分析。

数据分析时参照王可法等[15]的方法对仪器测量中出现的异常数据(极大速度的小粒子和较低速度的大粒子)进行了判别和剔除。降水粒子重叠产生的系统误差,是由仪器观测原理所致,目前尚无较好的解决办法,本文将忽略这种误差的影响。计算降水粒子微物理参量时使用了 Parsivel 实测的下落末速度。

3 降雹过程介绍

受高空冷槽和低层风切变的影响,2013 年 5 月 22 日下午,甘肃庆阳东部,陕西渭北的咸阳北部、铜川、延安东南部长时间维持一个大范围(约 100 km×200 km)的强对流云团。延安市、咸阳市和渭南市的多个县(区)局地出现短时冰雹,最大冰雹直径达 20 mm,大多数冰雹直径在 10~20 mm。韩城市气象站当日下午出现短时雷阵雨天气,降雨中夹有冰雹,气象站记录 15:45—16:43 出现雷阵雨,云底高 900 m,16:11—16:18 出现降雹,最大冰雹直径 17 mm,最大平均重量为 2 g,以不规则形冰雹占多数。韩城降雹的对流云单体位于强对流云团的东南方向约 40 km 处,未与大范围强对流云团连成一体(图 1a 和 1c)。降雹单体从西南向东北移过韩城市气象站,该降雹单体的水平尺度大约 15 km×15 km。16:06,降雹单体强中心回波位于测站上空,中心最大强度达 65 dBZ,65 dBZ 的回波顶高超过 6.5 km(图 1a 和 1b),测站位于西安多普勒雷达 175 km 处,此处雷达体扫资料的垂直分辨率差。16:18,降雹对流单体的强回波区已移过测站(图 1c 和 1d),测站上空最大回波强度降为 23 dBZ。

图 2 为韩城市自动气象站分钟雨量与 Parsivel 计算分钟雨量的对比图。可见,22 日 15:49 开始,Parsivel 已显示有降水开始,而自动站雨量计在 15:54 才出现 0.1 mm 的降水。这与自动气象站翻斗雨量计的测量原理有关系,当雨量累计到 0.1 mm 时才记录一次。自动站最大分钟累计雨量为 1.0 mm,出现在 16:11 和 16:12,而相同时间 Parsivel 计算的分钟累计雨量为 1.1 mm 和 1.0 mm。随后,两者的数值都快速减少,直至为 0。15:45—16:30,雨量计观测的总雨量为 5.7 mm,Parsivel 计算的累计雨量为 6.0 mm,这 0.3 mm 的差异或为下列因素造成:①地面降水的不均匀分布;②小雨滴重影造成的 Parsivel 测量误差;③非球形冰雹按球形计算降水量带来的误差。与雨量计的对比来看,此次 Parsivel 的测量值准确可靠。

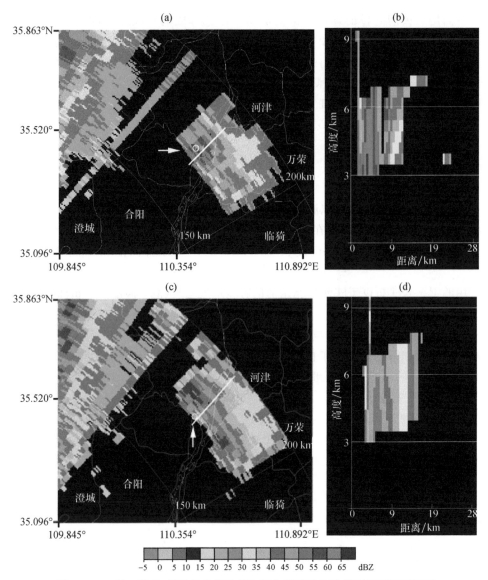

图1 2013年5月22日西安多普勒雷达组合反射率和垂直剖面反射率回波

(a、c中白色箭头所指的白色小圈为测站位置;白色直线为垂直剖面的位置)

(a)16:06组合反射率;(b)16:06垂直部分反射率;(c)16:18组合反射率;(d)16:18垂直部分反射率

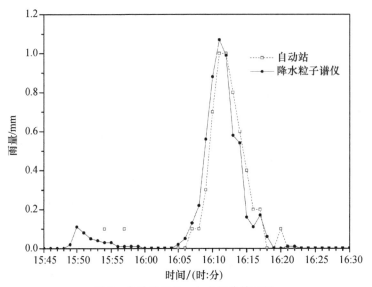

图2 自动站和Parsivel的分钟雨量

4 观测分析结果

4.1 降水粒子平均谱

16:05—16:24 降水粒子平均谱见图 3,平均谱基本为单调下降型。将雨滴和雹粒子用 M-P 分布公式 $N(D)=N_0 \times \exp(-\lambda D)$ 分段拟合的结果见式(1)和图 3。

$$N(D)=\begin{cases} 244.106 \times \exp(-2.102 \times D) & 0.30 \text{ mm} \leqslant D \leqslant 4.75 \text{ mm} \\ 177.602 \times \exp(-1.300 \times D) & 5.50 \text{ mm} \leqslant D \leqslant 11.00 \text{ mm} \end{cases} \tag{1}$$

式中:D 为降水粒子直径;$N(D)$ 为单位尺度间隔、单位体积内的降水粒子个数;N_0 和 λ 分别为谱参数。拟合结果为,0.30 mm<D≤4.75 mm 时,$N_0=244.106$ m^{-3}·mm^{-1},$\lambda=2.102$ mm,相关系数 0.95;5.50 mm ≤D≤11.00 mm 时,$N_0=177.602$ m^{-3}·mm^{-1},$\lambda=1.300$ mm,相关系数 0.99,此段拟合的结果与牛生杰等[5]等得到的宁夏的冰雹谱参数接近。

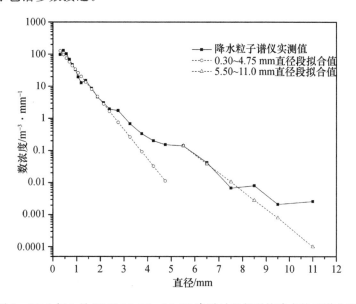

图 3 2013 年 5 月 22 日 16:05—16:24 降雹过程的平均降水粒子谱分布

4.2 微物理参数的演变

从降水粒子数浓度、最大直径和降水雨强随时间的变化(图 4)可见,Parsivel 记录的最大冰雹直径为 11 mm,小于人工观测的 17 mm,这可能与 Parsivel 较小采样面积(3 cm×18 cm)和降雹分布不均匀有关。15:46—16:01 对流单体强回波中心未到测站而云砧伸展到测站时,地面就出现了零星降水,并且降水粒子的直径都较大,数浓度小(0.5~54 个·m^{-3})。15:48 测站上空的雷达回波强度为 40 dBZ,而对流单体最大 60 dBZ 的强回波中心位于测站南部 10 km 处(图略)。15:50 降水粒子最大直径达 6.5 mm,可能是少量的小冰雹从云砧掉出降雹对流单体。15:54 测站上空的雷达回波强度减小为 28 dBZ,而对流单体中心回波强度增大为 65 dBZ,65 dBZ 强回波位于测站南部 6 km 处。16:02—16:04 测站无降水。16:05 测站再次出现降水粒子,最大直径为 3.25 mm,数浓度为 23 个·m^{-3}。16:06,65 dBZ 强回波区位于测站上空,测站周边5~10 km 为 55~60 dBZ 雷达回波(图 1a 和 1b)。4 min 后的 16:09,粒子的最大直径达到此次降雹过程的最大值(11 mm),并在此后的 3 min 内都出现了这一最大值,此时的数浓度为 182 个·m^{-3}。16:12,最大冰雹直径开始减小,降水粒子数浓度达到 1450 个·m^{-3} 的峰值,数浓度峰值在冰雹直径峰值后 3 min 出现。陈宝君等[16]、阮忠家[17] 和徐华英等[18] 的研究中也发现积雨云降水时降水粒子数浓度、雨强增大前有特大滴下落的现象。

16:12 测站上空的雷达回波强度减小到 45 dBZ,降雹单体 63 dBZ 的强回波中心移动到测站西北 4 km 处。

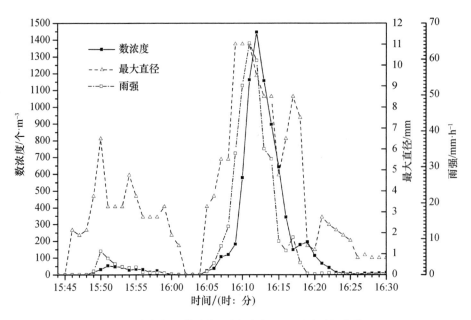

图 4　降水粒子数浓度、最大直径和雨强随时间变化

16:12以后,对流单体中心已经过测站,测站的降水粒子数浓度快速减小,而最大直径的变化起伏较大,降水粒子最大直径在16:15减小到4.75 mm,到16:17又增大到8.5 mm,随后急剧减小到1.2 mm又有小的起伏。

雨强与降水粒子数浓度的变化基本一致,15:50出现6.6 mm·h⁻¹的第一个雨强峰值,16:11出现64.5 mm·h⁻¹的过程最大雨强。

冰雹和雨滴20 min(16:05—16:24)内的总数浓度分别为24个·m⁻³和7218个·m⁻³,冰雹数浓度占总降水数粒子浓度的0.3%。直径在[0.3,1]、(1,2]、(2,3]、(3,4]、(4,5]、(5,11]的粒子数浓度分别占总数浓度的72.4%、21.9%、4.3%、0.8%、0.3%和0.3%,对降水量的贡献分别为3%、13%、18%、14%、15%和37%。可见,冰雹的数浓度虽很小,对地面降雨量的贡献却很大。

4.3　降水粒子谱的演变

降雹前后连续20 min的降水粒子谱见图5。16:05—16:08为连续降雹前的降雨阶段。粒子谱宽逐渐变宽,粒子数浓度缓慢增加,雨滴数浓度从21个·m⁻³上升至117个·m⁻³。16:06降雹单体的65 dBZ强雷达回波中心(图1a)位于测站上空。说明此时对流单体中存在很强的上升气流,足以托起冰雹粒子在空中不断长大,表现为很强的雷达回波和尺度小、浓度低的地面降水粒子。

16:09—16:18为雨夹雹阶段。16:09地面出现了直径5.5~11 mm的冰雹。16:09—16:14冰雹分钟数浓度为1~5个·m⁻³,随后冰雹分钟数浓度都小于1个·m⁻³。16:09—16:12雨滴分钟数浓度从165个·m⁻³增大到1423个·m⁻³,随后数浓度开始减小,到16:18雨滴分钟数浓度减为176个·m⁻³。16:18测站上空最大回波强度为23 dBZ,65 dBZ强雷达回波移到测站北部8 km(图1c),仍有直径7.5 mm的冰雹出现,这可能是降雹单体顶部后向气流带出的少量冰雹粒子。由图2可知,强降水时间短、降水量集中,说明对流单体中的上升气流在短时间内崩塌,对流单体中各种尺度的粒子都落向了地面,地面表现为各尺度粒子的浓度都快速增大。陈宝君等[16]发现,非降雹的积雨云降水中周期性出现大滴增多时,1~3 mm的水滴数明显减少,大滴可能是由较小滴碰并而形成。此次降雹过程中,雨滴和冰雹数浓度同时增加,与非降雹的积雨云降水粒子谱演变差异明显。

16:19—16:24为降水结束阶段。降水粒子最大直径减小到2 mm左右,雨滴分钟数浓度从194个·m⁻³快速减小到10个·m⁻³。

Parsivel为固定点观测,如做一个时空转换,将时间轴视为空间轴,16:05—16:06和16:22—16:24的粒子谱可看成是对流单体边缘的谱分布,16:10—16:14可看成是对流单体中心的粒子谱分布,其降水粒子谱形相似,数浓度接近。

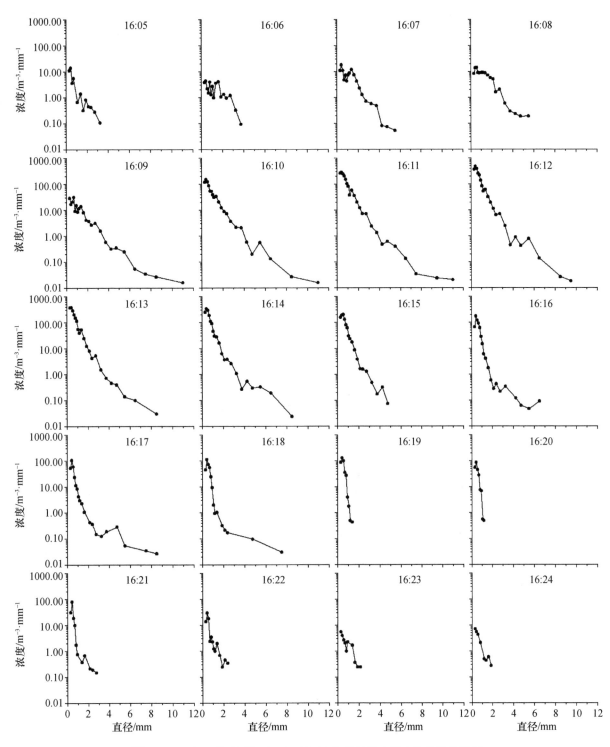

图 5 2013 年 5 月 22 日 16:05—16:24 降雹过程中降水粒子谱的演变

4.4 冰雹末速度

以前,受冰雹观测设备功能限制,对现场降雹的冰雹末速度观测很少。从徐家骝[12-13]的研究结果可见,单个冰雹的下落末速度与冰雹直径的指数相关。而实际影响冰雹末速度的因素很复杂,其受到冰雹初始降落高度、形状、密度、大小以及环境气流的影响。此次 Parsivel 观测到降雹过程中大于 5 mm 的冰雹粒子共 80 个(表 1),其中直径 9.5 mm 和 11 mm 冰雹的最大和最小末速度相同,而直径 5.5 mm 的冰雹最大与最小末速度差异最大,达到 6 m·s⁻¹。可见,实际降雹中大小相同的冰雹末速度差异也会很大。因此,研究不同尺度冰雹的平均下落末速度更具有实际意义和代表性。

利用公式 $v=a\times D^b$ 对观测的直径大于 5 mm 的冰雹粒子的平均下落末速度进行了拟合,得到系数 $a=2.364,b=0.817$,即冰雹的平均下落末速度经验公式:

$$v=2.364\times D^{0.817} \quad 5\ mm\leqslant D\leqslant 11\ mm \tag{2}$$

式中:D 为直径;v 为冰雹末速度。公式(2)计算的冰雹平均末速度(v_2)和 Parsivel 观测的冰雹平均末速度(v_{mean})分布见图 6。经验公式(2)的计算值与实测值相比,最大、最小和平均相对误差分别为 5.9%、0.1%和2.8%(表 1)。可见,经验公式(2)能较好地描述此次降雹过程的冰雹末速度。

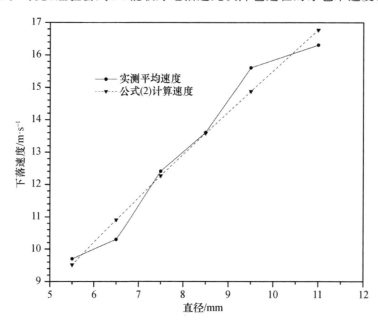

图 6　2013 年 5 月 22 日 16:05—16:24 冰雹粒子平均末速度及末速度经验公式(2)计算值

表 1　Parsivel 观测的冰雹粒子最大、最小和平均末速度与拟合公式(2)计算的冰雹末速度

直径 D/mm	降水粒子个数/个	最大速度 v_{max}/m·s^{-1}	最小速度 v_{min}/m·s^{-1}	平均末速度 v_{mean}/m·s^{-1}	公式(2)计算 v_2/m·s^{-1}	v_2相对误差 $\lvert v_{mean}-v_2\rvert/v_{mean}$
5.5	47	12.0	6.0	9.7	9.5	1.9%
6.5	18	12.0	8.8	10.3	10.9	5.9%
7.5	4	13.6	12.0	12.4	12.3	1.1%
8.5	6	15.2	12.0	13.6	13.6	0.1%
9.5	2	17.6	13.6	15.6	14.9	4.7%
11.0	3	17.6	13.6	16.3	16.8	2.9%

5　讨论

研究表明,93.5%的冰雹直径在 20 mm 以下[19],可见本文的降雹个例具有一定的代表性。一般的降雹过程都是冰雹与降雨共存的,以前的研究大多独立分析雨滴谱或冰雹谱,没有完整描述降雹过程的降水粒子。本文的研究完整展示了雹雨过程中雨滴和冰雹粒子谱特征,加深了人们对降雹过程的深入认识。这将为更深入地研究冰雹云和人工防雹效果评估工作打下基础。

中尺度数值模式的显式云物理方案一般将水成物分为云、雨、雪、冰晶、霰、冰雹等类型,这些水成物的实测值将有助于提高模式的模拟精度,而降雹过程中高时间分辨率的降水粒子尺度谱和速度谱实测值非常少。实测的冰雹平均谱、瞬时谱、末速度等特征量将对改进模式中冰雹过程的描述有重要参考意义。

由于降雹的少发性和分布不均,且以前国内新型的激光降水粒子谱仪布设较少,故新型仪器观测到的降雹过程非常稀少。目前,我国在全国气象台站布设了激光降水粒子谱仪用来识别降水天气现象,这将会记录大量的不同地区、各个季节、各种降雹尺度和降雹持续时间的冰雹粒子谱和速度谱数据,结合观测员的人工观测冰雹记录,将会进一步提升对我国冰雹的研究和认知水平。冰雹科研和防雹业务也急盼克服 Parsivel 不足的新型观测设备(例如能区分冰雹和雨滴,且同时测量其粒子谱)投入业务应用。

6　小结

通过分析 Parsivel 观测的一次降雹过程中降水粒子谱的特征,得到以下主要结论。

(1)Parsivel 记录了降雹从开始到结束的完整过程,其计算的过程总降雨量比翻斗雨量计观测的过程总降雨量大 0.3 mm。Parsivel 记录的最大冰雹直径小于人工观测结果,这可能与 Parsivel 较小采样面积和降雹分布不均匀有关。

(2)对流单体移动方向的前部会出现零星冰雹。对流单体中心的强回波维持几分钟后,地面的雨滴和冰雹数浓度迅速增加。连续的雨雹过程持续了 10 min,雨滴和冰雹数浓度同时增加或减小,冰雹分钟数浓度最大为 5 个·m^{-3},雨滴分钟数浓度最大为 1423 个·m^{-3}。

(3)降雹过程的最大雨强为 64.5 mm·h^{-1}。直径 0.3～5 mm 雨滴和直径 5～11 mm 冰雹数浓度分别占总降水粒子数浓度的 99.7％和 0.3％,而对总降水量的贡献分别为 63％和 37％。

(4)相同直径冰雹的末速度可能差异很大,不同直径冰雹的末速度可能相同。观测到冰雹最小的末速度为 6.0 m·s^{-1},最大末速度为 17.6 m·s^{-1}。依据实测值拟合得到的末速度经验公式平均相对误差为 2.8％。

参考文献

[1] 路亚奇,曹彦超,张峰,等.陇东冰雹天气特征分析及预报预警[J].高原气象,2016,35(6):1565-1576.

[2] 吕晓娜.河南一次强对流天气潜势、触发与演变分析[J].高原气象,2017,36(1):195-206.

[3] 万红莲,宋海龙,朱婵婵,等.过去 2000 年来陕西地区冰雹灾害及其对农业的影响研究[J].高原气象,2017,36(2):538-548.

[4] Sánchez J L, Gil-Robles B, Dessens J, et al. Characterization of hailstone size spectra in hailpad networks in France, Spain, and Argentina[J]. Atmos Res,2009,93(1-3):641-654.

[5] 牛生杰,马磊,翟涛.冰雹谱分布及 Z_e-E 关系的初步分析[J].气象学报,1999,57(2):90-98.

[6] 施文全,王昂生.冰雹微结构的分析研究[J].气象学报,1983,41(1):89-96.

[7] 石安英,孙玉稳,田志熙.冰雹谱分布特征的探讨[J].高原气象,1989,8(3):279-283.

[8] 徐家骝,黄孟容,刘钟灵,等.甘肃岷县地区 1964 年 6—7 月两次冰雹雹谱、雹切片的分析[J].气象学报,1965,35(2):251-256.

[9] 栾澜,孟宪红,吕世华,等.青藏高原一次对流降水模拟中边界层参数化和云微物理的影响研究[J].高原气象,2017,36(2):283-293.

[10] Macklin W C, Ludlam F H. The fallspeeds of hailstones[J]. Q J R Meteor Soc,1961,87(371):72-81.

[11] Auer A H. Distribution of graupel and hail with size[J]. Mon Weather Rev,1972,100(5):325-328.

[12] 徐家骝.冰雹阻力系数的半经验关系和末速度的近似公式[J].兰州大学学报(自然科学版),1978,14(1):90-103.

[13] 徐家骝.冰雹微物理与成雹机制[M].北京:中国农业出版社,1979.

[14] Löffler-Mang M, Joss J. An optical disdrometer for measuring size and velocity of hydrometeors[J]. J Atmos Ocean Tech,2000,17(2):130-139.

[15] 王可法,张卉慧,张伟,等.Parsivel 激光雨滴谱仪观测降水中异常数据的判别及处理[J].气象科学,2011,31(6):732-736.

[16] 陈宝君,李子华,刘吉成,等.三类降水云雨滴谱分布模式[J].气象学报,1998,57(4):123-129.

[17] 阮忠家,泰山两次雷雨云降水微结构的一些特征[M]//中国科学院地球物理研究所.我国云雾降水微物理特征的研究.北京:科学出版社,1965:49-61.

[18] 徐华英,李正洪,南岳一次阵性降水的演变特征[M]//中国科学院地球物理研究所.我国云雾降水微物理特征的研究.北京:科学出版社,1965:62-71.

[19] 王雨曾.降雹过程的动能分析[J].气象,1988,14(12):9-13.

2016 年 5 月 6 日重庆万盛短时强降水雨滴谱特征分析[*]

张丰伟[1,2]　张逸轩[3]　韩树浦[4]　王毅荣[1]

(1 甘肃省人工影响天气办公室,兰州 730020;2 中国气象局大气探测重点开放实验室,成都 610000;
3 重庆市人工影响天气办公室,重庆 400000;4 张掖市气象局,张掖 734000)

摘　要:利用激光雨滴谱仪对 2016 年 5 月 6 日四川盆地东南部与云贵高原交界处的重庆万盛地区一次由地形强迫抬升形成的短时强降水过程进行观测,分析了雨滴谱相关特征值变化情况。结果表明:雨滴谱能够较好地反映本次过程雨量的细节,谱型能够较好地反映对流的生消过程;雨滴的数浓度并不是影响雨强的决定性因素,粒子大小对雨强的贡献同样很重要;大粒子虽然很少,但对雨强的贡献远大于小粒子(如大于 3 mm 的粒子在雷达反射率因子中起主要贡献,达到 97%);强烈的对流使大粒子在下落过程中破碎形成小粒子;三参数 Gamma 分布能够较好地拟合本次降水过程雨滴谱分布;小粒子的速度谱大于实验典型值,与大粒子在下落过程中破碎形成小粒子有关。

关键词:万盛,地形作用,短时强降水,雨滴谱,Gamma 分布

夏季青藏高原地区的湿度要比周边高很多,尤其在高原东南部形成一个巨大的高湿中心[1]。受特殊的地理环境影响,四川盆地降水多为对流性降水,且多在夜间发生。在四川盆地边缘,由于高山丘陵地形的存在,对流性降水多是地形强迫抬升作用产生的。对流性降水的形成不仅涉及到云动力学,也涉及到云微物理变化。雨滴是液态降水的最终形式,雨滴谱是云和降水物理的重要研究对象,其中含有雨滴形成过程的丰富信息,能够深入解析云内成雨机制、降水的微物理结构和演变特征,对人工增雨效果检验、雷达定量测量降水、人影作业方案制定等具有重大的实用价值。

我国雨滴谱的研究工作从 20 世纪 60 年代开始[2],特别是 90 年代以来,随着人工影响天气工作的需求逐渐增加,先后在辽宁、黑龙江和河南等地开展了系统的雨滴谱观测和研究,取得了一些成果[3-13],主要针对雨滴谱的谱型、峰值、雨强等特征参量和影响因子进行了较深入的研究。上述研究,多数为锋面云系、切变线降水或台风降水。江新安等[14]取得了河谷地区短时暴雨天气过程雨滴谱特征的一些成果。虽然西北地区祁连山地形云、天山地形云曾有过系统的观测[15-16],但是对于南方山区研究很少。我国早期采用的色斑法可以直观地获得雨滴大小、形状,但有着采样和读数不变、无法解决雨滴重叠的问题,并且无法长时间连续观测。随着电子科学的进步,已逐渐发展出利用新型光电、声电[17-18]的雨滴谱测量仪器。本文利用布设在重庆市万盛自动站的雨滴谱仪器观测资料,对 2016 年 5 月 6 日短时强降水天气过程分析,揭示此次过程的雨滴谱特征及降水机制。

1　资料与方法

1.1　资料来源

本次数据采集所用的德国 OTT2 激光雨滴谱仪具有长时间连续自动观测、采样时间精确、可同时测量粒子的尺度与速度的优点。它可以全面且可靠地测量各种类型的降水。液态降水类型粒径的测量范围为 0.2~5 mm,固态降水类型粒径测量范围为 0.2~25 mm。它可对速度为 0.2~20 m/s 降水粒子进行测量。重庆市万盛自动站于 2014 年 12 月建立 OTT2 激光雨滴谱仪,开展全天候观测,采样时间间隔为 1 min。本文主要针对该站 2016 年 5 月 6 日 18:00—21:00 出现的短时强降水天气过程中的雨滴谱数

* 发表信息:本文原载于《沙漠与绿洲气象》,2019,13(4):46-51。

据进行研究分析。

1.2 计算方法

雨滴谱仪器资料异常数据判别及处理。观测本次强对流天气过程中雨滴谱仪器采集的粒子谱数据，发现有一些直径超过 4 mm 的大粒子其速度在 $0\sim1$ m/s，远远低于理论实验值[19]（速度—直径经验公式 $V_i = 9.65 - 10.3\exp(-0.6D_i)$），对于此类异常数据值，采用王可法等[20]在 Parsivel 激光雨滴谱仪观测降水中异常数据的判别及处理中的 3σ 准则进行判定处理，在数据处理中发现，此方法可以剔除部分粗大误差，并以此为基础计算雨滴谱仪器各物理量值。

雨滴谱各微物理参量含义及表达式。在此次观测中，雨滴谱仪器采样时间间隔为 1 min，测得的原始数据为不同直径及不同速度下的雨滴个数。通过测得的直径、速度和粒子个数，可以计算得到反映降水过程的相应微物理参量，其主要物理量计算公式见表1。

表 1　雨滴谱物理量计算公式及含义

物理量	符号	含义	公式
粒子数浓度	N	表征单位空间的雨滴总数量	$N = \int_0^\infty N(D)\mathrm{d}D$
液态水含量	W	单位空间雨滴总质量	$W = \dfrac{\pi}{6000}\int_0^\infty D^3 N(D)\mathrm{d}(D)$
雷达反射率因子	Z	降水回波强度	$Z = \int_0^\infty D^6 N(D)\mathrm{d}D$
降水强度	R	单位时间的降水量	$R = \dfrac{\pi}{6}\int_0^\infty D^3 N(D)\, U_\infty(D)\mathrm{d}(D)$

1.3 数据质量控制

以雨滴谱仪观测资料来划分降水阶段，以连续 30 min 未观测到雨滴数据作为降水结束的判据。图 1 给出了本次短时强降水天气过程中重庆市万盛自动站测量的雨强以及通过雨滴谱仪器计算的雨强。雨滴谱观测到的累计雨量为 59.3 mm，最大雨强为 153.4 mm/h，自动站观测的累计降水量为 81.6 mm，最大雨强为 192 mm/h。可以看出，雨滴谱计算的雨强与自动站观测数据存在明显的正相关，变化趋势基本一致，计算相关系数为 0.879，SSE 为 23430，$RMSE$ 为 11.95，说明具有较好的相关关系，数据可信。下面以雨滴谱仪观测数据分析此次短时强降水过程雨滴谱变化特征。

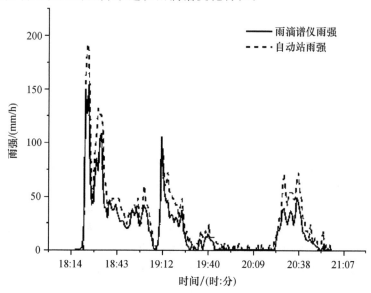

图 1　雨滴谱与自动站每分钟观测雨强

2 天气背景

万盛地处四川盆地向云贵高原过渡带,地形复杂,高程落差大,并有喇叭口地形特点,对流降水集中。初夏季节该地区受西南季风控制,水汽输送条件较好,配合高原季风系统共同作用,2016 年 5 月 6 日在四川盆地出现了降水天气,并在东移后增强,出现了万盛地区的短时强降水,累计降水量达到了 81.6 mm。

利用中尺度天气分析方法分析(图 2a)可以得出,盆地至云贵高原中低层水汽接近饱和(700 hPa 温度露点差小于 3 ℃,700 hPa 以下比湿均大于 8 g/kg,850 hPa 比湿最大 16 g/kg),具有很好的水汽条件。700 hPa 的 K 指数大于 35,沙坪坝站 K 指数达 41,盆地东南部对流有效位能超过了 1000 J/kg,具备了强对流天气发生所需的不稳定能量条件。0 ℃层与−20 ℃层高度差在 3000 m 左右,易出现对流天气,并可能出现冰雹。700 hPa 的切变线和地面辐合线的位置,反映出盆地中部地区的中低层在风场上都是辐合的。万盛所处西北低、东南高的地形,使得西向与北向气流在此强迫抬升,该地区左侧喇叭口状地形结构,对风场有收缩的动力作用,强迫抬升与地形辐合加剧了此次强降水所需的抬升条件。

通过对雷达回波的回放,发现万盛雨滴谱仪布设位置正处于此次过程雷达强回波中心(图 2b),随着对流云团从南向北方向的移动,雨滴谱仪处于云团移动路径上,较为完整的观测到了此次对流过程的发展和消亡。

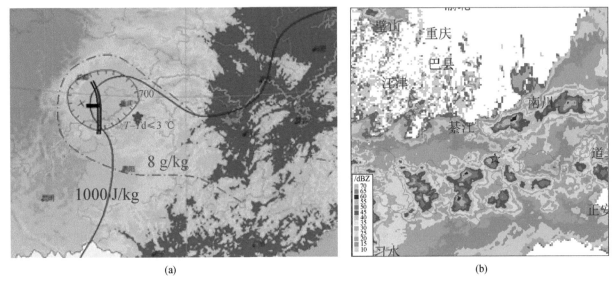

(a)   (b)

图 2 天气图与地形叠加(a)和永川雷达(b)18:18 组合反射率(☆为雨滴谱站)

3 雨滴谱特征分析

3.1 雨强和雷达反射率因子

从图 3 中可以看出,整个降水过程雨强变化呈现多峰型,起伏较为明显,在对流开始阶段(18:15—18:35),雨强迅速增加,在 18:25 达到最大雨强 153 mm/h,随后减小到 46 mm/h,随后 18:33 达到次高峰 109 mm/h,然后逐渐降低,在 19:10 有所增强,然后再逐渐平稳,经过 30 min 左右后再次产生降水。雷达反射率因子与雨强有较好的对应关系,整个过程雷达反射率因子大于 40 dBZ,在 18:24 达到最大峰值 72 dBZ。

在现有雷达系统估测降水中,一般采用关系式 $Z = aR^b$ 来推测雨强 R,常数 a 和 b 的典型值为 300 和 1.4,而雷达反射率因子 Z 是由降水的粒子谱分布决定的,研究表明,常数 a 和 b 的值并不是一成不变的,会因时空的不同而不同[21-22],即不同的地区、不同降水类型会有各不相同的 a 和 b,因此,寻求一个合适的 Z-R 关系对当地雷达估测降水具有重要的指导意义。在本次过程中,Z-R 关系拟合公式为 $Z = 404.2R^{1.611}$。

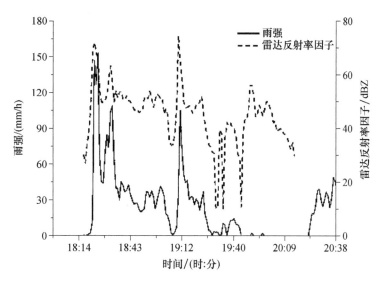

图3 雨强和雷达反射率因子的时间变化

3.2 粒子谱时间变化

从万盛雨滴谱粒子直径档数浓度随时间演变来看(图4),整个过程中,小于1 mm的粒子数浓度变化较为剧烈,其变化趋势与雨强变化趋势较为一致,在雨强较大时,其粒子数浓度增加。1~2 mm的粒子数浓度变化不大,在$100 \sim 500$ m^{-3} · mm^{-1},在对流较为旺盛时可以达到$1000 \sim 2000$ m^{-3} · mm^{-1},大于3 mm的粒子相对较少,粒子数浓度在$10 \sim 100$ m^{-3} · mm^{-1};随着对流的加强,速度谱变化剧烈,明显变宽,尤其是在20:25—20:45这个阶段的粒子速度谱变化更为明显,在这个时间段粒子直径档数浓度变化相对平稳,而速度档反应出绝大部分粒子在20:35—20:45这个阶段具有较大的速度。

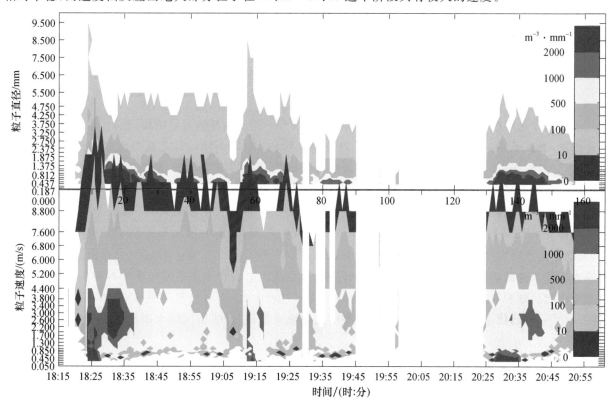

图4 万盛自动站粒子速度分档数浓度及粒子直径分档数浓度时间变化序列图

在对流开始阶段,通过对每分钟粒子谱的变化分析发现(图5),粒子谱变化非常剧烈,在18:22粒子速度谱和直径谱迅速拓宽,各档降水粒子数迅速增加。

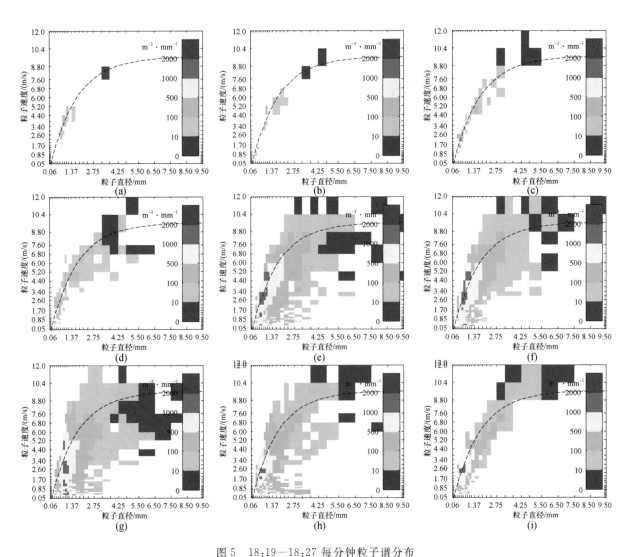

图 5　18:19—18:27 每分钟粒子谱分布

(a)18:19;(b)18:20;(c)18:21;(d)18:22;(e)18:23;(f)18:24;(g)18:25;(h)18:26;(i)18:72

从雨强变化可以判断,18:23—18:25 是本次天气过程中对流的旺盛发展阶段,此时,小粒子端速度谱迅速拓宽,大粒子端速度谱有所下压,而到了对流削弱阶段 18:25—18:27,尤其是大雨滴的速度回升明显,考虑到地形作用的存在,发展旺盛阶段气流被强迫抬升,强烈的辐合上升气流对雨滴产生托举作用而将雨滴下落速度减小,到了削弱阶段上升气流减弱,托举作用减小,雨滴下落速度回升。而小雨滴增加可能是因为大雨滴在剧烈的对流发展中由于风的作用和自身下落时发生了破碎,形成多个小雨滴,这一点在李艳伟等[15]的研究中有所发现。张祖熠等[23]的研究中发现,天山山区地形限制了云中降水粒子的发展,呈现出山区降水尺度小、小滴浓度高的特点。但是本文的特征平原地区上空[24]大小雨滴数密度都很大的典型积云雨滴谱特征有所不同,平原积云降水中,往往大雨滴和小雨滴的数密度都很大,并且雨滴谱在大滴端起伏激烈呈现多峰型,而在本次山区对流降水过程中,小雨滴数密度明显高于大雨滴,大雨滴数密度变化平缓,起伏不大,这在后面的雨滴谱型研究中也有发现,说明山区降水雨滴谱与平原地区有明显差别。

3.3　雨滴谱参量平均特征

将仪器采集资料按直径分为 4 档($D{\leqslant}1$ mm、1 mm$<D{\leqslant}2$ mm、2 mm$<D{\leqslant}3$ mm 和 $D>3$ mm)来考察本次天气过程中(降雹时间共计 5 min)各档粒子对含水量、粒子数浓度、雷达反射率因子和雨强的贡献。表 2 给出的数据可以看出,粒子数浓度随直径增大而迅速减少,小于 1 mm 的粒子占绝大多数,达 79.18%;从雷达反射率因子来看,大于 3 mm 的粒子起主要贡献,达到 97%,其主要原因是 Z 与粒子直径

D 的 6 次方成正比,更依赖于粒子的直径;液态水含量来看,小于等于 1 mm 的粒子贡献较小,(1,2]和(2,3]粒子贡献相当,大于 3 mm 粒子贡献最大,几乎占到了液态水含量的一半;从雨强分档来看,分布规律与液态水相似,大于 3 mm 的粒子起主要作用。另外,本文还分析了单独降雹阶段和单独降雨阶段,其规律一致。从整个过程来看,虽然小粒子数浓度占比较高,但对液态水含量和雨强贡献都较小。大于 3 mm 的雨滴虽然数浓度小,但是对雨强的贡献最大,这是因为大雨滴虽然数量小,但是尺度很大,故不能忽略其对降水的贡献(表 2)。

表 2　各档粒子对各物理参量的贡献率(降雨降雹混合计算)

粒子分档	液态水含量	雷达反射率因子	粒子数浓度	雨强
$D \leqslant 1$ mm	7.88%	0.03%	79.18%	4.78%
1 mm$<D \leqslant 2$ mm	22.66%	0.53%	18.55%	22.08%
2 mm$<D \leqslant 3$ mm	21.07%	2.06%	1.88%	27.02%
$D>3$ mm	48.39%	97.39%	0.39%	46.12%

3.4　平均粒子谱及 Gamma 拟合特征

从分时段粒子平均谱(图 6)来看,整个过程粒子谱变化经历了 3 个阶段。第 1 阶段为 18:15—19:00,此阶段为降雹阶段,粒子直径谱最大达 15 mm,降雹后粒子谱开始收窄,阶段末尾粒子谱宽为 7.5 mm;第 2 阶段为 19:01—20:00,随着降水加强雨滴谱再次拓宽,但粒子谱明显比第一阶段窄,粒子谱最大达 13 mm,在本阶段末尾,粒子谱谱宽下降到 3.25 mm,粒子数浓度下降一个数量级,微小粒子下降明显;第 3 阶段为 20:16—21:00,在降水短暂停歇后,粒子谱再次发展,此阶段粒子谱再次收窄,最大粒子达到 9.5 mm,阶段末尾下降到 3.25 mm。从整个过程粒子谱变化来看,此次过程经历了粒子谱迅速拓宽—收窄—再次拓宽—收窄—再次拓宽—收窄的过程,结合前文的天气学分析,这表征了整个天气过程的能量聚集与释放的发展过程,不断补充的盆地气流辐合,随着系统的东移南压,地形的强迫抬升和对风场的收缩作用明显加强,使得对流发展剧烈,然后随着能量释放,逐渐趋于平稳到再次能量聚集释放。

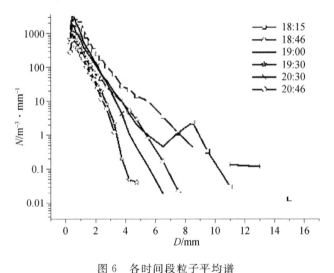

图 6　各时间段粒子平均谱

从整个过程平均谱来看,此次过程粒子谱较宽达 15 mm,主要原因可能为观测粒子中含有固态粒子。从实测粒子谱来看,在 1 mm 以下的粒子存在一个数密度增大的现象,最大数密度出现在 0.562 直径档,其小粒子数量级达到 10^3;在大于 5.5 mm 以上的粒子直径上,粒子数密度较小,说明自然界降水过程中基本不存在大于 5.5 mm 的粒子,而此次过程存在大量的小粒子,说明由于动力学的不稳定导致雨滴破碎,而且越大的大雨滴破碎后产生的小雨滴就越多,从而导致微小雨滴数量增多,部分较大粒子更可能跟粒子在下落过程中的碰并有关。从粒子在 1~5 mm 段谱来看,整个谱型为下弯曲形态,说明部分大粒子可能存在碰并破碎的情况。

研究不同降水云雨滴谱分布模式,分析了几种常用的拟合方法,认为 Gamma 参数拟合能较好地拟合对流云降水雨滴谱[25-26],因此采用三参数 Gamma 来进行拟合,从图 5 可以看出在 0.562~5.5 mm 都能较好地拟合,在小雨滴端未拟合出小粒子的增长,在大于 5.5 mm 段,由于实测粒子个数较少,变化较为明显,存在一定的偏差,从整体来看,拟合效果较好。整个降水过程 Gamma 拟合参数 μ 和 λ 起伏变化趋势基本一致,且整体趋势较为平稳,在 19:27 和 20:23 存在两个峰值,从雨强随时间演变可以看出,这两个时段分别为降水趋于结束和降水开始阶段。对参数 μ 和 λ 进行二项式拟合,得到拟合公式为 $\lambda = 0.1076\mu^2 + 1.06\mu + 1.831$,两者相关系数为 0.9522。

3.5 速度谱分析

对本次过程粒子直径与平均下落速度进行拟合,得到拟合公式 $y = 11.56 - 10.99\exp(-0.3049x)$,相关系数达 0.998,拟合效果较好。本次过程雨滴谱平均速度的拟合曲线与实验室经验曲线相比较呈现 3 个不同的阶段,小于 1 mm 的粒子下落末速度明显大于经验曲线,在 1~5 mm 段粒子下落末速度小于经验曲线,在大于 5 mm 段粒子相对经验曲线具有更大的速度。主要是因为本次过程为一次短时强降水天气过程,伴有冰雹粒子,对流发展强烈,在雨强较大及冰雹粒子下落阶段,大粒子具有更大的动能,携裹效应及粒子破损明显,因此更多的小粒子具有较大的速度;在 1~5 mm 段的粒子,对流发展强烈,环境气流可能具有较大的上升运动;在大于 5 mm 段,本次最大粒子尺度达 13 mm,测量的粒子中有冰雹粒子,受重力作用影响,粒子具有更大的加速度,因此此段粒子速度大于经验曲线。同时,经验曲线为实验室环境下得到,大气环境与实验室环境不太一致,而且经验公式的使用需要根据环境进行空气密度订正,因此也会出现差异。

4 结论

通过对此次重庆万盛自动站雨滴谱仪观测资料分析,对进一步认识该区域降水雨强有意义,分析地形强迫抬升作用的短时强降水天气过程中雨滴谱特征,得到以下结论。

(1)雨滴谱仪器能够较好地反映本次过程雨量细节,与自动站观测雨量相关性较好,在本次过程中,Z-R 关系拟合公式为 $Z = 404.2R^{1.611}$。

(2)此次过程中,小于 1 mm 的粒子占比达 79.18%,但对雨强的贡献仅为 4.78%,而大于 3 mm 粒子占比为 0.39%,却贡献了 46.12% 的雨强,说明在降水过程中,雨滴的数浓度并不是影响雨强的决定性因素,粒子大小对雨强的贡献同样很重要;并且在山区对流性降水系统中,大雨滴的数浓度非常小,小雨滴的数浓度相当大,强烈的对流导致较大粒子在下落过程中更容易破碎成大量的小粒子。

(3)大于 3 mm 的粒子在雷达反射率因子中起主要贡献,达到 97%,其主要原因是 Z 跟粒子直径 D 的 6 次方成正比,Z 的大小对粒子的直径大小更敏感。

(4)本次过程中的平均粒子谱变化较好地反映了对流的生消过程,随着对流的加强,谱宽随着拓宽,对流减弱,谱宽收窄;Gamma 参数能较好的拟合短时强降水天气过程的粒子谱。

(5)与实验室测得的雨滴—速度关系相比较,本次过程小粒子的平均下落速度较高,且大粒子的速度也大于实验室速度;这可能跟本次过程为对流天气过程,大粒子中含有少量冰雹粒子以及大粒子在下落过程中破碎形成小粒子但仍保持较大速度有关。

参考文献

[1] 齐冬梅,李跃清,周长艳,等.夏季青藏高原湿池变化特征及其与降水的关系[J].沙漠与绿洲气象,2016,10(5):29-36.

[2] 宫福久,何友江,王吉宏,等.东北冷涡天气系统的雨滴谱特征[J].气象科学,2007,27(4):365-373.

[3] 陈德林,谷淑芳.大暴雨雨滴平均谱的研究[J].气象学报,1989,47(1):124-127.

[4] Sauvageot H,Lacaux J P. The shape of averaged drop size distributions[J]. J Atmos Sci,1995,52:1070-1083.

[5] Willis P T. Functional fits to some observed drop size distributions and parameterization of rain[J]. J Atmos Sci,1984,41:1648-1661.

[6] Srivastava R C. Parameterization of raindrop size distributions[J]. J Atmos Sci,1978,35:108-117.

[7] 张鸿发,蔡启铭.高原山地降水的微结构特征[J].高原气象,1988,7(4):321-329.

[8] 李仑格,德力格尔.高原东部春季降水云层的微物理特征分析[J].高原气象,2001,20(2):191-196.

[9] 冯建民,徐阳春,李凤霞,等.宁夏川区强对流天气雷达判别及预报指标检验[J].高原气象,2001,20(4):447-452.

[10] Saumageot H,Mesnard F,Tenorio R S. The relation between the area-average rain rate and the rain cell size distribution parameters[J]. J Atmos Sci,1999,56:57-70.

[11] 张鸿发,徐宝祥,蔡启铭.由雨滴谱型订正雷达测量降水的一种方法[J].高原气象,1989,8(1):75-79.

[12] Lavergnat J,Gole P. A stochastic raindrop time distribution model[J]. J Applied Meteor,1998,37:805-818.

[13] 牛生杰,安夏兰.不同天气系统宁夏夏季降雨谱分布参量特征的观测研究[J].高原气象,2002,21(2):37-44.

[14] 江新安,王敏仲.伊犁河谷汛期一次短时强降水雨滴谱特征分析[J].沙漠与绿洲气象,2015,9(5):56-61.

[15] 李艳伟,杜秉玉,周晓兰.新疆天山山区雨滴谱特性及分布模式[J].南京气象学院学报,2003,26(4):465-472.

[16] 史晋森,张武,陈添宇,等.2006年夏季祁连山北坡雨滴谱特征[J].兰州大学学报,2008,44(4):55-61.

[17] 朱亚乔,刘元波.地面雨滴谱观测技术及特征研究进展[J].地球科学进展,2013,28(6):685-694.

[18] 李德俊,熊守权.武汉一次短时暴雪过程的地面雨滴谱特征分析[J].暴雨灾害,2013,32(2):188-192.

[19] Gunn R,Kinzer G D. The terminal velocity of fall for water drop-lets in stagnant air[J]. Journal of Meteorology,1949,6(4):243-248.

[20] 王可法,张卉慧.Parsivel激光雨滴谱仪观测降水中异常数据的判别及处理[J].气象科学,2011,31(6):732-736.

[21] 冯雷,陈宝君.利用PMS的GBPP-100型雨滴谱仪观测资料确定 *Z-R* 关系[J].气象科学,2009,29(2):192-198.

[22] Chen B J. Statistical characteristics of raindrop size distribution in the meiyu season observed in Eastern China. [J]. Journal of the Meteorological Society of Japan,2013,91(2):215-227.

[23] 张祖熠,杨莲梅.伊宁春季层状云和混合云降水的雨滴谱统计特征分析[J].沙漠与绿洲气象,2018,12(5):16-22.

[24] 宫福久,刘吉成,李子华.三类降水云雨滴谱特征研究[J].大气科学,21(5):607-614.

[25] 陈宝君,李子华.三类降水云雨滴谱分布模式[J].气象学报,1998,56(4):506-512.

[26] 郑娇恒,陈宝君.雨滴谱分布函数的选择M-P和Gamma分布的对比研究[J].气象科学,2007,27(1):17-25.

青海省东部农业区多点联合防雹个例分析

朱世珍　龚　静　张玉欣　王丽霞　张博越

(青海省人工影响天气办公室,西宁 810001)

摘　要:雹云发展变化的物理过程研究,对进一步认识冰雹云,总结人工防雹作业经验,提高人工防雹的作业水平具有重要意义。本文利用多普勒雷达资料和 MICAPS 常规观测资料等,从天气形势、环境条件、回波演变及效果检验等方面,对 2020 年 7 月 1 日发生在青海省东部农业区的一次多点联合防雹个例进行分析。结果表明:雷达图上多个对流单体的合并,有利于雹云进一步发展;作业后回波最大强度、30 dBZ 回波顶高、CR≥45 dBZ 回波面积等均明显减小,且作业后 5 min,作业区平均雨量出现跃增现象;在雹云跃增阶段、移动方向前沿进行多点联合过量播撒作业,能起到良好的防雹效果。

关键词:青海省东部农业区,人工防雹,联合作业

1　引言

　　冰雹是世界上很多地区频繁发生的一种自然灾害,对农业、工业、交通等都有影响,且大多发生在夏季作物抽穗至黄熟阶段,对农作物的危害尤其严重。加强先进探测技术应用,了解云与降雹变化的物理过程,实施科学防雹作业及作业后效果评估,对于减少冰雹所造成的损失,提高人工防雹作业的科学有效性,推动云和降水以及人工影响天气理论的发展具有重要意义。多年来,国内外冰雹云监测的手段主要有:雷达[1-2]、卫星[3-4]和闪电定位系统等[5],冰雹云探测手段的不断发展和完善,有效提高了降雹的短时预报水平,在人工防雹中起到了十分有效的作用。长期实践表明,利用高炮进行人工防雹作业是一种有效的方法,能减少雹灾和直接经济损失[6-9]。基于播撒防雹、爆炸防雹原理和多年防雹作业经验,不同地区的学者根据当地雹云特征提出了不同的防雹方法[10-12],大致可概括总结为:应在云体发展最旺盛时期,在云体处于从雷雨云阶段向冰雹云发展的跃增阶段开始作业;作业部位选择云中 0 ℃层以上含水量、上升气流均比较大的负温区;根据回波情况,对不同类型的雹云选择不同的作业剂量。由于自然降雹的变率大,目前人工防雹理论水平还不够成熟,因此,人工防雹作业的效果检验十分困难[13]。对人工防雹的效果检验办法主要有物理检验、统计检验、数值模式检验等方法[14-15]。其中,应用物理检验需要观测作业前后雹云的变化有助于认识雹云的规律性,但同时也需要大量的资料才能说明问题[16]。国内已有不少研究表明:实施防雹作业对对流云均有抑制作用,作业后,强回波中心逐渐减弱或迅速消失,雹云最大回波顶高下降速率远远大于自然雹云,生命史缩短,解体加快[17-20]。且高炮防雹在有效抑制雹云发展的同时,有利于增加地面降水[21-23]。

　　青海省地处青藏高原东北部,其地形复杂、天气多变、多冰雹,尤其在夏季白天,高原的加热作用使局地辐合上升运动增强了大气的不稳定性,为对流天气的发生发展提供了有利条件,使这里成为雹灾多发区[24-25]。自 1960 年以来,东部农业区占总雹灾频数的 86.35%,为全省雹灾高峰区,平均受灾面积在 7 月达到最大值,给农业生产带来了极大危害[26]。适时开展科学有效的防雹作业能带来明显的经济效益。本文利用西宁 CINRAD/CD 多普勒雷达资料、MICAPS 常规观测资料等,从天气形势、环境条件、回波演变及防雹作业情况、效果检验等方面,对 2020 年 7 月 1 日发生在青海省东部海东市乐都区的一次典型多点联合防雹作业个例进行了简要分析,为该地区冰雹监测及作业指挥提供决策依据。

2　天气形势

　　2020 年 7 月 1 日 08:00 200 hPa 天气图上,自柴达木盆地南部经河套地区南缘到长江中下游平原西

南部有一大于 40 m/s 的高空急流,有利于大气不稳定层结的建立。500 hPa(如图 1a)自青海省东北部边缘到四川盆地西部有一槽线,青海省西南部有一高压脊,整个青海省东部处于槽后脊前西北气流中,风速大概为 12 m/s,有较强冷平流。14:00 地面图上(如图 1b),海东附近有 23 ℃ 的暖中心,暖中心附近有一气旋性辐合。上冷下暖的垂直结构有利于大气层结不稳定,且地面气旋性辐合、局地热力环流、地形抬升对局地强对流天气有触发作用。

根据 7 月 1 日 08:00 西宁站探空资料如图 1c,400 hPa 以下,层结曲线与状态曲线几乎重合,温度与露点相差不大,且风随高度顺转,说明 08:00 左右大气为中性层结,低层湿度条件较好,且有暖平流。400 hPa 以上有明显的干空气层,温湿层结曲线形成向上开口的喇叭形状,大气"上干冷,下暖湿"特征明显,有利于形成热力不稳定条件。由于高原夏季午后陆地表面受日射而强烈加热,有利于在近地层绝对不稳定的层结形成对流,此次对流活动发生在傍晚,因此,很难根据 08:00 的探空状态判断傍晚的对流潜势。利用 16:00 地面温度、露点进行探空订正后,$CAPE$ 值由 21.8 J/kg 增加到 1551.9 J/kg,说明大气层结向不稳定方向发展。0 ℃ 层高度在 4539 m,−20 ℃ 层高度在 8010 m,高度适宜,有利于冰雹的形成[27]。20:00(图 1d),整层不稳定能量减少,对流层低层湿度条件变差,对流活动明显减弱。

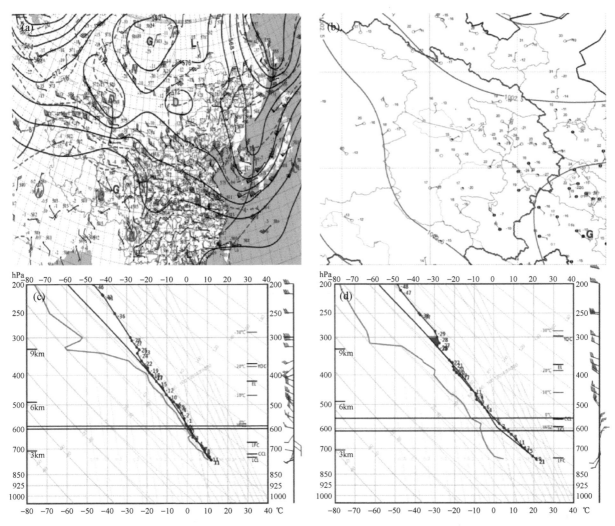

图 1　2020 年 7 月 1 日 08:00 500 hPa 形势图(a)、14:00 地面图(b)、08:00(c)和 20:00(d)西宁站 T-ln$P$ 图

3　防雹作业概况

2020 年 7 月 1 日下午,受高空槽后冷平流影响,青海省东部地区出现了一次大范围的强对流天气过程。14:00 左右,青海湖以北至祁连山一带有大量零星对流云单体生成。17:00 左右(图 2),几个先后发

展起来的对流云逐渐合并,形成一条东西向的带状回波,自西北向东南方以约 40 km/h 的速度移动,21:00左右,对流云逐渐消散于青海省海东市南部与甘肃省交界处。17:00—18:40,青海省西宁市湟源、湟中、互助三县和海东市乐都区相继遭受冰雹袭击,直径在 1~9 mm,持续时间为 1~14 min。18:41—18:44,海东市乐都区在雹云移动方向前沿的瞿昙、蒲台、中坝、城台四个乡镇实施了地面联合防雹作业,四个作业点同时作业,共消耗炮弹 230 枚,具体作业情况如表1所示。

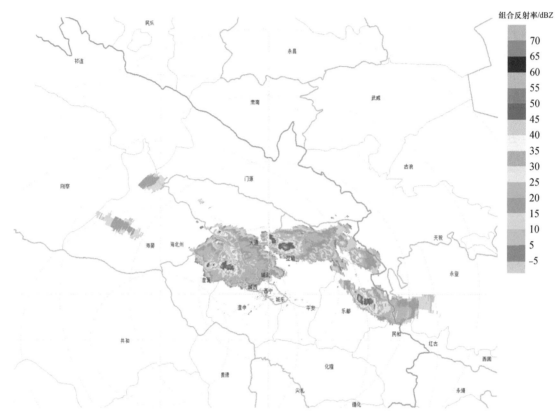

图 2　2020 年 7 月 1 日 17:00 西宁雷达组合反射率图

表 1　7 月 1 日乐都区防雹作业情况

作业时间	炮弹用量/发	作业器具	作业点
18:41—18:44	60	高炮	曲坛乡吴家台村
18:41—18:44	60	高炮	蒲台乡黑窑洞村
18:41—18:44	50	高炮	中坝乡泉脑村
18:41—18:44	60	高炮	城台乡拉尕邑岭村

4　作业效果分析

4.1　雷达回波参量分析

14:00 左右开始,海北州海晏、门源、西宁市大通及海东市互助境内有对流回波出现,经过一系列合并发展之后,带状回波强度面积逐渐增大,形状变为椭圆形,强度不断增强,逐渐移至乐都境内。如图 3a,18:39 强回波中心位于乐都区岗沟镇,回波最大强度 61 dBZ,回波顶高达到 10 km 左右,30 dBZ 回波顶高达到 7 km 左右,VIL(垂直累计液态水含量)达到 30 kg/m²。RHI 图像上,出现明显的穹隆回波、回波墙、悬挂回波和旁瓣假回波等冰雹云回波的一些明显特征,主回波顶在峰前出现"V"形缺口,如图 3c 所示。许焕斌等[28]运用三维冰雹云模式模拟再现了这种现象,发现 RHI 主回波顶前的"V"形缺口,表征云中上升气流十分强大,以致形成对平流层产生强烈冲击,是强冰雹云形成的标志之一。18:41—18:44,青海省人工影响天气办公室组织乐都区人工影响天气办公室在雹云移动方向前沿的瞿昙、蒲台、中坝、城台4个乡镇实施了地面联合防雹作业,作业点分布情况如图3a所示。18:44回波最大强度减小到57 dBZ(图3b),回波顶高仍在10 km左右,30 dBZ回波顶高降低了1 km左右,降到6 km左右,VIL降到25 kg/m²,穿降回波特征明显减弱,如图3d。18:41乐都本站出现了持续时间小于1 min,直径为1 mm的小冰雹。18:39—18:43,位于强回波边缘的洪水镇、蒲台乡、高庙镇出现冰雹,直径4~5 mm,使农作物受灾。其中,实施了防雹作业的蒲台乡受灾村数及受灾人口明显低于洪水和高庙镇。18:44之后,回波强度逐渐减弱,强回波面积不断减小直至消散。

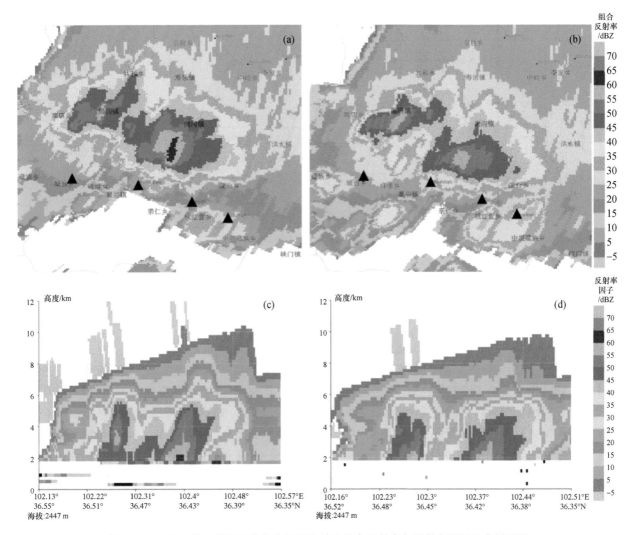

图3　2020年7月1日防雹作业前后西宁雷达组合反射率与反射率因子垂直剖面图
(图中▲表示此次对目标云作业的4个作业点)
(a)、(c)18:39;(b)、(d)18:44

对目标云作业前后约0.5 h回波最大反射率、30 dBZ回波顶高、CR(组合反射率)≥45 dBZ回波面积、VIL≥10 kg/m²回波面积变化如图4所示,图中阴影柱表示防雹作业时段。18:11—18:28,雹云处于平稳发展阶段,回波最大反射率和30 dBZ回波顶高变化不大,CR≥45 dBZ的回波面积和VIL≥10 kg/m²的面积逐渐增大。18:28—18:39,回波最大反射率突然增大,前5 min由57 dBZ增大到61 dBZ,30 dBZ回波顶高维持在7 km左右,CR≥45 dBZ的回波面积在后6 min明显增长,由1200 km²增大到1458 km²,VIL≥10 kg/m²的面积不断增大,18:39增大到4821 km²,这种现象被称为冰雹云的"跃增增长"现象。出现"跃增增长"时,45 dBZ强回波区比0 dBZ回波区增长得更快,云内上升气流特别强,之后在地面都有降雹,是冰雹云从生成到发展再到成熟过程中的一个明显特征[29]。18:41—18:44,冰雹移动方向前沿的4

个作业点同时进行了高炮防雹作业,消耗炮弹 230 发。作业后 1 min,回波最大反射率从 61 dBZ 下降到 57 dBZ,30 dBZ 回波顶高由 7 km 降至 6 km,CR≥45 dBZ 的回波面积明显减小,由 1458 km² 降至 1022 km²,VIL≥10 kg/m² 的面积也明显减小。作业后 0.5 h,VIL≥10 kg/m² 的面积不断减小,回波最大反射率、CR≥45 dBZ 的回波面积先不断减弱,之后小幅回升后又趋于减弱。以上参数的变化说明人工防雹后,可能对于冰雹云的结构有一定影响,对于雹云有一定的抑制作用。

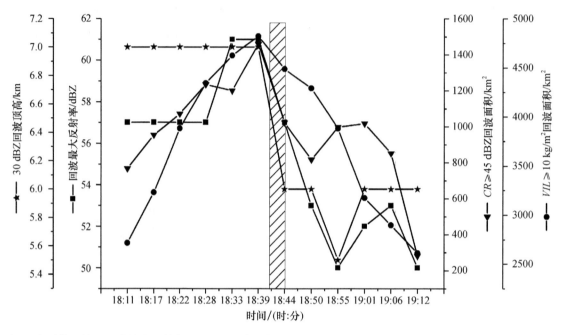

图 4　防雹作业前后回波最大反射率、30 dBZ 回波顶高、CR≥45 dBZ 回波面积、VIL≥10 kg/m² 回波面积演变图
(图中阴影部分表示防雹作业时段)

王昂生等[30]在对昔阳地区冰雹云的研究中,将雹云单体生命史演变分 5 个阶段:发生、跃增、酝酿、降雹、消亡。作业时机应当选择在发生、跃增、酝酿阶段。根据现有的防雹概念模式,作业时机选择分为两类:一类是针对新生单体的早期催化作业,另一类是针对成熟单体选定"跃增阶段"作为作业时段进行过量催化作业。根据各地实际经验,一块冰雹云移经一个高炮作业点,对于复合单体雹云,跃增阶段用弹量一般小于 50 发,酝酿阶段为 50~100 发,总用弹量小于 150 发[28]。18:41—18:44,乐都区在雹云移动方向前沿的 4 个乡镇相邻炮点进行了同时作业,作业时机选择在雹云跃增阶段,作业时机基本合理;4 个炮点消耗炮均大于或等于 50 发弹发,大于跃增阶段所需用弹量,因此,此次防雹属于过量催化作业,作业剂量基本合理;4 个炮点正好位于云系发展的路径上,布局自东北向东南方向,作业位置位于雹云的前端、中间及末端,根据雷达及实施作业炮点位置及方位角估算,实施作业部位选择在多单体强回波中心,作业部位基本合理。

4.2　雨量分析

将目标区内所有自动站的 5 min 累计雨量求平均,作为作业区平均雨量,作业区作业前后雨量变化如图 5 所示。作业前,5 min 平均雨量大部分在 0.8 mm 以下,18:41—18:44 实施作业,作业后 5 min,作业区平均雨量出现跃增,从 0.89 mm 增加到 1.35 mm,下一时刻平均雨量又有所回落,降到 0.6 mm 以下,之后波动减小,19:45 左右有小幅增长之后,又不断减小。大概 21:00 以后,作业区基本无降水。与王芳等[31]在 2016 年 5 月 6 日在川西地区的一次人工防雹作业,作业前无降水,作业后 1 h 内突然产生大量级降水的结果较为一致,也与我国 20 世纪开展的土炮和高炮人工降水和防雹试验中,发现炮击后几分钟,原来不下雨的云落下雨滴,原来下雨的云短时间内雨滴加大、加密现象,即"炮响雨落"现象相一致[16]。

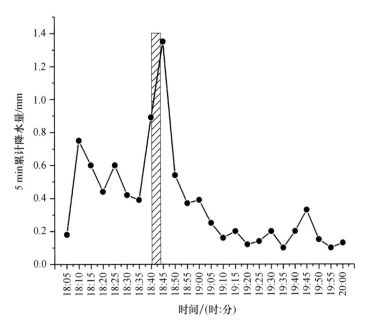

图5 防雹作业前后目标区内5 min平均累计雨量演变图

（图中阴影部分表示防雹作业时段）

5 结论与讨论

(1)此次降雹过程中,高空急流有利于大气不稳定层结的建立。500 hPa高空槽后有冷平流,400 hPa以下低层湿度条件较好且风随高度顺转,有暖平流。上冷下暖的垂直结构有利于大气层结不稳定。午后高原地面的强烈加热作用,使大气层结向不稳定方向发展。地面气旋性辐合、局地热力环流、地形抬升对局地强对流天气有触发作用。

(2)防雹作业后雹云回波强度、30 dBZ回波顶高、$CR>45$ dBZ回波面积、$VIL>10$ kg/m² 回波面积明显减弱,说明防雹对雹云有一定的抑制作用;作业后5 min,作业区平均雨量出现跃增现象。在雹云跃增阶段进行多点联合过量播撒作业,能起到良好的防雹效果。

参考文献

[1] 热苏力·阿不拉,牛生杰,张磊,等.基于多普勒天气雷达的冰雹云早期识别与预警方法研究[J].冰川冻土,2017,39(3):641-650.

[2] Wilson J W,Reum D. The flare echo:Reflectivity and velocity signature[J]. J Atmos Oceanic Technol,1988,5(2):197-205.

[3] 张杰,李文莉,康凤琴,等.一次冰雹云演变过程的卫星遥感监测与分析[J].高原气象,2004(6):758-763.

[4] 张杰,张强,康凤琴,等.西北地区东部冰雹云的卫星光谱特征和遥感监测模型[J].高原气象,2004(6):743-748.

[5] 曾勇,万雪丽,李丽丽,等.一次多单体冰雹天气过程的雷达回波与闪电特征分析[J].暴雨灾害,2020,39(3):250-258.

[6] 诸嘉根,邹琴.隆德县10年防雹效果检验[J].新疆气象,1991(6):25-27.

[7] 秦长学,刘玉超.北京市高炮防雹效果和经济效益分析[J].中国减灾,2001(2):38-39+43.

[8] 李斌,郑博华,朱思华.新疆重点雹区防雹作业效果检验评估[J].沙漠与绿洲气象,2020,14(2):116-122.

[9] 王黎俊,银燕,郭三刚,等.基于气候变化背景下的人工防雹效果统计检验:以青海省东部农业区为例[J].大气科学学报,2012,35(5):524-532.

[10] 刘晓天,刘青松.高炮人工增雨、防雹作业的时机和部位[J].河南气象,2000(4):35-36.

[11] 李红斌,何玉科,孙红艳,等.大连市人工防雹作业与概念模型的研究[J].高原气象,2011,30(2):482-488.

[12] 梁谷,李燕,岳治国.高炮人工防雹作业技术研究[C]//中国气象学会人工影响天气委员会.第十五届全国云降水与人工影响天气科学会议论文集,2008:4.

[13] 董安祥,张强.中国冰雹研究的新进展和主要科学问题[J].干旱气象,2004(3):68-76.

[14] 黄美元,徐华英,周玲.中国人工防雹四十年[J].气候与环境研究,2000(3):318-328.

[15] 唐仁茂,袁正腾,向玉春,等.依据雷达回波自动选取对比云进行人工增雨效果检验的方法[J].气象,2010,36(4):96-100.

[16] 黄美元,王昂生.人工防雹导论[M].北京:科学出版社,1980.

[17] 李连银.用雷达回波参量变化分析高炮人工防雹效果[J].气象,1996(9):27-31.

[18] 罗保华,聂德兴,温仁枚,等.防雹作业效果的多单体对比分析[J].气象科技,2007(S1):82-85,92.

[19] 宋建予.豫西山区一次典型防雹作业方案设计及效果评估[J].气象与环境科学,2012,35(3):59-65.

[20] 周长青,徐靖宇,唐明晖,等.多普勒雷达产品在湘南一次人工防雹作业中的应用[J].农学学报,2018,8(4):71-74.

[21] 刘治国,陶健红,王学良,等.一次高炮防雹效果的CINRAD/CC产品分析[J].干旱气象,2006(3):23-30.

[22] 王芳,范思睿,吕明,等.川西地区一次人工防雹的分析与研究[J].高原山地气象研究,2017,37(1):84-88.

[23] 文继芬.人工防雹的无意识增雨[J].贵州气象,2001(6):21-22.

[24] 刘彦忠,康凤琴,安林,等.再议青藏高原东北边缘及毗邻地区人工防雹消雹工作的意义[J].干旱气象,2006(3):75-83.

[25] 赵仕雄.青海高原冰雹的研究[M].北京:气象出版社,1991:93-101.

[26] 张国庆,刘蓓.青海省冰雹灾害分布特征[J].气象科技,2006(5):558-562.

[27] 许焕斌,段英,刘海月.雹云物理与防雹的原理和设计[M].北京:气象出版社,2006:50-52.

[28] 郭学良.大气物理与人工影响天气[M].北京:气象出版社,2010.

[29] 孙继松.强对流天气预报的基本原理与技术方法[M].北京:气象出版社,2014:68-70.

[30] 王昂生,黄美元,徐乃璋,等.冰雹云物理发展过程的一些研究[J].气象学报,1980(1):64-72.

[31] 王芳,范思睿,吕明,等.川西地区一次人工防雹的分析与研究[J].高原山地气象研究,2017,37(1):84-88.

六盘山区一次降水天气过程云雷达宏微观特征分析[*]

邓佩云[1,2]　桑建人[1,2]　常倬林[1,2]　杨　勇[2]　孙艳桥[1,2]

马兴明[3]　孔承承[3]　李化泉[4]　田　慧[4]

(1 中国气象局旱区特色农业气象灾害监测预警与风险管理重点实验室,银川 750002;

2 宁夏回族自治区气象灾害防御技术中心,银川 750002;

3 泾源县气象局,泾源 756400;4 隆德县气象局,隆德 756300)

摘　要:基于 2019 年 10 月 30 日—11 月 1 日区域自动站和 Ka 波段毫米波云雷达资料,采用特征分析、物理量诊断的分析方法,对六盘山区六盘山、泾源、隆德三站一次降水天气过程云系的宏微观特征进行诊断分析,结果如下。(1)在降水发生前,三站云系以多层云为主;降水发生时,云系变为深厚的单层云;降水过程结束时,云体内云层数变为多层云。(2)降水开始前,三站云体内回波强度较低,有微弱的上升运动,速度谱宽值较小并分布较为集中;在降水过程中,回波强度较强,接近雷达天线的低层有明显的降水形成的下落速度,垂直累计液态水含量有剧增现象;在降水过程结束时,回波强度明显减弱,云体内上升运动减弱,同时谱宽值减小,垂直累计液态水含量减弱,云系也逐渐消散,降水逐渐停止。(3)此次降水过程中,六盘山站云系的出现时间最早,同时次的回波强度、径向速度与垂直累计液态水含量最强,次大值为泾源站,隆德站最小;进一步分析表明,受山地形影响,六盘山站更易积聚形成地形云,泾源站受山地地形重力波的影响,湍流运动更强,加之更优的水汽条件,累计降水量高于隆德站。

关键词:六盘山区,毫米波云雷达,云垂直结构

1　引言

云作为地球—大气系统中气候的重要影响因子,其显著的辐射效应对全球与区域的能量调控有着不可小觑的作用,在全球变暖的背景下,其重要性愈加受到学术界的关注[1-4]。已有研究表明,云与降水的关系密切,二者的分布也可改变区域辐射状况,进而影响大气环流与天气气候[5-6]。刘屺岷等[7]基于卫星资料对青藏高原上云宏观和微观结构特征、云与降水相关性、云辐射效应以及模式中的云—辐射问题等方面进行研究,指出高原上较少的水汽对云层厚度和层数有显著压缩作用,云对总降水的贡献随着云层数增多而减少。陈勇航等[8]对西北地区不同类型云的时空分布及其与降水关系进行分析,表明高云与部分中云云量空间分布特征与降水有较好高的一致性。王亚敏等[9]研究指出,低云量与降水、相对湿度等呈显著正相关。吴伟等[10]研究发现,总云量的多少是制约我国北方温度变化的主要因素,低云量为影响降水的主要因素。王小勇等[11]利用 2005—2007 年春季降水和 MODIS 云资料对祁连山东部云参数特征与降水的关系进行分析,得出降雨(雪)量与低云量、低云冰水路径、低云云顶—云底气压差呈明显正相关。对于云参数的探测,现已形成机载仪器取样、微波辐射计反演、雷达探测反演、卫星观测反演、云幂测量、无线电探空等多探测手段[12-15]。基于毫米波多普勒云雷达具有体积小、穿透性强、空间分辨力高等特点[16],我国自主研发了最新的 Ka 波段全固态多普勒毫米波云雷达,科研工作者们也对其探测水平以及应用能力进行了探究,并取得了较好的实验成果[17-19]。刘黎平等[20]利用 Ka 波段毫米波云雷达等多种雷达观测实验对青藏高原不同类型云的宏观特征进行应用研究,并通过对深对流云的个例分析,指出对流云中存在过冷水和混合相态水成物的可能性,为之后云和降水机理的研究奠定了基础。

---

* 资助信息:宁夏自然科学基金项目(2021AAC03490、2020AAC03468),宁夏回族自治区重点研发计划项目(2019BEG03001),第二次青藏高原综合科学考察研究项目(2019QZKK0104)。

西北地区为我国主要的干旱和半干旱地区[21],总云量主要集中在 7—8 月,并受复杂地形的影响,其分布有明显的地域差异[22]。宁夏六盘山区位于青藏高原东部,黄土高原的西北边缘,近似南北走向,与南北向夹角近 30°,属雨养农业区与水源涵养区,其地理优势与气候特征为西北地区气候的研究提供了天然的实验场。其中,西吉、隆德两站位于六盘山的西坡,泾源、固原、彭阳三站位于六盘山的东坡。目前,有关降水天气过程的雷达观测相对较少,特别是利用高时空分辨率的垂直定向雷达研究降水天气过程发生发展时云系的垂直结构与特征更为匮乏,六盘山东西坡云系的宏微观差异特征分析尚属空白。为此,本文利用布设在六盘山站、泾源站与隆德站的 Ka 波段毫米波云雷达资料,结合区域自动站常规观测资料,对 2019 年 10 月 30 日—11 月 1 日发生在六盘山区的一次降水天气过程 Ka 波段毫米波云雷达反演的云系宏观特征进行研究,以期明晰此次降水天气过程的成因,初步探讨六盘山区云的宏观参数特征与降水的相关性,为后续云和降水物理过程参数化方案等相关研究和应用提供可参考性依据。

2　资料介绍

使用的资料包括 2019 年 10 月 30 日—11 月 1 日隆德站、六盘山站、泾源站 HT101 型全固态 Ka 波段毫米波云雷达资料以及同期区域自动站(隆德站、六盘山站、泾源站)逐分钟降水量观测资料,具体说明如下。

(1)云雷达资料来自 HT101 型全固态 Ka 波段测云仪,采用顶空垂直探测的工作方式,获取云顶高、云底高、云廓线结构、垂直速度等参数,实现云降水连续演变过程的探测。测量并输出云回波的反射强度(Z)、垂直速度(V)、速度谱宽(W)等一次产品,并且在此基础上反演获得云顶高、云底高、云厚、云量等二次产品。数据采集频率为 12 次/min,垂直分辨率为 30 m,探测范围可达 10 km 以上高空,主要包含云底高度、云顶高度、云层数、云厚度、回波强度、垂直速度以及速度谱宽气象产品数据。

(2)地面实测逐分钟降水资料来自宁夏地面基础气象资料服务平台。

3　降水实况

2019 年 10 月 31 日中午—11 月 1 日上午,六盘山区出现一次显著降水过程。此次降水过程六盘山区处在两槽一脊的环流背景下,受不断穿脊东移的冷空气影响,六盘山上游地区形成短波槽东移,配合低层暖湿气流,六盘山区出现了一次明显的自南向北降水天气过程。此次降水过程中,西吉中南部以及隆德、泾源大部降水量大于 10 mm,其他地区降水量小于 10 mm。从六盘山东西两侧降水分布来看,东侧的泾

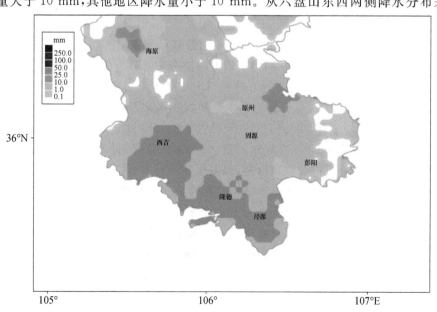

图 1　2019 年 10 月 30 日 20:00—11 月 1 日 20:00 六盘山区累计降水量

源站降水量最大,其次是山顶六盘山站,西侧隆德站降水最小。从降水时序来看,降水出现在10月31日12:00—11月1日10:00,主降水时段有两次,分别出现在10月31日13:00—19:00和11月1日02:00—09:00,其中六盘山站降水从10月31日13:13开始,降水结束在11月1日12:43,降水持续约24 h,过程累计降水量为10.8 mm。隆德站降水从10月31日13:23开始,降水结束在11月1日08:02,降水持续约19 h,过程累计降水量为9.6 mm。泾源站降水从10月31日13:07开始,降水结束在11月1日08:47,降水持续约20 h,过程累计降水量为11.2 mm,见图1。

4 Ka毫米波云雷达宏微观特征分析

云垂直结构反映了云体内部热力和动力以及微物理过程,在辐射收支、能量平衡、水汽循环等方面对地气系统起着重要作用,已有研究表明[23-24],毫米波云雷达可以探测直径远小于雷达波长的粒子,具有穿透云的能力而能描述云内部物理结构,并且可以连续监测云的垂直剖面变化,可为研究云的宏观特性及预测云系发展提供良好的支撑,而降水对毫米波具有一定的衰减,因此云雷达一般只探测从直径为几微米的云粒子到弱降水粒子的范围,主要研究对象为非降水云、毛毛雨、雾及沙尘暴。为此,本文利用降水过程中六盘山、隆德、泾源三站的云雷达数据,揭示不同降水时段对云宏微观特征的影响,明晰六盘山及其东西坡的云降水宏微观特征差异,为区域云—降水特征提供可参考性依据。

4.1 云回波强度垂直变化特征

为了分析此次降水过程六盘山站云系的垂直结构,对六盘山、隆德、泾源三站的Ka波段毫米波云雷达反演的回波强度进行对比分析,见图2。由图2可见,降水发生前,三站云系变为深厚的单层云,云内回波强度增强,云系首先在六盘山站上空出现,云系于10月31日11:00左右即降水发生前的2 h开始接地,泾源站的云于10月31日12:00开始接地,隆德站的云接地起始时间略晚于泾源站7 min。从回波强度来看,六盘山站同时次云系的回波强度最强,回波强度大于10 dBZ的持续时间较多,回波强度次大值区域为泾源站,隆德站最小。从云系发展情况来看,三站云顶高均在10~12 km波动,在降水发生前有一云底高度大于5 km的高云,云系发展的过程中云层数增多,10月31日08:00起,三站均出现中云,随后云系发展的更为深厚,云厚度增大。综上,此次降水过程前,六盘山站的云接地起始时间最早,其次为泾源站,最后为隆德站,且与三站的云雷达回波强度的变化规律相对应,此外,三站云体底部的回波强度在降水发生时均有剧增现象,且云体底部的回波强度均大于10 dBZ,云厚均大于8 km。

降水发生后,三站云系的回波强度在垂直结构上已表现出了从高到低增大的特征,六盘山站的云雷达回波分布较均匀,为层状云降水,在回波强度上有一清晰的0 ℃层亮带,高度为7 km左右,六盘山站同时次的回波强度显著大于隆德站,泾源站在开始降水阶段,云雷达的回波强度相较最小。三站云雷达的回波强度在雨强最强时也达到最强,六盘山站降水在10月31日17:00—18:00雨强最强,小时降水量为1 mm,此时云系中下部雷达回波较强,柱状回波明显。隆德站降水在11月1日05:00—06:00雨强最强,小时降水量为1.6 mm,泾源站降水在10月31日13:00—14:00雨强最强,小时降水量为2.2 mm,同期泾源站的云雷达回波强度在雨强最强时段要高于隆德站雨强最强时段。降水结束时,三站云系也逐渐减弱至消散。

综上分析,三站云系在降水发生前,云系不断发展,以多层云为主,三站云系发展的云的结构相近,六盘山站云系的出现时间最早,维系时间最长,且同时次的回波强度最强,且回波强度大于10 dBZ的持续时间最多,其次,回波强度次大值区域为泾源站,隆德站最小,这可初步印证六盘山站降水过程持续时间最长,其次为泾源站,隆德站降水持续时间最短。此外,受六盘山的影响,六盘山站的云系更为深厚,更易积聚形成地形云。

4.2 云径向速度垂直变化特征

由三站径向速度图(图3)可见,在降水发生前,三站为高层层状云,云体内气流有微弱的上升运动,这是因为水汽到达高层大气之后发生凝结,凝结过程中向周围环境释放热量,空气吸收热量上升形成上升

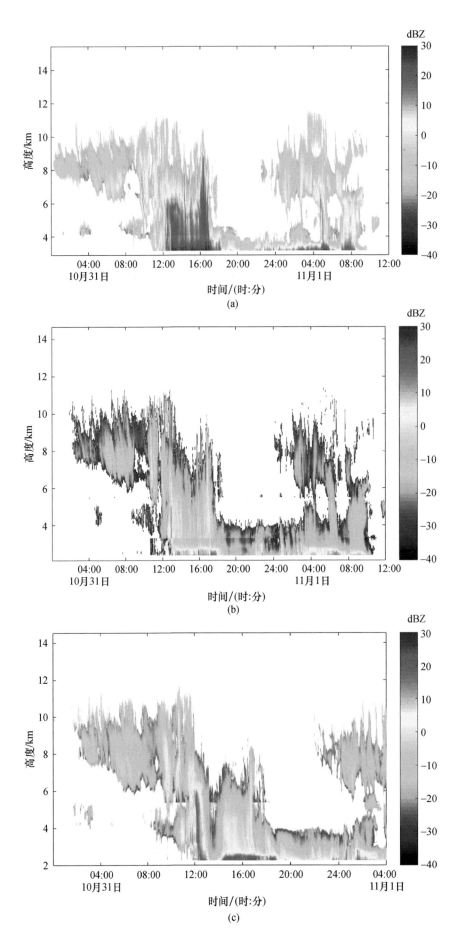

图 2　2019 年 10 月 31 日—11 月 1 日六盘山区 Ka 波段毫米波云雷达回波强度随时间—高度廓线图

(a)六盘山站;(b)隆德站;(c)泾源站(11 月 1 日 04:00—12:00 缺测)

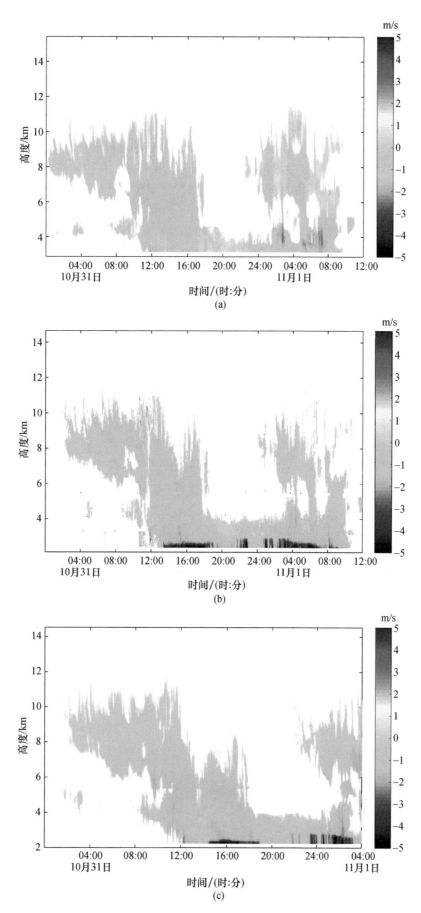

图 3　2019 年 10 月 31 日—11 月 1 日六盘山区 Ka 波段毫米波云雷达径向速度随时间—高度廓线图

(a)六盘山站;(b)隆德站;(c)泾源站(11 月 1 日 04:00—12:00 缺测)

运动。随着云系不断发展,水汽随上升气流上升到一定高度后液化形成大粒子降落,云系接地变为深厚的单层云,产生降水,三站在降水过程中,云层上部有频繁上升运动,随后积层混合云发展较为深厚,在距地面 2 km 左右出现了一个范围较小的谱宽大值区(图略),其中以隆德站最为明显,其次为泾源站,六盘山站谱宽较大值较小,说明云体中上部湍流运动剧烈,可能是积状云中雨滴通过碰并作用增大,云系既有上升运动又有下沉运动,云体内湍流运动剧烈,对流十分旺盛。图 3 中三站接近雷达天线的低层可以明显看到降水的形成和下落速度,其他的速度不明显。三站云体内均以下沉运动为主。在 10 月 31 日下午第一次降水时段结束后,云体内下层有明显的上升运动,这为降水过程的维持和发展提供了重要的动力因素,进一步形成 11 月 1 日 02:00 开始的第二次降水过程,第二次降水过程云体大部分区域都是下沉运动,在第二次降水过程快结束时云体内上升运动骤减,同时谱宽值减小,云系内对流减弱,云系也逐渐消散,降水逐渐停止。

综上对比分析可见,在降水发生前以及第一次降水时段结束后至第二次降水开始的时段,六盘山站云体内的上升运动要较其余两站更多,作为维持降水的重要因素,这为此次六盘山站降水过程提供了更好的动力条件,因而降水过程持续时间也最长。泾源站相较于其余两站,在降水过程中,云体内的下沉运动更为剧烈,瞬时雨强也最强,为 2.2 mm/h;隆德站小时雨强次之,为 1.6 mm/h;六盘山站小时雨强仅为 1 mm/h。

4.3 云垂直累计液态水含量垂直变化特征

由云垂直累计液态水含量垂直变化分布图可见(图 4),降水开始前六盘山站的云垂直累计液态水含量最为充沛,其次为泾源站,隆德站的最弱。降水过程开始时,三站云系的云液态水含量有一明显的剧增现象。降水开始后,云系云顶高度降低,垂直累计液态水含量有减弱现象,这是由于降水对雷达回波的衰减作用,导致高层的回波变弱。三站垂直累计液态水含量在 4 km 以下均为大值区,六盘山站的最大垂直累计液态水含量最大,达 1.5 g/m³,泾源站达 1 g/m³ 以上,隆德站为 0.5 g/m³。综合以上分析,六盘山站的水汽条件最为充沛,这为降水的发生发展提供了很好的水汽条件,其次水汽条件较好的为泾源站,隆德站的水汽条件相较最差;随着降水过程结束,云系变得浅薄,云系底高增高,云内垂直累计液态水含量降低,云系波动性消散。

进一步分析表明,受六盘山系的山地地形影响,在六盘山上空云粒子易发展积聚形成地形云现象,在此次降水过程中,六盘山站云体内的上升运动最多,云系存续时间也最长,因此降水时段也最长。此外,泾源站位于六盘山系的东坡,地势低于隆德站,降水过程中云体内上升运动更为剧烈,瞬时雨强也较隆德站更大,这可能受山地地形重力波的影响,湍流运动更强,加之更优的水汽条件,累计降水量也高于隆德站。综合以上分析,HT101 型全固态 Ka 波段毫米波云雷达产品可相对较全面的表征此次降水过程,可根据云雷达的回波强度以及云接地的发展时间初步诊断并预判降水过程。

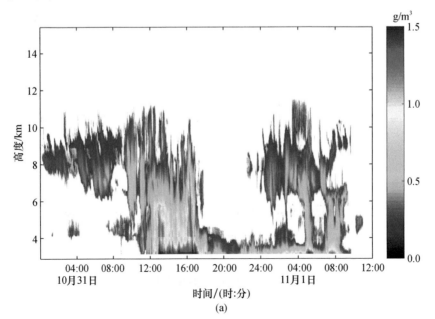

(a)

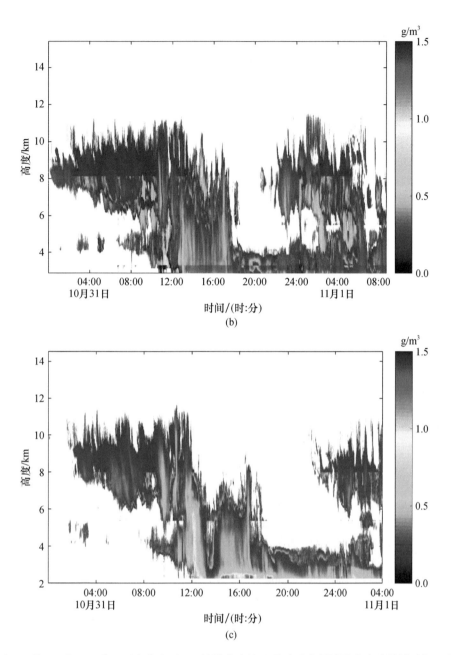

图 4　2019 年 10 月 31 日—11 月 1 日六盘山区 Ka 波段毫米波云雷达垂直累计液态水含量随时间—高度廓线图
(a)六盘山站;(b)隆德站;(c)泾源站(11 月 1 日 04:00—12:00 缺测)

5　结论与讨论

　　利用 2019 年 10 月 30 日—11 月 1 日区域自动站逐小时降水量观测资以及 HT101 型全固态 Ka 波段毫米波云雷达资料,对六盘山区一次降水天气过程的天气形势及云宏观特征进行分析,得出以下结论。

　　(1)六盘山站、泾源站、隆德站云系发展的结构相近。在降水发生前,云系不断发展。以多层云为主;降水发生时,云系变为深厚的单层云;降水过程结束时,云层数变多,云体内云层数变为多层云。

　　(2)降水开始前,三站为高层层状云,云雷达回波强度较低,有微弱的上升运动,速度谱宽值较小并分布较为集中;在降水过程中,回波强度较强,表现出垂直高度上由高到低强度增大的特征,接近雷达天线的低层有明显的降水形成的下落速度,垂直累计液态水含量有剧增现象;在降水过程结束时,云雷达回波强度明显减弱云体内上升运动骤减,同时谱宽值减小,垂直累计液态水含量减弱,云系也逐渐消散。

　　(3)此次降水过程中,三站最高云顶高达 10~12 km,六盘山站云系的出现时间最早、云接地维系时间最长,同时次的回波强度、径向速度与垂直累计液态水含量最强,次大值为泾源站,隆德站最小。此外,受六盘山的影响,六盘山站的云系更为深厚,更易积聚形成地形云,泾源站受山地地形重力波的影响,粒子在山系东坡的下落速度更大,湍流运动更强,加之更优的水汽条件,累计降水量高于隆德站。

参考文献

[1] Li Z Q,Barker H W,Moreau L. The variable effect of clouds on atmospheric absorption of solar radiation [J]. Nature, 1995,376 (6540):486-490.

[2] Randall D,Khairoutdinov M,Arakawa A,et al. Breaking the cloud parameterization deadlock [J]. Bull Amer Meteor Soc,2003,84 (11):1547-1564.

[3] Liou K N. 大气辐射导论 [M]. 郭彩丽,周诗健译. 第 2 版. 北京:气象出版社,2004:614.

[4] Stephens G L. Cloud feedbacks in the climate system:A critical review [J]. J Climate,2005,18 (2):237-273.

[5] 高翠翠,李昀英,寇雄伟,等.中国东部暖季对流云与层状云的比例及与降水的对应关系[J].大气科学,2017,41 (3):490-500.

[6] Rutledge S A,Houze R A. A diagnostic modelling study of the trailingstratiform region of a midlatitude squall line [J]. J Atmos Sci,1987,44 (18):2640-2656.

[7] 刘屹岷,燕亚菲,吕建华,等.基于 CloudSat/CALIPSO 卫星资料的青藏高原云辐射及降水的研究进展 [J].大气科学,2018,42 (4):847-858.

[8] 陈勇航,黄建平,王天河,等.西北地区不同类型云的时空分布及其与降水的关系[J].应用气象学报,2005,16(6):15-25,160.

[9] 王亚敏,冯起,李宗省. 1960—2005 年西北地区低云量的时空变化及成因分析[J].地理科学,2014,34(5):635-640.

[10] 吴伟,王式功.中国北方云量变化趋势及其与区域气候的关系[J].高原气象,2011,30(3):651-658.

[11] 王小勇,张婕,武岩,等.祁连山东部春季云参数特征与降水的关系研究[J].安徽农业科学,2011,39(33):20885-20887.

[12] Thurairajah B,Shaw J A. Cloud statistics measured with the Infrared Cloud Imager (ICI) [J]. IEEE Trans Geosci Remote Sens,2005,43 (9):2000-2007.

[13] 闫宝东,宋小全,陈超,等. 2011 春季北京大气边界层的激光雷达观测研究 [J].光学学报,2013,33 (S1):272-277.

[14] 周珺,雷恒池,魏重,等.机载微波辐射计反演云液水含量的云物理方法[J].大气科学,2008,32(5):1071-1082.

[15] 仲凌志.毫米波测云雷达系统的定标和探测能力分析及其在反演云微物理参数中的初步研究[D].北京:中国气象科学研究院,2009.

[16] Prakash B,Inder B. Millimeter wave engineering and applications[M]. Hoboken:Wiley, 1984:31-35.

[17] 郑佳锋,刘黎平,曾正茂,等. Ka 波段毫米波云雷达数据质量控制方法[J].红外与毫米波学报,2016,35(6):748-757.

[18] Liu L P,Zheng J F,Ruan Z,et al. Comprehensive radar observations of clouds and precipitation over the Tibetan Plateau and preliminary analysis of cloud properties [J]. J Meteor Res,2015,29 (4):546-561.

[19] 吴翀,刘黎平,翟晓春. Ka 波段固态发射机体制云雷达和激光云高仪探测青藏高原夏季云底能力和效果对比分析[J].大气科学,2017,41 (4):659-672.

[20] 刘黎平,郑佳锋,阮征,等. 2014 年青藏高原云和降水多种雷达综合观测试验及云特征初步分析结果[J].气象学报,2015(4):635-647.

[21] 林奇胜,刘洪萍,张安录.论我国西北干旱地区水资源持续利用[J].地理与地理信息科学,2003,19(3):54-58.

[22] 陈少勇,董安祥,王丽萍.中国西北地区总云量的气候变化特征[J].成都信息工程学院学报,2006,21(3):110-115.

[23] 赵静,马尚昌,代桃高,等. Ka 波段毫米波云雷达探测能力的分析研究[J].成都信息工程学院学报,31(1):29-34.

[24] 仲凌志,刘黎平,葛润生.毫米波测云雷达的特点及其研究现状与展望[J].地球科学进展,2009,24(4):383-391.

六盘山区雾的平均变化特征分析

党张利[1,2,3]　康　煜[1,2]

(1 中国气象局旱区特色农业气象灾害监测预警与风险管理重点实验室,银川 750002;
2 宁夏气象防灾减灾重点实验室,银川 750002;3 宁夏回族自治区人工影响天气中心,银川 750002)

摘　要:利用 2014—2018 年六盘山区隆德、泾源、六盘山三个气象观测站布设的前向散射能见度仪历史观测资料,对六盘山区雾的时空变化特征进行分析,得出六盘山区雾具有明显的年、月、季、日变化特征。其中,年、日变化趋势呈正"V"型,月变化趋势呈倒"V"型,六盘山区年平均雾日数为 53.7 d,六盘山区气象站是六盘山区出现雾日数最多的站点,年平均雾日数为 133.4 d;在季节变化中,秋季出现雾频率最高;在日变化过程中,08:00 雾出现频次最多,08:00—20:00 隆德县气象站雾出现在 12:00 之前,以辐射雾为主。对六盘山区气象站布设的雾滴谱仪在 2019 年 11 月 1 日—2020 年 5 月 31 日的观测结果分析,发现云雾滴在伴有降水和非降水时具有明显的差异,降水时的粒子数浓度大于非降水时,非降水时的中值体积直径和有效直径大于降水时,云雾滴谱峰值在降水时出现在 6～8 μm,而非降水出现在 6 μm。

关键字:六盘山区,雾滴谱仪,降水,非降水

1　引言

雾是由大量悬浮在近地层空气中的微小水滴或冰晶组成的能见度小于 1 km 的自然现象,是近地层空气中水汽凝结(或凝华)的产物。大雾作为宁夏常见的气象灾害之一,其出现频率高,影响范围广,危害性大。其中影响宁夏地区的雾有两种:一种是平流雾,主要是暖湿空气流经冷的陆面,冷却降温而形成的雾;另一种是辐射雾,主要是空气因辐射冷却达到过饱和而形成的,其发生在晴朗、微风、近地面、水汽比较充分的夜间或早晨,多形成在近地层辐射逆温层中,随着温度的上升,雾滴会立即蒸发消散。宁夏回族自治区气象局雾预报预警的标准是 12 h 内可能出现能见度小于 500 m 的雾,或者已经出现能见度小于 500 m、大于等于 200 m 的雾将持续发布大雾黄色预警信号;6 h 内可能出现能见度小于 200 m 的雾,或者已经出现能见度小于 200 m、大于等于 50 m 的雾将持续发布大雾橙色预警信号;2 h 内可能出现能见度小于 50 m 的雾,或者已经出现能见度小于 50 m 的雾将持续发布大雾红色预警信号。随着经济的飞速发展,雾对交通、运输等行业影响越来越大,各地区对雾的研究越来越广泛,宁夏经济欠发达,对雾宏观天气背景的研究比较广泛,李凤琴等[1]对宁夏雾的天气背景进行分析,纳丽等[3]对宁夏雾的气候特征进行分析,周翠芳等[2]对宁夏雾的时空分布和预报方法进行研究,张智等[4]对宁夏雾-霾气候变化进行研究。针对处于高发区六盘山区的雾研究却很少,并且在 2019 年前宁夏没有关于雾微物理观测的仪器。通过建立六盘山地形云野外科学试验基地,2019 年在六盘山区气象站布设了一部 FM-120 雾滴谱仪,可以连续对雾微物理特征进行连续观测。本文首先对六盘山区六盘山、泾源、隆德三个气象站 2014—2018 年雾观测资料进行分析,得到雾的宏观变化特征,其次对雾滴谱仪安装以来雾滴变化特征进行分析,为以后消雾和云雾降水提供理论依据。

2　资料介绍

六盘山区气象站位于宁夏回族自治区固原市六盘山站上,海拔高度为 2842 m,年平均气温 1.5 ℃,年平均相对湿度 69%,年雾日数可达 153.4 d,在六盘山区独特的气候条件下,为探讨六盘山云雾个性特征,

六盘山、隆德、泾源三个气象站安装的前向散射能见度仪,主要通过 HY-V35 能见度传感器基于大气中的颗粒物的前向散射原理,通过测量小体积空气对光的散射系数,得到采样气体的消光系数,从而获得气象光学能见度。同时基于六盘山地形云野外科学试验基地在六盘山区气象站院内布设了一台 DMT 公司生产的 FM-120 雾滴谱仪,雾滴谱仪的观测粒径的范围为 $2 \sim 50~\mu m$,采样面积为 $0.24~mm^2$,采样频率为 $1~Hz$,选用固态激光二极管为核心部件,通过激光前向散射技术测量云雾粒径分布的光学仪器,实时运算并显示颗粒物数浓度、液态水含量、有效直径和中值体积直径等测量参数。其中,粒子数浓度是单位体积内某粒子的个数;液态水含量是单位体积的空气中所含有的液态水的质量;中值体积直径是将取样雾滴的体积按雾滴大小顺序进行累计,其累计值为取样雾滴体积总和的 50% 所对应的雾滴直径;有效直径是当某个颗粒的某一物理特性与同质球形颗粒相同或相近时,用该球形颗粒的直径代表这个实际颗粒的直径;$2 \sim 50~\mu m$ 粒径范围共计 30 个粒径。通过各物理量分析六盘山区气象站出现雾天气过程的宏微物理特征。

表 1 FM-120 雾滴谱仪的通用技术参数

原理	单颗粒前向散射,30 个粒径阈值
观测粒径范围	$2 \sim 50~\mu m$
采样面积	$0.24~mm^2$
采样速率	$1~m^3/min$
采样频率	$1~s$
折射率	不吸收,1.33
光收集角度	$3.5° \sim 12°$

本文利用隆德、泾源、六盘山三个气象站 2014—2018 年的前向散射能见度仪观测资料对六盘山区雾年、月、季、日变化进行分析。由于六盘山区气象站安装的雾滴谱仪从 2019 年 11 月开始正常观测,截止时间为 2020 年 5 月 31 日,基于雾滴谱仪在此期间观测资料对六盘山区气象站微观统计量进行分析。

3 六盘山区雾的宏观变化

2014—2018 年六盘山区雾具有明显的年、月、季、日变化。六盘山区气象站雾日数明显高于隆德县气象站和泾源县气象站,六盘山区雾的年平均日数为 161 d,六盘山区气象站 5 a 平均累计日数为 667 d,泾源县气象站为 131 d,隆德县气象站为 7 d。其中,2018 年六盘山区气象站雾日数最多,高达 158 d,2016 年雾日数最少,达到 105 d;泾源县气象站 5 a 累计雾日数为 131 d,2015 年雾日数最多为 30 d,2016 年雾日数最少为 22 d;隆德县气象站年累计雾日数为 7 d,2017 年未发生雾,2014—2016 年均有 2 d 发生雾。六盘山区雾过程具有明显的月变化,5 年内月平均雾累计日数为 62.1 d,其中,六盘山区气象站月平均累计雾日数为 55.6 d,泾源县气象站为 10.9 d,隆德县气象站为 0.6 d;六盘山区气象站 9 月累计雾日数最多,为 87 d,泾源县气象站 10 月雾累计日数最多,为 28 d,隆德县气象站 11 月雾累计日数最多,为 3 d。六盘山区具有明显的季节变化,六盘山区气象站、隆德县气象站、泾源县气象站秋季出现雾过程的频率最高,六盘山区气象站秋季平均出现雾日数为 43.6 d,泾源为 12.6 d,隆德县气象站不足 1 d;六盘山区气象站出现雾日数最低为冬季,泾源县气象站和隆德县气象站雾日数出现最低的季节为夏季。雾的日数变化一方面间受值班人员影响,夜间观测数据明显减少,08:00—20:00 以外的观测次数明显少,白天准确性较高。隆德、泾源、六盘山三站在 08:00 出现频次最高,其中六盘山 08:00 5 a 累计出现频次最高达 65.8 次,平均每年 08:00 出现雾日数为 88 d,14:00—15:00 出现雾次数最少,为 348 次,平均为 69.6 d;泾源县气象站最高时刻也出现在 08:00,累计出现雾次数 96 次,平均值为 19.2 d,13:00—14:00 出现雾次数最少,为 33 次;隆德县气象站 08:00—11:00 出现雾,其他时间未出现雾,其中 08:00 也是出现雾次数最多的时刻。

总体上,六盘山区雾变化最多发生在秋季,六盘山区气象站最少日数出现在冬季,隆德县气象站、泾源县气象站最少日数出现在夏季。08:00—20:00 内,08:00 是六盘山区出现雾次数最多的时刻,午后出现雾次数最少,隆德县气象站以辐射雾为主。

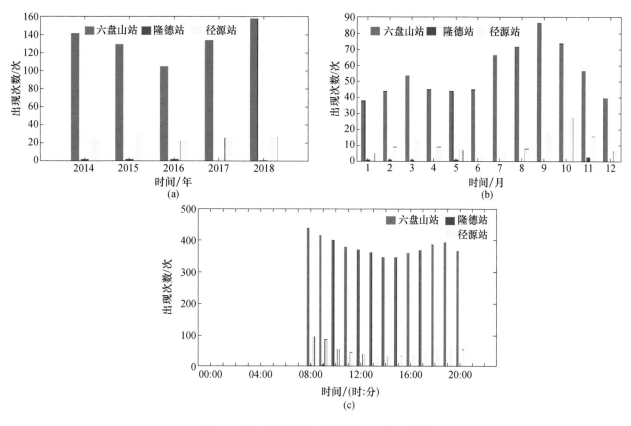

图1 六盘山区雾的年(a)、月(b)、日(c)变化

4 雾滴谱仪观测期间的雾滴谱特征

基于六盘山区气象站 DNQ1 型号前向散射能见度仪观测结果,2019 年 11 月 1 日—2020 年 5 月 31 日六盘山区气象站共发生 96 次能见度低于 1000 m 的云雾天气过程,11 月、1 月发生频率较高,5 月发生频率最低;有 50 次过程伴有降水,占总云雾过程 52.1%,其中 5 月伴随降水出现的次数最高,12 月最少;有 4 次云雾过程总云量达到 8/10 以上,仅有 4 次云雾过程总云量少于等于 4/10;从能见度观测结果看,云量小于或等于 4 的时间段能见度较好,且这 4 次过程能见度持续低于 1000 m 时间很短,由于六盘山区气象站风速较大,可能导致团雾短时间能见度较低,因此这 4 次云雾过程被认为是无效样本。为更好地分析六盘山云雾降水和非降水过程的特征,在 92 次过程中挑选出能见度小于 500 m 的连续云雾天气过程,再根据大监站小时降水量观测数据对连续雾过程分区是否伴随降水天气过程,最终每月筛选出一次有雾有降水、一次有雾无降水过程,总共包含 14 个雾过程。

按雾过程对粒子数浓度、液态水含量、有效直径、中值体积直径获取过程平均状态,由于 5 月仅有两次有雾无降水过程,一方面过程持续时间短,另一方面过程中没有出现持续能见度低于 500 m 的情况,所以 5 月有雾无降水过程云雾物理量几乎为 0。2019 年 11 月—2020 年 5 月共 7 个月的雾过程中平均粒子数浓度、液态水含量、有效直径和中值体积直径分别为 131.93 个/cm³、0.02 g/cm³、6.31 μm、5.91 μm,粒子数浓度 2 月伴随降水时最大,达到 220 个/cm³,液态水含量 1 月未发生降水时最高,达到 0.04 g/cm³,有效直径和中值体积直径最大值均出现 3 月非降水过程,分别为 11.33 μm、9.74 μm。11 月粒子数浓度、液态水含量无降水大于有降水,而粒子直径无降水的小于有降水的,12 月、1 月粒子各物理量非降水均大于有降水发生时,2 月粒子数浓度非降水时小于降水时,两者仅差 20 个/cm³,粒子其他物理量非降水大于伴有降水,3 月、4 月雾过程中无降水和伴有降水时粒子数浓度和其他 3 个要素变化趋势相反,3 月无降水小于伴有降水时,但两者仅差 6.38 个/cm³,4 月非降水大于伴有降水,两者差 64.88 个/cm³。

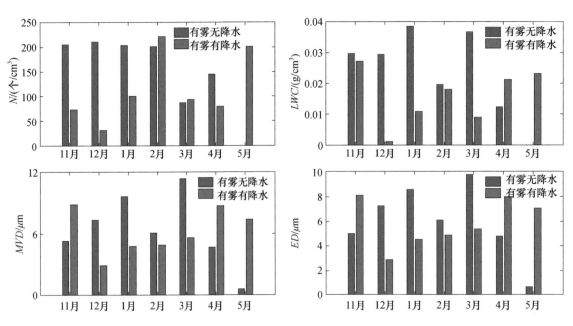

图 2 六盘山区气象站雾滴谱仪观测有雾过程的粒子月变化

非降水时,粒子数浓度在 86.44～200.58 个/cm³,液态水含量在 0.01～0.04 g/cm³,有效直径在 4.74～11.33 μm,中值体积直径在 4.75～9.74 μm;伴有降水时,粒子数浓度在 30.79～220.52 个/cm³,液态水含量在 0.00～0.03 g/cm³,有效直径在 2.93～8.85 μm,中值体积直径在 2.86～8.00 μm。

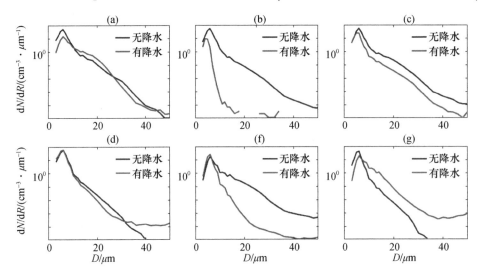

图 3 六盘山区气象站云雾谱分布

(a)11 月谱分布;(b)12 月谱分布;(c)1 月谱分布;(d)2 月谱分布;(e)3 月谱分布;(f)4 月谱分布

六盘山云滴谱呈单峰分布。非降水时,云雾滴谱的峰值粒径为 8 μm,峰值最大的为 2 月,峰值粒径对应数浓度为 62.30 cm⁻³·μm⁻¹,最小的是 3 月对应数浓度为 22.18 cm⁻³·μm⁻¹;降水时,云雾滴谱的峰值粒径为 6～8 μm,峰值最大为 5 月,粒径为 7 μm,对应数浓度为 71.39 cm⁻³·μm⁻¹。

5 结论与讨论

(1)六盘山区雾具有明显的年、月、季、日变化,年、日变化呈"V"型变化,月呈倒"V"型变化,2014—2019 年六盘山区平均出现雾日数为 53.7 d,月平均雾日数为 22.4 d,08:00 出现雾日数频次最高,08:00—20:00 段内午后出现频次最少。隆德县气象站 08:00—11:00 段内出现雾,其他时段内未观测到雾,但从观测资料看隆德县气象站主要受辐射影响。

（2）六盘山区气象站雾过程中降水和非降水期间微物理特性具有明显的差别,伴有降水时的雾粒子数浓度大小分布较非降水时大;有降水期间的雾滴有效直径和中值体积直径明显小于非降水期间;液态水含量差异不明显;滴谱呈单峰分布,降水时的滴谱峰值粒径小于非降水。

参考文献

[1] 李凤琴,肖云清,马明月.银川一次连续大雾天气的观测与天气分析[J].农业科学研究,2008,29(1):44-46.

[2] 纳丽,冯瑞萍.宁夏大雾的气候特征及变化[J].灾害学,2008,23(1):61-64.

[3] 周翠芳,陈楠,张广平.宁夏雾的时空分布特征及预报方法研究[J].安徽农业科学,38(30):17074-17081.

[4] 张智,冯瑞萍.宁夏雾霾时间的气候变化趋势研究[J].宁夏大学学报(自然科学版),2014,35(2):187-192.

六盘山区一次连阴雨过程不同地形下的雨滴谱特征分析

马思敏[1,2]　戴言博[1,2]　穆建华[1,2]　田　磊[1,2]

(1 中国气象局旱区特色农业气象灾害监测预警与风险管理重点实验室,银川 750002;

2 宁夏气象防灾减灾重点实验室,银川 750002)

摘　要:选取 2018 年 9 月六盘山区一次连阴雨天气过程,利用布设在六盘山区西坡、山顶、东坡的雨滴谱观测资料,对不同地形下的降水微物理量及雨滴谱分布特征进行分析,并讨论其中的差异。结果表明,此次降水持续时间长,降水强度较弱,各直径微物理参量在东坡最大,平均直径、众数直径、中值直径在山顶最小,而最大直径、优势直径在西坡最小;雨强、雷达反射率因子、液态水含量在东坡最大,但是数浓度在山顶最大;山顶、西坡、东坡小雨滴对总数浓度、雨强的贡献均最大。对比不同地形下的平均雨滴谱分布,山顶雨滴更小,小滴的数密度也大,这可能是因为山顶风速较大,山顶雨滴尚未完全碰并以及小雨滴下落过程中的蒸发有关;谱宽在东坡最宽,山顶次之,西坡最小。Gamma 分布拟合效果好于 M-P 分布。雨强与数浓度、最大直径、雷达反射率因子均近似成幂指数关系,其中雨强与雷达反射率相关性最好。

关键词:雨滴谱,六盘山,地形

1　引言

降水粒子特性代表了云动力过程和微物理过程综合作用的结果,是云降水物理和人工影响天气领域的重要研究内容。雨滴谱(DSD)是反映降水粒子特性的一项重要指标,即雨滴数密度随雨滴尺度的分布,是描述降水物理过程的最基本微物理量,雨滴谱含有丰富的云降水微物理特征信息,研究雨滴谱的分布可以分析自然降水的微物理结构及其演变特征,对了解自然降水的物理过程、成雨机制,评估人工增雨的云水条件、提高人工影响天气的科学作业水平有很重要的意义。

我国从 20 世纪 60 年代就开展了雨滴谱的研究工作。国内早期雨滴谱的观测常使用滤纸色斑法,该法操作简单、成本低廉,但实际操作中会有人为误差[1]。20 世纪 90 年代以后,雨滴谱观测方法逐渐多样化,出现很多通过激光技术测量降水的仪器,包括 GBBP-100 型雨滴谱仪,德国 Thies 公司生产的激光雨滴谱仪(LPM)和德国 OTT 公司的 Parsivel 激光雨滴谱仪等[2-4]。

随着雨滴谱观测技术的改进,雨滴谱分布的研究也在不断开展。目前常用的雨滴谱分布经验公式有两种,一种是 1984 年 Marshall 和 Palmer 提出的 M-P 分布,其表达式为:$N(D)=N_0\exp(-\varLambda)$;另一种是 1983 年 Ulbrich 提出的三参数的 Gamma DSD 模型,该模型表达式为:$N(D)=N_0D^\mu\exp(-\varLambda D)$。许多学者研究得出不同降水类型采用不同的经验公式进行拟合效果不同,但 Gamma 分布对于稳定性、对流性降水的拟合效果相对较好。陈宝君等[5]利用沈阳市 7 月、8 月的雨滴谱资料,对降水进行了层状云、积雨云、积层混合云 3 种云型分类分析,并利用 M-P 和 Gamma 分布进行拟合,发现 M-P 分布对层状云降水拟合结果更为准确,Gamma 分布对 3 种类型降水普遍适用,对积雨云、积层混合云两种较不稳定降水雨滴谱分布的拟合结果较好。濮江平等[6]对南京市 3—6 月雨滴谱资料进行分析,并用 Gamma 分布对雨滴谱进行拟合,表明 Gamma 分布拟合精度较高,标准化 Gamma 分布参数更有意义。

雨滴在下落过程中会发生碰撞碰并、破碎、蒸发等现象,所以雨滴谱特征在不同高度上会有所不同。杨俊梅等[7]利用 2010—2012 年 Parsivel 激光降水粒子谱仪在山西省的 6 个地区观测的雨滴谱资料,根据海拔高度分析了山区和平原雨滴谱统计特征。张昊等[8]、陈聪等[9]利用个例中测得的雨滴谱资料对庐山、黄山不同高度上的降水微物理量及雨滴谱分布进行了分析,以探讨降水微物理特征在垂直高度上的差异。

在以往的宁夏雨滴谱研究工作中,利用吸水滤纸色斑法分析了宁夏不同时间段、不同地点的雨滴谱特征[10-11],2017年开始在六盘山地形云野外科学试验基地建设了一批激光雨滴谱仪,开展了基于激光雨滴谱仪的雨滴谱变化特征研究工作。对六盘山区不同高度、不同地形雨滴谱的研究有助于了解该地区雨滴谱分布特征以及雨滴下落时滴谱演变特征。本文选取2018年9月六盘山区一次连阴雨天气过程,利用布设在六盘山区西坡、山顶、东坡的雨滴谱观测资料进行分析。

2 观测点、仪器介绍及数据处理

2.1 仪器介绍

HY-P1000型激光雨滴谱仪由华云升达公司生产,是以激光测量为基础的光学粒子测量仪器,共有32个尺度通道和32个速度通道,其中粒子尺度测量数据范围为0.2~25 mm,粒子速度测量范围为0.2~20 m·s^{-1},采样间隔为1 min。它可以对包括毛毛雨、雨(阵雨)、雪(阵雪)、雨夹雪(阵性雨夹雪)、冰雹等天气现象进行自动观测与识别。根据各种观测参数的综合信息,HY-P1000型激光雨滴谱仪能反演计算出降水强度、雷达反射率因子、液态水含量等参数以及表征直径的各微物理量。

2.2 观测点

图1为六盘山地形云野外科学试验基地雨滴谱仪布局图,本次过程雨滴谱资料分析选取的是布设在六盘山西侧的隆德县城关镇人工影响天气作业点(海拔2284 m)、东侧的泾源县大湾乡人工影响天气作业点(海拔1917 m)以及六盘山国家级观测站(海拔2845 m)。选取的西坡站点和东坡站点距离山顶的直线距离分别为9.8 km和7.1 km,且这三个点基本位于一条直线。选取这三个点9月16—19日雨滴谱仪的观测资料进行分析。

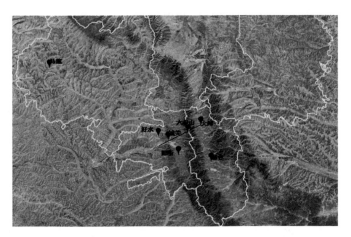

图1　六盘山地形云野外科学试验基地雨滴谱仪布局图

2.3 数据处理

激光雨滴谱仪测得的原始数据是采样时间间隔内(1 min)对应不同尺度和不同速度的雨滴个数。数据质量控制方法采取:(1)HY-P1000型激光雨滴谱仪考虑了雨滴的形变,对雨滴的直径进行了订正,在处理数据时不做形变订正处理;(2)剔除采样时间内(1 min)雨滴个数不足10个的样本;(3)人为检查数据,剔除不合理的异常值。通过一定的计算转换可以得到相应的降水微物理量,这些微物理量的均值以及时序变化可以反映出降水过程的基本特征。各微物理量的符号、含义及表达式如表1所示。

表 1　物理量符号、含义及表达式

物理量	含义	表达式
平均直径 D_{ave}/mm	雨滴直径总和除以雨滴总数	$D_{ave} = \sum\limits_{i=1}^{32} N_i(D_i)D_i / \sum\limits_{i=1}^{32} N_i(D_i)$
众数直径 D_{peak}/mm	最大频率直径	$N(D_i)$ 最大值对应的直径
优势直径 D_{pre}/mm	对含水量贡献最多的直径	$N(D_i)D_i^3$ 对应的最大值
体积中值直径 D_0/mm	含水量的一半是由大于该值的大雨滴组成	$2\sum\limits_{i=1}^{D_0} N(D_i)D_i^3 = \sum\limits_{i=1}^{32} N(D_i)D_i^3$
中值直径 D_{mid}/mm	半数雨滴的直径小于此值	$2\sum\limits_{i=1}^{D_0} N(D_i) = \sum\limits_{i=1}^{32} N(D_i)$
雨强 I/mm·h^{-1}	单位时间内落到单位面积上的雨水的深度	$I = \dfrac{\pi}{6}\sum\limits_{i=1}^{32} N_i(D_i)D_i^3 v(D_i)$
雷达反射率因子 Z/dBZ	雨滴直径的 6 次方之和	$Z = \sum\limits_{i=1}^{32} N_i(D_i)D_i^6$
液态水含量 Q/g·m^{-3}	单位体积内的液态水质量	$Q = \dfrac{\pi\rho}{6}\sum\limits_{i=1}^{32} N_i(D_i)D_i^3$
数浓度 N/个·m^{-3}	单位体积内的数浓度	$N = \sum\limits_{i=1}^{32} N_i(D_i)$

3　结果与讨论

3.1　天气实况分析

受高空槽前下滑冷空气和副高外围暖湿气流共同影响,9 月 16—19 日宁夏六盘山区出现了连阴雨天气。500 hPa 天气形势是新疆北部有一低压槽,副高位于河套东南部地区附近。六盘山区处于低压槽前、副热带高压西北部,冷暖空气交汇产生降水。18 日 08 时,700 hPa 切变线位于宁夏中部,整层水汽相对湿度全区大部在 80% 以上,500 hPa 我区中北部地区相对湿度在 80% 以上,08 时中北部地区整层水汽较好。18 日 20 时,随着切变线南压,中北部地区水汽条件减弱,雨带南撤至六盘山区。19 日下午副高东退,500 hPa 新疆槽经过宁夏上空,由于低层水汽条件差,雨区基本移出宁夏,宁夏南部地区有弱降水。

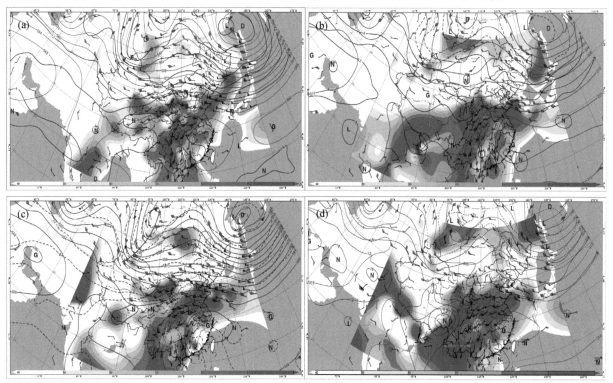

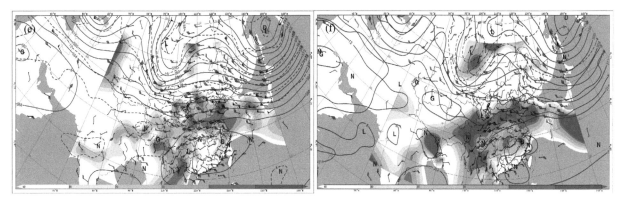

图 2　9 月 18 日 08 时、18 日 20 时、19 日 08 时的 500 hPa 形势场(a、c、e)和
9 月 18 日 08 时、18 日 20 时、19 日 08 时的 700 hPa 形势场(b、d、f)

从过程累计降水量分布图(图 3)来看,此次连阴雨过程降水分布较为均匀,六盘山区的北部以及南部偏东区域普遍累计降水量超过了 10 mm,其他地区累计降水量在 10 mm 以下。从六盘山区气象站天气雷达图(图 4)看,雷达组合发射率在 5～25 dBZ,且分布较为均匀,此次降水属于层状云降水。此次分析雨滴谱仪布设的三个站点过程累计降水量分别为六盘山站 15.2 mm、大湾站 13.0 mm、城关站 10.8 mm,各站小时降水量时序图如图 5 所示。

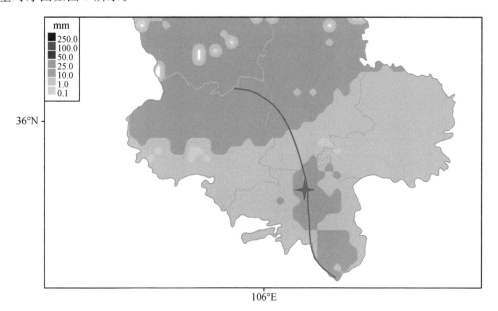

图 3　六盘山区 9 月 17 日 20 时—19 日 20 时 48 h 累计降水量分布图
(图中红星为六盘山区气象站)

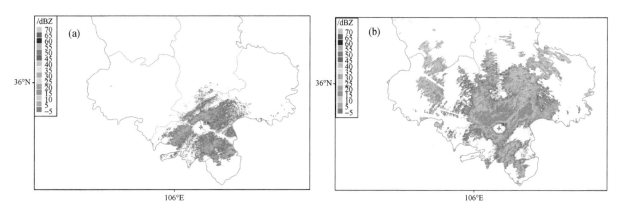

图 4　9 月 17 日 20 时 30 分(a)和 9 月 18 日 05 时 31 分(b)六盘山区气象站天气雷达组合反射率图

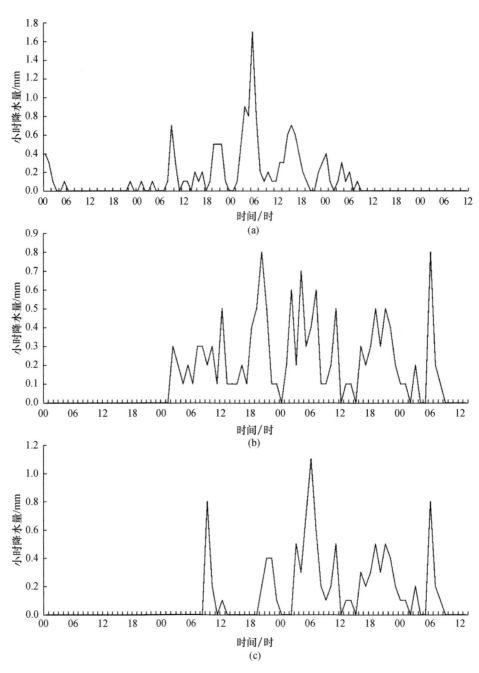

图 5　六盘山站(a)、大湾站(b)和城关站(c)9 月 16 日 00 时—9 月 19 日 13:00 小时降水量时序图

3.2　微物理量特征

　　此次六盘山区降水从 16 日 00 时开始,至 19 日 12 时结束,共历时约 84 h,如表 2 所示。山顶降水出现时间最早,西坡降水出现时间最晚,山顶和东坡降水结束时间较早,西坡降水结束时间较晚。山顶降水持续时间最长(约 82 h),东坡和西坡持续时间相当(约 58 h)。山顶的六盘山站累计降水量达到 15.2 mm,东坡的大湾站 13.0 mm,西坡的城关站 10.8 mm,山顶降水量最多,东坡次之,西坡最小。山顶六盘山站雨滴样本个数 1444 个,东坡的泾源大湾样本个数 1342 个,西坡的隆德城关样本个数 1130 个。由于此次降水是受层状云系影响,降水性质属于稳定性降水,可以近似认为这三个观测点是受同一过程同一云系影响。虽然雨滴谱特征随时间空间差异很大,但是此次降水过程范围较大,持续时间较长,选取的西坡站点和东坡站点距离山顶的直线距离分别为 9.8 km 和 7.1 km,相对距离较近,使得系统误差相对较小,西坡、山顶和东坡三个站点的海拔高度分别为 2284 m、2845 m 和 1917 m,故三个站点可以代表不同高度及不同地形条件下的雨滴谱特征。

表 2 降水时间

站点	开始时间	结束时间	降水样本数
山顶	9 月 16 日 00 时 00 分	9 月 19 日 10 时 01 分	1444
西坡	9 月 17 日 02 时 34 分	9 月 19 日 12 时 22 分	1130
东坡	9 月 17 日 00 时 12 分	9 月 19 日 10 时 09 分	1342

表 3 列出了此次降水过程中各直径微物理量的平均值。直径参量可以反映出雨滴的尺度大小。平均直径反映降水粒子的平均大小,山顶平均直径 0.332 mm,西坡为 0.343 mm,东坡为 0.441 mm,东坡最大,西坡次之,山顶最小,这是因为东坡大雨滴较多,山顶小滴较多使得平均直径最小。最大直径山顶为 0.546 mm,西坡为 0.494 mm,东坡为 0.662 mm,这里的最大直径是各时刻最大直径的平均值,所以看起来值比较小,实际西坡、山顶、东坡的最大粒径分别为 3.25 mm、3.75 mm 和 4.25 mm。众数直径反映数密度最大的直径,也反映了雨滴谱分布峰值所对应的直径,山顶为 0.307 mm,西坡为 0.326 mm,东坡为 0.442 mm,由此也可以看出山顶最大数密度对应的直径较小,导致山顶平均直径最小。优势直径为对含水量贡献最大的直径,山顶为 0.382 mm,西坡为 0.355 mm,东坡最大为 0.466 mm。中值直径山顶为 0.322 mm,西坡为 0.332 mm,东坡为 0.445 mm。各直径微物理量在东坡最大,平均直径、众数直径、中值直径在山顶最小,而最大直径、优势直径在西坡最小。

表 3 各点直径微物理量均值

站点	平均直径/mm	最大直径/mm	众数直径/mm	优势直径/mm	体积中值直径/mm	中值直径/mm
山顶	0.332	0.546	0.307	0.382	0.379	0.322
西坡	0.343	0.494	0.326	0.355	0.359	0.332
东坡	0.441	0.662	0.442	0.466	0.476	0.445

从直径微物理量可以得到雨滴的尺度大小,除此之外,还有其他一些可以反映降水性质的物理量,表 4 列出了这些微物理量的平均值,由雨强参量可知此次降水强度,山顶为 0.040 mm·h^{-1},西坡为 0.038 mm·h^{-1},东坡为 0.162 mm·h^{-1},东坡降水强度最大,山顶次之,西坡最小,但由于山顶的降水持续时间最长,所以山顶的累计降水量是最大的。通过雨滴谱计算得到的雷达反射率因子可以用于校准雷达反演的降水强度,山顶平均雷达反射率因子为 3.57 dBZ,西坡为 1.091 dBZ,东坡为 5.741 dBZ。液态水含量山顶为 0.0044 g·m^{-3},西坡为 0.0032 g·m^{-3},东坡最大为 0.0132 g·m^{-3},数浓度山顶为 235 个·m^{-3},西坡为 111 个·m^{-3},东坡为 215 个·m^{-3},与之前的参量不同,山顶的数浓度最大,是因为山顶小雨滴数量多。

表 4 各点其他微物理量均值

站点	雨强 I/mm·h^{-1}	雷达反射率因子 Z/dBZ	液态水含量 Q/g·m^{-3}	数浓度 N/个·m^{-3}
山顶	0.040	3.570	0.0044	235
西坡	0.038	1.091	0.0032	111
东坡	0.162	5.741	0.0132	215

根据雨滴大小将尺度谱分为 4 档,第 1 档是粒径小于 1 mm 的雨滴,第 2 档是粒径 1~2 mm 的雨滴,第 3 档是粒径 2~3 mm 的雨滴,第 4 档是粒径大于 3 mm 的雨滴。定义 4 档雨滴数浓度和雨强的贡献依次分别为:N_1、I_1,N_2、I_2,N_3、I_3,N_4、I_4,一般第 1 档为小雨滴,第 4 档为大雨滴。计算方法是分别计算出各档雨滴数浓度和雨强,再计算各档雨滴对数浓度及雨强的贡献。表 5 为各档雨滴对数浓度及雨强的贡献,可以看出西坡、山顶、东坡均是第 1 档雨滴对数浓度的贡献最大,山顶第 1 档雨滴对总数浓度贡献为 99.5%,西坡为 99.4%,东坡为 99.7%。第 2 档山顶贡献为 0.5%,西坡为 0.4%,东坡为 0.3%。第 3、第 4 档对总数浓度的贡献很小,忽略不计。3 个点第 1 档粒径对于总数浓度的贡献都是最大的,超过了 90%,说明小雨滴数量居多。第 1 档对雨强的贡献山顶 97.8%,西坡为 99.6%,东坡为 98.9%。第 2 档对雨强的贡献山顶为 2.1%,西坡为 0.4%,东坡为 1.1%。第 3、第 4 档对于雨强的贡献很小忽略不计。3 个点都是第 1 档(粒径小于 1 mm)对于数浓度和雨强的贡献最大,说明此次降水小雨滴对于雨强的贡献

也是最大的。与庐山观测结果不同的是,庐山高、低海拔的第 1 档雨滴对数浓度的贡献分别是 69% 和 67.5%,对数浓度的贡献最大,但是第 1 档雨滴对雨强的贡献是最小的,分别为 2.2% 和 1.9%,反而是对数浓度贡献最小的第 4 档的大雨滴对于雨强的贡献是最大的[9]。本次六盘山区降水没有发现类似的规律,可能是由于本次过程降水量级较小,小于 1 mm 雨滴占比多的原因,还需要更多个例去总结规律。

表 5　各档雨滴对数浓度和雨强的贡献

站点	N_1/个·m^{-3}	N_2/个·m^{-3}	N_3/个·m^{-3}	N_4/个·m^{-3}	I_1/mm·h^{-1}	I_2/mm·h^{-1}	I_3/mm·h^{-1}	I_4/mm·h^{-1}
山顶	99.5%	0.5%	0	0	97.8%	2.1%	0.1%	0
西坡	99.4%	0.4%	0.1%	0	99.6%	0.4%	0	0
东坡	99.7%	0.3%	0	0	98.9%	1.1%	0	0

3.3　微物理量演变特征

图 6 为山顶和东坡降水集中时段(17 日 18 时至 19 日 00 时)的各微物理参量时间序列图。由于山前的雨强总体较小,此处不做分析。可以看出,山顶和东坡的各雨滴谱微物理参量变化趋势比较一致,即各峰值和谷值出现的时段基本相同。山顶的数浓度最大值为 2049 个·m^{-3},东坡小于山顶为 1419 个·m^{-3};山顶液态水含量最大值为 0.129 g·m^{-3},东坡大于山顶为 0.133 g·m^{-3};山顶雨强最大值为 1.85 mm·h^{-1},东坡大于山顶为 2.01 mm·h^{-1};山顶最大直径的最大值为 2.13 mm,东坡小于山顶为 1.63 mm。

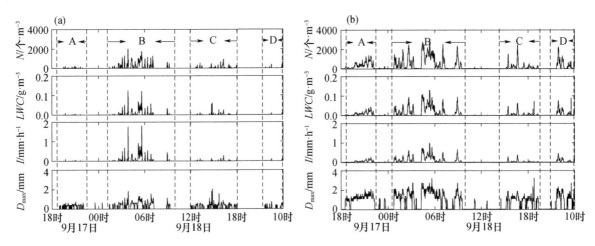

图 6　9 月 17 日 18 时—19 日 00 时的山顶(a)和东坡(b)的雨滴谱各微物理参量的时间序列

将山顶和东坡降水分别分为 A、B、C、D 共 4 个阶段进行分析,B 阶段为降水过程雨强最大的时段。山顶 A 阶段(17 日 18 时 54 分至 23 时 32 分)降水粒子粒径较小,且数浓度在较小范围,雨强最大值仅为 0.119 mm·h^{-1};东坡 A 阶段(17 日 18 时 12 分至 23 时 37 分)存在较大粒径的降水粒子,且数浓度较大,所以雨强最大值高于山顶为 0.549 mm·h^{-1}。山顶 B 阶段(18 日 00 时 18 分至 10 时 54 分)最大直径、数浓度较 A 阶段明显增大,雨强也有明显的增大,雨强最大值为 1.847 mm·h^{-1};东坡 B 阶段(18 日 00 时 41 分至 11 时 12 分)的最大直径、数浓度较 A 阶段也明显增大,雨强最大值为 2.01 mm·h^{-1}。山顶 C 阶段(18 日 12 时 00 分至 17 时 56 分)和 D 阶段(18 日 21 时 37 分至 23 时 59 分)的雨强明显减小,最大值分别为 0.296 mm·h^{-1} 和 0.157 mm·h^{-1};东坡 C 阶段(18 日 15 时 10 分至 18 时 45 分)和 D 阶段(18 日 21 时 40 分至 23 时 59 分)最大值分别为 0.745 mm·h^{-1} 和 0.939 mm·h^{-1};山顶和东坡 C、D 阶段的最大直径较 B 阶段均变化不大,但数浓度均明显减小,雨强明显减小。

3.4　雨滴谱的分布特征

各微物理量都是由雨滴谱分布决定的,而雨滴在下落过程中会受到碰并、破碎、蒸发等作用,谱分布随之发生改变。图 7 为 3 个点的平均雨滴谱分布。可以看出,山顶、西坡和东坡的雨滴谱分布近似为单峰型,峰值分别出现在 0.307 mm、0.326 mm 和 0.442 mm。由观测资料得出降水期间山顶(六盘山站)平均风速为 3.8 m·s⁻¹，西坡、东坡(最近的六要素自动站)分别为 1.2 m·s⁻¹和 1.5 m·s⁻¹，可能是山顶风速较大使得大雨滴不稳定从而破碎成小雨滴，所以山顶雨滴更小，小雨滴的数密度也大。还有一个原因是，山顶处于云中，雨滴尚未完全碰并，山脚处于云下，下落过程中由于大雨滴对小雨滴的碰并作用和小雨滴自身的蒸发作用，雨滴碰并增大。东坡雨滴谱谱宽最宽为 4.25 mm，山顶次之为 3.75 mm，西坡最小为 3.25 mm。降水雨强东坡大于山顶大于西坡，且东坡液态水含量、雷达反射率因子较山顶、西坡都要大，说明水汽条件东坡更有利于降水。

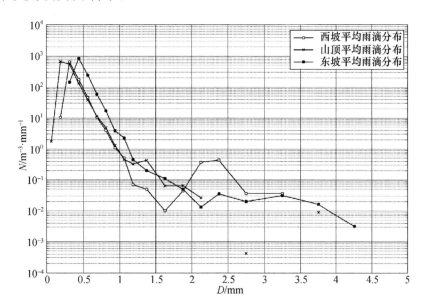

图 7　不同地形的平均雨滴谱分布

3.5　雨滴谱分布拟合

观测得到的雨滴谱分布都是离散的，通过拟合的方法可得到连续的雨滴谱分布。常用两种分布来拟合雨滴谱，一种是 M-P 分布，另一种是 Gamma 分布。M-P 分布的表达式是 $N(D)=N_0 \exp(-\lambda D)$，而 Gamma 分布表达式是 $N(D)=N_0 D^\mu \exp(-\lambda D)$。研究表明 M-P 分布适合稳定的层状云，Gamma 分布具有普适性。本文将采用 M-P 分布、Gamma 分布函数对西坡、山顶、东坡 3 个点雨滴谱数据进行拟合。采用先求平均雨滴谱，再求拟合参数的方法拟合效果较好。由图 8 可以看出，西坡由于在 2～2.5 mm 的雨滴数密度有次峰值，所以拟合效果较差，但 Gamma 分布拟合相关系数($r^2=0.68$)好于 M-P 分布($r^2=0.57$)；山顶的 Gamma 分布和 M-P 分布的拟合系数均为 0.73；东坡的 Gamma 分布拟合相关系数($r^2=0.93$)好于 M-P 分布($r^2=0.76$)；总体来说，Gamma 分布拟合效果好于 M-P 分布。西坡、山顶、东坡的 Gamma 和 M-P 拟合分布如图中所示。

3.6　微物理量参数相关性分析

为了进一步讨论 3 个点的雨强与其他微物理量的关系(N-I、D_{max}-I、Z-I 关系)，分别作出 3 个观测点数浓度、最大直径、雷达反射率因子随雨强的散点分布图(图 9)，来分析数浓度、最大直径、雷达反射率因子随雨强的变化关系。由图可知，雨强和数浓度、最大直径、雷达反射率因子都近似为幂指数关系。数浓度随雨强的增大而增大，西坡和山顶的散点分布较分散，山顶的散点分布最广泛，山顶的数浓度与雨强相关性最差($r^2=0.44$)，东坡分布较为集中，东坡的数浓度与雨强相关性最好($r^2=0.94$)。N-I 拟合的系数西坡最大为 1790.31，指数在东坡最大为 0.86。最大直径的散点分布也较分散，山顶和东坡的分布范围及趋势基本一致，西坡分布范围较窄。最大直径与雨强的相关系数西坡和东坡稍好，山顶相关系数较差($r^2=0.59$)，拟合系数和指数 3 个点的值相差不大。雷达反射率因子随雨强的散点分布，东坡的相关性最好达到 0.95，山顶的相关性较差为 0.81。Z-I 关系常被用于雷达测量反演降水。西坡的系数最小为 22.53，山顶的系数最大为 34.33，东坡为 31.05。西坡和东坡的指数为 1.15，山顶的为 1.18。不同地形不同位置的 Z-I 关系是存在差异的。

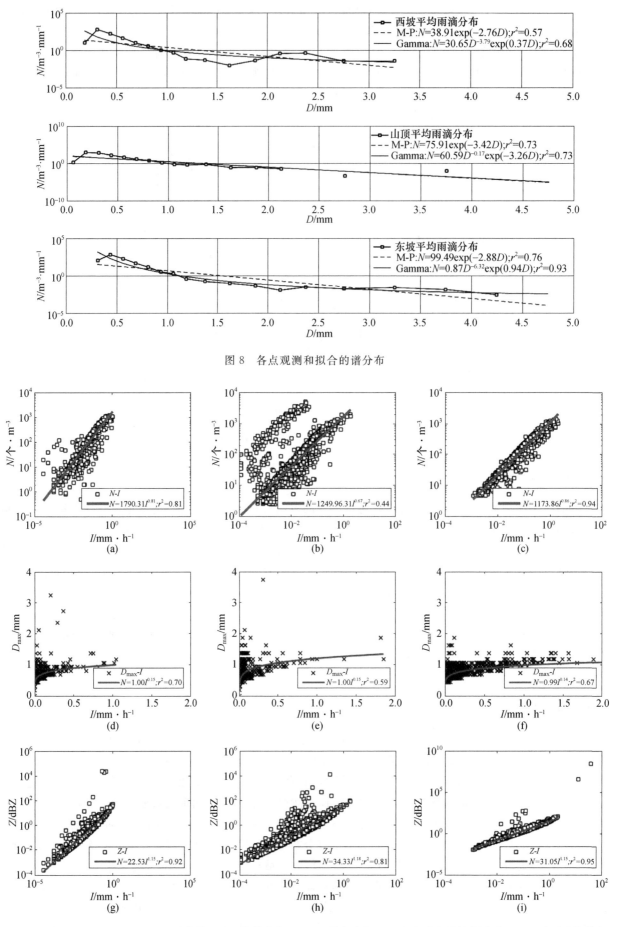

图 8　各点观测和拟合的谱分布

图 9　西坡(a、d、e)、山顶(b、e、h)以及东坡(c、f、i)的数浓度(a、b、c)、最大直径(d、e、f)和雷达反射率因子(g、h、i)随雨强的分布

4 结论

（1）此次降水持续时间长，降水强度小。雨滴各直径微物理量在东坡最大，平均直径、众数直径、中值直径在山顶最小，而最大直径、优势直径在西坡最小。雨强、雷达反射率因子、液态水含量在东坡最大，但是数浓度在山顶最大，这与山顶小雨滴数量多有关。山顶、西坡、东坡小雨滴对总数浓度、雨强的贡献均最大。

（2）主要降水时段的各雨滴谱微物理量随时间变化趋势比较一致，最大直径变化不大，数浓度越大则雨强越大。

（3）对比不同地形下的平均雨滴谱分布，山顶雨滴更小，小滴的数密度也大，这可能是因为山顶风速较大和山顶雨滴尚未完全碰并、小雨滴下落过程中蒸发有关。谱宽在东坡最宽，山顶次之，西坡最小。

（4）采用 M-P 分布、Gamma 分布函数对西坡、山顶、东坡三个点雨滴谱数据进行拟合，发现 Gamma 分布拟合效果好于 M-P 分布。

（5）雨强与数浓度、最大直径、雷达反射率因子均近似成幂指数关系，其中雨强与雷达反射率因子相关性最好。

参考文献

[1] 徐向舟,张红武,朱明东.雨滴粒径的测量方法及其改进研究[J].中国水土保持,2004(2):22-25.

[2] Battaglia A,Rustemeier E,Tokay A,et al. Parsivel snow observations:A critical assessment[J].Journal of Atmospheric and Oceanic Technology,2010,27(2):333-344.

[3] 胡子浩,濮江平,张欢,等.Parsivel 激光雨滴谱仪观测较强降水的可行性分析和建议[J].气象科学,2014,34(1):25-31.

[4] 王可法,张卉慧,张伟,等.Parsivel 激光雨滴谱仪观测降水中异常数据的判别及处理[J].气象科学,2011,31(6):732-736.

[5] 陈宝君,李子华,刘吉成,等.三类降水云雨滴谱分布模式[J].气象学报,1998,56(4):506-512.

[6] 濮江平,张伟,姜爱军,等.利用激光降水粒子谱仪研究雨滴谱分布特性[J].气象科学,2010,30(5):701-707.

[7] 杨俊梅,陈宝君,李彦萌,等.山西省不同地形条件下雨滴谱统计特征对比[C]//中国气象学会.第 33 届中国气象学会年会 S12 大气物理学与大气环境,2016.

[8] 张昊,濮江平,李靖,等.庐山地区不同海拔高度降水雨滴谱特征分析[J].气象与减灾研究,2011,34(2):43-50.

[9] 陈聪,银燕,陈宝君.黄山不同高度雨滴谱的演变特[J].大气科学学报,38(3):388-395.

[10] 牛生杰,安夏兰,桑建人.不同天气系统宁夏夏季降雨谱分布参量特征的观测研究[J].高原气象,2002,21(1):37-44.

[11] 林文,牛生杰.宁夏盛夏层状云降水雨滴谱特征分析[J].气象科学,2009,29(1):97-101.

六盘山西侧一次降水过程不同微波辐射计与FY-2卫星数据对比*

林　彤[1,2,3]　桑建人[1,2,3]　孙艳桥[1,2,3]　田　磊[1,2,3]

(1 中国气象局旱区特色农业气象灾害监测预警与风险管理重点实验室,银川 750002;
2 中国气象局云雾物理环境重点开放实验室,北京 100081;3 宁夏气象防灾减灾重点实验室,银川 750002)

摘　要:利用 2019 年六盘山区一次降水过程,对同址不同型号的两个微波辐射计的水汽资料进行分析对比,并与风云 2 号卫星反演产品的云液态水路径进行了对比分析,结果表明:在非降水情况下,QFW-6000 型微波辐射计的 PWV 值比 RPG-HATPRO-G4 型微波辐射计平均高;RPG-HATPRO-G4 型微波辐射计对水汽的敏感度高,当它测得的值非常小(<0.15 mm)时,QFW-6000 型的 LWP 值基本都为 0;在降水情况下,RPG-HATPRO-G4 型微波辐射计的 LWP 明显比 QFW-6000 型微波辐射计小,并且在降水开始之前一段时间,LWP 值有一个跃增现象;卫星资料显示隆德站周边在降水情况下的 LWP 值比非降水情况下高;非降水情况下卫星资料和微波辐射计资料的差值比在降水情况下二者的差值小;降水情况下,RPG-HATPRO-G4 型微波辐射计得到的 LWP 值与卫星反演得到的 LWP 值更接近。结合二者对降水过程进行综合观测,对提高人工影响天气工作的效率有重大帮助。

关键词:大气水汽含量,云液态水含量,六盘山,微波辐射计,风云卫星

1　引言

大气中的水汽时刻都在发生变化,它随着时间和空间的变化明显不同,是预测天气和气候变化的一个重要物理量。云液态水路径(LWP)也称为云液态水含量,是指云中液态水密度在垂直方向上的积分总量,它的分布和变化与对应天气系统的变化密切相关,且在降水开始前,LWP 有一定的变化规律,对降水的发生有一定的指示意义[1-3]。

现阶段监测大气水汽的手段相对较多,主要有飞机穿云探测、常规探空探测、微波辐射计探测及卫星探测等,其中卫星反演可以反映大范围的水汽状态、云的发生发展状况[4-5],已有很多学者使用卫星资料对云各物理参数和水汽进行了分析,例如衡志炜[6]基于多种卫星资料、再分析资料,对全球尺度以及东亚地区的云水路径(CWP)、液态水路径(LWP)以及冰水路径(IWP)的气候分布特征以及变化规律进行了分析;李浩等[7]使用美国宇航局 NASA 的 CloudSat 卫星的二级产品资料分析了新疆北部沿天山一带的一次暴雨过程,得到云中液态水粒子有效半径、粒子数浓度、液态水含量等微物理属性的垂直分布特征;宋灿等[8]选取一次层状云降水过程,对比分析 FY-2 与 MODIS 反演云参数及飞机观测结果,探索了飞机检验卫星云参数的飞行方案,结果表明:FY-2 反演云参数演变趋势与飞机观测结果有较好的一致性;飞机观测计算得到的光学厚度(τ)和 LWP 与卫星反演 τ 和 LWP 差异较大,FY-2 反演值明显偏小。卫星反演获取天气过程前后云参量的变化情况,这些云系物理特征参数,不仅可为云系变化的监测和短时临近精细天气预报提供帮助,也可为人工影响天气作业提供指导,有利于人工增雨的效果物理检验,对人工影响天气有重要的参考意义[9-10]。

风云二号卫星是我国自行研制的第一代地球静止轨道气象卫星,卫星上安装有三通道(可见光、红外和水汽)扫描辐射计,可以获取白天可见光云图、昼夜红外云图和水汽分布图。但由于它的星下点分辨率可见光通道为 1.25 km,红外和水汽通道为 5 km,卫星要在 35800 km 的赤道上空实现这一指标,技术上

* 资助信息:西北区域人影建设研究试验项目(RYSY201904),国家自然科学基金面上项目(41775139),宁夏自然科学基金项目(2019AAC03255),宁夏回族自治区重点研发计划一般项目(2019BEG03001)。

的难度很大,为了实现这一指标,要求卫星具有极高的姿态稳定度并采用了我国焦距最长的一台星上遥感仪器。尽管 FY-2 卫星是一颗对分辨率要求很高的遥感卫星,但对于人工影响天气业务来说与微波辐射计相比在水汽监测方面其时间分辨率较低,且卫星反演产品普遍存在结果偏大的误差问题,因此对于精度和高时间分辨率的要求,微波辐射计的探测成为了有效的数据获取途径,尤其在非降水情况下,微波辐射计的准确度较高。

现阶段,已有很多学者使用微波辐射计来长时间监测大气水汽相关特征量的变化,例如:海阿静等[11]通过与气象探空数据及参考文献中 MP-3000 输出结果的对比分析,以及典型天气过程下的观测结果的分析,表明 QFW-6000 型地基多通道微波辐射计具有优良的工作性能;雷连发等[12]介绍了自主研制的地基多通道微波辐射计以及数据反演方法,同时将微波辐射计反演的大气参数与探空资料对比分析了反演精度;崔雅琴等[13]分析了 L 波段探空雷达和德国 14 通道地基微波辐射计观测数据,对其实施了质量控制、精度和可信度检验,分析了相对湿度、液态水路径和综合水汽含量等物理参量特征和日变化规律。国外文献也有使用微波辐射计资料进行相关研究和反演方法的改进报道,例如 Tan 等[14]利用 35 通道微波辐射计建立了统计模型,其检索结果优于辐射计提供的神经网络剖面。通过数值分析,发现云液水处理引起的水汽密度反演误差较大,研究了在观测期内两种典型天气现象的辐射计反演剖面,发现利用文中讨论的方法,反演剖面可以很好地捕捉大气条件的演变过程;Steinke 等[15]介绍了利用两个微波辐射计和层析成像技术推导二维水汽场的方法;Zhang 等[16]研究了积雪条件下微波辐射计反演的不确定性,并探讨了微波辐射计反演天顶和非天顶方法的差异;Cossu 等[17]将 WRF 模型模拟的结果与微波辐射计的综合水汽(IWV)和综合云液态水(ILW)测量的结果进行对比,发现二者的 IWV 吻合度高,平均偏差仅为 0.7 mm,而 WRF 模型得到的 ILW 高估了晴空出现概率的比例(WRF 为 83%,微波辐射计为 60%)。

西北地区是我国缺水最严重的地区,其降水主要集中在山区,靠山区降水转化为山区冰雪或与冰雪融水相汇合,形成地表径流,成为滋润绿洲的宝贵水源;六盘山位于青藏高原与黄土高原的交汇处,主峰位于宁夏隆德和泾源两县交界处,最高峰达到 2942 m,它是西风带与东亚季风的过渡带,是海洋暖湿气流进入西北内陆的通道之一,也是西北内陆地区空中水汽输送的重要区域。由于六盘山区由南到北气候从半湿润区、半干旱过渡到干旱区,具有大陆性和海洋季风边缘气候特点,且其作为黄土高原重要的水源涵养地水汽相对较丰富,由于地形的抬升作用,围绕山脉附近经常形成地形云从而产生降水。因此,监测、分析六盘山周边地区的降水过程中大气水汽的变化,结合卫星产品对降水过程的发生发展进行综合预判,对进一步研究六盘山区的降水特征有重要意义及应用价值,并且可以用于判断该地区云系是否处于降水产生阶段,更好地应用于人工增雨作业。

本文使用微波辐射计资料和卫星反演产品资料对六盘山西侧一次降水过程进行对比分析,结合卫星反演产品资料和微波辐射计探测数据来分析降水和非降水情况下大气水汽及云液态水含量的变化,可以很好的对二者进行对比并合理结合利用,为今后分析该地区的大气水汽变化特征奠定理论基础并为判断人工影响天气作业条件提供一定的技术支撑。

2 资料与方法

天气背景:2019 年 10 月 31 日—11 月 1 日,受扩散冷空气和偏南气流共同影响,宁夏六盘山区有降水天气发生,实际 10 月 31 日累计降水量 4.4 mm,11 月 1 日累计降水量 5.2 mm。

本文所使用的微波辐射计数据,是选取 2019 年 10 月 30 日 00:00—11 月 2 日 00:00 的一次降水过程,隆德县气象站布设的两个不同型号地基多通道微波辐射计(RPG-HATPRO-G4 型微波辐射计和 QFW-6000 型微波辐射计)具有时空分辨率高、全天候和全天时观测的优点,时间分辨率为一秒一个数据,可以实时连续监测并获得 0~10 km 的大气温湿度廓线、综合大气水汽含量、云液态水含量、云底高度等数据产品。选取 2019 年 10 月 31 日—11 月 1 日两微波辐射计连续的大气水汽含量(PWV)、云液态水含量(LWP)和亮温资料,在微波辐射计数据分析处理过程中,对数据进行简单的质量控制,剔除异常值和平滑个别缺测值,将时间同步为北京时间并将两个微波辐射计的数据预处理为分钟平均数据进行对比分析。文中使用的小时降水资料是同时间段隆德县气象站自动站小时降水量观测资料。

卫星数据选用中国气象局人工影响天气中心下发的利用人工影响天气云降水特征参量静止卫星反演系统(CPPS-GSSL2.0),对我国 FY-2C/D/E/F 静止气象卫星探测资料、L 波段探空秒数据进行联合反演,得到一组同云系人工增雨作业条件直接相关的人工影响天气云降水宏微观物理特征参数,反演产品每 0.5 h 发布一次,发布时间比对应时次的卫星观测数据时间延后约 60 min;产品空间分辨率采用 0.05°×0.05°卫星观测数据进行反演计算,产品空间分辨率为 5 km。本文卫星数据选取天气过程时间段内的 *LWP* 物理量进行对比分析。

3 结果分析

3.1 微波辐射计结果

由两台微波辐射计 *PWV* 与 *LWP* 对比图(图 1)看出,在非降水情况下,QFW-6000 型微波辐射计的 *PWV* 值比 RPG-HATPRO-G4 型微波辐射计平均高出 5.2 mm;*LWP* 值二者相差不大,相差在 0.5 mm 之内,数据分析过程中发现 RPG-HATPRO-G4 型微波辐射计对水汽的敏感度高,当它测得的值非常小(<0.15 mm)时,QFW-6000 型的 *LWP* 值基本都为 0。在降水情况下,*PWV* 的值两种微波辐射计相差不大,上下相差不超过 3.5 mm,但对于 *LWP* 的值,RPG-HATPRO-G4 型微波辐射计明显比 QFW-6000 型微波辐射计小,并且在降水开始之前一段时间,*LWP* 值有一个突然增加的过程,也称为跃增现象。为了验证降水情况下 *LWP* 值哪个微波辐射计更可信,哪个微波辐射计受降水的影响更大,后面会使用风云 2 号卫星的反演产品数据进行对比说明。

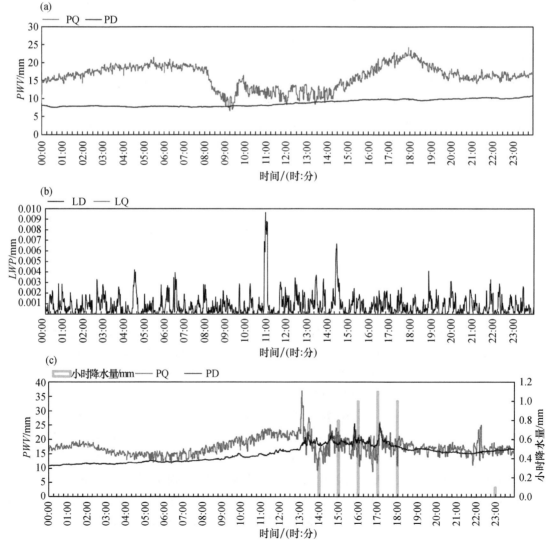

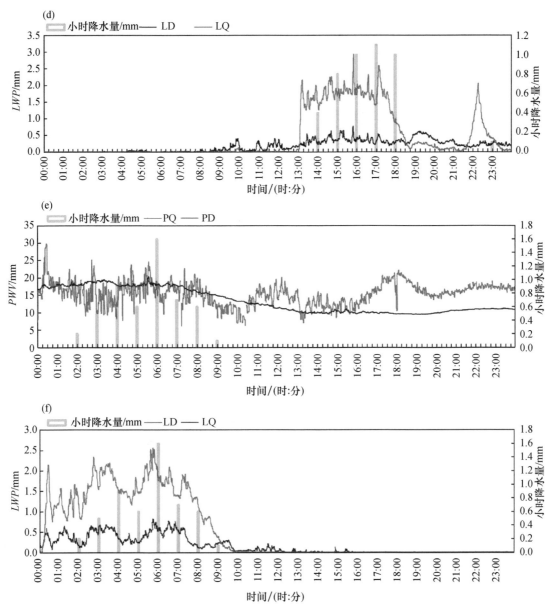

图 1　微波辐射计 *PWV* 与 *LWP* 变化图

（PD、LD 表示 RPG-HATPRO-G4 型微波辐射计数据；PQ、LQ 表示 QFW-6000 型微波辐射计数据）

（a、b、c）2019 年 10 月 30 日；（d）2019 年 10 月 13 日；（e、f）2019 年 11 月 1 日

图 2 是两个不同型号微波辐射计的亮温值对比图,由图可以看到在非降水情况下两个微波辐射计的亮温值相差不大;而降水情况下,QFW-6000 型微波辐射计第一次降水变化不大,第二次降水过程 QFW-6000 型微波辐射计明显比 RPG-HATPRO-G4 型微波辐射计受降水的影响大,前者比后者高出的值大于 50 K。RPG-HATPRO-G4 型微波辐射计两次降水过程都出现了变化,而 QFW-6000 型微波辐射计第一次降水过程亮温值基本没变化,第二次降水过程亮温值变化较大,其原因还需要进一步探究。

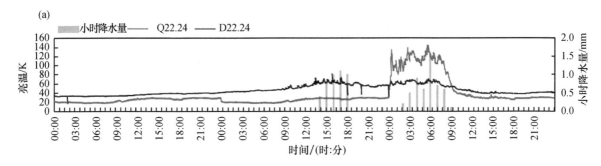

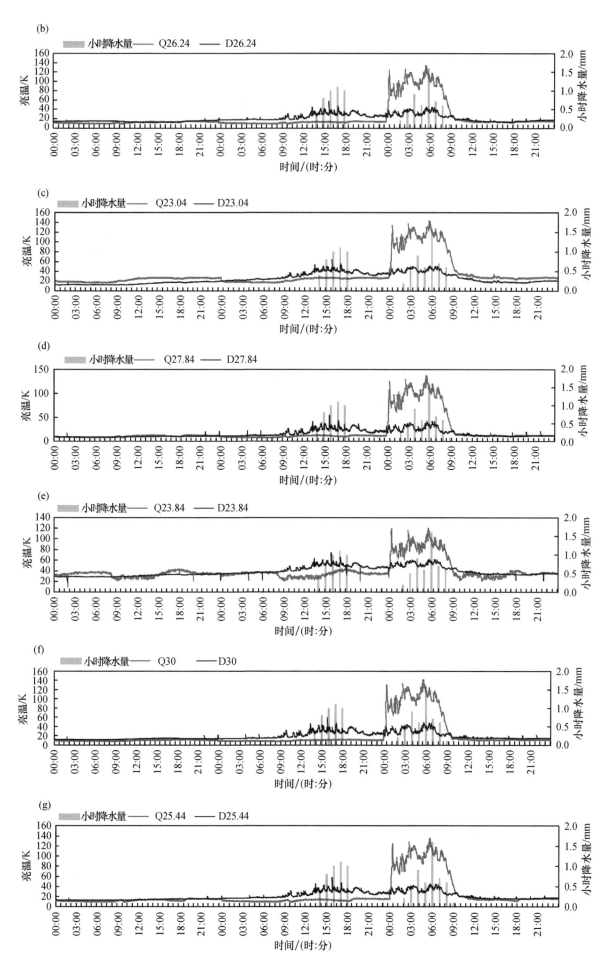

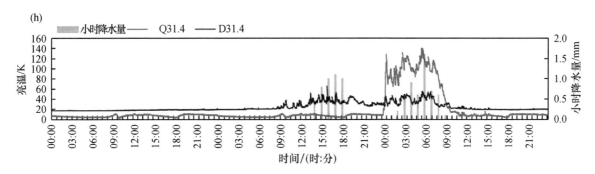

图 2　2019 年 10 月 30 日—11 月 1 日不同型号微波辐射计亮温对比图

(a)通道 22.24 GHz；(b)通道 26.24 GHz；(c)通道 23.04 GHz；(d)通道 27.84 GHz；

(e)通道 23.84 GHz；(f)通道 30 GHz；(g)通道 25.44 GHz；(h)通道 31.4 GHz

3.2　卫星数据对比

天气过程中卫星产品 LWP 的平均分布图(图 3)所示，由于降水情况下数据较少，因此此次过程中卫星数据计算出的平均值不具有代表性，但还是可以从图中看出，隆德站周边在降水情况下的 LWP 值比非降水情况下高，最大高出 0.5 mm。

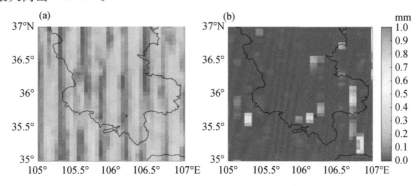

图 3　不同天气过程时段 FY-2 卫星 LWP 平均分布图

(图中红叉标注了隆德站的准确位置)

(a)非降水情况；(b)降水情况

从图 4、图 5 中可以看出，卫星资料和微波辐射计资料在非降水情况下相差比在降水情况下相差小，并且 QFW-6000 型微波辐射计所得到的 LWP 值在降水情况下与卫星反演得到的 LWP 相差很大，最大达到 2 mm，平均相差 1.15 mm；降水情况下，两微波辐射计得到的数值比卫星反演得到的 LWP 值大，相对比下，降水情况下 RPG-HATPRO-G4 型微波辐射计得到的 LWP 值与卫星反演得到的 LWP 值更接近，最大相差为 0.55 mm，平均相差为 0.23 mm。

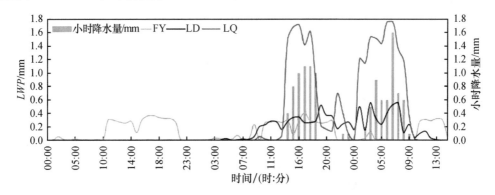

图 4　2019 年 10 月 30 日—11 月 1 日卫星数据与两微波辐射计对比图

(FY 表示卫星数据；LD 表示 RPG-HATPRO-G4 型微波辐射计数据；LQ 表示 QFW-6000 型微波辐射计数据)

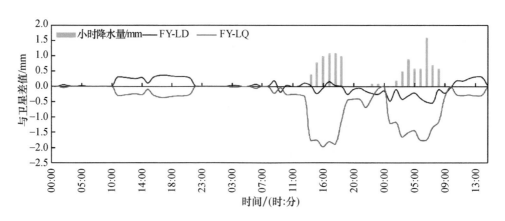

图 5   2019 年 10 月 30 日—11 月 1 日卫星与两微波辐射计的差值图

(FY-LD 表示卫星与 RPG-HATPRO-G4 型微波辐射计数据差值;FY-LQ 表示卫星与 QFW-6000 型微波辐射计数据差值)

微波辐射计受降水影响较大,但它在晴空条件下的观测值比较准确,而卫星反演产品正好可以弥补在阴天和降水背景下对大气水汽和云液态水状态的监测,结合二者的优点可以得到更为准确的结果。

4   结论与讨论

本文使用风云 2 号卫星资料与微波辐射计资料对六盘山区一次降水过程的大气水汽和云液态水含量进行分析对比,结论如下。

(1)在非降水情况下,QFW-6000 型微波辐射计的 PWV 平均值比 RPG-HATPRO-G4 型微波辐射计高;LWP 值二者相差不大,相差在 0.5 mm 之内,数据分析过程中发现 RPG-HATPRO-G4 型微波辐射计对水汽的敏感度高,当它测得的值非常小(<0.15 mm)时,QFW-6000 型的 LWP 值基本都为 0;非降水情况两个型号微波辐射计的亮温值相差不大。

(2)在降水情况下,PWV 值两种微波辐射计相差不大。但对于 LWP 值,RPG-HATPRO-G4 型微波辐射计明显比 QFW-6000 型微波辐射计小,并且在降水开始之前一段时间,LWP 值有一个突然增加的过程,也称为跃增现象;降水情况下,QFW-6000 型微波辐射计第一次降水变化不大,第二次降水过程 QFW-6000 型微波辐射计明显比 RPG-HATPRO-G4 型微波辐射计受降水的影响大,前者比后者高出的值大于 50 K。RPG-HATPRO-G4 型微波辐射计两次降水过程都出现了变化,而 QFW-6000 型微波辐射计第一次降水过程亮温值基本没变化,第二次降水过程亮温值变化大,其原因还需要进一步探究。

(3)从卫星数据看出,隆德站周边在降水情况下的 LWP 值比非降水情况下高;卫星资料和微波辐射计资料在非降水情况下的差值比在降水情况下二者的差值小;在降水情况下,RPG-HATPRO-G4 型微波辐射计得到的 LWP 值与卫星反演得到的 LWP 值更接近,在实际应用中有需要结合其他气象观测仪器综合分析,可以用来预判降水的临近和云系的发展阶段。

(4)本文得到的是依据个例数据分析的初探性结果,可以为预判降水是否临近、预测云系是否处于降水产生阶段提供一定的技术参考,并且可以为人工增雨作业条件指标提供一定参考价值,但在实际应用中需要对指标进一步检验,并结合其他气象观测仪器进行综合决策。

参考文献

[1] 刘晓春,范水勇,毛节泰.云顶参数与降水间关系的统计分析和数值模拟[J].气候与环境研究,2012,17(2):3-16.

[2] 雷恒池,洪延超,赵震,等.近年来云降水物理和人工影响天气研究进展[J].气候与环境研究,2012,32(6):967-974.

[3] 段婧,楼小凤,卢广献,等.国际人工影响天气技术新进展[J].气象,2017,43(12):1562-1571.

[4] 周万福,田建兵,康小燕,等.基于 FY-2 卫星数据的青海东部春季不同类型降水过程云参数特征[J].干旱气象,2018,36(3):431-437,446.

［5］邵洋,刘伟,孟旭,等.人工影响天气作业装备研发和应用进展［J］.干旱气象,2014,32(4):649-658.

［6］衡志炜.基于卫星及数值模式资料的云水凝物的气候特征分析和检验［D］.合肥:中国科学技术大学,2013.

［7］李浩,邓军英,刘岩,等.一次暴雨过程云中液态水微物理属性垂直分布［J］.干旱区研究,2015,32(1):161-167.

［8］宋灿,周毓荃,赵洪升.卫星云参数与飞机云物理探测对比研究和飞行方案设计［J］.气象与环境科学,2019,42(2):10-18.

［9］林丹.利用 MODIS 卫星产品分析西南地区云水特征［J］.气象科技,2015,43(1):138-144.

［10］陈超,郭晓军,邱晓斌,等.中国华北地区云垂直结构及云水含量卫星遥感研究［J］.气象与环境学报,2015,31(5):159-164.

［11］海阿静,于永杰,张志国,等.QFW-6000 型地基多通道微波辐射计及典型天气过程观测结果分析［J］.火控雷达技术,2016,45(4):6-11.

［12］雷连发,马若飞,朱磊,等.地基多通道微波辐射计在大气遥感中的应用［J］.火控雷达技术,2018,47(1):11-16.

［13］崔雅琴,张佃国,王洪,等.2015 年济南地区雾霾天气过程大气物理量特征初步分析［J］.大气科学,2019,43(4):715-718.

［14］Tan H B,Mao J T,Chen H H,et al. A study of a retrieval method for temperature and humidity profiles from microwave radiometer observations based on principal component analysis and stepwise regression［J］. J Atmos Oceanic Technol,2011,28:378-389.

［15］Steinke S,Lohnert U,Crewell S,et al. Water wapor tomography with two microwave radiometers［J］. IEEE Geoscience and Remote Sensing Letters,2014,11(2):419-423.

［16］Zhang W,Xu G,Liu Y,et al. Uncertainties of ground-based microwave radiometer retrievals in zenith and off-zenith observations under snow conditions［J］. Atmospheric Measurement Techniques,2017,10(1):155-165.

［17］Cossu F,Hocke K,Martynov A,et al. Atmospheric water parameters measured by a ground-based microwave radiometer and compared with the WRF model［J］. Atmospheric Science Letters,2015,16(4):465-472.

宁夏中部夏季层状云特征参数与降水相关性初探[*]

孙艳桥[1,2] 舒志亮[1,2] 林 彤[1,2] 于冬梅[3] 李化泉[4]

(1 中国气象局旱区特色农业气象灾害监测预警与风险管理重点实验室,银川 750002;

2 宁夏气象防灾减灾重点实验室,银川 750002;

3 泾源县气象局,泾源 756400;4 隆德县气象局,隆德 756300)

摘 要:本研究针对 2016—2017 年夏季宁夏中部干旱带地区 8 次层状云降水过程,综合利用 FY-2G 卫星反演云参数产品和气象站降水资料,采用云参数产品和降水强度分档方法,初步统计分析了层状云结构特征参数与降水的相关性特征。研究结果表明:云顶高度、云顶温度、云光学厚度和云黑体亮温 4 个云参数对降水的响应较好;各云参数在有降水情况下的频数分布较无降水情况更趋于向高档集中;云参数分档较高的云系发生强降水概率较大,发生弱降水概率较小,云参数分档较低的云系发生强降水概率较小,发生弱降水概率较大。

关键词:层状云,FY-2G 卫星,云反演产品,降水量,分档

宁夏地处我国西北,干旱半干旱区域占全区总面积的 70% 以上,水资源严重缺乏,天然水资源总量在全国 31 个省、自治区、直辖市中居末位。人工影响天气工作是宁夏抗旱减灾的重要手段,为农民摆脱贫困、增加收入及稳定民心起到了重要作用,工作改善了宁夏中部干旱带生态环境,保障退耕还林、还草取得显著成效,对减轻干旱、冰雹等气象灾害对社会经济的影响有重要意义。

层状云是宁夏主要的降水云系,是人工影响天气作业最主要的作业目标云系,云的结构特征与云辐射特性、云降水条件、降水机制、降水效率及人工增雨潜力等紧密相关,研究云特征参数与降水的相关性具有重要意义。

国内外气象学者关于云特征参数与降水相关性的研究已有一定进展。1994 年,Rosenfeld 等[1]对比分析 NOAA 卫星反演的降水与云粒子有效半径的关系,研究得出有效半径大于 14 μm 是云产生降水的阈值。1997 年,卢乃锰等[2]统计了云顶温度与降水强度的对应关系。2006 年,张杰等[3]分析了 MODIS 云参数与地面雨量的关系,分析结果表明,祁连山区产生较大降水的云粒子有效半径在 6~12 μm,云光学厚度在 8~20。2007 年,刘健等[4]研究了 FY-1D 和 NOAA 极轨卫星反演得到的云光学厚度和地面降水数据,发现地面雨量基本与云光学厚度呈正相关关系。2008 年,周毓荃等[5]利用 FY-2C/D 卫星资料,融合其他多种观测资料,反演了近 10 种云宏微观物理特征参数。2009 年,陈英英等[6]利用 FY-2C/D 卫星反演云参数产品,对比分析了降水过程中雷达回波和小时雨量,发现反演的光学厚度与地面强降水中心能够较好地吻合,云液态水含量的大值区与地面强降水中心的位置基本一致,云液态水含量的大小与地面雨量的大小呈正相关关系。2010 年,王晨曦等[7]研究了云顶温度与降水的关系;廖向花等[8]分析了重庆一次冰雹强对流过程的云微物理参量变化,发现降雹时云粒子有效半径普遍较大。2010 年、2011 年蔡淼等[9-10]分析了层状云降水过程和对流云降水过程的云参数与降水的关系,发现反演的光学厚度与降水关系密切,云光学厚度等云参数跃变先于地面降水 1~2 h。2015 年,周毓荃等[11]利用多普勒雷达资料、FY-2E 静止卫星和 MODIS 极轨卫星反演产品,研究了一次北京特大暴雨的云降水结构及云雨转化特征。2018 年,田磊等[12]利用 FY-2G 静止卫星反演产品,对宁夏一次典型飞机增雨催化作业后云参数变化情况进行了分析,结果表明:经过催化后,作业区的云光学厚度、液态水含量、云有效粒子半径相比对比区均有明显增长,同时作业区云过冷水含量相比对比区在催化后下降较快。2019 年,龚静

---

* 资助信息:西北区域人影建设研究试验项目(RYSY201904-06),第二次青藏高原综合科学考察研究项目(2019QZKK0104),宁夏自然科学基金项目(2020AAC03468)。

等[13]利用云参数卫星反演产品,结合地面自动站观测降水资料,以一次飞机增雨作业为例,对作业区与对比区作业前后的云系进行跟踪,对宏微观物理量、降水量进行统计及对比分析。卫星反演的云参数能够较好地反映出云系的移动发展,且较地面降水的发生具有一定的提前量,可以作为人工增雨作业条件判别的参考依据。

这些研究,分析了卫星反演的云参数与降水的关系,但这些研究结果是否适用于宁夏地区,有待进一步验证。基于这些现状,本文挑选 2016—2017 年夏季宁夏中部地区层状云降水过程,综合利用 FY-2G 卫星反演云参数产品和气象站降水资料,统计分析层状云结构特征参数与降水的关系,得出降水云系的云参数与雨强的对应关系,为认识云降水发展演变规律,识别人工增雨播云条件和效果等提供帮助。

1 数据与方法

1.1 资料选取

FY-2G 卫星反演产品每 0.5 h 发布一次,采用 $0.05°×0.05°$ 卫星观测数据进行反演计算,产品空间分辨率为 5 km,覆盖范围为 $0°～60°N、70°～150°E$,数据存储格式为二进制格点数据。

本研究挑选 2016—2017 年夏季(6—8 月)宁夏中部干旱带地区共 8 次层状云降水过程(表 1)的 FY-2G 卫星反演云参数产品作为研究对象,结合中部干旱带 6 个大监站(盐池、麻黄山、同心、韦州、海原、兴仁)地面逐小时降水量观测资料展开对比分析。其中,FY-2G 卫星反演的云特征参数包括:云顶高度、云顶温度、云体过冷层厚度、云光学厚度、云粒子有效半径、云垂直积分液态水含量和云黑体亮温共 7 个参数,各云参数产品的定义见表 2。

表 1 本研究所选取的层状云降水过程

序号	层状云降水过程时间范围
1	2016 年 6 月 9 日
2	2016 年 6 月 26 日
3	2016 年 7 月 11 日
4	2016 年 8 月 10—26 日
5	2017 年 6 月 3—5 日
6	2017 年 7 月 4—5 日
7	2017 年 8 月 19—24 日
8	2017 年 8 月 27—29 日

表 2 各卫星反演云参数产品的定义

名称	定义
云顶高度	云顶相对地面的距离/km
云顶温度	云顶所在高度的温度/℃
云体过冷层厚度	0 ℃层到云顶的厚度/km
云光学厚度	云系在整个路径上云消光的总和,为无量纲参数
云粒子有效半径	假设云层水平均一且较厚的条件下,云顶粒子的有效半径/μm
云液态水含量	单位面积云体上的垂直方向的液水总量/g・m^{-2}
云黑体亮温	卫星观测的下垫面物体的亮度温度/℃

因部分反演产品主要利用卫星可见光通道数据进行反演,受可见光通道的限制,主要在白天有观测

数据,为此取反演时段为08:00—20:00进行区域统计和对比分析。

1.2 资料处理和统计分类方法

1.2.1 云参数与降水量时空匹配

本研究采用9点平均法[9]进行云参数与地面降水的时空匹配统计(图1),即以观测点经纬度为中心,取其周边最近的9个格点上相应的云参数的算术平均值,作为该点对应的云参数值;在时间上,取当前时次的卫星反演的云参数值,与其后一个时次降水量观测值进行对比分析。

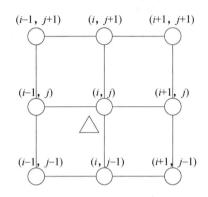

图1 中部干旱带大监站与卫星反演数据像素点位置关系

(△代表大监站位置;○代表卫星反演产品格点数据;坐标为(i,j)的格点为距离站点最近的格点)

1.2.2 降水分类

根据雨强(r,每小时降水量;单位:mm·h^{-1})大小,将降水分为无降水、弱降水、一般降水和强降水4类,见表3。

表3 降水分类与雨强对应关系

降水类型	雨强/mm·h^{-1}
无降水	0
弱降水	$r < 0.5$
一般降水	$0.5 \leqslant r < 5$
强降水	$r \geqslant 5$

1.2.3 云特征参数分档

参照周毓荃等[14]的云特征参数分档规则,结合宁夏实际情况作适当修订,将各类云特征参数按数值大小范围进行分档,其分档规定见表4,以统计云参数在各档的出现频数。

表4 各类云特征参数数值分档

分档	云顶高度/km	云顶温度/℃	云过冷层厚度/km	云光学厚度	云粒子有效半径/μm	云液态水含量/g·m^{-2}	云黑体亮温/℃
1	$[0,2)$	$(0,+\infty]$	$[0,0.5)$	$[0,5)$	$[0,5)$	$[0,50)$	$(15,+\infty]$
2	$[2,4)$	$(-15,0]$	$[0.5,2)$	$[5,10)$	$[5,10)$	$[50,150)$	$(0,15]$
3	$[4,6)$	$(-30,-15]$	$[2,4)$	$[10,20)$	$[10,20)$	$[150,300)$	$(-15,0]$
4	$[6,8)$	$(-45,-30]$	$[4,6)$	$[20,35)$	$[20,30)$	$[300,500)$	$(-30,-15]$
5	$[8,+\infty)$	$(-\infty,-45]$	$[6,+\infty)$	$[35,+\infty)$	$[35,+\infty)$	$[500,+\infty)$	$(-\infty,-30]$

1.2.4 统计样本及降水概率

规定同时次、同站点对应的云参数和降水数据为一个统计样本,定义降水概率为降水样本数在降水和非降水总样本中所占的百分比。

2 结果分析

2016—2017年夏季(6—8月)宁夏中部干旱带地区共8次层状云降水过程中,卫星观测时段内共有2646个样本,包括个2082个无降水样本和564个降水样本。

2.1 云参数的频数分布与降水的关系

图2a～2g分别给出了FY-2卫星反演的云顶高度、云顶温度、云过冷层厚度、云光学厚度、云粒子有效半径、云液态水含量和云黑体亮温等7个物理参量的频数分布,具体分析如下。

2.1.1 云顶高度

如图2a示,云顶高度在有降水与无降水情况下1～5档的频数分布均呈单峰型,有降水最大值出现在第3档,为177;无降水最大值出现在第2档,为706。可见,有降水时的云顶高度整体要高于无降水时的云顶高度。

2.1.2 云顶温度

如图2b示,云顶温度在有降水与无降水情况下1～5档的频数分布均呈单峰型,最大值均出现在第2档,有降水、无降水分别为220和803。

2.1.3 云过冷层厚度

如图2c示,云过冷层厚度在有降水与无降水情况下1～5档的频数分布均呈单峰型,最大值均出现在第2档,有降水、无降水分别为206和632。

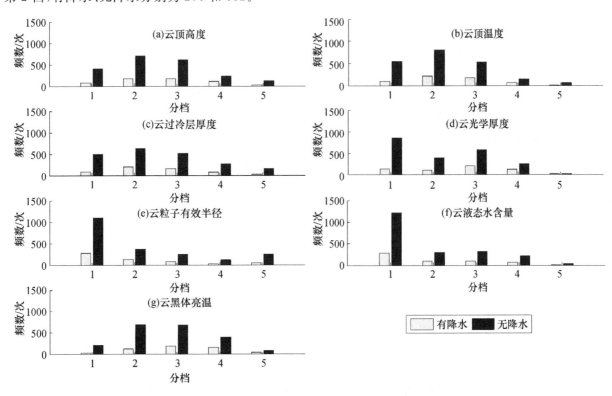

图2 2016—2018年夏季层状云降水过程08:00—20:00卫星反演云参数各档的频数分布

2.1.4 云光学厚度

如图2d示,云光学厚度在有降水与无降水情况下1～5档的频数分布均呈双峰型,峰值分别出现在第1档和第3档。有降水最大值出现在第3档,为200;无降水最大值出现在第1档,为851,有降水时的云光学厚度要大于无降水时。

2.1.5 云粒子有效半径

如图2e示,云粒子有效半径在有降水与无降水情况下1～5档的频数分布均呈双峰型,峰值分别出现在第 1 档和第 5 档。有降水、无降水最大值均出现在第 1 档,分别为 276 和 1097。

2.1.6 云液态水含量

如图 2f 示,云液态水含量在有降水与无降水情况下 1~5 档的频数分布均呈单峰型,峰值均出现在第 1 档。有降水、无降水最大值分别为 1215 和 287。

2.1.7 云黑体亮温

如图 2g 示,云黑体亮温在有降水与无降水情况下 1~5 档的频数分布均呈单峰型,有降水最大值出现在第 3 档,为 188;无降水最大值出现在第 2 档,为 696。

综上所述,各云参数在有降水情况下的频数分布较无降水情况更趋于向高档集中。但有降水与无降水的频数分布并无明显的界限,各档均可能出现降水,也都可能不出现降水,这可能与本项目研究所选取的样本仅局限于层状云降水过程有关:层状云降水云系稳定,云体结构变化较小。

2.2 各档云参数的降水概率

为进一步了解各类云参数的不同数值大小与降水的关系,按表 4 给出的云参数数值分档,计算得出各档云参数的降水概率,见表 5。具体分析如下。

2.2.1 云顶高度

云顶高度随分档值增大(云顶高度的增加),降水概率先增大后减小,最大值出现在第 4 档,为 31%;最小值出现在第 1 档,为 16%;第 5 档也较小,为 19%,这可能与高层云(无降水)的影响有关,即虽然云顶高度较高,但云层之间可能存在夹层或以高云为主的云系不易产生降水。可见,随着云顶高度的逐渐增大,降水概率也逐渐增大,但超过一定范围,降水率会显著降低,云顶高度在 6~8 km,出现降水的概率最大。

2.2.2 云顶温度

云顶温度随分档值增大(云顶温度的降低),降水概率先增大后减小,最大值出现在第 4 档,为 29%;最小值出现在第 5 档,为 14%;第 1 档也较小,为 15%,这可能与高层云(无降水)的影响有关,即虽然云顶温度较低,但云层之间可能存在夹层,高云为主的降水云系不易产生降水。可见,随着云顶温度的逐渐降低,降水概率逐渐增大,但超过一定范围,降水率会显著降低,云顶温度在 −45~−30 ℃,出现降水的概率最大。

2.2.3 云过冷层厚度

云过冷层厚度随分档值增大(云过冷层厚度的增大),降水概率先增大后减小,最大值出现在第 2 档,为 25%;第 3 档、第 4 档也较大,分别为 24% 和 23%;第 1 档和第 5 档较小,分别为 15% 和 12%,这可能与高层云(无降水)的影响有关:虽然云过冷层厚度较大,但云层之间可能存在夹层,剔除夹层后净云过冷层厚度较小。云过冷层厚度在 0.5~6 km 时,出现降水的概率较大。

2.2.4 云光学厚度

云光学厚度随分档值增大(云光学厚度的增大),降水概率呈递增趋势,最大值出现在第 5 档,为 44%;次大值出现在第 4 档,为 33%;最小值出现在第 1 档,为 14%。云光学厚度体现的是云体的厚实程度,即体现的是剔除夹层的净云厚的厚实程度。可见,云光学厚度超过 20:00,出现降水的概率较大。

2.2.5 云粒子有效半径

云粒子有效半径随分档值增大(云粒子有效半径的增大),降水概率先增大后减小,最大值出现在第 2 档,为 26%;次大值出现在第 3 档,为 25%;最小值出现在第 5 档,为 17%。可见,云粒子有效半径在 5~20 μm 时,出现降水的概率较大。

2.2.6 云液态水含量

云液态水含量随分档值增大(云液态水含量的增大),降水概率先增大后减小,最大值出现在第 2 档,为 26%;次大值出现在第 4 档,为 25%;最小值出现在第 5 档,为 18%。可见,云液态水含量在 50~5000 g·m^{-2} 时,出现降水的概率较大。

2.2.7 云黑体亮温

云黑体亮温随分档值增大(云黑体亮温的降低),降水概率呈递增趋势,最大值出现在第 5 档,为

33%;次大值出现在第4档,为29%;最小值出现在第1档,为15%。可见,云黑体亮温低于－15 ℃时,出现降水的概率较大。

表5　卫星反演云参数的各档降水概率

分档	云顶高度	云顶温度	云过冷层厚度	云光学厚度	云粒子有效半径	云液态水含量	云黑体亮温
1	16%	15%	15%	14%	20%	19%	15%
2	20%	22%	25%	19%	26%	26%	16%
3	23%	25%	24%	26%	25%	23%	22%
4	31%	29%	23%	33%	18%	25%	29%
5	19%	14%	12%	44%	17%	18%	33%

综合以上卫星反演云参数的各档降水概率分析可知,云顶高度、云顶温度、云光学厚度和云黑体亮温4个参数对降水的响应较好;而云过冷层厚度、云有效粒子半径和云液态水含量3个参数对降水的响应则不明显。

2.3　云参数分档下同强度降水的概率

对层状云有降水样本进行统计,获得不同强度降水的发生频数和概率分别为:弱降水出现225次,占39.9%;一般降水出现频数最多,为319次,占56.6%;强降水出现频数最少,仅20次,占3.5%。

卫星反演云参数的各档降水概率大都集中在2～4档,故分析卫星反演云参数分档下同强度降水的概率时剔除1档,仅分析2～4档,结果见表6,具体分析如下。

2.3.1　云顶高度

云顶高度随分档值增大,出现弱降水概率逐渐减小,由第2档的50.0%逐渐降至第5档的17.2%;一般降水和强降水概率逐渐增大,分别由第2档的48.3%和1.7%逐渐增大至第5档的65.5%和17.2%。可见,云顶高度越高,说明降水系统垂直发展越旺盛,出现弱降水的概率越小,出现一般降水和强降水的概率越大,尤其是强降水表现最为明显。

2.3.2　云顶温度

云顶温度随分档值增大,出现弱降水概率逐渐减小,由第2档的48.2%逐渐降至第5档的10.0%;强降水概率逐渐增大,由第2档的2.3%逐渐增大至第5档的50.0%;一般降水概率最大值出现在第3档,为63.7%。可见,云顶温度越低,说明降水系统垂直发展越旺盛,冰相过程发展更充分,出现弱降水的概率越小,出现强降水的概率越大。

2.3.3　云过冷层厚度

云过冷层厚度随分档值增大,出现弱降水概率逐渐减小,由第2档的50.5%逐渐降至第5档的27.3%;强降水概率整体呈增大趋势,最小值出现在第3档,为0.6%,随后逐渐增大至第5档的22.7%;一般降水概率最大值出现在第3档,为66.9%。可见,过冷层厚度越厚,降水系统越深厚,出现弱降水的概率越小,出现强降水的概率越大,出现弱降水概率越小。

2.3.4　云光学厚度

云光学厚度随分档值增大,出现弱降水的概率和一般降水的概率变化不明显,最大概率分别为第2档的44.2%和第4档的60.8%;出现强降水的概率主要集中在第5档,为14.3%。可见,云光学厚度越大,出现强降水的概率越大,出现弱降水概率越小。

2.3.5　云粒子有效半径

云粒子有效半径随分档值增大,出现弱降水的概率和一般降水的概率变化不明显,最大概率分别为第4档的50.0%和第3档的64.2%;出现强降水的概率主要集中在第5档,为9.8%。可见,云粒子有效半径越大,出现强降水的概率越大,出现弱降水概率越小。

2.3.6　云液态水含量

云液态水含量随分档值增大,出现弱降水的概率和一般降水的概率变化不明显,最大概率分别为第3档的38.3%和第5档的66.7%;出现强降水的概率主要集中在第5档,为11.1%。出现弱降水概率最小值为22.2%,出现在第5档;出现强降水概率最小值为2.9%,出现在第2档。可见,云液态水含量越大,出现强降水的概率越大,出现弱降水概率越小。

2.3.7　云黑体亮温

云黑体亮温随分档值增大,出现弱降水的概率和一般降水的概率变化不明显,最大概率分别为第3档的48.4%和第5档的62.8%;出现强降水的概率主要集中在第5档,为7.0%。出现弱降水概率最小值为30.2%,出现在第5档;出现强降水概率最小值为2.4%,出现在第2档。可见,云黑体亮温越低,出现强降水的概率越大、出现弱降水概率越小。

表6　卫星反演云参数分档下同强度降水的概率

云参数	雨强/mm·h^{-1}	不同分档下各类雨强的比率			
		第2档	第3档	第4档	第5档
云顶高度	$r<0.5$	50.0%	38.4%	36.8%	17.2%
	$0.5\leqslant r<5$	48.3%	58.2%	60.4%	65.5%
	$r\geqslant 5$	1.7%	3.4%	2.8%	17.2%
云顶温度	$r<0.5$	48.2%	34.6%	32.8%	10.0%
	$0.5\leqslant r<5$	49.5%	63.7%	62.3%	40.0%
	$r\geqslant 5$	2.3%	1.7%	4.9%	50.0%
云过冷层厚度	$r<0.5$	50.5%	32.5%	35.4%	27.3%
	$0.5\leqslant r<5$	46.6%	66.9%	58.5%	50.0%
	$r\geqslant 5$	2.9%	0.6%	6.1%	22.7%
云光学厚度	$r<0.5$	44.2%	38.0%	38.3%	42.9%
	$0.5\leqslant r<5$	50.5%	59.5%	60.8%	42.9%
	$r\geqslant 5$	5.3%	2.5%	0.8%	14.3%
云粒子有效半径	$r<0.5$	33.8%	33.3%	50.0%	35.3%
	$0.5\leqslant r<5$	60.0%	64.2%	50.0%	54.9%
	$r\geqslant 5$	6.2%	2.5%	—	9.8%
云液态水含量	$r<0.5$	37.9%	38.3%	35.2%	22.2%
	$0.5\leqslant r<5$	59.2%	58.5%	59.2%	66.7%
	$r\geqslant 5$	2.9%	3.2%	5.6%	11.1%
云黑体亮温	$r<0.5$	40.2%	48.4%	33.9%	30.2%
	$0.5\leqslant r<5$	57.5%	48.4%	62.4%	62.8%
	$r\geqslant 5$	2.4%	3.2%	3.6%	7.0%

综上所述,各云参数同强度降水概率随分档值的增大呈以下趋势:弱降水发生概率呈递减趋势,一般降水和强降水发生概率呈递增趋势,尤其是强降水发生概率表现更为明显,均在第5档出现最大值。

3　结论与讨论

(1)各云参数在有降水情况下的频数分布较无降水情况更趋于向高档集中。但有降水与无降水的频数分布并无明显的界限,各档均可能出现降水,也都可能不出现降水。

(2)云顶高度、云顶温度、云光学厚度和云黑体亮温4个参数对降水的响应较好,随着分档值的增大各参数出现频率均呈明显递增趋势,最大值分别为云顶高度第4档的31%,云顶温度第4档的29%,云光学厚度第5档的44%和云黑体亮温第5档的33%。

(3)云参数分档较高的云系发生强降水概率较大,最大值均出现在第5档,发生弱降水概率较小,最小值出现在第1档或第2档。

参考文献

[1] Rosenfeld D,Gutman G. Retrieving microphysical properties near the tops of potential rain clouds by multispectral analysis of AVHRR data[J]. Atmospheric Research,1994,34:259-283.

[2] 卢乃锰,吴蓉璋. 强对流降水云团的云图特征分析[J]. 应用气象学报,1997,8(3):269-275.

[3] 张杰,张强,田文寿,等. 祁连山区云光学特征的遥感反演与云水资源的分布特征分析[J]. 冰川冻土,2006,28(5):722-727.

[4] 刘健,张文建,朱元竞,等. 中尺度强暴雨云团云特征的多种卫星资料综合分析[J]. 应用气象学报,2007,18(2):158-164.

[5] 周毓荃,陈英英,李娟,等. 用 FY-2C/D 卫星等综合观测资料反演云物理特性产品及检验[J]. 气象,2008,34(12):27-35.

[6] 陈英英,唐仁茂,周毓荃,等. FY-2C/D 卫星微物理特征参数产品在地面降水分析中的应用[J]. 气象,2009,35(2):15-18.

[7] 王晨曦,郁凡,张成伟. 基于 MTSAT 多光谱卫星图像监测全天时我国华东地区的梅雨期降水[J]. 南京大学学报(自然科学版),2010,46(3):305-316.

[8] 廖向花,周毓荃. 重庆一次超级单体风暴的综合分析[J]. 高原气象,2010,29(6):1556-1564.

[9] 蔡淼,周毓荃,朱彬. FY-2C/D 卫星反演云特征参数与地面雨滴谱降水观测初步分析[J]. 气象与环境科学,2010,33(1):1-6.

[10] 蔡淼,周毓荃,朱彬. 一次对流云团合并的卫星等综合观测分析[J]. 大气科学学报,2011,34(2):170-179.

[11] 周毓荃,蒋元华,蔡淼. 北京"7.21"特大暴雨云降水结构及云雨转化特征[J]. 大气科学学报,2015,38(3):321-332.

[12] 田磊,李化泉,翟涛,等. 卫星反演产品在一次飞机增雨效果检验中的应用[J]. 宁夏工程技术,2018,17(2):109-112.

[13] 龚静,张玉欣,林春英,等. 青海东部地区一次双架次飞机增雨作业的云参数变化与地面降水的相关分析[J]. 青海农林科技,2019,4:21-25.

[14] 周毓荃,蔡淼,欧建军,等. 云特征参数与降水相关性的研究[J]. 大气科学学报,2011,34(6):641-652.

利用多普勒雷达估算宁夏层状云降水效率的
一次典型个例分析

常倬林[1,2]　桑建人[1,2]　舒志亮[1,2]　田　磊[1,2]

(1 中国气象局旱区特色农业气象灾害监测预警与风险管理重点实验室，银川 750002；
2 宁夏回族自治区气象灾害防御技术中心，银川 750002)

摘　要：利用宁夏多普勒雷达、银川探空秒数据及位于河东人工影响天气基地微波辐射计资料，基于 VAD 技术反演得到傅里叶常数，在考虑到层状云降水中大气垂直速度很小的情况下，利用经验公式反演风场的平均散度，根据连续方程计算出不同高度的垂直速度，通过探空秒数据资料计算水汽凝结率，假定云中凝结和凝华的水量全部降落到地面，在雷达站上方垂直气柱中水汽凝结率等于理论降水强度，得到理论上单位时间单位面积上的降水量，结合地面实况降水资料估算层状云降水效率。用该方法得到宁夏一次典型层状云降水过程的降水效率在 55% 左右，人工增雨潜力较大。

关键词：VAD，降水效率，增雨潜力

宁夏地处我国西部地区，干旱少雨，水资源严重缺乏。干旱、半干旱面积占全区总面积的 70% 以上，境内诸多地区年均降水量只有 200 mm 左右。人工影响天气作为防灾减灾和缓解干旱地区水资源短缺问题的重要科技手段，对促进宁夏回族自治区经济社会发展和生态保障做出了贡献。

开发空中云水资源的前提是研究人工增雨潜力，人工增雨潜力的大小，取决于云的降水效率。不同的天气背景、不同的降水云系和不同的发展阶段，有着不同的降水效率，因而其人工增雨的潜力也各不相同。在国内对空中云水资源及人工增雨潜力的研究方面，陈小敏等[1]利用 GRAPES 人工增雨云系模式对重庆地区一次典型的降水过程的增雨潜力进行数值模拟分析；代娟等[2]利用长期的地面水汽压和降水资料对湖北地区空中云水资源分布及人工增雨潜力进行了研究；杨晓春等[3]利用地面 GPS 观测资料分析了西安市不同季节降水过程中大气可降水量的变化特征；卓嘎等[4]、杜春丽[5]利用 NCEP 再分析资料分别对西藏、河南等省的大气可降水量及人工增雨潜力进行了分析研究；陈乾等[6]使用 Aqua /CERES 反演的云参量估算西北区的降水效率和人工增雨潜力。在宁夏地区，常倬林等[7]利用地球观测系统(EOS)云与地球辐射能量系统(CERES)云资料和地面气象站降水资料，对宁夏 3 个具有不同地形地貌及气候特征的地区的云水资源及增雨潜力特征进行了对比研究，结果表明宁夏地区空中云水资源有巨大的开发潜力。上述研究主要集中在利用各种仪器观测到的大气可降水量或利用再分析资料、卫星资料等反演的大气可降水量与地面实际降水量进行对比分析，或者利用数值模拟的方法来对空中云水资料及增雨潜力进行研究。而利用新技术、新方法与新手段对宁夏地区空中云水资源降水效率及开发潜力开展进一步研究，合理开发和挖掘宁夏全区空中云水资源具有重要现实意义。

目前多普勒天气雷达在宁夏天气监测中已经发挥了重要的作用，但多普勒天气雷达观测资料在人影业务方面的应用潜力还未得到充分的发掘。而宁夏飞机人工增雨作业又以层状云催化为主[8-9]。为了进一步提高多普勒雷达在宁夏人影作业中的应用，挖掘宁夏人工增雨降水潜力。本研究拟利用多普勒天气雷达观测资料，结合探空及地面资料，采用雷达资料反演技术，分析研究宁夏大范围稳定性降水的层状云降水效率计算方法，拓展多普勒天气雷达资料在我区人工增雨作业中的应用范围，为宁夏人影作业提供技术支持，提升人影作业能力。

1 资料与方法

1.1 数据

本文使用数据选取 2016 年 5 月 21—23 日宁夏层状云降水天气过程的多普勒雷达、银川探空秒数据及位于河东人工影响天气的微波辐射计反演的大气水汽资料。为了与河东飞机增雨基地安装的微波辐射计探测的水汽含量及自动站资料等做对比,在雷达资料处理上,选取了河东飞机增雨基地为测点,雷达资料选取银川雷达资料。

1.2 方法

本文对宁夏典型层状云降水效率的研究,使用方法为多普勒天气雷达 VAD 技术[10]。具体如下:首先提取多普勒雷达资料中的多普勒速度记为 v_r,对某一距离圈每隔 1°方位角的多普勒速度求均值(公式(1)),得到傅里叶展开系数 a_0。根据公式(2)利用雷达反射率因子 Z 计算自然风速的垂直分量 V_f,将公式(1)、(2)计算结果带入公式(3)得到不同高度上的风速的散度值。根据连续方程可以计算出不同高度上的大气垂直速度 $W(H)$。

$$a_0 = \frac{1}{180}\sum_{i=1}^{360} v_{ri} \tag{1}$$

式中:v_{ri} 为第 i 个点处的多普勒径向速度。

$$D_i v(v_h) = \frac{a_0}{r\cos\alpha} - \frac{2V_f}{r}\tan\alpha \tag{2}$$

式中:v_h 为自然风速的水平分量;α 为雷达扫描的仰角;r 为测点距雷达的水平距离;a_0 为傅里叶展开的系数;V_f 为自然风速的垂直分量。

根据公式(1)和公式(2),可以反演出各高度层的平均散度。其中垂直分量 V_f 包含两种信息,即有效照射体积内不同大小雨滴在静止大气中的平均下落速度 W_0 和大气本身的垂直速度 W。所以从理论上讲,即使准确测量到 V_f,还不能直接获得大气垂直速度的信息。考虑到层状云降水中大气垂直速度 W 很小,可用 W_0 代替 V_f 而不致带来明显误差,W_0 根据经验公式(3)得到。

$$W_0 = 2.6Z^{0.107} \tag{3}$$

式中:Z 为雷达反射率因子;W_0 为不同大小雨滴在静止大气中的平均下落速度。

把公式(1)、公式(3)代入公式(2),便可求得 H 高度上的散度值。根据连续方程,可以计算出某高度上的大气垂直速度 $W(H)$。

$$w(H) = -\rho(H)^{(-1)}\int_0^H \rho(z)\mathrm{div}(v_h)\mathrm{d}z \tag{4}$$

提取探空秒数据中温压湿资料,将相对湿度转化为饱和比湿 q_s,以 C 表示绝热上升的大气薄层在单位面积上的凝结率。

$$C = -\rho\frac{\mathrm{d}q_s}{\mathrm{d}H}W\Delta H \tag{5}$$

对不同高度上的水汽凝结率求积分,假定云中凝结和凝华的水量全部降落到地面,在雷达站上方垂直气柱中水汽凝结率等于理论降水强度,得到理论上单位时间、单位面积上的降水量 R,根据公式(5)计算得到降水效率 E。

$$E = \frac{I}{R} \tag{6}$$

式中:I 为实况小时降水强度;R 为计算的降水强度。

具体利用多普勒雷达反演层状云降水效率的流程图见图 1。

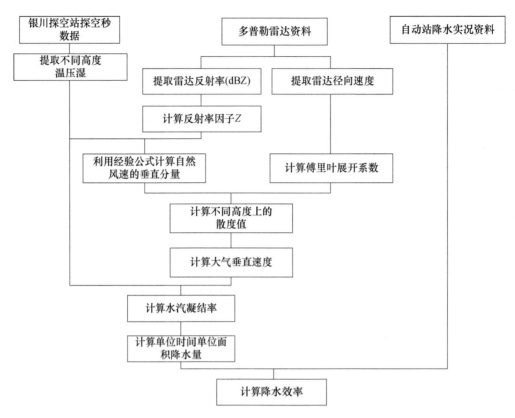

图 1 层状云降水效率流程图

2 实例分析

为便于使用探空秒数据及位于河东人工影响天气基地的微波辐射计资料,在本个例中参与计算的数据选取位于银川探空站位置的在不同高度上的雷达径向速度及雷达回波强度等资料。

22 日 08 时 500 hPa 天气图上,银川探空站处于槽前的西南气流控制中。07 时 0.5°仰角多普勒雷达强度回波图像中有明显的 0 ℃层亮带,为典型的层状云降水。

图 2 给出了计算得到的 22 日 07—13 时的大气垂直速度的时间高度剖面分布。如图所见,07 时在各高度层垂直速度较弱,且为下沉气流。到 08 时 2.5 km 以下低空为上升气流,2.5 km 以上高空为上升气流。随着时间的演变,到 09 时、10 时,在 8 km 以下的各高度层中均以上升气流为主,且在 5～6 km 的高度上有较强的上升速度,达到 0.4 m/s、0.6 m/s。到 11 时、12 时,1～3 km 低空仍为上升气流,高空为下沉气流,到达 13 时以后,以下沉气流为主。

我们对根据 VAD 原理反演计算得到的降水强度与实测的地面降水强度进行对比(图 3),从图 3 可见,二者的变化趋势比较一致,08—11 时基本呈现上升趋势,12 时开始降水强度下降。综合图 2 可见,计算得到的垂直速度的变化与实况降水的变化趋势较为一致,07 时垂直速度在各个高度都为负值,为下沉气流,无降水;08 时开始上升气流强度越来越大,相应的降水强度也逐渐增大;到 11 时以后上升气流强度开始变小,降水强度也相应变小。利用实况降水强度与雷达资料反演的降水强度来计算降水效率,可见在 10 时、11 时层状云的降水效率较大,达到 59.7%、53.5%,其他时段降水效率较小。

对 22 日 07—13 时河东人工影响天气基地微波辐射计资料进行处理,小时微波辐射计探测的大气可降水量的数据对每秒观测的资料进行平均得到。22 日 07—13 时,微波辐射计反演大气水汽含量变化不大,呈现出微弱的上升趋势,没有反映出自动站降水变化趋势。

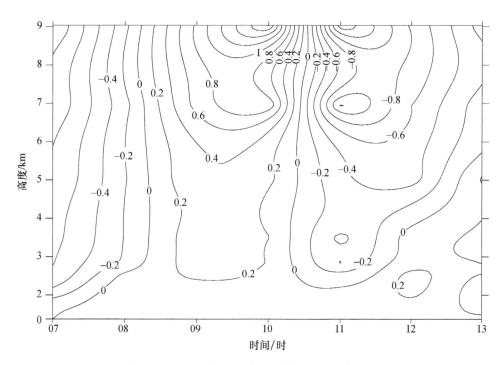

图 2 大气垂直速度时间高度剖面(单位:m/s,方向向上为正)

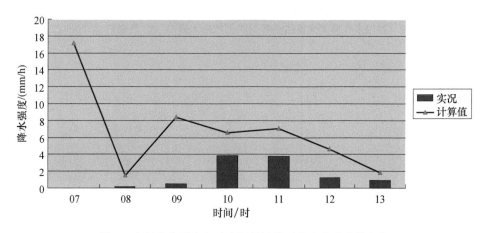

图 3 实况降水强度与雷达资料计算反演降水强度的变化

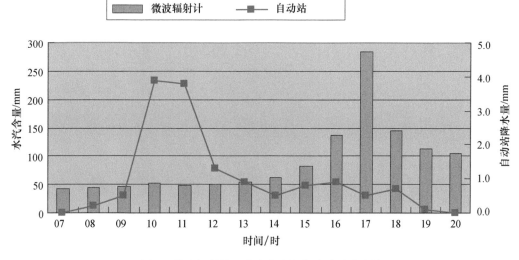

图 4 微波辐射计反演水汽含量与自动站降水量

3 结论与探讨

(1)利用 VAD 技术估算层状云降水效率,是多普勒天气雷达在人工影响天气中应用的一种有益尝试。宁夏一次典型层状云的降水效率在 55% 左右,相对不高,存在着较强的人工增雨潜力。

(2)在反演过程中考虑到层状云降水中大气垂直速度很小,做了一定的假设,但对流云中大气垂直速度很大,不适宜使用该方法。

参考文献

[1] 陈小敏,邹倩,李珂,等. 重庆地区夏季一次降水过程及增雨潜力的数值模拟分析[J]. 气象,2011,37(9):1070-1080.

[2] 代娟,黄建华,王华荣,等. 襄樊市空中云水资源分布及人工增雨潜力研究[J]. 暴雨灾害,2009,28(1):79-83.

[3] 杨晓春,王建鹏,白庆梅,等. 西安不同季节降水过程中大气可降水量变化特征[J]. 干旱气象,2013,31(2):278-282.

[4] 卓嘎,边巴次仁,杨秀海,等. 近30年西藏地区大气可降水量的时空变化特征[J]. 高原气象,2013,32(1):23-30.

[5] 杜春丽. 河南省近11年大气可降水量变化特征[J]. 气象与环境科学,2012,35(3):45-48.

[6] 陈乾,陈添宇,张鸿. 用 Aqua/CERES 反演的云参量估算西北区降水效率和人工增雨潜力[J]. 干旱气象 2006,24(4):1-8.

[7] 常倬林,崔洋,张武,等. 基于 CERES 的宁夏空中云水资源特征及其增雨潜力研究[J]. 干旱区地理,2015,38(6):1112-1120.

[8] 胡文东,陈晓光,李艳春,等. 宁夏月、季、年降水量正态性分析[J]. 中国沙漠,2006,26(6):963-968.

[9] 武艳娟,李玉娥,刘运通,等. 宁夏气象灾害变化及其对粮食产量的影响[J]. 中国农业气象,2008,29(4):491-495.

[10] 石立新,汤达章,万蓉,等. 利用多普勒天气雷达估算层状云的降水效率[J]. 气象科学,2005,25(3):272-279.

阿克苏一次对流天气过程的分析

刘新强　　王拥政　　热孜亚·克比尔

(阿克苏地区沙雅雷达站,沙雅 842200)

摘　要:通过对 2019 年 7 月 22 日阿克苏地区东部防区一次防雹作业过程分析得出:在对流天气的作业指挥过程中,提前预报预警、合理调度车辆以及在防区前沿提前进行科学催化作业,及时将发展中的冰雹云初始云体削弱击退,既可以减轻防区中下游防御压力,又可以取得较好的防雹效果。

关键词:对流云,前沿布局,提前作业,防雹效果

阿克苏地区东部的库车市、沙雅县、新和县位于天山中段南麓,塔里木盆地和塔克拉玛干大沙漠北缘。由于区域内有山区、河流、沙漠等分布,常常有对流云体生成[1]。北部山区形成的对流云,在环境风影响下向偏东南移动,继而影响到新和县、库车布、沙雅县等地。对流云发展旺盛时,常常会形成冰雹云产生降雹,严重影响防区的农牧业生产和经济发展[2]。

本文对 2019 年 7 月 22 日,一次山区地形影响导致对流云发展增强的人工防雹指挥作业的天气过程进行研讨,为提高山区冰雹天气的预警,防区前沿提前布局,及时准确把握作业时机以及实施人工防雹作业提供参考依据。

1　预警及作业指挥的调度

7 月 22 日午后 16:00,指挥中心雷达观测到在西北部拜城防区和新和县北部山区不断出现对流单体,并缓慢向新和县西南防区移动。为了及时识别并确定云体的发展演变趋势,雷达站立即对云体进行跟踪观测,并分析判断对流云体移动路径。云体在翻越却勒塔格山后进入渭干河平原地带,此区域地势平坦宽阔,下垫面有沙漠、水域等,分布复杂,热力性质不一,有利于对流云体的持续发展和加强。指挥中心在探测到对流单体出现后,迅速向新和县人工影响天气指挥部发出预警信息,并调派 4 辆流动火箭作业车前往防区前沿指定位置待命。

2　天气过程的演变和防雹作业

2.1　初始回波的识别

17:34 从拜城方向翻山的云体移动到新和县西北山区,多个对流单体逐渐发展、合并,并缓慢移向防区前沿(图 1)。RHI 上显示云体顶部较高,均接近 8 km,强中心高度在 7 km 左右,云体体积虽然较小,但回波呈密实的柱状,虽是早期对流回波,但已出现云砧回波。此时强度虽然只有 25 dBZ,但根据其回波形态有可能为冰雹云初始回波。指挥中心在加密探测的同时,指令流动作业车辆和区域内固定作业点做好一切准备。

2.2　防雹作业的实施

18:10 对流云翻山后合并跃增。PPI 上雷达回波强度 50 dBZ,云体出现明显的强中心回波。RHI 上云顶高度达到 8.2 km,50 dBZ 强中心位于 3.0~6.5 km,云砧回波更加明显,云体回波结构密实,表明云体内对流活动比较旺盛,是冰雹云跃增阶的段典型特征(图 1)。当冰雹云进入前沿防御射程时,

指挥中心立即下达指令,指挥前沿流动火箭车实施防雹作业。18:21 PPI上显示云体回波面积及强中心面积扩大,强中心达50 dBZ。RHI上看出云顶高度没有下降,但强中心高度已经接地,指示着云体内垂直上升气流减弱,低层已是下沉气流控制。云体继续向东南方向移动,云顶维持较高高度,强中心结构依然密实,边缘不断地扩展。18:22指挥中心指挥流动作业车集中火力再次对冰雹云实施催化作业。

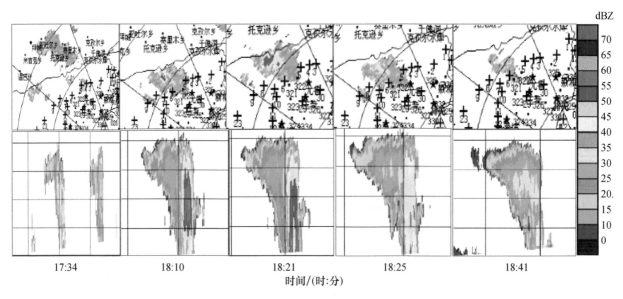

图1 雷达回波图

2.3 云体减弱后回波的演变

18:25,PPI回波强中心已减弱至35 dBZ,云体已分离为数块,结构出现松散状态;RHI图上强中心高度零散分布在3 km以下,前悬回波向下塌陷,表明云体内垂直气流已经减弱,云体也将进一步减弱。实况反馈作业区普遍降小到大雨,云体减弱向东南移动。

18:41云体回波继续减弱,PPI上结构松散,云体的面积明显的缩小,RHI上强中心高度已下降到2 km,作业点持续降水,云体减弱明显。

3 小结

(1)阿克苏地区东部夏季局地对流性天气出现比较频繁。雷达站密切监测,提前预警,精准识别,及早进行作业车辆调度并及时进行了催化作业,在防雹工作中十分重要。

(2)此次对流云体是翻越却勒塔格山移经渭干河平原地带。此区域地势平坦宽阔,下垫面复杂,热力性质不一,有利于冰雹云的形成和加强。雷达指挥中心在指挥过程中考虑地形因素对云体发展的影响情况,在防区前沿足量实施人工防雹作业,使对流云在进入防区前减弱,减轻了中下游防区的防雹压力。

(3)天气过程中,雷达指挥中心和县级人影办紧密配合也非常重要。作业过程中掌控"狠、准、稳"原则,达到了消雹增雨减灾的目的。

参考文献

[1] 李斌,王式功,谢向阳,等. 一次强化风暴新一代天气雷达观测特征分析[J]. 中国沙漠,2005,25(增刊):86-90.
[2] 张学文,张家宝. 新疆气象手册[M]. 北京:气象出版社,2006.

飞机积冰的云层特征个例分析*

孙　晶　蔡　淼　王　飞　史月琴

(中国气象科学研究院 中国气象局人工影响天气中心，北京 100081)

摘　要：利用卫星、雷达、探空、飞机等观测资料和 NCEP 再分析资料，以及数值模拟结果，对 2016 年 3 月 8—9 日我国安庆地区的云系特征和飞机积冰气象条件进行了分析。结果表明，此次飞机积冰发生在寒潮天气背景下，强冷空气造成锋面逆温。实测飞机积冰现象出现在对流降水结束后的层积云层顶部，积冰高度对应高空锋区逆温层底部，云顶高度约 3.4 km，云顶温度 −10 ℃，无降水和雷达回波，云中主要为过冷水，丰沛时段飞机观测过冷水平均值为 0.36 g/m³，基本无冰相粒子。当云顶高度再度抬升，冰相粒子增多时，过冷水含量减少，不利于积冰现象发生。CPEFS 模式模拟出了与实测比较一致的云宏微观结构。

关键词：飞机积冰，过冷水，寒潮

1　引言

飞机积冰是指飞机机体因过冷水滴冻结或水汽凝华而聚积冰层的现象[1]。飞机积冰通常发生在含有过冷水滴的云、雾、冻雨或湿雪中，多出现在突出部位。积冰影响飞机的稳定性和操纵性，并使导航仪表和无线电通信设备失灵，严重时甚至导致飞行事故。

飞机积冰涉及到多种飞行情况[2]，例如：高速飞机在低速的起飞、进近、着陆阶段，或航线穿越浓密云层或冻雨的环境中；一些低速飞机，如运输机、直升机等，发生积冰的可能性也很大；人工增雨作业由于需要选择过冷水丰沛的云层进行催化，飞机更易发生积冰；在飞机进行试飞试验时，要在积冰区域飞行，进行合格审定。为了飞行安全，增雨潜力区以及试飞地点的选择，对飞机积冰气象条件进行研究尤为重要。

飞机积冰的直接影响气象因子是指大气温度、云中过冷水含量、过冷水滴大小。最易发生积冰的温度范围是 −10～−2 ℃，轻度积冰易出现在 −10～−0 ℃，中度积冰易出现在 −12～−2 ℃，强积冰易出现在 −10～−8 ℃[3]。云中过冷水含量越大，积冰强度也越大[4]，云滴的大小影响积冰的类型和强度，但影响程度比含水量和温度小[5]。大多数积冰发生在低云和中云中[6]。有利积冰云层条件的产生离不开天气系统，天气系统中不是处处都有过冷水。李子良[7]分析了广汉—贵阳和广汉—洛阳航线上几种有利于发生积冰的天气系统，指出在地面冷锋、空中槽线和切变线附近容易出现积冰。迟竹萍[8]统计分析了山东春秋两季增雨作业天气系统，指出低压倒槽和南方气旋系统容易出现积冰。还有一些学者针对飞机积冰过程开展了天气和微物理分析[9-13]，不同类型云中过冷水分布不同，不同地区产生积冰的天气类型也不尽相同，这些过程大多位于我国西北和西南地区，而对我国其他地区积冰天气分析较少。

2016 年 3 月 8—9 日，中国气象局人工影响天气中心 MA60 飞机参加了多家单位联合在安徽省安庆市的飞机自然积冰探测试验，于 9 日上午和下午各执行了一个架次的试验飞行，并于上午成功探测到积

---

* 发表信息：本文原载于《气象》，2019，45(10)：1341-1351.

　资助信息：国家重点研发计划项目(2018YFC1507901、2016YFA0601702)，中国气象科学研究院基本科研业务项目(2014R004)，公益性
　　　　　　(气象)行业科研专项(GYHY20120625)。

冰现象。为了研究这次安庆飞机积冰的气象条件,本文利用卫星、雷达、探空、飞机等多种观测资料和中尺度数值模式,对飞机积冰的多尺度结构特征进行了分析。

2 积冰探测介绍

此次积冰探测试验区位于安徽省安庆地区,试验飞机为中国气象局人工影响天气中心 MA60 飞机。2016 年 3 月 8 日受空域限制未能试飞,3 月 9 日进行了两个架次积冰探测,第一架次飞行时段为 08:47—11:48,其中在 09:10—09:32 出现了积冰现象,积冰厚度 2~4cm,积冰类型为毛冰,积冰高度约 3000 m,积冰温度约−5 ℃;第二架次飞行时段为 16:10—19:55,未出现明显积冰现象。

3 天气系统

受强冷空气影响,2016 年 3 月 7—10 日,我国中东部大部地区先后出现 4~10 ℃降温,发生此次寒潮过程的天气背景为:亚洲中高纬为"两脊一槽"的形势,3 月 7 日前乌拉尔山阻塞高压持续发展,贝加尔湖以东有冷涡存在;7 日开始,冷涡后部冷空气不断从东路南下,9 日乌拉尔山阻塞高压崩溃,蒙古国西部的横槽转竖,冷空气与较为活跃的高原槽相配合,造成我国中东部大范围雨雪天气。

8—10 日我国江南地区多短波槽活动。不同高度的天气系统配置显示:8 日,安庆地区位于 500 hPa槽前西南气流和上升运动区中,700 hPa 有明显西南水汽输送,850 hPa 位于暖切变线南侧西南气流中,地面冷锋位于湖南—江西—浙江北部一线,安庆地区位于地面锋后;9 日,安庆地区位于 500 hPa 位于偏西气流中,随着中低层冷空气南压,700 hPa 西南水汽输送消失,850 hPa 逐渐转为东北风,地面冷锋继续南移至华南地区。实况降水分布显示,8 日 08:00—9 日 08:00,长江中下游地区出现雷电等对流性天气,降水量达大到暴雨量级,安庆地区降水量 32 mm;9 日 08:00 至 10 日 08:00,安庆地区转为雨夹雪天气,降水量为 7 mm。

从沿安庆 117°E 经向剖面来分析此次过程天气系统的垂直结构(图 1),8 日 08:00,等相当位温线揭示地面锋线位于 29°N 附近,锋面向北伸展高空存在宽广的锋区,安庆位于地面冷锋后,其低层 800 hPa 以下为偏东风,有明显锋面逆温,整层相对湿度在 80%以上;8 日 08:00—20:00 是对流性降水阶段,8 日20:00 冷锋南压至 27°N 附近,安庆上空温度明显下降,750 hPa 以下为偏东风和锋面逆温,整层相对湿度95%以上;8 日 20:00 后,冷锋继续南移,中高层相对湿度减弱,9 日 08:00,安庆 700 hPa 以下为偏东风和相对湿度大值区,温度下降至 0 ℃以下,地面无降水;9 日 08:00—20:00,冷空气持续南压,中高层相对湿度逐渐加大,20:00 安庆 700 hPa 以下仍为偏东风,锋区高度抬高,整层相对湿度 95%以上,20:00 后出现雨夹雪天气。

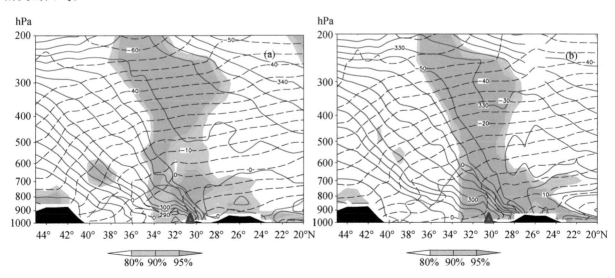

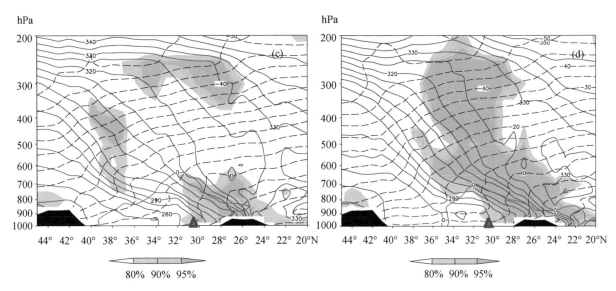

图 1　NCEP 再分析资料沿 117°E 的经向垂直剖面

（长虚线为等温线，间隔 5 ℃；细实线为等相当位温线，间隔 5 K；点虚线为纬向风 0 风速线；绿色阴影为相对湿度；

黑色阴影为地形；三角形为安庆）

(a)8 日 08：00；(b)8 日 20：00；(c)9 日 08：00；(d)9 日 20：00

4　云宏观结构

从天气系统分析可以看出这次过程受高空短波槽和地面冷锋影响，下面利用卫星反演产品、雷达回波、探空等资料分析在此天气条件下云系宏观结构和发展演变特征。

8 日白天，在我国黄淮至长江中下游地区覆盖着大范围高空槽云系，云顶温度在−30 ℃以下，安庆地区位于高空槽云系南部，08：00—20：00 先后有两块 TBB 在−40 ℃左右的对流云团自西向东移过安庆（图 2a），移速 40～50 km/h，对流云雷达回波最大在 40 dBZ 以上（图 3a），期间 12：00—15：00 为强降水间歇期；8 日 22：00 后对流云团东移，至 9 日 09：00 安庆地区为比较均匀的层状云（图 2b），云顶亮温大于−20 ℃，基本无降水和雷达回波（图 3b）；9 日 09：00—14：00（图 2c），位于湖北地区的另一高空槽云系再次东移影响安庆地区，安庆云顶亮温逐渐下降至−40 ℃，但仍基本无降水和明显雷达回波（图 3c）；9 日 14：00—20：00，安庆受高空槽云系影响，逐渐出现 20～25 dBZ 的雷达回波（图 3d），无明显降水，20：00 云顶亮温升高至−20 ℃以上（图 2d）。

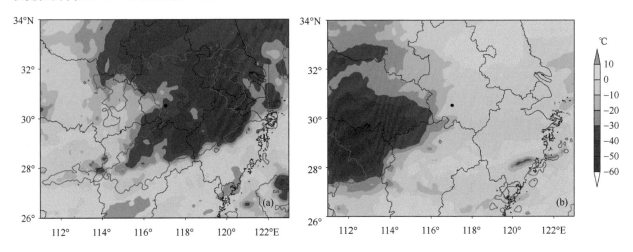

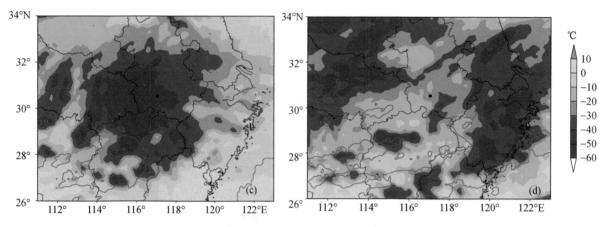

图 2　卫星观测云顶温度和 1 h 降水量

(阴影为云顶温度;红色等值线为 1 mm;黑色圆点为安庆)

(a) 8 日 20:00;(b) 9 日 08:00;(c) 9 日 14:00;(d) 9 日 20:00

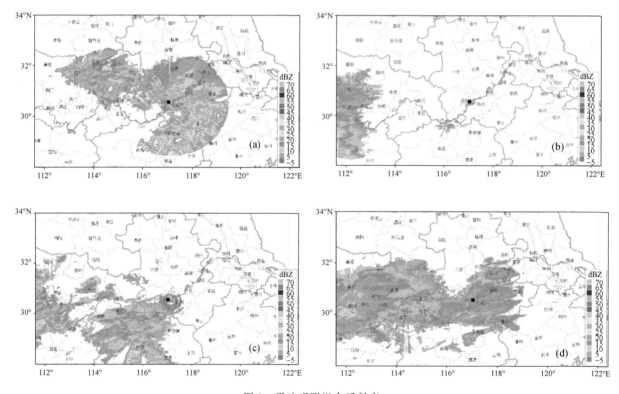

图 3　雷达观测组合反射率

(阴影为组合反射率,单位:dBZ;黑点为安庆)

(a) 8 日 20:00;(b) 9 日 08:00;(c) 9 日 14:00;(d) 9 日 20:00

　　基于周毓荃等[14]提出的探空云分析方法,利用 8—9 日安庆站 6 h 一次的加密探空,分析该地区的云垂直结构及演变特征(图 4)。8 日白天,安庆周边为单层云,云顶高度 6—7 km,0 ℃层高度约 3500 m,低层由于冷空气影响,在 1.5 km 高度有明显逆温,这与图 1a 高空锋区位置相对应;8 日 20:00 云层发展深厚,云顶高度超过 10 km,2 km 以下为偏北风,3300 m 以下高度出现 3 条 0 ℃线,说明云层自上而下具有冷—暖—冷—暖结构,在 1.5~2 km 有明显逆温;8 日夜间至 9 日凌晨为双层云结构特征,高层出现较厚干层,随着低层偏东气流加厚,0 ℃层高度降低并且低层冷区厚度增加,逆温区的厚度也增加;9 日 08:00,云顶高度降至最低约 3.4 km,云层中出现多处小的逆温,分别位于 3 km、2 km、1.3 km,湿度条件变弱且出现干的云夹层,基本为过冷云区;9 日白天,云顶高度逐渐抬高,中高层湿度再次加大,云层又发展深厚,0 ℃层高度约 700 m,其上均为冷云。

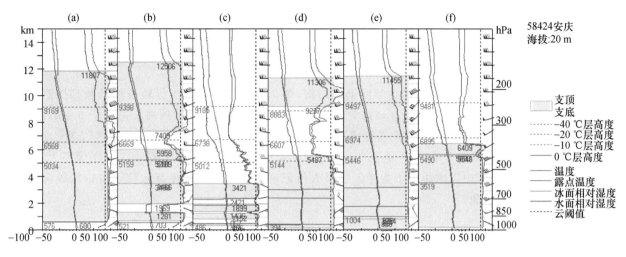

图 4　2016 年 3 月 8—9 日安庆站探空云分析产品时间演变

(a)3 月 9 日 20:00；(b)3 月 9 日 14:00；(c)3 月 9 日 08:00；(d)3 月 9 日 02:00；(e)3 月 9 日 20:00；(f)3 月 8 日 14:00

5　云微观结构

中国气象局人工影响天气中心 MA60 飞机在 2016 年 3 月 9 日 08:47—11:48 和 16:10—19:55 于安徽省安庆地区进行了两个架次积冰探测，飞机搭载了热线含水量仪(LWC)、后向散射云滴探头(BCP，量程 7～75 μm)、CIP(云粒子图像探头，量程 25～1550 μm)、PIP(降水粒子图像探头，量程 100～6200 μm)等云粒子探测设备。

图 5 为第一架次沿飞行轨迹的探测结果，在 09:20—10:00 及 10:40—11:00 有两个连续时段观测到过冷水，这两个时段均是飞机由 4000 m 盘旋下降至 3000 m 即云顶，在 3000 m 高度继续平飞观测到过冷水，过冷水量值的强弱有变化说明过冷水分布的不均匀性；在第一次下降后 09:28—09:35 为过冷水含量最高时段，飞机在 −5 ℃ 高度层平飞，BCP 探测结果表明，该时段内云区粒子直径普遍小于 30 μm，中值体

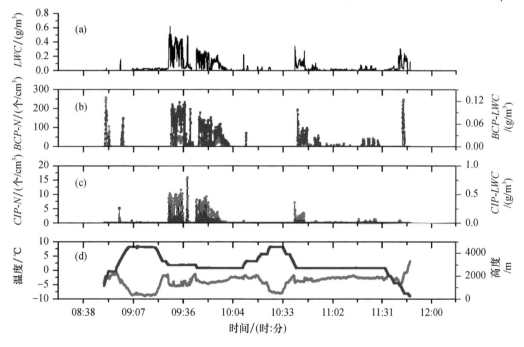

图 5　2016 年 3 月 9 日飞机第一架次飞行时机载探测结果

(a) 热线含水量仪液态水含量(LWC，单位：g/m³)；(b) BCP 粒子数浓度(红线，单位：个/cm³)和液态水含量(蓝线，单位：g/m³)；

(c) CIP 粒子数浓度(红线，单位：个/cm³)和液态水含量(蓝线，单位：g/m³)；(d) 温度(红线，单位：℃)和高度(蓝线，单位：m)

积直径(MVD)平均为 21 μm,粒子浓度最高值为 58 个/cm^3,平均浓度约 21.36 个/cm^3,热线含水量仪观测的过冷水含量峰值达 0.58 g/m^3,平均过冷水含量为 0.36 g/m^3,该时段内 CIP 图像上几乎看不到明显的大粒子(图略),也说明云区由小滴组成;登机人员记录第一次下降后 09:36 即出现积冰,积冰温度约 -5 ℃,积冰厚度 2~4 cm。

图 6 为第二架次沿飞行轨迹的雷达回波垂直结构,图 7 为第二架次沿飞行轨迹的云物理探测结果。飞行时段内,云系发展较为深厚,飞行区域内为均匀的层状云回波,雷达回波顶高普遍大于 6 km,最大可达 8 km,说明此时云中大的降水粒子发展旺盛。飞机在 3000~4200 m 不同高度上平飞,但 LWC、BCP 和 CIP 的粒子数浓度结果均非常小,PIP 观测的云中大粒子含量较多;CIP 和 PIP 粒子二维图像多为大片的固态粒子(图略),说明云中以冰相粒子为主。登机人员记录在飞行高度目视有冰粒子击打机翼前缘,飞行中未出现明显积冰现象。

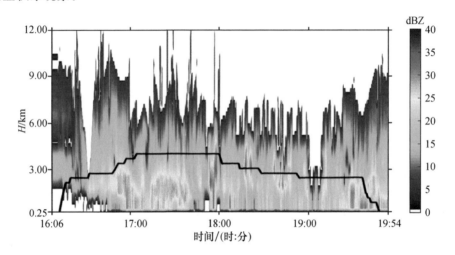

图 6 2016 年 3 月 9 日飞机第二架次沿飞机轨迹的雷达回波垂直结构

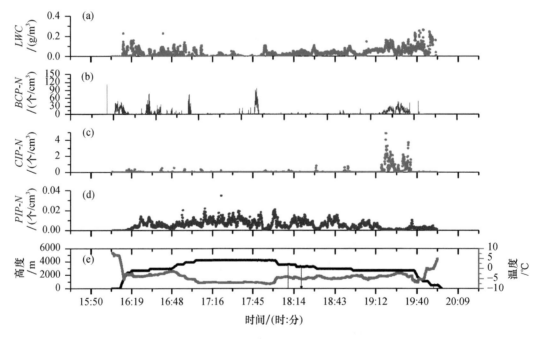

图 7 2016 年 3 月 9 日飞机第二架次飞行时机载探测结果

(a) 热线含水量仪液态水含量(LWC,单位:g/m^3);(b) BCP 云粒子数浓度(单位:个/cm^3);(c) CIP 云粒子数浓度(单位:个/cm^3);
(d) PIP 降水粒子数浓度(单位:个/cm^3);(e) 温度(红线,单位:℃)和高度(黑线,单位:m)

利用中国气象局人工影响天气中心云降水显式预报系统(CPEFS v1.0)对这次过程进行模拟,该系统是以 WRF 中尺度模式动力框架为基础耦合了中国气象科学研究院 CAMS 微物理方案[15]。此次过程模拟使用初始场为 6 h 一次 1°×1°的 NCEP 再分析格点资料,模式最高水平分辨率为 3 km。图 8a 为安庆南部(117.07°E,30.03°N)为中心周围 20 km 范围的云顶温度和 1 h 降水量的模拟与观测比较,图 8b 为相应范围的各水成物含量垂直廓线模拟结果随时间变化。实况降水主要发生在 8 日白天至夜间,对流性降水为主;中雨(小时降水量≥2.5 mm)时段为 8 日 08:00—11:00 以及 18:00—19:00,对应云顶温度在−30 ℃以下;小雨(小时降水量<2.5 mm)时段为 8 日 12:00—17:00 和 20:00—21:00,对应云顶温度在−30 ℃以上;8 日夜间至 9 日白天,实况云顶温度逐渐升高接近 0 ℃又逐渐降低至−40 ℃,地面无降水。模拟结果显示,除前 6 h 为模式 spin-up 阶段模拟与实况有较大误差外,模拟的云顶温度和降水演变趋势与实况接近。模拟的云粒子分布表明,8 日白天至夜间云体结构为对流性冷暖混合云,有较大含量过冷云水和过冷雨水;9 日凌晨至上午为暖云滴和过冷云滴组成的层状云,没有冰相粒子,云顶高度在 700 hPa(约 3.2 km)以下,过冷水含量约 0.1 g/kg;9 日下午,高层冰相粒子向下发展,虽然有过冷水但含量少于 0.05 g/kg;云粒子相态分布和演变的模拟结果与飞机两个架次观测结果也基本一致。

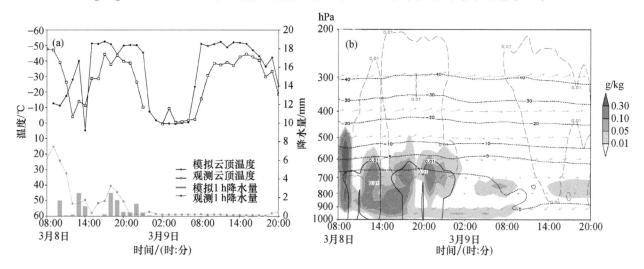

图 8　2016 年 3 月 8—9 日安庆南部 20 km×20 km 区域平均物理量随时间的变化
(阴影:云水;长虚线:冰相粒子;实线:雨水;短虚线:温度(单位:℃);箭头:水平风场)
(a)模拟和观测的云顶温度(单位:℃)和 1 h 降水量(单位:mm);(b)模拟的各水成物含量垂直分布(单位:g/kg)

6　积冰气象条件

前面利用观测和模拟结果分析了此次寒潮过程云的宏微观结构,根据云的演变特征可分为 3 个阶段,相关物理量对比可见表 1。8 日 08:00—21:00,为对流性降水阶段,云顶温度低于−30 ℃(图 2a),云顶高度 6～10 km(图 4),对流性回波最大为 45 dBZ(图 3a),模拟云中有大量过冷水(图 8b),最大为 0.3 g/kg,具有一定积冰气象条件,但因为出现闪电等对流天气不适宜飞机进行积冰探测飞行,未取得飞机积冰资料来验证;8 日 21:00—9 日 10:00,为对流性云系东移后转变为非降水的层积云阶段,云顶温度高于−20 ℃(图 2b),云顶高度低至 3.4 km 并且有锋面逆温现象(图 4),无降水和雷达回波(图 3b),说明层积云中的液态水以小云滴为主,模拟有 0.1 g/kg 过冷水但无冰相粒子(图 8b),飞机在上午探测出现积冰,其中在 09:28—09:35 热线含水量仪探测过冷水均值为 0.36 g/m³;9 日 10:00—20:00,为高空槽层状云系再次发展阶段,云顶温度下降至−40 ℃(图 2c),云顶高度升高大于 10 km(图 4),层状云回波最大 25 dBZ(图 3d),模拟云中高层冰相粒子再次发展(图 8b),过冷水含量减少,飞机探测也出现大量冰相粒子,没有明显积冰现象。

以上云层发展前后变化的对比表明,实测飞机积冰现象出现在对流降水结束后的层积云层顶部,积冰高度对应高空锋区的逆温层底部,云顶高度约 3.4 km,云顶温度−10 ℃,无降水和雷达回波,云中主要为过冷水,基本无冰相粒子;当云顶高度再度抬升,冰相粒子增多时,过冷水含量减少,不利于积冰现象发生。这些变化显示出,在云顶温度不过低、以过冷水滴为主、冰相过程尚未活跃的层积云中,存在着利于飞机积冰的条件。

表1 2016年3月8—9日安庆地区不同时段积冰气象条件

时段	云性质	冰相	云顶温度	云顶高度	最大雷达回波	Hotwire探测过冷水	飞机探测积冰
8日08:00—21:00	对流	有	<−30 ℃	6～10 km	45 dBZ	—	—
8日21:00—9日10:00	层积	无	>−20 ℃	3～5 km	基本无回波	平均值0.36 g/m³ (09:28—09:35)	有 (08:47—11:48)
9日10:00—20:00	层状	有	<−30 ℃	>10 km	25 dBZ	<0.01 g/m³ (17:40—17:50)	无 (16:10—19:55)

7 结 论

利用卫星、雷达、探空、飞机等观测资料和NCEP再分析资料,以及云场数值模拟结果,对2016年3月8—9日我国安徽省安庆地区的云系特征和飞机积冰气象条件进行了分析,主要得出如下结论。

(1)此次飞机积冰发生在寒潮天气背景下,影响系统为地面冷锋和500 hPa短波槽。低层强冷空气造成锋面逆温,为积冰发生提供有利天气条件。

(2)实测飞机积冰现象出现在对流降水结束后的层积云层顶部,积冰高度对应高空锋区的逆温层底部,云顶高度约3.4 km,云顶温度−10 ℃,无降水和雷达回波,云中主要为过冷水,基本无冰相粒子。当云顶高度再度抬升,冰相粒子增多时,过冷水含量减少,不利于积冰现象发生。

(3)CPEFS模式模拟出了与实测比较一致的云宏观结构特征,云粒子相态分布和过冷水含量变化趋势与实测吻合。

参考文献

[1] 王秀春,顾莹,李程.航空气象[M].北京:清华大学出版社,2014.

[2] 张宇飞.浅析飞机积冰与航空安全[J].科技风,2013(14):194-197.

[3] 赵树海.航空气象学[M].北京:气象出版社,1994.

[4] 王洪芳,刘健文,纪飞,等.飞机积冰业务预报技术研究[J].气象科技,2003,31(3):140-145.

[5] 庞朝云,张逸轩.甘肃中部地区飞机积冰的气象条件分析[J].干旱气象,2008,26(3):53-56.

[6] 袁敏,段炼,平凡,等.基于CloudSat识别飞机积冰环境中的过冷水滴[J].气象,2017,43(2):206-212.

[7] 李子良.飞机积冰的气象条件分析[J].四川气象,1999,19(3):55-57.

[8] 迟竹萍.飞机空中积冰的气象条件分析及数值预报试验[J].气象科技,2007,35(5):714-718.

[9] 陈静,吕环宇.一次对流不稳定条件下飞机积冰的天气动力诊断分析[J].气象,2006,32(12):66-71.

[10] 刘开宇,张云瑾,龚娅.一次飞机积冰气象条件的诊断分析[J].云南大学学报(自然科学版),2008,30(S1):330-332.

[11] 刘烈霜,金山,刘开宇.用AMDAR资料分析两次强飞机积冰过程[J].气象科技,2013,41(4):764-770.

[12] 王黎俊,银燕,李仑格,等.三江源地区秋季典型多层层状云系的飞机观测分析[J].大气科学,2013,37(5):1038-1058.

[13] 张利平,朱国栋,韩磊.航空器遭遇严重积冰天气分析[J].中国民航飞行学院学报,2014,25(6):57-61.

[14] 周毓荃,欧建军.利用探空数据分析云垂直结构的方法及其应用研究[J].气象,2010,36(11):50-58.

[15] 刘卫国,陶玥,党娟,等.2014年春季华北两次降水过程的人工增雨催化数值模拟研究[J].大气科学,2016,40(4):669-688.

第三部分
模式

利用 MM5 模式分析云中过冷水区物理成因 *

杨文霞[1,2]　董晓波[1,2]　于翠红[3]　张景红[4]

(1 河北省人工影响天气办公室,石家庄 050021;

2 河北省气象与生态环境重点实验室,石家庄 050021;

3 吉林省人工影响天气办公室,长春 130000;

4 吉林省气象灾害防御中心,长春 130000)

摘　要:本文利用 MM5 模式对河北省 2012 年 9 月 20 日 20:00—22 日 08:00 一次西风槽天气过程进行数值模拟,分析了本次过程观测到的过冷水区的辐合、辐散、和垂直上升速度特征,总结了过冷水区的物理成因。结果表明,过冷水区出现的范围和含水量受到云中辐合区的影响,过冷水大值中心与云内垂直上升气流大值中心有较好的对应关系,过冷水区的移动和生消受到云中动力场的变化影响。本次过程槽前大面积辐合区是造成槽前云系过冷水含量丰富的主要动力原因,距离槽线较近的地方辐合较强,云层发展较厚,云中过冷水含量较丰富,槽后较强辐散区周围能激发弱的辐合区,弱辐合区对应的云中过冷水含量较低。本次过程仍有降水产生。

关键词:模式,过冷水,物理成因

1　引言

云中液态过冷水含量是极为重要的大气物理参数(雷恒池等,2008),云中过冷水含量是决定人工增雨潜力的一个重要指标,过冷水含量越高,可播撒增雨潜力越大(张佃国等,2011),由于云中过冷水区出现的时间和空间范围十分有限,研究云中过冷水区分布特征及其物理成因显得十分必要。2012 年 9 月 20 日 20:00—22 日 08:00 河北省受西风槽天气过程影响,发生一次全省性小雨过程,河北省人工影响天气办公室分别在槽前、近槽和槽后实施飞机人工增雨作业并进行了深厚的垂直探测,3 次垂直探测的高度分别为 609~6031 m、1803~5421 m,615~6036 m。根据飞机资料分析,结合雷达和卫星反演资料,对本次过程过冷水的发生和演变规律有了较系统的掌握;为进一步了解过冷水区的物理成因,本文利用 MM5 模式对本过程进行了数值模拟,分析了观测到的过冷水区的辐合、辐散和垂直上升速度特征,总结了过冷水区的物理成因。

2　天气过程

2012 年 9 月 20 日 20:00—22 日 08:00 河北省受西风槽天气过程影响,发生一次全省性小雨过程,如图 1 所示。20 日 20:00,有一低压槽由内蒙古延伸至四川。到 21 日 08:00 700 hPa 河套地区南北走向的切变线东移到山西的西部地区(500 hPa 槽线位置与其基本一致),此时河北地区受偏南气流影响,大部分地区湿度在 80% 以上,根据 700 hPa 水汽通量场和风场共同分析。到 21 日 08:00,从孟加拉湾和南海的水汽输送到河北地区的 700 hPa 水汽通道已经开始建立,并且根据水汽通量散度场分析,在河北的南部有一水汽辐合中心,此时主要降水区从山西的西部到河北的西部山区(700 hPa 切变线东侧 4 个经度以内)。到 21 日 20:00 700 hPa 切变线快速东移到河北中部地区(500 hPa 槽线位置与其基本一致),依然为南北走向,河北西部地区已经由偏南风转为西北风,水汽通量辐合区明显减弱,辐合中心已经从河北地区转移

* 资助信息:国家自然科学基金项目(41975182),河北省科技计划支撑项目(17227001D),中国气象局云雾物理环境重点开放实验室开放课题(2019Z01601),河北省气象与生态环境重点实验室开放基金(Z201801Y)。

到湖北到河南一带,此时主要降水区位于河北的东部地区(700 hPa切变线东侧2.5个经度以内)。到22日08:00 700 hPa切变线继续东移进入渤海(500 hPa槽线位置快其约3个经度),河北地区受西北气流控制,河北降水停止。

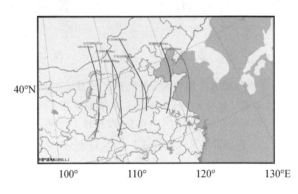

图1　2012年9月20日20:00—22日08:00 500 hPa和700 hPa槽线移动路径

3　云系的卫星监测与降水情况

黑体亮度温度(TBB)是由卫星通过扫描辐射仪观测下垫面物体获取的辐射值经量化处理后得到,它反映了不同下垫面的亮度温度状况。图2为监测到的本过程云系的卫星TBB资料,卫星TBB资料为逐小时或半小时资料。监测表明,2012年21日08:00,500 hPa槽前,一条呈东南—西北走向的宽广云带覆盖山西西北部至河北中南部地区,TBB低值区位于山西北部和河北中南部,TBB最低值在山西大同、朔州一带,达到-35 ℃;逐小时降水量显示08—09:00降水覆盖山西大部和河北东北部的部分地区,雨区中心位于山西中北部朔州至忻州一带,比TBB低值区位置稍偏南,雨区中心对应的TBB值为-35～-25 ℃;随着云体自西北向东南移动,云体水平覆盖范围逐渐缩小,至21日12:00,主体云系移动至河北境内,云中包含多个-30 ℃的TBB低值中心08:00—12:00,雨区与云体的移动方向相一致,雨区中常常存在数个较强的雨核与TBB低值中心相对应,最大逐小时降水量可达5～10 mm。

第一架次飞行区域石家庄-邢台市位于雨区前方,飞行区域内有-25 ℃左右的无降水TBB云区;12:00—14:00 TBB低值区大部移动到冀东和冀中南一带,河北中南部和北部开始出现降水;降水开始后,第二架次飞行区域(石家庄市上空)位于云带西南部,飞行区域被一条TBB为-30 ℃左右的细长半环状云带包围,环状云带西北部包含多个较强的中尺度云团,石家庄市11:00—12:00开始降雨,最大降水量为0.4 mm/h,12:00—15:00飞行区域降水较弱,14:00后主体云带的后方部分TBB为-15～-10 ℃的区域产生降水,面积大并且分散,降水较弱;第三架次飞行区域石家庄—邢台市位于槽后TBB为-15～-10 ℃的低云中并有少量降水,本次过程过冷水分布特征的飞机观测分析见参考文献(杨文霞等,2014;孙晶等,2015)。

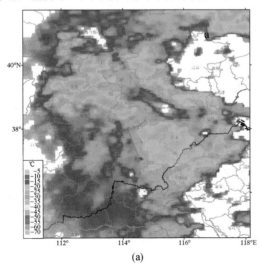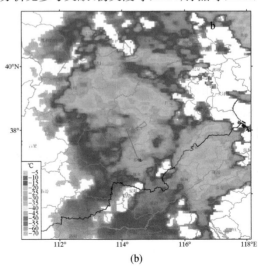

(a)　　　　　　　　　　　　　　　(b)

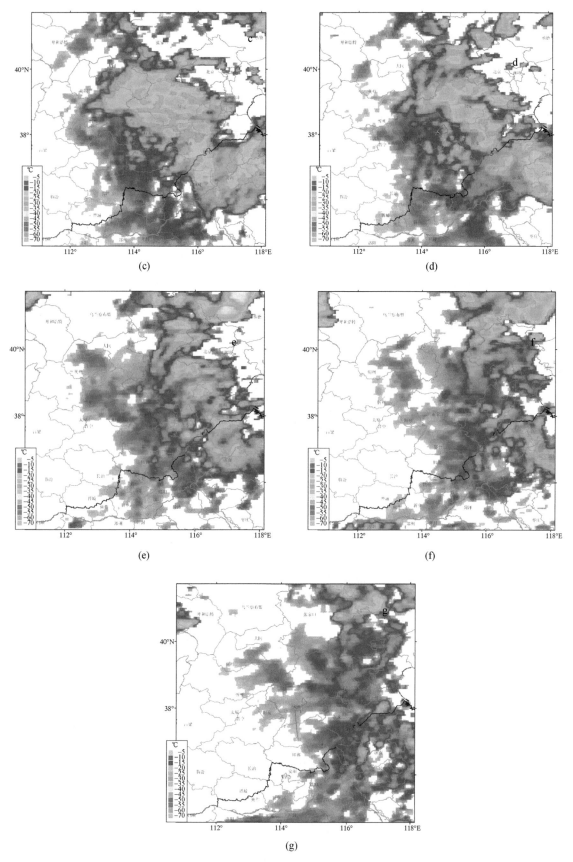

图 2 2012 年 9 月 21 日卫星 *TBB* 资料演变

（图中彩线为飞机航线）

(a)08:01;(b)10:01;(c)12:01;(d)14:02;(e)16:02;(f)18:02;(g)19:32

4　利用模式资料分析主要过冷水区物理成因

4.1　数值模拟方案简介

使用 MM5 模式采用两层嵌套模拟,两层的格点数分别为 $101\times101\times22$ 和 $91\times11\times22$,格距分别为 27 km 和 9 km,对流参数化方案采用 KF 和 no 方案,显示方案采用 CAMS scheme,模拟时间为 21 日 08:00—22 日 08:00。

4.2　模式资料的对比检验

图 3 给出 21 日 09:00—20:00 的逐小时降水量对比结果(每隔 2 h 给出一组,其他略,),21 日 09:00—10:00,刚开始模拟的降水区域较小,11:00 后,模式结果比较好地模拟出逐小时降水量的落区和大值中心,模拟的 1 h 雨区分布与实测基本一致,模拟降水量与实测接近,17:00 后模拟的降水范围和强度比观测值大。将模式云带、云顶温度与 FY-2E 的 *TBB* 对比发现(图略),模拟云带范围与卫星探测 *TBB* 范围接近,模拟云顶温度比卫星 *TBB* 范围偏小,强度偏大。模式结果可以反映大气的基本状况和规律,可以用于科学研究。

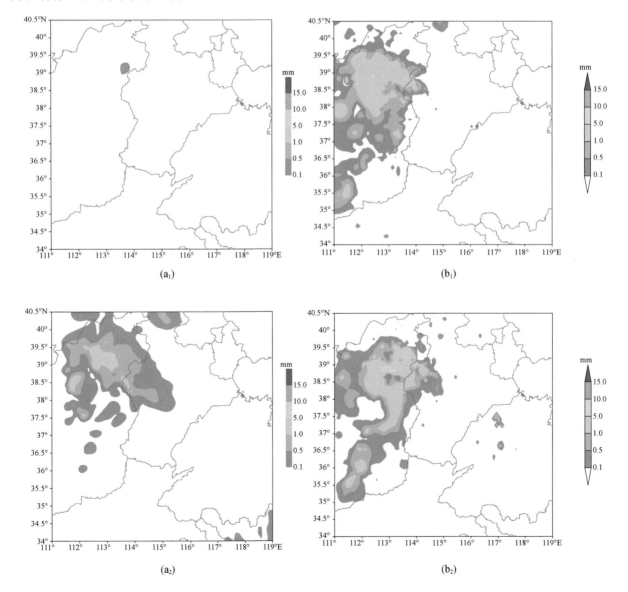

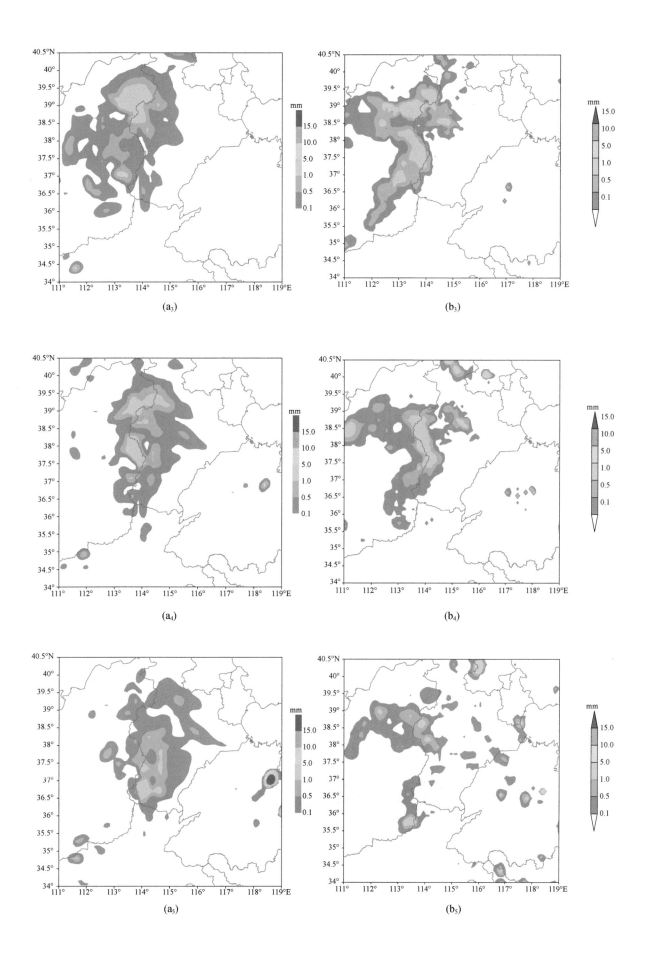

(a₃)   (b₃)

(a₄)   (b₄)

(a₅)   (b₅)

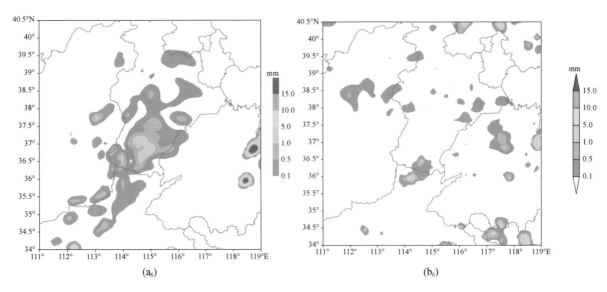

(a₆)

图3 逐小时降水量的数值模拟检验

(a₁)09:00 模式结果;(b₁)09:00 观测结果;(a₂)11:00 模式结果;(b₂)11:00 观测结果;(a₃)13:00 模式结果;(b₃)13:00 观测结果;
(a₄)15:00 模式结果;(b₄)15:00 观测结果;(a₅)17:00 模式结果;(b₅)17:00 观测结果;(a₆)19:00 模式结果(b₆)19:00 观测结果

4.3 过冷水区动力场特征分析

9月21日0 ℃层略低于650 hPa层,对650 hPa层以上格点资料积分,得到过冷水区水平分布,图4中列出21日10:00、14:00和20:00的模式过冷水垂直积分分布,其他时次略去。

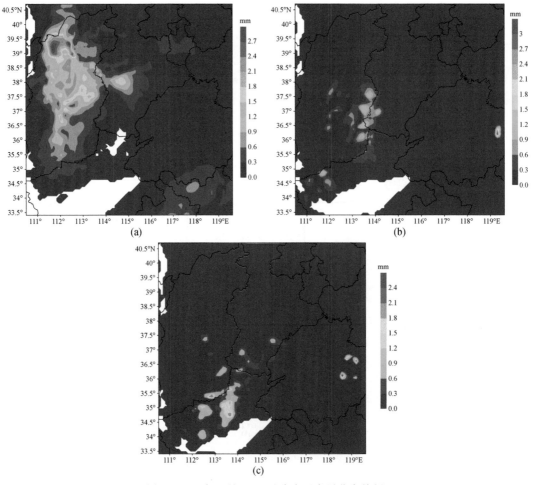

图4 2012年9月12日过冷水区水平分布特征
(a)10:00;(b)14:00;(c)20:00

09:00—11:00,山西、河北境内过冷水大值区水平范围较大,呈现出自西北向东南移动的趋势,最大过冷水含量从3.5 g/kg减小为2.7 g/kg,12:00后,过冷水大值区转为自西向东移动,水平范围迅速减小,最大过冷水含量逐小时衰减,13:00—16:00,过冷水大值区呈现南北向的带状,位于山西与河北中南部交界处,17:00后迅速衰减,至20:00,两省过冷水最大值含量仅为0.9 g/kg,大值中心缩小为点状。

由于数值模拟资料为逐小时资料,选取观测到过冷水区的整点模式资料10:00、14:00和20:00,研究过冷水区的动力场特征。10:00模式过冷水区分布显示,河北中南部(115.2°E,37°N)以北有一个"V"型过冷水大值,在09:16—10:29在临城、内丘以西观测到过冷水的区域偏东,12:00模式过冷水大值区距离飞机观测区域较远,20:00模式过冷水含量大值中心比观测到的区域偏南。

图5为21日10:00、14:00和20:00 600 hPa散度场。10:00 600 hPa散度场显示,槽线位于山西西部(111°~112°E),槽后为较强的冷平流,槽上有较弱的辐合辐散区,山西北部(113°E,39°N)附近有一个较强的辐合中心,中心最大值达到$1.5×10^{-4}$/s,围绕该辐合中心有一个自西北向东南延伸的较强辐合带,南端穿过太行山延伸至河北中南部地区,该辐合带位于-7~-5 ℃,河北中南部过冷水大值区出现在该辐合带上,石家庄市位于$0.5×10^{-4}$/s的辐合中心区,与之相对应,石家庄市位于1.8 g/kg过冷水含量大值中心;14:00 600 hPa散度场显示,600 hPa槽线位于山西中部(112.5°E)附近,500 hPa槽线已经移至河北、山西交界处,山西中部到河北中南部有一个-4 ℃半圆形辐合辐散圈,河北中部石家庄市附近呈现出辐合辐散交替出现的形势,此时河北中东部为大范围槽前辐合区,38°N附近114.5°E为辐合辐散区的分界线,可以解释飞机在石家庄市上空做圆形飞行时,过冷水出现在114.5°E右侧,石家庄市东南区域有一个$1.5×10^{-4}$/s的强辐合中心,因此,探测到深厚而含量较高的过冷水区;20:00 600 hPa散度场显示,600 hPa槽线位于河北中南部

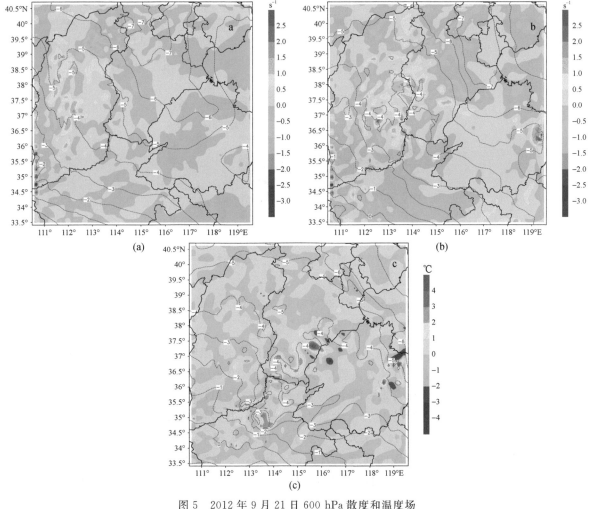

图5 2012年9月21日600 hPa散度和温度场

(图中红色短虚线为温度场)

(a)10:00;(b)14:00;(c)20:00

(114.5°E)附近,500 hPa 槽线超前于 600 hPa,山西、河北与河南、山东交界处有一东北—西南走向的较长的辐散带,中间夹杂有弱的辐合区,河北中南部(115.8°E,37.3°N)附近的强辐散中心达到 8×10⁻⁴/s,强辐散中心的周围激发出多个小的弱辐合区,飞机观测到过冷水区(114.499°~114.586°E,37.171°~37.808°N)位于一个弱的辐合区,模式资料和飞机观测资料具有较好的一致性。西风槽天气过程过冷水区产生于槽前辐合区,随着槽线移近,距离槽线较近的强辐合区云层发展变厚,过冷水含量较高,槽后强辐散区的周围激发出一些弱的辐合区,云中也会含有较低的过冷水,如果前期有降水地面条件较好,也会产生弱的降水。

为进一步分析过冷水区的垂直结构,21 日 10:00、14:00 和 20:00 分别沿 37.5°N、38°N 和 37.3°N(关注区的辐合中心)做过云水比含量和垂直上升速度的垂直剖面图,见图 6,0 ℃层以上云水为过冷水区。

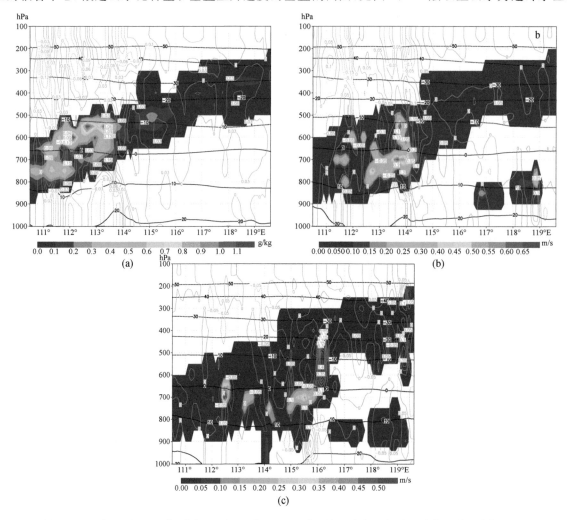

图 6 　2012 年 9 月 21 日分别沿 37.5°N、38°N 和 37.5°N 的过冷水比含量和垂直上升速度剖面图
(a)10:00;(b)14:00;(c)20:00

10:00、14:00、20:00 过冷水区呈带状位于 650~200 hPa,与观测结果一致。10:00 600~500 hPa 垂直上升气流较强,存在多个垂直上升速度大值中心(最大为 0.12 m/s),与过冷水比含量大值中心有着较好的对应关系,此时 3 个过冷水比含量大值中心(1.1 g/kg)位于 111.5°~114°E,飞机观测到的过冷水区位于 114.4°E 附近,位于两个过冷水比含量大值中心之间,这与观测结果一致;14:00 过冷水大值中心(1.5 g/kg)移动到河北中南部地区,过冷水大值中心与垂直速度大值中心有着较好的对应关系(0.15 m/s),关注区 114.5°E 附近过冷水区出现的高度上升到 350 hPa,与观测结果一致;20:00 过冷水大值中心(1 g/kg)移动到 115.5°E,飞机观测到过冷水的区域(114.5°E 附近)上空 0 ℃线附近位于弱垂直上升气流区(0.05 m/s),并且过冷水区出现的高度降低到 450 hPa 附近,与观测结果一致。

过冷水区出现的范围和含水量受到云中辐合区的影响,过冷水大值中心与云内垂直上升气流大值中心有较好的对应关系,这与 2017 年 11 月 25 日河北省国王飞机携带的 SPEC 云物理观测资料结论相一致,见图 7(Yang 等,2019),SPEC 云物理观测仪器在平飞时可实时观测云中垂直上升气流,2017 年 11 月 25 日的降雪云中,垂直上升速度与过冷水含量、湿度呈正相关。过冷水区的移动和生消受到云中动力场的变化影响,槽前大面积辐合区是造成槽前云系过冷水含量丰富的主要动力原因,距离槽线较近的地方辐合较强,云层发展较厚,云中过冷水含量较丰富,槽后较强辐散区周围激发的弱的辐合区,云中过冷水含量较低,如果暖雨过程较强仍会产生降水。

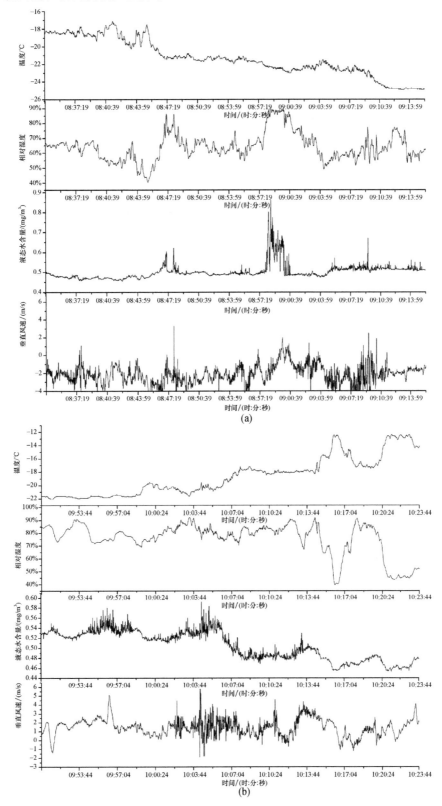

图 7 2017 年 11 月 25 日平飞资料分析

(a)16:33:58—17:18:58;(b)17:50:23—10:25:27

5　小结

过冷水区出现的范围和含水量受到云中辐合区的影响,过冷水大值中心与云内垂直上升气流大值中心有较好的对应关系,过冷水区的移动和生消受到云中动力场的变化影响。本次过程槽前大面积辐合区是造成槽前云系过冷水含量丰富的主要动力原因,距离槽线较近的地方辐合较强,云层发展较厚,云中过冷水含量较丰富,槽后较强辐散区周围激发的弱辐合区对应的云中过冷水含量较低。本次过程仍有弱降水产生。

参考文献

Yang W X,Hu Z X,Dong X B,et al,2019. Case analysis of artificial snowfall enhancement by aircraft in Winter Olympic Games Area[C]//Iop Conference Series Philadelaphia:Earth and Enviromment Science.

雷恒池,洪延超,赵震,等,2008. 近年来云降水物理和人工影响天气研究进展[J]. 大气科学,32(4):967-974.

孙晶,杨文霞,周毓荃,2015. 河北一次降水层状云系结构和增雨条件的模拟研究[J]. 高原气象,34(6):1699-1710.

杨文霞,周毓荃,孙晶,等,2014. 一次西风槽过程过冷云水分布特征观测研究[J]. 气象学报,72(3):583-595.

张佃国,郭学良,龚佃利,等,2011. 山东省 1989—2008 年 23 架次飞机云微物理结构观测试验结果[J]. 气象学报,69(1):195-207.

云凝结核对一次冰雹过程影响的数值模拟研究 *

朱　煜[1]　刘晓莉[2]　林　磊[3]

(1 常州市金坛区气象局,常州 213200;
2 南京信息工程大学 大气物理学院,南京 210044;3 常州市气象局,常州 213200)

摘　要:采用 WRF 模式与包含了云凝结核(CCN)数浓度和霰、雹粒子密度预报的 NSSL 微物理方案模拟了不同 CCN 初始数浓度条件下南京地区的一次冰雹云过程,分析了不同 CCN 初始数浓度条件下冰雹云过程的宏微观演变特征,以及对流发展不同阶段的水凝物粒子及流场、温度场的垂直分布特征。研究发现:(1)较大的 CCN 初始数浓度虽然抑制了前期的对流降水,但对后期对流降水的产生有促进作用;(2)CCN 初始数浓度的增加使得模拟雷达回波的强回波(大于 40 dBZ)缩小,中等强度区域(小于 40 dBZ)扩张;(3)CCN 初始数浓度增大不利于对流发展初期云雨自动转化过程的发生,但是促进了冰晶与雪的产生,使得冰雹含量峰值出现的时间推迟;(4)CCN 数浓度增大抑制了雨水产生,间接使得霰粒子更倾向于干增长,平均密度更小;(5)较大的 CCN 促使冰雹云单体的发展更持久。

关键词:冰雹云,云凝结核,中尺度数值模式,微物理过程

云凝结核(CCN)是指在云中实际过饱和度条件下能够活化并凝结形成云滴的一部分大气气溶胶质粒。CCN 数浓度及活化谱受到气溶胶浓度、粒径以及化学组分等特征的影响。CCN 数浓度会影响到云滴的生成,从而影响云的形成、发展和演变过程,进而对降水与气候产生反馈。尽管国内外关于气溶胶、CCN、云滴浓度对降水的影响进行了多次观测与数值试验研究,但是由于其中涉及的宏微观物理过程十分复杂,对于不同 CCN 背景对对流降水的影响规律还有待于针对不同地域、不同类型对流降水个例进一步深入。

目前,国内外对于 CCN 的研究主要有两种手段:一种是直接观测实际大气中的 CCN,包括飞机观测以及在高海拔地区展开的观测(李琦等,2015;李力等,2014;石立新等,2007)。另一种是利用参数化和数值模拟对 CCN 进行研究(江琪等,2013;梁晓京等,2013;邓美玲等,2017)。在 CCN 对降水影响的数值研究中发现,随着所采用模式中微物理方案的不同,模拟得到的 CCN 数浓度变化对降水的影响规律也存在一定差异。大量研究表明,在较高 CCN 数浓度影响下,云滴数浓度增大会抑制强对流过程初期降水的产生,并使降水产生的时间滞后,但是对总降水量的影响不尽相同。董昊等(2012)研究发现,随着微物理方案的不同,CCN 数浓度差异导致的影响也存在一定差异,但总体上 4 个微物理方案都出现 CCN 数浓度增加导致降水延迟产生,初期降水减弱的情况。杨玉华等(2015)采用 WRF 模式中的 Thompson 云微物理方案模拟了理想热带气旋,研究表明 CCN 数浓度增加会导致热带气旋强度减弱,同时影响了眼墙降水的时空分布,但是对热带气旋的最大风速半径和外围风圈半径以及降水总量的影响不是很明显。对于中纬度对流降水的产生,冰相物理过程占据主导地位,其中霰、冰雹粒子的形成及增长对降水强度具有重要的影响。Seifert 等(2006)的研究显示:对于一般单体雷暴,CCN 数浓度增加导致降水减少;对于超级单体雷暴,CCN 数浓度变化对其影响不大;对于暖云降水,CCN 数浓度增加抑制了云滴碰并效率,从而影响降水;在冷云降水中,气溶胶浓度的增大使得大量冰粒子存在于卷云、对流云顶部,延长了云体生命期。Tao 等(2007)采用二维 CRM 及分档云微物理方案研究了气溶胶对深对流云系统的影响,发现高 CCN 浓度抑制了云滴的碰并增长从而使暖雨过程的发展被推迟,同时大量云滴被带入高层,通过云滴冻结产生了更多的冰粒子,使混合相区域更深厚。Li 等(2008)使用 WRF 模式模拟了不同 CCN 数浓度条件下的一个对

---

* 发表信息:本文原载于《大气科学学报》,2019,42(6):936-943.

　资助信息:国家自然科学基金项目(41375137)。

流云系统,发现 CCN 数浓度在 150~3000 个/cm³ 时,总降水量随着 CCN 数浓度的增加而增加,但是当 CCN 数浓度超过 3000 个/cm³ 后,总降水量反而随着 CCN 数浓度的增加而减小。Mansell 等(2013)的研究表明 CCN 数浓度的增加会促进霰的产生、加强上升气流并推迟降水产生,但在高 CCN 数浓度(>2000 个/cm³)情况下对霰的促进作用较小。邓美玲等(2017)研究发现:随着初始 CCN 数浓度的增加,霰粒子数浓度降低,混合比增加,霰粒子平均尺度增加;霰粒子与冰晶粒子的速度差值增加,增强了碰撞分离过程,从而增强了雷暴起电强度。

霰、雹粒子的粒径、浓度对对流降水具有重要的作用。同时,霰粒子的密度等物理特性在很大程度上制约云中霰、雹粒子的增长演变规律。目前,大多数云物理参数化方案中仅预报霰、雹的质量与数浓度而将其密度设为定值,未能充分考虑自然降水过程中实际的霰、雹粒子密度变化对对流降水过程带来的影响。实际对流云中随着霰、雹粒子增长环境及增长规律的不同,其密度变化剧烈,对对流降水宏微观物理过程的作用机理较为复杂。同时,以往的 CCN 对降水研究多集中于对霰、雹粒子浓度和粒径的影响,对于其密度的影响讨论较少。因此,本研究通过 WRF 模式,利用 NCEP 再分析资料作为模式背景场,选取了包含 CCN 以及霰、雹体积预报的 NSSL 双参数方案,研究南京冰雹过程发展演变规律及 CCN 数浓度变化对其的影响。实际观测表明(王惠等,2016),南京地区 CCN 属于大陆性核谱,气溶胶排放、环境气象条件和气溶胶理化特性的差异均会影响当地 CCN 数浓度及活化谱。本文以南京实测 CCN 数据为冰雹发生的背景 CCN,模拟发生在南京地区的一次冰雹云过程,在此基础上探讨 CCN 数浓度变化对于强对流降水过程,尤其是霰、雹粒子物理特性的影响。

1 模 拟 试 验

1.1 模式及模拟方案介绍

本研究采用 WRF V3.7.1 模式模拟了 2015 年 4 月 28 日发生于江苏省的一次强对流降水过程。这次强对流过程带来了较为罕见的冰雹天气,还出现了 18.2 m/s 的瞬时大风。WRF 模式是由美国多所科研机构共同研发的业务与研究并用的新一代中尺度预报模式。已有研究表明(陶玥等,2013;刘艳华等,2011;靖春悦等,2007),WRF 模式对中尺度天气系统具有较好的模拟结果。本研究利用了 NCEP-FNL 再分析资料作为模式背景场,资料水平分辨率为 1°×1°。模拟试验的网格采用两层嵌套方案,两层网格的水平分辨率分别为 3 km 和 1 km,网格格点数均为 721×721,垂直层次均为 30 层。微物理方案均使用了 NSSL 双参数方案(Mansell 等,2013);内层网格关闭了积云对流方案,外层网格选用了 Kain-Fritsch 深对流方案(Kain 等,1992);两层网格均选取了 RRTM 长波辐射方案(Mlawer 等,1997)、Dudhia 短波辐射方案(Dudhia,1989)、YSU 行星边界层方案。模拟的网格区域中心为(32°N,117°E),模拟区域覆盖了此次强对流过程的影响范围,数值模拟时间为 2015 年 4 月 28 日 00 时—2015 年 4 月 28 日 15 时(世界时,下同)。

本文选取的云微物理方案是由美国国家强风暴实验室(NSSL)2010 年自主研发的 NSSL 2-moment 方案(Mansell 等,2010)。该方案显示预报了 6 种水成物粒子(云水、雨水、冰晶、雪晶、霰和雹)的比含水量和数浓度,同时考虑了 CCN 的影响,并能够预报 CCN 数浓度变化。NSSL 双参数方案在预报霰与雹的数浓度与质量浓度的同时预报了其体积,由此可以计算得到霰和雹的密度,并且在计算下落末速时考虑了密度的影响。霰和雹的密度变化主要来自于两种不同的增长方式:干增长(碰撞后水滴即在冰面冻结)与湿增长(与水滴碰撞后水会铺满全冰面而形成水衣)。影响干增长和湿增长的主要因素为粒子所在区域的液态水含量及温度。相对于一些单参数方案和普通的双参数方案来说,NSSL 方案对冰相过程的描述更加详细。

1.2 CCN 数浓度设置

NSSL 方案的默认 CCN 数浓度设定为 $C=500$ 个/cm⁻³,适用于相对清洁的大气气溶胶背景。由于中国华东地区的气溶胶条件和国外存在一定差异,本文拟以南京地区 CCN 实际观测结果为基础,对初始 CCN 数浓度进行修改。

根据南京地区的 CCN 观测研究（王惠等，2016），地面 CCN 活化谱（$N_{CCN} = C(S\%)$）中 C 值为 9957 个/cm³。考虑到 CCN 数浓度随高度指数递减公式（周秀骥，2000）：

$$CCN = N_{CCN} \times \exp\left(-\frac{H}{SHEIGHT}\right) \tag{1}$$

本实验中，$SHEIGHT$ 为特征高度，取边界层高度 2 km；H 为实际高度，取此次对流发生初期的云底高度约 2 km；k 值取 0.47。计算得到的云底 C 值约为 4000 个/cm³，也就是过饱和度为 1‰ 时云底高度处 CCN 数浓度。为了研究 CCN 数浓度变化对对流降水的影响，增加一组模式默认清洁背景 CCN 数浓度（$C = 500$ 个/cm³）及一组重污染状况下 CCN 数浓度（$C = 10000$ 个/cm⁻³）开展数值试验。

表 1   模拟实验的设计方案

方案名称	T1	T2	T3
N_{CCN}/(个/cm³)	500	4000	10000

2   模拟结果分析

2.1   CCN 数浓度对雷达回波的影响

实况雷达回波资料来自南京雷达站。实况雷达资料显示，本次强对流过程的回波大约于 28 日 07 时出现在江苏省与安徽省交界处，并迅速发展扩张，向着东南方向移动。至 09 时，雷达回波出现高达 65 dBZ 的强回波中心，在其西北方向也出现了一系列强度稍弱的回波单体，强对流过程已发展至旺盛阶段，于南京地区产生了短时强降水、冰雹、大风等天气现象。12 时开始，雷达回波强度开始减弱，强回波带开始破碎，

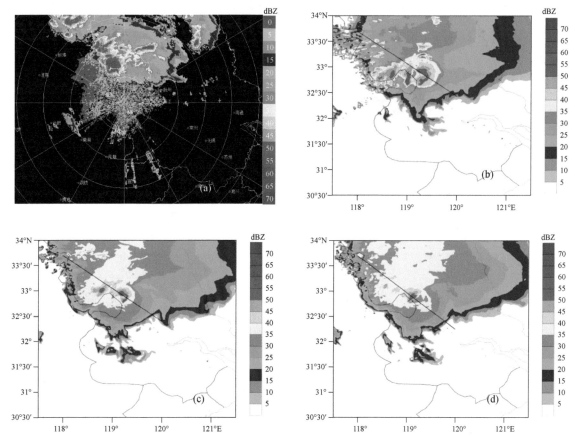

图 1   南京雷达站 2015 年 4 月 28 日 09 时组合反射率（a）和模式模拟的 09 时雷达最大反射率
T1 方案（b）、T2 方案（c）、T3 方案（d）

（黑色直线为垂直剖面线）

原本呈现"西北—东南"排列的强回波带一边向东南方向移动一边逆时针旋转。至 15 时,回波带基本移出江苏省,部分进入海域,强对流降水过程也进入后期。实况相比,模拟雷达回波能够较好地反映出实况的形态、走势,时间吻合度较好,但是位置相比实况要偏东一些,发展速度略慢于实况,且模拟雷达回波强度要略弱于实况。模拟雷达回波也较好地反映出实况雷达回波逆时针旋转的演变特征。

将 CCN 初始数浓度不同的 3 个方案所模拟得到的最大雷达反射率图对比,可以发现雷达回波的总体形态相似,但随着 CCN 初始数浓度的增大,强回波区域(大于 40 dBZ)萎缩衰减,而中等回波区域(小于40 dBZ)却有所扩张,这种现象在整个模拟时段中都有出现。造成这一现象的原因将会在下文中进行分析。

2.2 CCN 数浓度对地面降水的影响

与模拟结果作对比的实况资料为中国气象观测自动站与 CMORPH 小时降水融合资料。图 2 展示了强对流过程(4 月 28 日 00—15 时)实况与各方案模拟得到的累计降水量。从图中可以发现,模拟得到累计降水量的整体走势与实况相似,都呈现出了"西北—东南"的带状分布,但是模拟降水区域较实况要偏北,与雷达回波的模拟情况类似。不同 CCN 初始数浓度对模拟的累计降水量产生了非常明显的影响,T1方案(CCN 初始数浓度取默认值 500 个/cm³)的降水主要集中在苏北地区,降水强度与实况相比更强,但是在苏南地区,即强对流过程的中后期,降水量较小。随着 CCN 初始数浓度的增大,累计降水强度整体有所减弱,但是在苏南地区的降水带有所延长,更符合实况。图 3 显示了不同初始 CCN 数浓度下,整个模拟过程中逐小时降水量与累计降水量的区域总和变化。从这两张图中可以非常明显地发现,随着 CCN数浓度的增加,本次强对流过程的前中期降水受到了抑制,降水峰值削弱,降水峰值出现的时间延后。但是在降水后期却出现了相反的情况,前期受到抑制的降水在 10 时后出现了反弹,CCN 初始数浓度越大,降水强度越高。与实况相比,T1 方案在西北部降水过强,在东南部降水过少,T2 和 T3 方案的累计降水量结果相差不大,对南京东南部降水的模拟更符合实际情况。

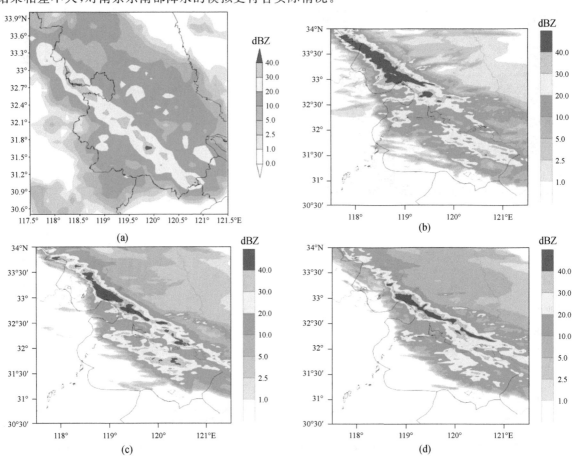

图 2　4 月 28 日 00—15 时累计降水量:中国气象观测自动站与 CMORPH 小时降水融合资料(a)、
T1 模拟结果(b)、T2 模拟结果(c)和 T3 模拟结果(d)

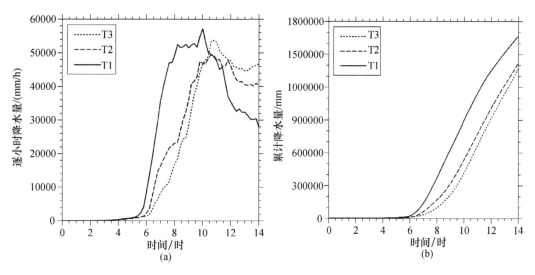

图 3　不同方案下模拟的区域降水总和随时间的变化曲线:逐小时降水量(a)和累计降水量(b)

2.3　CCN 数浓度对水凝物粒子分布演变特征的影响

为了进一步分析 CCN 初始数浓度的不同对强对流降水过程,尤其是云微物理过程的影响,对整个模拟区域水凝物粒子质量混合比之和的时间变化曲线进行进一步分析(图4)。整体来看,随着 CCN 初始数浓度的增加,云水、冰晶、雪的质量混合比明显增加,而雨水和霰的质量混合比受到了抑制。冰雹所受到的影响较为不同,3 种不同 CCN 初始数浓度下冰雹含水量的峰值不相上下,但是随着 CCN 数浓度的增加,冰雹含水量峰值出现的时间有所推迟,冰雹的产生增长过程变慢。对比图 4c 与图 4f 发现冰雹与雨水含水量的变化趋势在时间演变上较为相似,冰雹的增长过程受到雨水含量的影响较大。CCN 初始数浓度不同带来的最直接影响就是产生的云滴增多,尤其是当 CCN 初始数浓度从 500 个/cm³ 增大至 4000 个/cm³ 时,产生的云水质量混合比的差异在 02 时就开始有所体现;而当 CCN 初始数浓度从 4000 个/cm³ 增大至 10000 个/cm³ 时,其云水质量混合比的差异在 06 时才有所体现。雨水含量的变化也存在着特殊之处:09 时之前,CCN 初始数浓度的增加明显抑制了雨水的产生,但从 12 时开始,即强对流过程进入消散期之后,之前受 CCN 数浓度增大抑制的雨水含量增加。

由图 5 可以发现,从 04 时开始,较大的 CCN 初始数浓度抑制了霰的平均密度。结合雨水含量的变化曲线(图 4a)可以发现,较高的 CCN 初始数浓度抑制了雨水的产生,同时也使得霰粒子更多的处于干增长状态,使得霰粒子的体积增长较快,密度变小。CCN 初始数浓度对冰雹密度变化的影响较小,造成这种情况的原因可能是冰雹主要产生于上升气流较强的强对流中心区域。尽管 CCN 的初始数浓度对雨水的产生有一定的影响,但在强对流中心区域,上升气流强烈,有利于过冷雨水的存在,从而对冰雹密度的影响较小。

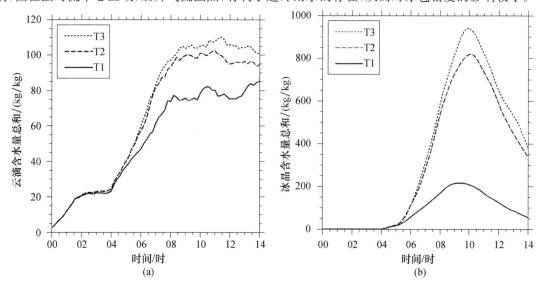

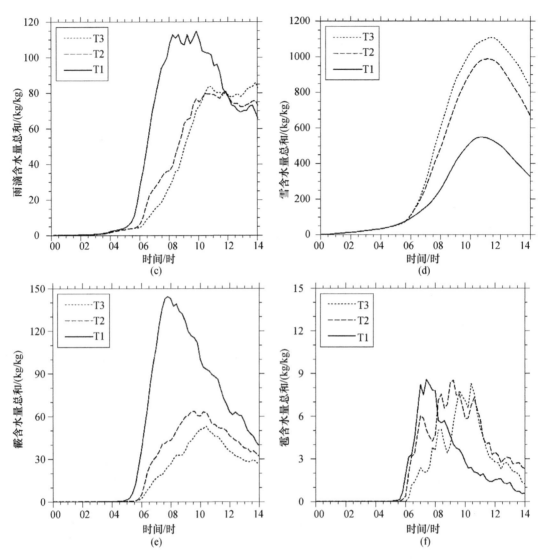

图 4　模拟结果中各水凝物粒子质量混合比区域总和随时间的变化曲线:
云水(a)、冰晶(b)、雨水(c)、雪(d)、霰(e)、雹(f)

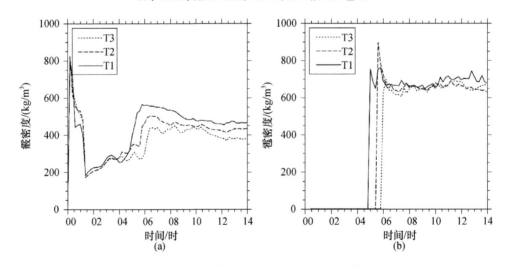

图 5　冰相粒子质量加权平均密度随时间的变化曲线:霰(a)和冰雹(b)

2.4　CCN 数浓度对云垂直微物理结构的影响

为了深入探讨 CCN 初始数浓度变化对此次强对流降水过程模拟结果产生的影响以及原因,选取覆盖冰雹云发展、成熟与消散阶段的4个时刻(07时、08时、09时和10时),沿强对流系统的发展方向作垂直剖面(垂直剖面线见图1),分析了水凝物粒子及流场、温度场的垂直分布特征。

4月28日07时,强对流过程处于发展阶段,从雷达回波强度和上升气流强度来看(图6a与图7a),此时T1方案冰雹云单体发展较为迅速,上升气流集中,雷达回波较强;T2方案的上升气流相对较分散,发展略慢;T3方案虽然存在着较强的上升气流,但也存在着明显的下沉气流,雷达回波最弱。4月28日08时,从雷达回波垂直剖面来看(图6b),T1方案对流强度明显大于其他两个方案,而T3方案略弱于T2方案,与07时相比较,不同方案模拟得到的对流强度差异有所缩小。而从垂直气流剖面来看(图7b),虽然CCN的初始数浓度越大对应对流云的上升气流越强,同时也伴随着更强的下沉气流,较小的CCN初始数浓度可能使对流的发展速度加快。4月28日09时,强对流发展至成熟阶段,不同CCN初始数浓度下雷达回波垂直分布(图6c)较为相似,强度和形态都差异不大。而从上升气流强度来看(图7c),3个方案都呈现出了相似地上升气流强度和分布特征。4月28日10时,强对流过程进入消散阶段,T1方案的强对流单体移动速度明显较快(图6c)。从上升气流的强度来看(图7c),T1方案对流强度已经非常微弱了,而T2与T3方案中的上升气流虽然相较成熟阶段已有所减弱,但仍然维持着与成熟阶段相似的结构。可见,CCN初始数浓度较小的T1方案发展迅速,在07时明显领先于T2和T3方案,但是到成熟阶段(09时)3个方案已经趋于一致,且到消散阶段(10时),T1方案由于发展移动迅速,明显弱于T2和T3方案。这说明随着CCN初始数浓度的增加,强对流过程的发展速度可能有所减慢。需要指出的是,虽然从冰雹云单体垂直剖面来看,T1方案的冰雹云单体在10时已经减弱,但是在其西部产生了一系列的新单体(图略)。

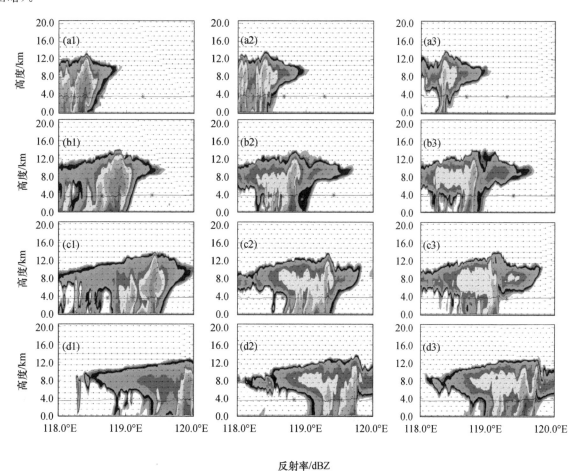

图6 模拟雷达回波垂直剖面图

(1、2、3分别对应T1、T2、T3方案;a、b、c、d分别对应07时、08时、09时、10时)

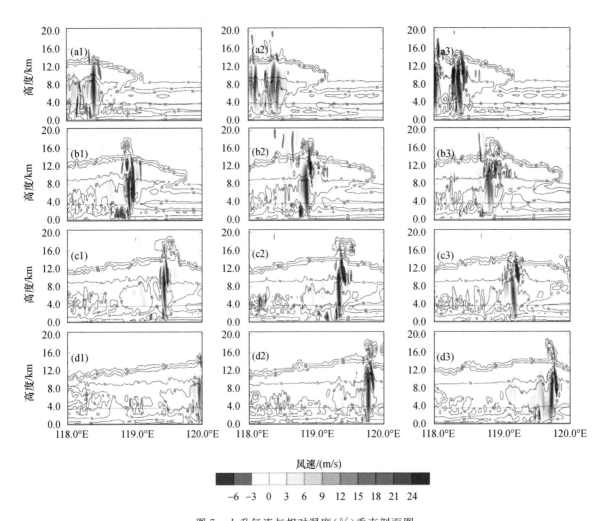

图 7　上升气流与相对湿度（%）垂直剖面图

（1、2、3 分别对应 T1、T2、T3 方案；a、b、c、d 分别对应 07 时、08 时、09 时、10 时；填色图为上升气流）

　　图 8 与图 9 给出了不同 CCN 初始数浓度下云水、冰晶、雨滴和雪质量混合比分布的垂直剖面，其结果与图 4 相对应：随着 CCN 初始数浓度的增大，本次强对流过程中云滴、冰晶和雪晶的质量混合比增大，而雨水含量在发展和成熟阶段受到抑制，在消散阶段各方案差距缩小。由于本次强对流过程发生于 4 月 28 日，0 ℃层位于大约 4 km 的高度，云滴大部分处于 0 ℃层之上，是冰晶和雪增长的重要来源。从图中可以看出，随着 CCN 初始数浓度的增加，上升气流处的云水含量也有明显增加，在上升气流的作用之下，大量云水被送至 0 ℃层之上，成为冰晶与雪产生和增长的重要来源，因此，CCN 初始数浓度对冰晶和雪的形成和增长有着促进作用。而雨水含量呈现出相反的趋势，这可能是因为大量的云滴使得云滴平均直径较小，抑制了云滴间的碰并过程，从而抑制了对流发展初期雨水的产生（Tao 等，2007）。此外，从发展阶段的雷达回波来看，CCN 数浓度较大的方案雷达回波较弱。根据水凝物粒子的垂直剖面，这是因为本次模拟强对流过程的雷达回波强中心和雨水含量有着密切的关系，CCN 的增大抑制了雨水的产生，体现到雷达回波上就显得强对流过程也不是十分强烈。但是 3 个方案模拟得到的上升气流强度不相上下，这可能是由于随着 CCN 数浓度的增大，虽然雨水的产生受到了抑制，但是更多的液态水被抬升到 0 ℃层以上，促进了冰晶和雪的产生。大量冰、雪粒子产生和增长释放大量潜热，从而使得强对流过程的强度不相上下，甚至在后期随着 CCN 数浓度的增大对流强度加强。此外，雨水产生主要位于上升气流区域，而冰晶和雪晶的分布较广，这也解释了在图 1 中各方案的模拟组合反射率之间的区别。在本次强对流过程的发展和成熟阶段，较大的 CCN 初始数浓度，使强对流中心的降水受到了抑制，强回波区域（大于 40 dBZ）萎缩，而冰晶和雪的产生过程受到加强，且其分布较广，使中等回波区域（小于 40 dBZ）得以扩张。

　　图 10 与图 11 为云中冰雹和霰的质量与密度分布的垂直剖面。不同 CCN 初始数浓度下冰雹与霰质量混合比的变化也与图 4 中的结果相对应：对于霰，较大的 CCN 初始数浓度抑制了霰的产生（图 10 d1 中

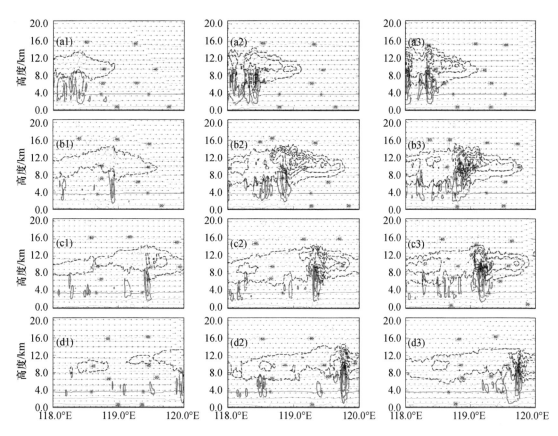

图8　云水(红色实线,起始值 0.2 g/kg,间隔值 2 g/kg)和冰晶质量混合比(蓝色虚线,起始值 0.2 g/kg,间隔值 2 g/kg)等值线剖面图

(1、2、3 分别对应 T1、T2、T3 方案;a、b、c、d 分别对应 07 时、08 时、09 时、10 时)

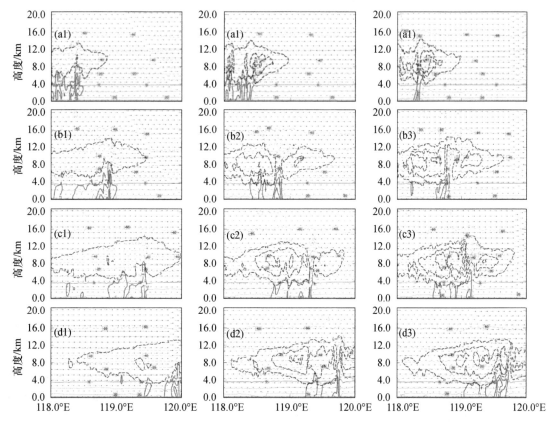

图9　雨水(红色实线,起始值 0.2 g/kg,间隔值 2 g/kg)和雪质量混合比(蓝色虚线,起始值 0.2 g/kg,间隔值 2 g/kg)等值线剖面图

(1、2、3 分别对应 T1、T2、T3 方案;a、b、c、d 分别对应 07 时、08 时、09 时、10 时)

霰粒子含量不占优势是因为垂直剖面不能完全包含 T1 方案于消散阶段在冰雹云周围产生的新单体);对于冰雹,较大的 CCN 数浓度能够使冰雹质量含水量峰值更早出现,即发展阶段,较大的 CCN 初始数浓度能产生较大的冰雹含量,但是随着对流过程继续发展,CCN 初始数浓度较小的方案产生的冰雹含量会呈现增加趋势。从图 9b 和 9c 可以发现,在 119.1°E 的上升气流柱附近,雨水含量较大,在上升气流的作用之下被运送到 0 ℃层之上,对应雪的质量混合比低值区。对照霰和雹的垂直剖面(图 10b、10c 和图 11b、11c),与雪含量低值区对应的恰好是霰含量的高值区。在此阶段,雪晶碰冻过冷水促进霰粒的形成增长乃至冰雹的产生。而在对流的发展阶段和成熟阶段,较大的 CCN 初始数浓度抑制了雨水的产生(图 4c、图 9a 和 9b),也间接抑制了霰的产生。值得注意的是霰的密度也受到了 CCN 数浓度的抑制,发展阶段 T1 方案整体的霰密度都在 400 kg/m³ 以上,而 T2 方案仅在主要的霰产生区域能够达到 400 kg/m³,T3 方案的高密度区域则进一步缩小。这可能是由于较大的 CCN 初始数浓度抑制了雨滴碰并增长,使得雨滴的总质量减小,平均直径也减小,从而使得霰粒子在碰冻较小过冷雨滴时很快冻结,更倾向于干增长,密度减小。同时,尽管有大量的冰晶和雪,但是霰和冰雹的增长还是以碰并过冷水为主,所以霰和雹的产生间接受到 CCN 初始数浓度的抑制。

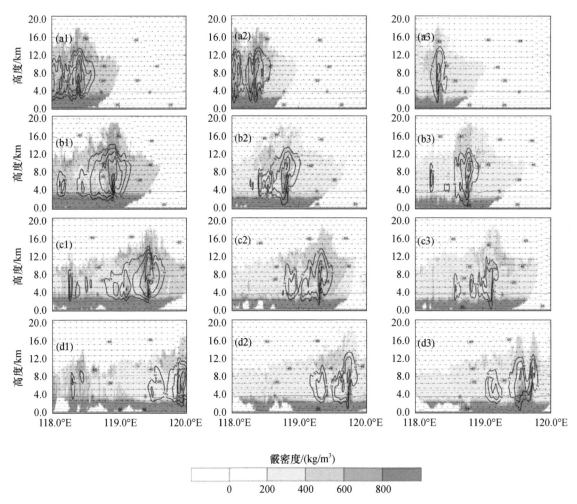

图 10 霰密度填色图与质量混合比(蓝色实线,从外到内分别为 0.2 g/kg、1 g/kg、3 g/kg、5 g/kg)等值线剖面嵃

(1、2、3 分别对应 T1、T2、T3 方案;a、b、c、d 分别对应 07 时、08 时、09 时、10 时)

    CCN 初始数浓度对本次模拟的强对流降水过程中的暖云过程和冰云过程有着完全不同的影响。当仅存在暖云过程时,较大的 CCN 初始数浓度产生了大量云滴,抑制了雨水的产生,而当 CCN 初始数浓度较小时,有利于雨水的形成,可以说较小的 CCN 初始数浓度能够加速加强对流单体的初期发展。而对于冰云过程,较大的 CCN 初始数浓度能够提供充足的云滴,在上升气流的作用之下到达 0 ℃层之上,促进了冰晶和雪的产生。由于本次模拟的强对流过程发生于 4 月 28 日,0 ℃层较低,且对流深厚,冰相物理过

程非常重要,图 4 中可以看出云中冰粒子的质量混合要比液态粒子大了一个数量级,CCN 初始数浓度对冰相过程的促进作用可以说是尤为重要。较高的 CCN 初始数浓度促进了冰、雪粒子的产生和增长(T2方案相对于 T1 方案的冰晶质量峰值增加了约 300%,雪质量峰值增加了约 80%),释放更多的潜热,在一定程度上加强了对流,图 6～图 11 的 b 部分就很好地反映出这点:从模拟雷达回波来看,较大的 CCN 初始数浓度导致了回波的减弱;但从上升气流强度来看,高 CCN 数浓度下模拟得到的冰雹云单体上升气流强度反而更强,而且持续时间更长。结合图 2 的累计降水量图来看,较大的 CCN 初始数浓度虽然使得降水带的起点更偏向东南方向,也使得降水带的长度更长,这反映了低 CCN 初始数浓度下冰雹云消散较早,而高 CCN 初始数浓度使得对流过程更加持久,降水过程得以延长。

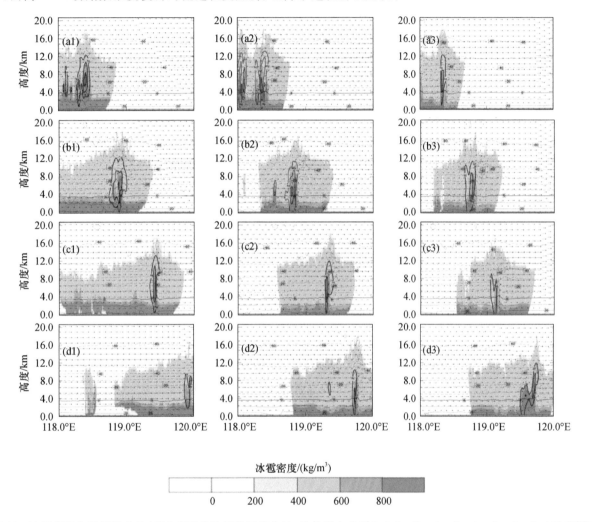

图 11　冰雹密度与质量混合比(蓝色实线为冰雹质量混合比,从外到内分别为 0.2 g/kg、1 g/kg、3 g/kg、5 g/kg)垂直剖面
(1、2、3 分别对应 T1、T2、T3 方案;a、b、c、d 分别对应 07 时、08 时、09 时、10 时;填色图为冰雹密度)

3　结　论

本文运用 WRF 模式,利用包含了 CCN 和霰、雹密度预报的 NSSL 方案模拟了一次发生于江苏地区的强冰雹过程,并基于实际的本地 CCN 观测结果进行了敏感性试验,分析了 CCN 浓度对于强对流降水过程的影响。设计的 3 个模拟方案分别将 CCN 初始数浓度设置为默认值 500 个/m³、南京地区观测值4000 m 个/m³ 以及试验值 10000 个/m³,并对模拟的各种水凝物粒子的变化及垂直剖面进行分析,主要结论如下。

(1)从整体来说,较大的 CCN 初始浓度不利于本次强对流过程前期的降水产生,但能使后期的降水增强。CCN 设定为 4000 个/m³ 与 10000 个/m³ 产生的累计降水结果相近,与实况资料相比,更符合实际情况。CCN初始数浓度的增加也使得模拟雷达回波的强回波区域(大于40 dBZ)缩小,中等强度区域(小于40 dBZ)扩张。

(2)较大的CCN初始数浓度产生了较多的云滴,云滴被上升气流抬升至0 ℃层以上,促进了雪与冰晶的产生,但是大量的云滴抑制了雨水的产生,进而抑制前期云中霰的产生,推迟了冰雹含量峰值出现的时间。

(3)CCN对强对流过程中霰、雹粒子的密度有一定影响。较大的CCN初始数浓度不利于初期雨水的产生,使得霰在增长过程中更倾向于干增长,从而抑制了霰的密度;而冰雹主要产生于过冷雨水充足的上升气流区域,其密度受CCN初始数浓度的影响不大。

(4)CCN初始数浓度的不同对于本次强对流过程的暖云和冰云过程有着截然不同的影响:较大的CCN初始数浓度不利于暖云过程,抑制了初期雨水产生,阻碍了强对流过程的初期发展;较大的CCN初始数浓度产生的大量云滴有利于雪与冰晶的产生,且云中冰相粒子质量比重较大,水汽转化为固态能释放更多潜热。两方面原因使得冰雹云单体的对流强度有一定加强,冰雹云单体的发展更持久。

参考文献

邓美玲,银燕,赵鹏国等,2017.云凝结核浓度对雷暴云电过程影响的数值模拟研究[J].大气科学,41(1):106-120.

董昊,徐海明,罗亚丽,2012.云凝结核浓度对WRF模式模拟飑线降水的影响:不同云微物理参数化方案的对比研究[J].大气科学,36(1):145-169.

靖春悦,寿绍文,贺哲,等,2007.河南省2005年7月22日大暴雨过程数值模拟与诊断分析[J].气象与环境科学,30(3):45-49.

江琪,银燕,秦彦硕,等,2013.黄山地区气溶胶吸湿增长特性数值模拟研究[J].气象科学,33(3):237-245.

李琦,银燕,顾雪松,等,2015.南京夏季气溶胶吸湿增长因子和云凝结核的观测研究[J].中国环境科学,35(2):337-346.

李力,银燕,顾雪松,等,2014.黄山地区不同高度云凝结核的观测分析[J].大气科学,38(3):410-420.

梁晓京,陈葆德,王晓峰,2013.背景云凝结核对台风"莫拉克"降水微物理过程影响的数值研究[J].热带气象学报,29(5):833-840.

刘艳华,马鑫鑫,邵宇翔,等,2011.河南春季一次强降水过程水汽收支和微物理过程数值模拟[J].气象与环境科学,34(3):14-20.

石立新,段英,2007.华北地区云凝结核的观测研究[J].气象学报,65(4):644-652.

陶玥,李宏宇,洪延超,2013.一次华北暴雨的云物理特征及霰、雹分类对云和降水影响的数值研究[J].高原气象,32(1):166-178.

王惠,刘晓莉,安俊琳,等,2016.南京不同天气和能见度下云凝结核的观测分析[J].气象科学,36(6):800-809.

杨玉华,陈葆德,王斌,等,2015.背景场云凝结核浓度对理想热带气旋强度的影响[J].高原气象,34(5):1379-1390.

周秀骥,2000.高等大气物理学(上册)[M].北京:气象出版社.

Dudhia J,1989. Numerical study of convection observed during the winter monsoon experiment using a mesoscale two-dimensional model[J]. Journal of the Atmospheric Sciences,46(20):3077-3107.

Kain J S,Fritsch J M,1992. The role of the convective "trigger function" in numerical forecasts of mesoscale convective systems[J]. Meteorology and Atmospheric Physics,49(1):93-106.

Li G,Wang Y,Zhang R,2008. Implementation of a two-moment bulk microphysics scheme to the WRF model to investigate aerosol cloud interaction[J]. J Geophys Res,113:15-21.

Mansell E R,Ziegler C L,Bruning E C,2010. Simulated electrification of a small thunderstorm with two-moment bulk microphysics[J]. Journal of the Atmospheric Sciences,67(1):171-194.

Mansell E R,Ziegler C L,2013. Aerosol effects on simulated storm electrification and precipitation in a two-moment bulk microphysicsmodel[J]. Journal of the Atmospheric Sciences,70(7):2032-2050.

Mlawer E J,Taubman S J,Brown P D,et al,1997. Radiative transfer for inhomogeneous atmospheres:RRTM, a validated correlated-k model for the longwave[J]. Journal of Geophysical Research:Atmospheres,102(D14):16663-16682.

Seifert A,Beheng K D,2006. A two-moment cloud microphysics parameterization for mixed-phase clouds. Part 2:Maritime vs. continental deep convective storms[J]. Meteorology and Atmospheric Physics,92(1):67-82.

Tao W K,Li X,Khain A,et al,2007. The role of atmospheric aerosol concentration on deep convective precipitation:Cloud-resolving model simulations[J]. Journal of Geophysical Research:Atmospheres,112(D24):18-24.

一次暖区暴雨过程的云降水机制模拟研究[*]

谢祖欣[1,2]　陈宝君[2]　冯宏芳[1]　花少烽[2]　林　文[1]

(1 福建省人工影响天气中心,福州 350001;
2 中国气象科学研究院,北京 100081)

摘　要:利用 WRF V3.7 中 Thompson 单参数方案结合雷达、探空和地面观测资料,对 2018 年 5 月 7 日福建东南部沿海一次暖区暴雨过程进行模拟,研究分析了影响此次降水的微物理机制。结果表明,模式对降水量的模拟与观测事实较为接近,能较好反映此次降水的雨带位置与量级,对福建地区的降水模拟结果比实际雨带晚 1 h 左右。云的宏、微观物理特征模拟显示:这是一次积层混合云带来的降水过程,云中水成物含量普遍达到 $25\sim40$ g/m^2,局部高达 $80\sim100$ g/m^2。过程以暖云降水为主,液态水含量丰富,降水效率高。雨滴最大源项是雨滴碰并云滴增长(58%),其次是雪的融化(30%),这是导致地面降水的最主要的微物理过程;其主要汇项为雨滴的蒸发。云滴的凝结增长是其主要来源,主要汇项是雨滴碰并云滴生成雨滴。雪晶的主要源项是雪晶的凝华增长,主要汇项是融化为雨滴。冰晶的生消在整个降水过程中都表现活跃,通过贝吉龙过程参与到降水中。霰的含量较其他水成物小很多,对本次降水过程的贡献有限。

关键词:暖区暴雨,微物理机制,暖云降水

1　引言

云微物理过程是中尺度数值模式中最重要的非绝热加热物理过程之一,反映了云中水汽和各种水凝物之间的相互转换,其中所产生的感热、潜热和动量输送反馈到天气系统中,将直接影响大气温度、湿度,降水类型和降水量等(Rosenfeld 等,2014;Jia 等,2012)。在中尺度数值天气预报模式中,对云物理过程的描述很大程度上决定了模式对动力过程、降水等方面的模拟能力;开展云微物理过程的研究,对了解云内成雨机制具有重要的理论和实际意义(Morrison 等,2012;Kwinten 等,2014;Roh 等 2014;Ma 等,2017)。

4—6 月,西太平洋副高北移,夏季偏南季风开始活跃,将热带洋面上大量暖湿空气不断输送到华南地区;同时西风带上的冷空气仍在频繁影响这一区域。一部分冷锋前的暖区暴雨就发生在这样的天气背景下,并常伴有深对流云团发展,这是华南前汛期暴雨的主要形式之一(Chen 等,1995;Luo 等,2014;Wang 等 2014;Hu 等,2000;Ding,2019;Zhao 等,2019)。目前对暖区暴雨降水模拟和预报仍存在较多不确定性,难点主要体现在对降水强度、雨带位置和极值的模拟等方面(Wang 等,2004;Huang 等,2012;Chen 等,2016;Du 等,2018;Du 等,2019;Zhang 等,2019)。国内对于华南暖区暴雨的数值模拟以个例研究为主,多是针对下垫面特征、物理过程开展的预报敏感性研究,对微物理过程的研究较少(Jankov 等,2005;Zhu 等,2014;Furtado 等,2018;Qian 等,2018)。受高空槽、西南急流、低空切变和地面锋面的共同影响,2018 年 5 月 7 日,福建东南部沿海经历了一次暖区暴雨过程,本文利用 WRF V3.7 中 Thompson 单参数方案结合雷达、探空和地面观测资料,研究了影响这次降水的微物理机制,分析了云系的宏、微观物理特征,云中水成物的发展演变特征、相互转换以及对地面降水的影响等。

---

* 资助信息:福建省自然科学基金项目(2020YJ03),中国气象局云雾物理环境重点开放实验室开放课题(2018Z01610)。

2 资料与方法

本研究利用中尺度非静力模式 WRF V3.7 版本进行模拟,该模式是由美国国家大气研究中心、国家海洋和大气管理局、海军研究实验室以及俄克拉荷马大学等多个科研机构共同开发的新一代天气预报模式。具有完全可压和非静力平衡的特点,在垂直方向上采用了地形跟随坐标,水平方向为 Arakawa C 网格。WRF 模式适用于中小尺度天气系统的模拟,在科学研究和业务预报方面都具有广泛应用(Galligani等,2017;Nicholls 等,2017;Skamarock 等,2008)。

模拟区域中心位置为(26.4°N,113.7°E),采用三重网格单向嵌套方案,水平分辨率分别为 27 km、9 km 和 3 km,对应的网格格点数分别为 103×121、184×232 和 256×334(图 1 略);垂直方向分为 51 层,边界层内加密,最低层垂直分辨率为 12 m;积分步长分别为 60 s、20 s 和 20/3 s。微物理过程使用单参 Thompson 方案(Thompson 等,2004;Thompson 等,2008)。边界层过程使用 YSU 方案(Hong等,2006),长波辐射方案选择为 RRTMG 方案(Iacono 等,2008),短波辐射方案为 Dudhia 方案(Dudhia,1989),最外层使用 Kain-Fritsch 积云参数化方案(Kain,2004),内两层不使用积云参数化方案。本研究采用 NCEP GFS 资料为模式提供初始和边界条件(Dee 等,2011),每天提供 00 时、06 时、12 时和 18 时(世界时间,下同)4 个时次数据,水平分辨率为 0.25°×0.25°,模拟时间段从 2018 年 5 月7 日 00 时—8 日 00 时,共 24 h。气象观测数据来自福建省气象信息中心。

3 结果与分析

3.1 天气背景

7 日 00 时,福建处于 200 hPa 槽前分流区,为降水的发生提供了有利的高空辐散条件(图 2a)。500 hPa不断有短波槽引导小股冷空气南下,同时南支槽加深,福建位于槽前和副高北部边缘,西南气流强盛,大

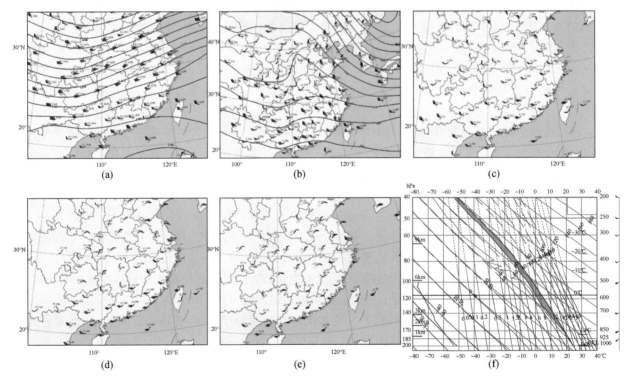

图 2　2018 年 5 月 7 日 00 时高度场 200 hPa(a)、500 hPa(b)、700 hPa(c)、
850 hPa(d)、925 hPa(e)和温度对数压力图(f)

量水汽向福建上空输送(图 2b)。福建东南部沿海处于 700～850 hPa 低空急流、925 hPa 超低空急流出口区左侧,上升运动强烈,源源不断输送水汽(图 2c～2e)。从厦门 7 日 00 时的探空图可以看到,此时厦门上空湿层深厚,0～6 km 垂直风切变小,0 ℃层高度约 4.8 km,抬升凝结高度低,暖云层深厚,降水效率高(图 2f)。

3.2 模拟与观测对比

为检验模式效果,我们将模拟降水与地面站观测降水进行了对比(图 3)。研究时段内的 24 h 累计降水如图 3a 和 3b 所示,其中 a 为观测降水而 b 为模拟降水。可以看到,模式对降水的模拟效果较为理想,但也存在一定的问题。模式较为成功地模拟出了此次过程的两条强降水带,一条雨带从广西东北部,经过湖南南部、江西中部到中南部,部分地区出现大到暴雨,模式对这条雨带位置的模拟与观测事实基本一致,对江西南部降水量模拟比观测降水量略大。另一条位于华南沿海,从广东西南部到福建东南沿海,模式较好地反映了这条雨带的落区和量级。但细节上仍略有偏差,观测的实际强降水带沿着华南沿海,而模拟的雨带略有偏北。研究时段内华南沿海部分区域出现了大到暴雨,强降水中心从广东中北部沿海到福建东南部沿海,我们的研究对象是福建东南部沿海的强降水,因此,图 3c～3j 给出了雨带进入福建后,07—19 时每 3 h 累计降水的对比图。可以看到,模式的模拟结果总体上比实际雨带晚 1 h 左右,进入福建后的移速比实况略慢,东南沿海的降水量比实际略有偏低。总体来说,模式结果在一定程度上能反映出此次区域性降水的降水分布情况,可以用于后续云物理机制的研究。

3.3 模拟区域云水含量分布

为了解云系时空分布和变化情况,图 4 显示了模拟区域内云中水成物的垂直积分。可以看到,07 时左右有系统云系从西部进入福建,并向东北方向(45°)移动,此时云中水成物含量为 25～40 g/m²,高值区

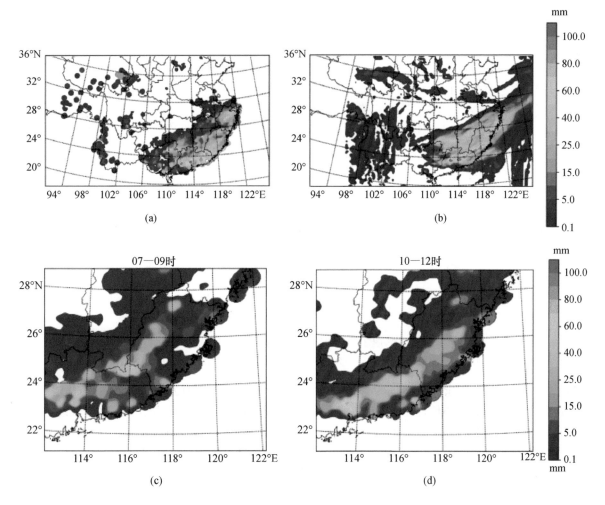

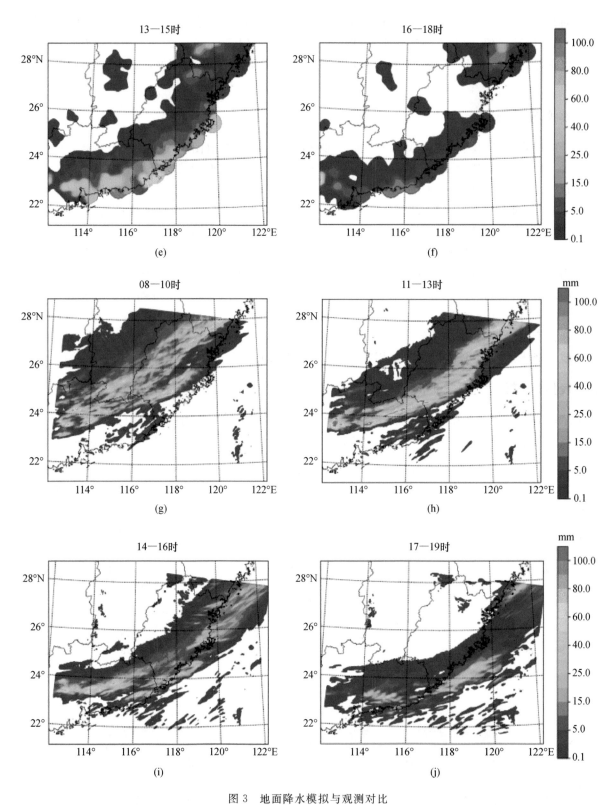

图 3　地面降水模拟与观测对比

(a)24 h 观测降水量;(b)24 h 模拟降水量;(c)~(j)为 07—18 时每 3 h 累计降水量;(c)~(f)为观测场;(g)~(j)为模拟场

$50\sim70$ g/m²,局部超过 80 g/m²。云系进入福建后进一步发展,10—12 时发展至旺盛阶段,福建西南部云中水成物含量较高,云系中心位置普遍达到 $40\sim70$ g/m²,局部高达 $80\sim100$ g/m²。随后云带继续维持,但云中心水成物含量明显降低,普遍维持在 $30\sim50$ g/m²。15 时左右云系逐渐入海,云体面积开始收缩,云中心水成物含量维持。15 时左右在福建东南部沿海,云水含量再次出现峰值,高值区达到 $70\sim90$ g/m²。之后,云系减弱并入海,18 时后,福建地区降水基本结束。

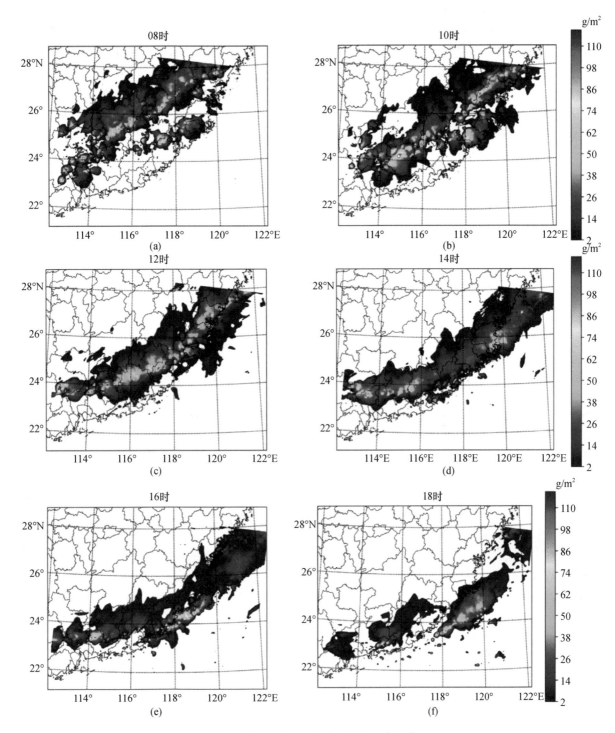

图 4　模拟区域内云中水成物的垂直积分

3.4　微物理场和动力场特征

为研究此次降水过程的微物理特征和动力场特征,我们在福建西南地区选取了一个以华安(117.53°E,25.02°N)为中心,50 km×50 km 的强降水区域为研究对象,分析了目标区域内的微物理场和动力场的垂直剖面及其随时间的变化(05—18 时)(图 5)。可以看到,图中 0 ℃层在 4.8 km 左右,与探空观测结果基本一致。过程中云系发展深厚,从 2 km 一直延伸到 10 km 以上,云水的集中区域与强上升运动区有较好的吻合关系。总体来看,整个降水过程云底都很低,暖云层很厚,云滴和雨滴含量丰富,大量云滴和雨滴直接转化为降水,降水效率高。研究时段内水汽充沛,中低层大气中水汽含量为 12～20 g/kg,云中水汽含量为 2～10 g/kg。从云系发展变化来看,云水含量的高值区主要发生在两个时段。一个是 05—08 时,这一时段水平风速和垂直风速都较小，云水含量丰富且分布较均匀，高值区含量为 $0.8 \sim 0.12 \ \mathrm{g/kg}$，主要分布在 $2 \sim 3 \ \mathrm{km}$；而这一时段过冷水和冰相粒子含量都较少，以暖层云降水为主，高值区雨滴数浓度为 $0.35 \sim 0.4 \ \mathrm{g/kg}$。另一个是 08—12 时，有大量水汽供应，云内上升运动活跃，云体抬升，积云快速发展，云水含量的高值区抬升到 $3 \sim 6 \ \mathrm{km}$，最大值达到 $0.2 \ \mathrm{g/kg}$；同时过冷水和冰晶含量增多，大量的冰晶通过贝吉龙过程参与到降水过程中，冷云降水产生；在这一时段，雪晶是质量浓度最高的冰相粒子，分布范围广，从 $5 \ \mathrm{km}$ 发展到 $12 \ \mathrm{km}$ 以上，最大值出现在 $9 \ \mathrm{km}$ 左右，浓度 $2.5 \sim 3 \ \mathrm{g/kg}$，这一时段雪晶的融化对地面降

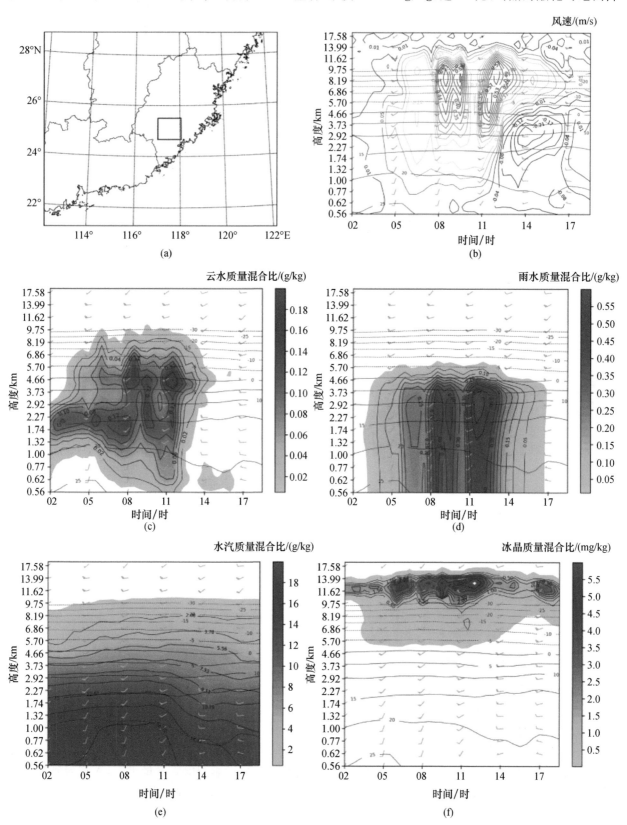

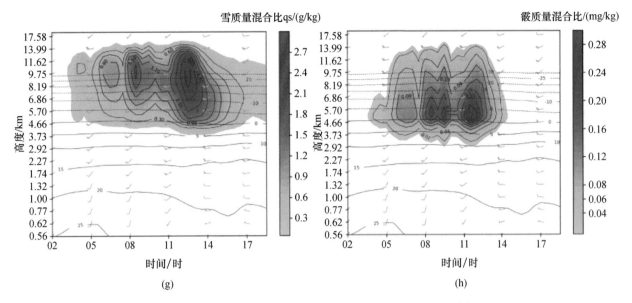

雪质量混合比qs/(g/kg)　　　　　　霰质量混合比/(mg/kg)

(g)　　　　　　　　　　　　(h)

图5　研究区域分布(a)和动力场(b)、微物理量场(c～h)的垂直剖面

水的贡献很大。相比雪粒子的分布范围及浓度,霰粒子的分布范围明显较窄,且浓度明显低于雪晶,霰粒子分布在5～9 km,最大比含量为0.3 mg/kg,对降水的贡献较小。这一时段雨滴含量为0.3～0.55 g/kg,强降水主要发生在这一时段。通过对微物理场和动力场特征的分析可知,这是一次积层混合云带来的降水过程,第一时段降水(05—08时)以层状云暖云降水贡献为主,第二时段(08—14时)对流发展活跃,积云迅速发展,云水、冰晶和雪晶粒子大量增加,地面降水更胜前一时段。

　　为进一步探讨云中水成物对此次降水的贡献,我们利用WRF的计算结果,分析了主要微物理量的源汇项,仍以图5a所示区域为分析对象,对目标区域进行空间平均来代表总体趋势。云水的源汇项分布(图6a)显示,云滴主要来源于其凝结增长,主要的汇项为雨滴碰并云滴生成雨滴,其次是雪晶撞冻云滴生成雪晶。通过分析降水的源汇项可知,雨滴的源项有50%以上是来自雨滴碰并云滴增长,这一过程在整个降水时段始终处于主导地位,进一步印证了云中液相过程是地面降水主要贡献者的这一论点。冰相过程的活跃期主要发生在12—14时,在云中对流发展旺盛阶段。此时有大量雪晶融化形成雨滴,成为雨滴的第2大源项。雨滴的主要汇项是蒸发,其次是雨滴碰冻形成冰晶。雪晶的源汇相是基本守恒的,源项主要来自雪晶的凝华增长,其次是雪晶与云水的碰冻;主要汇项是雪晶融化为雨滴。冰晶的生消在整个降水过程中都表现活跃,其主要源项是冰晶核化和雨滴的冻结核化生成冰晶,其主要汇项是和雨滴碰冻生成雨滴。霰的主要源项是雨滴撞冻雪转化为霰,其次是霰聚集云水转化为霰。其主要汇项是雨滴聚集霰转化为雨滴,其次是霰融化为雨滴。可以看到霰的含量较其他水成物小很多,对本次过程的降水贡献有限。

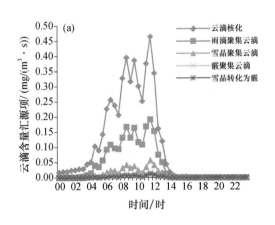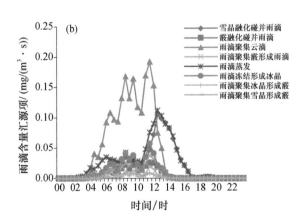

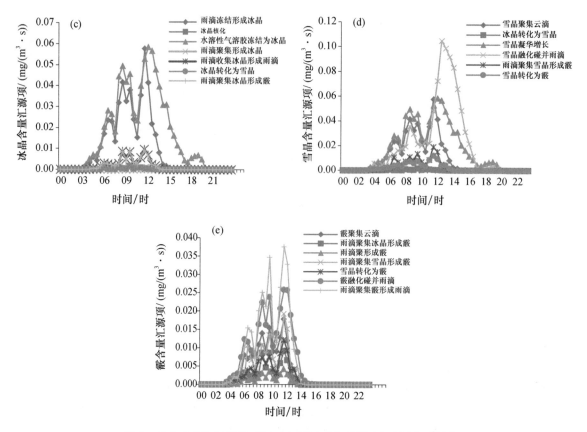

图 6 云中水成物源汇项：云水(a)、雨水(b)、云冰(c)、雪(d)、霰(e)

4 结论

本文利用 WRF V3.7 模式,对 2018 年 5 月 7 日的一次降水过程进行模拟,在模拟结果较好的情况下,分析了云中微物理量的分布以及各微物理量的源汇项,主要结论如下。

从地面降水的模拟结果对比可知,本研究采用的方案模拟效果较为理想,能较好反映此次降水的雨带位置与量级。研究时段内华南沿海部分区域出现了大到暴雨,强降水中心从广东中北部沿海到福建东南部沿海,对福建地区的降水模拟结果总体上比实际雨带晚 1 h 左右,进入福建后的移速比实况略慢,东南沿海的降水量比实际略有偏低。

云系进入福建后,云中水成物含量普遍达到 25～40 g/m²,10—12 时云系发展至旺盛阶段,福建西南部云中水成物含量高值区普遍达到 40～70 g/m²,局部高达 80～100 g/m²。15 时左右在福建东南部沿海,云中水成物含量再次出现峰值,高值区达到 70～90 g/m²。18 时后,云系减弱并入海福建地区降水基本结束。

结合微物理场和各降水粒子的源汇项发现,这是一次积层混合云带来的降水过程,过程中云系发展深厚,从 2 km 一直延伸到 10 km 以上,整个降水过程云底都很低,液态水含量丰富,是地面降水的主要贡献者,大量云滴和雨滴直接转化为地面降水,降水效率高。第一时段降水(05—08 时)以层状云暖云降水贡献为主,第二时段(08—14 时)深对流发展旺盛,积云迅速发展,云水、冰晶和雪晶粒子大量增加,暴雨主要发生在这一时段。

雨滴的源项有 50% 以上是来自雨滴碰并云滴增长,12—14 时,有大量雪晶融化形成雨滴,成为雨滴的第 2 大源项。雨滴的主要汇项是其蒸发,其次是雨滴碰冻形成冰晶。云滴主要来源于云滴的凝结增长,主要汇项是雨滴碰并云滴生成雨滴。雪晶的主要源项是雪晶的凝华增长,主要汇项是其融化为雨滴。冰晶的生消在整个降水过程中都表现活跃,通过贝吉龙过程参与到降水中。霰的含量较其他水成物小很多,对本次过程的降水贡献有限。

参考文献

Chen X,Chen Y L,1995. Development of low-level jets during TAMEX[J]. Monthly Weather Review,123(6):1695-1719.

Chen X C,Zhang F Q,Zhao K,2016. Diurnal variations of the land-sea breeze and itsrelated precipitation over South China [J]. Journal of the Atmospheric Sciences,73(12):4793-4815.

Dee D P,Uppala S M,Simmons A J,et al,2011. The ERA-Interim reanalysis:Configuration and performance of the data assimilation system[J]. Quarterly Journal of the Royal Meteorological Society,137(656):553-597.

Ding Y H,2019. The major advances and development process of the theory of heavy rainfalls in China[J]. Torrential Rain and Disasters (in Chinese),38(5):395-406.

Dudhia J,1989. Numerical study of convection observed during the winter monsoon experiment using a mesoscale two-dimensional model[J]. Journal of Atmospheric Science,46:3077-3107.

Du Y,Chen G X,2018. Heavy rainfall associated with double low-level jets over Southern China. Part I:Ensemble-based analysis[J]. Monthly Weather Review,146(11):3827-3844.

Du Y,Chen G X,2019. Heavy rainfall associated with double low-level jets over Southern China. Part II:Convection initiations[J]. Monthly Weather Review,147(2):543-565.

Furtado K,Field P,Luo Y L,et al,2018. Cloud microphysical factors affecting simulations of deep convection during the presummer rainy season in Southern China[J]. Journal of Geophysical Research,123:10477-10505.

Galligani V S,Wang D,Alvarez I,et al,2017. Analysis and evaluation of WRF microphysical schemes for deep moist convection over Southeastern South America (SESA)using microwave satellite observations and radiative transfer simulations [J]. Atmospheric Measurement Techniques,10(10):3627-3649.

Hong S Y,Lim J O,2006. The WRF single-moment 6-class microphysics scheme (WSM6)[J]. Journal of the Korean Meteorological Society,42(2):129-151.

Huang L,Luo Y L,2017. Evaluation of quantitative precipitation forecasts by TIGGE ensembles for South China during the presummer rainy season[J]. J Geophys Res Atmos,122:8494-8516.

Hu J Y,Kawamura H,Hong H S,et al,2000. A review on the currents in the South China Sea:Seasonal circulation,South China Sea warm current and Kuroshiointrusion[J]. Journal of Oceanography,56(6):607-624.

Iacono M J,Delamere J S,Mlawer E J,et al,2008. Radiative forcing by long-lived greenhouse gases:Calculations with the AER radiative transfer models[J]. Journal of Geophysical Research:Atmospheres,113(D13):103-111.

Jankov I,Gallus W A,Segal M,et al,2005. The impact of different WRF model physical parameterizations and their interactions on warm season MCS rainfall[J]. Weather and Forecasting,20(6):1048-1060.

Jia X C,Guo X L,2012. Impacts of secondary aerosols on a persistent fog event in Northern China[J]. Atmospheric and Oceanic Science Letters,5(5):401-407.

Kain J S,2004. The kain-fritsch convective parameterization:An update[J]. Journal of Applied Meteorology,43(1):170-181.

Kwinten V W,Edouard G,Ulrich B,et al,2014. Comparison of one-moment and two-moment bulk microphysics for high-resolution climate simulations of intense precipitation[J]. Atmospheric Research,147:145-161.

Luo Y L,Gong Y,Zhang D L,2014. Initiation and organizational modes of an extreme-rain-producing mesoscale convective system along a Mei-Yu Front in East China[J]. Monthly Weather Review,142(1):203-221.

Ma L M,Bao X W,2017. Research progress on physical parameterization schemes in numerical weather prediction models [J]. Advances in Earth Science (in Chinese),32(7):679-687.

Morrison H,Tessendorf S A,Ikeda K,et al,2012. Sensitivity of a simulated midlatitude squall line to parameterization of raindrop breakup[J]. Monthly Weather Review,140(8):2437-2460.

Nicholls S D,Decker S G,Tao W K,et al,2017. Influence of bulk microphysics schemes upon Weather Research and Forecasting (WRF) version 3.6.1 nor'easter simulations[J]. Geoscientific Model Development Discussions,10(2):1033-1049.

Qian Q F,Lin Y L,Luo Y L,et al,2018. Sensitivity of a simulated squall line during SCMREX to parameterization of microphysics[J]. Journal of Geophysics Research,123:4197-4220.

Roh W,Satoh M,2014. Evaluation of precipitating hydrometeor param-eterizations in a single-moment bulk microphysics scheme for deep convective systems over the tropical central Pacific[J]. Journal of the Atmospheric Sciences,71(7):2654-2673.

Rosenfeld D,Sherwood S,Wood R,et al,2014. Climate effects of aerosol-cloud interaction[J]. Science,343(6169):379-380.

Skamarock W C,Klemp J B,2008. A time-split nonhydrostatic atmospheric model for weather research and forecasting applications[J]. Journal of Computational Physics,227(7):3465-3485.

Thompson G,Field P R,Rasmussen R M,et al,2008. Explicit forecasts of winter precipitation using an improved bulk microphysics scheme. Part II:Implementation of a new snow parameterization[J]. Monthly Weather Review, 136 (12): 5095-5115.

Thompson G,Rasmussen R M,Manning K,2004. Explicit forecasts of winter precipitation using an improved bulk microphysics scheme. Part I:Description and sensitivity analysis[J]. Monthly Weather Review,132(2):519-542.

Wang B,Lin H,Zhang Y S,et al,2004. Definition of South China Sea monsoon onset and commencement of the East Asia summer monsoon[J]. Journal of Climate,17:699-710.

Wang H,Luo Y L,Jou B,2014. Initiation,maintenance and properties of convection in an extreme rainfall event during SCM-REX[J]. Journal of Geophysical Research Atmospheres,119(13):13206-13232.

Zhao S X,Sun J H,2019. Progress in mechanism study and forecast for heavy rain in China in recent 70 years[J]. Torrential Rain and Disasters (in Chinese),38(5):422-430.

Zhang X B,2019. Multi-scale characteristics of different source and their interactions for convection-permitting ensemble forecasting during SCMREX[J]. Monthly Weather Review,147:291-310.

Zhu G L,Lin W T,Cao Y H,2014. Numerical simulation of a rainstorm event over South China by using various cloud microphysics parameterization schemes in WRF model and its performance analysis[J]. Chinese Journal of Atmospheric Science (in Chinese),38(3):513-523.

第四部分

效果检验

火箭增雨作业效果评估分析[*]

刘云辉[1]　郑玉梅[2]　刘云升[3]　张　卓[2]

(1 辽宁省朝阳市气象局,朝阳 122000;2 辽宁省朝阳市龙城区气象局,朝阳 122000;
3 辽宁省朝阳市龙城区林业局,朝阳 122000)

摘　要:利用火箭开展增雨作业,具有投资少、操作简单、效果显著的特点,短短的几年来,利用火箭开展增雨作业就已在国内各省(区)、市普及。对飞机人工增雨作业的效果评估已有定论,但对火箭增雨作业的效果评估有关方面正在探讨,社会各个方面对此也十分关注。自 2003 年起,朝阳市龙城区政府投资开展火箭增雨作业,不间断在辖区内开展作物生长季火箭增雨作业。本文通过对龙城区 3 a 增雨作业情况对比和相关分析,得出火箭增雨作业的增雨率为 33% 的结论。

关键词:火箭增雨,效果评估,分析

目前全国大陆各省、市都开展了火箭增雨工作,各级政府都把人工增雨作业支出纳入财政预算,社会各界都非常认可人工增雨作业的效果和作用。目前,辽宁省有 48 个县(市)、区开展火箭增雨作业,拥有火箭增雨设备 278 套。人工增雨作业效果评估一直是社会普遍关注的问题,尽管科研部门和有关方面认定飞机增雨效果为 20%～25%[1],但火箭增雨作业效果是否也如此,还不能下定论。由于目前火箭增雨作业基本以县为单位,但县域面积、火箭增雨作业影响面积和每次作业面积有较大差异,因此有关火箭增雨作业效果的评估,一直处于模拟分析状态[2],其增雨效果也被认定在 20%～25%。如果能够长期在同一区域开展火箭增雨作业,选点进行对比分析,其增雨效果的定论就更接近实际、更有代表意义。辽宁省朝阳市龙城区独特的地理条件和火箭增雨作业情况,为火箭增雨作业效果评估奠定了基础。

1　龙城区自然和降水情况

龙城区位于辽宁省朝阳市北部,辖 4 个乡镇(现已调整为 6 个)、4 个街道办事处,总面积 408 km²,有耕地 20 万亩[①]。辖区内地势平缓,交通便利,地理走向呈西南至东北的长方形走向,其中西北与东南宽 18 km,西南至东北长 30 km。2005 年,农业总产值 51264 万元,占全区 GDP 的 64%,是一个以农业为主的地区。

尽管龙城区属于近郊区,但受自然条件的限制,农业生产用水以自然降水为主。1997 年末,气象部门在龙城区西南部的西大营子镇和东北部的召都巴镇建立两处气象观测点,开展气象数据观测。几年的降水观测记录表明,龙城区的降水自上游到下游(西南到东北)呈减弱趋势,这与整个朝阳地区的降水趋势相一致。受西南气流影响,朝阳地区的降水呈西南向东北方向递减的趋势,其中西南部的喀左县年平均降水量为 510 mm,而东北部的北票市(县级市)年平均降水量为 460 mm[3](图 1)。

---

[*] 发表信息:本文原载于《气象科技》,2008(3):327-330.

① 1 亩≈666.67 m²,下同。

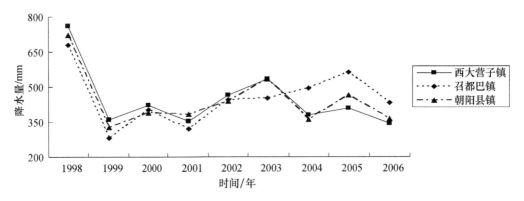

图 1　1998—2006 年西大营子镇、召都巴镇和朝阳县的降水曲线图

2 火箭增雨作业影响范围

2.1 龙城区火箭增雨作业点情况

为确保火箭增雨作业的安全,火箭增雨作业点的选择是十分严格的。选择火箭增雨作业点时,在考虑安全和气象因素的同时,还必须选择交通便利、四周开阔、远离村庄的地点。如图 2 所示,龙城区火箭增雨作业点的主作业点有 5 处,分别是西大营子镇的郝家窑、边杖子乡的卧龙和黄金店、七道泉子镇的芹菜沟和召都巴镇的土城子。辅助作业点有西大营子镇的老窝铺、召都巴镇的黄酒馆等。所有大范围的西来降水天气系统的增雨作业,都在位于上游的主作业点进行增雨作业,同时主作业点与辅助作业点一样,承担局地阵性天气系统的增雨作业。

图 2　龙城区火箭增雨作业点示意图

2.2 火箭增雨作业影响区域

利用火箭开展增雨作业,其影响区域与火箭的发射高度、在空中飞行距离和 AgI 燃烧播洒时间有直接关系,同时与高空的风向、风速也关系紧密。目前,国内普遍使用的增雨火箭弹其 AgI 含量为 10.5 g,在 −10 ℃温度条件下,播撒燃烧后可产生 $1.8×10^{15}$ 个凝结核。火箭发射高度 3~7 km,最高达 8 km,空中飞行距离 2~9 km,AgI 燃烧播洒时间 15 s。每枚增雨火箭弹的作业影响面积为 300 km² 左右,在出现的同一天气系统开展增雨作业时,每台火箭增雨作业车的最大影响面积为 1000 km² 左右[4]。

表 1 为 BL-1 型增雨火箭弹在不同发射角度下,空中飞行数据情况。

进行火箭增雨作业,火箭弹在空中播撒 AgI 后,播撒的 AgI 在空中形成一条形带,由于受高空风的影响,这个 AgI 条形带呈扇形发散状。

图 3 为龙城区火箭增雨作业时,地面影响示意图。受地理位置和地形的影响,龙城区绝大多数的降水受西南气流影响,其中图的下方为上风方,是火箭增雨作业所处的位置,上面为下风方,属于增雨受益区域。

表 1　BL-1 型增雨火箭的空中飞行数据

射角	播撒起点		播撒终点		自毁点		最高点	
	射高/km	射程/km	射高/km	射程/km	射高/km	射程/km	射高/km	射程/km
45°	2.870	4.407	2.306	6.978	2.187	7.245	3.010	5.680
50°	3.357	4.087	3.174	6.450	3.027	6.689	3.667	5.520
55°	3.805	3.725	3.970	6.076	3.849	6.308	4.320	5.311
60°	4.208	3.307	4.881	5.504	4.894	5.641	4.922	5.079
65°	4.547	2.836	5.506	4.795	5.493	4.922	5.510	4.684
70°	4.836	2.323	6.060	3.987	6.066	4.100	6.066	4.111
75°	5.068	1.775	6.523	3.089	6.547	3.181	6.565	3.352
80°	5.238	1.199	6.874	2.111	6.914	2.178	7.011	2.442
85°	5.342	0.605	7.095	1.073	7.146	1.108	7.249	1.260

图 3　火箭增雨作业地面影响示意图

2.3 火箭增雨作业对降水的影响

为最大限度发挥火箭增雨作业的效果,龙城区政府投入充足资金,责成气象部门在作物生长季(4—9月)开展不间断的增雨作业,每次有降水天气形式出现时,气象部门都及时开展增雨作业。在 2004—2006 年的 4—9 月,累计开展火箭增雨作业 71 次,发射增雨火箭弹 217 枚。由于朝阳地区的降水主要属于西南气流影响下的降水,加之龙城区受当地山脉和地形的影响,产生的有效降水中 87% 呈西南至东北走向,故本文以月降水的变化作为讨论分析对象,没有进行每次降水的个例分析,同时忽略降水云系的其他移动走向。

2.3.1 火箭增雨作业降水的对比分析

下表是龙城区开展火箭增雨作业后,下游影响区与上游非影响区降水情况对比。

表 2 西大营子镇、召都巴镇增雨作业时段降水量对比

时间	召都巴镇降水量/mm	西大营子镇降水量/mm	降水量差值/mm
2004 年 4 月	10.2	17.6	−7.4
2004 年 5 月	19.0	42.3	−23.3
2004 年 6 月	79.7	20.5	59.2
2004 年 7 月	175.5	113.4	62.1
2004 年 8 月	111.9	72.6	62.1
2004 年 9 月	26.5	35.0	−8.5
2005 年 4 月	24.9	29.8	−4.9
2005 年 5 月	59.2	42.8	16.4
2005 年 6 月	149.8	144.9	4.9
2005 年 7 月	124.8	67.1	57.7
2005 年 8 月	156.2	83.5	72.7
2005 年 9 月	29.4	21.1	8.3
2006 年 4 月	9.1	6.1	3.0
2006 年 5 月	8.2	12.2	−4.0
2006 年 6 月	182.9	149.8	33.1
2006 年 7 月	36.8	25.9	10.9
2006 年 8 月	50.3	32.1	18.2
2006 年 9 月	32.6	31.4	0.8
合计	1286.8	948.1	338.7

从表 2 中看到,自 2004 年龙城区开始增雨作业的 18 个月中,有 13 个月召都巴镇的降水量超过西大营子镇,召都巴镇小于西大营子镇降水的 5 个月均为春季的 4—5 月。当地这 2 个月的平均降水为 20 mm 左右,由于这期间降水云层多为中云,云层高而且薄,因此增雨作业的优势表现不明显。在开展火箭增雨作业的 18 个月中,召都巴镇总降水量为 1286.8 mm,西大营子镇为 948.1 mm,召都巴镇较西大营子镇多 338.7 mm,是西大营子镇的 1.36 倍。

2.3.2 火箭增雨作业区和对比区的降水相关分析

为检验火箭增雨作业区和对比区的降水相关情况,本文利用公式 $r_{XY} = [1/n \sum (x_t - x)(y_t - y)]/[1/n \sum (x_t - x)^2 \cdot 1/n \sum (y_t - y)^2]^{1/2}$ 进行相关分析检验。

将西大营子镇各月降水量与召都巴镇增加的降水量进行相关性计算,得出 $r = 0.72508$,进行 F 检验,$F = 33.25 > F_{0.01} = 6.36$,相关性极为显著。此结论从理论上证明了火箭增雨作业区和对比区的降水相关显著,可以进行增雨作业效果检验。

3 火箭增雨作业效果评估

在以朝阳市区为中心的 30 km 半径范围内,有 3 处气象观测站,分别是朝阳县气象观测站、龙城区西大营子镇观测站和龙城区召都巴镇观测站,图 3 为 3 个观测站点的地理分布。其中增雨作业上游的西大营子镇观测站距离朝阳县观测站 6 km,距离召都巴镇观测站 20 km。通过图 1 可以看到,1998—2003 年的 6 a 时间里,西大营子镇、召都巴镇和朝阳县 3 个气象观测站的降水曲线是平行的,虽然 3 个观测站的降水量不一致,但降水趋势是一致的,即随着整体趋势的变化而增加或减少。自 2004 年起,3 条降水曲线突然发生明显变化,召都巴镇的降水曲线骤然从西大营子镇的下方上升到上方,并产生急剧上升现象,且一直保持在西大营子镇和朝阳县降水曲线的上方,随后其曲线变化趋势仍然与另外两条曲线保持一致。

由于朝阳县观测站位于火箭增雨作业的影响区域外,因此下面只讨论西大营子镇和召都巴镇两个观测站。

3.1 运用降水曲线和降水量变化进行分析评估

从龙城区降水量观测数据看到,1998—2003 年,上游西大营子镇的降水量一直大于下游召都巴镇的降水量,其中西大营子镇年平均降水量 472.1 mm,召都巴镇年平均降水量 435.5 mm。上游的西大营子镇年降水量平均比下游的召都巴镇多 36.6 mm。自 2004 年起,龙城区下游召都巴镇的降水量突然超过上游,2004—2006 年,西大营子镇年平均降水量 355.1 mm,召都巴镇年平均降水量 465.7 mm,差值为110.5 mm。

通过以上分析看出,自 2004 年开展火箭增雨作业后,龙城区下游降水量平均比上游多 110.5 mm,火箭增雨作业前后降水量变化为 147.2 mm。在这期间,龙城区辖区内及附近市、县,其自然植被、山川、河流等没有出现大的变化,且两处观测站的降水变化趋势与朝阳县观测站一致,由此可以断定,龙城区降水量的变化主要受火箭增雨作业的影响,是火箭增雨改变了降水量。其中下游增雨直接受益区召都巴镇降水量变化幅度为 33.8%,由此可以得出结论,龙城区火箭增雨率为 33.8%。

3.2 通过影响区和非影响区对比进行分析评估

利用公式 $E = (y_s/x_s)/(y_{ns}/x_{ns})$ 进行区域对比分析。

上式中,y_s 为增雨作业区(召都巴镇)2004—2006 年 4—9 月的降水总量,$y_s = 1286.8$ mm;x_s 为增雨作业对比区(西大营子镇)2004—2006 年 4—9 月的降水总量,$x_s = 948.1$ mm;y_{ns} 为增雨作业区(召都巴镇)在增雨前 3 a 2001—2003 年 4—9 月的降水总量,$y_{ns} = 1102.6$ mm;x_{ns} 为增雨作业对比区(西大营子镇)在增雨前 3 a 2001—2003 年 4—9 月的降水总量,$x_{ns} = 1185.3$ mm;$E = 1.459$

区域对比计算结果表明,其增雨作业效果显著,增雨率为 45.9%。

通过运用上述方法对龙城区 3 a 火箭增雨作业的分析,得出两方面结论:一方面是开展火箭增雨作业的确取得了显著的增雨效果;另一方面是通过增雨作业效果评估分析,得出龙城区 3 a 火箭增雨作业的增雨率为 33.8% 和 45.9%,取二者之间的低值,增雨率在 33% 以上。

通过此结论,可以认定北方地区的火箭增雨率为 33% 以上。

参考文献

[1] 刘云辉.朝阳地区水资源现状与可持续发展对策[J].中国农业气象 2006,27(增刊):22-24.

[2] 李书严,李伟,赵习方.北京市人工增雨效果评估方法分析 [J].气象科技,2006(3):58-62.

[3] 刘云辉.封冻期人工增雨作业对春播的贡献分析[J].安徽农业科学 2009,37(24):11651-11652.

[4] 王江山.辽宁省人工增雨指南[M].北京:气象出版社,2004.

辽宁一次低涡降水过程人影数值模式检验及
人工增雨潜力区合理性分析

张铁凝[1]　张晋广[1]　刘旸[1]　孙丽[1]　康博识[2]

(1 辽宁省人工影响天气办公室,沈阳 110166;2 辽宁省气象装备保障中心,沈阳 110166)

摘　要:利用 GRAPES_CAMS 模式对 2019 年 5 月 12—13 日一次低涡降水过程的云宏微观结构和降水进行预报,从云系发展演变,云的宏微观特征和云垂直结构等多方面对模式进行检验,在此基础上判断云系的演变趋势和可播性,对基于此基础判断的人工增雨潜力落区进行合理性分析。结果表明,GRAPES_CAMS 模式在前后两次预报中对云系的移向、移速判断均较为准确,且临近调整后的模式预报更贴近实况。预报云顶高度 2～11 km,与 FY-2 卫星反演结果较为一致,预报垂直累计液态水最大可达0.5 mm,但大值区位置相比实况略偏西;模式云高预报与雷达回波相符,准确地模拟出云内水成物分布状况,基于此给出的主要降水时段潜力落区和作业预案都较为合理。

关键词:人工增雨,模式检验,潜力区合理性,GRAPES_CAMS

1　引言

近年来辽宁省西部地区春季干旱天气频发,对于春耕、春播和人民生活都带来了巨大的影响,人工增雨作为缓解干旱的重要手段之一备受关注。随着云模式的不断发展,其预报的准确性不断提高,现已广泛地应用于人工增雨作业指挥工作中,大量学者在研究云的增雨潜力、最佳作业时机和最佳催化部位等方面均采用云模式取得了重要的理论发展。利用云降水模式与中尺度模式动力框架进行耦合的 GRAPES_CAMS 模式产品已实现业务化运行[1-2]。CAMS 复杂微物理方案是中国气象科学研究院开发的一套准隐式格式的混合相双参数雪晶方案[3],模式水平分辨率为 25 km,预报时效 48 h,可提供大量的云宏微观参量预报供人工增雨作业条件预报使用[4],作为云系人工增雨条件决策的重要参考依据[5-6]。

2019 年 4 月辽宁省平均降水量较常年少 7 成,气象干旱持续发展。2019 年 5 月 12—13 日受低涡气旋系统影响,东北地区出现大范围降水天气,本次降水是辽宁省旱情缓解前的重要降水过程。此次过程影响辽西旱区的主要时段为夜间,存在着对流不稳定、云系发展演变快、降水落区预报调整大等不确定因素。辽宁省人工影响天气办公室紧密跟踪天气发展形势,利用数值模式和实时观测对云的宏微观结构进行检测预报,滚动及时发布相关指导产品,并对预报结果进行检验分析。

2　模式检验

通过模式预报的云带产品与实况的对比,GRAPES_CAMS 能够比较准确且精细地刻画本次过程的云宏观特征,因此,本次过程作业条件预报主要参考 GRAPES_CAMS 的预报结果,并在此基础上进行订正。

2.1　云系发展演变

实况:根据 FY-2 卫星反演云黑体亮温可知,12 日 11 时,云带自西向东移至辽宁西部,移速约 45 km/h;23 时,云系东移至辽宁中部,云体发展变厚,云黑体亮温最低可达−60 ℃,云系发展旺盛;13 日 05 时,云系移至辽宁东部;13 日 11 时后,云系逐渐东移并移出辽宁。

模式预报:本次过程主要参考了 GRAPES_CAMS 模式 2 个时次的预报,分别为 11 日 20 时(图 1)和

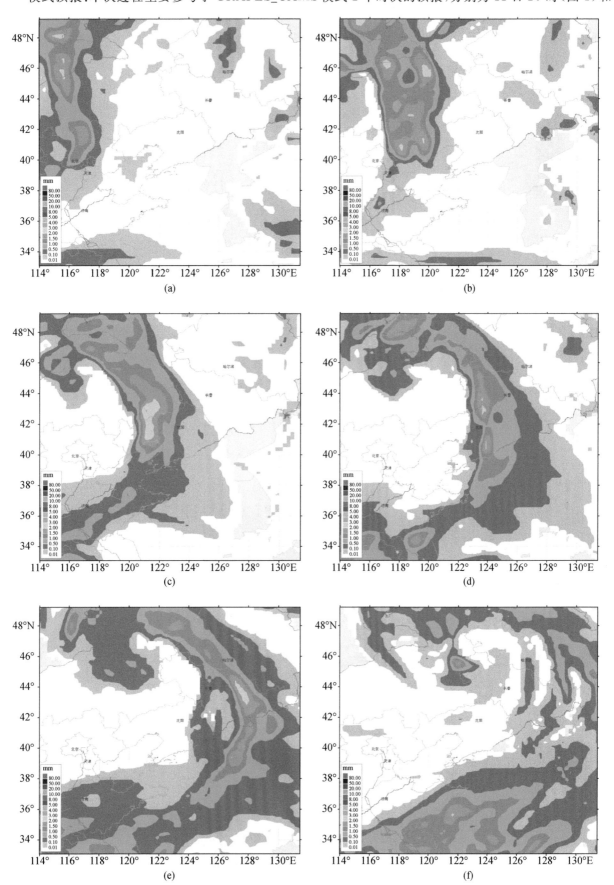

图 1　GRAPES_CAMS 11 日 20 时起报预报云带

(a)12 日 11 时;(b)12 日 17 时;(c)12 日 23 时;(d)13 日 05 时;(e)13 日 11 时;(f)12 日 17 时

12 日 08 时(图 2)起报。模式 2 个时次预报的云带移向均为自西向东,但云带移速和范围略有差异。11 日

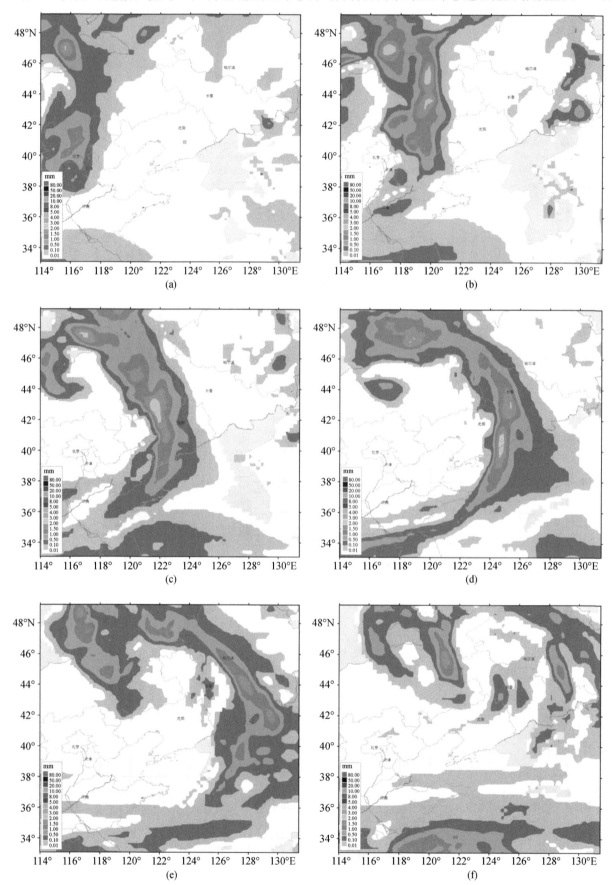

图 2　GRAPES_CAMS 12 日 08 时起报预报云带

(a)12 日 11 时;(b)12 日 17 时;(c)12 日 23 时;(d)13 日 05 时;(e)13 日 11 时;(f)12 日 17 时

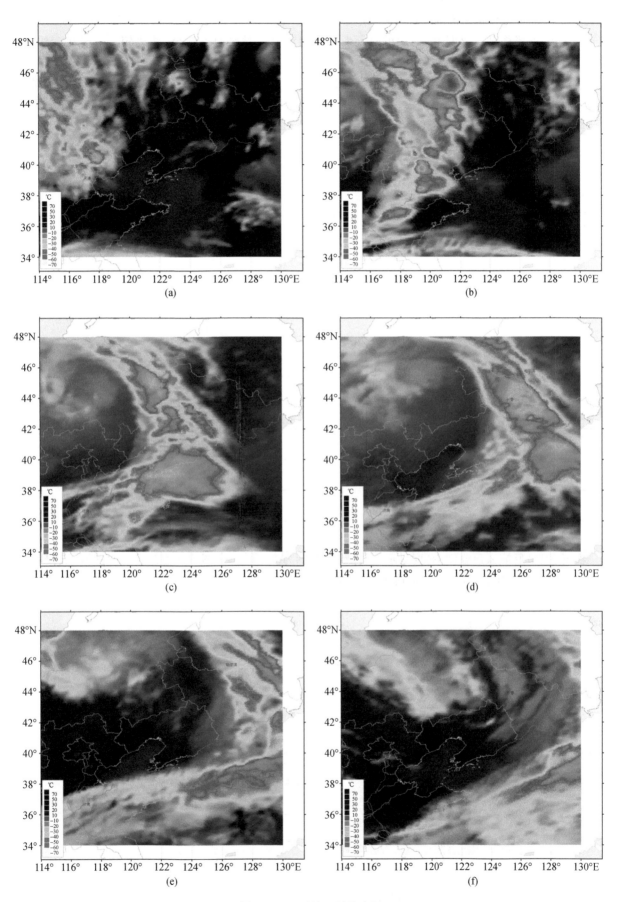

图 3　FY-2 反演云黑体亮温

(a)12 日 11 时；(b)12 日 17 时；(c)12 日 23 时；(d)13 日 05 时；(e)13 日 11 时；(f)12 日 17 时

20时起报的云带整体覆盖范围较广,移速偏慢,约为35 km/h,12日11时左右进入辽宁西部地区,13日17时从辽宁东部移出。12日08时起报的云带范围相较上一时次调整变小,移速较上一时次变快,约为45 km/h,12日11时左右进入辽宁西部地区,13日11时从辽宁东部移出。

检验:GRAPES_CAMS模式2个时次起报的云系的发展演变趋势、移向与实况比较一致,云系均自西向东移动,且12日08时预报的云带在范围和移动速度方面都有调整,调整过后的预报与实况更为接近。综合以上分析,此次过程中GRAPES_CAMS模式对云系发展演变特征的预报较为准确。

2.2 云的宏、微观特征检验

本次过程仅对典型时刻12日23时(12日08时起报)的云带、垂直累计液态水含量和垂直剖面产品进行简要的检验。可以看到,预报云带位置、范围与实况基本相符(图4)。

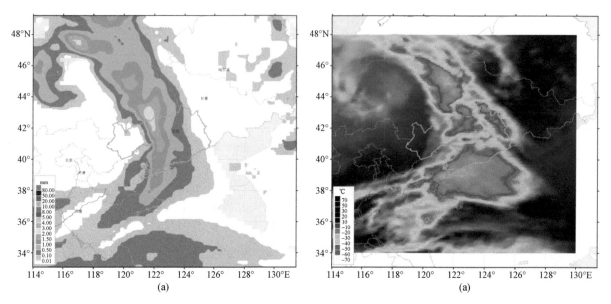

图4 2019年5月12日23时GRAPES_CAMS预报云带(a)和FY-2反演黑体亮温(b)

实况:卫星反演云顶温度/高度显示,云顶高度范围为2~11 km(图5);随着云系的发展,云顶温度越低,云顶高度越高;雷达VIL最大可达10 kg/m²(图6)。

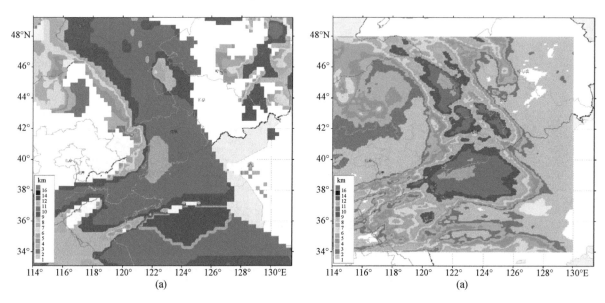

图5 2019年5月12日23时GRAPES_CAMS预报云顶高度(a)和FY-2反演云顶高度(b)

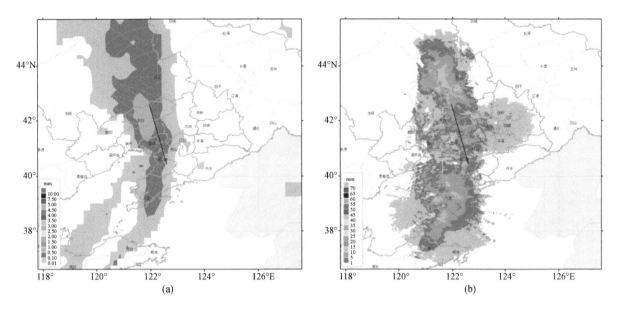

图6 2019年5月12日23时GRAPES_CAMS预报垂直累计液态水(a)和雷达VIL(b)

预报:预报云顶高度2~11 km,整体与卫星反演较为一致,不同位置云系的高度分布基本一致,预报垂直累计液态水最大可达0.5 mm,但大值区位置相较于实况略偏西。

2.3 云垂直结构特征检验

GRAPES_CAMS预报的云垂直累计液态水也与雷达VIL水平分布状况基本一致(图6),对比GRAPES_CAMS预报的云系垂直结构与沈阳雷达垂直剖面(图7和图8)可见,模式对云体高度的预报与雷达回波相符,同时较准确地模拟出云内水成物分布状况。

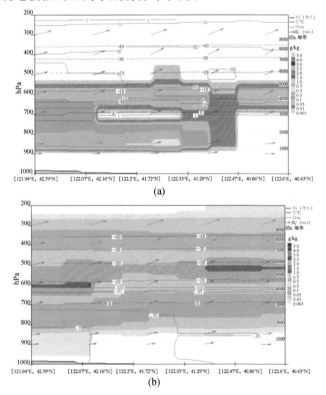

图7 2019年5月12日23时GRAPES_CAMS预报云系垂直结构
(剖线位置见图2红色箭头)
(a)填色阴影为云水,红色等值线为冰晶,紫色等值线等温线;(b)填色阴影为雪和霰,红色等值线为雨,紫色等值线为等高线

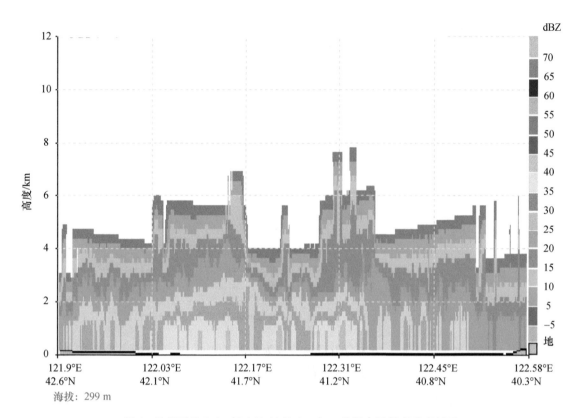

图 8　沈阳雷达 2019 年 5 月 12 日 23 时 03 分组合反射率垂直剖面

（剖线位置见图 2 红色箭头）

3　潜力落区及合理性分析

本次过程共发布辽宁省人工影响天气作业条件潜力预报和作业预案两期（2019 年第 22 期和第 23 期），针对 0 ℃层高度、云系的性质、移向和移速等方面，对两期潜力报的质量及合理性进行评估。

3.1　云系性质、移向及 0 ℃层预报准确性评估

3.1.1　云系性质及移向预报准确性评估

本次过程云系预报为冷暖混合云系，自西向东移动，云带移速较快。通过 5 月 12—13 日多个时次 FY-2 卫星反演的云黑体亮温（图 9）可以看出，云带自西向东移动。

3.1.2　0 ℃层高度预报准确性评估

5 月 12 日 08 时（第 22 期）和 20 时（第 23 期）两次潜力报预报的 0 ℃层高度均为 3000 m。对比多个时次辽宁与附近探空结果可知，12 日 08 时通辽、赤峰、锦州、丹东、大连站的 0 ℃层高度分别为 2991 m、3146 m、2891 m、2950 m、3369 m；12 日 20 时通辽、赤峰、锦州、丹东、大连站的 0 ℃层高度分别为 2965 m、2104 m、2966 m、2915 m、3332 m；13 日 08 时通辽、赤峰、锦州、丹东、大连站的 0 ℃层高度分别为 1648 m、1527 m、1764 m、2797 m、2823 m。

可见，整个降水过程伴随着较强的降温过程，但两次潜力报给出的 0 ℃层高度均为增雨潜力较大位置的状况，因此较为合理。

3.2　潜力落区及作业预案合理性分析

3.2.1　5 月 12 日 08—14 时潜力落区及作业预案合理性分析

作业预案

作业时段：5 月 12 日 08—14 时。

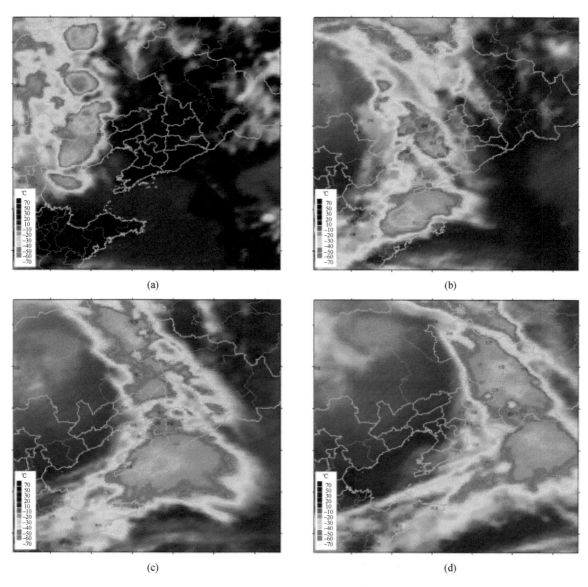

图9 2019年5月12日 FY-2 反演云黑体亮温

(a)14 时;(b)20 时;(c)13 日 00 时;(d)04 时

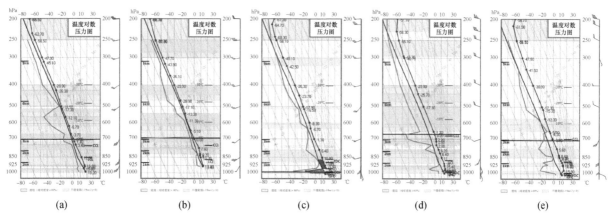

图10 2019年5月12日08时辽宁及附近站探空

(a)通辽;(b)赤峰;(c)锦州;(d)大连;(e)丹东

作业区域:辽宁西北部地区。

作业工具:飞机、火箭、焰炉。

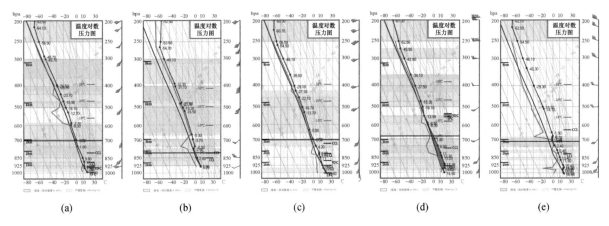

图 11　2019 年 5 月 12 日 20 时辽宁及附近站探空

(a)通辽;(b)赤峰;(c)锦州;(d)大连;(e)丹东

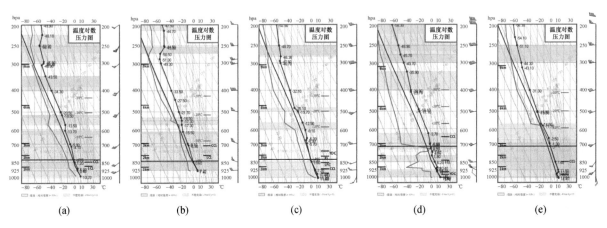

图 12　2019 年 5 月 13 日 08 时辽宁及附近站探空

(a)通辽;(b)赤峰;(c)锦州;(d)大连;(e)丹东

作业部位(催化剂):3100 m 以下暖云区(暖云焰条);

3100～3700 m 冷云区(致冷剂);

3701～5400 m 冷云区(AgI)。

从图 13 可以看到,潜力落区与降水落区基本一致,降水大值区为辽宁西部地区,朝阳地区上空液水路径最大可达 1400 mm,且液水路径大值区、雷达组合反射率大值区、雷达 VIL 大值区与预报的潜力落区基本一致(图 14 和图 16),因此可以判断本时段潜力落区较为合理。

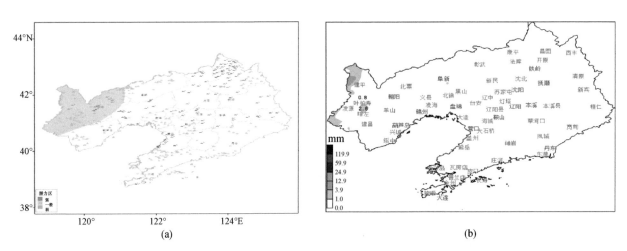

图 13　2019 年 5 月 12 日 08—14 时增雨潜力区(a)和实况降水量图(b)

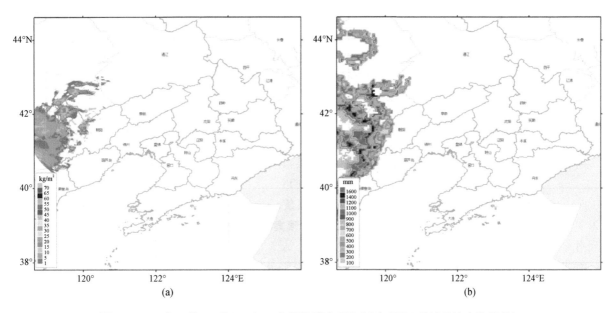

图 14　2019 年 5 月 12 日 13 时 30 分朝阳雷达 VIL(a)和 FY-2 反演云液水路径(b)

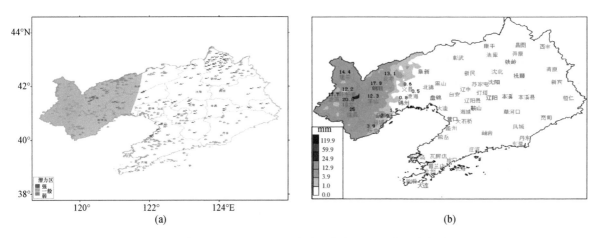

图 15　2019 年 5 月 12 日 14—20 时增雨潜力区(a)和实况降水量图(b)

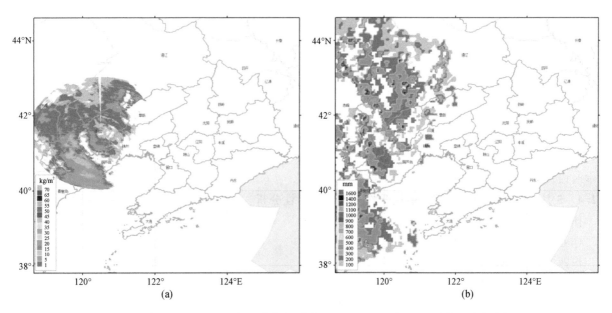

图 16　2019 年 5 月 12 日 18 时 04 分朝阳雷达 VIL(a)和 17 时 FY-2 反演云液水路径(b)

作业预案给出的作业高度为 3100 m 以下为暖云催化。根据 5 月 12 日 08 时的探空,赤峰站点 0 ℃ 层位于 3146 m,−4 ℃ 层约 4100 m,−15 ℃ 层约 5200 m,预报的作业高度和催化剂基本合理。

3.2.2 5 月 12 日 14—20 时潜力落区及作业预案合理性分析

作业预案

作业时段:5 月 12 日 14—20 时。

作业区域:辽宁西部地区。

作业工具:飞机、火箭、焰炉。

作业部位(催化剂):3100 m 以下暖云区(暖云焰条);

　　　　　　　　　　　　3100～3700 m 冷云区(致冷剂);

　　　　　　　　　　　　3701～5400 m 冷云区(AgI 焰条)。

3.2.3 5 月 12 日 20 时—13 日 02 时潜力落区及作业预案合理性分析

作业预案

作业时段:5 月 12 日 20 时—13 日 02 时。

作业区域:见图 17。

作业工具:飞机、火箭、焰炉。

作业部位(催化剂):2800 m 以下暖云区(暖云焰条);

　　　　　　　　　　　　2800～3400 m 冷云区(致冷剂);

　　　　　　　　　　　　3401～5200 m 冷云区(AgI 焰条)。

从图 17 可以看到,潜力落区与降水落区基本一致,降水大值区为辽宁西部地区,朝阳地区上空液水路径最大可达 1400 mm,且液水路径大值区、雷达组合反射率大值区、雷达 VIL 大值区与预报的潜力落区基本一致(图 18),因此可以判断本时段潜力落区较为合理。

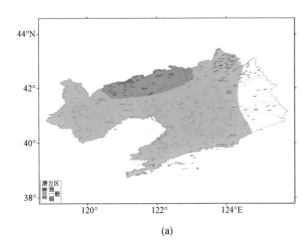
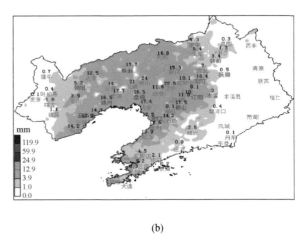

(a) (b)

图 17 2019 年 5 月 12 日 20 时—13 日 02 时增雨潜力区(a)和实况降水量图(b)

作业预案给出的作业高度为 3100 m 以下为暖云催化。根据 5 月 12 日 08 时的探空,强潜力区附近的通辽站点 0 ℃ 层位于 2965 m,13 日 08 时通辽站的 0 ℃ 层高度为 1648 m,可见夜间有明显的降温过程,因此本时段作业高度难以评估。

3.2.4 5 月 13 日 02—08 时潜力落区及作业预案合理性分析

作业预案

作业时段:5 月 13 日 02—08 时。

作业区域:见图 19。

作业工具:飞机、火箭、焰炉。

作业部位(催化剂):2900～4600 m 冷云区(AgI 焰条)。

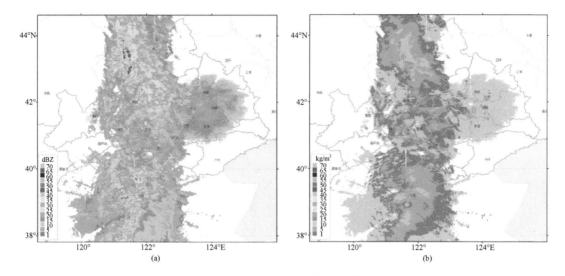

图 18　2019 年 5 月 12 日 23 时雷达组合反射率(a)和 VIL(b)

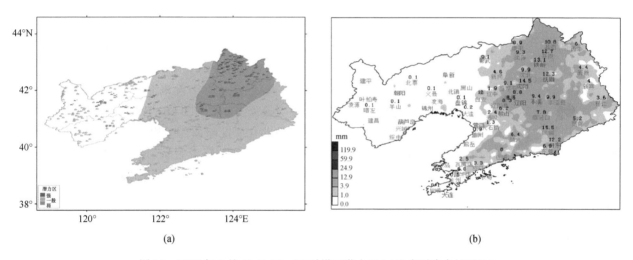

图 19　2019 年 5 月 13 日 02—08 时增雨潜力区(a)和实况降水量图(b)

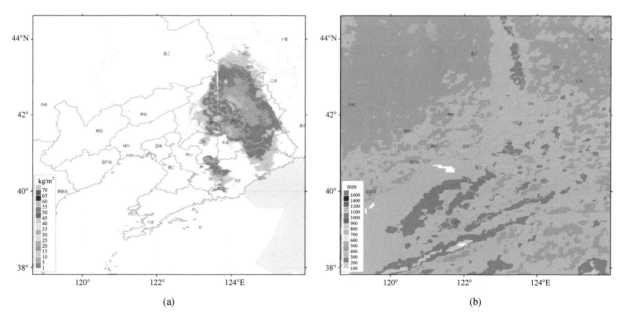

图 20　2019 年 5 月 13 日 04 时沈阳雷达 VIL(a)和 FY-2 反演云液水路径(b)

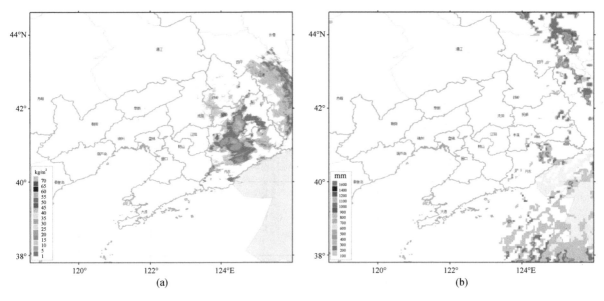

图21　2019年5月13日06时沈阳雷达VIL(a)和FY-2反演云液水路径(b)

4　结论

2019年5月12—13日的低涡降水过程中,GRAPES_CAMS模式在两次预报中对云系的移向移速判断均较为准确,且临近调整后的模式预报更贴近实况。预报云顶高度2~11 km,FY-2卫星反演结果较为一致,预报垂直累计液态水最大可达0.5 mm,但大值区位置相比实况略偏西。模式云高预报与雷达回波相符,准确地模拟出云内水成物分布状况。过程中尽管伴随着较强的降温过程,但基于模式订正后给出的增雨潜力区与过冷水含量大值区基本符合,主要降水时段作业预案较为合理。

参考文献

[1] 孙晶,楼小凤,胡志晋,等.CAMS复杂云微物理方案与GRAPES模式耦合的数值试验[J].应用气象学报,2008,19(3):315-325.

[2] 章建成,刘奇俊.GRAPES模式不同云物理方案对短期气候模拟的影响[J].气象,2006,32(7):3-12.

[3] Lou X F,Shi Y Q,Sun J,et al.Cloud-resolving model for weather modification in China[J].Chinese Science Bulletin,2012,57(9):1055-1061.

[4] 孙晶,史月琴,蔡兆鑫,等.一次低涡气旋云系宏微观结构和降水预报的检验[J].干旱气象,2017,35(2):275-290,341.

[5] 马占山,刘奇俊,康志明,等.利用TRMM卫星资料对人工增雨云系模式云微观场预报能力的检验[J].气象学报,2009.67(2):260-271.

[6] 马思敏,翟涛,常倬林,等.宁夏一次降水过程人工影响天气模式系统云和降水预报产品检验分析[J].宁夏工程技术,2019,16(3):198-202.

一次火箭人工增雨作业效果物理检验个例分析

王　霄[1]　孙建印[1]　赵　宇[1]　崔　曼[2]

(1 徐州市气象局,徐州 221000;2 东台市气象局,盐城 224200)

摘　要:基于新一代 S 波段多普勒雷达的反射率资料对一次火箭人工增雨作业效果进行物理检验分析。明确作业云体单元并选取适当的对比云体单元,识别追踪作业云体单元和对比云体单元,根据云体移动路径科学选取作业影响区和对比区;对比分析作业前后云体在回波顶高(ET)、回波体积(EV)、最大反射率(R_{max})、垂直累计液态水含量(VIL)和降水通量(PFX)上表现出的相应变化,论证作业有效性。对于 2016 年 4 月 16 日徐州市火箭人工增雨个例作业效果的物理检验分析可以得到如下结论。(1)伴随着人工增雨催化因素的影响,作业后作业云体单元较对比云体单元发展更为剧烈且持续发展时间更长;(2)作业云体单元相对对比云体单元在 5 个物理量的正偏离逐渐变大(尤其是 EV、VIL 和 PFX 的变化较为明显,而 ET 和 R_{max} 虽然呈现出正偏离,但偏离量较小,可能的原因是层状云发展较之对流云相对平缓);(3)作业前对比单元与作业单元整体发展趋势比较一致,对比云体单元发展更迅速、更旺盛,达到峰值后逐渐减弱,但在作业 25～30 min 后作业云体单元在催化剂的作用下进一步发展并维持一段时间。

关键词:多普勒雷达,反射率,人工增雨,物理检验,对比分析

1　引言

人工增雨是我国广泛开展的一项人工影响天气业务,其健康持续发展取决于实际播云作业的效果[1]。在旱区实施播云作业是否可以增加降水、缓解旱情,在库区开展人工增雨是否可以增加水库蓄水量等,这些是人们极为关注的问题。实践证明,人们对云降水物理过程的有意识影响可能出现正效应,也可能出现负效应或无效应,一些人影理论和方法正确与否只有通过对实际作业效果的评估分析来检验[2]。因此,科学、客观的效果检验对于推动人影事业的发展和进步具有重要意义。

随着探测手段的不断改进,观测的时空分辨率得到大幅提升,使用多普勒雷达资料反映作业前后云体单元的物理变化成为一种行之有效的方法[3]。国外一些学者对增雨作业效果物理检验开展了积极的探索[4],提出基于浮动目标区对非随机对流云作业效果进行客观评估的方法[5],利用 NEXRAD 雷达回波拼图定义浮动目标区分析单元,对 Texas 1999—2001 年作业季的催化效果进行评估,得到同随机播云试验一致的作业效果。近年来,国内一些学者通过不断研究分析,得出一些增雨效果物理检验的评判指标和重要结论[6-7]。按照对比云体和作业云体面积、强度、生命史大体相当,距离较远以避免污染的原则,总结出层积混合云中选取对比云体的原则[8]。对催化云作业前后雷达特征量和降水量数据对比分析可以得到一般催化作业约 30 min 后才能产生明显效果[9]。通过对比分析合理的作业个例,发现作业单元的发展增强与催化作业有着很好的对应关系[10],从而分析寻找最佳作业时机[11]。

本文以一次具体的非随机火箭人工增雨作业为研究对象,解析新一代 S 波段多普勒雷达基数据并计算相关雷达产品,对作业云体单元和对比云体单元进行识别追踪,对作业前后云体单元在选定的评价性物理指标上所表现出的时序变化加以分析,进而论证增雨作业的有效性。

2 雷达数据处理

2.1 S 波段多普勒雷达基数据处理方法

本文使用的雷达资料来自江苏省徐州市新一代多普勒天气雷达,型号 CINRAD/SA,采用降水模式 VCP21 进行扫描,最大探测范围 460 km。CINRAD/SA 基数据是雷达探测所获取的最原始数据,按径向记录探测值,以二进制形式保存成文件,数据存放格式如表 1 所示。为了更加准确判断目标区域的天气状况,首先需要从雷达基数据中分别解析出 R、V 和 W 这 3 种基本产品,在此基础之上结合相应雷达算法,获取导出产品,为物理检验提供数据支撑。具体的数据存放格式如表 1 所示。

表 1 S 波段多普勒雷达基数据格式

字节序号	长度	描述
1~128	1 字节	径向头
129~588	1 字节	基本反射率 数据序号:0~460 编码模式: 数据值＝(二进制数据－2)/2－32
589~1508	1 字节	径向速度 数据序号:0~920 编码模式: 当分辨率为 0.5m/s 时, 数据值＝(二进制数据－2)/2－63.5 当分辨率为 1.0m/s 时, 数据值＝(二进制数据－2)－127
1509~2428	1 字节	谱宽 数据序号:0~920 编码模式: 数据值＝(二进制数据－2)/2～63.5
2429~2432		保留字节

2.2 相关导出产品算法

2.2.1 组合反射率

CR 是单位垂直气柱内的最大反射率。对每层所有径向数据进行插值处理并投影到平面内,计算具体某个位置的 $CR(i,j)$。

$$CR(i,j) = \max\{R_1(i,j), R_2(i,j) \cdots\cdots, R_9(i,j)\} \tag{1}$$

2.2.2 回波顶高

ET 是指用给定阈值对雷达回波进行识别,当大于或等于 18.3 dBZ 的反射率因子被探测到的回波所在高度,即雷达头的拔海高度与回波相对高度之和。用标准大气条件下雷达测高公式计算波束轴线距地面的高度 h。

$$h(El, r) = h_0 + r \times \sin(El) + (r \times \cos(El))^2/(2Re) \tag{2}$$

式中:h_0 为雷达海拔高度;El 为仰角角度;r 为波束轴线长度;Re 为等效地球半径。

2.2.3 回波体积

EV 是对给定反射率阈值的云体进行识别后,再通过自下而上的积分来计算单位截面积上单元体的回波体积。

$$\Delta EV = \Delta S \cdot \int_{h1}^{h9} \mathrm{d}h \tag{3}$$

式中：ΔS 表示单位截面积；h_1 表示最低层波束轴线对应高度；h_9 表示最高层波束轴线对应高度。

2.2.4 垂直累计液态水含量

VIL 是指给定反射率阈值的云体内由底层到顶层的最大反射率因子计算的液态水含量，计算步骤如下。

（1）对给定反射率阈值识别出的云体，在水平投影面找出垂直方向上 D 最大值（上限取为 55 dBZ 以减少冰雹污染）并转换成反射率因子 Z。

$$Z = 10^{\left(\frac{D}{10}\right)} \tag{4}$$

（2）假定回波均由液态水产生，计算水物质密度 M。

$$M = 3.44 \times 10^{-3} Z^{4/7} \tag{5}$$

（3）对每一层水物质密度 M 在垂直方向从底层到层顶积分。

$$VIL = \int_{iz0}^{izT} M \mathrm{d}Z \tag{6}$$

2.2.5 降水通量

PFX 是指给定反射率阈值单元体内水平投影的每个单元格垂直方向上最大反射率因子计算的降水通量总和，计算步骤如下。

（1）在水平投影面格点逐点找出其垂直方向上 D 的最大值并转换成反射率因子 Z。

（2）计算降水率 R_r。

$$R_r = (Z/200)^{1.6-1} \tag{7}$$

（3）将 R_r 乘以格点面积 ΔA，得到格点面积上的降水通量。

$$PFX = \Delta A \times R_r \tag{8}$$

（4）将云体水平投影面所有格点上的降水通量相加，得到总降水通量。

$$PFX = \sum \Delta PFX \tag{9}$$

3 人工增雨效果物理检验方法分析

人工增雨效果物理检验主要关注催化的直接效果，通常选取 ET、EV、R_{max}、VIL 和 PFX 作为评价性物理参量。对作业前后作业单元和对比单元各物理参量的时间序列做对比分析，将作业后的变化差异去除掉作业前的差异后所存在的差异视为评判增雨催化是否有效的物理学证据。具体流程如图 1 所示。

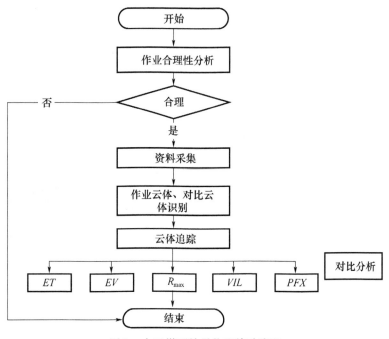

图 1　人工增雨效果物理检验流程

在雷达探测范围内对作业云体单元进行识别,将识别出的云体单元编号并对其整个生命史进行追踪,云体追踪软件的应用如图2所示。

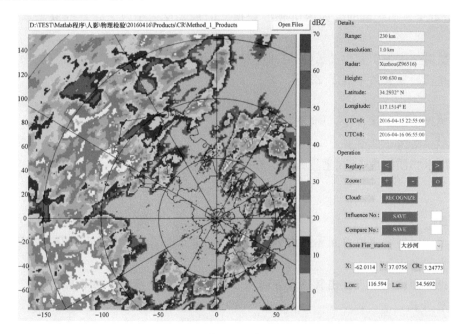

图2 云体追踪软件的应用

通过云体追踪软件识别出与作业云体单元发展演变相似的云体作为备选单元进行编号和追踪,筛选出对比云体单元,具体可分为以下几个步骤。

(1)确定作业云体单元

根据作业信息(包括作业点位置、作业方位角和仰角、用弹量、起止时间等),基于覆盖整个作业过程的雷达资料,在回波图上准确定位作业位置,确定作业云体单元。

(2)识别作业云体单元

选取与作业云体单元相适应的 CR 和 EV 特征值为阈值,在回波移动方向的上游进行云体识别。将识别出的云体单元进行编号,如图3所示。

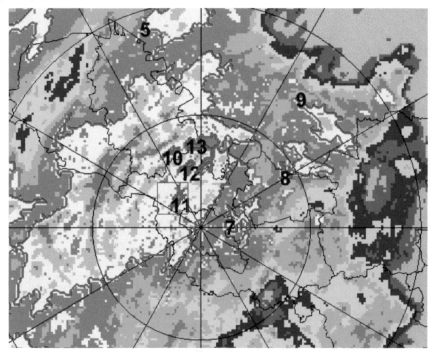

图3 云体识别及编号

（3）选择对比云体单元

对比备选单元与作业云体单元在作业前 CR、EV 的变化曲线,筛选出与作业云体单元变化趋势最接近的确定为对比云体单元。

4 结果分析

本文选取徐州市一次火箭人工增雨作业效果进行物理检验,作业工具是陕西中天研发的 WR-98 型增雨火箭,弹长 1450 ± 5 mm,最大射高 $8.0(85 \ ℃) \pm 5$ km,催化剂 AgI 含量 33.3 g,$-10 \ ℃$ 时成核率为 1.8×10^{15} 个/g,播撒时间 $35 \sim 48$ s,具体作业信息如表 2 所示。

表 2 2016 年 4 月 16 日徐州市增雨作业信息

作业点	开始时间	结束时间	仰角	方位角	作业之前天气状况	作业之后天气状况
大沙河	07:55	07:57	58°	250°	小雨	中雨

4.1 天气形势及作业合理性分析

分析 2016 年 4 月 16 日的天气形势和模式资料可知:江苏北部地区有西风槽过境,受冷、暖空气的共同影响,加之切变线、气旋相互配合,淮河以北地区从 15 日后半夜开始将会出现降水天气,降水类型为层状云降水,雨量分布不均,天气状况为小雨转中雨,局部大雨,主降水出现在 16 日白天,此次过程降水结束快,有两个雨量中心,局部地区增雨潜力较好,适宜开展人工增雨作业。

结合作业信息根据作业时刻的雷达回波图(图 4)可知:作业点位于云体移动方向(自西南向东北方向移动发展)的下风方,有利于催化剂扩散作用于作业目标单元。经分析,该增雨作业个例合理。

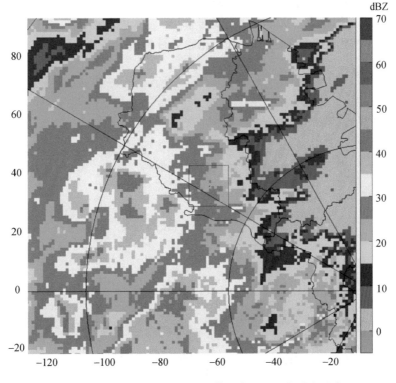

图 4 2016 年 4 月 16 日大沙河作业点 07:59 的雷达回波

4.2 云体动态追踪检验

为识别出增雨潜力较大的云体单元,结合层状云降水的一般特征,将 CR 阈值设定为 40 dBZ,EV 阈值设定为 30 km³,在雷达探测区域内做云体识别,确定作业目标云体单元并予以编号,如图 5 所示。

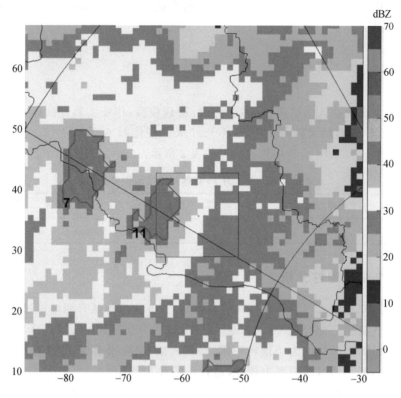

图 5　08:10 作业目标云体单元(编号 11)

由于回波不断发生变化,在云体识别过程中对每一帧图像均识别出与作业云体单元生命史比较类似的云体,将这些识别出的云体作为备选单元进行编号和(备选单元编号有:2、3、4、5)追踪。从中选出与作业云体单元(编号:8)的物理属性最接近、发展和变化趋势最相似的备选单元确定为对比云体单元(编号:5),如图 6 所示。

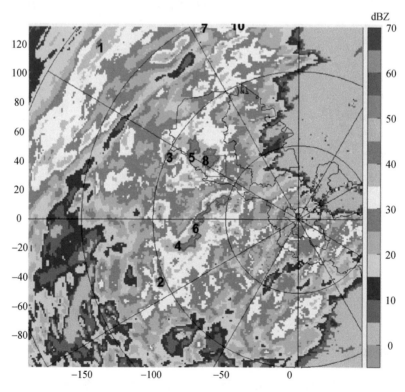

图 6　08:16 作业云体单元和对比云体单元(编号 8、5)

对作业云体单元和对比云体单元的完整生命史进行识别追踪,对云体单元的质心进行一阶拟合,绘制出云体整体移动路径和方向,如图7所示。

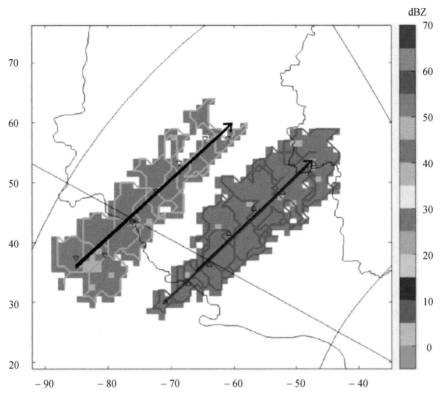

图7 对作业云体单元和对比云体单元完整生命史的识别追踪

图中蓝、黑线段分别表示作业云体单元和对比云体单元的整体移动方向,两者均由西南向东北方向移动且近乎平行;图中红色闭合曲线表示作业云体单元在移动方向上不同时刻的外围轮廓,绿色闭合曲线表示对比云体单元的外围轮廓。

在催化作业之后重点关注作业云体单元和对比云体单元在各物理属性的变化差异,用 TC 表示作业云体单元,CC 表示对比云体单元,DC 表示两者在某个物理量上的差异,如表3所示。

表3 2016 年 4 月 16 日大沙河作业云体单元与对比云体单元的对比数据

时间	ET/km			EV/km³			R_{max}/dBZ			VIL/(kg/m²)			PFX/(m³/s)		
	TC	CC	DC	TC	CC	DC	TC	CC	DC	TC	CC	DC	TC	CC	DC
07:59	6.5	6.5	0.1	85.9	251.8	−165.9	41.5	44.5	−3.0	27.6	106.0	−78.4	51.2	207.8	−156.6
08:05	6.5	6.3	0.3	196.5	548.9	−352.4	45.5	45.5	0.0	80.2	223.8	−143.6	159.6	424.7	−265.1
08:10	6.4	6.2	0.2	328.4	412.6	−84.2	45.5	45.0	0.5	120.9	172.9	−52.0	246.9	338.8	−91.9
08:16	6.4	6.1	0.3	604.9	377.3	227.6	46.0	44.5	1.5	233.5	160.3	73.2	477.8	312.5	165.3
08:22	6.4	5.9	0.4	619.2	251.3	367.9	45.5	46.0	−0.5	246.8	110.0	136.8	509.8	218.4	291.4
08:28	6.1	6.0	0.1	494.0	232.9	261.1	45.0	45.0	0.0	194.5	110.3	84.2	404.9	220.2	184.7
08:33	6.2	5.6	0.6	441.4	72.6	368.9	46.5	42.5	4.0	170.0	33.9	136.1	364.4	64.2	300.2

分别绘制出作业云体单元和对比云体单元在 ET、EV、R_{max}、VIL、PFX 上的时间序列变化曲线,标识出作业信息,对比分析作业云体单元和对比云体单元随时间的发展演变,如图8所示。

催化作业后约 30 min 内(07:59—08:28)作业云体单元与对比云体单元 ET 的变化略有差异,但平均值比较接近;08:28 以后作业云体单元 ET 变化平缓,对比云体单元 ET 值则减少 0.42 km,出现出明显下降趋势(图 8a)。

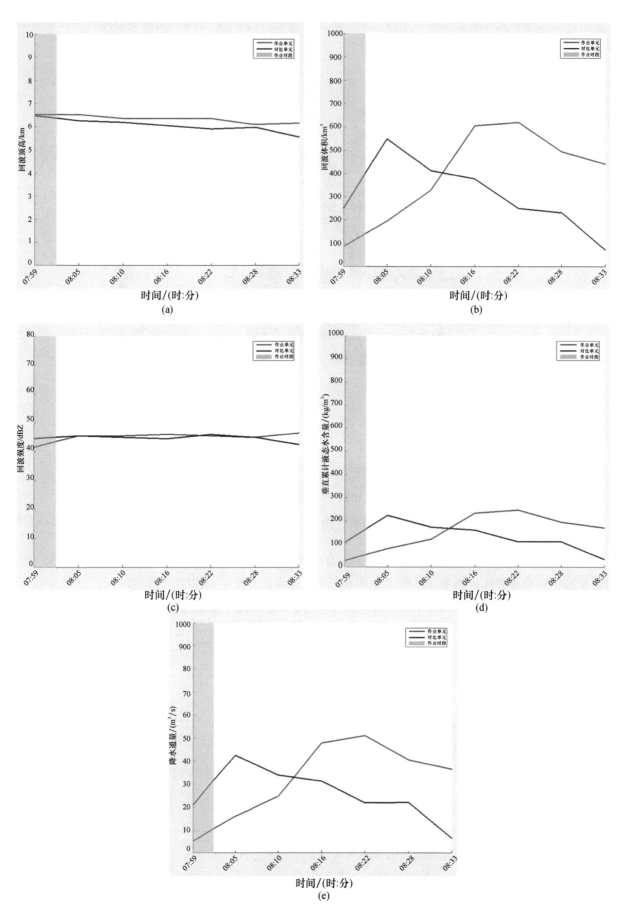

图 8　作业云体单元和对比云体单元 ET(a)、EV(b)、R_{max}(c)、VIL(d)及 PFX(e)随时间变化的对比分析

作业前后约 25 min 时间内(07:59—08:22)作业云体单元 EV 值不断增加,对比云体单元 EV 值从 08:05 开始出现下降趋势;08:22 后作业云体单元 EV 值开始减小,变化较为平缓,对比云体单元在 08:28 时出现出明显下降趋势,下降速率约 -26.7 km^3/min(图 8b)。

作业时作业云体单元 R_{max} 值明显小于对比云体单元,相差 3.0 dBZ,之后迅速增加,两者 R_{max} 值相当,持续约 25 min;对比云体单元则从 08:05 开始 R_{max} 值出现下降趋势;08:28 后作业云体单元 R_{max} 值仍有略微上升趋势,对比云体单元则在 08:28 明显下降,到 08:33 下降了 2.5 dBZ,此时作业云体单元和对比云体单元 R_{max} 值相差 4.0 dBZ(图 8c)。

作业时作业云体单元 VIL 值明显小于对比云体单元,之后迅速增加,对比云体 VIL 值则呈现先增加后减小的变化趋势;08:22 作业云体单元 VIL 值开始出现下降趋势,08:28 进一步减小,但变化较为平缓,对比云体单元 VIL 值则在 08:28 出现出明显下降趋势,作业云体单元和对比云体单元的 VIL 差值经历了从 07:59 的 -78.4 kg/m^2 到 08:33 的 136.1 kg/m^2 快速提升(图 8d)。

PFX 随时间变化的曲线类似于 VIL,作业时作业云体单元 PFX 值明显小于对比云体单元,之后迅速增加,对比云体 PFX 值则呈现先增加后减小的变化趋势;08:22 作业云体单元 PFX 值出现下降趋势,08:28 进一步减小,但变化较为平缓,对比云体单元在 08:28 出现明显下降趋势,PFX 差值在 08:33 达到最大值 300.2 m^3/s(图 8e)。

5 结语

对于在地市级小范围内开展的火箭人工增雨作业,适宜选择基于天气雷达探测的物理检验技术方法,针对每个作业点进行具体分析来获取催化作业是否有效的物理证据。对于 2016 年 4 月 16 日徐州市火箭人工增雨个例作业效果的物理检验分析可以得到如下结论。

(1)伴随着人工增雨催化因素的影响,作业后作业云体单元较对比云体单元发展更为剧烈且持续发展时间更长。

(2)作业云体单元相对对比云体单元在 5 个物理量的正偏离逐渐变大(尤其是 EV、VIL 和 PFX 的变化较为明显,而 ET 和 R_{max} 虽然呈现出正偏离,但偏离量较小,可能的原因是层状云发展较之对流云相对平缓)。

(3)作业前对比单元与作业单元整体发展趋势比较一致,对比云体单元发展更迅速、更旺盛,达到峰值后逐渐减弱,但在作业 25~30 min 后,作业云体单元在催化剂的作用下进一步发展并维持一段时间。

由于云物理降水现象复杂多变,现有探测手段对自然界的云雨变化情况的掌握还不够全面细致,人工增雨作业效果的科学检验水平仍有较大的提升空间。在今后的工作中可以对淮北地区的火箭人工增雨作业历史个例归纳整理,按照天气系统、降水类型等进行分类,建立合理的区域增雨作业效果物理检验模型。

参考文献

[1] 邢涛.人工影响天气作业在气象防灾减灾中的作用[J].农业技术与装备,2019(10):47-49.

[2] 贾烁,姚展予.江淮对流云人工增雨作业效果检验个例分析[J].气象,2016,42(2):238-245.

[3] Kapil D S,Bhat G S. Storm characteristics and precipitation estimates of monsoonal clouds using C-band polarimetric radar over Northwest India[J]. Theoretical and Applied Climatology,2019,138(12):237-248.

[4] Rosenfeld D,Woodley W L. Effects of cloud seeding in West Texas:Additional results and new insights[J]. J Meteor,1993,32:1848-1866.

[5] Woodley W L,Rosenfeld D. The development and testing of a new method to evaluate the operational cloud-seeding programs in Texas[J]. Appl Meteor,2004,43:249-263

[6] 刘伯华,张鑫,周鹏,等.几种气象资料在人工增雨效果评估中的应用研究[J].中国环境管理干部学院学报,2018,28(4):40-43.

[7] 黄彦彬,毛致远,敖杰.基于 TITAN 云追踪技术的对流云人工增雨物理效果检验业务化平台[C]// 中国气象学会.第35 届中国气象学会年会 S16 人工影响天气理论与应用技术研讨,2018:67-68.

［8］王以琳,王俊.地面人工增雨随机试验方法的探讨[J].干旱气象,2015,33(5):756-760.

［9］蒋年冲,曾光平,袁野,等.夏季对流云人工增雨效果评价方法初探[J].气象科学,2008(1):100-104.

［10］樊志超,周盛,汪玲,等.湖南秋季积层混合云系飞机人工增雨作业方法[J].应用气象学报,2018,29(2):200-216.

［11］周亦凌,姚展予.一次积层混合云增雨作业天气条件分析和雷达回波效果检验[J].气象与环境科学,2017,40(1):11-20.

浙江春季东南沿海火箭作业个例雷达回波响应分析

姜舒婕　杜雪婷　程　莹

（浙江省人工影响天气中心，杭州 310000）

摘　要：利用多普勒雷达数据，对 2020 年 4 月 11 日浙江温州乐清市火箭作业过程进行物理检验，得到以下结论：催化后 10 min 回波有合并、范围扩大和高度略有增加的趋势，强度明显增强；随后回波强度维持，但形态又趋向分散，到催化 40 min 后，强度有所减弱，催化增强大约能维持 30 min；催化可延长回波的生命史，延长时间约为 30 min。

关键词：火箭作业，物理检验，雷达回波

1　引言

物理检验是利用观测和探测技术，对云降水物理参量进行监测，测量催化导致的宏观动力效应和微观物理效应等播云的直接效果，为提升人工增雨作业效果提供物理证据[1-8]。本文针对春季冷空气东移南下降水过程中浙江东南沿海温州乐清市的一次作业过程进行作业效果的物理检验，分析增雨作业云系的物理响应，为浙江省人工增雨的物理检验方法提供例证和参照。

2　作业情况和天气背景

2020 年 4 月 11 日乐清市共进行 1 次地面火箭作业，作业位置位于 28.27°N，120.96°E，作业目的为增加水库蓄水和降低森林火险等级。火箭作业时间为 07:51—07:57，共发射 8 枚 BL-1A 型火箭弹，每枚火箭弹 AgI 含量为 10.5 g。

2020 年 4 月 11 日作业当天，500 hPa 横槽转竖（图 1a），槽位于河南至湖南一带，浙江上空为槽前西南气流。850 hPa 有明显冷切（图 1b），主雨带位于切变南侧西南气流内。地面冷锋锋面位于浙北至广西一带（图略），作业区位于在 850 hPa 冷切的南侧和地面冷锋前部，此次作业是在冷空气东移南下降水过程

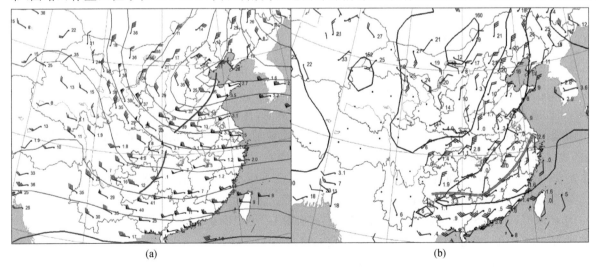

图1　2020 年 4 月 11 日 500 hPa(a)和 850 hPa(b)天气形势图

中进行的。从距离作业点最近的洪家站探空看出(图2),11日08:00 0 ℃层高度为3.32 km,−10 ℃层高度为5.576 km,−5 ℃层以下基本为西南风,有利于向作业区输送暖湿空气。同时,08:00湿度层深厚,云顶高度约为12.3 km,−10 ℃层以下温度露点差基本为0 ℃,大气处于饱和状态。

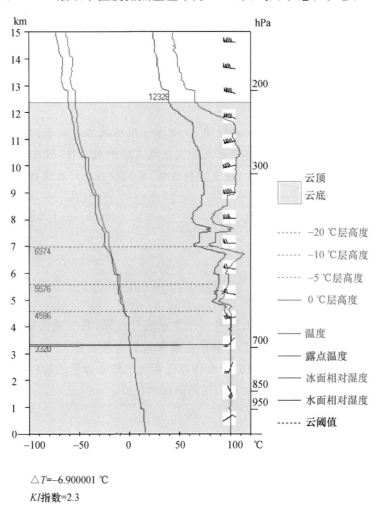

$\triangle T = -6.900001$ ℃

KI指数=2.3

图2　2020年4月11日08:00洪家站探空图

3　雷达回波响应分析

3.1　作业单元云体时间序列分析

利用温州业务化多普勒雷达基数据对2020年4月11日07:51—07:57在乐清2号作业点作业个例进行时间序列对比分析,选择雷达基数据时间为07:48—08:48。此次作业方位角为221°,即作业点的南偏西方向,通过综合分析云图(图略)、高空探测和回波演变,作业点上方为西南风,作业催化剂向由作业点的南偏西方向向东偏北方向扩散。由图3a可看出,作业前在作业点的正南方向有15~35 dBZ强度的回波,也是作业影响回波。作业20 min后(图3b)作业影响回波移动至作业点正东方向,回波有合并和增强的趋势,30~40 dBZ的强度面积明显增大。作业50 min后,作业影响回波移动至作业点的东北方向,40 dBZ强度的回波基本不存在,回波有分散减弱的趋势。

图4为07:24—08:36作业影响区回波的垂直剖面图。可以看到作业前(图4a)和实施作业时(图4b)回波垂直结构上由一个强中心分散为两个强中心,强中心上方海拔4~5 km高度出现了回波空隙,强中心强度由最大30 dBZ增长到35 dBZ。作业10 min后(图4c),强中心又合并为一个,强度增强到50 dBZ,30 dBZ的强度以上的范围有明显扩大并略有抬高,同时垂直4~5 km高度的回波空隙消失。作业后

15～20 min（图 4d 和 4e），强中心又分散为两个，最强为 45 dBZ，30 dBZ 的强度以上的范围先扩大后缩小。到作业后 40 min(图 4f)，回波强度减弱，范围缩小，高度降低。

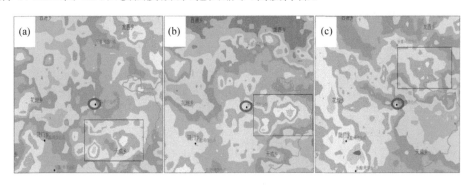

图 3　2020 年 4 月 11 日 07:48(a)、08:18(b)和 08:48(c)温州多普勒雷达组合反射率
（红色圆圈为作业点位置；红色方框为作业影响回波）

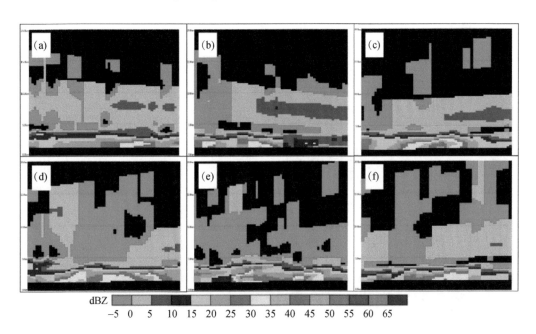

dBZ
−5　0　5　10　15　20　25　30　35　40　45　50　55　60　65

图 4　作业区 07:24(a)、07:54(b)、08:06(c)、08:12(d)、08:18(e)和 08:36(f)回波强度垂直剖面图

　　需要指出的是，乐清作业时仰角为 65°，根据火箭弹理论射程，作业播撒高度为 4.557～5.506 km，播撒高度的温度在 −10～−5 ℃，是冷云催化的理想高度。根据 08:00 风云 2 号云图反演(图略)，作业点附近虽然云顶高度达到 8 km，但是回波顶高(图 4)基本维持在 3～4 km，0 ℃层以上的回波浅薄且强度较弱，和前人[4-8]的作业云系物理检验分析相比，作业云系并不是非常理想的作业对象。

3.2　作业单元与对比单元对比分析

　　通过对目标云体单元发展过程的分析，按照目标云和对比云面积、强度、生命史大体相当，且不受作业污染的原则，最终选取位于作业云体西侧(也是上游)的永嘉境内，分析得出对比云体单元时间段与作业云体一致，从形态和回波作业前生命史来看，基本满足影响区和对比区的要求。图 5 是作业影响区和对比区作业前 20 min、作业时、作业后 20 min、作业后 50 min 雷达组合反射率拼图和统计对比。

　　图 5a 和 5b 是作业前 20 min 影响区和对比区雷达组合反射率拼图和统计对比，影响区和对比区最大回波强度均为 45 dBZ，两区均值相近，但是影响区主要回波强度为 25～35 dBZ，占比 72%，而对比区主要回波强度是 25～30 dBZ，占比 75%，相对来说影响区的回波强度分布更加均匀。到作业时(图 5c 和 5d)，影响区和对比区的强度变化不明显，形态上有整体向分散的趋势。作业后 20 min(图 5e)影响区的回波合并，图 5f 可以看出影响区回波强度均值从 24.07 dBZ 增强到 26.53 dBZ，20 dBZ 以下的数量减少，25 dBZ

以上的数量均有不同程度的增加,主要是 25 dBZ 和 30 dBZ 强度的数量增加。而对比区的回波则明显消散、减弱(图 5e 和 5f),回波均值由 25.9 减小到 21.4。作业后 50 min(图 5g 和 5h),影响区的回波减弱明显,对比区内原有回波已基本消散,但由于其西侧新生回波移入,导致区域内强度有明显的增强。

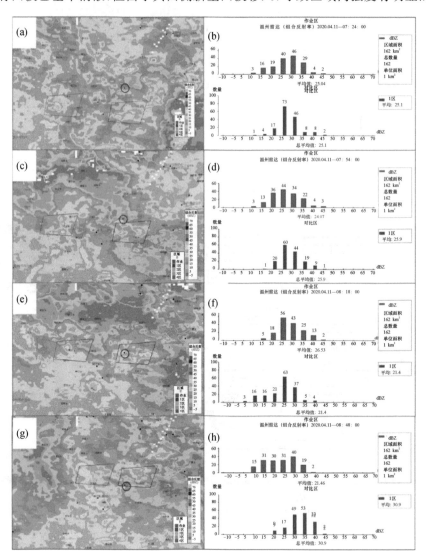

图 5 2020 年 4 月 11 日 07:24(a)、07:54(c)、08:18(e)、08:48(g)温州多普勒雷达组合反射率和
07:24(b)、07:54(d)、08:18(f)、08:48(h)影响区与对比区雷达组合反射率统计值
(红色圆圈为作业点,红色、蓝色矩形分别为作业影响区、作业对比区)

4 结论

(1)分析作业影响区回波可知,催化后 10 min 回波有合并、范围扩大和高度略有增加的趋势,强度明显增强。随后回波强度维持,但形态又趋向分散,到催化 40 min 后,强度有所减弱,催化增强大约能维持 30 min。

(2)对比分析此次作业个例的影响区和对比区,发现催化可延长回波的生命史,延长时间约为 30 min。

(3)此次作业的作业仰角和方位角基本合理,但是选取的作业对象回波顶高偏低,若是能选择回波顶高在 4.5 km 以上的作业对象,作业效果可能会更加理想。

参考文献

［1］郭学良,付丹红,胡朝霞.云降水物理与人工影响天气研究进展(2008—2012年)［J］.大气科学,2013,37(2):351-363.

［2］李大山,章澄昌,许焕斌.人工影响天气现状与展望［M］.北京:气象出版社,2002.

［3］崔丹,黄彦彬,肖辉,等.多普勒雷达数据在海南省人工增雨效果评估中的应用［J］.大气科学学报,2012(1):89-96.

［4］袁野,冯静夷,蒋年冲,等.夏季催化对流云雷达回波特征对比分析［J］.气象,2008,34(1):41-47.

［5］贾烁,姚展予.江淮对流云人工增雨作业效果检验个例分析［J］.气象,2016,42(2):238-245.

［6］祝晓芸,姚展予.江西省对流云火箭增雨作业个例分析［J］.气象,2017,43(2):95-105.

［7］王以琳,姚展予,林长城.一次火箭人工增雨作业雷达回波响应探讨［J］.气象科技,2016,44(6):1053-1059.

［8］于丽娟,姚展予.一次层状云飞机播云试验的云微物理特征及响应分析［J］.气象,2009,35(10):8-24.

牛头山库区人影技术思路及效果分析 *

尹先龙　王鑫凯

（临海市气象局,临海 317000）

摘　要：根据中国气象局人工影响天气中心编制的《人工增雨作业效果检验技术指南》(2016 版),利用临海国家基本站积累的降水资料,对 2018 年临海 1 号作业点——牛头山库区的人影作业效果进行再分析,得出增雨效果的一元线性回归方程。为客观评价临海人工影响天气作业效果打下基础。

关键词：人工影响天气,技术思路,效果分析,牛头山库区

临海地处浙江中部沿海,年平均气温 17.7 ℃,年降水量 1686.7 mm,6 月上、中旬和 7 月上旬为梅汛期降水集中期,7—9 月以晴热天气为主,属亚热带季风气候区,降水时空分布不匀[1]。

影响本地区的主要降水系统有低涡切变、高空槽、台风、地面倒槽等,当降水系统影响时,临海常位于切变南侧、高空槽前、暖区内西南暖湿气流以及台风和地面倒槽控制下,对应的降水云系多数由西南向东北方向移动。

利用人工增雨技术,合理开发空中水资源,是缓解地方旱情,保障供水的有效手段[2-3]。人工影响天气理论和方法是否正确,只能通过评估效果来检验,但人工增雨技术效果评估一直是一个世界难题,因此,科学、客观的效果检验能极大地推动人工增雨技术的健康持续发展[4]。

1　材料及方法

采用 2018 年临海 1 号作业点的资料,现列表如下。

表 1　2018 年临海市人工增雨作业情况统计结果

序号	项目					
	日期	降水天气系统	作业点	作业时间	火箭弹/枚	效果/×10⁴ t
1	2018 年 3 月 2 日	高空浅槽、低层低涡	牛头山	02:18—02:26	8	43
2	2018 年 3 月 7 日	高空槽、低层涡切	牛头山	10:56—11:04	8	96
3	2018 年 3 月 19 日	高空槽、低层涡切	牛头山	16:00—16:01	4	48
4	2018 年 4 月 4 日	地面倒槽、低层切变	牛头山	05:00—05:04	4	1
5	2018 年 4 月 5 日	高空小槽、地面冷空气	牛头山	22:12—22:17	6	29
6	2018 年 5 月 22 日	地面冷空气、低层切变	牛头山	14:40—14:43	4	30
7	2018 年 5 月 30 日	低涡切变、冷空气	牛头山	15:30—15:32	2	44

可用方法有:序列分析、区域对比分析、区域历史回归统计等。本文拟用区域历史回归统计检验技术[5-8]。它基于地面历史与实时降水量资料,采用正态分布理论、最小二乘法理论、t-检验法等数学理论基础,思路清晰,计算步骤严明,可研性强,适用范围广。基于地面降水量资料的区域历史回归统计检验方法要求统计变量满足正态分布。通常情况下,地面降水量不满足这个条件,需要对地面降水量进行正态变换、正态检验。将服从或近似服从正态分布的代换变量作为新变量,并建立一元线性回归方程,计算增

* 发表信息:本文原载于《浙江气象》,2020,41(2):46-49.
　　资助信息:临海市"山海计划"农业科技项目(2019SHJH05)。

雨量,最后对计算结果进行可信度检验。

1.1 合理性分析

根据《人工增雨作业效果检验技术指南》(2016 版),合理性分析利用雷达等观测资料,结合火箭作业的方位和仰角,确定、判定目标云系是否在地面火箭的有效射程以内,以此来判断作业过程是否合理。

由于临海国家基本站处于牛头山库区的上风方和上游地区,不受人影作业的催化剂影响;且两者受相同或相似的天气系统影响,有可比性。根据表 1 计算临海(1981—2010 年)各日 12 h 历史平均值(分夜间和白天),如表 2 所示。

表 2　临海站(58660)对应表 1 各日历史平均值

日期	项目	
	平均夜间降水量/mm	历史平均白天降水量/mm
1981—2010 年　3 月 2 日	0.5	1.5
1981—2010 年　3 月 7 日	2.4	1.2
1981—2010 年　3 月 19 日	3.1	3.4
1981—2010 年　4 月 4 日	2.2	1.3
1981—2010 年　4 月 6 日	2.4	3.7
1981—2010 年　5 月 22 日	1.3	2.9
1981—2010 年　5 月 30 日	2.0	3.0

根据作业期间,影响区(以牛头山中尺度站 K8608 降水量为代表)的实际降水量减去表 2 中对比区相应期间的平均降水量,作为作业效果。而 2018 年 4 月 4 日夜间库区的降水量为 0.1 mm,小于对比区的平均降水量 2.2 mm。显然不符合实际,应该舍去。

1.2 相关性分析

把符合合理性分析要求的人影作业对应时段的实际降水量减去对比区的自然降水量,记为 y,其值从小到大排列为:

$$1.2, 2.7, 8.4, 9.1, 10.3, 15.1$$

把相应的自然降水量记为 x,也从小到大进行排列:

$$0.5, 1.2, 2.4, 2.9, 3.0, 3.4$$

则: $\bar{x} = (0.5 + 1.2 + 2.4 + 2.9 + 3.0 + 3.4)/6 = 2.23$

$\bar{y} = (1.2 + 2.7 + 8.4 + 9.1 + 10.3 + 15.1)/6 = 7.8$

有关数据列表如下。

表 3　x, y 数组相关数据计算

项　目	$x_i - \bar{x}$	x_i^2	$(x_i - \bar{x})^2$	$x_i y_i$	$(x_i - \bar{x})(y_i - \bar{y})$	$y_i - \bar{y}$	$(y_i - \bar{y})^2$
	−1.73	0.25	2.99	0.60	11.42	−6.60	43.56
	−1.03	1.44	1.06	3.24	5.25	−5.10	26.01
数值	0.17	5.76	0.03	20.16	0.10	0.60	0.36
	0.67	8.41	0.45	26.39	0.87	1.30	1.69
	0.77	9.00	0.59	30.90	1.93	2.50	6.25
	1.17	11.56	1.37	51.34	8.54	7.30	53.29
合计	0.02	36.42	6.49	132.63	28.11	0.00	131.16

故 $r = \dfrac{\sum\limits_{i=1}^{n}(x_i - \bar{x})(y_i - \bar{y})}{\sqrt{\sum\limits_{i=1}^{n}(x_i - \bar{x})^2 \sum\limits_{i=1}^{n}(y_i - \bar{y})^2}} = 28.11/(6.49 \times 131.16)^{1/2} = 0.9633$

说明影响和对比区两者降水量的相关程度较高。

1.3 统计变量的正态检验和正态变换

（1）求数组 y 的标准差。

由表 3 数据可得：$S_y = \sqrt{\dfrac{1}{n-1}\sum\limits_{i=1}^{n}(y_i - \bar{y})^2} = (131.16/5)^{1/2} = 5.12$

（2）求经验分布函数值：经验分布函数值等于 $(i-1)$ 与 n 的比值，即 $F_n(y_i) = \dfrac{i-1}{n}$，其中 i 表示数组 y 中数据所对应的序号，取值 $1,\cdots,n;n$ 表示样本总数。

取 $n=6$，则有经验分布函数值：$0.00,0.17,0.33,0.50,0.67,0.83$。

（3）求理论分布函数值：先求 $\tau_i = (y_i - \bar{y})/S_y$ 的值。

同理，由表 3 数据得：$-6.6/5.12,-5.1/5.12,0.6/5.12,1.3/5.12,2.5/5.12,7.3/5.12$，即 $-1.289,-0.996,0.117,0.254,0.488,1.426$。

查标准正态分布函数表得到数组 y 中数据对应的理论分布函数值为：$0.0895,0.1587,0.5478,0.5987,0.6879,0.9236$。

（4）求出数组 y 中每个数据的经验分布函数值与对应的理论分布函数值的差值（取绝对值），即 $0.0895,0.0113,0.2178,0.0987,0.0179,0.0936$。

（5）找出所求得的 n 个差值的最大值 $D_n = \sup|F_n(x) - F(x)|$，将该值乘以 $\sqrt{n}$ 得到一个数值，设为 m，$m = \sqrt{n}D_n$，即 $m = \sqrt{6} \times 0.2178 = 0.5335 < 1.36$。则认为统计变量近似服从正态分布。

1.4 建立区域历史回归方程

利用作业影响区和对比区的历史雨量资料，以对比区历史区域平均降水量（以 58660 为代表，下同）为自变量，作业影响区代表站（牛头山中尺度站 K8608，下同）实时降水量减去对比区历史区域平均降水量为因变量，采用最小二乘法建立一元线性回归方程 $y = a + bx$，其中系数 $b = \dfrac{S_{xy}}{S_x^2} = \dfrac{\sum\limits_{i=1}^{n}x_i y_i - n\bar{x}\bar{y}}{\sum\limits_{i=1}^{n}x_i^2 - n\bar{x}^2}$，系数 $a = \bar{y} - b\bar{x}$（x_i、y_i 分别表示历史期对比区、作业影响区区域平均降水量；$\bar{x}$、$\bar{y}$ 分别表示历史期对比区、作业影响区区域平均降水量的平均值；系数 b 的分子是历史期对比区、作业影响区区域平均降水量的协方差；系数 b 的分母是历史期对比区区域平均降水量的方差）。

由表 3 数据，即得：$b = 28.11/6.49 = 4.33$，

$a = \bar{y} - b\bar{x} = 7.5 - 4.33 \times 2.23 = -2.156$，

故有一元线性回归方程：$y = 4.33x - 2.156$。

1.5 统计检验结果的显著性检验

统计学已证明，如果假设 $\rho = 0$，则 $t = r \times (n-2)^{1/2} \div (1 - r^2)^{1/2}$ 是符合自由度为 $n-2$ 的 t 分布[9]。把 $r = 0.9633,n = 6$ 代入上式得：$t = 7.178 > 3.707$（信度 $\alpha = 0.001$），否定 $\rho = 0$ 的假设。应该认为统计检验结果通过显著性检验。

2 问题探讨

根据上述回归方程，对经过合理性分析的 4 次作业过程（表 1 数据），进行效果再分析，如表 4 所示。

表 4 2018 年临海市人工增雨作业效果主客观比较

序号	项目					
	日期	降水天气系统	作业点	作业时间	效果(主观)/×10⁴ t	效果(客观)/×10⁴ t
1	2018 年 3 月 2 日	高空浅槽、低层低涡	1 号	02:18—02:26	43	0
2	2018 年 3 月 7 日	高空槽、低层涡切	1 号	10:56—11:04	96	30
3	2018 年 3 月 19 日	高空槽、低层涡切	1 号	16:00—16:01	48	126
5	2018 年 4 月 5 日	高空小槽、地面冷空气	1 号	22:12—22:17	29	82
6	2018 年 5 月 22 日	地面冷空气、低层切变	1 号	14:40—14:43	30	104
7	2018 年 5 月 30 日	低涡切变、冷空气	1 号	15:30—15:32	44	108

2.1 优点

(1)从表 4 看,总体评估结果:区域历史统计回归方程分析(客观)比序列分析(主观)方法的效果好,有利于地方政府为百姓办实事的业绩提升。

(2)区域历史回归方程分析,可利用国家基本站(58660)积累的历史资料,事先计算出一年中各日(分夜间和白天)的历史平均值,对应代入方程即可得出效果评估值,既简单又方便。也为各级领导指挥抗旱增雨、水库蓄水和净化城市空气质量等决策,快速提供效果评估。

(3)为个人积累经验,为单位积累历史个例,为后来者快速融入人工影响天气工作提供理论指导。

2.2 缺点

(1)上述 1.2 节相关分析中的两数组,虽然相关性好,但是各自以一个站点代表区域平均,显得过于简化,与《人工增雨作业效果检验技术指南》(2016 版)的要求有所出入。

(2)数组 x 的值有较长的时间序列,而数组 y 的取值是以牛头山中尺度站 K8608 实际降水减去数组 x 相对应区间的平均值求得的,也就是所说的人影增雨效果。这样求得的回归方程,没有理论可供参考。

(3)样本 $n=6$,数量少,能否很好地代表总体值得商榷。

3 改进措施

在上级人影专家指导下,规范划定作业影响区和对比区,增加两区中尺度站密度,积累较长序列的降水资料,能够较好地代表两区的降水历史平均值。

继续进行人影业务试验,收集尽可能多的样本数,使有限的样本能够代表或接近总体规律。完善 1.4 节中一元线性回归方程,使之更好地应用到业务工作中。

参考文献

[1] 尹先龙,邱晓莹,陈昌来.气象条件对机械化采茶的影响[J].安徽农学通报,2017,23(10):151-152.

[2] 王广河,胡志晋,陈万奎,等.人工增雨农业减灾技术研究[J].应用气象学报,2001,12(S1):1-9.

[3] 贺鑫,贺洪军,何洋.人工增雨作业技术在营口市抗旱减灾中的应用[J].北京农业,2014(33):199-200.

[4] 姚展予,贾烁,王飞.人工增雨作业效果检验技术指南(2016 版)[M].北京:气象出版社,2016:2-20.

[5] 汪玲,韦增岸,程鹏,等.湖南人工增雨作业效果统计检验与分析[J].气象研究与应用,2019,40(3):85-89.

[6] 王治平,张中波,丁岳强,等.湖南人工影响天气技术研究与应用[M].长沙:湖南科学技术出版社,2011:261-281.

[7] 关帅,赵秀,孟祥鹏.规格材抗弯强度分布函数的拟合优度分析[J].林业科技,2015,40(4):26-28.

[8] 翟晴飞,敖雪,袁健,等.基于区域历史回归法的辽宁地区一次人工增雨作业效果检验[J].气象与环境学报,2017,33(6):96-104.

[9] 施能.气象统计预报[M].北京:气象出版社,2009:16.

第五部分
室内实验

一种硅铝酸盐化合物暖云催化剂吸湿性能实验研究[*]

张景红[1,2]　王超群[1,2]　刘　洋[1,2]

(1 中国气象局吉林省人民政府人工影响天气联合开放实验室,长春 130062;
2 吉林省气象灾害防御技术中心,长春 130062)

摘　要:针对我国暖云催化剂的实际需求优选出一种硅铝酸盐化合物,并对新研发的暖云催化剂进行吸湿能力、吸湿速度、放热能力等对比性实验检测。结果表明,该暖云催化剂在吸湿能力和吸湿速度上优于以往使用的水泥、食盐、硅藻土、尿素等材料,平均吸水量达到 $217.2 \text{ mg} \cdot \text{g}^{-1}$,吸湿速度比其他催化剂高出 $1 \sim 2$ 个数量级,吸湿性能优于以往催化剂,并且具有放热能力,有望成为性能良好的暖云催化剂。该暖云催化剂不含重金属和有机物,对环境没有任何危害,成份接近土壤成份。

关键词:暖云催化剂,吸湿性,性能检测

1　引言

我国从 1958 年开始了人工增雨试验,目前人工增雨已经初具规模[1-2]。人工增雨作业需要播撒催化剂,催化剂直接影响人工影响天气效果,催化剂的研究在人工影响天气领域中是一个关键环节[3-4]。催化剂催化性能好坏是开展人工影响天气业务和提高科技水平最基本的科学依据。干冰和碘化银是目前国内外认可,催化效果良好的冷云云系增雨催化剂。我国目前普遍使用的是冷云催化剂,仅适合于对符合增雨条件的冷云和混合云冷层催化作业[5-7],而吸湿性催化剂适用于符合增雨条件的混合云暖层及暖云的催化。在我国北方的夏季和南方大部分降水云系大都是暖云和混合云云系,暖云是重要的降水资源,暖云催化需要暖云催化剂。对于暖云的研究,先后提出了云滴增长的随机过程理论,建立了我国的暖云降水理论[8-9],黄美元等[11]认为暖云降水中云内有足够多的大云滴是云中形成降水的必要条件;顾震潮等[12-13]针对浓积云生命史较短的特点首先提出“大颗粒、大剂量催化暖云”的理论。近年来,许多国家外场作业中采用吸湿性催化剂,南非、墨西哥、印度、泰国等国家进行的吸湿性催化试验,都得到了降水增强的统计结果[14]。吸湿性颗粒催化云雨可促进暖雨过程(使云滴群更容易产生雨滴),播撒的吸湿性核增加,可促使降水连续增加,这就是 Bowen 提出的重力碰并机制[15]。国内外很多科学家对于催化剂研发均取得了大量成果[16-23],对于吸湿性暖云催化剂也进行了深入研究[16-20]并取得了重要进展[24-25]。如“十一五”国家科技支撑计划“人工影响天气关键技术与装备研发”项目对暖云焰剂催化剂研发。房文等[26]利用一些数值模拟试验结果表明,气溶胶核对促进降水形成具有重要影响。苏正军等[27]对吸湿性烟剂物质催化云雨的进展进行了研究,得到了很好的效果。高建秋等[28]等对吸湿性消暖雾催化剂不断开展研究工作。

目前我国直接播撒入云的暖云催化剂主要有水泥、食盐、硅藻土、尿素等吸湿性材料,但上述暖云催化剂都存在一定的局限性,如氯化钠、氯化钙等吸湿性较好,却有一定的腐蚀性;水泥、矿渣粉等成本低廉,但吸湿性不好[17-18]。本文针对 A 型分子筛材料中优选出有序介孔材料硅铝酸盐化合物,与水泥、食盐、硅藻土、尿素等以往使用的暖云催化剂在吸湿性能方面进行了室内吸湿性能实验研究。

---

[*] 发表信息:本文原载于《干旱气象》,2019,37(1):153-158.

资助信息:国家重点研发计划项目(2018YFC1507900),河北省气象与生态环境重点实验室开放研究基金项目(Z201801Y)。

2 性能检测

2.1 实验材料

该新型暖云催化剂为结晶的硅铝酸盐化合物材料,属于 A 型分子筛,立方晶系,微米级材料,颗粒大小可控,具有多孔结构,由 SiO_2 与 Al_2O_3 组成,是硅铝通过氧桥连接组成空旷的骨架且规则的纳米级孔道结构,为有序微孔材料。结构中存在孔径均匀的孔道和排列整齐、内表面积很大的空穴,具有较大的比表面积,其比表面积一般大于 $1000\ m^2 \cdot g^{-1}$[29-31](该材料实验室测比表面积为 $300 \sim 700\ m^2 \cdot g^{-1}$,硅藻土、食盐、水泥和尿素的比表面积小于 $100\ m^2 \cdot g^{-1}$);孔的尺寸均匀,可以在 $2 \sim 50\ nm$ 进行调节[24-26]。其分子筛结构及样品如图 1 所示。材料表面有大量羟基,吸附小分子气体、液体,不同的结构对不同分子吸附能力也不相同,硅铝酸盐微孔材料具有吸附与离子交换能力。

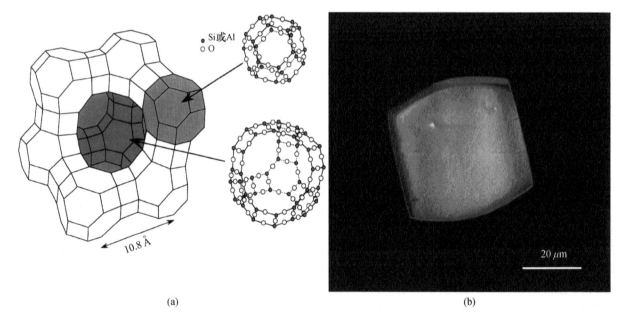

(a)   (b)

图 1 新型暖云催化剂分子筛结构(a)及样品(b)

根据暖云催化理论的不同,需要不同尺度大小的粒子。目前应用的水泥、食盐、硅藻土、尿素以及焰剂,其粒子尺度无法控制,该新型材料为多孔结晶硅铝酸盐化合物,与土壤中的矿物质完全相同,且制备该材料能达到尺度可控,可满足暖云催化的实际需要。

2.2 性能测试方法

2.2.1 吸湿能力测试实验

在实验室将一定体积待测样品均匀铺在培养皿表面,放入 85 ℃的烘箱中恒温干燥 12 h,称量样品的重量。在保证干燥器内整体环境中水的分压相同情况下,准备一个真空干燥器,在干燥器中放入饱和 NaCl 溶液,置于真空干燥器中 12 h 使之达到平衡。从烘箱中取出待测样品,置于真空干燥器中,关闭干燥器的真空阀门,在此条件下将样品放置 24 h,次日取出,再次进行称量并记录。每种样品改变初始质量,平行实验 3 次。每次记录实验前质量、实验后质量、计算吸水量和待测样品单位质量吸水量,将每种样品单位质量吸水量的 3 次测量结果求出平均值。

2.2.2 吸湿速度测试实验

烘干方法与吸湿能力测试实验相同。在一真空干燥器中,放置一烧杯饱和 NaCl 溶液,置于真空干燥器中 12 h 使之达到平衡。称重干燥过的培养皿质量,记为 m_1。加入一定体积预处理后的样品,在培养皿内均匀铺成一层,称其总质量记为 m_2。将盛有样品的培养皿迅速置于干燥器中,开始计时,间隔一定时间

称其质量 m_3。单位质量的增水量 w 可用下式表示：

$$w = (m_3 - m_2)/(m_2 - m_1)。$$

2.2.3　放热能力测试实验

烘干方法与吸湿能力测试实验相同。准备一个密闭且基本绝热可用于测量温度的干燥容器。从烘箱中取出待测样品(质量均约为 5 g),放入真空干燥器中使其降温至 20 ℃。称取大约 5 g 样品放入事先准备好的容器中,加入预先恒温至 20 ℃ 的清水 100 mL。密封容器,使其充分搅拌。观察温度变化并记录,具体实验流程如图 2 所示。

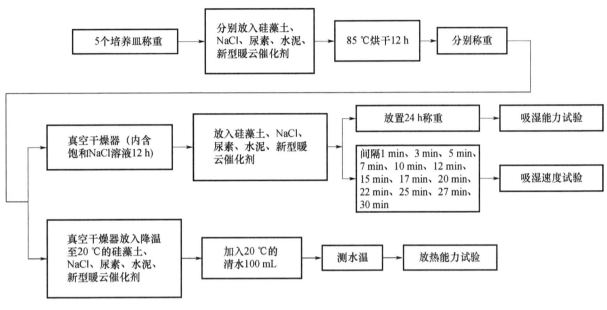

图 2　实验流程图

3　实验结果及分析

3.1　吸湿能力结果对比分析

新型暖云催化剂与目前常用暖云催化剂的吸湿能力测试结果如表 1 所示。由表 1 可知,在标准大气压、室温为 20 ℃ 时,新型暖云催化剂具有很好的吸湿性,其吸湿量为 217.2 mg·g^{-1},比其他常见吸水材料的性能高 2~3 个数量级。这主要归因于这类材料孔壁多为阴离子骨架,孔道内存在金属阳离子,这些阳离子可发生离子交换,改变孔道内部尺寸和环境。该材料作为分子筛,表面有大量羟基,具有较强吸附能力,能够吸附大量的小分子气体、液体,如水、甲醇、硫化氢、二氧化碳等。因此具有超强的吸水汽性能。

表 1　新型暖云催化剂与其他物质吸水汽能力结果比较

材料	序号	实验前质量/g	实验后质量/g	吸水汽量/g	单位吸水汽量/ mg·g^{-1}	平均吸水汽量/ mg·g^{-1}
硅藻土	1	10.479	10.485	0.006	0.573	0.619
	2	11.951	11.961	0.010	0.837	
	3	17.888	17.896	0.008	0.447	
NaCl	1	39.531	39.536	0.005	0.126	0.136
	2	65.255	65.264	0.009	0.138	
	3	103.140	103.155	0.015	0.145	

材料	序号	实验前质量/g	实验后质量/g	吸水汽量/g	单位吸水汽量/mg·g⁻¹	平均吸水汽量/mg·g⁻¹
尿素	1	14.159	14.160	0.001	0.071	0.124
	2	35.379	35.383	0.004	0.113	
	3	37.120	37.127	0.007	0.189	
水泥	1	17.777	17.860	0.083	4.669	4.340
	2	62.171	62.433	0.262	4.214	
	3	76.398	76.817	0.319	4.176	
新型暖云催化剂	1	1.891	2.306	0.415	219.461	217.200
	2	1.374	1.659	0.285	207.424	
	3	1.675	2.051	0.376	224.478	

3.2 吸湿速度测试实验结果对比分析

将几种样品分别在间隔 1 min、3 min、5 min、7 min、10 min、12 min、15 min、17 min、20 min、22 min、25 min、27 min、30 min 内的测试数据进行统计,结果如图 3 所示。可以看出,其他常见吸水材料在短时间内即达到饱和,新型催化材料达到饱和时间略长一些,但是它具有高吸水能力且总吸水能力远远高于其他材料。这归因于新型暖云催化剂具有高的比表面积和表面大量亲水基团是纳米孔材料,不同的结构与组成的分子筛其吸附水量可在质量分数 23%~80% 调节,该结构可以使水汽在材料表面凝聚,具有良好的吸水性,比其他常见吸水材料的吸湿性能高 2~3 个数量级。

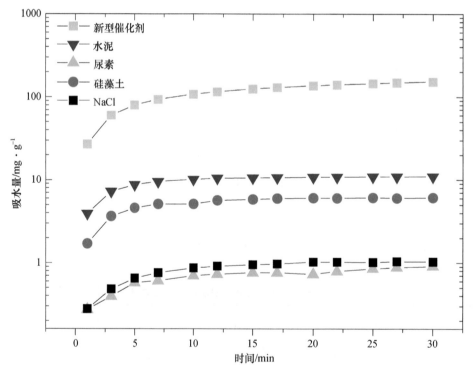

图 3 新型暖云催化剂与其他物质吸水速度测试结果比较

3.3 放热能力测试结果对比分析

表 2 为新型暖云催化剂与其他物质放热能力对比结果。由表 2 可知,新型暖云催化剂具有很好的遇水放热性质,1 g 可以使 100 ml 水的温度升高 0.459 ℃,明显高于其他材料。这主要是由于新型暖云催化

剂在吸附水过程中,水分子与亲水官能团间相互作用,放出大量热量,这种放热性,可能对云中上升气流有所影响,从而可以更好地维持暖云降水机制,达到人工影响天气的作用。

表2　新型暖云催化剂与其他物质放热能力结果比较

材料	质量/g	加水后温度/℃	温度差/℃	温度改变/℃·10^{-2}·g^{-1}·mL^{-1}
硅藻土	5.007	20.5	0.5	0.0999
NaCl	5.125	20.4	0.4	0.0780
尿素	5.014	18.2	−1.8	−0.3590
水泥	5.008	20.6	0.6	0.1200
新型暖云催化剂	5.007	22.5	2.3	0.4590

4　硅铝酸盐化合物材料作为暖云催化剂用于人工影响天气的可行性

硅铝酸盐化合物材料高的比表面积和表面大量亲水基团使纳米孔材料具有良好的吸水汽性能,不同的结构与组成的分子筛可以使水汽在材料表面凝聚;纳米孔材料在吸附水过程中,水分子与亲水官能团间相互作用,放出大量热量,促进周围的空气发生对流,改变大气中水的存在环境,以达到人工影响天气的效果。

该材料吸湿性能明显优于以往常见的暖云催化剂硅藻土、食盐、水泥和尿素材料,该材料尺度可控,可满足暖云催化的实际需要,具备了作为吸湿性暖云催化剂的基本条件。

暖云催化播撒吸湿性催化剂,根据周秀骥[10]"暖云降水微观物理机制的统计理论"阐明,暖云只有形成大云滴后,随着云中湍流加速起伏、碰并和云滴浓度起伏下碰并,引起比凝结增长快得多的碰并增长,才能形成或增加降水[32]。

5　结论

(1)硅铝酸盐化合物材料不含重金属和有机物,成份接近土壤成份,在人工影响天气领域用于暖云增雨具有较好的应用前景。

(2)硅铝酸盐化合物材料吸湿性能较好,在吸湿能力、吸湿速度和放热性等方面优于目前用于暖云催化的硅藻土、食盐、尿素和水泥等物质,具备了作为吸湿性暖云催化剂的基本条件。

(3)硅铝酸盐化合物材料有望成为新一代暖云催化剂,但需要今后开展更多的实验检验其性能,同时结合外场试验开展催化效果评估。

参考文献

[1] List R,周跃武,俞亚勋.人工影响天气——未来的景象[J].干旱气象,2004,22(3):83-89.

[2] 张良,王式功,尚可政,等.中国人工增雨研究进展[J].干旱气象,2006,24(4):73-81.

[3] 郑国光,陈跃,王鹏飞,等.人工影响天气研究问题[M].北京:气象出版社,2005:20-21.

[4] 苏正军,张纪淮,关立友,等.成冰核率检测方法和标准的分析与讨论[C]//中国气象学会.中国气象学会2004年年会论文集.北京:气象出版社,2004:6-11.

[5] 金华,何晖,张蔷.一次对流性降水过程中人工催化部位的选择[J].干旱气象,2008,26(1):52-56.

[6] Marcolli C,Nagare B,Welti A. Ice nucleation efficiency of AgI:Review and new insights[J]. Atmospheric Chemistry and Physics,2016,16(14):8915-8937.

[7] Belosi F,Piazza M,Nicosia A,et al. Influence of supersaturation on the concentration of ice nucleating particles[J]. Tellus B:Chemical and Physical Meteorology,2018,70(1):1-10.

[8] 周秀骥.暖云降水微物理机制的统计理论[J].气象学报,1963,33(1):97-107.

[9] 周秀骥,陶善昌,姚克亚.高等大气物理学[M].北京:气象出版社,1991:382-388.

[10] 周秀骥.暖云降水微物理机制的研究[M].北京:科学出版社,1964.

[11] 黄美元,何珍珍,沈之来.暖性层积云中大云滴分布特征[J].气象学报,1983,41(3):358-364.

[12] 顾震潮,陈炎涓,徐乃璋,等.南岳云雾降水物理观测(1960年3—8月)结果的初步分析[M]//中国科学院地球物理研究所.我国云雾降水微物理特征问题.北京:科学出版社,1962:2-21.

[13] 顾震潮,王尧奇,温景嵩,等.对流性暖云人工降水作业中撒药部位与撒药颗粒对撒布效率影响的初步理论研究[M]//中国科学院地球物理研究所.我国云雾降水微物理特征问题.北京:科学出版社,1962:64-88.

[14] 卢炯,袁冬梅.人工影响暖云过程吸湿性催化研究[J].气象与环境科学,2008,31(1):80-84.

[15] Bowen E G. A new method of stimulating convective clouds to produce rain and hail [J]. Quarterly Journal of the Royal Meteorological Society,1952,78(335):37-45,

[16] Kunkel B A,Silverman B A. A comparison of the warm fog clearing capabilities of some hygroscopic materials [J]. Journal of Applied Meteorology,1970,9(4):634-638.

[17] 王伟民,卢伟,黄培强.几种消暖云(雾)催化剂性能的实验研究[J].气象科学,2000,20(4):478-485.

[18] 李炎辉,黄涛,张霞.几种新的暖云催化剂的室内实验简况[J].气象,1982,8(11):35-37.

[19] 卢炯,袁冬梅.人工影响暖云过程吸湿性催化研究[J].气象与环境科学,2008,31(1):80-84.

[20] 高建秋,王广和,关立友,等.新型消暖雾催化剂与传统吸湿性催化剂消雾性能的室内对比试验[J].干旱气象,2008,26(2):67-73.

[21] 杨绍忠,陈跃.一种纳米纯AgI气溶胶的制备方法及其成冰核活性的检测[J].气象,2018,44(3):442-448.

[22] 张景红,王艳萍,管丽丽,等.人工影响天气新型催化剂制备方法研究[J].气象灾害防御,2015,22(4):18-20.

[23] 刘香娥,高茜,何晖.碘化银冷云催化的数值模拟研究[J].应用气象学报,2016,42(3):347-355.

[24] 党娟,苏正军,房文,等.几种粉末型吸湿性催化剂的试验研究[J].气象科技,2017,45(2):398-404.

[25] 何嫒,黄彦彬,李春鸾,等.海南省暖云烟炉设置及人工增雨作业条件分析[J].气象科技,2016,44(6):1043-1052.

[26] 房文,郑国光.巨核对暖云降水影响的模拟研究[J].大气科学,2011,35(5):938-944.

[27] 苏正军,郑国光,酆大雄.吸湿性物质催化云雨的研究进展[J].高原气象,2009,28(1):227-232.

[28] 高建秋,王广河,关立友,等.新型消暖雾催化剂与传统吸湿性催化剂消雾性能的室内对比试验[J].干旱气象,2008,26(2):67-73.

[29] Kresge C T,Leonowicz M E,Roth W J,et al. Ordered mesoporous molecular-sieves synthesized by a liquid-crystal template mechanism[J]. Nature,1992,359:710-712.

[30] Zhao D Y,Feng J L,Huo Q S,et al. Triblock copolymer syntheses of mesoporous silica with periodic 50 to 300 angstrom pores[J]. Science,1998,279(5350):548-552.

[31] Conma A. From microporous to mesoporous molecular sieve materials and their use in catalysis[J]. Chem Rev,1997,97(6):2373-2420.

[32] 陈添宇,李照荣,李荣庆.甘肃省人工增雨(雪)工作发展的思考[J].干旱气象,2003,21(4):89-92.